Odorat et goût

De la neurobiologie des sens
chimiques aux applications

Odorat et goût

De la neurobiologie des sens chimiques aux applications

Roland Salesse et Rémi Gervais,
coordinateurs

Éditions Quæ
c/o Inra, RD 10, 78026 Versailles Cedex

Collection Synthèses

Comment l'herbe pousse. Développement végétatif, structures clonales et spatiales des graminées
Michel Lafarge, Jean-Louis Durand
2011, 182 p.

Grands paysages pédologiques de France
Marcel Jamagne
2011, 624 p.

Production durable de biomasse. La lignocellulose des poacées
Denis Pouzet 2011, 216 p.

La photosynthèse. Processus physiques, moléculaires et physiologiques (2e édition)
Jack Farineau, Jean-François Morot-Gaudry
2011, 412 p.

Biological Invasions, a Question of Nature and Society (en numérique uniquement)
Robert Barbault, Martine Atramentowicz
2011, 184 p.

La truite arc-en-ciel. Biologie et élevage
Bernard Jalabert, Alexis Fostier
2010, 336 p.

Les maladies émergentes. Épidémiologie chez le végétal, l'animal et l'homme
Jacques Barnouin et Ivan Sache, coord.
2010, 464 p.

© Éditions Quæ, 2012   ISBN : 978-2-7592-1770-0   ISSN : 1777-4624

Table des matières

Remerciements

Un grand merci aux soixante-quinze auteurs des quarante-deux articles du livre, dont beaucoup sont membres du groupe Aromagri, qui a contribué à les rassembler.

Nous tenons à remercier tout particulièrement Patrick Mac Leod, qui nous a beaucoup aidés pour la relecture et l'indexation. Nous remercions également le soutien moral et financier du département Phase (Physiologie animale et systèmes d'élevage) de l'Inra et du pôle de compétitivité Cosmetic Valley.

Introduction

Roland SALESSE, Rémi GERVAIS

Cet ouvrage est issu du travail du groupe Aromagri[1], club d'animation scientifique qui s'intéresse aux recherches fondamentales aussi bien qu'appliquées dans le domaine des sens chimiques : odorat, goût, perception des phéromones.

▸▸ L'intention

La motivation des auteurs est double :
− d'une part, vingt ans après le clonage des récepteurs olfactifs, il semble opportun de faire le point sur ce que l'irruption de la biologie moléculaire et les progrès de la neurobiologie expérimentale ont apporté à un domaine de recherche qui s'est révélé au grand jour lors de l'attribution du prix Nobel de physiologie et de médecine à Linda Buck et Richard Axel en 2004 ;
− d'autre part, et cette motivation est quelque peu militante, nombre de découvertes récentes ont eu lieu dans des laboratoires états-uniens ou japonais, ce qui reflète l'importance numérique des chercheurs de ces pays par rapport à la France. Il est paradoxal que notre pays, dont les toutes premières activités économiques à l'exportation (l'agroalimentaire et la parfumerie-cosmétique)[2] sont largement basées sur le « goût français », soit un acteur mineur (au moins en nombre) dans la recherche sur les sens chimiques. L'absence d'un ouvrage de référence en français dans ce domaine est symptomatique de cette situation. C'est pourquoi nous proposons de nous adresser à un public plus large que celui de la recherche, et notamment les

---

1. Voir <http://www2.dijon.inra.fr/aromagri/> (consulté le 13 février 2012).
2. Voir « Le chiffre du commerce extérieur, année 2010 » et sa mise à jour périodique sur <http://lekiosque.finances.gouv.fr> (consulté le 13 février 2012).

enseignants et étudiants du supérieur, les industriels de l'agroalimentaire et de la parfumerie — voire de la publicité —, les médecins, les journalistes, les décideurs.

Les comportements des animaux — et des humains — sont déclenchés par l'intégration des signaux internes et externes. En fonction de leur nature, par exemple la lumière, le son, les odeurs, les signaux externes sont perçus par des systèmes sensoriels appropriés comme la vision, l'ouïe ou l'odorat.

Sont désignés sous le nom de « sens chimiques » l'odorat (ou olfaction), le goût (ou gustation) et la perception des phéromones. Dans notre vie quotidienne d'humains, nous accordons volontiers une place au « goût » lorsqu'il s'agit de manger, de boire ou encore de sentir de « bonnes odeurs ».

En revanche, nous n'apprécions généralement pas à leur juste valeur l'importance et la signification des signaux chimiques présents dans l'environnement et leur influence sur les comportements sociaux, sexuels et alimentaires, sur l'orientation dans l'espace des animaux, c'est-à-dire sur des comportements essentiels à la survie des individus et des espèces (figure 1). Or ces signaux sont d'origines variées (sécrétions corporelles, fèces, urine, aliments, traces, odeurs de l'environnement), de natures chimiques diverses (plus ou moins volatils, plus ou moins hydrosolubles, plus ou moins rémanents) et de signification biologique variable

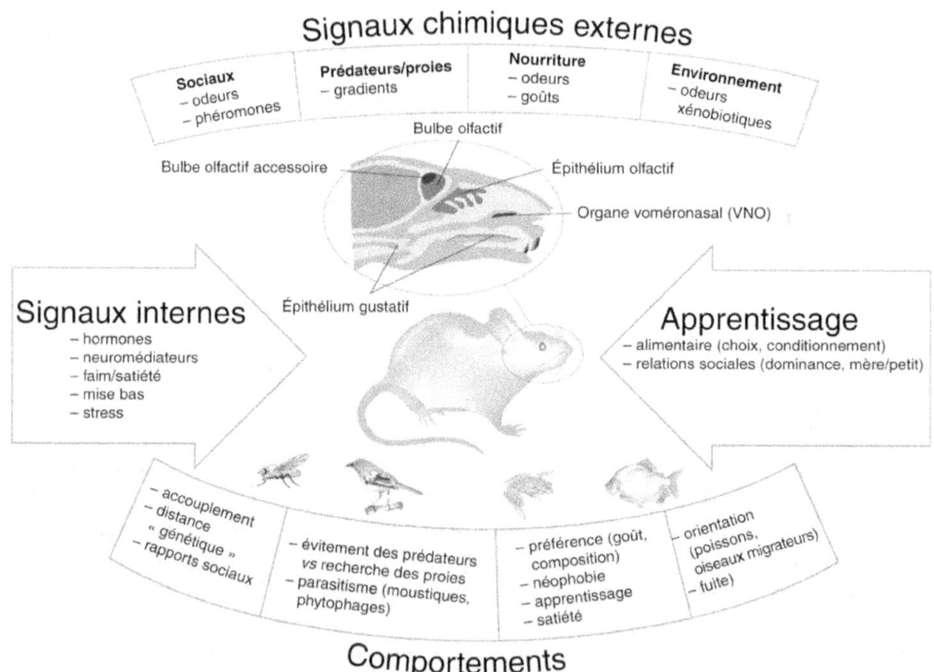

Figure 1. De nombreux comportements sont déclenchés par des signaux chimiques présents dans l'environnement.

Les signaux chimiques d'origines diverses (en haut) déclenchent des comportements adaptatifs (en bas) en fonction de l'état de l'animal (Signaux internes, à gauche) et de son expérience (Apprentissage, à droite).

(par exemple la reproduction ou l'alimentation), ce qui nécessite d'une part des systèmes sensoriels adaptés à leur détection et d'autre part un traitement central susceptible de déclencher des comportements quelquefois stéréotypés mais plus souvent adaptatifs.

L'intégration des signaux chimiques par l'animal et leur interprétation à travers son état physiologique (signaux internes) et son expérience (apprentissage) déterminent des réponses comportementales adaptées à la situation.

Au cours de l'évolution, les Vertébrés aériens ont développé plusieurs systèmes pour répondre à la variété des signaux. Le système olfactif assure la perception des produits chimiques volatils portés par l'air passant par le nez. Le système gustatif perçoit les molécules sapides, généralement hydrosolubles et peu volatiles, libérées en bouche. Suivant les espèces, il existe d'autres systèmes dans les fosses nasales (comme l'organe septal de Masera ou le ganglion de Grueneberg) ; le plus connu est sans doute le système voméronasal (ou système olfactif dit « accessoire »). Il existe également une innervation trigéminale du nez et de la bouche qui n'est pas exclusivement chimiosensorielle.

Dépourvus de « nez », les poissons possèdent un système gustatif et des rosettes olfactives, qui « sentent » dans l'eau, mais la structure de leur système olfactif est conservée chez les Vertébrés terrestres, qui ont d'ailleurs hérité de leurs gènes de récepteurs olfactifs.

Chez les Insectes, on trouve des récepteurs olfactifs dans des organes spécialisés (les sensilles des antennes et des palpes labiaux) et des récepteurs gustatifs sur les pattes et les ailes.

▸▸ L'organisation du livre

Après un sommaire et une introduction, on trouvera quarante-deux articles écrits par soixante-quinze auteurs.

Chaque article est suivi par sa propre bibliographie. Nous avons en effet constaté que, sur presque deux mille références, il n'y avait pratiquement pas de double citation entre deux articles, ce qui signifie que chaque article est hautement spécifique.

En fin de volume, on trouvera un index comportant quelque mille trois cents entrées ainsi qu'une liste des abréviations.

▸▸ Le contenu

À travers la première partie, nous constaterons que notre époque, où l'on prône le plaisir, l'émotion et la sensualité, réhabilite les sens chimiques pour leur fantastique pouvoir évocateur non seulement dans la vie quotidienne et le domaine commercial (publicité), mais aussi dans l'art. Ce regain d'intérêt coïncide avec l'explosion des résultats scientifiques de ces dernières années : nous brosserons donc un rapide tableau d'un demi-siècle de recherche.

La deuxième partie nous présentera rapidement les molécules responsables des signaux chimiques, depuis les petites molécules volatiles jusqu'aux protéines sucrées, en passant par les phéromones qui, malgré leur médiatisation, restent insaisissables chez l'homme.

La taille de la troisième partie correspond à l'abondance des résultats de biologie moléculaire et cellulaire portant sur les premiers étages du système olfactif : épithélium olfactif et bulbe olfactif chez les Vertébrés, sensilles olfactives, lobes antennaires et corps pédonculés chez les Insectes. Nous brosserons un tableau parallèle dans ces deux branches du règne animal. Après un rappel anatomique, nous passerons aux récepteurs olfactifs (RO) eux-mêmes, qui constituent la plus grande famille génique chez les Mammifères. Mais nous nous intéresserons aussi aux événements dits de « périréception », car les RO ne sont pas les seules molécules en cause dans la réception des composés odorants. Les RO sont portés par les neurones récepteurs olfactifs (NRO), qui génèrent un codage nerveux de l'information olfactive. Les NRO sont eux-mêmes inclus dans les organes sensoriels olfactifs, dont nous présenterons l'ontogenèse et le contrôle homéostatique chez l'adulte. À l'étape suivante, les bulbes olfactifs ou les lobes antennaires concentrent l'information olfactive. Là aussi, les dernières années ont considérablement enrichi notre compréhension des relations structure-fonction de ces organes et de leur plasticité : cinq chapitres sont consacrés à la structure et à la neurogenèse dans le bulbe olfactif ainsi qu'au codage de l'information par le bulbe, les lobes antennaires et les corps pédonculés.

La quatrième partie est consacrée aux systèmes chimiosenseurs additionnels des Vertébrés : le système voméronasal — bien décrit chez les rongeurs —, l'organe septal de Masera et le ganglion de Grueneberg — eux aussi présents chez les rongeurs —, et le système trigéminal, sans lequel les sensations olfactives et gustatives seraient incomplètes.

Le système gustatif a lui aussi bénéficié de l'explosion des recherches cellulaires et moléculaires (partie cinq). Au tournant du millénaire, on a vu cloner les récepteurs gustatifs aussi bien chez les Vertébrés que chez les Invertébrés. Contrairement à la conception « classique » d'une gustation limitée à quatre ou cinq goûts principaux, l'espace gustatif des Vertébrés est multidimensionnel et sa représentation résulte de la combinaison des signaux moléculaires sapides captés par quelque cinquante récepteurs gustatifs. Deux larges articles seront consacrés à chacune des branches du règne animal.

Le point de vue évolutif est présent tout au long du livre. Il sera plus particulièrement développé dans la partie six, avec l'évolution des appareils chimiosenseurs des Vertébrés et la phylogénétique de leurs récepteurs olfactifs. À travers celle-ci, on décrira comment le répertoire des récepteurs olfactifs a pu croître de façon rapide et spécifique dans chaque branche des Vertébrés et comment il continue à évoluer rapidement, sans doute grâce au nombre même des gènes de RO, ce qui confère aux espèces un grand potentiel d'adaptation. On a dit toute l'importance des signaux chimiques pour la reproduction : ceux-ci ne sont pas étrangers aux phénomènes de spéciation, où l'isolement sensoriel entre les sexes peut avoir lieu avant même la perte d'interfécondité.

La partie sept s'intéressera plus particulièrement à la mémoire et aux apprentissages. Chez les Vertébrés, les apprentissages alimentaires et sociaux sont capitaux pour les espèces sauvages, mais ils conditionnent également la réussite de l'élevage des animaux de rente, depuis la reconnaissance mère-petit jusqu'aux interactions sexuelles, en passant par les apprentissages alimentaires. Un article spécial sera consacré au nématode *Caenorhabditis elegans,* qui offre un modèle très original de mémoire olfactive transmise à travers les générations par des micro-ARN.

La partie huit sera entièrement consacrée aux humains. Grâce à l'imagerie cérébrale, on peut en effet avoir accès aux sites cérébraux de traitement des aspects cognitifs et émotionnels de l'information olfactive. Nous verrons ensuite comment s'établissent les préférences alimentaires des enfants à travers leur expérience olfacto-gustative, puis comment nous exprimons nos sensations par la parole. Nous terminerons sur ce qui paraît une évidence, mais qu'il est difficile d'étudier en laboratoire : toute expérience est nécessairement multisensorielle, et il faut en tenir compte pour étudier les sensations olfacto-gustatives, notamment dans l'évaluation sensorielle des aliments ou des produits cosmétiques.

La partie neuf peut paraître plus hétérogène, car elle présente une suite de courts chapitres traitant chacun d'une application de la recherche sur les sens chimiques. Les trois premiers portent sur des techniques, quelquefois émergentes, de mesures olfacto-gustatives : olfaction artificielle pour guider des robots, nez bioélectroniques susceptibles d'applications nombreuses et bon marché dans le diagnostic médical et la surveillance environnementale. Les applications agro-industrielles seront envisagées en évaluation sensorielle par le couplage informatisé de panels de « sniffeurs » humains avec des chromatographes en phase gazeuse, dans l'agriculture (gestion des élevages et domaine phytosanitaire), en parfumerie, en gastronomie, dans l'évaluation des nuisances olfactives et la désodorisation ainsi que dans le marketing olfactif : mode ou tendance durable ? Enfin, nous présenterons plusieurs aspects liés à la santé : toxicologie de l'appareil olfacto-gustatif (avec un éclairage original en tabacologie), troubles de l'odorat, relation entre olfaction et dépression. Nous terminerons sur les perspectives du diagnostic des maladies neurodégénératives à partir de l'épithélium olfactif et sur l'usage empirique des odeurs pour améliorer le bien-être.

Bonne lecture…

Partie I

Aspects sociohistoriques

Chapitre 1

La réhabilitation de l'odorat.
Le pouvoir des odeurs

Annick LE GUÉRER

Il y a près de deux cents ans, Charles Fourier, philosophe et utopiste, ardent défenseur du désir et de la passion, s'étonnait du peu d'importance accordée jusqu'alors à l'olfactif et prédisait pour l'odorat et les odeurs un glorieux destin (Fourier, 1822). Sans prétendre à la puissance visionnaire de Fourier, on peut raisonnablement envisager aujourd'hui pour l'olfactif un avenir plein de promesses. Et pourtant, l'odorat revient de loin…

▸▸ Flairer assimile à la bête

En raison essentiellement de ses liens étroits avec la sexualité, l'odorat a fait l'objet de condamnations multiples. La plupart des moralistes et des pédagogues l'ont présenté comme un sens dangereux parce que trop lié à la jouissance, capable de nous faire tomber dans les pièges d'une sensualité débridée. Il a aussi, comme j'ai pu le constater, très souvent été dévalué par de nombreux philosophes (Le Guérer, 2002a ; 2002b ; 2003 ; 2005) qui en ont fait le parent pauvre des sens. Contrairement à la vue et à l'ouïe, l'odorat n'était pas, selon eux, vraiment utile à la connaissance. Animal, primitif, instinctuel, voluptueux, érotique, égoïste, impertinent, asocial, contraire à la liberté, nous imposant, bon gré mal gré, les sensations les plus pénibles, inapte à l'abstraction, incapable de donner naissance à un art véritable, impuissant à sortir du solipsisme originaire de la subjectivité : les raisons philosophiques de dénigrer l'odorat sont nombreuses. Emmanuel Kant prétendait même que c'était un sens ingrat qu'il était inutile de développer. Les odeurs nous parlent trop du corps et de notre animalité, et les liens étroits de l'odorat avec l'affectivité et les émotions sont des handicaps.

La psychanalyse a encore contribué à la dévalorisation de l'odorat (Le Guérer, 1996 ; 1998 ; 2001). Pour Sigmund Freud, la rupture avec l'animal et l'essor de la civilisation seraient même advenus grâce à sa régression. D'après lui, ce sens, beaucoup plus développé chez nos lointains ancêtres qui marchaient à quatre pattes, se serait atrophié lorsqu'ils se sont redressés et se sont mis à marcher sur deux pieds. En s'éloignant du sol, l'odorat, jusqu'alors le sens prédominant, se serait affaibli. Cet effacement, en entraînant un fort refoulement de la sexualité, aurait permis la fondation de la famille et le développement de la civilisation. Une grande sensibilité olfactive apparaît alors comme un trait archaïque et néfaste. C'est le symptôme d'un reste d'animalité, d'un ratage dans le processus de socialisation.

On comprend que dans un contexte aussi négatif l'éducation de l'odorat ait été négligée : flairer assimile à la bête.

▸▸ De nouveaux horizons

Mais c'est précisément parce que notre odorat est proche du flair animal qu'il est particulièrement intéressant. Véritable précurseur, Friedrich Nietzsche avait bien vu que le « flair » est un véritable instrument d'investigation psychologique et morale. Ses liens avec l'instinct en font l'arme du psychologue, qui se guide de façon intuitive et dont l'art ne consiste pas à raisonner mais à subodorer.

Sens de l'affect et du contact, il est apte à la saisie de données extrêmement fines, prérationnelles, celles de l'indicible qui se dégage d'un être, d'une chose, d'un lieu, d'une situation. Ce sens, pauvre en vocabulaire spécifique (cf. chapitre 28), établit un rapport fusionnel avec le monde et livre non seulement les substances, mais aussi les ambiances, les climats, les vécus existentiels.

L'importance de ce « flair » prélinguistique n'a pas échappé à certains psychiatres et psychanalystes. Après Sandor Ferenczi, Didier Anzieu a, lui aussi, fait l'expérience de la valeur cognitive des messages olfactifs dans la cure psychanalytique (Anzieu, 1985).

À la suite d'Hubertus Tellenbach et de la phénoménologie psychiatrique qui avait bien montré l'importance des vécus olfactifs dans l'appréhension des altérations du rapport à soi et au monde (Tellenbach, 1985 ; cf. chapitre 40), les odeurs et les parfums font leur entrée dans les hôpitaux et les prisons, où des olfactothérapeutes conduisent d'étonnantes expériences. C'est ainsi qu'ils interviennent à l'hôpital Raymond-Poincaré de Garches pour aider de grands traumatisés à retrouver la mémoire et à la prison de Fresnes pour soulager les prisonniers de l'angoisse carcérale en leur ouvrant sur le monde extérieur des fenêtres olfactives (cf. chapitre 42).

Ce genre d'applications est appelé à se développer en liaison avec les progrès considérables réalisés dans la compréhension du fonctionnement de l'odorat. Illustration de ces avancées scientifiques, le prix Nobel de physiologie et de médecine attribué en 2004 à Linda Buck et Richard Axel pour leurs travaux sur les subtils mécanismes qui régissent le système olfactif (cf. chapitre 8).

Par ailleurs, tout indique que l'olfactif est en train d'investir de multiples secteurs de la vie quotidienne dont il était quasiment absent. Certains programmes éducatifs intègrent des cours d'éveil olfactif avec l'aide de livres et de jeux odorants pour apprendre à identifier les arômes. Il est également significatif que les odeurs soient de plus en plus convoquées dans de nombreuses manifestations culturelles : présentations muséologiques, spectacles historiques, concerts ou ballets (cf. chapitre 2).

L'exposition *Odeurs des Alpes,* organisée en 2004 à Schwyz par le Groupe des musées nationaux suisses, en est un remarquable exemple. Le visiteur était invité à cerner la spécificité helvète à travers une centaine d'exhalaisons qui ont contribué à forger l'âme de la Suisse. Première exposition dont l'unique thème est l'identité olfactive d'un pays, cette manifestation, par son enjeu historique et son ambition, est symptomatique d'une forte aspiration à une culture olfactive riche de potentialités.

Dans le domaine économique, le marketing olfactif est en plein développement. De nombreuses marques se dotent de « signatures » et de logos parfumés (cf. chapitre 37).

L'irruption de l'odorat dans le monde du virtuel, comme des chaînes de télévision interactives odorantes (France Télécom R&D, 2002) ou des jeux vidéo restituant des ambiances olfactives appropriées, est aussi très significative et même symbolique du rôle futur de ce sens. Si on fait appel à lui dans ce contexte, n'est-ce pas pour lui demander d'y insuffler une dose de sensibilité, d'affectivité, d'émotion, en un mot d'humanité ? N'est-ce pas pour rattacher la planète numérique à une réalité sensible dont elle aurait tendance à se détacher totalement ?

Freud, qui affirmait que la régression de l'odorat depuis l'aube de l'humanité avait été un facteur de civilisation, admettait néanmoins que ce refoulement avait lésé notre aptitude au bonheur. Le nouvel élan pris par l'olfactif s'appuie à la fois sur une prise de conscience de l'importance de l'odorat, sur une meilleure connaissance scientifique de ce sens et sur une diversification considérable et novatrice de l'exploitation des fragrances. Odeurs et parfums participent ainsi à la restauration d'une fonction indispensable à la plénitude sensorielle et au bien-être de l'homme.

▸▸ Bibliographie

ANZIEU D., 1985. *Le moi-peau,* Dunod, Paris, 254 p.

FOURIER C., 1822. Sommaire et annonce du traité de l'unité universelle. *In : Théorie de l'unité universelle, Œuvres complètes,* Anthropos, Paris, 1966-1970, tome II, vol. 1.

FRANCE TÉLÉCOM R&D, 2002. *La diffusion des fragrances dans l'environnement multimédia,* Issy-les-Moulineaux.

LE GUÉRER A., 1996. Le nez d'Emma. Histoire de l'odorat dans la psychanalyse. *In : Passion des odeurs. Revue internationale de psychopathologie,* (22), PUF, Paris.

LE GUÉRER A., 1998. Trois histoires de nez aux origines de la psychanalyse. *In : Écriture de la nuit,* L'Harmattan, Paris.

LE GUÉRER A., 2001. The psychoanalyst's nose. *Psychoanalytic Review,* 88 (3), 451-503, Guilford, New York.

LE GUÉRER A., 2002a. Le nez des philosophes. *In : Les pouvoirs de l'odeur,* nouvelle édition, Odile Jacob, Paris, 320 p.

LE GUÉRER A., 2002b. Olfaction and cognition: a philosophical and psychoanalytic view. *In: Olfaction, Taste and Cognition* (C. Rouby, B. Schaal, D. Dubois, R. Gervais, A. Holley, eds), Cambridge University Press, Cambridge, 488 p.

LE GUÉRER A., 2003. L'odorat, un sixième sens ? *In : À fleur de peau. Corps, odeurs et parfums* (P. Lardellier, ed.), Belin, Paris, 208 p.

LE GUÉRER A., 2005. Articles « Odorat », « Odeur », « Parfum ». *In : Dictionnaire culturel Le Robert,* Paris.

TELLENBACH H., 1985. *Goût et atmosphère,* PUF, Paris, 144 p.

Chapitre 2

La naissance de l'esthétique olfactive

Chantal JAQUET

Longtemps ignoré ou relégué à l'arrière-plan, le sens olfactif fait aujourd'hui l'objet d'une réflexion philosophique à part entière, comme en témoignent les travaux consacrés aux pouvoirs de l'odeur et du parfum (Le Guérer, 1998 ; 2005) ou la constitution d'une philosophie de l'odorat (Jaquet, 2010). D'une manière générale, l'histoire de la philosophie montre que si dans la théorie de la connaissance les sens ont souvent été discrédités et accusés d'être à l'origine d'illusions et d'erreurs, ils ont été revalorisés en tant que source de plaisirs esthétiques et de jouissances partagées. Dans l'art, le monde des sens qui semblait voué aux apparences trompeuses ne tourne plus le dos au monde des idées, il devient au contraire capable d'exprimer la vérité et la beauté. L'œil et l'esprit se marient heureusement dans les arts plastiques, et l'oreille vit en bonne intelligence avec l'entendement dans la musique. De la même manière que la vue et l'ouïe ont conquis leurs lettres de noblesse à travers la peinture et la musique, la réhabilitation pleine et entière de l'odorat passe par l'invention d'un art olfactif qui ne se limite pas à la parfumerie artisanale ou industrielle. Toute la question est alors de savoir s'il est possible de concevoir un tel art et de dire qu'un parfum non seulement sent bon, mais « sent beau ».

▸▸ Les obstacles à la constitution d'un art olfactif

Or c'est là que le bât blesse, car il semble difficile de faire entrer la création de parfums et d'odeurs dans la catégorie des œuvres d'art. D'une part, la naissance de beaux-arts odorants se heurte au manque de culture du nez dans notre civilisation de l'image et du son, témoignant de la suprématie de l'œil et de l'oreille. D'autre part, elle est bridée par les impératifs du marché qui conduisent à privilégier la production en série de parfums peu onéreux par rapport à l'invention de compositions odorantes originales. La fabrication de parfums relève ainsi davantage aujourd'hui de l'industrie chimique que de la création esthétique. Elle obéit aux lois du marketing et vise à plaire au plus grand nombre, sans se soucier forcément de la qualité des molécules de synthèse qui entrent dans sa composition. La publicité tient lieu de nez, car la plupart du temps le client achète moins un parfum pour sa fragrance réelle que pour son image rêvée. L'aura de la marque et l'idéal de séduction qu'elle véhicule l'emportent sur l'odeur elle-même et jouent en « trompe-nez », comme le révèlent les tests faits en aveugle dans lesquels les préférences pour tel ou tel parfum s'inversent lorsque leur nom est caché. Ces obstacles ne sont toutefois pas rédhibitoires, car bien des nez ont su les déjouer pour créer des fragrances inédites et ont revendiqué pour le parfum le statut d'œuvre d'art, à l'instar d'Edmond Roudnitska (1977), qui a plaidé en faveur d'une esthétique olfactive.

À supposer que la création de parfums puisse se dégager de ses stricts enjeux économiques et sociologiques et cesse d'être un simple commerce de luxe ou une source de bien-être et de séduction pour devenir une recherche originale soumise à l'appréciation d'un public de connaisseurs, il n'est pas certain néanmoins qu'elle puisse donner naissance à un art véritable. En raison de son caractère éphémère et volatil, l'odeur fait partie du monde des apparences fugaces et ne saurait prendre la forme d'une œuvre solide et durable. Aussi subtil soit-il, le parfum n'a pas la pérennité propre aux œuvres d'art, et son évanescence le voue à la disparition. Si, comme le voulait André Malraux, l'œuvre d'art est un anti-destin, en tant qu'elle conjure la mort par la présence d'une trace immortelle de soi, le parfum n'a rien d'une promesse d'éternité ; bien au contraire, il est vite envolé et se dissipe en fumée.

De surcroît, l'odeur se prête mal à l'expression de belles formes. Non seulement lorsqu'elle sent bon, elle se décompose et se volatilise en perdant sa teneur agréablement parfumée, mais elle est bien souvent intrusive, incommode, nauséabonde, de sorte qu'elle suscite davantage la répulsion et l'allergie que l'attraction ou l'envie. On peut se demander dès lors s'il est possible de concevoir une esthétique du dégoût, de la puanteur, et d'éprouver paradoxalement du plaisir à partir du déplaisir.

Mais l'obstacle majeur tient à la faiblesse du nez mal éduqué et incapable de discerner les odeurs et de les nommer. Comment un public d'esthètes ou d'amateurs éclairés pourrait-il se former si la respiration des parfums se heurte à une rapide saturation et à une confusion sans nom ? Qu'ils soient linguistes, anthropologues ou neurobiologistes, les olfactologues toutes catégories confondues constatent l'indigence fréquente du vocabulaire olfactif et la difficulté de caractériser les odeurs autrement que par leur provenance (ça sent une odeur de rose ou de jasmin… ; cf. chapitre 28) ou par un jugement hédoniste (ça sent bon, ça sent mauvais). Parfumeurs, œnologues et cuisiniers font certes figure d'exceptions — qui comme chacun sait confirment la règle —, mais ces hommes de nez recourent le plus souvent à un langage imagé sans disposer de catégories olfactives parfaitement déterminées sur lesquelles ils seraient tous susceptibles de s'accorder (cf. chapitres 34 et 35).

Est-ce à dire alors qu'une véritable esthétique olfactive est un songe-creux, un gadget pour artistes en mal d'originalité ?

➡ L'émergence d'un art olfactif

Loin s'en faut, car la remise en cause actuelle des canons de la beauté et des critères définissant l'œuvre d'art permet de ne plus désespérer du nez. En effet, la définition figée de la beauté éternelle, qui conduit à enfermer les œuvres dans des musées, a fait place à des conceptions nouvelles de l'art s'ouvrant sur des odeurs et des parfums et explorant leur pouvoir esthétique. Le refus d'un art pérenne exprimé par les réalisations éphémères de plasticiens comme Christo, qui promeut l'emballage temporaire au rang d'œuvre à part entière, et par la multiplication *hic et nunc* de performances, ou happenings, conduit à bousculer les catégories établies et à accorder une valeur esthétique à l'instantané, à l'événementiel, au fugitif. Dès lors, l'un des obstacles à la constitution d'un art olfactif tombe de lui-même, et le parfum devient au contraire l'un des moyens privilégiés pour exprimer le fugace, le périssable et le devenir des choses qui se décomposent.

En outre, le désir contemporain de rompre avec une vision artistique adossée au modèle de la séparation des sens et du cloisonnement des beaux-arts conduit à prendre en compte la synesthésie et à chercher à l'exprimer de façon originale. La diffusion d'arômes et de parfums devient alors l'une des composantes essentielles de l'œuvre d'art. Ainsi, par exemple, Alex Sandover (2000) présente pour la première fois à New York en 2000 *Synesthesia Nuclear Families,* où il convie le public à assister à la préparation d'un repas par une ménagère, en associant à la vision d'une salle à manger projetée sur un mur blanc non seulement une bande-son, mais également la diffusion d'odeurs, de sauge, de poulet, d'eau de Javel, de tarte aux raisins, suivant les activités de cette femme.

À cet égard, le développement de technologies olfactives permettant la diffusion rapide et maîtrisée de molécules odorantes qui ne saturent pas l'atmosphère est extrêmement précieux et prometteur en matière d'art olfactif. La réalisation d'odoramas, comme ceux de Jacqueline Blanc-Mouchet qui a fondé l'agence Transens, ou la mise au point de la technologie OlfaCom, que l'on doit à Michel Pozzo, peuvent se mettre au service de l'imaginaire artistique. Ainsi, par exemple, la pièce de théâtre *Los demonios,* écrite par Valérie Boronad (2010) et mise en scène par Philippe Boronad, pièce dans laquelle le personnage principal, Samuel, poursuit une quête du passé et de ses origines à travers l'exploration d'une mémoire trouée, à jamais marquée par le père disparu sous la dictature argentine et par l'exil, repose sur l'évocation des odeurs-souvenirs et utilise la technologie numérique OlfaCom pour diffuser des arômes qui accompagnent la représentation visuelle et sonore.

Dès lors, le parfum n'est plus utilisé comme un simple adjuvant, il peut devenir un support central, voire le sujet de la représentation, et donner naissance à un vrai théâtre olfactif, comme le montre la pièce de Violaine de Carné (2006), *L'encens et le goudron,* où l'odeur joue le rôle d'un véritable génie qui réveille la mémoire endormie et l'identité enfouie. C'est le nez du souvenir, de l'ancien et de l'ailleurs, qui donne corps aux pensées les plus intimes et aux rencontres les plus improbables.

Si le jugement sur les odeurs est davantage marqué par des connotations hédonistes qu'esthétiques à proprement parler, cela n'exclut pas pour autant la constitution d'un art du nez. En effet, la soumission au critère du beau vaut pour un certain type de création artistique, mais ne saurait être une norme enfermant l'art dans des formes stéréotypées et convenues. La création est norme d'elle-même et forge ses propres formes sans se laisser dicter des canons de beauté, faute de quoi elle ne s'apparente pas à une production originale, mais à une reproduction en série. Ainsi l'art contemporain ne se définit pas essentiellement par la recherche d'une beauté éternelle, ni même d'une beauté périssable. Il explore également la voie d'une esthétique du laid, du sale, de l'ordure, comme le montre le *Cloaca* de Wim Delvoye (2000), qui joue sur le dégoût du corps organique et de ses excréments en créant une machine avec tubes et tuyaux reproduisant en temps réel le système digestif humain avec toutes les étapes de transformation des aliments, de l'assimilation à l'élimination. Dans ce registre, les odeurs jugées mauvaises peuvent avoir toute leur place et donner lieu à une esthétique du dégoût et du puant qui joue sur les préventions et les conventions.

De façon plus radicale encore, l'artiste scandinave Sissel Tolaas refuse la disqualification des odeurs et accorde une place centrale au nez. Dans ses installations, elle utilise l'art olfactif pour dénoncer les inégalités sociales en nous mettant pour ainsi dire le nez dedans. Elle a notamment fabriqué un parfum nommé *Dirty 1* (Tolaas, 2001), qui reconstitue l'odeur des lieux d'une rue de Londres habitée par des pauvres, à base d'essence de détritus, de poubelles. Loin de reprendre à son compte l'idée que l'odorat serait un sens sans paroles, elle considère le parfum comme un moyen d'expression privilégié et elle a forgé son propre langage, le « nasalo », qui invente de nouveaux termes pour décrire les odeurs. Ce lexique prend appui sur des archives odorantes qu'elle a constituées depuis 1990 en promenant son capteur d'odeurs dans les rues. Cette collection personnelle de 6 700 odeurs inclut tout, des effluves d'excrément de chien avec 150 nuances différentes à la fragrance unique de sa fille de 11 ans qu'elle a cherché à reconstituer depuis sa naissance. Elle traque l'odeur de la peur et des émotions, mêlée de sueur et de sang, et vise à synthétiser les pensées en parfums. Un langage des odeurs se fait ainsi jour pour exprimer l'histoire singulière ou collective, le partage de l'espace commun ou intime, la géographie des sentiments et des souvenirs qui affleurent sous forme d'effluves.

▸▸ Le *kôdô*, ou l'art japonais des fragrances

Mais sans doute la recherche d'un art olfactif nouveau doit-elle puiser des forces et des sources d'inspiration dans le modèle japonais du *kôdô*, qui a donné corps depuis longtemps au rêve d'une esthétique autonome des parfums (Boudonnat et Kushizaki, 2000). Le *kôdô* (terme formé à partir du *kô*, qui désigne ce qui est parfumé, et de la racine *dô*, qui signifie la voie) est un art des fragrances millénaire qui prend naissance à l'ère de Nara (712 à 792) et qui connaît un renouveau dans l'archipel aujourd'hui. Cet art sans pareil a pour principe la création de compositions odorantes essentiellement à base de bois parfumés qu'un maître, savant en la matière, donne à sentir — ou plus exactement à *écouter*, selon la formule consacrée — à un public de connaisseurs et d'esthètes au cours d'une cérémonie appelée *kôkai* (Morito, 1992). Le *kôdô* repose sur l'existence d'un imaginaire olfactif et d'une intelligence de la composition de fragrances ainsi que sur l'aptitude à reconnaître, à mémoriser les odeurs et à en discerner les subtilités parfumées. De par sa splendeur fulgurante et éphémère, l'art du *kôdô* exprime à merveille l'impermanence et l'évanescence des choses qui s'envolent en fumée, et peut célébrer tout aussi bien la beauté fugitive que la fragilité de l'être, l'amour de l'instant que le détachement par rapport au temps. Libéré de l'usage sacré de l'encens dans le bouddhisme, qui l'a probablement marqué et inspiré à l'origine, cet art de sentir et d'apprécier les fragrances implique à la fois l'invention de senteurs inédites à de pures fins esthétiques et une éducation du nez qui fait généralement défaut dans la culture occidentale, encore largement odoriphobe. C'est pourquoi les recherches au sujet de la création olfactive s'orientent aujourd'hui vers ce pays pour comprendre la nature de cette esthétique et nourrir l'imaginaire artistique[1]. Il est sans doute vain de vouloir exporter ce modèle japonais hors de sa sphère culturelle et de chercher à l'imiter de façon artificielle, car il est l'émanation d'un peuple dans son histoire singulière, ses traditions et sa particularité. Singer n'est pas créer !

Néanmoins, le *kôdô* est riche d'enseignements, car il prouve qu'une esthétique des parfums est non seulement possible mais réelle, et il en révèle les conditions d'apparition. En effet, il montre qu'un art des fragrances autonome ne peut pas naître tant que l'usage du parfum est confiné à des fins religieuses ou cosmétiques relevant de l'hygiène, du bien-être ou de la séduction. Or, à la différence des autres, la civilisation japonaise n'a jamais pris goût à l'aspersion de parfums et d'eaux de toilette sur le corps, mais a toujours préféré les bois aromatiques *(jinkô)* et les mélanges à brûler *(nerikô)*. Cette prédilection pour les *jinkô* et les *nerikô* explique en grande partie pourquoi a pu se développer un art des fragrances qui confère au parfum un usage esthétique sans le borner à sa fonction corporelle. En libérant le parfum de sa seule dimension hygiénique ou érotique, il devient possible de le mettre à distance du corps et de l'apprécier en lui-même et par lui-même comme une œuvre d'art. La respiration d'un parfum échappe ainsi à la sphère de l'intimité privée ou de la complicité amoureuse pour appartenir à la sphère du public et faire l'objet d'un partage esthétique. Dès lors, rien n'interdit plus de concevoir des musées des parfums ou des expositions où le public est convié à venir humer des fragrances pour leur beauté et leur originalité.

Le *kôdô* nous arrache donc à la tyrannie des habitudes visuelles et des préjugés au sujet du caractère grossier et peu développé de l'odorat en nous invitant à concevoir un art du nez et à inventer des formes esthétiques nouvelles. Certains artistes contemporains s'en sont d'ores et déjà imprégnés, comme le sculpteur Hiroshi Koyama (2004) dans son exposition *Reconnaissance de l'encens,* dont les œuvres excavées sont serties de bâtonnets d'encens qui brûlent, consommant l'impossible mariage de la volute et du volume (Jaquet, 2010). Cet art olfactif raffiné est une preuve éclatante que fragrance rime avec magnificence et que la beauté peut sortir du nez.

---

1. C'est le cas notamment du projet de recherche interdisciplinaire Kôdô : « La création olfactive : du kôdô vers les pratiques artistiques contemporaines », coordonné par Chantal Jaquet, Didier Trotier et Roland Salesse (site Kôdô : <http://kodo.univ-paris1.fr/>, consulté le 13 février 2012).

▸▸ Bibliographie

BORONAD V. (auteur), BORONAD P. (mise en scène), 2010. *Los demonios*, pièce de théâtre.

BOUDONNAT L., KUSHIZAKI L., 2000. *La voie de l'encens*, Philippe Picquier, Arles, 127 p.

CARNÉ V. (de), 2006. *L'encens et le goudron*, pièce de théâtre.

DELVOYE W., 2000. *Cloaca*, installation.

JAQUET C., 2010. *Philosophie de l'odorat*, PUF, Paris, 438 p.

KOYAMA H., 2004. *Reconnaissance de l'encens*, sculpture.

LE GUÉRER A., 1998. *Les pouvoirs de l'odeur*, Odile Jacob, Paris, 323 p.

LE GUÉRER A., 2005. *Le parfum, des origines à nos jours*, Odile Jacob, Paris, 406 p.

MORITO K., 1992. *The Book of Incense*, Kodansha, 134 p.

ROUDNITSKA E., 1977. *L'esthétique en question*, PUF, Paris, 264 p.

SANDOVER A., 2000. *Synesthesia Nuclear Families*, performance.

TOLAAS S., 2001. *Dirty 1*, parfum.

Chapitre 3

Cinquante ans de recherche
sur les sens chimiques

Patrick Mac Leod

Ce n'est qu'au cours des deux dernières décennies que l'on est enfin parvenu à élucider correctement toutes les étapes du processus étonnant, complexe, astucieux et performant grâce auquel ces odeurs et ces goûts que nous créons de toutes pièces nous informent si bien sur l'identité des innombrables molécules dont nous croisons sans cesse la route.

Il nous aura fallu, dans un premier temps, nous appuyer sur notre connaissance déjà très avancée de la chimie pour suivre la piste des relations stimulus-réponse (verbale) données par des sujets humains dans le cadre de plans d'expériences traités statistiquement. Cette approche, trop globale, se prêtait plutôt bien à une analyse de notre perception selon trois points de vue bien distincts mais pas tout à fait indépendants : quantitatif, qualitatif et hédonique.

Les progrès rapides et spectaculaires de l'électronique, puis de l'informatique, ouvrirent alors la voie royale de l'exploration électrophysiologique des réponses des différentes parties du système chimiosensoriel de toutes sortes d'animaux. Quand il fut possible de mettre un peu d'ordre dans la masse inouïe d'informations merveilleusement précises et reproductibles acquises dans le désordre et l'enthousiasme, il était clair qu'une vraie découverte collective, essentielle et définitive avait eu lieu : on venait de comprendre comment la formation du complexe ligand-récepteur était détectée, comment l'information résultante était codée, transmise, mise en forme, discriminée, intégrée. Il restait cependant, aux deux extrémités du système sensoriel, deux domaines inaccessibles à l'électrophysiologie. À l'entrée, les mécanismes cellulaires de la détection et de la transduction n'avaient aucune signature électrique exploitable. Au niveau des centres, l'étude des phénomènes cognitifs devait toujours s'en tenir à l'introspection et aux réponses verbales.

Cette frustration s'atténua brusquement à partir des années 1990, qui virent se développer rapidement l'arsenal des techniques de la biologie moléculaire et de la génétique. Un véritable engouement s'ensuivit qui fit un peu oublier les avantages irremplaçables des approches multidisciplinaires. La moisson de résultats décisifs fut cependant impressionnante, au point d'être rapidement couronnée par l'attribution d'un prix Nobel à Richard Axel et Linda Buck en 2004. Vingt ans plus tard, les différentes parties du présent ouvrage montrent que le long chemin des connaissances qui s'étend de la molécule à l'odeur perçue consciemment est désormais entièrement et solidement balisé.

Il fallut attendre le tournant des années 2000 pour aborder enfin une exploration plus poussée des aspects cognitifs de l'olfaction et du goût, exploration rendue possible par le développement et la généralisation des techniques d'imagerie cérébrale fonctionnelle. L'écriture de ce dernier chapitre est certainement moins avancée que celle des deux précédents pour au moins deux raisons. D'une part, l'étendue du champ d'étude s'agrandit démesurément du fait qu'il s'étend à la sensorialité tout entière et, d'autre part, les techniques d'exploration disponibles n'ont pas encore atteint le niveau de performance nécessaire.

▶▶ Avant 1960 : la psychophysique pose des questions

Avant les années 1960, faute de techniques expérimentales appropriées, notre compréhension des mécanismes de la chimioréception reposait bien davantage sur des conjectures que sur des faits solidement établis. La démarche psychophysique, qui avait si bien réussi dans les domaines de la vision et de l'audition et qui consistait à modéliser mathématiquement une relation stimulus-réponse, s'avérait bien décevante dans le cas de l'olfaction et du goût. Si la structure des organes sensoriels et de leurs connexions nerveuses était parfaitement connue grâce à l'anatomie, à l'histologie et à la microscopie électronique, on ne pouvait en dire autant de leur fonction. Cette dernière n'était abordable que très indirectement et de très loin, par le truchement des réponses verbales de l'homme ou comportementales de l'animal. Il fallait par conséquent recourir massivement au moyennage statistique pour en extraire des évaluations quantitativement utilisables. Cela fonctionnait assez bien avec des stimulus optiques ou acoustiques dont les paramètres physiques étaient parfaitement maîtrisés depuis la fin du XIXᵉ siècle. Cela fonctionnait beaucoup moins bien avec des stimulus odorants ou sapides, en dépit du fait que leurs propriétés chimiques étaient parfaitement connues, avec un luxe de détails. D'excellents chimistes perdirent énormément de temps dans d'innombrables études de relation structure-activité, sans jamais en tirer la moindre satisfaction durable (cf. chapitre 4). Ce n'était pas leur talent d'expérimentateur qui était en défaut, mais leur postulat de départ : personne ne pouvait concevoir l'odeur ou la saveur autrement que comme des propriétés spécifiques de certaines molécules, propriétés que nos sens pouvaient décoder par le truchement d'hypothétiques « récepteurs ». En ce qui concerne les mécanismes de détection et de transduction mis en jeu par ces entités mystérieuses qui avaient un nom, mais pas encore de visage, les conjectures les plus réalistes se limitaient à se demander si l'interaction se faisait par un contact direct ou à distance, par des interférences de nature probablement électromagnétique. Le point de vue du contact direct a eu comme principal promoteur Amoore (1952), qui pensait, sans se soucier le moins du monde d'une quelconque énergie de liaison, que la forme de l'enveloppe électronique de la molécule détermine entièrement son odeur. Le point de vue de l'interaction à distance avait l'avantage de conforter l'archétype de l'immatérialité de l'odeur par un habillage scientifique. S'appuyant sur des mesures de spectres infrarouges, cette théorie fut d'abord proposée par Dyson en 1938, puis reprise par Wright en 1966 dans le cas particulier des Insectes. Elle a même encore un défenseur contemporain, Turin (1996 ; 2007), en dépit du fait qu'elle a perdu tout intérêt autre qu'historique. Une autre énigme non résolue était celle du vocabulaire applicable aux goûts et aux odeurs : il était tout à fait impensable que l'on échoue à les classifier et à les nommer de façon consensuelle, alors que cela se faisait si naturellement et si efficacement pour les sons, les formes ou les couleurs (cf. chapitre 28). Pourtant, l'évidence têtue s'imposait, sans aucune explication plausible.

Nous verrons qu'un autre obstacle de taille, lié à l'importance des variances inter-individuelles, était encore insoupçonné : personne n'imaginait que les molécules puissent ne pas avoir, au moins approximativement, la même odeur ou la même saveur pour tous les observateurs. De fait, l'idée que l'odeur et le goût dépendent autant de l'observateur que de l'objet perçu n'a vu le jour que très tardivement (cf. chapitre 19).

▶▶ 1960-1980 : l'électrophysiologie apporte des réponses

Avec la parution de l'étude magistrale et exemplaire d'Ottoson (1955) sur l'électro-olfactogramme de grenouille, l'année 1956 marque l'entrée de nos recherches dans une période faste : les progrès spectaculaires de l'électronique et des techniques électrophysiologiques ouvrent la voie d'une approche directe et rigoureuse des signaux électriques qu'échangent cellules sensorielles et réseaux de neurones. Pendant les deux décennies qui suivent, c'est une moisson inouïe de faits expérimentaux précis et incontestables qui fait définitivement basculer les neurosciences dans le camp des sciences « dures ». Les enregistrements unitaires se multiplient grâce aux microélectrodes d'abord extracellulaires puis intracellulaires, et les fonctions neuronales de transmission, de traitement et de codage de l'information sont explorées et interprétées. Le code unique et universel des échanges synaptiques, et la modulation de fréquence d'impulsions électriques marient idéalement les avantages du numérique des impulsions par tout ou rien, parfaitement binaires, avec les variations parfaitement analogiques de leur fréquence… La structure et la fonction d'un bulbe olfactif, d'un lobe antennaire, d'une rétine ou d'une cochlée sont désormais dépouillés de (presque) tous leurs mystères (cf. partie III).

À la fin des années 1970, on découvre les premières cartographies d'images sensorielles olfactives obtenues par autohistoradiographie au 2-désoxyglucose marqué au ^{14}C. Ces images surprennent par leur caractère totalement imprédictible (Jourdan *et al.*, 1980). Elles défient toute classification par objet (la source de l'odeur) aussi bien que par sujet (l'individu qui perçoit l'odeur). Elles invalident totalement et définitivement toute velléité de rechercher l'existence de ces relations structure/activité dont rêvèrent en vain des générations de chimistes pendant trois quarts de siècle. Il devient dès lors évident que la perception de l'odeur résulte de l'extraction d'un invariant de forme à partir de l'image sensorielle brute qui se dessine à chaque inspiration à la surface du bulbe olfactif. L'analogie avec la vision s'impose : le traitement cognitif de l'information olfactive procède de la reconnaissance de forme, ce qui lui confère des potentialités équivalentes à celles qui sont mises en jeu dans la reconnaissance visuelle des visages, par exemple. Ce type de traitement favorise particulièrement la discrimination des objets et son complément : leur identification. On ne s'étonnera pas que l'évolution ait sélectionné une telle modalité dont la valeur vitale est évidente, *a fortiori* quand elle guide le choix des aliments d'un omnivore.

▶▶ Depuis 1990 : la biologie moléculaire décuple nos connaissances

Après le saut qualitatif de nos connaissances sur le fonctionnement neurosensoriel que l'électrophysiologie nous avait procuré, notre ignorance des réalités intracellulaires était devenue si criante qu'il devenait urgent de tester les hypothèses, souvent assez judicieuses, formulées au fil du temps sur les protéines réceptrices, les canaux ioniques ou les seconds messagers. En quelques années, la PCR *(polymerase chain reaction),* le séquençage, le clonage, la génétique, la génomique, les manipulations génétiques, les anticorps monoclonaux, la microscopie confocale, les nanotechnologies, etc., devinrent disponibles pour une nouvelle génération d'expérimentateurs. Fascinés par la découverte des foisonnements de la vie intérieure des cellules, rompus à une approche rigoureuse apprise au contact des sciences de la matière, enivrés par la puissance de leurs nouveaux outils, ils se crurent d'abord pionniers des sciences de la vie et se comportèrent comme tels. Ignorant délibérément les connaissances acquises antérieurement, ils se mirent à accumuler rapidement des quantités inouïes de très bons résultats expérimentaux dont la signification leur échappait, de telle sorte qu'ils s'amoncelèrent dans d'immenses bases de données ouvertes à tous. Il y eut alors un intervalle de quelques années pendant lequel les « bonnes » questions que se posaient les spécialistes de l'olfaction et du goût sont restées lettre morte. C'est à Buck et Axel (1991) que l'on doit d'avoir repris le flambeau d'une recherche bien conduite sur les récepteurs olfactifs. Ils ont déterminé la structure générale de protéines à sept segments transmembranaires couplées à des protéines G. Ils ont montré que la famille des récepteurs olfactifs compte environ mille membres chez la souris et trois cent cinquante chez l'homme. Quelques années plus tard, une donnée essentielle fut acquise : les axones émis par les neurorécepteurs qui expriment un même récepteur sont connectés à un même glomérule (Mombaerts *et al.,* 1996 ; Ressler *et al.,* 1994). Voilà qui établissait définitivement que, pour un sujet donné, l'image sensorielle d'une odeur est une image de ses propres récepteurs, représentation indirecte des molécules odorantes qui les ont activés. Ajoutant à cela le fait que le décodage complet des gènes olfactifs de plusieurs centaines de sujets humains de diverses origines ethniques a montré que deux sujets choisis au hasard n'ont jamais en moyenne plus de 50 % de gènes identiques (Hasin-Brumshtein *et al.*, 2009), il est clair que cela exclut toute possibilité d'une perception identique pour deux personnes soumises à la même stimulation odorante. La mise en évidence d'une neurogenèse permanente en plusieurs points des voies olfactives (cf. chapitre 11) vient nourrir de nouvelles spéculations sur la mémoire olfactive, d'une part, et sur la plasticité et l'adaptation individuelle de l'homme à son environnement, d'autre part. Il reste encore une question formulée de longue date, mais qui attend la mise au point d'outils expérimentaux appropriés : quelles sont les molécules capables d'activer un récepteur olfactif donné ?

▶▶ Que pouvons-nous attendre de l'imagerie cérébrale ?

Les neurosciences cognitives ont fait, au cours de la dernière décennie, des progrès considérables grâce au développement rapide des techniques d'imagerie cérébrale fonctionnelle. L'exploration des fonctions supérieures du cerveau humain ne pouvait se faire que très parcimonieusement en se limitant aux ressources de l'introspection, des réponses verbales et de l'observation des comportements. L'électroencéphalographie (EEG) et le recueil des potentiels évoqués avaient permis de localiser quelques zones de projection des afférences sensorielles visuelles, somesthésiques ou auditives. L'anatomie pathologique et la neurochirurgie nous avaient peu à peu appris l'essentiel des voies et des centres moteurs et sensoriels. On avait récemment fini par comprendre que le plaisir est une fonction physiologique d'importance vitale, avec ses centres, ses entrées, ses sorties et ses neurotransmetteurs. L'arrivée de l'imagerie par résonance magnétique fonctionnelle (IRMf) et, dans une moindre mesure, de la magnétoencéphalographie (MEG) nous donnèrent alors accès à l'observation directe, non invasive, des activations spatio-temporelles du cerveau en 3D d'un individu éveillé (presque) libre de sentir, de penser et d'agir à sa guise. Après l'engouement de l'imagerie « tous azimuts » des premières années, le bilan n'est pas du tout décevant, mais mitigé, il nous faut le reconnaître (cf. chapitre 26). Comme toujours, la difficulté rencontrée est technique avant d'être intellectuelle. La résolution des images de l'IRMf est d'environ 3 mm dans l'espace et de 5 s dans le temps ; la MEG suit bien les activités à la milliseconde près, mais ne gère guère l'espace : il nous faut attendre l'arrivée d'une résolution de 1 mm dans l'espace et de 1 ms dans le temps pour visualiser les détails essentiels ; on ne voit rien d'intéressant dans un bulbe olfactif humain de 15 voxels. En dépit de ses limites frustrantes, cette imagerie nous a déjà permis de comprendre quelques aspects fondamentaux de l'intégration des informations chimiosensorielles : cette étape est avant tout multisensorielle, c'est-à-dire que l'olfaction et le goût n'ont plus de représentation spécifique à ce niveau, car ils sont intégrés dans une représentation globale de l'objet sapide et/ou odorant ; cette représentation est fortement marquée par sa dimension hédonique ; elle varie notablement en fonction de l'apprentissage et de la familiarité avec le stimulus. Enfin, on a pu montrer que l'image cérébrale d'une stimulation imaginaire est quasiment identique à celle d'une stimulation réelle.

Cette exploration « bridée » par les limites provisoires de nos outils d'investigation nous fait mieux ressentir à quel point nous ignorons encore presque tout des mécanismes de la mémorisation des événements sensoriels et de leur rappel à l'occasion d'une nouvelle stimulation.

▸▸ Conclusion

Nous disposons aujourd'hui, pour la première fois, de moyens extraordinaires, propices à l'approche multidisciplinaire qui s'impose à nous désormais si nous voulons continuer d'exploiter le filon si fécond dont nous venons de survoler l'incroyable richesse. Mais nous devrons aussi prendre pleinement conscience du défi surprenant que nous posent les avancées de cette recherche sur l'olfaction et le goût en nous montrant qu'il n'existe pas d'observateur standard en ce domaine. Afin d'introduire ces nouvelles connaissances dans notre culture commune, nous devrons inventer de toutes pièces le « parler vrai » nouveau qui nous permettra de considérer la vérité des objets et celle des sujets comme les deux facettes d'une même réalité.

▸▸ Bibliographie

AMOORE J.E., 1952. The stereochemical specificities of human olfactory receptors. *Perfumery and Essential Oils Records,* 43, 321-330.

BUCK L., AXEL R., 1991. A novel multigene family may encode odorant receptors: a molecular basis for odor recognition. *Cell,* 65 (1), 175-187.

DYSON G.M., 1938. The scientific basis of odour. *Chemistry and Industry,* 16, 647-651.

HASIN-BRUMSHTEIN Y., LANCET D., OLENDER T., 2009. Human olfaction: from genomic variation to phenotypic diversity. *Trends in Genetics,* 25 (4), 178-184.

JOURDAN F., DUVEAU A., ASTIC L., HOLLEY A., 1980. Spatial distribution of ^{14}C 2-deoxyglucose uptake in the olfactory bulbs of rats stimulated with two different odours. *Brain Research,* 188 (1), 139-154.

MOMBAERTS P., WANG F., DULAC C., CHAO S.K., NEMES A., MENDELSOHN M., EDMONDSON J., AXEL R., 1996. Visualizing an olfactory sensory map. *Cell,* 87 (4), 675-686.

OTTOSON D., 1955. Analysis of the electrical activity of the olfactory epithelium. *Acta Physiologica Scandinavica,* 35 (122), (suppl.), 1-83.

RESSLER K.J., SULLIVAN S.L., BUCK L.B., 1994. Information coding in the olfactory system. Evidence for a stereotyped and highly organized epitope map in the olfactory bulb. *Cell,* 79, 1245-1255.

TURIN L., 1996. A spectroscopic mechanism for primary olfactory reception. *Chemical Senses,* 21, 773-791.

TURIN L., 2007. *The Secret of Scent,* Faber and Faber, Londres, 224 p.

WRIGHT R.H., 1966. Odor and molecular vibration. *Nature,* 209, 571-573.

Partie II

Signaux chimiques et protéines porteuses

Chapitre 4

Les molécules odorantes, sapides et trigéminales

Thierry THOMAS-DANGUIN, Élodie MAÎTREPIERRE,
Maud SIGOILLOT, Loïc BRIAND et Anne TROMELIN

▸▸ Définitions

Les trois catégories de sensations, saveurs, odeurs et sensations trigéminales, relèvent de ce que l'on appelle la sensibilité chimique parce qu'elles se rapportent à des propriétés moléculaires des stimulus, par opposition à des sensibilités qui mettent en jeu des propriétés physiques comme la vue ou le toucher (Holley, 2006).

Ces molécules sont des composés chimiques, d'origine naturelle ou non, qui ont la faculté d'atteindre puis d'activer les récepteurs chimiosensoriels situés dans la sphère oropharyngée. Ces molécules vont donc avoir pour cible les trois systèmes nerveux distincts que sont l'olfaction, la gustation et la sensibilité trigéminale (orale et nasale).

Les molécules odorantes sont perçues par le système olfactif lorsqu'elles activent les récepteurs olfactifs situés dans la cavité nasale, au niveau de l'épithélium olfactif (Buck et Axel, 1991 ; cf. chapitres 8 et 9). Cette perception peut s'opérer par voie orthonasale, lorsque les molécules accèdent directement à la cavité nasale ; dans ce cas, elles donnent naissance à l'odeur. Les molécules volatiles peuvent aussi atteindre l'épithélium olfactif par voie rétronasale, lorsqu'elles sont libérées dans la cavité buccale (Negoias *et al.*, 2008) ; dans ce cas, on parle d'arôme. Il arrive que l'on désigne par le même mot les sensations et les substances qui en sont à l'origine (Holley, 2006) ; on parle ainsi d'« arôme fraise » pour le mélange de substances formulé par l'aromaticien pour évoquer la sensation aromatique fraise, appelée elle aussi « arôme fraise ».

Les molécules sapides activent le système gustatif et sont détectées par des récepteurs situés dans la cavité buccale, au niveau des bourgeons gustatifs (Abe, 2008 ; cf. chapitre 19). On considère aujourd'hui qu'il existe une certaine diversité des saveurs, mais il semble tout de même possible de distinguer cinq grandes catégories de saveurs : salé, sucré, amer, acide et umami (Lindemann, 2001), auxquelles il faudrait peut-être ajouter le « goût du gras » (Laugerette *et al.*, 2005).

Les molécules trigéminales sont capables d'activer les récepteurs associés au très polyvalent cinquième nerf crânien (trijumeau, cf. chapitre 18). Ce nerf véhicule des sensations très diverses : tactiles, thermiques, douloureuses et chimiques (Brand, 2006 ; Hummel et Livermore, 2002). Même si certaines molécules ont une action principale sur le nerf trijumeau, la plupart des molécules odorantes peuvent, en fait, stimuler le nerf trijumeau (Doty *et al.*, 1978), notamment à de fortes concentrations.

Les sensations olfactives, gustatives et trigéminales sont caractérisées principalement par leur qualité, leur intensité et leur valence hédonique (appréciation ou rejet). La combinaison complexe des sensations olfactives, gustatives et trigéminales perçues lors de la dégustation constitue la flaveur des aliments (Thomas-Danguin, 2009).

▸▸ Propriétés physicochimiques, structurales et sensorielles

Le premier véritable stade de la perception des molécules consiste en une interaction avec des détecteurs. Ces détecteurs sont toujours des protéines transmembranaires, et sont soit des canaux ioniques, soit des récepteurs couplés aux protéines G (RCPG). Dans le cas des canaux ioniques, les ions empruntent les canaux pour entrer dans la cellule réceptrice et ainsi conduire à son activation. Dans le cas des RCPG, l'interaction protéine-ligand peut soit provoquer l'activation d'une voie de transduction qui se traduit par un signal (molécule agoniste), soit empêcher cette activation (molécule antagoniste). Cette reconnaissance conduit, lorsqu'elle est spécifique, à définir ce qui dans la molécule ligand lui donne ses propriétés vis-à-vis du récepteur. L'ensemble de ces caractéristiques est appelé « pharmacophore », et définit les parties de la molécule qui portent *(phoros)* les caractéristiques essentielles responsables de son activité biologique *(pharmakon)* (Iupac, 1998).

Les propriétés sensorielles sont bien sûr déterminées par l'activation des systèmes chimiosensoriels cibles des molécules, mais avant tout par l'accès des molécules à leurs détecteurs. Pour cela, elles doivent posséder certaines propriétés physicochimiques, différentes selon les systèmes sensoriels cibles.

Molécules odorantes

Les molécules odorantes sont avant tout des molécules organiques volatiles, puisqu'elles doivent être présentes en phase gazeuse pour pouvoir être véhiculées par le courant d'air inspiratoire ou expiratoire et atteindre les récepteurs olfactifs situés dans la partie supérieure de la cavité nasale. Ainsi, ce sont pour la plupart de petites molécules, dont la masse molaire peut aller d'environ 30 g/mol (31 g/mol pour la méthylamine CH_3NH_2) jusqu'à plus de 400 g/mol (407 g/mol pour l'acétylcitrate de tributyl $C_{20}H_{34}O_8$, décrit avec une très faible odeur fruitée, sucrée et vineuse) ; la plupart des molécules ont en fait des masses molaires comprises entre 120 et 220 g/mol. Elles sont diversement fonctionnalisées : esters, alcools, cétones, aldéhydes, éthers, amines, etc., certaines portant plusieurs groupes fonctionnels. La plupart des molécules odorantes ont des chaînes carbonées de 5 à 12 carbones qui leur confèrent une assez forte hydrophobie, reflétée par la valeur du coefficient de partage octanol/eau (logP), valeur le plus souvent positive (logP compris entre 2 et 5). Elles sont par conséquent peu solubles dans l'eau, mais la valeur de leur coefficient de partage à l'équilibre entre un milieu aqueux et la phase gazeuse indique néanmoins que leur concentration en phase liquide est au moins égale ou du même ordre que leur concentration en phase gazeuse (Kopjar *et al.*, 2010).

Vis-à-vis des récepteurs, les molécules odorantes peuvent établir des liaisons de type van der Waals, généralement regroupées sous l'appellation d'interactions hydrophobes ; celles qui portent des hétéroatomes fortement électronégatifs (oxygène, azote) peuvent établir des liaisons hydrogène. Le premier stade de la perception olfactive se fait donc par la liaison, puis par l'activation des récepteurs dont la spécificité est plus ou moins large (Sanz *et al.*, 2005).

Par analogie avec le terme de pharmacophore, on emploie les termes d'odophore ou d'odotope pour décrire ce qui dans une molécule odorante serait responsable de sa note particulière. En fait, cet aspect est très complexe dans le cas des molécules odorantes, puisque les humains peuvent identifier des milliers d'odeurs avec seulement 380 récepteurs olfactifs. Il n'est donc pas possible qu'une molécule odorante ait un seul récepteur, ce qui a conduit à la proposition d'un modèle de codage combinatoire des odeurs (Malnic *et al.*, 1999 ; Saito *et al.*, 2009 ; Sicard et Holley, 1984).

Du fait de la complexité de ce codage, il apparaît difficile de prévoir la qualité odorante d'une molécule (Sell, 2006). Par exemple, la note « rose » est portée par des molécules apparemment aussi différentes que le 2-phényléthanol et la 2-undécanone (figure 4.1). Néanmoins, plusieurs études ont montré que des groupes de molécules ayant une même note odorante avaient des éléments de structure communs, et en particulier un arrangement spatial de ces éléments de structure (figure 4.2). Ces travaux ont ainsi permis de créer de nouvelles molécules odorantes, par exemple des molécules avec des odeurs de musc ou de bois de santal (Frater *et al.*, 1998 ; Gautschi *et al.*, 2001).

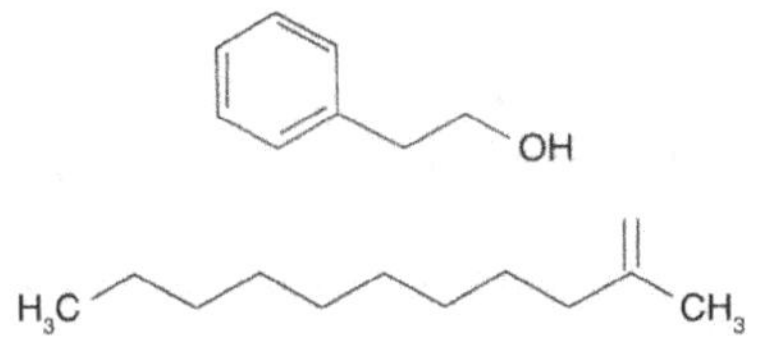

Figure 4.1. Structures du 2-phényléthanol (en haut) et de la 2-undécanone (en bas).

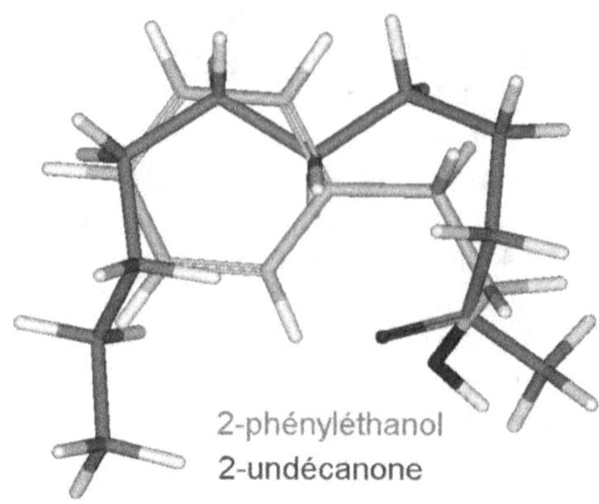

Figure 4.2. Superposition spatiale du 2-phényléthanol (gris clair) et de la 2-undécanone (gris sombre).

Il faut noter que la plupart des odeurs résultent de la perception de mélanges plus ou moins complexes de molécules odorantes qui sont à l'origine de l'activation de plusieurs récepteurs olfactifs. Dans ce cas, la combinatoire est d'autant plus importante qu'elle peut mettre en jeu des compétitions entre odorants vis-à-vis de leurs récepteurs (Chaput *et al.*, 2012 ; Spehr *et al.*, 2004).

Molécules sapides

Les molécules sapides sont des molécules polaires, hydrophiles puisque leur perception implique une dissolution dans la salive. Ces molécules sont perçues par deux types de détecteurs connus. Les détecteurs des saveurs salées et acides sont des canaux ioniques. En revanche, les récepteurs au sucré, à l'amer et à l'umami appartiennent, comme les récepteurs olfactifs, à la famille des RCPG (cf. chapitre 19).

Les saveurs salée et acide sont générées par des ions. Ainsi l'ion sodium (Na^+) est le principal composé engendrant la saveur salée, mais d'autres espèces ioniques comme l'ion potassium (K^+) peuvent aussi être responsables d'une sensation salée. Ces cations (ions positifs) se trouvent naturellement sous forme de sel, c'est-à-dire associés à un anion comme l'ion chlorure (Cl^-). Ainsi le chlorure de sodium (NaCl) est le constituant quasiment unique du sel de table. D'une manière générale, le goût des sels minéraux est plutôt relié à la nature du cation, mais l'anion joue un rôle de modulateur (Murphy *et al.*, 1981). Certains dérivés d'acides aminés ou de peptides auraient un goût salé (Kawasaki *et al.*, 1988).

Les protons (ions H^+) sont les composés responsables de la saveur acide. Ces ions, vraisemblablement sous la forme d'ions H_3O^+ une fois en bouche, sont apportés par des acides. Dans les aliments, ces acides sont essentiellement d'origine organique, comme les acides carboxyliques mono, di ou trifonctionnels (acides acétique dans le vinaigre, malique dans les fruits, tartrique dans le vin, citrique dans le citron, etc.). Ils sont sous forme carboxylate au pH physiologique, leurs pKa étant de l'ordre de 3 à 5, et jusqu'à 6 pour la troisième acidité de l'acide citrique.

La saveur sucrée peut être initiée par des sucres d'origine naturelle, comme le saccharose, qui est composé d'une entité glucose et d'une entité fructose, elles-mêmes possédant une saveur sucrée lorsqu'elles sont considérées séparément. Si le goût sucré est toujours associé aux sucres eux-mêmes, il existe d'autres molécules qui peuvent avoir un goût sucré (Meyers et Brewer, 2008). La recherche de molécules sucrées sans pouvoir calorique a conduit à la synthèse et à l'utilisation de molécules qui donnent une saveur sucrée sans apporter autant de calories que le sucre. Parmi ces composés, on trouve des molécules organiques cycliques comportant un atome de soufre lié à plusieurs atomes d'oxygène comme la saccharine, l'acésulfame de potassium et le cyclamate de sodium. Ces différents édulcorants sont souvent mélangés entre eux dans les préparations alimentaires, ce qui améliore la qualité globale du goût sucré.

Le plus récent des édulcorants de synthèse actuellement commercialisés est le sucralose ($C_{12}H_{19}Cl_3O_8$), découvert en 1976 (Hough, 1989). Son pouvoir sucrant est intense, 500 à 600 fois plus élevé que celui du saccharose, c'est-à-dire que sa saveur sucrée est perçue comme 500 à 600 fois plus intense que celle produite par du saccharose à la même concentration. Il est dérivé du saccharose par chloration sélective, trois groupes hydroxyles étant substitués par trois atomes de chlore. En plus de son haut pouvoir sucrant, il a l'avantage d'être plus stable à la température que l'aspartame. D'autres édulcorants sont des enchaînements d'acides aminés. Ainsi l'aspartame ($C_{14}H_{18}N_2O_5$), dont la synthèse a été publiée en 1966, est un dipeptide estérifié composé de deux acides aminés naturels, l'acide L-aspartique et la L-phénylalanine. Son pouvoir sucrant est environ 200 fois supérieur à celui du saccharose (Mazur, 1976).

Un petit nombre de protéines ont également un fort pouvoir sucrant (500 à 3 000 fois supérieur à celui du saccharose). Ces protéines sucrées, toutes d'origine végétale, possèdent un fort potentiel dans l'industrie agroalimentaire comme édulcorants naturels à faible teneur en calorie. Bien qu'elles soient toutes de petite taille, elles ne partagent aucune homologie de séquence, ni de structures secondaires ou encore de motifs tridimensionnels. Parmi les protéines les plus connues figurent la brazzéine (6,5 kDa), qui a l'avantage d'être thermostable et résistante aux variations de pH (Kant, 2005), la monelline (10,7 kDa) et la thaumatine (22,2 kDa). Cette dernière est autorisée comme édulcorant dans de nombreux pays. Citons enfin la mabinline et la pentadine, dont les propriétés sucrantes ont été peu étudiées. Il faut noter que malgré les travaux réalisés, les mécanismes de fixation de ces protéines au récepteur au goût sucré s'avèrent encore largement méconnus.

D'autres protéines possèdent la propriété surprenante de transformer un goût acide en goût sucré. Une de ces protéines nommée miraculine est présente dans les baies du fruit *Richadella dulcifica,* appelé aussi fruit miracle (Theerasilp et Kurihara, 1988). La miraculine est une protéine homodimérique glycosylée composée de 191 acides aminés. Bien que dépourvue de saveur lorsqu'elle est mise en bouche, une solution acide en application successive génère une sensation sucrée qui peut avoir une intensité sucrée 400 000 fois supérieure à celle du saccharose. La structure tridimensionnelle de la miraculine n'est pas encore connue. Cependant, un mécanisme d'action a été proposé selon lequel la miraculine serait capable de se lier au récepteur du goût sucré à pH neutre sans l'activer, tandis qu'un passage en milieu acide entraînerait un changement de conformation de la protéine, qui activerait alors le récepteur. Une seule protéine (35 acides aminés) a été décrite comme pouvant inhiber spécifiquement la perception de la saveur sucrée chez les rongeurs, alors qu'elle est faiblement active chez l'être humain. Cette protéine appelée gurmarine a été isolée des feuilles de la plante indienne *Gymnema sylvestre* (Imoto *et al.*, 1991). Bien que son mode d'action reste inconnu jusqu'à présent, il a été proposé que la gurmarine puisse interagir directement avec le récepteur du goût sucré.

Les molécules amères les plus connues sont la caféine, les dérivés de la quinine ainsi que le α-D-glucopyranoside et la naringine, ces deux dernières molécules étant des sucres diversement substitués. En plus de ces molécules, il en existe qui peuvent avoir un goût amer ou sucré selon leur concentration. C'est le cas par exemple de la saccharine. Des études de structure-activité de molécules amères et sucrées ont montré qu'elles partageaient certaines caractéristiques structurales et spatiales (Froloff *et al.*, 1996). Ceci peut expliquer pourquoi les goûts sucré et amer, en apparence très éloignés, peuvent être portés par une seule molécule dans la mesure où cette molécule est capable d'activer les deux types de récepteurs (Kuhn *et al.*, 2004). Des acides aminés ou des peptides sont également responsables de goûts sucré et/ou amer (Roudot-Algaron et Yvon, 1998).

Le terme « umami » vient du mot japonais うま味 et signifie « délicieux ». Le goût umami, découvert en 1908 par le professeur Ikeda, est le goût caractéristique de certains acides aminés tels que le L-glutamate et le L-aspartate. Une des spécificités du goût umami est l'action synergique observée entre le L-glutamate et certains ribonucléotides, comme l'inosine monophosphate (IMP) ou la guanosine mono-phosphate (GMP). L'industrie agroalimentaire utilise d'ailleurs couramment cette propriété, puisque les ribonucléotides et le L-glutamate sous forme de glutamate monosodique servent d'exhausteurs de goût (Jinap et Hajeb, 2010). Il convient de noter que de nombreux aliments comme la viande, le poisson, le fromage et certains légumes contiennent naturellement de grandes quantités de glutamate libre à l'origine de leur goût caractéristique.

Molécules trigéminales

Pour ce qui concerne la sensibilité trigéminale (cf. chapitre 18), il a été observé que certains composés aptes à induire des sensations trigéminales telles que le rafraî-chissant (menthol) ou le brûlant (capsaïcine) sont aussi des agonistes de canaux responsables de la sensibilité thermique (respectivement TRPM8, CMR1, VR1 et TRPV1) (Babes *et al.*, 2011 ; McKemy *et al.*, 2002). Par exemple, le menthol et le camphre produisent des effets décrits comme froids ; la capsaïcine, composé actif du piment, produit une sensation de chaleur, tandis que les dérivés allyliques présents dans la moutarde et les oignons ainsi que le dioxyde de carbone (CO_2) des boissons gazeuses provoquent une sensation d'irritation.

▸▸ Bases de données

Il existe plusieurs bases de données concernant les molécules de la flaveur. Une des plus anciennes et des plus complètes est la base d'Arctander (2000), qui a créé une référence essentielle sur les constituants des parfums naturels. Cette base est divisée en deux parties, molécules naturelles et molécules de synthèse, et regroupe les descriptions odorantes d'environ trois mille molécules.

La Flavor Base Leffingwell[1] se présente sous la forme électronique d'un logiciel et recense les données (origine, note odorante, occurrences naturelles, données structurales et physicochimiques) d'environ quatre mille molécules. La description odorante donnée par Leffingwell et Associates est complétée par de nombreuses références, dont la description donnée par Arctander pour une grande partie des molécules reportées.

Il existe d'autres bases, souvent orientées vers les parfums, certaines étant accessibles par Internet. C'est par exemple le cas des bases de données SuperScent (Dunkel *et al.*, 2009), The Good Scents, Flavornet et la classification de la Société française des parfumeurs[2].

▸▸ Classifications

La classification des saveurs suit les grandes catégories définies plus haut : salé, acide, sucré, amer, umami. En ce qui concerne la sensibilité trigéminale, il n'y a pas de classification établie, même si on distingue les composés à action brûlante, rafraîchissante et irritante.

La classification des odeurs constitue un problème assez ardu, de sorte qu'il n'existe pas vraiment de classification unanimement reconnue. Pour ce qui concerne l'être humain, les odeurs sont une source d'information sur son environnement et son alimentation ; c'est la raison pour laquelle les odeurs sont souvent spontanément classées en bonnes et mauvaises. Cette classification hédonique bipolaire constitue la structure la plus collectivement admise (Bensafi *et al.*, 2002 ; Khan *et al.*, 2007).

Au-delà de ce caractère plaisant/déplaisant, il existe un très grand nombre de classifications, chacune établie selon un champ d'application particulier (parfums, vins, comté, etc.). Des tentatives de classification ont également été publiées dans la littérature scientifique : classification de Linné en 1756, de Henning en 1915 (Chastrette, 1995). Le chercheur américain Amoore, qui travaillait sur une théorie de codage olfactif, a ainsi proposé en 1962 une classification des odeurs sur la base de sept odeurs primaires (éthéré, camphré, menthé, floral, musqué, putride et piquant) (Amoore, 1962). Plus tard, il a étendu sa classification en basant la définition d'odeurs primaires sur l'existence d'anosmies spécifiques aux odeurs qu'il avait entrepris de recenser (Amoore, 1977). En 1982, il avait recensé quatre-vingt-neuf anosmies spécifiques, mais la liste n'est certainement pas complète (Chastrette, 1995).

L'idée de regrouper les odeurs sur la base des propriétés communes aux objets appartenant à une même catégorie convient en réalité assez mal. Il a ainsi été proposé d'utiliser,

---

1. Voir le site Internet <http://www.leffingwell.com/flavbase.htm> (consulté le 13 février 2012).
2. SuperScent : <http://bioinf-applied.charite.de/superscent/> ; The Good Scents : <http://www.thegoodscentscompany.com/> ; Flavornet : <http://www.flavornet.org/flavornet.html> ; Société française des parfumeurs : <http://www.parfumeur-createur.com> (consultés le 13 février 2012).

pour les objets olfactifs, la conception développée par la théorie des prototypes (Chrea *et al.,* 2005). Dans ce cas, les catégories se construisent autour d'un prototype et tout objet qui ressemble au prototype est rangé dans la même catégorie. Selon cette classification, l'espace olfactif est jonché de repères autour desquels se dessinent des catégories aux frontières floues et dont les fondements peuvent être variés (saillances perceptives, familiarité…). Se pose dès lors la question de l'universalité des prototypes. Celle-ci reste reste néanmoins encore largement discutée (Chrea *et al.,* 2005).

▸▸ Bibliographie

ABE K., 2008. Studies on taste: molecular biology and food science. *Bioscience Biotechnology and Biochemistry,* 72 (7), 1647-1656.

AMOORE J.E., 1962. The stereochemical theory of olfaction. 1. Identification of the seven primary odours. *In: Proceedings of the Scientific Section, Toilet Goods Association,* 37 (suppl.), 1-12.

AMOORE J.E., 1977. Specific anosmia and the concept of primary odors. *Chemical Senses and Flavor,* 2, 267-281.

ARCTANDER S., 2000. *Arctander's perfume and flavor chemicals* (2 vol.), Allured Publishing Corporation.

BABES A., CIOBANU A.C., NEACSU C., BABES R.M., 2011. TRPM8, a sensor for mild cooling in mammalian sensory nerve endings. *Current Pharmaceutical Biotechnology,* 12 (1), 78-88.

BENSAFI M., ROUBY C., FARGET V., BERTRAND B., VIGOUROUX M., HOLLEY A., 2002. Autonomic nervous system responses to odours: the role of pleasantness and arousal. *Chemical Senses,* 27 (8), 703-709.

BRAND G., 2006. Olfactory/trigeminal interactions in nasal chemoreception. *Neuroscience and Biobehavioral Reviews,* 30 (7), 908-917.

BUCK L., AXEL R., 1991. A novel multigene family may encode odorant receptors: a molecular basis for odor recognition. *Cell,* 65 (1), 175-187.

CHAPUT M.A., EL MOUNTASSIR F., ATANASOVA B., THOMAS-DANGUIN T., LE BON A-M., PERRUT A., FERRY B., DUCHAMP-VIRET P., 2012. Interactions of odorants with olfactory receptors and receptor neurons match the perceptual dynamics observed for woody and fruity odorant mixtures. *European Journal of Neuroscience,* 35 (3-4), 584-597.

CHASTRETTE M., 1995. *L'art des parfums,* Questions de science, Hachette, Paris, 140 p.

CHREA C., VALENTIN D., SULMONT-ROSSE C., NGUYEN D.H., ABDI H., 2005. Semantic, typicality and odor representation: a cross-cultural study. *Chemical Senses,* 30 (1), 37-49.

DOTY R.L., BRUGGER W.E., JURS P.C., ORNDORFF M.A., SNYDER P.J., LOWRY L.D., 1978. Intranasal trigeminal stimulation from odorous volatiles: psychometric responses from anosmic and normal humans. *Physiology and Behavior,* 20 (2), 175-185.

DUNKEL M., SCHMIDT U., STRUCK S., BERGER L., GRUENING B., HOSSBACH J., JAEGER I.S., EFFMERT U., PIECHULLA B., ERIKSSON R., KNUDSEN J., PREISSNER R., 2009. SuperScent, a database of flavors and scents. *Nucleic Acids Research,* 37, D291-D294.

FRATER G., BAJGROWICZ J.A., KRAFT P., 1998. Fragrance chemistry. *Tetrahedron,* 54 (27), 7633-7703.

FROLOFF N., FAURION A., MAC LEOD P., 1996. Multiple human taste receptor sites: a molecular modeling approach. *Chemical Senses,* 21 (4), 425-445.

GAUTSCHI M., BAJGROWICZ J.A., KRAFT P., 2001. Fragrance chemistry: milestones and perspectives. *Chimia,* 55 (5), 379-387.

HOLLEY A., 2006. *Le cerveau gourmand,* Odile Jacob, Paris, 254 p.

HOUGH L., 1989. Sucrose, sweetness and sucralose. *International Sugar Journal,* 91 (1082), 23-37.

HUMMEL T., LIVERMORE A., 2002. Intranasal chemosensory function of the trigeminal nerve and aspects of its relation to olfaction. *International Archives of Occupational and Environmental Health,* 75 (5), 305-313.

IMOTO T., MIYASAKA A., ISHIMA R., AKASAKA K., 1991. A novel peptide isolated from the leaves of *Gymnema sylvestre.* 1. Characterization and its suppressive effect on the neural responses to sweet taste stimuli in the rat. *Comparative Biochemistry and Physiology,* 100A (2), 309-314.

IUPAC, 1998. Glossary of terms used in medicinal chemistry. The International Union of Pure and Applied Chemistry, <http://www.chem.qmul.ac.uk/iupac/medchem/ix.html#p7> (consulté le 13 février 2012).

JINAP S., HAJEB P., 2010. Glutamate. Its applications in food and contribution to health. *Appetite*, 55 (1), 1-10.

KANT R., 2005. Sweet proteins, potential replacement for artificial low calorie sweeteners. *Nutrition Journal*, 4 (5), 5.

KAWASAKI Y., SEKI T., TAMURA M., KIKUCHI E., TADA M., OKAI H., 1988. Glycine methyl or ethyl ester hydrochloride as the simplest examples of salty peptides and their derivatives. *Agricultural and Biological Chemistry*, 52 (10), 2679-2681.

KHAN R.M., LUK C.H., FLINKER A., AGGARWAL A., LAPID H., HADDAD R., SOBEL N., 2007. Predicting odor pleasantness from odorant structure: pleasantness as a reflection of the physical world. *Journal of Neuroscience*, 27 (37), 10015-10023.

KOPJAR M., ANDRIOT I., SAINT-EVE A., SOUCHON I., GUICHARD E., 2010. Retention of aroma compounds: an interlaboratory study on the effect of the composition of food matrices on thermodynamic parameters in comparison with water. *Journal of the Science of Food and Agriculture*, 90 (8), 1285-1292.

KUHN C., BUFE B., WINNIG M., HOFMANN T., FRANK O., BEHRENS M., LEWTSCHENKO T., SLACK J.P., WARD C.D., MEYERHOF W., 2004. Bitter taste receptors for saccharin and acesulfame k. *Journal of Neuroscience*, 24 (45), 10260-10265.

LAUGERETTE F., PASSILLY-DEGRACE P., PATRIS B., NIOT I., FEBBRAIO M., MONTMAYEUR J.P., BESNARD P., 2005. Cd36 involvement in orosensory detection of dietary lipids, spontaneous fat preference, and digestive secretions. *Journal of Clinical Investigation*, 115 (11), 3177-3184.

LINDEMANN B., 2001. Receptors and transduction in taste. *Nature*, 413, 219-225.

MALNIC B., HIRONO J., SATO T., BUCK L.B., 1999. Combinatorial receptor codes for odors. *Cell*, 96 (5), 713-723.

MAZUR R.H., 1976. Aspartame, sweet surprise. *Journal of Toxicology and Environmental Health*, 2 (1), 243-249.

MCKEMY D.D., Neuhausser W.M., Julius D., 2002. Identification of a cold receptor reveals a general role for TRP channels in thermosensation. *Nature*, 416 (6876), 52-58.

MEYERS B., BREWER M.S., 2008. Sweet taste in man: a review. *Journal of Food Science*, 73 (6), R81-R90.

MURPHY C., CARDELLO A.V., BRAND J.G., 1981. Tastes of 15 halide salts following water and NaCl: anion and cation effects. *Physiology and Behavior*, 26 (6), 1083-1095.

NEGOIAS S., VISSCHERS R., BOELRIJK A., HUMMEL T., 2008. New ways to understand aroma perception. *Food Chemistry*, 108 (4), 1247-1254.

ROUDOT-ALGARON F., YVON M., 1998. Aromatic and branched chain amino acids catabolism in *Lactococcus lactis*. *Lait*, 78 (1), 23-30.

SAITO H., CHI Q., ZHUANG H., MATSUNAMI H., MAINLAND J.D., 2009. Odor coding by a mammalian receptor repertoire. *Science Signaling*, 2 (60), 1-14.

SANZ G., SCHLEGEL C., PERNOLLET J.-C., BRIAND L., 2005. Comparison of odorant specificity of two human olfactory receptors from different phylogenetic classes and evidence for antagonism. *Chemical Senses*, 30 (1), 69-80.

SELL C.S., 2006. On the unpredictability of odor. *Angewandte Chemie-International Edition*, 45 (38), 6254-6261.

SICARD G., HOLLEY A., 1984. Receptor cell responses to odorants: similarities and differences among odorants. *Brain Research*, 292, 283-296.

SPEHR M., SCHWANE K., HEILMANN S., GISSELMANN G., HUMMEL T., HATT H., 2004. Dual capacity of a human olfactory receptor. *Current Biology*, 14 (19), R832-R833.

THEERASILP S., KURIHARA Y., 1988. Complete purification and characterization of the taste-modifying protein, miraculin, from miracle fruit. *Journal of Biological Chemistry*, 263 (23), 11536-11539.

THOMAS-DANGUIN T., 2009. Flavor. *In: Encyclopedia of neuroscience* (M.D. Binder, N. Hirokawa, U. Windhorst, eds), Springer-Verlag GmbH, Berlin Heidelberg, Germany.

Chapitre 5

Les phéromones :
Vertébrés et Invertébrés

Patricia Nagnan-Le Meillour

▸▸ Caractéristiques générales

Une phéromone est une substance (ou un mélange de substances) qui, après avoir été sécrétée à l'extérieur par un individu (émetteur), est perçue par un individu de la même espèce (récepteur) chez lequel elle provoque une ou plusieurs réactions spécifiques. Cette définition a été proposée par Karlson et Luscher (1959) après l'identification de la première phéromone, le bombycol, à partir de glandes sexuelles de femelles du ver à soie, *Bombyx mori*. Depuis, les phéromones de plus de mille quatre cents espèces de Lépidoptères ont été identifiées et répertoriées dans la base de données Pherobase[1]. Ces recherches ont été suscitées par les possibilités d'application en agronomie, en particulier la protection des cultures contre les insectes déprédateurs, au travers des méthodes de confusion sexuelle et d'avertissement agricole (cf. chapitre 33). La définition historique s'applique donc parfaitement aux phéromones sexuelles des Lépidoptères (papillons de nuit), mais ne reflète pas complètement les caractéristiques d'autres signaux intraspécifiques identifiés par la suite, en particulier chez les Mammifères. En effet, les Insectes communiquent principalement entre eux grâce à des signaux chimiques, contrairement aux Vertébrés, et plus particulièrement aux Mammifères, qui utilisent d'autres modalités sensorielles telles que l'ouïe, la vision ou le toucher. Il existe ainsi une controverse à propos de la définition de phéromone chez les Mammifères, due notamment à la grande variabilité interindividuelle des signaux chimiques utilisés pour distinguer

---

1. Site Internet : <http://www.pherobase.com> (consulté le 13 février 2012).

les congénères, des signaux de maintien de la hiérarchie et en général des signaux sociaux. Ils sont désignés comme « *signature odours* » par Wyatt (2009), expression que l'on traduirait plus volontiers par « odeurs sociales ». Cependant, ces deux termes sont assez impropres s'ils tendent à désigner des signaux intraspécifiques. En effet, les phéromones ne sont pas des odeurs, elles n'ont pas besoin d'être odorantes ou volatiles du moment que le signal est une substance chimique échangée entre congénères. De plus, dans la définition, aucune mention n'est faite de la stabilité de la composition du mélange. Pour être validé en tant que phéromone, un composé ou un mélange de composés doit être reconstitué de façon synthétique, et doit déclencher la même réponse comportementale que le composé ou le mélange naturel. À ce jour, ce critère a été satisfait pour une trentaine de phéromones chez les Vertébrés (sept chez les Mammifères), pratiquement toutes impliquées dans le comportement sexuel (répertoriées par Houck *et al.*, 2008). On est très loin de la somme de connaissances acquises chez l'Insecte (cf. partie III), et d'autres travaux sont nécessaires pour élucider la nature et le rôle précis des phéromones chez les Vertébrés.

Si la caractéristique principale de la communication phéromonale est la spécificité, celle des composés phéromonaux est leur caractère ubiquiste. La même molécule peut être utilisée par de nombreuses espèces pour lesquelles elle a des significations différentes, et la teneur de ce signal résulte davantage de la coévolution entre l'émetteur et le récepteur que de sa nature chimique. La notion de spécificité implique, plus que dans d'autres domaines, qu'il ne peut exister d'espèce modèle pour la communication phéromonale, chaque espèce ayant développé son propre système, basé sur des comportements spécifiques.

Enfin, la communication chimique est à la fois primitive et universelle, puisqu'elle apparaît chez les bactéries, les champignons et les algues et se complexifie au cours de l'évolution avec la diversification des organismes et de leurs appareils sensoriels. Cependant, malgré une grande diversité, certains points de convergence sont remarquables : par exemple, le mécanisme de transduction des signaux phéromonaux est conservé entre la levure et les Mammifères, puisqu'il fait intervenir dans les deux cas des récepteurs olfactifs à sept domaines transmembranaires couplés à des protéines G (RCPG).

Les exemples qui illustrent ce chapitre ont été choisis de façon arbitraire et, pour plus d'exhaustivité, le lecteur pourra se reporter aux banques de données Pherolist (phéromones de Lépidopères) et Pherobase (toutes les phéromones identifiées à ce jour), ainsi qu'à deux ouvrages de synthèse (Cassier *et al.*, 2000 ; Litwack, 2010).

▸▸ Rôle biologique

On distingue deux types de phéromones : les phéromones incitatrices *(releaser pheromone)*, qui déclenchent chez l'individu receveur un comportement stéréotypé, inné et réversible, et les phéromones modificatrices *(primer pheromone)*, qui ne provoquent pas de changements immédiats mais des modifications physiologiques durables. La grande majorité des phéromones connues appartient au premier type. Elles sont impliquées dans les comportements sexuels et sociaux.

Les phéromones incitatrices

Les phéromones incitatrices se décomposent en huit groupes.

• Les signaux sexuels permettent la rencontre des sexes et l'établissement de la séquence comportementale conduisant à la reproduction. Chez les Lépidoptères, la femelle en position d'appel émet à partir de sa glande à phéromone un mélange de composés volatils qui attire le mâle à distance (signal attractif). Une fois arrivé à proximité de la femelle, il sécrète à son tour un mélange de composés dont la perception permet l'acceptation de la copulation par la femelle (signal aphrodisiaque). Les mêmes molécules peuvent être utilisées comme phéromones par des espèces différentes, mais le bouquet phéromonal est constitué d'un mélange de composés dans des proportions bien définies, stables au sein d'une espèce, ce qui lui confère une grande spécificité et assure l'isolement prézygotique (cf. chapitre 23). En fonction des espèces, la phéromone d'attraction est émise par le mâle ou par la femelle. Chez la punaise *Pentastoma viridula,* ce sont les mâles qui attirent les femelles à distance avec un mélange de dérivés terpéniques. La seule véritable phéromone d'attraction sexuelle identifiée chez les Vertébrés est celle de l'éléphant d'Asie *Elephas maximus*. À l'état sauvage, le mâle ne vit pas avec le troupeau matriarcal et, au moment de la période de reproduction, l'urine des femelles en chaleur (œstrus) contient un composé très volatil, le Z-7-dodécényl acétate, qui attire puissamment les mâles à longue distance et déclenche leur comportement sexuel complet. Cette molécule fait également partie de la phéromone de plus de 140 espèces de Lépidoptères, et cette utilisation commune constitue un exemple remarquable de convergence évolutive, avec d'autres points comme le régime alimentaire herbivore, l'émission cyclique de phéromone par la femelle et l'attraction à distance du partenaire sexuel. Cet exemple illustre aussi le caractère ubiquiste des phéromones. Les stéroïdes sexuels du porc (androsténone et androsténol) sont souvent considérés à tort comme une phéromone sexuelle (cf. chapitres 24 et 33). Or, sécrétés dans la salive de verrat, ils facilitent l'apparition de la posture sexuelle d'immobilisation chez la femelle en œstrus lors du comportement sexuel. Il s'agit donc de phéromone aphrodisiaque. Chez les espèces non ou peu sociales, seuls les signaux sexuels sont utilisés (Lépidoptères, Reptiles), alors que la diversité des signaux intraspécifiques croît avec la complexification de l'organisation sociale (Insectes sociaux, Mammifères).

• Les phéromones d'alarme sont essentielles à la survie du groupe, elles avertissent de la présence d'un prédateur ou d'un danger. Elles induisent des comportements assez différents, comme la fuite, le recrutement des congénères et l'agression. Elles assurent aussi la défense du groupe, car leur perception peut repousser le prédateur, comme l'odeur forte des punaises vertes (principalement le 2-hexénal) ou l'acide formique émis par les fourmis du genre *Formica*.

• Les phéromones d'agrégation permettent à des individus répartis sur un large territoire de se regrouper sur un lieu de nourriture. La phéromone d'agrégation du coléoptère *Rhynchophorus palmarum,* le rhynchophorol, est émise par le mâle et agit en forte synergie avec les odeurs de la plante hôte pour attirer des congénères des deux sexes.

• Les phéromones de piste sont utilisées principalement par les Insectes sociaux (termites, fourmis) pour que leurs congénères puissent les repérer et les suivre. Lors de la recherche de nourriture, l'individu explorateur frotte sur le sol l'extrémité de son abdomen, déposant ainsi le contenu d'une glande (glande sternale, à venin ou de Dufour) que les individus suivants pourront identifier par palpation avec leurs antennes, et suivre.

• Les phéromones territoriales assurent l'espacement des unités sociales d'une population, afin de préserver des ressources alimentaires plus rares ou d'assurer le regroupement des congénères lors des périodes de reproduction. Les fourmis défoliatrices du genre *Atta* marquent l'abord de leur nid avec une phéromone territoriale sécrétée par la glande de Dufour, et déposée de la même façon qu'une phéromone de piste. Elle a une fonction d'orientation des ouvrières et une fonction répulsive pour les colonies voisines. Les tigres, quant à eux, sont des animaux solitaires dont le territoire est assez grand. Pour signaler leur présence aux femelles en période de reproduction, les mâles déposent une phéromone composée d'urine et de sécrétions glandulaires comprenant pas moins de 98 composés volatils.

• Le maintien de la hiérarchie chez les Mammifères est assuré par l'émission de signaux chimiques par les mâles dominants. Les éléphants mâles présentent cycliquement une période appelée « musth », pendant laquelle ils affichent un taux élevé de testostérone associé à un comportement agressif, ainsi qu'une abondante sécrétion de frontaline par leur glande temporale. Cette phéromone leur assure la dominance sur les autres mâles et les rend plus attractifs pour les femelles en chaleur. Notons que la frontaline est une phéromone d'agrégation chez les Coléoptères. Chez les porcins, la perception de l'androsténone présente dans la salive du verrat induit un comportement de soumission chez les porcelets.

• Le comportement maternel des Mammifères est conditionné en partie par des signaux chimiques. Le lien mère-jeune chez les ovins s'établit grâce à l'échange de signaux olfactifs réciproques qui n'ont pas encore été identifiés. En revanche, la phéromone qui permet au lapereau nouveau-né de localiser la mamelle de sa mère a été identifiée comme étant le 2-méthylbut-2-énal, elle déclenche aussi le comportement de succion.

• Les signaux impliqués dans la reconnaissance interindividuelle, de par leur variabilité, font partie des signaux pour lesquels l'appellation de phéromone est discutée. Les hydrocarbures cuticulaires des Insectes sociaux constituent une signature chimique de la caste (ouvriers, soldats) et de la colonie, qui est identifiée par palpation avec les antennes. La signature coloniale est plus ou moins forte selon la saison et les ressources alimentaires, et détermine donc le degré d'ouverture de la colonie vis-à-vis des intrus.

Les phéromones modificatrices

Au contraire des phéromones incitatrices, les phéromones modificatrices n'entraînent aucun changement immédiat dans le comportement du receveur. En revanche, leur perception induit des modifications physiologiques importantes. Ainsi, la substance royale, produite par les glandes mandibulaires de la reine des abeilles, inhibe l'activité ovarienne des ouvrières, les empêchant d'élever d'autres reines. Chez les ovins et les caprins, l'exposition au mâle induit l'ovulation chez les femelles en anœstrus (« effet mâle ») *via* la stimulation du système neuroendocrine (cf. chapitres 24 et 33). Si des modalités visuelles et auditives sont aussi impliquées, la phéromone joue un rôle essentiel puisque l'exposition à la toison des mâles reproduit cet effet.

La composition de la phéromone n'est cependant pas encore connue. Chez la souris, l'odeur du mâle affecte la physiologie des femelles (Koyama, 2004) : déclenchement de la puberté, synchronisation des cycles œstraux (« effet Whitten ») et avortement de femelle gestante (« effet Bruce »). Les composés volatils responsables ont été identifiés dans l'urine ou la glande préputiale des mâles, certains sont également des phéromones de Coléoptères (brévicomine, farnésène).

▶▶ Lieux de production

Chez les Insectes, les phéromones sont principalement produites par des glandes spécialisées (glande à phéromone, glande mandibulaire, glande de Dufour, etc.). Mais elles peuvent aussi provenir de cellules sécrétrices isolées, comme celles qui sécrètent les phéromones d'agrégation des Coléoptères dans leur intestin postérieur. Chez les Mammifères, les phéromones sont présentes dans les fluides biologiques impliqués dans la communication chimique (cf. chapitre 7) : les larmes (peptides), la salive (stéroïdes de porc), l'urine (volatils et non volatils) ou le lait (phéromone de lapin). Mais les lieux de biosynthèse ne sont pas toujours très bien connus. En ce qui concerne l'urine, on sait que les signaux protéiques sont synthétisés dans le foie, mais la source des signaux volatils est inconnue. Leur production est sous contrôle hormonal, puisque leur concentration varie en fonction du stade physiologique : la concentration de la phéromone d'éléphant est indétectable dans l'urine en phase lutéale et augmente considérablement avec la chute du taux de progestérone et le pic de LH *(luteinizing hormone)* qui précèdent l'ovulation. Les phénomènes de convergence laissent toutefois supposer que les voies de biosynthèse de ces composés volatils (Z-7-dodécényl acétate, brévicomine, farnésène) seraient similaires chez les Invertébrés (Coléoptères) et les Vertébrés (éléphant, souris).

▶▶ Structure chimique

La structure chimique des phéromones est très variable, et entièrement conditionnée par le type de comportement auquel elles sont associées. On distingue les signaux volatils constitués de petites molécules organiques (< C18 : alcools, cétones, aldéhydes, aromatiques) des signaux non volatils, composés soit de molécules organiques de haut poids moléculaire (sesquiterpènes, stéroïdes, hydrocarbures cuticulaires), soit de peptides et de protéines. Les signaux volatils sont transportés par voie aérienne et interviennent dans la communication à longue distance (phéromones d'attraction sexuelle), alors que les signaux non volatils sont plutôt rencontrés chez les espèces sociales où les congénères vivent en groupe et où les phéromones sont échangées à faible distance ou par contact. La communication chimique chez la souris nous en fournit un exemple remarquable, car elle associe des signaux volatils et protéiques qui agissent en tant que phéromones incitatrices et modificatrices (tableau 5.1). Ces signaux sont associés au comportement de marquage avec l'urine, observé aussi chez les chiens et qui permet de laisser une empreinte à valeur de message, même en l'absence de l'individu qui a marqué. Ainsi, les signaux volatils ne sont pas libres dans l'urine, mais liés à des MUP (*major urinary protein,* synthétisées dans le foie, cf. chapitres 16 et 23) qui, par une libération lente et progressive des composés volatils, étendent la longévité du marquage dans le temps et dans l'espace. Certaines MUP, dépourvues de ligand, peuvent induire les mêmes effets que la phéromone volatile. Les MUP jouent un autre rôle grâce à leur polymorphisme génétique. La famille des MUP est constituée d'environ 30 gènes homologues disposés en clusters sur le chromosome 4. L'expression différentielle de ces gènes conduit à une signature individuelle, comme un code-barres, qui renseigne les autres membres du groupe sur l'espèce, le sexe et l'identité de l'émetteur. La perception de l'urine d'un mâle étranger déclenche des comportements agressifs chez les autres mâles. D'autres signaux protéiques pourraient contribuer à cette signature individuelle : les peptides du complexe majeur d'histocompatibilité (CMH) sont présents à la surface des cellules et informent sur le soi et le non-soi au niveau du système immunitaire. Mais ils seraient aussi libérés dans l'urine, où ils fonctionneraient comme des clés de reconnaissance interindividuelle. Enfin, la darcine fait partie de la famille des MUP. Produite dans l'urine des mâles, elle stimule une réponse flexible aux odeurs individuelles à travers l'apprentissage et la mémorisation, entraînant l'attraction innée d'une femelle, mais sélective pour un mâle particulier. Cette phéromone présente des particularités qui diffèrent de la définition initiale. Elle est échangée au

Tableau 5.1. Composés volatils et non volatils constituant les phéromones chez la souris, leur source et leurs effets biologiques (d'après Touhara, 2007).

Composés	Masse moléculaire	Source	Effet
Volatils			
(Méthylthio) méthanethiol	94	Urine mâle	Attire la femelle
2,5-diméthylpyrazine	108	Urine femelle	Diffère la puberté
2-sec-butyl-4,5-dihydrothiazole	143	Urine mâle	Induit la puberté
6-hydroxy-6-méthyl-3-heptanone	144	Urine mâle	Induit la puberté
3,4-déhydro-exo-brévicomine	154	Urine mâle	Induit la puberté
α,α-farnésène	204	Glande préputiale	Induit l'œstrus et la puberté
Non volatils			
Peptide CMH	1 kDa	?	Interrompt la gestation / Reconnaissance individuelle
ESP	7 kDa	Glande lacrymale	Signal mâle
MUP	18,5 kDa	Urine mâle et femelle	Reconnaissance individuelle
Darcine	19 kDa	Urine mâle	Attire une femelle donnée de façon préférentielle

CMH : complexe majeur d'histocompatibilité *(major histocompatibility complex)* ; ESP : *exocrine gland-secreting peptide* ; MUP : *major urinary protein.*

sein d'une espèce, sa composition est stable, mais elle provoque une réponse innée d'attraction qui ne devient spécifique qu'après apprentissage. Ce dernier exemple montre bien que la définition initiale ne reflète pas la richesse et la complexité des signaux phéromonaux.

▸▸ Phéromones humaines ?

L'existence de phéromones humaines n'est pas avérée. Si les Mammifères non humains ont développé des systèmes de communication de plus en plus sophistiqués au cours de l'évolution, l'apparition du langage articulé chez l'homme a réduit considérablement l'importance des autres modalités. Ainsi, environ 60 % des gènes codant des récepteurs olfactifs sont non fonctionnels chez l'homme, considéré comme ayant un sens de l'olfaction peu développé. Ce caractère microsmatique peut également être relié au faible volume du bulbe olfactif et à l'absence d'organe voméronasal, même si ces critères sont réfutés à l'heure actuelle (Sergeant, 2010). Ainsi, pour faire un parallèle avec la communication sexuelle dans le monde animal, le choix du partenaire est fortement conditionné par l'appartenance à une classe sociale ou par d'autres pressions d'ordre sociologique, laissant peu de part à l'attraction *via* des signaux chimiques, même s'ils ne peuvent être totalement niés. En effet, des études montrent que les odeurs corporelles peuvent influencer notre comportement et notre physiologie (Savic et Berglund, 2010). Elles peuvent varier en fonction de notre état physiologique et/ou émotionnel (peur, anxiété). Ces odeurs résultent de l'interaction entre des produits de glandes cutanées, très nombreuses sur le corps humain, et la microflore bactérienne locale. Les odeurs les mieux étudiées sur le comportement sont les stéroïdes des sécrétions axillaires, dont la quantité est cinquante fois plus élevée chez l'homme que chez la femme. L'androstènedione est transformée par les bactéries en androsténone et androsténol (les phéromones sexuelles du verrat) qui évoquent respectivement une odeur d'urine et une odeur musquée. La perception d'androsténone est dépendante du sexe, les femmes la percevant à des doses beaucoup plus faibles et plus ou moins en fonction de la période de leur cycle menstruel, quelle que soit leur culture d'origine. Ainsi, l'androsténone, perçue comme désagréable, plus intense, plus « animale » que l'odeur de la femme, est perçue comme plus positive au moment de l'ovulation. Un tel phénomène n'est pas observé chez les femmes prenant des contraceptifs. Pour l'androsténol et les autres substances axillaires, les données sont moins claires et plus contradictoires.

Nous vivons une époque paradoxale, où l'hygiène tend à gommer les odeurs corporelles mais où la recherche naïve de phéromones encapsulées n'a jamais été aussi vive. Des sprays sont en vente au prix fort sur le Web qui vantent leur effet phéromonal pour attirer des partenaires sexuels, sans qu'aucune étude sérieuse ne vienne l'étayer. Le mythe de la phéromone humaine est vivace, comme en témoigne la quête de Jean-Baptiste Grenouille dans le mal nommé *Parfum*, roman de Patrick Süskind.

▸▸ Bibliographie

Cassier P., Bohatier J., Descoins C., Nagnan-Le Meillour P., 2000. *Communication chimique et environnement,* Sciences Belin Sup, Belin, Paris, 256 p.

Houck L.D., Watts R.A., Arnold S.J., Bowen K.E., Kiemnec K.M., Godwin H.A., Feldhoff P.W., Feldhoff R.C., 2008. A recombinant courtship pheromone affects sexual receptivity in a *Plethodontid salamander. Chemical Senses,* 33, 623-631.

Karlson P., Luscher M., 1959. « Pheromones »: a new term for a class of biologically active substances. *Nature,* 183, 55-56.

Koyama S., 2004. Primer effects by conspecific odors in house mice: a new perspective in the study of primer effects on reproductive activities. *Hormones and Behavior,* 46, 303-310.

Litwack G. (ed.), 2010. Pheromones. *Vitamins and Hormones,* 83, Elsevier Inc.

Savic I., Berglund H., 2010. Androstenol. A steroid derived odor activates the hypothalamus in women. *PLoS One,* 5 (2), e8651.

Sergeant M.J., 2010. Female perception of male body odor. *Vitamins and Hormones,* 83, 25-45.

Touhara K., 2007. Molecular biology of peptide pheromone production and reception in mice. *Advances in Genetics,* 59, 147-171.

Wyatt T.D., 2009. Fifty years of pheromones. *Nature,* 457, 262-263.

Partie III

Système olfactif principal

Anatomie globale et fonctionnelle des systèmes olfactifs des Vertébrés et Invertébrés

André HOLLEY, Sylvia ANTON et Jean-Pierre ROSPARS

Le système olfactif est organisé de manière semblable chez les Vertébrés et de nombreux Invertébrés, notamment des Arthropodes. Schématiquement, il est formé de trois couches de neurones successifs (figure 6.1). La première couche, sensible à la présence des odeurs, est constituée de neurones de premier ordre, ou neurones récepteurs olfactifs (NRO), dont les axones établissent des contacts synaptiques avec des neurones de second ordre dans le premier relais synaptique (ou centre olfactif primaire) situé dans le cerveau. Les axones des neurones de second ordre se connectent eux-mêmes avec des neurones de troisième ordre dans des relais synaptiques de second ordre formant les centres olfactifs supérieurs. Ce chapitre décrit la structure de chacune de ces trois couches de neurones et leurs connexions.

▶▶ Première couche : les organes récepteurs olfactifs

La diversité des organes olfactifs

La détection de signaux volatils dépend de récepteurs membranaires capables de se lier à des molécules odorantes. Les organismes unicellulaires détectent les molécules en solution grâce à ces récepteurs et des mécanismes de signalisation intracellulaires

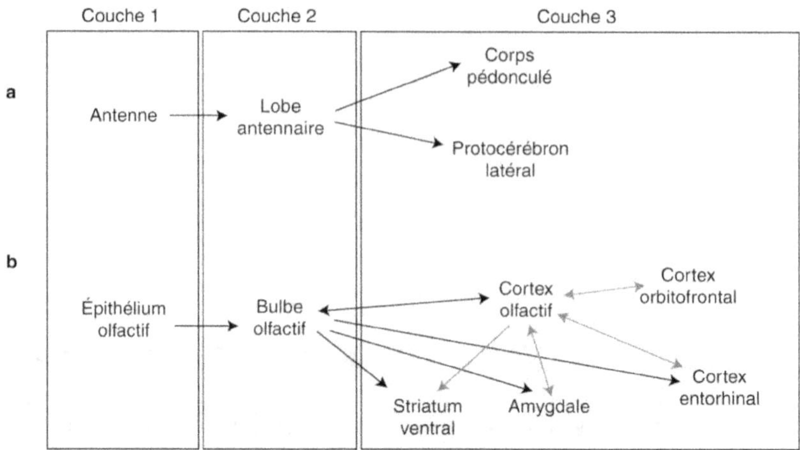

Figure 6.1. Anatomie d'ensemble du système olfactif (d'après Haberly, 2001 ; Wilson et Mainen, 2006).

Les neurones récepteurs olfactifs des organes sensoriels primaires (couche 1) se projettent dans une seule région du cerveau (couche 2) : **(a)** le lobe antennaire des Insectes ou **(b)** le bulbe olfactif des Vertébrés. À partir de là, les neurones olfactifs de second ordre envoient leurs axones dans les centres supérieurs du cerveau (couche 3). Ces derniers sont impliqués dans l'intégration sensorielle multimodale, l'apprentissage et les fonctions cognitives supérieures.

leur permettent d'adapter leur locomotion en conséquence. Selon la complexité de l'organisme et de son milieu, l'anatomie des organes olfactifs varie. Chez les métazoaires aquatiques et terrestres, les organes olfactifs sont souvent regroupés. Chez les nématodes, par exemple, un petit nombre de neurones récepteurs olfactifs sont rassemblés dans la région antérieure du corps (Bargmann, 2006 ; cf. chapitre 25), tandis que chez les Gastéropodes, tant aquatiques que terrestres, ils sont regroupés sur les tentacules (Chase et Tolloczko, 1993 ; Wertz *et al.*, 2006).

Chez les Arthropodes, les NRO se trouvent à l'intérieur de soies cuticulaires, nommées sensilles, percées de nombreux pores. Chez les Crustacés, les principales sensilles olfactives sont les esthétascs, situés sur les antennules (les premières antennes). Chaque sensille comprend de 40 à 500 NRO qui répondent à une multitude de stimulus olfactifs (Schmidt, 2007). Chez les Insectes, les sensilles olfactives, qui peuvent prendre de multiples formes, sont situées sur les antennes et en moindre nombre sur les palpes maxillaires et/ou labiaux. Elles contiennent généralement 2 à 5 NRO, mais dans quelques cas exceptionnels jusqu'à 50 chez les criquets migrateurs, et même 140 chez les guêpes (Keil, 1999). Elles se distinguent par leur forme, leur taille et la structure de leur paroi (simple ou double) tant pour une espèce donnée qu'entre espèces (Altner et Prillinger, 1980). Ainsi chez les papillons de nuit les longues sensilles trichoïdes sensibles à la phéromone sexuelle contrastent avec les courtes sensilles basiconiques sensibles aux odeurs non phéromonales. Ces deux types de sensilles sont en forme de soie, alors que les sensilles placoïdes des Hyménoptères, comme leur nom l'indique, forment des plaques.

Chez les Vertébrés, la muqueuse olfactive correspond à une région différenciée de la muqueuse nasale dont la partie épithéliale contient les corps cellulaires et les dendrites des NRO (revue de Holley et Mac Leod, 1977). Alors que chez les Tétrapodes l'organe olfactif est associé aux conduits respiratoires, il en est indépendant chez les Poissons (cf. chapitre 21). Chez les Mammifères et les Oiseaux, la muqueuse se déploie dans un espace de configuration complexe propre à étendre la surface sensorielle. La muqueuse olfactive comprend un épithélium pseudostratifié et une sous-muqueuse, ou *lamina propria mucosae,* séparée de l'épithélium par une très mince lame basale. Les premières études avaient souligné la simplicité d'organisation et la stabilité phylogénétique de la muqueuse olfactive. Les études en microscopie électronique, dont le développement historique, depuis les travaux de Bloom chez les Amphibiens en 1954, est retracé dans les revues de Graziadei (1971) et de Gesteland (1976), n'ont pas remis en cause ces premières conclusions.

Les organes olfactifs des Vertébrés et des Arthropodes se distinguent donc par leur position (interne ou externe), leur variabilité morphologique apparente (faible ou plus forte) et leur organisation épithéliale (continue ou discrète). Cependant, dans les deux groupes, ils sont formés de deux catégories de cellules : les NRO et les cellules de soutien. Une troisième catégorie est propre aux Vertébrés : les cellules basales.

Les neurones récepteurs olfactifs

Les NRO des Vertébrés et des Insectes ont donc des morphologies étonnamment semblables chez des espèces très différentes. Même lorsque des variations affectent leur morphologie, ces variations sont liées à l'habitat plus qu'à l'espèce (cf. chapitre 23). Ce sont toujours des cellules primaires bipolaires, avec un corps cellulaire dont un pôle donne naissance à une unique dendrite, le plus souvent ramifiée, et l'autre pôle à un axone qui, cheminant en compagnie d'autres axones, gagne le système nerveux central sans se ramifier.

Chez les Insectes (Keil, 1999), la dendrite dite interne se ramifie (ou non) en dendrites externes qui sont des cils modifiés dont la structure à $9 \times 2 + 0$ microtubules est différente de la structure normale ($9 \times 2 + 2$) des Vertébrés. Ces cils pénètrent dans la lumière de la soie qui contient la lymphe sensillaire et recueillent les molécules odorantes ayant atteint la soie par les pores de la cuticule. L'ensemble des axones issus des sensilles antennaires forme un nerf antennaire bien différencié. Le nombre de NRO par sensille dépend du type de sensille et de l'espèce : de un à quelques dizaines.

Chez les Vertébrés, la dendrite donne naissance à des processus filamenteux souples et mobiles, généralement d'origine ciliaire, qui sont supposés agrandir la surface de membrane en contact avec le mucus fluide (analogue à la lymphe sensillaire) qui contient les stimulus odorants. L'axone du NRO s'enfonce radialement vers la lame basale qu'il traverse, enveloppé, avec d'autres axones, par certaines cellules basales puis par des cellules de Schwann. Chez de nombreuses espèces, le nerf olfactif ne constitue jamais un tronc nerveux unique mais reste sur tout son trajet un ensemble de filets nerveux.

Les cellules de soutien ou accessoires

Chez les Insectes, ces cellules, appelées cellules accessoires, sont typiquement au nombre de trois par sensille. La cellule la plus interne (thécogène) enveloppe le

NRO depuis l'axone jusqu'au segment dendritique externe. La cellule intermédiaire (trichogène), la plus grande, sécrète la cuticule de la soie durant le développement. Enfin la cellule la plus externe (tormogène) sécrète une partie de la base de la soie. Les membranes apicales, en contact avec la lymphe sensillaire, des cellules trichogène et tormogène sont plissées et renouvellent en permanence la lymphe sensillaire.

Chez les Vertébrés, les cellules correspondantes forment de minces colonnes qui s'étendent de la surface à la lame basale. Leur surface apicale porte des microvillosités. Sur des coupes parallèles à la surface de l'épithélium, ces cellules dessinent un réseau polygonal grâce auquel les neurones récepteurs sont isolés les uns des autres. Le noyau est aisément distinguable de celui des NRO par sa position. Chez certaines espèces (batraciens, reptiles, Poissons), des inclusions apicales ont des caractères de granules de sécrétion. La fonction sécrétoire de ces cellules, autrefois proposée (Bloom, 1954 ; Frisch, 1967 ; Reese, 1965), a été confirmée (Okano et Takagi, 1974). La principale contribution au mucus est fournie par les glandes multicellulaires de Bowman, présentes dans la muqueuse olfactive de tous les Vertébrés, à l'exception des Poissons. Leur conduit s'ouvre à la surface de l'épithélium.

Les cellules basales

De type prismatique, les cellules basales n'occupent que la partie profonde de l'épithélium olfactif des Vertébrés. Elles présentent souvent des expansions qui s'insèrent entre les pieds des cellules de soutien ou enveloppent des groupes d'axones. Des études récentes montrent que certaines cellules de la couche basale jouent le rôle de cellules souches de NRO. En effet, bien que les NRO soient des neurones, ils peuvent se renouveler et être remplacés au cours de la vie de l'animal (Graziadei et Monti-Graziadei, 1978 : cf. chapitre 10). Ce renouvellement a été constaté chez des espèces aussi diverses que des Mollusques (Chase et Rieling, 1986) et des Crustacés (Steullet *et al.*, 2000). En revanche, un tel renouvellement n'a pas été mis en évidence chez les Insectes, même chez les Insectes à vie longue.

▸▸ Deuxième couche :
le premier relais des afférences olfactives

Tous les organismes étudiés à ce jour présentent des voies olfactives très similaires, indépendamment de la structure précise des organes récepteurs. Chez certains animaux, comme les Mollusques, un réseau nerveux périphérique réalise une intégration sommaire des afférences olfactives périphériques, mais chez la plupart des espèces, les afférences primaires rejoignent leurs cibles dans le cerveau sans émettre de ramifications. C'est dans le centre olfactif primaire qu'a lieu le premier relais synaptique entre les NRO et les neurones cérébraux de second ordre. La terminologie relative à ce centre dépend du groupe considéré. Chez les Gastéropodes, on parle du ganglion des tentacules, ou ganglion du rhinophore, chez les Insectes, du lobe antennaire, chez les Crustacés, du lobe olfactif, et chez les Vertébrés, du bulbe olfactif (Hildebrand, 1995).

L'organisation du centre primaire

Chez les Insectes (figure 6.2 ; cf. chapitre 12) et les Vertébrés (figure 6.3 ; cf. chapitre 11), le schéma d'organisation est très semblable (Bellonci, 1883 ; Hildebrand et Shepherd, 1997). Un grand nombre de NRO, plusieurs milliers chez les Insectes, plusieurs millions chez les Vertébrés, convergent sur un nombre plus petit de glomérules[1] dans le centre primaire. Les glomérules sont interconnectés par des neurones intrinsèques et l'information est relayée aux centres supérieurs de traitement par des neurones principaux[2] (Shepherd et Greer, 1990). Le nombre de glomérules

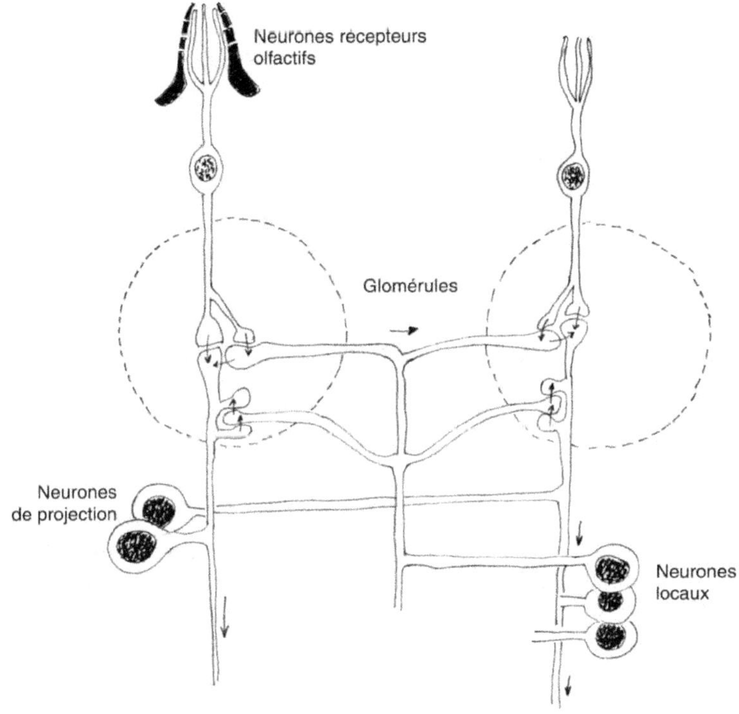

Figure 6.2. Schéma de la circuiterie du lobe antennaire des Insectes.

Ce schéma montre les trois principaux types de neurones (neurones récepteurs olfactifs, neurones locaux et neurones de projection). Toutes leurs connexions synaptiques siègent dans les glomérules (cercles en pointillés). Les flèches indiquent le sens de l'influx nerveux.

---

1. Les glomérules ne sont pas propres au premier relais de la voie olfactive. On les trouve dans de nombreuses autres aires cérébrales. Selon une définition générale, un glomérule est un ensemble de connexions synaptiques entre terminaisons axoniques et dendritiques (complexe synaptique) aux limites bien définies, par exemple entouré de membranes gliales. Cette structure fine, que résume la définition, ne peut être observée qu'en microscopie électronique, mais les glomérules eux-mêmes sont en général aisément observables en microscopie optique.

2. Le terme de neurone principal n'est pas propre au centre olfactif primaire. Il peut être utilisé pour désigner tout neurone dont l'axone sort d'un centre cérébral quelconque (Shepherd et Koch, 1990). Il est formellement équivalent à un neurone de projection, même si, en pratique, ce dernier terme est le plus souvent employé pour nommer les neurones principaux du lobe antennaire des Insectes.

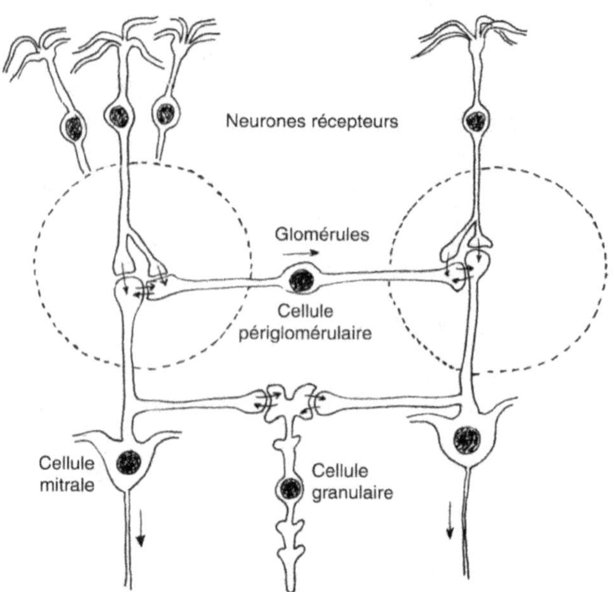

Figure 6.3. Schéma de la circuiterie du bulbe olfactif des Vertébrés.

La similitude avec la circuiterie du lobe antennaire des Insectes est grande. Les cellules mitrales correspondent aux neurones de projection des Insectes. Toutefois, les neurones locaux forment deux populations distinctes, l'une au niveau des glomérules (cellule périglomérulaire), l'autre en dehors des glomérules (cellule granulaire). Les flèches indiquent le sens de l'influx nerveux.

présents dans les centres primaires olfactifs varie entre une dizaine et plus de 1 000, et le nombre de neurones principaux qui partent de chaque glomérule varie entre 1 et 100 environ (Hildebrand, 1995). Les glomérules tendent à avoir une morphologie homogène, à l'exception de certains d'entre eux qui sont plus volumineux, le complexe glomérulaire modifié chez les Mammifères (Teicher *et al.,* 1980) et le complexe macroglomérulaire de certains Insectes (Matsumoto et Hildebrand, 1981).

Les neurones principaux des Insectes sont appelés neurones de projection, ceux des Vertébrés, cellules mitrales (parce que leur corps cellulaire a la forme d'une mitre d'évêque) et cellules à panache. Les neurones intrinsèques des Insectes sont appelés neurones locaux et ceux des Vertébrés, cellules périglomérulaires et granulaires (voir ci-dessous). Les NRO se ramifient abondamment dans les glomérules avant de se terminer sur les neurones principaux et intrinsèques en formant des synapses complexes, en série et réciproques tant chez les Insectes (Tolbert et Hildebrand, 1981) que chez les Vertébrés (Pinching et Powell, 1971). Il semble que chaque NRO contacte tous les neurones principaux d'un glomérule (Masse *et al.,* 2009). Les neurones intrinsèques se distinguent des neurones principaux en ce qu'ils ne forment pas de connexions à l'extérieur du premier relais. Les axones des neurones de projection se regroupent pour former le tractus[3] olfactif latéral chez les Vertébrés

---

3. On appelle tractus un ensemble d'axones parallèles situés à l'intérieur du système nerveux central (à l'extérieur, ce groupement forme un nerf).

et les tractus antenno-cérébraux chez les Insectes vers les relais synaptiques suivants. Il existe un quatrième type de neurones dans le premier relais, les neurones centrifuges, qui y aboutissent en provenance d'autres régions cérébrales.

Les points communs

Les glomérules des Insectes et des Vertébrés ont plusieurs propriétés communes. En premier lieu, chez les Mammifères (Mombaerts *et al.,* 1996), les Poissons (Dynes et Ngai, 1998) et les Insectes (Vosshall *et al.,* 2000 ; Wang *et al.,* 2003), les NRO qui expriment la même protéine réceptrice convergent sur un seul glomérule ou sur un petit nombre d'entre eux, de chaque côté du cerveau. En principe, tous les NRO se terminant dans un glomérule donné expriment le même récepteur. En second lieu, le nombre de NRO se terminant dans un glomérule est de 10 à 1 000 fois supérieur à celui des neurones principaux qui en sortent, aussi bien chez les Vertébrés que chez les Arthropodes. Enfin, chez les Mammifères comme chez les Insectes, l'arborisation dendritique de chaque neurone est limitée à un seul glomérule. En conséquence, à partir d'une organisation somatotopique, les projections des NRO sont réorganisées d'une façon odotopique (Hildebrand, 1995), ce qui signifie que les NRO portant les mêmes récepteurs membranaires et réagissant aux mêmes odeurs en provenance de divers points de l'antenne ou de l'épithélium se rassemblent en un même point (un même glomérule) du centre primaire.

La remarquable conservation anatomique de la structure glomérulaire au niveau du premier relais suggère que cette structure joue un rôle fonctionnel important dans la détection du signal olfactif. On peut ainsi penser que la convergence massive d'entrées fonctionnellement semblables est fondamentale pour le traitement de l'information dans le premier relais synaptique et a donc été soit conservée par l'évolution, soit redécouverte indépendamment dans des groupes distincts[4].

Les différences

Cependant, cette organisation n'est semblable dans les deux groupes que si l'on minimise les différences caractéristiques d'organisation du neuropile[5] entre Vertébrés et Invertébrés (Christensen et White, 2000). Ainsi le bulbe olfactif des Mammifères est organisé en couches, mais ce n'est pas le cas du lobe antennaire des Insectes.

La morphologie des cellules mitrales reflète cette organisation en couches : de leurs corps cellulaires partent, outre la branche verticale se ramifiant dans un glomérule,

---

4. Cette redécouverte indépendante est le phénomène de convergence évolutive, à ne pas confondre avec la convergence anatomique des NRO dans les glomérules.

5. Le neuropile est un enchevêtrement de prolongements cytoplasmiques issus de neurones (axones et de dendrites) et de cellules gliales, à l'exclusion des corps cellulaires eux-mêmes, où siègent les synapses entre les neurones. Chez les Vertébrés, neuropile et corps cellulaires forment ensemble la substance grise, la substance blanche n'étant formée que d'axones (myélinisés ou non). Chez les Insectes, le neuropile s'oppose au cortex cellulaire. Dans les deux groupes, l'organisation du neuropile dépend de la région du système nerveux central considérée. Une des formes d'organisation du neuropile est le glomérule (voir note 1).

plusieurs branches horizontales (les collatérales) formant ainsi la couche plexiforme externe. Les neurones intrinsèques eux-mêmes sont de deux types selon qu'ils sont dans la couche glomérulaire ou dans la couche plexiforme externe. Les premiers sont les cellules périglomérulaires, dont l'arborisation est en général limitée à un seul glomérule et dont l'axone court se projette dans quelques glomérules. Les seconds sont les cellules granulaires, qui établissent des connexions synaptiques avec les collatérales de cellules mitrales.

En outre, les corps cellulaires des neurones principaux et intrinsèques sont situés à l'intérieur du neuropile chez les Vertébrés, tandis qu'ils en sont séparés chez les Arthropodes. Ils forment dans ce dernier cas des groupes de corps cellulaires situés à la périphérie du cerveau (ils forment le cortex, à ne pas confondre avec le cortex du cerveau des Vertébrés).

▸▸ Troisième couche : au-delà du premier relais

Le cortex olfactif des Mammifères et, notamment, les corps pédonculés des Arthropodes constituent les centres olfactifs supérieurs.

Chez les Insectes

Les axones des neurones de projection formant le principal tractus antenno-cérébral, dit interne parce qu'il passe au voisinage du plan de symétrie du cerveau, se terminent dans deux régions ipsilatérales[6] du cerveau antérieur (appelé proto-cérébron) : le lobe latéral (appelé aussi corne ventrale chez les Hyménoptères) et le calice du corps pédonculé. En passant au niveau du calice, chaque axone émet une branche collatérale qui s'y ramifie abondamment, tout en poursuivant sa course jusqu'au lobe latéral.

Le corps pédonculé est la structure paire[7] la plus remarquable du cerveau des Insectes. Les corps pédonculés ont une forme de champignon avec un chapeau correspondant au calice (simple ou double) et le pied est le pédoncule terminé par des lobes. Leur taille est la plus grande et le calice est double chez les Insectes ayant une vie sociale comme les blattes et les Hyménoptères. Ces structures neuropilaires sont formées d'un grand nombre de neurones intrinsèques appelés cellules globulaires (ou de Kenyon) en raison de la petite taille et de l'aspect sphérique de leurs corps cellulaires. Les calices forment l'entrée des corps pédonculés : c'est là qu'ont lieu des connexions synaptiques entre neurones de projection et cellules de Kenyon. Les zones de sortie sont à l'autre extrémité dans les lobes, là les cellules de Kenyon établissent des connexions synaptiques avec d'autres neurones (cf. chapitre 15).

---

6. C'est-à-dire situé du même côté du cerveau, par opposition à contralatéral. Chez les Insectes, l'ensemble des NRO, neurones locaux et de projection d'un côté sont sans connexion avec ceux de l'autre côté, excepté chez les mouches, où les NRO d'un côté se divisent en deux. L'une des branches se termine dans un glomérule ipsilatéral, l'autre branche emprunte une commissure et se termine dans un glomérule contralatéral symétrique du glomérule ipsilatéral.
7. Une structure est paire si elle est symétrique dans les parties droite et gauche du cerveau. Elle est impaire dans le cas contraire.

Chez les Mammifères

Les neurones principaux des Mammifères (cellules mitrales et à panache) se projettent directement dans le cortex olfactif primaire *via* le tractus olfactif latéral. Cette projection est ipsilatérale. Il existe un petit nombre de connexions contralatérales, dont la plupart empruntent la commissure[8] antérieure (Shipley et Ennis, 1996). Le cortex olfactif primaire est l'ensemble des régions qui reçoivent une entrée directe du bulbe olfactif (Price, 1990). Ces régions (figure 6.4, planche couleur I) comprennent le noyau olfactif antérieur, la *tenia tecta*, le tubercule olfactif, le cortex piriforme (en forme de poire), le noyau cortical antérieur de l'amygdale, le cortex périamygdalien et le cortex entorhinal (Carmichael *et al.*, 1994 ; De Olmos *et al.,* 1978 ; Price, 1973 ; Turner *et al.,* 1978). Chacune de ces sous-régions corticales adresse de l'information à différentes aires du cerveau (Haberly, 2001) : le noyau olfactif antérieur au cortex piriforme ipsilatéral et contralatéral ; le tubercule olfactif au noyau dorsomédian du thalamus ; le cortex piriforme, le plus grand réceptacle d'entrées bulbaires, se projette également dans le noyau dorsomédian du thalamus ; il a aussi des connexions directes avec une partie du cortex orbitofrontal et des connexions en retour avec le bulbe olfactif. Le cortex entorhinal se projette principalement dans l'hippocampe (par la voie perforante) et aussi, en retour, vers le bulbe olfactif. Enfin, l'amygdale se projette surtout dans l'hypothalamus. Parmi toutes ces sous-régions, seul le tubercule olfactif n'adresse pas de projection en retour sur le bulbe olfactif.

Le cortex orbitofrontal, qui a la position d'un cortex de deuxième ordre, reçoit donc les projections du cortex primaire par deux voies : une voie directe et une voie indirecte passant par le noyau dorsomédian du thalamus. Ce cortex n'est pas une structure homogène et n'est pas exclusivement olfactif. Il intervient aussi dans le codage des affects et dans l'intégration intermodale (cf. chapitres 26 et 29).

L'organisation corticale des centres olfactifs diffère de celle des autres sens par deux aspects. Le premier est la projection directe des neurones sensoriels de deuxième ordre sur le cortex, sans relais thalamique (mais voir nouvelles données au chapitre 26). Le second aspect distinctif est le grand nombre des connexions centrifuges qui font retour depuis le cortex vers le niveau antérieur de traitement, en l'occurrence le bulbe olfactif.

Analogies et différences

Le corps pédonculé des Insectes ressemble à certains égards au cortex piriforme. Dans les deux cas, les neurones de deuxième ordre établissent des connexions synaptiques avec un grand nombre de neurones de troisième ordre, cellules de Kenyon (Insectes) ou cellules étoilées (leurs analogues chez les Vertébrés). Réciproquement, chaque neurone de troisième ordre reçoit des connexions synaptiques d'un grand nombre de neurones de deuxième ordre. À la différence du glomérule du premier relais, qui est un lieu de convergence des NRO sur les neurones principaux, le second relais présente donc à la fois une convergence (plusieurs neurones principaux sur un

---

8. On appelle commissure un tractus connectant les parties gauche et droite du système nerveux central.

seul neurone postsynaptique) et une divergence (un seul neurone principal contacte plusieurs neurones postsynaptiques). Il en résulte au total que, chez les Insectes comme chez les Vertébrés, les neurones de premier et de troisième ordres sont beaucoup plus nombreux que les neurones de deuxième ordre. De plus, dans les deux groupes, la troisième couche est subdivisée en aires séparées les unes des autres.

On peut cependant noter des différences entre corps pédonculés et cortex olfactif. Par exemple, chez les Insectes, contrairement aux Vertébrés, les neurones principaux ne forment pas de commissure. En outre, il n'y a pas de données indiquant que le lobe antennaire reçoit des afférences centrifuges des corps pédonculés et du lobe latéral. Les boucles de rétroaction sont donc plus courtes chez les Vertébrés que chez les Insectes.

▸▸ Bibliographie

ALTNER H., PRILLINGER L., 1980. Ultrastructure of invertebrate chemo, thermo and hygroreceptors and its functional significance. *International Review of Cytology*, 67, 69-139.

BARGMANN C.I., 2006. Chemosensation in *C. elegans*. *WormBook* (The *C. elegans* Research Community, ed.), [en ligne], <http://www.wormbook.org>, doi:10.1895/wormbook.1.123.1 (consulté le 10 mai 2011).

BELLONCI G., 1883. Sur la structure et les rapports des lobes olfactifs dans les Arthropodes supérieurs et les Vertébrés. *Archives italiennes de biologie*, 3, 191-196.

BLOOM G., 1954. Studies on the olfactory epithelium of the frog and the toad with the aid of light and electron microscopy. *Zeitschrift für Zellforschung*, 41, 89-100.

CARMICHAEL S.T., CLUGNET M.C., PRICE J.L., 1994. Central olfactory connections in the macaque monkey. *Journal of Comparative Neurology*, 346 (3), 403-434.

CHASE R., RIELING J., 1986. Autographic evidence for receptor cell renewal in the olfactory epithelium of a snail. *Brain Research*, 384, 232-239.

CHASE R., TOLLOCZKO B., 1993. Tracing neural pathways in snail olfaction: from the tip of the tentacle to the brain and beyond. *Microscopy Research and Technique*, 24, 214-230.

CHRISTENSEN T.A., WHITE C., 2000. Representation of olfactory information in the brain. *In: The Neurobiology of Taste and Smell* (T.E. Finger, W.L. Silver, D. Restrepo, eds), Wiley-Liss Inc, New York, 201-232.

DE OLMOS J., HARDY H., HEIMER L., 1978. The afferent connections of the main and the accessory olfactory bulb formations in the rat: an experimental HRP-study. *Journal of Comparative Neurology*, 181, 213-244.

DYNES J.L., NGAI J., 1998. Pathfinding of olfactory neuron axons to stereotyped glomerular targets revealed by dynamic imaging in living zebrafish embryos. *Neuron*, 20, 1081-1091.

FRISCH D., 1967. Ultrastructure of mouse olfactory mucosa. *American Journal of Anatomy*, 121, 87-120.

GESTELAND R.C., 1976. Physiology of olfactory reception. *In: Frog Neurobiology* (R. Llinàs, W. Precht, eds), Springer, Berlin, 234-249.

GRAZIADEI P.P.C., 1971. The olfactory mucosa of vertebrates. *In: Handbook of Sensory Physiology IV, Chemical Senses 1* (L.M. Beidler, ed.), Springer, Berlin, 27-58.

GRAZIADEI P.P.C., MONTI-GRAZIADEI G.A., 1978. Continuous nerve cell renewal in the olfactory system. *In: Handbook of Sensory Physiology* (M. Jacobson, ed.), Springer, New York, 55-83.

HABERLY L.B., 2001. Parallel-distributed processing in olfactory cortex: new insights from morphological and physiological analysis of neuronal circuitry. *Chemical Senses*, 26, 551-576.

HILDEBRAND J.G., 1995. Analysis of chemical signals by nervous systems. *In: Proceedings of the National Academy of Sciences of the USA*, 92, 67-74.

HILDEBRAND J.G., SHEPHERD G.M., 1997. Mechanisms of olfactory discrimination: converging evidence for common principles across phyla. *Annual Review of Neuroscience,* 20, 595-631.

HOLLEY A., MAC LEOD P., 1977. Transduction et codage des informations olfactives chez les Vertébrés. *Journal de physiologie Paris,* 73, 725-828.

KEIL T.A., 1999. Morphology and development of the peripheral olfactory organs. *In: Insect Olfaction* (B.S. Hansson, ed.), Springer, Berlin, 5-47.

MATSUMOTO S.G., HILDEBRAND J.G., 1981. Olfactory mechanisms in the moth *Manduca sexta:* response characteristics and morphology of central neurons in the antennal lobes. *In: Proceedings of the Royal Society London B,* 213, 249-277.

MASSE N.Y., TURNER G.C., JEFFERS G.S.X.E., 2009. Olfactory information processing in *Drosophila. Current Biology,* 19, R700-R713.

MOMBAERTS P., WANG F., DULAC C., CHAO S.K., NEMES A., MENDELSOHN M., EDMONDSON J., AXEL R., 1996. Visualizing an olfactory sensory map. *Cell,* 87, 675-86.

OKANO M., TAKAGI S.F., 1974. Secretion and electrogenesis of the supporting cell in the olfactory epithelium. *Journal of Physiology London,* 242, 353-370.

PINCHING A.J., POWEL T.P.S., 1971. The neuropil of the glomeruli of the olfactory bulb. *Journal of Cell Science,* 9, 347-377.

PRICE J.L., 1973. An autoradiographic study of complementary laminar patterns of termination of afferent fibers in the olfactory cortex. *Journal of Comparative Neurology,* 150, 87-108.

PRICE J.L., 1990. Olfactory system. *In: The Human Nervous System* (G. Paxinos, ed.), San Diego, Academic Press, 979-1001.

REESE T.S., 1965. Olfactory cilia in the frog. *Journal of Cell Biology,* 25, 209-230.

SCHMIDT M., 2007. The olfactory pathway of decapod crustaceans-an invertebrate model for life-long neurogenesis. *Chemical Senses,* 32, 365-384.

SHEPHERD G.M., GREER C.A., 1990. Olfactory bulb. *In: The Synaptic Organization of the Brain* (G.M. Shepherd, ed.), Oxford University Press, New York, 133-169.

SHEPHERD G.M., KOCH C., 1990. Introduction to synaptic circuits. *In: The Synaptic Organization of the Brain* (G.M. Shepherd, ed.), Oxford University Press, New York, 3-31.

SHIPLEY M.T., ENNIS M., 1996. Functional organization of olfactory system. *Journal of Neurobiology,* 30, 123-176.

STEULLET P., CATE H.S., DERBY C.D., 2000. A spatiotemporal wave of turnover and functional maturation of olfactory receptor neurons in the spiny lobster *Panulirus argus. Journal of Neuroscience,* 20 (9), 3282-3294.

TEICHER M.H., STEWART W.B., KAUER W.B., SHEPHERD T.H., 1980. Suckling pheromone stimulation of a modified glomerular region in the developing rat olfactory bulb revealed by the 2-deoxyglucose method. *Brain Research,* 194, 530-535.

TOLBERT L.P., HILDEBRAND J.G., 1981. Organization and synaptic ultrastructure of glomeruli in the antennal lobes of the moth *Manduca sexta:* a study using thin sections and freeze fractures. *In: Proceedings of the Royal Society London B,* 213, 279-301.

TURNER B.H., GUPTA K.C., MISHKIN M., 1978. The locus and cytoarchitecture of the projection areas of the olfactory bulb in *Macaca mulatta. Journal of Comparative Neurology,* 177, 381-396.

VOSSHALL L.B., WONG A.M., AXEL R., 2000. An olfactory sensory map in the fly brain. *Cell,* 102, 147-159.

WANG J.W., WONG A.M., FLORES J., VOSSHALL L.B., AXEL R., 2003. Two-photon calcium imaging reveals an odor-evoked map of activity in the fly brain. *Cell,* 112, 271-282.

WERTZ A., RÖSSLER W., OBERMAYER M., BICKMEYER U., 2006. Functional neuroanatomy of the rhinophore of *Aplysia punctata. Frontiers in Zoology,* 3 (6), doi:10.1186/1742-9994-3-6.

WILSON R.I., MAINEN Z.F., 2006. Early events in olfactory processing. *Annual Reviews in Neuroscience,* 29, 163-201.

Chapitre 7

Périréception et protéines porteuses

Martine MAÏBÈCHE, Jean-Marie HEYDEL,
Anne-Marie LE BON, Jérôme GOLEBIOWSKI et Loïc BRIAND

Le processus de la perception chimiosensorielle olfactive comporte globalement trois étapes séquentiellement impliquées dans la formation de l'image olfactive : la détection, la transduction et l'intégration des signaux. La première étape correspond à la liaison des molécules odorantes avec les récepteurs olfactifs. À ce stade, tout mécanisme qui contrecarre ou au contraire favorise l'interaction des ligands avec les récepteurs, ou qui modifie les propriétés des ligands, peut avoir une incidence majeure sur la qualité ou l'intensité du signal olfactif. Ces mécanismes, qualifiés d'« événements périrécepteurs », impliquent des protéines présentes dans l'environnement des récepteurs olfactifs, c'est-à-dire dans le mucus et dans les différents types cellulaires de l'épithélium olfactif chez les Vertébrés, ou dans la lymphe sensillaire et les cellules associées chez les Insectes. Les protéines de liaison des odorants et les enzymes du métabolisme des xénobiotiques, dont certaines sont spécialisées dans la dégradation des odorants, sont les principales candidates.

▸▸ Les protéines de liaison aux odorants

Les protéines de liaison aux odorants (OBP, ou *odorant binding proteins*) sont de petites protéines solubles sécrétées en abondance dans le mucus nasal ou la lymphe sensillaire d'une grande variété d'espèces animales, allant des Insectes aux Vertébrés, y compris chez l'être humain. Bien que n'ayant aucune parenté structurale, les fonctions des OBP de Vertébrés et d'Insectes seraient sensiblement équivalentes. Elles lient les odorants de façon réversible, avec des constantes de dissociation de l'ordre du micromolaire. Ces protéines sont de bonnes candidates pour le transport de molécules odorantes présentes dans l'air vers les récepteurs olfactifs à travers le mucus nasal aqueux ou la lymphe sensillaire. Bien que la fonction physiologique des OBP de Vertébrés ne soit pas encore complètement connue, le rôle essentiel des OBP dans le déclenchement de la réponse comportementale et dans le codage des odeurs a clairement été démontré chez la mouche *Drosophila melanogaster* (Xu *et al.*, 2005).

Caractéristiques des OBP

Propriétés générales des OBP d'Insectes

Les OBP d'Insectes sont de petites protéines solubles (13-16 kDa) présentes en forte concentration dans la lymphe sensillaire (jusqu'à 10 mM). Jusqu'à ce jour, les OBP ont été mises en évidence chez toutes les espèces d'Insectes étudiées. Les OBP d'Insectes ont été découvertes au début des années 1980 chez le papillon de nuit *Antheraea polyphemus*. Les OBP de Lépidoptères sont les mieux connues. On classe les OBP d'Insectes en trois sous-familles : les protéines de liaison aux phéromones (ou PBP, *pheromone-binding proteins*), les protéines de liaison aux odorants généraux (ou GOBP, *general odorant-binding proteins*) et les protéines chimiosensorielles (ou CSP, *chemosensory proteins*). Cette classification repose à la fois sur des propriétés de liaison, sur des homologies de séquences et sur une spécificité d'expression. On pense que les GOBP jouent un rôle dans la détection de molécules odorantes chimiquement diverses, produites par les plantes. Ainsi les GOBP sont observées à la fois chez les insectes mâles et femelles. Les PBP, quant à elles, sont supposées être impliquées plus spécifiquement dans la détection de phéromones sexuelles produites par la femelle et sont exprimées généralement exclusivement dans les antennes des mâles. En dépit d'une faible homologie de séquence protéique, les PBP et les GOBP partagent néanmoins la présence de 6 résidus cystéines espacés de façon régulière et impliqués dans la formation de 3 ponts disulfures. Les CSP ne partagent en revanche aucune similarité structurale avec les GOBP et les PBF. Le séquençage du génome de certains insectes a révélé la présence au sein d'une même espèce d'un nombre important d'OBP. Par exemple, 33 OBP ont été identifiées chez le moustique et environ 50 chez la drosophile.

Propriétés générales des OBP de Vertébrés

Les OBP sont sécrétées par l'épithélium olfactif dans le mucus nasal à forte concentration ($\sim$ 10 mM). Ces protéines sont synthétisées par différentes glandes et dans différentes régions de l'épithélium. Certaines OBP sont issues des sécrétions des glandes de Bowman.

Les OBP ont été identifiées chez de nombreux Vertébrés comme la vache, le porc, le lapin, la souris, le rat, le xénope (Amphibien), l'éléphant et l'homme (Pelosi, 2001 ; Tegoni *et al.*, 2000 ; Briand *et al.*, 2002). Différents sous-types d'OBP ont été mis en évidence chez une même espèce animale. Par exemple, deux OBP ont été décrites chez le porc, quatre chez la souris, trois chez le lapin et au moins huit chez le porc-épic. Chez le rat, trois OBP ont été clonées, lesquelles présentent une faible homologie de séquences peptidiques. Leurs propriétés de liaison sont différentes et complémentaires (Tegoni *et al.*, 2004). La masse moléculaire des OBP de Vertébrés est par ailleurs située dans une fourchette étroite d'environ 17-20 kDa. Les OBP de Vertébrés appartiennent à la famille des lipocalines, une famille de protéines ayant pour fonction principale le transport de molécules hydrophobes. Ces protéines ne partagent pas d'homologie de séquences en acides aminés ni de similitudes structurales avec les OBP d'Insectes (Tegoni *et al.*, 2004). En ce qui concerne leur structure quaternaire, certaines OBP de Vertébrés ont été observées sous forme de monomères comme les OBP porcines, l'OBP-3 de rat ou l'OBP humaine, tandis que d'autres ont été décrites sous forme de dimères, comme l'OBP bovine et l'OBP-2 de rat. Certains hétérodimères d'OBP ont également été mis en évidence chez la souris, mais ont fait l'objet de peu d'études. Le point isoélectrique des OBP est généralement acide (situé entre 4 et 5). Toutefois, certaines OBP présentent un point isoélectrique neutre ou légèrement basique, comme l'OBP-2 de rat ou l'OBP-2A humaine.

OBP humaines

Deux gènes humains codant des OBP (nommés hOBPIIa et hOBPIIb) localisés sur le chromosome 9q34 ont été décrits avant la mise en évidence d'une OBP humaine dans le mucus qui recouvre la fente olfactive (Briand *et al.*, 2002). Le gène hOBPIIa code une protéine, appelée hOBP-2A, qui est à 45,5 % homologue à l'OBP-2 de rat. Ce gène est transcrit dans la cavité nasale, contrairement au gène hOBPIIb, qui est transcrit dans les organes génitaux et qui code une protéine qui est 43 % identique à la lipocaline-1 présente dans les larmes chez l'homme. L'expression d'OBP chez l'homme semble ainsi limitée à la plus haute région de la fosse nasale, où les molécules odorantes sont détectées par les neurones porteurs des récepteurs olfactifs.

Propriétés des OBP vis-à-vis des odorants

Les OBP ont la propriété de lier des odorants variés par leur taille et leur classe chimique (figure 7.1). Bien qu'aucune préférence n'ait été établie pour l'OBP du porc ou du bœuf, une relative spécificité existe parmi les 3 OBP du rat. Ces dernières seraient dédiées à la liaison de différentes classes d'odorants. L'OBP-1 lierait préférentiellement les composés hétérocycliques, l'OBP-2 serait plus spécifique pour les aldéhydes et les acides carboxyliques à longue chaîne carbonée et l'OBP-3 interagirait davantage avec des molécules cycliques (Löbel *et al.*, 2002).

À l'instar des OBP d'autres Mammifères, l'OBP humaine est capable de lier des odorants très variés avec des constantes de dissociation de l'ordre du micromolaire. Cependant, la spécificité du variant hOBP-2A semble beaucoup plus restrictive que l'OBP porcine ou l'OBP-1 et l'OBP-3 de rat, avec une affinité marquée pour les aldéhydes, qu'ils soient aliphatiques ou aromatiques. Par ailleurs, cette OBP humaine se caractérise par une affinité faible pour l'isobutyl-méthoxy-pyrazine (un odorant très puissant rappelant le poivron) et par une affinité importante pour les acides aliphatiques (Briand *et al.*, 2002).

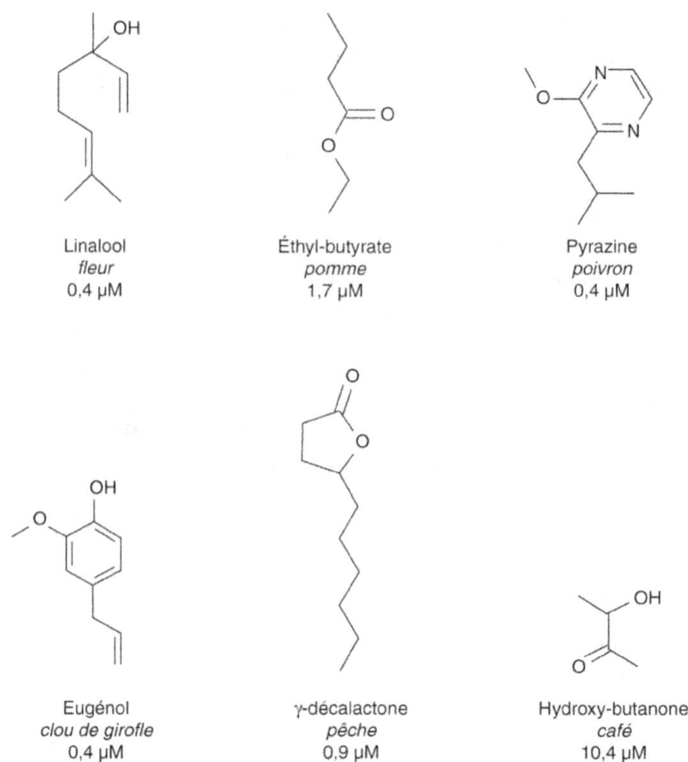

Figure 7.1. Exemples d'odorants générant différentes odeurs qui se lient fortement ou faiblement à l'OBP-1 de rat.

Les constantes de dissociation de ces composés pour l'OBP-1 de rat sont indiquées (μM).

Séquences peptidiques et propriétés structurales

L'ensemble des OBP de Vertébrés appartient à la grande famille des lipocalines (figure 7.2, planche couleur I). Elles forment un calice dédié à la liaison de molécules lipophiles. Bien que les membres de cette famille ne partagent qu'une faible identité de séquence, quelques caractéristiques permettent leur identification. Un motif GxW conservé est situé à environ 15 à 20 résidus du groupement N-terminal, 2 résidus cystéines apparaissent en milieu de séquence et un résidu glycine est systématiquement situé à l'extrémité C-terminale de la protéine.

De manière générale, l'identité de séquence est faible parmi les OBP (21-26 % en moyenne). Les OBP du porc et du bœuf partagent néanmoins une identité de 42 %, alors que l'OBP-2 du rat partage la plus faible identité avec le reste des OBP (12-19 %). Bien que les séquences soient relativement hétérogènes chez les OBP, la structure est quant à elle très bien conservée. Elle est constituée d'un tonneau β formé de 8 feuillets β antiparallèles connectés par 7 boucles et terminés par une hélice α (figure 7.3, planche couleur I). Le tonneau β forme alors une cavité hydrophobe, appelée calice et dont le rôle serait de lier les molécules hydrophobes. Il est donc particulièrement bien adapté aux odorants.

L'OBP bovine constitue une exception à cette structure typique. Elle est constituée d'un dimère dans lequel deux motifs lipocalines ont échangé leur hélice α, formant ainsi un motif appelé « domaine d'échange ». La structure de l'OBP du porc peut être considérée comme prototypique des lipocalines (Vincent *et al.*, 2000). Un pont disulfure entre 2 résidus cystéines connecte les brins 3 et 4 du tonneau β. La cavité, dont la paroi est majoritairement composée de résidus aromatiques ou hydrophobes, est totalement protégée du solvant, et l'accès de l'odorant au sein de cette cavité nécessite un mouvement de résidus représentant la porte de la protéine (Golebiowski *et al.*, 2007).

Cavité des OBP

Très peu de complexes odorant-OBP ont été jusqu'à présent décrits, principalement en raison de la grande conservation structurale, entraînant un manque d'intérêt pour de nouvelles structures. La cavité représente le site de liaison principal avec les odorants, comme montré sur l'OBP porcine. La taille de cette cavité est de l'ordre de 780 Å^3 pour l'OBP bovine et d'environ 550 Å^3 pour l'OBP porcine.

Sur la base de structures cristallines obtenues entre l'OBP porcine et des odorants de différentes familles chimiques, le type et la nature des interactions ont pu être décrits. Le caractère opportuniste de l'interaction a pu être établi à la fois sur la base de l'orientation aléatoire des odorants dans la cavité et sur le fait que les résidus de la cavité sont indifféremment impliqués dans les interactions. À l'exception de deux résidus asparagines, qui interagissent surtout par des liaisons hydrogène avec certains odorants, les contacts sont majoritairement hydrophobes. Le nombre d'interactions est globalement proportionnel à la taille de l'odorant, mais n'est en revanche pas relié à l'affinité pour cet odorant. Un résidu tyrosine, très conservé en position 82 dans la séquence, a été identifié avec quelques autres comme la porte de la cavité (Golebiowski *et al.*, 2006 ; 2007).

Quant à l'OBP humaine, bien que la structure de l'hOBP-2A n'ait pas été cristallisée, elle a été modélisée par comparaison avec d'autres OBP. L'affinité particulière de cette protéine pour les aldéhydes vis-à-vis des acides est attribuée à la présence d'un résidu lysine en position 112, formant une liaison hydrogène optimale avec les aldéhydes et moins forte avec les acides (Charlier *et al.*, 2009 ; Tcatchoff *et al.*, 2006).

Fonctions hypothétiques des OBP

Chez les Mammifères et les Insectes, les récepteurs olfactifs sont séparés de l'air par une couche de protection constituée d'une sécrétion hydrophile (figure 7.4, planche couleur II). Cette couche est formée par le mucus nasal chez les Vertébrés et par la lymphe sensillaire chez les Insectes. Les odorants hydrophobes présents dans l'atmosphère doivent franchir cette barrière aqueuse pour atteindre les récepteurs olfactifs neuronaux. L'hypothèse généralement admise est que les OBP pourraient jouer un rôle de transporteur des odorants. Ces protéines seraient probablement apparues lors de l'adaptation à la vie terrestre. Ce rôle de transporteur est en accord avec leur affinité relativement faible pour les odorants et leur présence à forte concentration dans le mucus olfactif ou la lymphe sensillaire. L'implication des OBP dans la discrimination olfactive a également été proposée en raison de la présence dans le mucus olfactif de rat de trois sous-types différents d'OBP, révélant des affinités complémentaires pour des classes chimiques distinctes de molécules odorantes (Löbel *et al.,* 2002). En plus du transport des molécules odorantes, d'autres hypothèses ont été proposées pour le rôle des OBP (Pelosi, 2001). Celles-ci pourraient soit servir de filtre ou de tampon pour les odorants dans le mucus, et réduire ainsi la gamme des intensités odorantes, soit éliminer les substances odorantes après activation des récepteurs olfactifs, soit enfin interagir directement avec les récepteurs olfactifs (Vidic *et al.,* 2008). Le rôle essentiel des OBP dans le déclenchement du comportement et du codage de l'odeur a été démontré chez les Insectes (figure 7.4, planche couleur II). Ainsi, chez la drosophile, l'OBP LUSH est indispensable à l'activation des neurones sensibles à la phéromone d'agrégation (Xu *et al.,* 2005). Un récepteur membranaire (appelé SNMP) pour les OBP d'Insectes a été mis en évidence et jouerait, avec les OBP, un rôle important dans la détection des phéromones (Benton *et al.,* 2007).

Bien que n'étant pas le principal protagoniste protéique de la perception des odorants (rôle joué par les récepteurs olfactifs), l'identification de la fonction exacte des OBP constitue un réel défi pour la communauté scientifique et reste l'objet de nombreuses investigations.

▶▶ Les enzymes du métabolisme des odorants

Les enzymes olfactives de biotransformation chez les Insectes

Enzymes antennaires et catabolisme phéromonal : les travaux pionniers

L'étude de la biotransformation des molécules odorantes chez les Insectes s'est focalisée sur le métabolisme phéromonal, avec comme modèles principaux les Lépidoptères nocturnes. Ainsi, chez le ver à soie *Bombyx mori,* le catabolisme du bombycol par des extraits antennaires a été démontré *in vitro* dès 1971 (Kasang, 1971). Puis des activités estérasiques antennaires ont été mises en évidence chez des espèces utilisant des esters comme phéromones (Ferkovich *et al.,* 1973 ; Vogt et Riddiford, 1981), tandis que chez celles utilisant des aldéhydes, des activités de type aldéhyde oxydase (AOX) ont été détectées (Rybczynski *et al.,* 1989). Outre les Lépidoptères, chez la mouche *Musca domestica* (Ahmad *et al.,* 1987) et le coléoptère *Phyllopertha diversa* (Wojtasek et Leal, 1999), des cytochromes P450 (CYP) ont été impliqués dans le catabolisme de leurs phéromones respectives, un hydrocarbure insaturé et un alcaloïde. Ce catabolisme est souvent restreint aux antennes mâles, spécialisées dans la détection phéromonale. Ces premiers travaux ont démontré qu'il existait une corrélation entre la structure chimique des phéromones et le type fonctionnel des enzymes antennaires. Ils ont permis de poser l'hypothèse que les Insectes possédaient des enzymes antennaires spécialisées dans la dégradation des phéromones *(pheromone-degrading enzyme)* et, plus généralement, des enzymes spécialisées dans la dégradation des odorants (ou ODE, *odorant-degrading enzyme*).

Une diversité d'enzymes antennaires

Avec l'avènement des techniques moléculaires, des gènes codant des enzymes antennaires ont été clonés chez différentes espèces (Ishida et Leal, 2008 ; Jacquin-Joly et Maïbèche-Coisne, 2009 ; Kamikouchi *et al.*, 2004). Des analyses transcriptomiques ont révélé la richesse jusqu'alors insoupçonnée de l'antenne des Lépidoptères en enzymes de biotransformation (Jordan *et al.*, 2008 ; Legeai *et al.*, 2011). Ainsi, plus de 70 enzymes antennaires ont été isolées chez *Spodoptera littoralis*. Cela suggère une diversification fonctionnelle de ces gènes : certaines enzymes seraient impliquées dans l'olfaction, tandis que d'autres pourraient participer au métabolisme de composés exogènes (xénobiotiques) et donc à la protection des neurones olfactifs.

Localisation dans l'environnement des récepteurs olfactifs

Il a été démontré que certaines enzymes, comme l'estérase d'*Antheraea polyphemus* (ApolSE) et l'aldéhyde oxydase de *Manduca sexta* (MsexAOX), sont sécrétées dans la lymphe sensillaire (Rybczynski *et al.*, 1989 ; Vogt *et al.*, 1985). D'autres sont prédites comme extracellulaires d'après la seule analyse de leur séquence protéique (Jacquin-Joly et Maïbèche-Coisne, 2009). Ces enzymes pourraient interagir avec les molécules odorantes dans l'espace périrécepteur, avant ou après leur liaison avec les récepteurs olfactifs. Les CYP et les glutathions-S-transférases (GST) sont au contraire généralement prédits comme intracellulaires. Une GST cytosolique chez *M. sexta* (Rogers *et al.*, 1999) et une estérase intracellulaire chez *S. littoralis* (Durand *et al.*, 2010) sont impliquées dans le catabolisme d'odorants végétaux et pourraient jouer un rôle dans la clairance des odorants après leur internalisation dans la cellule. L'hybridation *in situ* a révélé que plusieurs gènes d'enzymes antennaires présentaient une expression localisée à la base des sensilles olfactives (Jacquin-Joly et Maïbèche-Coisne, 2009). Ces marquages pourraient correspondre aux cellules accessoires et/ou aux corps cellulaires des neurones olfactifs, la technique utilisée ne permettant pas de conclure. Chez la drosophile, l'immunohistochimie couplée au système UAS-Gal4 a montré qu'un CYP était exprimé exclusivement dans les cellules accessoires (Wang *et al.*, 2008).

Rôle dans l'inactivation du signal olfactif

Les propriétés catalytiques des enzymes ApolSE et MsexAOX ont été établies après purification (Rybczynski *et al.*, 1989 ; Vogt *et al.*, 1985) : ces ODE présentent une bonne affinité pour la phéromone de l'espèce considérée, qu'elles dégradent très rapidement (demi-vie *in vivo* estimée à 15 ms et 0,6 ms, respectivement). Le gène codant ApolSE a été cloné vingt ans plus tard (Ishida et Leal, 2005), et l'enzyme, renommée ApolPDE, a été produite en système hétérologue. Son activité spécifique est élevée, de même que son affinité pour la phéromone, ce qui confirme les résultats précédents. L'estérase du coléoptère *Popilia japonica* présente les mêmes caractéristiques (Ishida et Leal, 2008). Bien qu'établies pour seulement trois enzymes, ces cinétiques sont rapides et compatibles avec un rôle des ODE dans l'inactivation du signal odorant, donc dans la dynamique de la réponse olfactive. Ce rôle n'a pas encore été démontré directement *in vivo,* mais une étude électrophysiologique réalisée chez *Popilia diversa* va dans ce sens. L'application d'un inhibiteur de CYP sur l'antenne, couplée à une préexposition phéromonale, modifie en effet la réponse des sensilles à de faibles doses de phéromone, jusqu'à provoquer une anosmie totale (Maïbèche-Coisne *et al.*, 2004). La sensibilité des neurones olfactifs à la phéromone est donc modifiée lorsque le catabolisme phéromonal est inhibé.

L'ensemble de ces travaux va dans le sens d'une implication des ODE dans l'arrêt du signal olfactif, avec deux étapes séquentielles, une inactivation rapide dans la lymphe sensillaire (les métabolites n'activant plus les récepteurs olfactifs), suivie d'un métabolisme intracellulaire de ces composés inactivés jusqu'à leur élimination finale. Il reste néanmoins à vérifier *in vivo* que ces enzymes jouent bien un rôle clef dans les comportements olfacto-induits, comme le comportement sexuel ou l'attraction par la plante hôte. Ces enzymes pourraient auquel cas s'avérer des cibles intéressantes pour le développement d'agents olfacticides, utilisables contre des insectes vecteurs de maladies ou ravageurs des cultures (cf. chapitre 33). S'il semble désormais acquis que l'antenne des Insectes est un tissu très riche en enzymes de biotransformation, il est nécessaire d'analyser plus en détail leurs différentes fonctions potentielles, et notamment de confirmer leur rôle supposé dans le maintien de l'homéostasie antennaire et la protection des neurones. La régulation de leur expression et de leur activité par l'exposition aux odorants et aux xénobiotiques reste également à approfondir.

Les enzymes olfactives de biotransformation chez les Vertébrés

Dans l'organisme, les molécules chimiques d'origine exogène, également appelées xénobiotiques, sont métabolisées par un réseau d'enzymes qui favorisent leur élimination. Les deux premières phases de ce métabolisme, les phases I et II, conduisent à la formation de métabolites hydrophiles qui sont ensuite excrétés hors des cellules *via* des transporteurs membranaires (phase III), puis éliminés par les voies d'excrétion telles que l'urine ou la bile lorsque ce métabolisme a lieu dans le foie, l'organe métabolique majeur.

L'hypothèse de l'implication des enzymes du métabolisme des xénobiotiques (EMX) dans la modulation du signal olfactif, et plus particulièrement dans la biotransformation des molécules odorantes, a été proposée dès 1950 (Kistiakowsky, 1950). Les EMX pourraient influencer la perception sensorielle de différentes manières (figure 7.5, planche couleur II) : elles métaboliseraient les molécules odorantes, ce qui aurait pour conséquence soit une modification soit une perte (suppression) de leurs propriétés olfactives ; elles favoriseraient la clairance des molécules odorantes en excès, ce qui éviterait la saturation des récepteurs olfactifs. Ces hypothèses ont été progressivement étayées par des données sur la caractérisation des EMX olfactives ainsi que par différentes études fonctionnelles décrites ci-après (cf. aussi chapitre 38).

La muqueuse olfactive, un tissu particulièrement riche en enzymes

Dans les années 1980, de nombreuses EMX ont été identifiées dans la muqueuse olfactive (MO) de rongeur (Dahl, 1982 ; Nef *et al.*, 1989). L'expression des EMX olfactives a également été mise en évidence chez de nombreux Vertébrés : homme, singe, lapin, hamster, chien, bœuf, mouton, cheval, vache, porc, poisson (truite, saumon), tortue, homard (Thornton-Manning et Dahl, 1997). Certaines EMX s'expriment spécifiquement ou préférentiellement dans la MO chez différentes espèces : c'est le cas du CYP2G1, un cytochrome P450 détecté chez l'homme, le rat et le lapin (Ding *et al.*, 1991), de la phénol sulfotransférase olfactive (souris) (Tamura *et al.*, 1998), de l'AOH3, une aldéhyde oxydase (souris) (Kurosaki *et al.*, 2004), de l'UGT2A1, une UDP-glucuronosyltransférase (homme, rat, souris) (Heydel *et al.*, 2001 ; Lazard *et al.*, 1991) et de l'OAT6, un transporteur d'anion organique (souris) (Monte *et al.*, 2004). Chez le rat, il a été démontré que l'expression et l'activité de six cytochromes P450 (CYP1A1, 1A2, 2A3, 2E1, 2G1 et 3A9) sont particulièrement plus élevées dans la MO que dans le foie (Minn *et al.*, 2005). Par ailleurs, l'expression et l'activité des enzymes et transporteurs olfactifs peuvent être augmentées par des traitements systémiques avec des inducteurs tels que la dexaméthasone et l'aroclor (Thiebaud *et al.*, 2010).

Une localisation dans l'environnement des récepteurs olfactifs

La connaissance de la localisation des EMX est déterminante pour préciser leur fonction. Les techniques d'hybridation *in situ* et d'immunohistochimie ont permis de mettre en évidence une expression préférentielle des EMX dans les cellules de soutien et les glandes de Bowman (Getchell *et al.*, 1993 ; Zupko *et al.*, 1991). Sur la base d'une étude d'immunohistochimie couplée à la microscopie électronique et d'une analyse *in silico* des séquences d'adressage, Genter *et al.* (2006) ont montré que, chez le rat, CYP4B1 serait localisé sur la face extracellulaire de la membrane plasmique des cellules des glandes de Bowman, en contact direct avec la lumière nasale. Une analyse par hybridation *in situ* a montré que les ARN messagers codant une UDP-glucuronosyltransférase spécifiquement exprimée dans la MO (UGT2A1) sont localisés dans les cellules sustentaculaires, dans les glandes de Bowman, mais aussi au niveau des neurones récepteurs olfactifs (Heydel *et al.*, 2001). Des études protéomiques récentes ont mis en évidence la présence de nombreuses EMX déjà identifiées dans les cils des neurones olfactifs de rongeur (Mayer *et al.*, 2008 ; Stephan *et al.*, 2009), ainsi que la présence d'alcool et d'aldéhyde déshydrogénases et de deux GST dans le mucus humain (Debat *et al.*, 2007).

Affinité pour les molécules odorantes

Les molécules odorantes, de par leur petite taille et leur caractère hydrophobe, sont des substrats potentiels pour les EMX. Plusieurs travaux ont montré que des molécules odorantes sont plus efficacement métabolisées par les enzymes de phase I ou de phase II de la MO que par celles d'autres tissus comme le foie (Lazard *et al.*, 1991 ; Leclerc *et al.*, 2002 ; Nef *et al.*, 1989). De même, OAT6, un transporteur spécifique de la MO, présente une affinité élevée pour des molécules odorantes (Kaler *et al.*, 2006).

Rôle dans la modulation de la perception

Les travaux de Lazard *et al.* (1991) ont été les premiers à montrer que, *in vitro*, des molécules odorantes glucurono-conjuguées n'induisent plus de signal olfactif (production d'AMPc mesurée dans des cils olfactifs). Cette observation a conduit les auteurs à proposer l'hypothèse selon laquelle la glucurono-conjugaison des molécules odorantes, catalysée par les UGT, inactiverait les molécules odorantes et interviendrait ainsi dans l'arrêt du signal olfactif *(olfactory signal termination)*. Par la suite, il a été observé une corrélation inverse entre la capacité de certaines molécules odorantes à être glucurono-conjuguées par la MO et l'intensité du signal électrique mesurée dans le bulbe olfactif de rat lorsqu'elles sont inhalées (Leclerc *et al.*, 2002). En accord avec ces observations, il a été montré, chez le rat, que l'amplitude des électro-olfactogrammes (EOG) générés par des métabolites de molécules odorantes (coumarine, quinoline, acétate d'isoamyle) est plus faible que l'amplitude des réponses élicitées par les molécules parentes (Thiebaud *et al.*, 2010).

Plusieurs études récentes ont mis en œuvre des approches consistant à moduler l'expression des enzymes olfactives et à mesurer l'impact de cette modulation sur le signal olfactif ou sur la perception de molécules odorantes. Chez le rat, l'inhibition *in situ* des CYP ou des carboxylestérases olfactives par des inhibiteurs spécifiques entraîne une augmentation significative des électro-olfactogrammes déclenchés par des molécules odorantes métabolisées par ces enzymes (Thiebaud *et al.*, 2010). Nagashima et Touhara (2010) ont utilisé pour la première fois une approche intégrée pour démontrer l'impact des enzymes présentes dans le mucus sur la perception olfactive. Ces auteurs ont démontré que le mucus de souris a la capacité de biotransformer des molécules odorantes possédant des fonctions aldéhyde ou ester en métabolites potentiellement odorants. Ces métabolites seraient formés par des enzymes de type aldéhyde déshydrogénase et carboxylestérase. Après avoir administré *in vivo* un inhibiteur de l'activité carboxylestérase, puis exposé les souris à un odorant métabolisé par cette enzyme, ils ont également observé que cette inhibition entraîne un changement du profil d'activation glomérulaire et altère les capacités de discrimination olfactive. De manière similaire, une étude menée chez l'homme a montré que la présence d'un inhibiteur de CYP dans un bouquet odorant modifie la qualité des odeurs perçues et a mis en évidence la présence de métabolites dans l'air expiré (Schilling *et al.*, 2010).

Ces différentes observations confortent l'hypothèse selon laquelle la biotransformation des molécules odorantes aurait un impact notable sur la sensibilité du système olfactif périphérique. La perception olfactive résulterait de la détection à la fois des molécules odorantes et des métabolites formés au niveau du mucus et/ou de la muqueuse olfactive.

Il semble donc aujourd'hui acquis, en particulier chez l'homme et le rongeur, que la cinétique des réactions de biotransformation catalysée par les EMX olfactives est rapide, et donc en adéquation avec l'implication de ces enzymes dans l'arrêt du signal olfactif et/ou celui plus complexe de la transformation du signal. Néanmoins, les études sont encore trop peu nombreuses, et plusieurs points nécessitent d'être approfondis, comme la localisation subcellulaire des enzymes, en particulier des CYP et des glucuronosyltransférases, ou encore les phénomènes de compétition entre odorants et métabolites vis-à-vis des enzymes. Ce dernier point pourrait en effet avoir un impact sur la biodisponibilité relative des signaux olfactifs dans l'espace périrécepteur et donc sur la perception globale.

Ces découvertes récentes sur la fonction des EMX olfactives ouvrent des champs d'investigation importants en relation avec les troubles olfactifs d'origine périphérique, notamment en ce qui concerne l'impact du polymorphisme qui touche ces enzymes ainsi que leur capacité à être modulée (par les polluants ou les médicaments notamment). Par ailleurs, elles devraient inciter l'industrie agroalimentaire ou cosmétique à prendre davantage en compte la biotransformation enzymatique des odorants lors de l'élaboration des arômes et des parfums.

►► Bibliographie

AHMAD S., KIRKLAND K.E., BLOMQUIST G., 1987. Evidence for a sex pheromone metabolizing cytochrome P450 monooxygenase in house fly. *Archives of Insect Biochemistry and Physiology*, 6, 121-140.

BENTON R., VANNICE K.S., VOSSHALL L.B., 2007. An essential role for a CD36-related receptor in pheromone detection in *Drosophila*. *Nature*, 450 (7167), 289-93.

BRIAND L., ELOIT C., NESPOULOUS C., BEZIRARD V., HUET J.-C., HENRY C., BLON F., TROTIER D., PERNOLLET J.-C., 2002. Evidence of an odorant-binding protein in the human olfactory mucus: location, structural characterization, and odorant-binding properties. *Biochemistry*, 41 (23), 7241-7252.

CHARLIER L., CABROL-BASS D., GOLEBIOWSKI J., 2009. How does human odorant binding protein bind odorants? The case of aldehydes studied by molecular dynamics. *Comptes-rendus chimie*, 12, 905-910.

DAHL A.R., 1982. The inhibition of rat nasal cytochrome P-450-dependent mono-oxygenase by the essence heliotropin (piperonal). *Drug Metabolism Disposition*, 10 (5), 553-4.

DEBAT H., ELOIT C., BLON F., SARAZIN B., HENRY C., HUET J.C., TROTIER D., PERNOLLET J.C., 2007. Identification of human olfactory cleft mucus proteins using proteomic analysis. *Journal of Proteome Research*, 6 (5), 1985-96.

DING X.X., PORTER T.D., PENG H.M., COON M.J., 1991. cDNA and derived amino acid sequence of rabbit nasal cytochrome P450NMb (P450IIG1), a unique isozyme possibly involved in olfaction. *Archives of Biochemistry and Biophysics*, 285 (1), 120-5.

DURAND N., CAROT-SANS G., CHERTEMPS T., BOZZOLAN F., PARTY V., RENOU M., DEBERNARD S., ROSELL G., MAÏBÈCHE-COISNE M., 2010. Characterization of an antennal carboxylesterase from the pest moth *Spodoptera littoralis* degrading a host plant odorant. *PLoS One*, 5 (11), e15026, doi:10.1371/journal.pone.0015026.

FERKOVICH S., MAYER M.S., RUTTER R.R., 1973. Conversion of the sex pheromone of the cabbage looper. *Nature*, 242, 53-55.

GENTER M.B., YOST G.S., RETTIE A.E., 2006. Localization of CYP4B1 in the rat nasal cavity and analysis of CYPs as secreted proteins. *Journal of Biochemical and Molecular Toxicology*, 20 (3), 139-141.

GETCHELL M.L., CHEN Y., DING X., SPARKS D.L., GETCHELL T.V., 1993. Immunohistochemical localization of a cytochrome P-450 isozyme in human nasal mucosa: age-related trends. *Annals of Otology, Rhinology and Laryngology*, 102 (5), 368-74.

GOLEBIOWSKI J., ANTONCZAK S., CABROL-BASS D., 2006. Molecular dynamics studies of odorant binding protein free of ligand and complexed to pyrazine and octenol. *Journal of Molecular Structure THEOCHEM*, 763, 165-174.

GOLEBIOWSKI J., ANTONCZAK S., FIORUCCI S., CABROL-BASS D., 2007. Mechanistic events underlying odorant binding protein chemoreception. *Proteins: Structure, Function, and Bioinformatics*, 67 (2), 448-458.

HEYDEL J., LECLERC S., BERNARD P., PELCZAR H., GRADINARU D., MAGDALOU J., MINN A., ARTUR Y., GOUDONNET H., 2001. Rat olfactory bulb and epithelium UDP-glucuronosyltransferase 2A1 (UGT2A1) expression: *in situ* mRNA localization and quantitative analysis. *Molecular Brain Research*, 90 (1), 83-92.

ISHIDA Y., LEAL W.S., 2005. Rapid inactivation of a moth pheromone. *In: Proceedings of the National Academy of Sciences USA*, 102 (39), 14075-14079.

ISHIDA Y., LEAL W.S., 2008. Chiral discrimination of the Japanese beetle sex pheromone and a behavioral antagonist by a pheromone-degrading enzyme. *In: Proceedings of the National Academy of Sciences of the USA,* 105 (26), 9076-9080.

JACQUIN-JOLY E., MAÏBÈCHE-COISNE M., 2009. Molecular mechanisms of sex pheromone reception in *Lepidoptera. In: Short Views on Insect Molecular Biology* (R. Chandrasekar, ed.), Bharathidasan University, India, 147-158.

JORDAN M., STANLEY D., MARSHALL S., DE SILVA D., CROWHURST R., GLEAVE A., GREENWOOD D., NEWCOMB R., 2008. Expressed sequence tags and proteomics of antennae from the tortricid moth, *Epiphyas postvittana. Insect Molecular Biology,* 17 (4), 361-73.

KALER G., TRUONG D.M., SWEENEY D.E., LOGAN D.W., NAGLE M., WU W., ERALY S.A., NIGAM S.K., 2006. Olfactory mucosa-expressed organic anion transporter, OAT6, manifests high affinity interactions with odorant organic anions. *Biochemical and Biophysical Research Communications,* 351 (4), 872-876.

KAMIKOUCHI A., MORIOKA M., KUBO T., 2004. Identification of honeybee antennal proteins/genes expressed in a sex and/or caste selective manner. *Zoological Science,* 21 (1), 53-62.

KASANG G., 1971. Bombykol reception and metabolism on the antennae of the silkmoth *Bombyx mori. In: Gustation and Olfaction* (G. Ohloff, A.F. Thomas, eds), Academic Press, London, 245-250.

KISTIAKOWSKY G.B., 1950. On the theory of odors. *Science,* 112 (2901), 154-155.

KUROSAKI M., TERAO M., BARZAGO M.M., BASTONE A., BERNARDINELLO D., SALMONA M., GARATTINI E., 2004. The aldehyde oxidase gene cluster in mice and rats. Aldehyde oxidase homologue 3, a novel member of the molybdo-flavoenzyme family with selective expression in the olfactory mucosa. *Journal of Biological Chemistry,* 279 (48), 50482-50498.

LAZARD D., ZUPKO K., PORIA Y., NEF P., LAZAROVITS J., HORN S., KHEN M., LANCET D., 1991. Odorant signal termination by olfactory UDP glucuronosyl transferase. *Nature,* 349 (6312), 790-793.

LECLERC S., HEYDEL J.M., AMOSSE V., GRADINARU D., CATTARELLI M., ARTUR Y., GOUDONNET H., MAGDALOU J., NETTER P., PELCZAR H., MINN A., 2002. Glucuronidation of odorant molecules in the rat olfactory system: activity, expression and age-linked modifications of UDP-glucuronosyltransferase isoforms, UGT1A6 and UGT2A1, and relation to mitral cell activity. *Molecular Brain Research,* 107 (2), 201-213.

LEGEAI F., MALPEL S., MONTAGNÉ N., MONSEMPES C., COUSSERAN F., MERLIN C., FRANÇOIS M.-C., MAÏBÈCHE-COISNE M., GAVORY F., POULAIN J., JACQUIN-JOLY E., 2011. An expressed sequence tag collection from the male antennae of the noctuid moth *Spodoptera littoralis:* a resource for olfactory and pheromone detection research. *BMC Genomics,* 12 (86).

LÖBEL D., JACOB M., VOLKNER M., BREER H., 2002. Odorants of different chemical classes interact with distinct odorant binding protein subtypes. *Chemical Senses,* 27 (1), 39-44.

MAÏBÈCHE-COISNE M., NIKONOV A.A., ISHIDA Y., JACQUIN-JOLY E., LEAL W.S., 2004. Pheromone anosmia in a scarab beetle induced by *in vivo* inhibition of a pheromone-degrading enzyme. *In: Proceedings of the National Academy of Sciences of the USA,* 101 (31), 11459-11464.

MAYER U., UNGERER N., KLIMMECK D., WARNKEN U., SCHNOLZER M., FRINGS S., MOHRLEN F., 2008. Proteomic analysis of a membrane preparation from rat olfactory sensory cilia. *Chemical Senses,* 33 (2), 145-162.

MINN A.L., PELCZAR H., DENIZOT C., MARTINET M., HEYDEL J.M., WALTHER B., MINN A., GOUDONNET H., ARTUR Y., 2005. Characterization of microsomal cytochrome P450-dependent monooxygenases in the rat olfactory mucosa. *Drug Metabolism Disposition,* 33 (8), 1229-1237.

MONTE J.C., NAGLE M.A., ERALY S.A., NIGAM S.K., 2004. Identification of a novel murine organic anion transporter family member, OAT6, expressed in olfactory mucosa. *Biochemical and Biophysical Research Communications,* 323 (2), 429-436.

NAGASHIMA A., TOUHARA K., 2010. Enzymatic conversion of odorants in nasal mucus affects olfactory glomerular activation patterns and odor perception. *Journal of Neuroscience,* 30 (48), 16391-16398.

NEF P., HELDMAN J., LAZARD D., MARGALIT T., JAYE M., HANUKOGLU I., LANCET D., 1989. Olfactory-specific cytochrome P-450. cDNA cloning of a novel neuroepithelial enzyme possibly involved in chemoreception. *Journal of Biological Chemistry,* 264 (12), 6780-6785.

PELOSI P., 2001. The role of perireceptor events in vertebrate olfaction. *Cellular and Molecular Life Sciences,* 58 (4), 503-509.

ROGERS M., JANI M., VOGT R., 1999. An olfactory-specific gluthanione S-transferase in the sphinx moth *Manduca sexta. Journal of Experimental Biology,* 202, 1625-1637.

RYBCZYNSKI R., REAGAN J., LERNER M., 1989. A pheromone-degrading aldehyde-oxidase in the antennae of the moth *Manduca sexta. Journal of Neuroscience,* 9, 1341-1353.

SCHILLING B., KAISER R., NATSCH A., GAUTSCHI M., 2010. Investigation of odors in the fragrance industry. *Chemoecology,* 20, 135-147.

STEPHAN A.B., SHUM E.Y., HIRSH S., CYGNAR K.D., REISERT J., ZHAO H., 2009. ANO2 is the cilial calcium-activated chloride channel that may mediate olfactory amplification. *In: Proceedings of the National Academy of Sciences of the USA,* 106 (28), 11776-11781.

TAMURA H.O., HARADA Y., MIYAWAKI A., MIKOSHIBA K., MATSUI M., 1998. Molecular cloning and expression of a cDNA encoding an olfactory-specific mouse phenol sulphotransferase. *Biochemical Journal,* 331 (Pt 3), 953-958.

TCATCHOFF L., NESPOULOUS C., PERNOLLET J.-C., BRIAND L., 2006. A single lysyl residue defines the binding specificity of a human odorant-binding protein for aldehydes. *FEBS Letters,* 580 (8), 2102-2108.

TEGONI M., CAMPANACCI V., CAMBILLAU C., 2004. Structural aspects of sexual attraction and chemical communication in Insects. *Trends in Biochemical Sciences,* 29 (5), 257-264.

TEGONI M., PELOSI P., VINCENT F., SPINELLI S., CAMPANACCI V., GROLLI S., RAMONI R., CAMBILLAU C., 2000. Mammalian odorant binding proteins. *Biochimica et Biophysica Acta,* 1482 (1-2), 229-240.

THIEBAUD N., SIGOILLOT M., CHEVALIER J., ARTUR Y., HEYDEL J.M., LE BON A.M., 2010. Effects of typical inducers on olfactory xenobiotic-metabolizing enzyme, transporter, and transcription factor expression in rats. *Drug Metabolism Disposition,* 38 (10), 1865-1875.

THORNTON-MANNING J.R., DAHL A.R., 1997. Metabolic capacity of nasal tissue interspecies comparisons of xenobiotic-metabolizing enzymes. *Mutation Research,* 380 (1-2), 43-59.

VIDIC J., GROSCLAUDE J., MONNERIE R., PERSUY M.A., BADONNEL K.;BALY C., CAILLOL M., BRIAND L., SALESSE R., PAJOT-AUGY E., 2008. On a chip demonstration of a functional role for odorant binding protein in the preservation of olfactory receptor activity at high odorant concentration. *Lab on a Chip,* 8, 678-688.

VINCENT F., SPINELLI S., RAMONI R., GROLLI S., PELOSI P., CAMBILLAU C., TEGONI M., 2000. Complexes of porcine olfactory-binding protein with odorant molecules belonging to different chemical classes. *Journal of Molecular Biology,* 300 (1), 127-139.

VOGT R.G., RIDDIFORD L.M., 1981. Pheromone binding and inactivation by moth antennae. *Nature,* 293, 161-163.

VOGT R.G., RIDDIFORD L.M., PRESTWICH G.D., 1985. Kinetic properties of a sex pheromone-degrading enzyme: the sensillar esterase of *Antheraea polyphemus. In: Proceedings of the National Academy of Sciences of the USA,* 82 (24), 8827-8831.

WANG L., DANKERT H., PERONA P., ANDERSON D., 2008. A common genetic target for environmental and heritable influences on aggressiveness in *Drosophila. In: Proceedings of the National Academy of Sciences of the USA,* 105, 5657-5663.

WOJTASEK H., LEAL W.S., 1999. Degradation of an alkaloid pheromone from the pale-brown chafer, *Phyllopertha diversa (Coleoptera: Scarabaeidae),* by an Insect olfactory cytochrome P450. *FEBS Letters,* 458, 333-336.

XU P., ATKINSON R., JONES D.N., SMITH D.P., 2005. Drosophila OBP LUSH is required for activity of pheromone-sensitive neurons. *Neuron,* 45 (2), 193-200.

ZUPKO K., PORIA Y., LANCET D., 1991. Immunolocalization of cytochromes P-450olf1 and P-450olf2 in rat olfactory mucosa. *European Journal of Biochemistry,* 196 (1), 51-58.

Chapitre 8

Réception et transduction du signal olfactif

Emmanuelle Jacquin-Joly, Philippe Lucas,
Edith Pajot-Augy et Guenhaël Sanz

Les récepteurs olfactifs sont les portes par lesquelles transite le message apporté par les composés volatils odorants de l'environnement, qui sera transformé en signal électrique.

▸▸ Récepteurs olfactifs dans le génome : gènes et pseudogènes

Les récepteurs olfactifs (RO) sont codés dans le génome des Mammifères par une large famille de gènes représentant plus de 3 % du génome, ce qui en fait la seconde famille de gènes après ceux de l'immunité (cf. chapitre 22). Cette abondance est légitime, étant donné les nombreuses implications physiologiques de ce sens chimique, autrefois considéré comme mineur en comparaison d'autres sens plus nobles comme la vision. Les gènes des RO de Mammifères présentent une structure commune, avec un exon unique d'environ 1 kb, dépourvu d'intron et contenant la totalité de la séquence codante terminée par un signal de polyadénylation (Malnic *et al.*, 2004), ce qui facilite leur clonage à partir d'ADN génomique. L'exon codant est précédé par un ou quelques petits exons non codants (mais porteurs de séquences régulatrices ou d'épissage) suivis par un intron. La génération du répertoire de gènes de RO possédant cette structure commune pourrait être due en partie à des phénomènes de rétroposition (Sosinsky *et al.*, 2000) (rétrogènes générés par rétrotranscription d'ARNm maturés) (Brosius, 1999 ; Brosius et Tiedge, 1995), au moins à un stade précoce de l'évolution. Les gènes de RO sont distribués en un grand nombre de « clusters » répartis sur plusieurs, voire la plupart des chromosomes : 9 chromosomes pour la souris (Mombaerts, 1999b), tous les chromosomes sauf 20 et Y pour l'homme (Rouquier *et al.*, 1998a). Ces clusters pourraient avoir été initiés par des copies d'un rétrogène ancestral actif, puis la diversification en une famille multigénique impliquée dans une fonction unique se serait produite au cours de l'évolution par duplications successives comportant de larges régions génomiques (Sosinsky *et al.*, 2000 ; Trask *et al.*, 1998).

Des gènes orthologues, c'est-à-dire homologues entre espèces, donc dérivant d'une même séquence dans le dernier ancêtre commun, sont observés avec des pourcentages d'identité supérieurs à 90 % entre chien et homme (Issel-Tarver et Rine, 1997), entre homme et autres primates (Rouquier *et al.*, 1998a ; 1998b ; Sharon *et al.*, 1999) et entre rat et souris (Krautwurst *et al.*, 1998 ; Zhao *et al.*, 1998).

Les RO étant impliqués dans la détection de messages chimiques provenant de l'environnement de l'individu, leurs gènes ont pu subir des pressions de sélection variables dans le temps et selon les espèces, conduisant à une évolution de leur répertoire. Des mutations codantes ou non codantes (Rouquier *et al.*, 1998a) ont entraîné l'apparition de pseudogènes, non fonctionnels. Si le nombre de gènes de RO est très variable entre espèces (de 133 RO chez le poisson zèbre à 2 129 chez la vache), la proportion de pseudogènes l'est également (tableau 8.1). Ainsi, certains primates présentent moins de 400 types de RO fonctionnels (Go et Niimura, 2008), contre plus de 1 000 pour les rongeurs et les chiens (Quignon *et al.*, 2005 ; Rouquier et Giorgi, 2007). L'hypothèse d'une possible corrélation entre cette dégénérescence massive chez les primates (en particulier chez l'homme avec 65 % de pseudogènes) et l'acquisition de la vision trichromatique (hypothèse de la « priorité à la vision » pour

Tableau 8.1. Nombre de gènes de récepteurs olfactifs (RO) par espèce.

	Nombre de RO (nombre – % de pseudogènes)
Vertébrés	
rat	1 767 (560 – 31 %)
souris	1 391 (356 – 25 %)
chien	1 094 (222 – 20 %)
homme	de 802 (415 – 51 %) à 1 000 (650 – 65 %)
chimpanzé	813 (433 – 51 %)
poisson zèbre	133 (35 – 26 %)
Insectes	
drosophile	62 (4 – 6 %)
anophèle	80 (?)
Aedes	131 (21 – 16 %)
abeille	170 (7 – 4 %)
bombyx	66 (2 – 3 %)
Tribolium	341 (82 – 24 %)

la survie de l'espèce) a récemment été infirmée (Matsui *et al.,* 2010). En parallèle, l'idée reçue selon laquelle l'homme serait un piètre « senteur » a également été révisée : une puissance cognitive plus importante permet de compenser le répertoire restreint de RO (l'homme sent mieux avec son cerveau !) (Shepherd, 2004).

Le répertoire de RO est bien plus limité chez les Insectes, et les gènes correspondant contiennent des introns. Par ailleurs, le nombre de pseudogènes est très inférieur à celui observé au sein des génomes mammaliens. La position dans le génome des gènes codant pour les RO d'Insectes est très variable : ils sont en général distribués dans tout le génome, certains en tandem, reflet d'une récente duplication. Le génome de la drosophile contient 60 gènes codant pour 62 RO par épissage alternatif, celui de l'abeille 170, dont 7 pseudogènes, celui du ver de farine *Tribolium,* 341 dont 82 pseudogènes (tableau 8.1). Chez ces dernières espèces, on observe une expansion majeure du nombre de RO engendrant une diversité de séquences protéiques qui pourrait être à l'origine de capacités olfactives étendues. Ainsi, chez l'abeille, on observe de nombreux clusters de gènes en tandem, un même cluster contenant jusqu'à 60 gènes, reflet d'une expansion spécifique (Robertson et Wanner, 2006).

▸▸ Régulation de l'expression des gènes de récepteurs olfactifs

Chez les Mammifères, chaque neurone récepteur olfactif (NRO) exprime un seul type de RO. De plus, un seul allèle du gène de RO est exprimé (expression monoallélique). Plusieurs mécanismes sont proposés pour expliquer le choix d'un unique gène de RO (figure 8.1). Ainsi, une région en amont des groupes de gènes de RO, nommée LCR *(locus control region)* ou région H, serait liée à des facteurs nucléaires permettant un remodelage de la chromatine à proximité du groupe de gènes de RO, ainsi que l'activation d'un seul promoteur de RO par une interaction physique (Sakano, 2010). D'autre part, l'expression des gènes de RO apparaîtrait très tôt lors du développement embryonnaire et serait régulée par leur localisation chromosomique. De plus, lors du développement et jusqu'à maturité, l'expression des RO varie de manière propre à chacun d'entre eux (Rodriguez-Gil *et al.,* 2010). Il apparaît aussi que le choix du gène de RO à exprimer dépend de la localisation du NRO dans l'épithélium olfactif (Sakano, 2010). Ce choix ne semble donc pas totalement stochastique et dépend de paramètres temporels et environnementaux. Enfin, dès qu'un gène de RO fonctionnel est exprimé, le RO lui-même exerce un rétrocontrôle négatif en bloquant l'activation de l'expression d'autres gènes de RO (Sakano, 2010) selon un mécanisme encore mal connu.

Comme pour les Mammifères, les NRO des Insectes n'expriment qu'un seul type (ou un très petit nombre) de RO. Cependant, il existe de grandes différences dans les mécanismes de régulation de l'expression des RO, qui n'a été étudiée que chez la drosophile. Ainsi, il n'y a pas de rétrocontrôle négatif comme chez les Mammifères. Le choix du RO à exprimer reposerait essentiellement sur l'action combinatoire de facteurs de transcription, tels Acj6, pdm3, lozenge et scalloped, qui agissent de concert sur de petites régions régulatrices flanquantes pour activer l'expression d'un

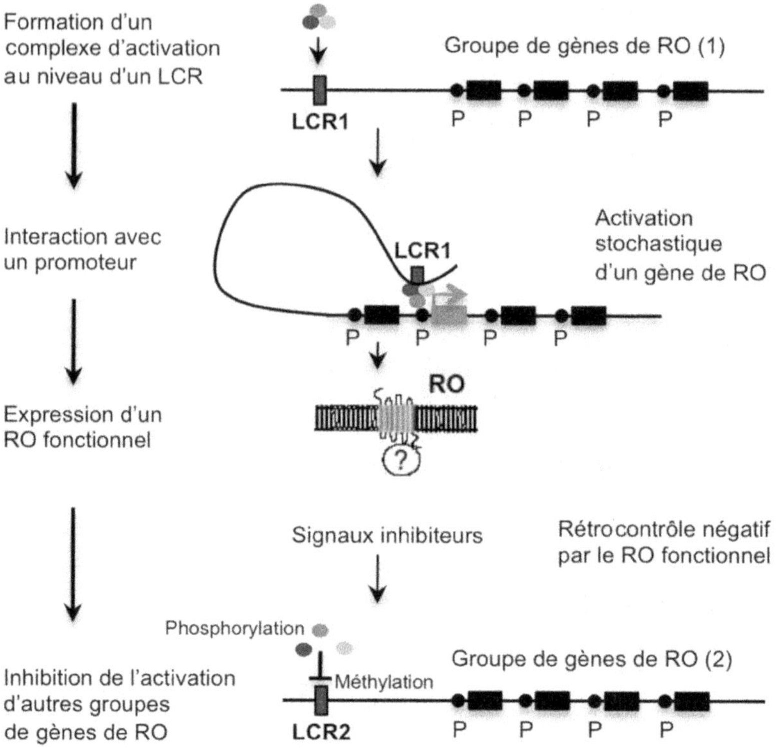

Figure 8.1. Régulation de l'expression des gènes de RO.

Le complexe d'activation formé au niveau d'une région LCR *(locus control region),* ici LCR1, permet de choisir de manière stochastique un seul promoteur (P) d'un groupe de gènes de RO par une interaction aléatoire, et ainsi d'activer l'expression d'un seul gène de RO parmi ceux du groupe. Dès qu'un RO fonctionnel est exprimé, il transmet des signaux inhibiteurs qui bloquent l'activation de l'expression d'autres gènes de RO (y compris aux autres locus, ici LCR2). Ce processus permet d'assurer l'expression d'un seul type de RO par NRO (d'après Sakano, 2010, avec autorisation).

RO particulier, tout en réprimant l'expression des autres RO au sein d'un même NRO (pour une revue, voir Fuss et Ray, 2009). Le facteur de transcription le plus étudié, Acj6 *(abnormal chemosensory jump 6),* se lie spécifiquement à une région du promoteur et régule positivement ou négativement l'expression des gènes (Bai *et al.,* 2009). Cette combinaison est de plus enrichie par la possibilité d'épissage alternatif sur ces facteurs de transcription, chaque forme épissée pouvant avoir des fonctions différentes dans le processus de choix du gène à exprimer (Bai et Carlson, 2010). Par ailleurs, Acj6 intervient dans le guidage axonal (Komiyama *et al.,* 2004), par lequel tous les NRO exprimant un même type de RO projettent leur axone dans le même glomérule du lobe antennaire.

Ainsi, la drosophile utilise essentiellement des principes déterministes par la combinaison d'éléments *cis* et des facteurs de transcription pour gérer l'expression de sa soixantaine de RO. Les Mammifères ont développé un procédé de choix essentiellement stochastique qui, combiné au rétrocontrôle négatif par les RO, assure un nombre plus élevé de choix possibles (Fuss et Ray, 2009).

Les RO de Mammifères sont décrits comme étant principalement exprimés au niveau de l'épithélium olfactif, où ils permettent de détecter les molécules odorantes, mais où ils jouent aussi un rôle dans la croissance et la coalescence axonale des NRO. Toutefois, les RO peuvent être exprimés dans d'autres tissus et avoir des fonctions supplémentaires. Certains sont ainsi exprimés par les spermatozoïdes et gouvernent leur chimiotactisme (Fukuda et Touhara, 2006 ; Spehr *et al.*, 2004). D'autres sont retrouvés dans les cellules tumorales de la prostate et inhibent la prolifération cellulaire (Neuhaus *et al.*, 2009). Des RO exprimés par des cellules intestinales participent au contrôle de leur sécrétion de sérotonine (Braun *et al.*, 2007 ; Kidd *et al.*, 2008), et ceux exprimés au niveau des reins pourraient moduler la sécrétion de rénine et le taux de filtration glomérulaire (Pluznick *et al.*, 2009). Enfin, certains RO régulent la migration et l'adhésion cellulaire au sein du muscle (Griffin *et al.*, 2009).

Chez les Insectes, et suivant les espèces, l'expression de RO est également retrouvée dans des tissus non antennaires, tels la trompe des adultes chez l'anophèle (Kwon *et al.*, 2006) ou le papillon (Krieger *et al.*, 2002), ou l'ovipositeur des femelles papillons (Widmayer *et al.*, 2009). Par exemple, la femelle du papillon *Heliothis virescens* exprime un récepteur aux phéromones dans des sensilles de l'ovipositeur situées à l'extrémité de l'abdomen, à proximité de la glande productrice de phéromone (Widmayer *et al.*, 2009). La femelle pourrait ainsi détecter, et donc réguler, sa propre production de phéromone par l'intermédiaire de ce récepteur. Certains récepteurs s'expriment également, mais faiblement, dans des tissus non sensoriels comme l'abdomen (Wanner *et al.*, 2007), mais aucune étude n'a proposé d'hypothèse quant à leur fonction.

▶▶ Structure des récepteurs olfactifs

Que ce soit chez les Mammifères ou chez les Insectes, les RO sont des protéines à 7 domaines transmembranaires (TM) reliés par des boucles extra et intracellulaires.

Chez les Mammifères, les extrémités N-terminale et C-terminale sont respectivement extra et intracellulaires (figure 8.2, planche couleur III). Ces RO appartiennent à la superfamille des récepteurs couplés aux protéines G (RCPG), dédiés à la transduction de signaux extracellulaires très variés, dont les odeurs (Allaby et Woodwark, 2007 ; Fredriksson *et al.*, 2003). Ces récepteurs sensoriels constituent le sous-groupe le plus important en nombre de la famille de la rhodopsine (RCPG prototype activé par la lumière), du fait de certaines similarités structurales, dont un motif DRY entre le troisième domaine transmembranaire et la seconde boucle intracellulaire, ainsi qu'un pont disulfure entre la première et la seconde boucle extracellulaire. Avec environ 350 acides aminés, les RO sont des RCPG plutôt courts, dépourvus de peptide signal. De plus, les RO ont la spécificité de présenter une seconde boucle extracellulaire particulièrement longue et portant une paire supplémentaire de cystéines ainsi que quelques séquences conservées non partagées par les autres RCPG, dont MAYDRYVAIC et K(AF)STC(AS)H (Mombaerts, 1999a ; Samsonova *et al.*, 2007 ; Zozulya *et al.*, 2001), ce qui en fait une famille bien individualisée. Ces motifs spécifiques des RO, ainsi que d'autres motifs communs aux RCPG, peuvent intervenir dans les changements de conformation du récepteur suite à son activation par un ligand odorant, dans la régulation de l'activité du récepteur et l'interaction avec la protéine G.

Les RO de Mammifères présentent une grande diversité de séquences, avec des identités allant de 38 à 90 %. La poche de liaison des odorants fait intervenir des acides aminés hypervariables entre paralogues (homologues au sein d'une même espèce), mais conservés entre orthologues (homologues entre espèces différentes), principalement répartis sur les TM 3 à 7 et sur la boucle extracellulaire 2 (Abaffy *et al.*, 2007 ; Hall *et al.*, 2004 ; Katada *et al.*, 2005 ; Man *et al.*, 2004 ; Schmiedeberg *et al.*, 2007 ; Stary *et al.*, 2007). La variabilité des poches de liaison des RO explique leur capacité à lier une grande diversité de molécules odorantes, tant par leur taille, leur caractère aliphatique ou cyclique que par leur hydrophobicité ou leurs groupements fonctionnels. Les interactions entre odorants et RO sont essentiellement hydrophobes, donc faibles. La spécificité des RO est également souvent faible (large spectre d'odorants), mais certains récepteurs peuvent avoir un répertoire de ligands odorants très restreint. Inversement, une molécule odorante peut activer différents RO. Ceci rend compte d'une combinatoire au niveau périphérique qui est un premier niveau de codage des odeurs (Malnic *et al.*, 1999). Ainsi, un odorant va activer un ensemble unique de RO qui le caractérisent, mais les ensembles de RO activés par deux odorants différents peuvent se chevaucher. Par conséquent, des odorants de structures voisines peuvent être perçus différemment (Laing *et al.*, 2003) et des odorants apparemment différents mais présentant des caractéristiques structurales communes (odotopes ou pharmacophores, cf. chapitre 4) peuvent conduire à des perceptions similaires (Sanz *et al.*, 2008). En outre, les odorants peuvent être des antagonistes de certains RO, ce qui augmente la complexité du codage des odeurs (Oka *et al.*, 2004 ; Sanz *et al.*, 2005). Enfin, lorsque la concentration d'un odorant augmente, l'ensemble des RO activés s'élargit, ce qui conduit à une perception différente des odorants en fonction de leur concentration (Rubin et Katz, 1999).

Les RO des Insectes ont également une structure en 7 domaines transmembranaires, mais n'ont aucune homologie de séquence avec les RO de Vertébrés, et ne partagent aucun motif commun avec les RCPG. Ils sont également extrêmement divergents au sein d'une même espèce, mais aussi entre espèces d'Insectes. Ainsi, ils n'ont d'abord été identifiés qu'à partir de l'analyse de génomes séquencés chez un nombre restreint d'espèces modèles (drosophile, anophèle, ver à soie, abeille, ver de farine ; voir par exemple Clyne *et al.*, 1999 ; Vosshall *et al.*, 1999). Aujourd'hui, le développement du séquençage de génomes complexes et l'explosion de données transcriptomiques apportent un nombre croissant de séquences potentielles codant des RO chez les Insectes. Par ailleurs, leur topologie apparaît inversée par rapport à celle des RO de Mammifères et à celle de tout RCPG. En effet, leur extrémité N-terminale serait située dans le cytosol, et par conséquent leur extrémité C-terminale serait extracellulaire, comme démontré pour quelques RO chez la drosophile (Benton *et al.*, 2006). Ces récepteurs fonctionnent sous forme d'hétérodimères obligatoires, constitués d'une sous-unité variable (le RO proprement dit) qui serait impliquée dans la reconnaissance du ligand et d'une sous-unité invariable nécessaire à l'adressage membranaire du complexe et à la fonctionnalité du récepteur (Benton *et al.*, 2006). Cette sous-unité invariable, appelée ROco (« co » pour corécepteur,

OR83b chez la drosophile), est conservée chez tous les Insectes et interchangeable (Jones *et al.*, 2005). Ainsi, les RO des Insectes définissent une nouvelle classe de récepteurs dont l'origine évolutive est différente de celle des RO de Vertébrés. Cependant, ils assurent une détection qui suit la même logique que chez les Vertébrés : un récepteur reconnaît une palette de molécules odorantes, et une molécule active plusieurs récepteurs. De même, la concentration de l'odorant joue sur le nombre de RO activés.

L'expression *in vitro* des RO en système hétérologue souffre souvent d'un mauvais adressage des récepteurs à la membrane plasmique. L'expression de certains RCPG à la surface cellulaire peut nécessiter leur hétérodimérisation. L'association avec des protéines chaperons peut également assurer un bon adressage des récepteurs à la membrane plasmique. Ainsi, dans l'objectif de comprendre et d'améliorer l'expression surfacique des RO de Mammifères, des études ont montré leur capacité à former des hétérodimères avec d'autres RCPG (récepteurs adrénergique, purinergique ou adénosine) (Bush *et al.*, 2007 ; Hague *et al.*, 2004), ou à s'associer à d'autres protéines membranaires (REEP, *receptor expression enhancing protein*, et RTP, *receptor transporting protein*) (Saito *et al.*, 2004). Ces interactions ne sont cependant pas généralisables à l'ensemble des RO. Cette difficulté à obtenir des niveaux significatifs d'expression de RO fonctionnels, bien que tentée dans divers systèmes cellulaires, de la bactérie aux cellules de Mammifères, éventuellement dérivées d'épithélium olfactif, aux levures, ou en ovocytes de xénope, justifie en partie le faible pourcentage de récepteurs « désorphanisés », c'est-à-dire dont le ou les ligands sont connus.

Comme les RO de Mammifères, les RO des Insectes sont pour la plupart orphelins, c'est-à-dire sans ligand connu. De nombreux tests fonctionnels ont été développés sur les mêmes principes que chez les Vertébrés : expression hétérologue en culture cellulaire ou en ovocytes de xénope, expression hétérologue *in vivo* dans les NRO du nématode ou de la drosophile. Un système particulièrement performant est le système « neurone décodeur » d'une lignée mutante de drosophile. Un NRO y est vidé de son récepteur endogène mais exprime toujours ROco. L'utilisation du système UAS-Gal4 permet de cibler l'expression de tout RO exogène dans ce NRO, dont les réponses aux odorants sont suivies par électrophysiologie. Ce système a permis de désorphaniser près de 40 RO de drosophile et 50 RO d'anophèle (Carey *et al.*, 2010 ; Hallem *et al.*, 2004 ; Kreher *et al.*, 2008). Ainsi, deux grands types fonctionnels de RO ont pu être distingués : les RO à large spectre, généralistes, qui sont activés par un grand nombre de molécules, et les RO à spectre étroit, spécialistes, qui reconnaissent un ou un petit nombre de ligands. Les récepteurs aux phéromones font partie de cette dernière classe.

▶▶ Activation et changements de conformation des RO de Mammifères

Les RO n'ayant jamais été cristallisés, aucune structure de RO n'a été à ce jour élucidée. Pourtant, la représentation tridimensionnelle des RO constitue une connaissance essentielle pour analyser et comprendre les mécanismes moléculaires de la détection olfactive, le codage combinatoire du message odorant et sa transduction. Des informations structurales peuvent être obtenues en effectuant des comparaisons de séquences ou des mutagenèses dirigées suivies de tests fonctionnels. Les RO sont également modélisés à partir des quelques structures tridimensionnelles de RCPG de la famille de la rhodopsine résolues par cristallographie, pour élaborer en particulier des hypothèses sur leurs ligands potentiels, ou même pour déterminer les RO pertinents pour détecter des odorants d'intérêt dans l'optique d'applications de biosenseurs olfactifs. La représentation dans l'espace de ces structures servant de modèles pour les RO de Mammifères, comme le récepteur adrénergique en conformation inactive ou l'opsine en conformation activée et stabilisée par complexation avec la protéine G correspondante, permet une visualisation des principaux changements conformationnels induits par l'activation des récepteurs (Nygaard *et al.*, 2009). Ainsi, les contraintes seraient relâchées dans le faisceau d'hélices transmembranaires, avec un changement global du volume de la protéine. Un mouvement de bascule et pivot de la sixième hélice transmembranaire et l'inclinaison de la cinquième hélice provoqueraient l'écartement de leurs extrémités cytoplasmiques, et l'ouverture d'une crevasse permettant la liaison, par sa partie C-terminale, de la sous-unité α de la protéine G (GαCT), premier maillon de la cascade de transduction intracellulaire (figure 8.3, planche couleur III) (Park *et al.*, 2008 ; Scheerer *et al.*, 2008). La conformation de base est inactive en ce qu'elle n'autorise pas l'accès de GαCT au récepteur.

▶▶ Un fonctionnement en dimères chez les Mammifères ?

S'il est bien établi que les RO d'Insectes fonctionnent sous forme d'hétérodimères, la question commence seulement à être abordée pour les RO de Mammifères. Un NRO de Mammifère n'exprimant qu'un type unique de RO, il ne pourrait s'agir pour ces récepteurs que d'homodimérisation, contrairement à l'hétérodimérisation des RO d'Insectes, si l'on met ici de côté la dimérisation avec d'autres RCPG non olfactifs dans un NRO (Hague *et al.*, 2004), susceptible de jouer un rôle favorable à l'adressage membranaire.

Des indices relatifs à la réponse fonctionnelle des RO exprimés en systèmes hétérologues, qui présente une allure en cloche en fonction de la concentration en odorant en apparente contradiction avec les courbes sigmoïdes d'interaction récepteur-ligand observées pour les processus en tissus naturels (Duchamp-Viret *et al.*, 1990 ; Grosmaître *et al.*, 2006), ont amené à proposer un modèle de fonctionnement en dimère pour interpréter ces effets (Vidic *et al.*, 2008). Chaque protomère du dimère portant un site potentiel de liaison d'un ligand odorant, il a été suggéré que l'activité du dimère olfactif pourrait dépendre du taux d'occupation de ces sites. De tels modèles « multi-états » ont déjà été rapportés pour d'autres RCPG (Franco *et al.*, 2006). La liaison d'odorant sur un seul des protomères produirait une conformation active et donc une réponse fonctionnelle, alors que l'occupation des deux sites du dimère (ce qui intervient à forte concentration de ligand) provoquerait des changements de conformation induisant une conformation inactive et l'absence de réponse fonctionnelle à forte concentration de ligand (figure 8.4). Suivant le taux d'occupation des sites de liaison du ligand, les conformations induites doivent ou non permettre l'accessibilité de la sous-unité α de la protéine G au récepteur, sa liaison aux acides aminés de la face cytoplasmique du récepteur potentiellement impliqué dans cette interaction, et l'initiation de la transduction du signal (figure 8.3, planche couleur III). Ces hypothèses ont effectivement été corroborées par des études par BRET *(bioluminescence resonance energy transfer)* entre RO fusionnés avec des protéines bioluminescentes et fluorescentes, coexprimées en système hétérologue (Vidic *et al.*, 2008 ; Wade *et al.*, 2011).

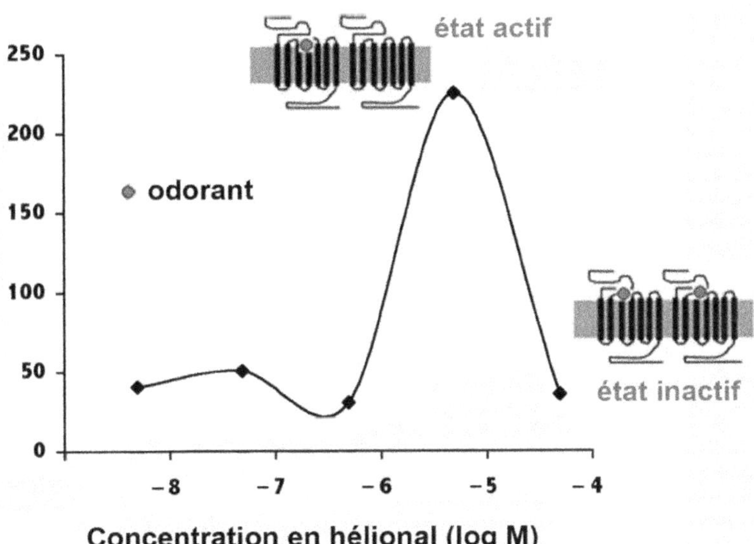

Figure 8.4. Réponse fonctionnelle du récepteur humain OR17-40 porté par des liposomes de taille nanométrique préparés à partir de membranes de levure et immobilisés sur une surface solide.

Les mesures sont effectuées par résonance plasmonique de surface après stimulation par le ligand odorant hélional, ce qui permet de suivre l'interaction des récepteurs avec la protéine G. La réponse est spécifique du ligand et dépend de sa concentration. Elle est corrélée à différents niveaux d'activité et différentes conformations du récepteur dimérique, selon son taux d'occupation par l'odorant (d'après Minic Vidic *et al.*, 2006, avec permission).

▸▸ Transduction olfactive

La transduction olfactive regroupe l'ensemble des étapes biochimiques (production de seconds messagers) et électriques (ouverture de canaux ioniques) qui vont de la liaison du ligand sur le récepteur jusqu'à l'émission de potentiels d'action par le NRO. Ainsi, dans chaque NRO, l'information olfactive est transformée en un courant récepteur dont l'amplitude dépend de la nature de (et est proportionnelle à) la quantité des molécules odorantes détectée par les RO (codage en amplitude). Il en résulte une modification du potentiel de membrane dans la zone de transduction du NRO, le potentiel récepteur, qui va moduler l'émission de potentiels d'action (codage en fréquence). Les trains de potentiels d'action constituent la forme sous laquelle l'intensité (nombre de molécules) et les caractéristiques temporelles du signal olfactif sont encodées (figure 8.5).

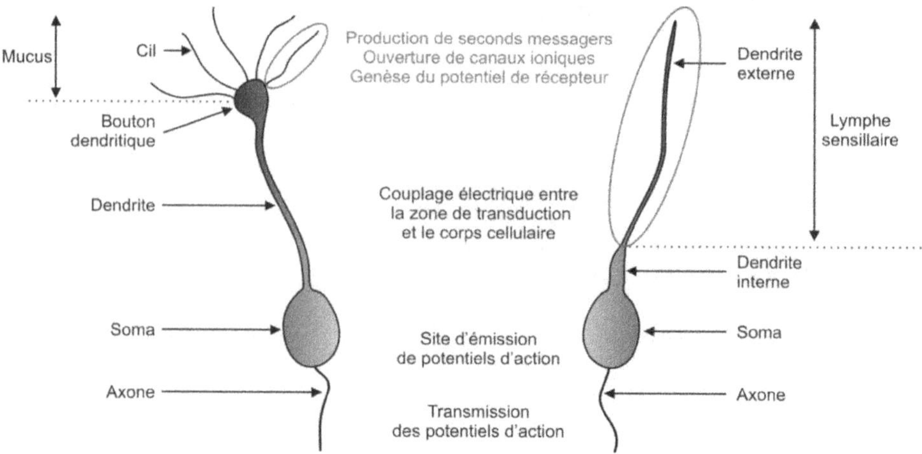

Figure 8.5. Schémas de l'organisation fonctionnelle d'un NRO de Mammifère (gauche) et d'Insecte (droite).

Les NRO sont des cellules bipolaires polarisées : la genèse du courant récepteur a lieu dans les cils chez les Mammifères, dans la dendrite externe chez les Insectes. Le courant récepteur dû à une entrée de cations (Na^+ et Ca^{2+}) suivie d'une sortie d'anions (Cl^-) dépolarise le neurone. L'amplitude de cette dépolarisation appelée potentiel de récepteur dépend de la nature (affinité pour les récepteurs olfactifs) et de la quantité de molécules odorantes détectées par le NRO. Le potentiel de récepteur se transmet passivement (de façon électrotonique) vers le corps cellulaire du NRO et déclenche à ce niveau l'ouverture de canaux ioniques responsables de l'émission des potentiels d'action. Le message olfactif est ainsi encodé sous forme de trains de potentiels d'action transmis vers le cerveau par les axones des NRO et qui rendent compte de l'intensité et de la durée de la stimulation du NRO.

Genèse du potentiel récepteur

Chez les Mammifères, les NRO de l'épithélium olfactif partagent dans leur majorité la même voie de signalisation (Kaupp, 2010 ; Kleene, 2008 ; Schild et Restrepo, 1998), dont tous les acteurs protéiques sont présents dans la membrane des cils olfactifs (figure 8.6A, planche couleur IV). La liaison du ligand à son RO active une protéine G hétérotrimérique composée d'une sous-unité α nommée Golf et d'un complexe βγ (Jones et Reed, 1989). En liant le guanosine triphosphate (GTP), la sous-unité α se dissocie du complexe βγ et stimule sélectivement une enzyme, l'adénylate cyclase de type III, responsable de la synthèse d'adénosine 3',5'-monophosphate cyclique (AMPc). L'AMPc joue le rôle de second messager : en concentration suffisante, il active l'ouverture de canaux ioniques qui laissent entrer les cations, dont le Ca^{2+} (Nakamura et Gold, 1987). Ces canaux appartiennent à la famille des canaux activables par les nucléotides cycliques (canaux CNGA2 avec trois sous-unités, α3, α4 et β1b, la sous-unité α3 est spécifique des NRO), au même titre que le canal activable par le GMPc dans les cellules photoréceptrices. L'entrée de Ca^{2+} et de Na^+, tous deux majoritairement extracellulaires, dépolarise le NRO. Le Ca^{2+} a pendant plus de vingt ans été décrit comme jouant aussi le rôle de second messager : en effet, l'augmentation de sa concentration dans le cil olfactif ouvre des canaux Cl^- dépendants du Ca^{2+}. Comme les NRO accumulent du Cl^-, l'ouverture des canaux Cl^- génère une sortie de Cl^- qui amplifie la dépolarisation du NRO. Cependant, la caractérisation moléculaire récente de ce canal Cl^- a permis de générer des souris mutantes qui, bien que n'exprimant pas ce canal Cl^-, ne présentent aucune déficience olfactive (Billig *et al.*, 2011). Ainsi, le rôle du canal Cl^- dépendant du Ca^{2+} dans la transduction olfactive a probablement été surestimé, et son expression dans les NRO de Vertébrés est peut-être un vestige de l'évolution d'animaux qui étaient aquatiques.

Des processus additionnels mettant en jeu la production de GMPc, d'inositol 1,4,5-trisphosphate (IP3), de monoxyde de carbone (CO), de monoxyde d'azote (NO), peuvent également contribuer à la modulation des réponses (Zufall et Leinders-Zufall, 2000).

Il est important de noter qu'il existe des sous-populations de NRO pour lesquelles la voie de signalisation olfactive diffère de celle décrite ci-dessus (Munger *et al.*, 2009). Citons par exemple les neurones GCD (guanylate cyclase D), qui représentent environ 1 % des NRO de la muqueuse olfactive et dont la réponse olfactive est médiée par la production de guanosine monophosphate cyclique (GMPc) par la guanylate cyclase D. Les neurones de l'organe voméronasal, organe olfactif secondaire (cf. chapitre 16), répondent aux stimulations phéromonales par une activation de la phospholipase C, ce qui génère la production de diacylglycérol qui déclenche l'ouverture de canaux cationiques perméables au Ca^{2+}.

Comme chez les Vertébrés, la transduction olfactive chez le nématode et le homard met en jeu des RO couplés à des protéines G (Ache et Young, 2005). Ainsi, la liaison d'un ligand à son RO génère dans les NRO de ces organismes la production de seconds messagers qui ouvrent des canaux ioniques responsables des courants de transduction. Si on a longtemps pensé que les mécanismes de la transduction olfactive chez les Insectes étaient très similaires à ceux des Vertébrés, nécessitant l'intervention de protéines G et de la phospholipase C, responsable de la production d'IP3 et de diacylglycérol, les données récentes démontrent que la transduction olfactive est très différente chez les Insectes (figure 8.6B, planche couleur IV). Ainsi, la topologie inversée des RO d'Insectes dans la membrane a d'abord remis en question leur couplage à une protéine G (Benton *et al.*, 2006). Il apparaît maintenant que ces RO sont ionotropes (Sato *et al.*, 2008 ; Wicher *et al.*, 2008), c'est-à-dire qu'ils fonctionnent comme des canaux ioniques dépendants des ligands. En système hétérologue, des odeurs peuvent activer des cellules exprimant ROco et un RO de drosophile, de papillon ou de moustique indépendamment d'une signalisation métabotrope. Ces études démontrent que la transduction est initiée par un canal cationique perméable au Ca^{2+}, mais elles divergent dans leurs conclusions sur la nature du canal ionique — le complexe RO-ROco (Sato *et al.*, 2008) ou ROco seul (Wicher *et al.*, 2008) — et sur le couplage du RO à une protéine G. Une étude rapporte que les RO sont ionotropes et que leur activation n'implique ni protéine G ni production de second messager (Sato *et al.*, 2008). Une autre étude conclut que les RO d'Insectes seraient métabotropes à faible concentration odorante, amplifiant l'activation de la protéine canal ROco *via* une protéine G et la synthèse d'AMPc, et ionotropes à forte concentration odorante (Wicher *et al.*, 2008). Les conclusions des travaux les plus récents menés *in vivo* divergent elles aussi sur l'implication ou non de protéines G dans la transduction olfactive chez les Insectes. Pour Yao et Carlson (2010), les RO sont uniquement ionotropes, car la manipulation génétique du niveau d'expression de la sous-unité α de protéines G chez la drosophile modifie peu ou pas les réponses des NRO, quelle que soit l'intensité de la stimulation. À l'inverse, d'autres travaux concluent que des protéines G et des seconds messagers jouent un rôle majeur dans la réponse du NRO d'Insecte (Deng *et al.*, 2011 ; Kain *et al.*, 2008), ce qui suggère que les RO d'Insectes peuvent être à la fois ionotropes et métabotropes.

Terminaison du potentiel de récepteur

Dès l'activation de la cascade de transduction olfactive, la terminaison de la réponse olfactive est enclenchée. Chez les Vertébrés, outre les mécanismes de dégradation du signal (cf. chapitre 7), on connaît au moins dix mécanismes qui interviennent à toutes les étapes de la voie de signalisation olfactive et contribuent à cette inactivation (Kleene, 2008). Le RO est inactivé par phosphorylation par une protéine kinase A ou par une protéine kinase liée aux protéines G (GRK) et il est désensibilisé par la β-arrestine ; l'inactivation de l'adénylate cyclase par des protéines kinases de type II dépendantes du complexe Ca^{2+}-calmoduline réduit la production d'AMPc et l'AMPc est dégradé par des phosphodiestérases ; le complexe Ca^{2+}-calmoduline réduit la sensibilité à l'AMPc du canal dépendant de l'AMPc ; un canal K^+ dépendant du Ca^{2+} contribue à la repolarisation de la membrane ciliaire ; la concentration calcique est ramenée à son niveau de base par un échangeur Na^+-Ca^{2+} qui fait sortir un ion Ca^{2+} pour trois entrées d'ions Na^+ et par une ATPase calcique. Si les parts respectives des différents mécanismes mettant fin au courant récepteur ne sont pas connues avec précision, leur rôle est plus ou moins prépondérant selon que le stimulus est bref et modéré ou long et intense, générant dans ce dernier cas des phénomènes de désensibilisation (déclin de réponse durant une stimulation longue).

Chez les Insectes, la repolarisation du NRO dépend du Ca^{2+} extracellulaire, vraisemblablement de canaux K^+ activés par le Ca^{2+} (Pézier *et al.*, 2007) et peut-être de canaux Cl^- activés par le Ca^{2+} (Pézier *et al.*, 2010). Comme chez les Vertébrés, des arrestines semblent jouer un rôle dans la désensibilisation des RO d'Insectes (Merrill *et al.*, 2002 ; 2005). Aucun mécanisme de modulation du récepteur ionotrope ou ramenant la concentration de Ca^{2+} à son niveau de base n'a été décrit à ce jour.

Émission de potentiels d'action

Le site générateur de potentiels d'action, situé vraisemblablement à la base du corps cellulaire du NRO, correspond à une portion de membrane plasmique dans laquelle plusieurs types de canaux ioniques dépendants du potentiel assurent la transformation du potentiel de récepteur en décharges de potentiels d'action. Les mêmes grands types fonctionnels de canaux ioniques dépendants du potentiel ont été identifiés dans les NRO de Vertébrés et d'Insectes. Une population de canaux s'ouvre en réponse à l'hyperpolarisation (à des potentiels plus bas que -100 mV) et laisse passer les ions K^+ et à un degré moindre Na^+ (Lynch et Barry, 1991). Ces canaux responsables d'un courant dit I_h modulent l'excitabilité du NRO. Cinq types de canaux s'ouvrent en réponse à la dépolarisation : des canaux Na^+ et Ca^{2+} génèrent des courants dépolarisants, trois types de canaux K^+ sont responsables de courants repolarisants, des canaux de la rectification retardée, des canaux dépendant de la montée de Ca^{2+} en plus de la dépolarisation et des canaux de type A dont l'ouverture est transitoire (Lucas et Shimahara, 2002 ; Schild et Restrepo, 1998). Il n'existe aucun modèle complet du site de genèse des potentiels d'action dans les NRO. Comme dans les autres types de cellules excitables, les canaux Na^+ et K^+ de la rectification retardée sont responsables de la transmission des potentiels d'action dans l'axone.

Pourquoi une transduction ionotrope chez les Insectes ?

En règle générale, la liaison d'un récepteur à une protéine G génère une amplification du signal. Les NRO d'Insectes, comme ceux des Vertébrés, sont extrêmement sensibles, pouvant répondre à la liaison d'une seule molécule de phéromone (Kaissling et Priesner, 1970). L'absence probable d'amplification de la réponse dans les NRO d'Insectes suggère que leurs RO sont présents en forte densité et/ou qu'ils ont une conductance élémentaire importante.

L'avantage du système ionotrope est sa vitesse. Les réponses des NRO d'Insectes et donc leurs réponses comportementales à des stimulus olfactifs sont plus rapides que celles des Vertébrés (Bhandawat *et al.*, 2010). La terminaison de la réponse est potentiellement aussi plus rapide, car la dissociation de la molécule odorante de son récepteur peut mener à la fermeture immédiate du canal ionique. Ces performances offrent les meilleures capacités de codage temporel (suivi en temps réel des variations de concentration d'une odeur).

Les réponses métabotropes des NRO de Vertébrés nécessitent la production puis l'élimination des seconds messagers. Si cette voie de signalisation est moins rapide, étant donné le nombre d'acteurs impliqués, elle offre plus de sites de régulation, et donc de plasticité, de la réponse du NRO.

▸▸ Conclusion

Nous avons abordé dans ce chapitre les stratégies mises en œuvre par les Mammifères et les Insectes pour capter l'information olfactive de leur environnement et la transformer en un message nerveux, lequel sera interprété par les structures cérébrales pour aboutir à une perception. Les données récentes révèlent que ces stratégies, qui peuvent être perçues comme similaires dans leur globalité, possèdent en réalité des particularités à une échelle plus détaillée (tableau 8.2).

Tableau 8.2. Comparaison des récepteurs olfactifs des Mammifères et des Insectes.

Caractéristiques	Mammifères	Insectes
Nombre de gènes	Plusieurs centaines à plus d'un millier	Plusieurs dizaines à quelques centaines
Pourcentage de pseudogènes	Important (20 à 65 %)	Faible (3 à 24 %)
Structure du gène	Sans intron	Avec introns
Organisation génomique	Gènes distribués dans tout le génome	Gènes distribués dans tout le génome
	En clusters	Parfois en clusters
Variabilité de séquence	Importante	Très importante
Expression	Un type de RO par NRO	Un type de RO + une sous-unité invariable par NRO
Sélection du gène	Stochastique essentiellement	Déterministe
Topologie	7 TM, extrémité N-terminale extracellulaire	7 TM, extrémité N-terminale intracellulaire
Dimérisation	Homodimères	Hétérodimères
Type de récepteur	RCPG	Canal cationique (formé par le dimère RO-ROco ou ROco seul)
Activation	Métabotrope	Ionotrope
Codage combinatoire	Oui	Oui
Expression ectopique	Oui	Oui
Rôles non olfactifs	Oui	Non démontré

TM : domaine transmembranaire.

▶▶ Bibliographie

ABAFFY T., MALHOTRA A., LUETJE C.W., 2007. The molecular basis for ligand specificity in a mouse olfactory receptor. *The Journal of Biological Chemistry,* 282 (2), 1216-1224.

ACHE B.W., YOUNG J.M., 2005. Olfaction: diverse species, conserved principles. *Neuron,* 48 (3), 417-430.

ALLABY R.G., WOODWARK M., 2007. Phylogenomic analysis reveals extensive phylogenetic mosaicism in the human GPCR superfamily. *Evolutionary Bioinformatics,* 3, 357-370.

BAI L., CARLSON J.R., 2010. Distinct functions of Acj6 splice forms in odor receptor gene choice. *The Journal of Neuroscience,* 30 (14), 5028-5036.

BAI L., GOLDMAN A.L., CARLSON J.R., 2009. Positive and negative regulation of odor receptor gene choice in *Drosophila* by Acj6. *The Journal of Neuroscience,* 29 (41), 12940-12947.

BENTON R., SACHSE S., MICHNICK S.W., VOSSHALL L.B., 2006. Atypical membrane topology and heteromeric function of *Drosophila* odorant receptors *in vivo. PLoS Biology,* 4 (2), e20.

BHANDAWAT V., MAIMON G., DICKINSON M.H., WILSON R.I., 2010. Olfactory modulation of flight in *Drosophila* is sensitive, selective and rapid. *Journal of Experimental Biology,* 213 (Pt 21), 3625-3635.

BILLIG G.M., PAL B., FIDZINSKI P., JENTSCH T.J., 2011. Ca^{2+}-activated Cl^- currents are dispensable for olfaction. *Nature Neuroscience,* 14 (6), 763-769.

BRAUN T., VOLAND P., KUNZ L., PRINZ C., GRATZL M., 2007. Enterochromaffin cells of the human gut: sensors for spices and odorants. *Gastroenterology,* 132 (5), 1890-1901.

BROSIUS J., 1999. Many G-protein-coupled receptors are encoded by retrogenes. *Trends in Genetics,* 15, 304-305.

BROSIUS J., TIEDGE H., 1995. Reverse transcriptase: mediator of genomic plasticity. *Virus and Genes,* 11, 163-179.

BUSH C.F., JONES S.V., LYLE A.N., MINNEMAN K.P., RESSLER K.J., HALL R.A., 2007. Specificity of olfactory receptor interactions with other G protein-coupled receptors. *The Journal of Biological Chemistry,* 282 (26), 19042-19051.

CAREY A.F., WANG G., SU C.Y., ZWIEBEL L.J., CARLSON J.R., 2010. Odorant reception in the malaria mosquito *Anopheles gambiae. Nature,* 464 (7285), 66-71.

CLYNE P.J., WARR C.G., FREEMAN M.R., LESSING D., KIM J., CARLSON J.R., 1999. A novel family of divergent seven-transmembrane proteins: candidate odorant receptors in *Drosophila. Neuron,* 22 (2), 327-338.

DENG Y., ZHANG W., FARHAT K., OBERLAND S., GISSELMANN G., NEUHAUS E.M., 2011. The stimulatory Gαs protein is involved in olfactory signal transduction in *Drosophila. PLoS One,* 6 (4), e18605.

DUCHAMP-VIRET P., DUCHAMP A., SICARD G., 1990. Olfactory discrimination over a wide concentration range. Comparison of receptor cell and bulb neuron abilities. *Brain Research,* 517 (1-2), 256-262.

FRANCO R., CASADO V., MALLOL J., FERRADA C., FERRÉ S., FUXE K., CORTES A., CIRUELA F., LLUIS C., CANELA E.I., 2006. The two-state dimer receptor model: a general model for receptor dimers. *Molecular Pharmacology,* 69 (6), 1905-1912.

FREDRIKSSON R., LAGERSTRÖM M.C., LUNDIN L.G., SCHIÖTH H.B., 2003. The G-protein-coupled receptors in the human genome form five main families. Phylogenetic analysis, paralogon groups, and fingerprints. *Molecular Pharmacology,* 63 (6), 1256-1272.

FUKUDA N., TOUHARA K., 2006. Developmental expression patterns of testicular olfactory receptor genes during mouse spermatogenesis. *Genes to Cells,* 11 (1), 71-81.

FUSS S.H., RAY A., 2009. Mechanisms of odorant receptor gene choice in *Drosophila* and vertebrates. *Molecular and Cellular Neuroscience,* 41 (2), 101-112.

GO Y., NIIMURA Y., 2008. Similar numbers but different repertoires of olfactory receptor genes in humans and chimpanzees. *Molecular Biology and Evolution,* 25 (9), 1897-1907.

GRIFFIN C.A., KAFADAR K.A., PAVLATH G.K., 2009. MOR23 promotes muscle regeneration and regulates cell adhesion and migration. *Developmental Cell,* 17, 649-661.

GROSMAÎTRE X., VASSALLI A., MOMBAERTS P., SHEPHERD G.M., MA M., 2006. Odorant responses of olfactory sensory neurons expressing the odorant receptor MOR23: a patch clamp analysis in gene-targeted mice. *In: Proceedings of the National Academy of Sciences of the USA,* 103 (6), 1970-1975.

HAGUE C., UBERTI M.A., CHEN Z., BUSH C.F., JONES S.V., RESSLER K.J., HALL R.A., MINNEMAN K.P., 2004. Olfactory receptor surface expression is driven by association with the β2-adrenergic receptor. *In: Proceedings of the National Academy of Sciences of the USA,* 101 (37), 13672-13676.

HALL S.E., FLORIANO W.B., VAIDEHI N., GODDARD W.A.I., 2004. Predicted 3-D structures for mouse and rat I7 olfactory receptors and comparison of predicted odor recognition profiles with experiment. *Chemical Senses,* 29, 595-616.

HALLEM E.A., HO M.G., Carlson J.R., 2004. The molecular basis of odor coding in the *Drosophila* antenna. *Cell,* 117 (7), 965-979.

ISSEL-TARVER L., RINE J., 1997. The evolution of mammalian olfactory receptor genes. *Genetics,* 145, 185-195.

JONES D.T., REED R.R., 1989. Golf: an olfactory neuron specific-G protein involved in odorant signal transduction. *Science,* 244 (4906), 790-795.

JONES W.D., NGUYEN T.A., KLOSS B., LEE K.J., VOSSHALL L.B., 2005. Functional conservation of an insect odorant receptor gene across 250 million years of evolution. *Current Biology,* 15 (4), R119-121.

KAIN P., CHAKRABORTY T.S., SUNDARAM S., SIDDIQI O., RODRIGUES V., HASAN G., 2008. Reduced odor responses from antennal neurons of Gqα, phospholipase Cβ, and *rdgA* mutants in *Drosophila* support a role for a phospholipid intermediate in insect olfactory transduction. *The Journal of Neuroscience,* 28 (18), 4745-4755.

KAISSLING K.-E., PRIESNER E., 1970. Die Riechschwelle des Seidenspinners. *Naturwissenschaften,* 57, 23-28.

KATADA S., HIROKAWA T., OKA Y., SUWA M., TOUHARA K., 2005. Structural basis for a broad but selective ligand spectrum of a mouse olfactory receptor: mapping the odorant binding site. *The Journal of Neuroscience,* 25 (7), 1806-1815.

KAUPP U.B., 2010. Olfactory signalling in vertebrates and insects: differences and commonalities. *Nature Reviews Neuroscience,* 11 (3), 188-200.

KIDD M., MODLIN I.M., GUSTAFSSON B.I., DROZDOV I., HAUSO O., PFRAGNER R., 2008. Luminal regulation of normal and neoplastic human EC cell serotonin release is mediated by bile salts, amines, tastants, and olfactants. *American Journal of Physiology — Gastrointestinal and Liver Physiology,* 295 (2), G260-272.

KLEENE S.J., 2008. The electrochemical basis of odor transduction in vertebrate olfactory cilia. *Chemical Senses,* 33 (9), 839-859.

KOMIYAMA T., CARLSON J.R., LUO L., 2004. Olfactory receptor neuron axon targeting: intrinsic transcriptional control and hierarchical interactions. *Nature Neuroscience,* 7 (8), 819-825.

KRAUTWURST D., YAU K.W., REED R.R., 1998. Identification of ligands for olfactory receptors by functional expression of a receptor library. *Cell,* 95, 917-926.

KREHER S.A., MATHEW D., KIM J., CARLSON J.R., 2008. Translation of sensory input into behavioral output *via* an olfactory system. *Neuron,* 59, 110-124.

KRIEGER J., RAMING K., DEWER Y.M., BETTE S., CONZELMANN S., BREER H., 2002. A divergent gene family encoding candidate olfactory receptors of the moth *Heliothis virescens. European Journal of Neuroscience,* 16 (4), 619-628.

KWON H.W., LU T., RUTZLER M., ZWIEBEL L.J., 2006. Olfactory responses in a gustatory organ of the malaria vector mosquito *Anopheles gambiae. In: Proceedings of the National Academy of Sciences of the USA,* 103 (36), 13526-13531.

LAING D.G., LEGHA P.K., JINKS A.L., HUTCHINSON I., 2003. Relationship between molecular structure, concentration and odor qualities of oxygenated aliphatic molecules. *Chemical Senses,* 28, 57-69.

LIU A.H., ZHANG X., STOLOVITZKY G.A., CALIFANO A., FIRESTEIN S., 2003. Motif-based construction of a functional map for mammalian olfactory receptors. *Genomics,* 81 (5), 443-456.

LUCAS P., SHIMAHARA T., 2002. Voltage and calcium-activated currents in cultured olfactory receptor neurons of male *Mamestra brassicae (Lepidoptera). Chemical Senses,* 27 (7), 599-610.

LYNCH J.W., BARRY P.H., 1991. Inward rectification in rat olfactory receptor neurons. *In: Proceedings of the Royal Society B,* 243, 149-153.

MALNIC B., GODFREY P.A., BUCK L.B., 2004. The human olfactory receptor gene family. *In: Proceedings of the National Academy of Sciences of the USA,* 101 (8), 2584-2589.

MALNIC B., HIRONO J., SATO T., BUCK L.B., 1999. Combinatorial receptor codes for odors. *Cell,* 96 (5), 713-723.

MAN O., GILAD Y., LANCET D., 2004. Prediction of the odorant binding site of olfactory receptor proteins by human-mouse comparisons. *Protein Science,* 13, 240-254.

MATSUI A., GO Y., NIIMURA Y., 2010. Degeneration of olfactory receptor gene repertories in primates: no direct link to full trichromatic vision. *Molecular Biology and Evolution,* 27 (5), 1192-1200.

MERRILL C.E., SHERERTZ T.M., WALKER W.B., ZWIEBEL L.J., 2005. Odorant-specific requirements for arrestin function in *Drosophila* olfaction. *Journal of Neurobiology,* 63 (1), 15-28.

MERRILL C.E., RIESGO-ESCOVAR J., PITTS R.J., KAFATOS F.C., CARLSON J.R., ZWIEBEL L.J., 2002. Visual arrestins in olfactory pathways of *Drosophila* and the malaria vector mosquito *Anopheles gambiae. In: Proceedings of the National Academy of Sciences of the USA,* 99 (3), 1633-1638.

MINIC VIDIC J., GROSCLAUDE J., PERSUY M.A., AIOUN J., SALESSE R., PAJOT-AUGY E., 2006. Quantitative assessment of olfactory receptors activity in immobilized nanosomes: a novel concept for bioelectronic nose. *Lab on a Chip,* 6, 1026-1032.

MOMBAERTS P., 1999a. Seven-transmembrane proteins as odorant and chemosensory receptors. *Science,* 286, 707-711.

MOMBAERTS P., 1999b. Molecular biology of odorant receptors in vertebrates. *Annual Reviews of Neuroscience,* 22, 487-509.

MUNGER S.D., LEINDERS-ZUFALL T., ZUFALL F., 2009. Subsystem organization of the mammalian sense of smell. *Annual Review of Physiology,* 71, 115-140.

NAKAMURA T., GOLD G.H., 1987. A cyclic nucleotide-gated conductance in olfactory receptor cilia. *Nature,* 325, 442-444.

NEUHAUS E.M., ZHANG W., GELIS L., DENG Y., NOLDUS J., HATT H., 2009. Activation of an olfactory receptor inhibits proliferation of prostate cancer cells. *The Journal of Biological Chemistry,* 284 (24), 16218-16225.

NYGAARD R., FRIMURER T.M., HOLST B., ROSENKILDE M.M., SCHWARTZ T.W., 2009. Ligand binding and micro-switches in 7TM receptor structures. *Trends in Pharmacological Sciences,* 30 (5), 249-259.

OKA Y., OMURA M., KATAOKA H., TOUHARA K., 2004. Olfactory receptor antagonism between odorants. *EMBO Journal,* 23, 120-126.

PARK J.H., SCHEERER P., HOFMANN K.P., CHOE H.W., ERNST O.P., 2008. Crystal structure of the ligand-free G-protein-coupled receptor opsin. *Nature,* 454 (7201), 183-187.

PÉZIER A., ACQUISTAPACE A., RENOU M., ROSPARS J.-P., LUCAS P., 2007. Ca^{2+} stabilizes the membrane potential of moth olfactory receptor neurons at rest and is essential for their fast repolarization. *Chemical Senses,* 32, 305-317.

PÉZIER A., GRAUSO M., ACQUISTAPACE A., MONSEMPES C., ROSPARS J.-P., LUCAS P., 2010. Calcium activates a chloride conductance likely involved in olfactory receptor neuron repolarisation in the moth *Spodoptera littoralis. The Journal of Neuroscience,* 30 (18), 6323-6333.

PLUZNICK J.L., ZOU D.J., ZHANG X., YAN Q., RODRIGUEZ-GIL D.J., EISNER C., WELLS E., GREER C.A., WANG T., FIRESTEIN S., SCHNERMANN J., CAPLAN M.J., 2009. Functional expression of the olfactory signaling system in the kidney. *In: Proceedings of the National Academy of Sciences of the USA,* 106 (6), 2059-2064.

QUIGNON P., GIRAUD M., RIMBAULT M., LAVIGNE P., TACHER S., MORIN E., RETOUT E., VALIN A.S., LINDBLAD-TOH K., GALIBERT F., 2005. The dog and rat olfactory receptoires. *Genome Biology,* 6 (10), doi: 10.1186/gb-2005-6-10-r83.

ROBERTSON H.M., WANNER K.W., 2006. The chemoreceptor superfamily in the honey bee, *Apis mellifera*: expansion of the odorant, but not gustatory, receptor family. *Genome Research,* 16 (11), 1395-1403.

RODRIGUEZ-GIL D.J., TRELOAR H.B., ZHANG X., MILLER A.M., TWO A., IWEMA C., FIRESTEIN S.J., GREER C.A., 2010. Chromosomal location-dependent nonstochastic onset of odor receptor expression. *The Journal of Neuroscience,* 30 (30), 10067-10075.

ROUQUIER S., GIORGI D., 2007. Olfactory receptor gene repertoires in mammals. *Mutation Research,* 616, 95-102.

ROUQUIER S., TAVIAUX S., TRASK B.J., BRAND-ARPON V., VAN DEN ENGH G., DEMAILLE J., GIORGI D., 1998a. Distribution of olfactory receptor genes in the human genome. *Nature Genetics,* 18, 243-250.

ROUQUIER S., FRIEDMAN C., DELETTRE C., VAN DEN ENGH G., BLANCHER A., CROUAU-ROY B., TRASK B.J., GIORGI D., 1998b. A gene recently inactivated in human defines a new olfactory receptor family in mammals. *Human Molecular Genetics,* 7 (9), 1337-1345.

RUBIN B.D., KATZ L.C., 1999. Optical imaging of odorant representations in the mammalian olfactory bulb. *Neuron,* 23, 499-511.

SAITO H., KUBOTA M., ROBERTS R.W., CHI Q., MATSUNAMI H., 2004. RTP family members induce functional expression of mammalian odorant receptors. *Cell,* 119 (5), 679-691.

SAKANO H., 2010. Neural map formation in the mouse olfactory system. *Neuron,* 67 (4), 530-542.

SAMSONOVA E.V., KRAUSE P., BÄCK T., IJZERMAN A.P., 2007. Characteristic amino acid combinations in olfactory G protein-coupled receptors. *Proteins: Structure, Function, and Bioinformatics,* 67 (1), 154-166.

SANZ G., SCHLEGEL C., PERNOLLET J.C., BRIAND L., 2005. Comparison of odorant specificity of two human olfactory receptors from different phylogenetic classes and evidence for antagonism. *Chemical Senses,* 30, 69-80.

Sanz G., Thomas-Danguin T., Hamdani E.H., Le Poupon C., Briand L., Pernollet J.C., Guichard E., Tromelin A., 2008. Relationships between molecular structure and perceived odor quality of ligands for a human olfactory receptor. *Chemical Senses*, 33, 639-653.

Sato K., Pellegrino M., Nakagawa T., Nakagawa T., Vosshall L.B., Touhara K., 2008. Insect olfactory receptors are heteromeric ligand-gated ion channels. *Nature*, 452 (7190), 1002-1006.

Scheerer P., Park J.H., Hildebrand P.W., Kim Y.J., Krausz N., Choe H.W., Hofmann K.P., Ernst O.P., 2008. Crystal structure of opsin in its G-protein-interacting conformation. *Nature*, 455 (7212), 497-502.

Schild D., Restrepo D., 1998. Transduction mechanisms in vertebrate olfactory receptor cells. *Physiological Reviews*, 78 (2), 429-466.

Schmiedeberg K., Shirokova E., Weber H.P., Schilling B., Meyerhof W., Krautwurst D., 2007. Structural determinants of odorant recognition by the human olfactory receptors OR1A1 and OR1A2. *Journal of Structural Biology*, 159 (3), 400-412.

Sharon D., Glusman G., Pilpel Y., Khen M., Gruetzner F., Haaf T., Lancet D., 1999. Primate evolution of an olfactory receptor cluster: diversification by gene conversion and recent emergence of pseudogenes. *Genomics*, 61 (1), 24-36.

Shepherd G.M., 2004. The human sense of smell: are we better than we think? *PLoS Biology*, 2 (5), 572-575.

Sosinsky A., Glusman G., Lancet D., 2000. The genomic structure of human olfactory receptor genes. *Genomics*, 70, 49-61.

Spehr M., Schwane K., Heilmann S., Gisselmann G., Hummel T., Hatt H., 2004. Dual capacity of a human olfactory receptor. *Current Biology*, 14 (19), R832-R833.

Stary A., Suwattanasophon C., Wolschann P., Buchbauer G., 2007. Differences in (-)citronellal binding to various odorant receptors. *Biochemical and Biophysical Research Communications*, 361 (4), 941-945.

Trask B.J., Massa H., Brand-Arpon V., Chan K., Friedman C., Nguyen O.T., Eichler E., Van Den Engh G., Rouquier S., Shizuya H., Giorgi D., 1998. Large multi-chromosomal duplications encompass many members of the olfactory receptor gene family in the human genome. *Human Molecular Genetics*, 7, 2007-2020.

Vidic J., Grosclaude J., Monnerie R., Persuy M.A., Badonnel K., Baly C., Caillol M., Briand L., Salesse R., Pajot-Augy E., 2008. A crucial functional role for odorant binding protein: the preservation of olfactory receptor activity at high odorant concentration. *Lab on a Chip*, 8, 678-688.

Vosshall L.B., Amrein H., Morozov P.S., Rzhetsky A., Axel R., 1999. A spatial map of olfactory receptor expression in the *Drosophila* antenna. *Cell*, 96 (5), 725-736.

Wade F., Espagne A., Persuy M.-A., Vidic J., Monnerie R., Merola F., Pajot-Augy E., Sanz G., 2011. Relationship between homo-oligomerization of a mammalian olfactory receptor and its activation state demonstrated by bioluminescence resonance energy transfer (BRET). *Journal of Biological Chemistry*, 286, 15252-15259.

Wanner K.W., Anderson A.R., Trowell S.C., Theilmann D.A., Robertson H.M., Newcomb R.D., 2007. Female-biased expression of odourant receptor genes in the adult antennae of the silkworm, *Bombyx mori*. *Insect Molecular Biology*, 16 (1), 107-119.

Wicher D., Schafer R., Bauernfeind R., Stensmyr M.C., Heller R., Heinemann S.H., Hansson B.S., 2008. *Drosophila* odorant receptors are both ligand-gated and cyclic-nucleotide-activated cation channels. *Nature*, 452 (7190), 1007-1011.

Widmayer P., Heifetz Y., Breer H., 2009. Expression of a pheromone receptor in ovipositor sensilla of the female moth *(Heliothis virescens)*. *Insect Molecular Biology*, 18 (4), 541-547.

Yao C.A., Carlson J.R., 2010. Role of G-proteins in odor-sensing and CO_2-sensing neurons in *Drosophila*. *The Journal of Neuroscience*, 30, 4562-4572.

Zhao H., Ivic L., Otaki J.M., Hashimoto M., Mikoshiba K., Firestein S., 1998. Functional expression of a mammalian odorant receptor. *Science*, 279, 237-242.

Zozulya S., Echeverri F., Nguyen T., 2001. The human olfactory receptor repertoire. *Genome Biology*, 2 (6), 0018.1-0018.12.

Zufall F., Leinders-Zufall T., 2000. The cellular and molecular basis of odor adaptation. *Chemical Senses*, 25 (4), 473-481.

Chapitre 9

Codage de l'information par les neurones olfactifs

Patricia DUCHAMP-VIRET et Jean-Pierre ROSPARS

▸▸ Qu'est-ce que l'information olfactive ?

Les odorants sont des molécules volatiles capables d'interagir avec les récepteurs olfactifs portés par les neurones récepteurs olfactifs (NRO). Ils sont émis par des sources fort diverses, naturelles (par exemple fleurs, fruits mûrs ou en décomposition, odeurs corporelles, etc.), artificielles (par exemple méthanethiol ajouté au gaz naturel inodore pour signaler une fuite) ou mixtes (par exemple odeurs culinaires) (cf. chapitre 4). Libérées dans l'atmosphère[1], ces molécules forment des panaches dans lesquels elles ne se distribuent pas de façon homogène ; transportées passivement par les turbulences atmosphériques, elles tendent à rester groupées même à grande distance de la source en formant de longs filaments séparés par de l'air pur. Ces molécules portent ainsi à distance de riches informations sur les sources émettrices, que le système olfactif est capable d'analyser et d'interpréter. C'est ainsi que les animaux peuvent s'orienter par rapport aux sources pour s'en approcher ou s'en éloigner, localiser leur nourriture ou leur proie ou fuir leur prédateur, communiquer avec d'autres membres de leur espèce ou avec d'autres espèces.

Lorsque l'on perçoit une odeur, on distingue principalement deux types d'informations : intensive et qualitative[2]. L'information intensive porte sur la quantité de

---

1. Pour simplifier l'exposé, nous ne considérerons que les animaux à respiration aérienne. Cependant, les mêmes principes s'appliquent aux animaux aquatiques.
2. Il existe un troisième type d'information lié à la structuration en filaments des panaches odorants. À chaque rencontre avec ces filaments, les NRO produisent une réponse, ce qui se traduit par une

molécules présente en un point. On la perçoit subjectivement comme une intensité (odeur faible ou forte) et on peut la quantifier par une concentration (en moles par litre). L'information qualitative porte sur la nature de l'odeur, donc des molécules présentes, qu'elles soient d'une même espèce ou en mélange. Des molécules de structures extrêmement voisines peuvent être détectées et discriminées à l'aide de minuscules différences chimiques. Les odeurs naturelles sont généralement des mélanges complexes de dizaines ou de centaines d'espèces chimiques différentes en proportions déterminées qui sont perçues de manière intégrée (parfum de violette, arôme de café, etc.), sans qu'il soit en général possible de distinguer les différentes molécules qui les composent. Nous nous attacherons ici aux seuls aspects intensitifs et qualitatifs en distinguant les odeurs monomoléculaires de celles formées d'un mélange d'odorants. Nous décrirons les principales propriétés de réponse des NRO à ces odeurs, puis nous examinerons leurs bases moléculaires.

▶▶ Codage des odeurs monomoléculaires

Lorsqu'on le stimule par des molécules odorantes, un NRO répond par une série plus ou moins longue de potentiels d'action qui sont propagés au long de son axone jusqu'au bulbe olfactif. Toutes les informations reçues par le cerveau et qui donneront naissance à une perception olfactive proviennent originellement de l'ensemble des potentiels d'action conduit par le nerf olfactif, d'où l'intérêt d'analyser ce message en commençant par le cas de l'odeur la plus simple, celle qui est composée d'une seule molécule odorante.

Codage de l'intensité

Pour faire varier l'intensité d'une stimulation odorante, on part en pratique de la vapeur saturante[3] d'une espèce chimique, par exemple de l'anisole (odeur d'anis) ou du limonène (odeur de citron), que l'on dilue plus ou moins avec de l'air pur. On délivre à l'aide d'un stimulateur olfactif cette dilution connue, pendant un temps précis (disons une seconde) sur l'épithélium olfactif d'un animal, une grenouille ou un rat par exemple. On mesure la différence de potentiel électrique entre une électrode mise au contact d'un NRO et une autre électrode dite indifférente placée à distance de la première. Ce signal électrique suffisamment amplifié montre les potentiels d'action (PA) sous forme de brèves impulsions (3-7 ms). En l'absence de stimulation, ces impulsions sont émises selon un rythme lent et aléatoire, l'activité dite spontanée. Lors d'une stimulation, si le NRO est sensible à l'odorant, la décharge des PA augmente de façon concomitante à la stimulation. On peut mettre

---

série de détections à des instants différents. Cette information temporelle reflétant la structure fine des panaches n'est, semble-t-il, pas perçue par les Vertébrés après inhalation ; en revanche, elle l'est par les Insectes en raison du contact direct des sensilles olfactives avec le milieu et elle joue un rôle important dans la détection du panache, car un nuage homogène de molécules ne permet pas à l'insecte d'orienter son vol (Willis et Baker, 1984).

3. On appelle vapeur saturante la phase gazeuse d'une substance en équilibre avec sa phase liquide (ou solide).

en relation cette réponse du NRO avec la concentration de l'odorant et déterminer ainsi les propriétés du codage intensitif.

On constate que plusieurs caractéristiques de la décharge des PA changent lorsque l'intensité augmente (Holley et Mac Leod, 1977 ; Rospars *et al.*, 2003). En règle générale, leur nombre commence par augmenter puis diminue progressivement. La durée de la réponse suit le même décours croissant puis décroissant. En revanche, la fréquence des PA augmente de manière régulière, tandis que la latence (laps de temps entre le début de la stimulation et le premier PA) diminue, également de manière régulière (figure 9.1). L'ensemble de ces caractéristiques permet de définir deux concentrations particulières, le seuil et la saturation. En dessous du seuil, le NRO ne répond pas ; à la concentration de saturation, il répond avec une fréquence maximale et une latence minimale. La plage de concentration s'étendant du seuil à la saturation constitue l'étendue dynamique de la réponse : c'est la plage de concentration dans laquelle le NRO participe au codage de l'odorant[4].

Un aspect remarquable des caractéristiques ainsi mesurées (concentrations au seuil et à saturation, étendue dynamique, fréquence maximale, latence minimale, etc.) est qu'elles sont très variables pour un même NRO stimulé par différents odorants ou pour différents NRO stimulés par un même odorant. Chez la grenouille par exemple (Rospars *et al.*, 2003), les concentrations au seuil varient entre 10^{-12} et 10^{-5} M (moles d'odorant par litre d'air), celles à saturation entre 10^{-9} et 10^{-2} M, les fréquences maximales entre 3 et 30 PA/s, les latences minimales entre quelques millisecondes et 3-4 secondes. Chez le rat, les valeurs obtenues sont semblables, sauf que les fréquences maximales sont plus élevées, de 6 à 220 PA/s (Duchamp-Viret *et al.*, 2000 ; Rospars *et al.*, 2008). D'une façon générale, la gamme des concentrations utiles est très large, si large que l'utilisation d'une échelle logarithmique est indispensable ; aussi appellerons-nous ici *dose* le logarithme de la concentration. De même, on mesure l'étendue dynamique par le rapport des concentrations à saturation et au seuil, qui est égal à la différence de leurs logarithmes. Ainsi, un NRO dont le seuil pour un odorant est à 10^{-8} M et la saturation à 10^{-7} M a une étendue dynamique d'une décade. Chez la grenouille comme chez le rat (Rospars *et al.*, 2008), les étendues dynamiques varient entre 0,4 et 4 décades environ, ce qui correspond respectivement à des rapports variant entre $10^{0,4}$ (= 2,5) et 10 000 selon les NRO et les odorants.

Un examen sélectif de NRO exprimant tous le même récepteur olfactif (RO) a montré que cette grande hétérogénéité ne provenait pas seulement de la diversité des RO (Grosmaître *et al.*, 2006 ; Fleischmann *et al.*, 2008). D'autres facteurs tels que les variations de densité des récepteurs et des canaux ioniques, de surface membranaire des cils, d'âge des NRO joueraient un rôle important. Mais, quelles qu'en soient les causes, l'hétérogénéité de réponse des NRO est à l'origine de la discrimination qualitative.

---

4. Ces caractéristiques de réponse ne sont pas propres aux NRO. Tous les neurones sensoriels (photo-récepteurs, mécanorécepteurs, thermorécepteurs, etc.) réagissent par une augmentation de fréquence et une diminution de latence quand l'intensité du stimulus (lumière, pression, température, etc.) augmente. Cette propriété a été découverte initialement par lord Adrian (Adrian et Zotterman, 1926), ce qui lui a valu le prix Nobel en 1932.

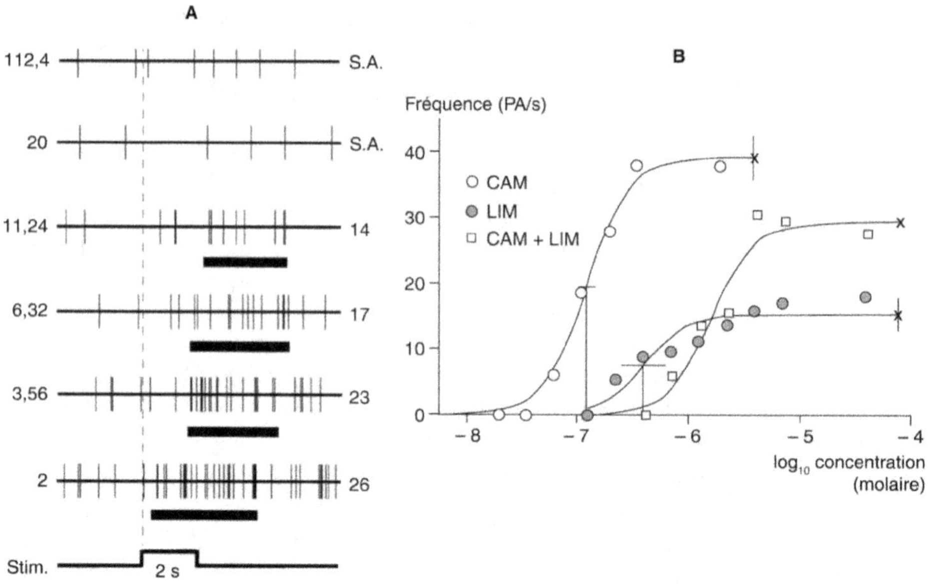

Figure 9.1. Codage intensitif.

(**A**) Exemple de trains de potentiels d'action émis par un même NRO de rat à concentrations croissantes d'un même odorant (limonène). La dilution de la vapeur saturante du limonène est indiquée à gauche. Les tirets verticaux indiquent le début de la stimulation (2 secondes). Les réponses détectées et les potentiels d'action (PA) appartenant à ces réponses sont indiqués par des barres horizontales sous chaque train. Pour ce NRO, l'activité spontanée qui précède et suit la réponse est de 5 PA/s. Les fréquences de réponse sont indiquées à droite des trains, en PA/s.

(**B**) Exemples de courbes dose-réponse comparant les réponses d'un même NRO à deux odorants (limonène LIM et camphre CAM) et à leur mélange binaire (LIM + CAM) appliqués à des concentrations croissantes. Le graphique montre les fréquences d'émission des potentiels d'action (PA/s) en fonction du logarithme des concentrations des odeurs (en moles par litre d'air) appliquées pendant 2 secondes. Des courbes de Hill ont été ajustées aux points expérimentaux. Les concentrations efficaces 50 (CE_{50}) et leurs intervalles de confiance à 95 % sont indiqués. La croix à la fin de chaque courbe indique à la fois la concentration de la vapeur saturante et la fréquence de décharge maximale F_M. On remarque que le mélange provoque un effet de suppression en dessous de $10^{-5,8}$ mole/litre et d'inhibition au-dessus (d'après Rospars *et al.,* 2008).

Codage qualitatif

La plupart des composés chimiques purs sont capables d'évoquer une odeur, et ce en interagissant avant tout au niveau des NRO de la muqueuse olfactive. Le fait que les NRO expriment chacun un gène unique de RO permet d'assimiler les propriétés de réponse d'un neurone à celui du récepteur qu'il exprime. Ainsi, réaliser des enregistrements de l'activité électrophysiologique unitaire d'un NRO en réponse à un ensemble de molécules revient à décrire les propriétés de son récepteur. La participation globale de la population des NRO/RO au codage de l'information olfactive peut s'exprimer par la sélectivité moyenne, rapport du nombre total de réponses observées au nombre total d'odorants testés exprimé en pourcentage. Cette sélectivité est globalement faible. Autrement dit, un même NRO/RO peut être excité par de nombreuses molécules et ce, chez l'Amphibien (Duchamp *et al.,* 1974) comme chez le rat (Duchamp-Viret *et al.,* 1999 ; Grosmaître *et al.,* 2009). Il ne faut donc pas chercher l'origine des performances de discrimination qualitative du système dans une sélectivité étroite des NRO/RO, contrairement à ce qui avait été envisagé lors de la découverte des RO (Buck et Axel, 1991).

La discrimination qualitative repose en fait sur un mode de codage combinatoire. Une molécule donnée active une combinaison particulière de NRO/RO, et c'est l'identité des neurones actifs qui encode la qualité odorante. Ainsi, deux odeurs ont en commun d'autant plus de neurones activés qu'elles sont qualitativement proches. Les études chez l'Amphibien ont permis de recueillir les réponses unitaires de nombreux NRO à de nombreuses molécules. Leurs réponses sont consignées dans des matrices dont les lignes correspondent au NRO et les colonnes aux odorants. La comparaison des colonnes montre que certains odorants stimulent plus souvent les mêmes NRO/RO que d'autres. L'analyse factorielle appliquée à ces données a permis d'attribuer des coordonnées dans un espace multidimensionnel aux différents odorants testés et de décrire avec précision, reproductibilité et cohérence l'espace olfactif qualitatif périphérique (Duchamp *et al.,* 1974 ; Holley *et al.,* 1974 ; Revial *et al.,* 1978a ; 1978b ; Sicard, 1985 ; Sicard et Holley, 1984). Au sein de cet espace (figure 9.2), les différentes familles de molécules sont représentées par des sphères dont la proximité traduit la similitude de réponse de la population de NRO. Inversement, une distance importante entre les points signe des réponses très différentes. Ainsi, dans cet espace qualitatif multidimensionnel, il est possible de regrouper des molécules qui activent des combinaisons de NRO à fort recouvrement, donc qualitativement proches. Parmi les quatre-vingts molécules odorantes étudiées, cinq groupes s'individualisent sur la base de l'analyse des réponses des NRO : le groupe « aromatique », regroupant des composés possédant le même noyau aromatique, le groupe « terpène », le groupe « acides gras à courte chaîne », le groupe « camphre », regroupant le camphre et d'autres petites molécules rondes, et le groupe des « cétones linéaires ».

Certains traits ou fonctions de la structure moléculaire ne se traduisent pas par une similitude de réponse des NRO et donc ne forment pas véritablement un groupe. C'est le cas de la fonction alcool et des alcools aliphatiques primaires : deux alcools de structure très voisine apparaissent qualitativement proches, mais les pôles de la série testée représentent des qualités distinctes (on parle ici plutôt d'un continuum qualitatif que d'un groupe). Ceci est également le cas pour la fonction cétone des cyclanones (au moins de C5 à C18). La cohérence des groupes qualitatifs reposerait donc davantage sur la structure globale de la molécule, c'est-à-dire sa structure tridimensionnelle, que sur la présence d'une seule fonction chimique (cf. chapitre 4). Des études en biochimie structurale confirment ces hypothèses fondées sur les réponses des NRO en montrant que plusieurs molécules à note camphrée partagent notamment une petite taille et une forme sphérique (Eminet et Chastrette, 1983). Il en est de même pour les notes musc et santal par exemple (Chastrette, 1990).

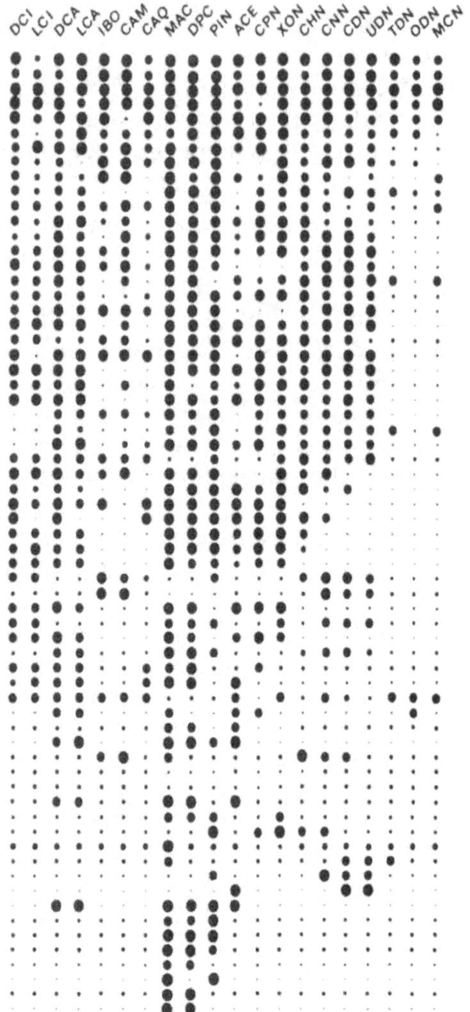

Figure 9.2. Matrice des réponses et espace qualitatif des odorants.

(**A**) Matrice de réponses de 65 NRO (lignes) à une série de 20 corps purs (colonnes). La présence d'un point au croisement d'une ligne avec une colonne signifie que le NRO est activé par le corps pur dont le sigle est donné en haut de chaque colonne. Les colonnes sont organisées de façon à regrouper les molécules odorantes selon leur structure moléculaire, et les lignes de façon à présenter les NRO selon un nombre décroissant de stimulus efficaces.

Couples d'isomères optiques : DCI : d-citronellol ; LCI l-citronellol ; DCA : d-carvone ; LCA : l-carvone.
Groupe des camphrés : IBO : isobornéol ; CAM : camphre ; CAQ : camphorquinone.
Groupe des cétones linéaires : MAC : méthyl amyl cétone ; DPC : dipropyl cétone ; PIN : pinacolone.
Groupe des aromatiques : ACE : acétophénone.
Groupe des cyclanones (des chaînes les plus courtes aux plus longues) : CPN : cyclopentanone ; XON : cyclohexanone ; CHN : cycloheptanone ; CNN : cyclononanone ; CDN : cyclodécanone ; UDN : cyclo-undécanone ; TDN : cyclotétradécanone ; ODN : cyclooctadécanone.
Groupe des muscs : MCN : muskcétone.

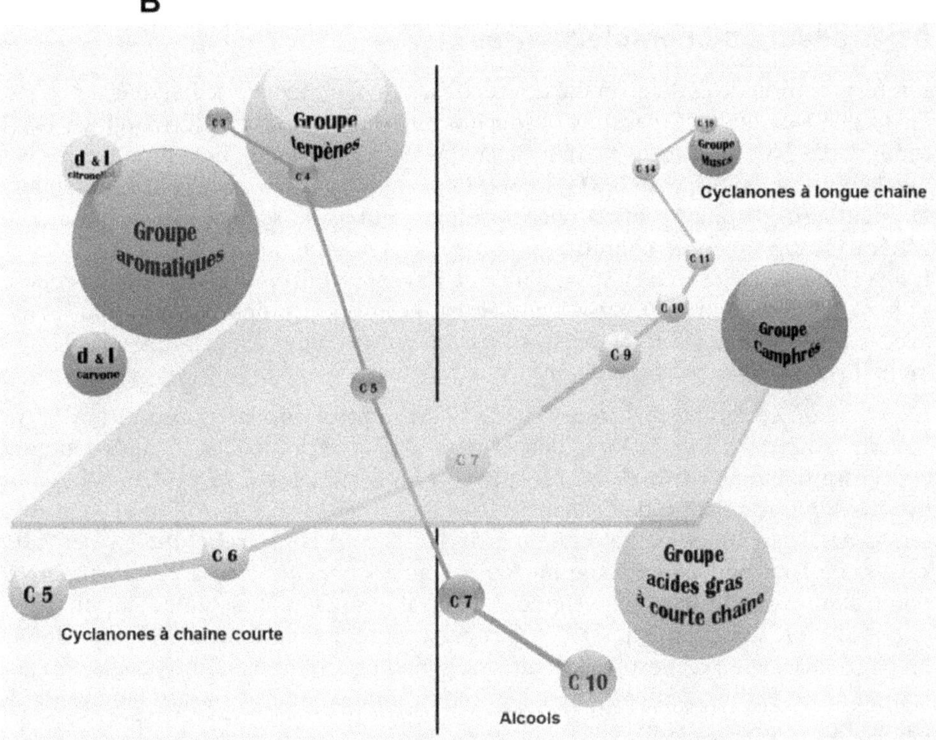

Figure 9.2. (Suite)

(B) Espace qualitatif multidimensionnel défini d'après l'analyse statistique des coïncidences des réponses unitaires des NRO aux molécules odorantes prises deux à deux dans la matrice présentée en A ainsi que dans d'autres matrices similaires concernant d'autres molécules testées comme les acides gras à courte chaîne, les alcools et les terpènes. Cette analyse permet d'identifier des groupes bien formés et distincts les uns des autres, établissant ainsi les capacités de discrimination des NRO. Au sein de cet espace se positionnent différents groupes qualitatifs de molécules odorantes. Leur proximité qualitative est d'autant plus grande que la distance qui les sépare est plus faible. Ainsi le groupe des terpènes est plus proche du groupe des aromatiques que du groupe des camphrés ou des acides gras à courte chaîne ou encore des muscs. Cet espace matérialise également des « continuums qualitatifs » qui sont constitués par des molécules odorantes qui se ressemblent deux à deux, lorsque le nombre d'atomes de carbone est voisin, constituant ainsi une chaîne dont les deux extrémités repèrent des qualités odorantes très différentes. C'est ici le cas des cyclanones et des alcools. Cet espace montre également que les deux isomères optiques d'une molécule odorante (ici d et l-citronellol et d et l-carvone) ne sont pas discriminés par les NRO. Notons également la proximité qualitative des muscs avec les cyclanones les plus lourdes et des terpènes avec les alcools les plus légers.

Modélisation de la réponse d'un NRO
à des odeurs monomoléculaires

L'interprétation de cette diversité des réponses est facilitée par le fait que la réponse en fréquence du NRO peut être considérée comme la réplique amplifiée de la réponse des RO. Comme il est plus facile de décrire précisément la réponse des RO que la réponse intégrée du NRO, il y a tout avantage à commencer par les premiers. On peut alors s'appuyer sur la pharmacologie, qui est la science des récepteurs en général (Rang, 2006 ; cf. chapitre 8), dont les RO ne sont qu'un exemple particulier. L'un des modèles les plus simples d'interaction récepteur-ligand[5] admet que celle-ci s'opère en deux étapes réversibles, d'abord la liaison du ligand (ici de l'odorant) avec le récepteur (ici le RO), puis l'activation du récepteur, c'est-à-dire son changement de conformation (figure 9.3A).

L'analyse de ce modèle (Rospars *et al.*, 1996) montre que la concentration R^* du récepteur activé s'accroît lorsqu'on accroît la concentration du ligand pour une concentration totale fixe R_0 de récepteur. Plus précisément, R^* est une fonction hyperbolique (en forme de branche d'hyperbole) de la concentration et logistique (en forme de sigmoïde) de la dose du ligand. Ces deux courbes (figure 9.3A et 9.3B) se caractérisent par leur maximum R_M et par la concentration à mi-maximum, le point d'inflexion de la courbe sigmoïde, que l'on appelle constante d'équilibre de dissociation K (on la note aussi K_d). Ces deux caractéristiques sont très importantes en pharmacologie : K mesure l'affinité du ligand pour le récepteur (plus la concentration K est petite, plus l'affinité est grande), tandis que R_M mesure l'efficacité de l'activation (plus R_M est proche de R_0, plus l'efficacité est grande). L'affinité dépend surtout de K_1 (figure 9.3C), tandis que l'efficacité dépend de K_2 (figure 9.3D).

La cascade de transduction interne au NRO transforme la réponse initiale R^* des récepteurs en la réponse finale qui est la fréquence F des potentiels d'action. Cette transformation est marquée par deux changements principaux : d'une part, la concentration à mi-maximum de F (on l'appelle aussi concentration efficace 50, ou CE_{50}) est située à gauche de K, c'est-à-dire à concentration plus faible, ce qui signifie que la cascade tend à amplifier davantage les réponses les plus faibles ; d'autre part, la pente de la courbe F à la CE_{50} est le plus souvent plus douce que la pente de la courbe R^* à la concentration K, ce qui correspond à un allongement de l'étendue dynamique. Plusieurs faits d'observation permettent de mieux apprécier la pertinence de ce modèle. En premier lieu, on peut vérifier dans une majorité de cas que la réponse maximale du NRO à un odorant est sensiblement inférieure à la plus grande fréquence de décharge observée sur ce même NRO ; cela signifie que le plus souvent c'est bien la réponse du RO qui est limitante et non l'une des étapes de la cascade de transduction ultérieure. En deuxième lieu, le fait que les réponses maximales F_{MA} et F_{MB} d'un même NRO à deux odorants différents A et B soient en général différentes exclut que l'interaction odorant-RO puisse se faire en une seule réaction d'association sans réaction d'activation ; en effet, en l'absence de cette dernière, la réponse maximale du NRO serait toujours la même quel que soit

---

5. On appelle « ligand » une molécule capable de se lier à un récepteur. Si ce ligand est capable d'activer le récepteur, c'est un *agoniste*. S'il se lie sans l'activer, c'est un *antagoniste*. Nous décrivons dans ce paragraphe des odorants agonistes. On verra plus loin que certains odorants peuvent se comporter en antagonistes.

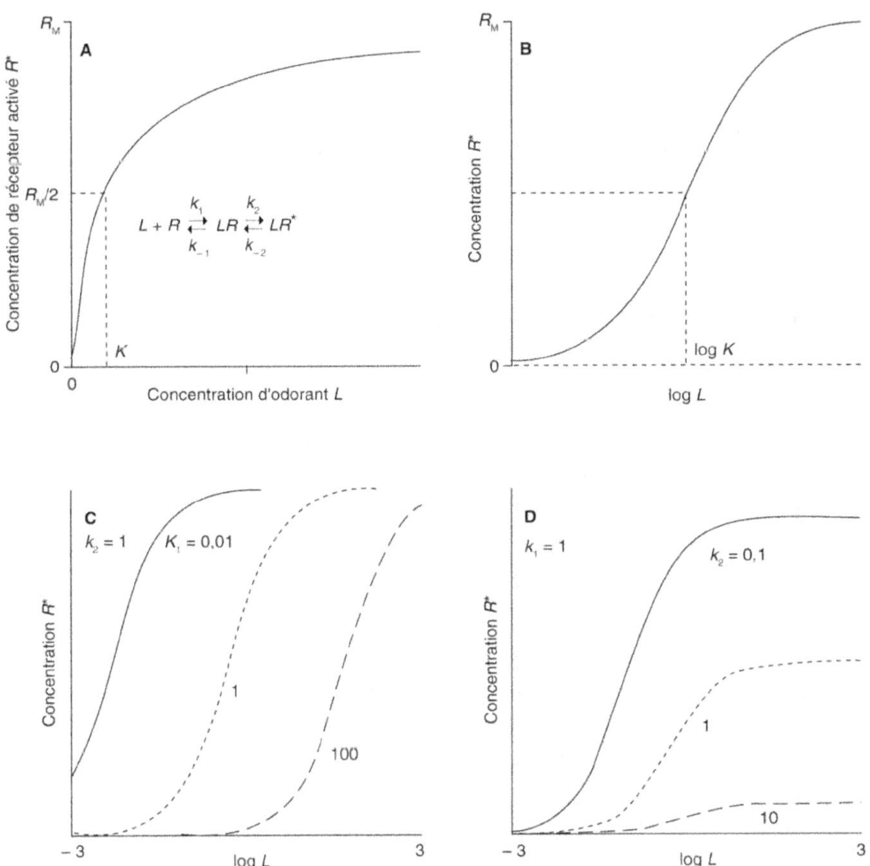

Figure 9.3. Interaction récepteur-odorant.

(A) L'interaction se fait en deux réactions réversibles. La première réaction est l'association de l'odorant L avec le récepteur R pour former le complexe LR. La seconde étape est l'activation du complexe récepteur-ligand LR^*. Le récepteur peut donc se trouver dans trois états distincts : libre *(R)*, lié *(LR)* et activé *(LR*)*. Les deux réactions équilibrées, association-dissociation et activation-désactivation, sont caractérisées par leurs constantes de vitesse (il y en a donc quatre : association k_1, dissociation k_{-1}, activation k_2, désactivation k_{-2}) et les rapports de ces constantes, appelées constantes d'équilibre, respectivement de dissociation notée $K_1 = k_{-1}/k_1$ et de désactivation notée $K_2 = k_{-2}/k_2$. On peut montrer qu'il existe une relation simple entre la concentration de récepteur activé LR^* (notée ici R^*) à l'équilibre et la concentration d'odorant L qui est $R^* = R_M/(1 + K/L)$, où R_M est la concentration maximale de R^* pour L grand et K l'affinité de l'odorant pour le récepteur. La fonction $R^*(L)$ est une branche d'hyperbole (courbe). Le maximum R_M dépend du nombre de récepteurs disponibles et de la réaction d'activation, seulement car $R_M = R_0/(1 + K_2)$, où R_0 est la concentration initiale de récepteur libre. En revanche, K dépend des deux réactions mais pas de R_0 car $K = K_1 K_2/(1 + K_2)$.

(B) Même figure que (A) mais la concentration L de l'odorant est remplacée par le logarithme décimal de L. L'hyperbole se transforme en une courbe logistique de forme sigmoïde.

(C) Effet du changement de la valeur de la constante de dissociation K_1 sur la fonction $R^*(L)$. Quand K_1 diminue, l'affinité augmente (translation des courbes vers la gauche).

(D) Effet du changement de la valeur de la constante de désactivation K_2 sur la fonction $R^*(L)$. Quand K_2 diminue, l'efficacité augmente (déplacement du maximum R_M vers le haut) (d'après Rospars *et al.*, 1996).

l'odorant utilisé. En troisième lieu, le fait que les CE_{50} K_A et K_B du même NRO aux odorants A et B soient également différentes et indépendantes des valeurs de F_{MA} et F_{MB} montre que les affinités des odorants pour le même RO varient, mais qu'une forte affinité ne signifie pas nécessairement un fort pouvoir d'activation.

En résumé, ce modèle permet d'interpréter de manière simple et de formaliser toutes les propriétés de codage intensif et qualitatif du NRO décrites précédemment. Il reste maintenant à l'utiliser pour comprendre l'effet des mélanges d'odorants.

▸▸ Codage des mélanges d'odorants

L'étude du codage des mélanges d'odorants est plus difficile que celle des odeurs monomoléculaires pour au moins deux raisons : d'une part, la diversité, pratiquement infinie, des mélanges possibles, tant par le nombre des composés que par leurs proportions relatives ; d'autre part, l'existence d'interactions entre les odorants et les NRO qui font que les mélanges ont des propriétés originales qui ne se déduisent pas aisément des propriétés de leurs composés pris individuellement. Ce second point est, bien sûr, le plus important ; or, circonstance favorable, ce phénomène dit d'« interaction de mélange » se manifeste déjà pour des mélanges formés de deux odorants seulement, A et B (Duchamp-Viret *et al.*, 2003). Nous utiliserons donc ces mélanges binaires pour analyser les propriétés de réponse des NRO. Pour simplifier encore, nous nous limiterons au cas où le rapport des concentrations des deux composés est toujours le même. Par exemple, on peut utiliser, plus ou moins dilué, le mélange des vapeurs saturantes ; le rapport fixe est alors déterminé par le rapport des pressions de vapeur saturantes qui diffèrent selon les odorants. De cette façon, on peut représenter la fréquence de réponse d'un NRO en fonction de la concentration totale A + B sans qu'il y ait la moindre ambiguïté.

Mélanges à action agoniste

Dans de nombreux cas, la réponse à un mélange binaire en fonction de l'intensité du stimulus (la concentration du mélange) évolue de façon similaire à celle décrite plus haut pour les odeurs monomoléculaires. En particulier, la réponse en fréquence augmente de manière sigmoïde avec la dose (logarithme de la concentration). De plus, l'étude de mélanges binaires formés à partir d'un échantillon de dix odorants montre que les distributions des caractéristiques quantitatives (concentrations au seuil et à saturation, fréquences maximales) mesurées sur un échantillon suffisamment grand de NRO sont les mêmes pour les odeurs monomoléculaires et pour les mélanges binaires. Globalement, il n'y a donc pas de différence entre les deux types d'odeurs (Rospars *et al.*, 2008).

Si on représente sur un même graphique les fréquences de potentiels d'action mesurées à différentes doses des odeurs A, B et A + B, on constate qu'en général les courbes obtenues sont nettement distinctes à la fois en position au long de l'axe des doses et par leurs maximums. Ainsi les courbes de A et de B peuvent être plus ou moins décalées ou bien se croiser. Il en va de même des courbes des mélanges A + B, qui peuvent être intermédiaires entre les courbes de A et de B ou bien les croiser à gauche (du côté des faibles doses) ou à droite (du côté des fortes doses).

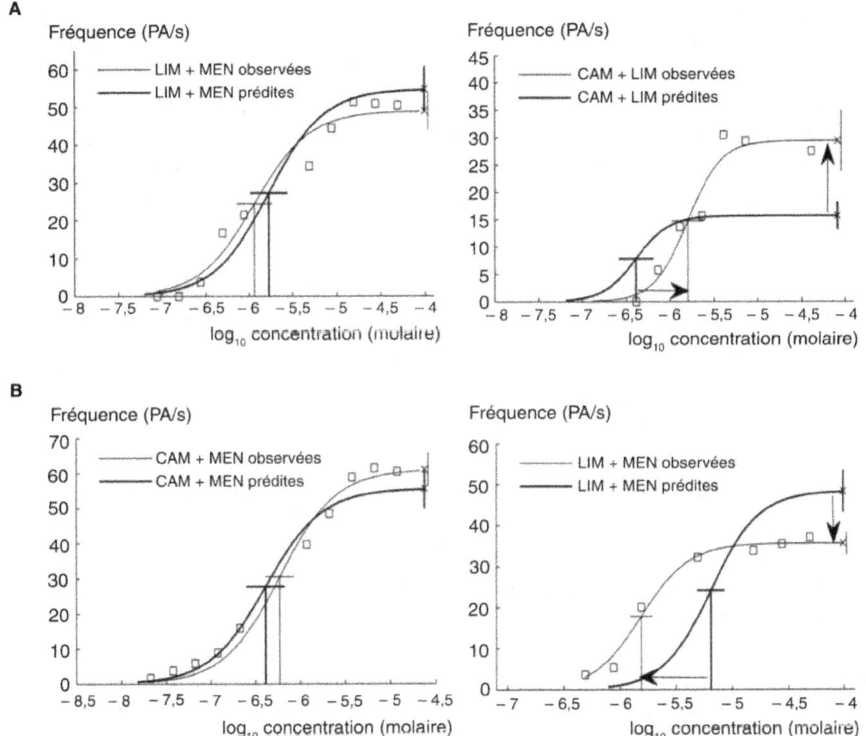

Figure 9.4. Comparaison des réponses observées et prédites de NRO de rat à des mélanges binaires d'odorants.

À gauche, deux exemples en accord avec le modèle d'agonisme compétitif. Les mélanges LIM + MEN (limonène et menthol en **A**) et CAM + MEN (camphre et menthol en **B**) ont été appliqués au même NRO. Les graphiques montrent les fréquences d'émission des potentiels d'action (PA/s) en fonction du logarithme des concentrations du mélange binaire (moles/litre d'air) appliqué pendant 2 secondes. Les courbes de Hill ont été ajustées aux points expérimentaux (carrés) : traits fins : courbe observée ; traits gras : courbe calculée sous l'hypothèse d'une interaction compétitive.

À droite, deux exemples de mélanges qui ne s'expliquent pas par le modèle d'agonisme compétitif : CAM + LIM (**A**) et LIM + MEN (**B**). Même représentation que pour les graphiques de gauche, mais le NRO est différent. En **A**, la suppression partielle résulte d'une diminution de l'affinité apparente (flèche horizontale) et d'un accroissement de l'efficacité (flèche verticale). En **B**, la synergie partielle résulte d'un accroissement de l'affinité apparente (flèche horizontale) et d'une diminution de l'efficacité (flèche verticale) (d'après Rospars *et al.*, 2008).

Modélisation de la réponse d'un NRO à un mélange binaire à action agoniste

Il est assez facile de déduire du modèle précédent ce qui se passe lorsque les deux odorants A et B, caractérisés respectivement par leurs CE_{50} K_A et K_B et leurs réponses maximales F_{MA} et F_{MB}, sont utilisés en mélange (en supposant toujours que A et B sont appliqués à des concentrations variables mais respectant un rapport constant). En effet, les deux molécules vont entrer en compétition pour le site de liaison du

RO. La loi d'action de masse va faire que tantôt A tantôt B se liera au RO, mais de telle sorte qu'en moyenne l'odorant de plus grande affinité se liera plus souvent que l'autre. On peut alors montrer qu'à l'équilibre la courbe de réponse du récepteur activé au mélange sera encore décrite par une fonction logistique de la dose, dont l'affinité et l'efficacité peuvent être déduites des affinités et efficacités du récepteur pour A seul et pour B seul (Rospars *et al.*, 2008). Plus précisément, on trouve que l'affinité du mélange est toujours intermédiaire entre K_A et K_B et que l'efficacité du mélange est toujours intermédiaire entre R_{MA} et R_{MB}. Compte tenu de ce qu'on a vu plus haut des propriétés de la cascade de transduction, il s'ensuit de même que les courbes de réponse en fréquence du NRO au mélange A + B doivent être intermédiaires entre les courbes de réponse en fréquence du même NRO à A seul et à B seul si l'hypothèse de départ d'une interaction purement compétitive est vérifiée.

Qu'en est-il en réalité ? L'expérience montre que dans la moitié des cas les courbes observées pour les mélanges sont bien intermédiaires entre les courbes des odorants seuls. En revanche, dans l'autre moitié, les courbes, les écarts des CE_{50} et des F_M par rapport à leurs valeurs prédites sont tels qu'il faut en conclure que le modèle de pure compétition ne s'applique pas. Fait remarquable, la moitié des CE_{50} observés sont plus petits que prévus, dans l'autre moitié ils sont plus grands, et de même pour les F_M. Quel que soit le mécanisme qui explique ces déviations, elles sont donc susceptibles de se produire de manière équiprobable soit pour augmenter soit pour diminuer l'affinité et l'efficacité du mélange par rapport au modèle « neutre » de pure compétition. La classification fondée sur la description des courbes dose-perception utilisée en psychophysique (Cometto-Muniz *et al.*, 1999 ; 2003 ; Laing *et al.*, 1989 ; Laska et Hudson, 1993) des réponses des NRO en quatre classes suivant que la réponse au mélange est moindre (suppression), équivalente sans être plus élevée (hypoadditivité) ou plus élevée (synergie) que le composé le plus efficace, ou moindre que le composé le moins efficace (inhibition), est adaptée à des cas où les courbes dose-réponse n'ont pu être complètement tracées. Cependant, elle peut être ambiguë. Pour cette raison il est préférable de la remplacer chaque fois que possible par une classification également en quatre classes prenant en compte les écarts à la courbe de référence « interaction compétitive » et distinguant nettement les effets sur l'affinité et sur l'efficacité.

Quant au(x) mécanisme(s) expliquant ces écarts, ils ne sont pas connus à l'heure actuelle. On peut toutefois remarquer que les écarts observés peuvent fort bien s'interpréter en supposant que les RO ont des propriétés allostériques. Autrement dit, certains RO pourraient avoir plusieurs sites de liaison avec les odorants. À côté du site principal existeraient un ou plusieurs sites secondaires (cf. chapitre 8). Lors de l'application d'un mélange binaire, la liaison, même faible, des odorants avec ce ou ces sites secondaires provoquerait une modification du site principal de liaison (d'où modification de K_{1A} et K_{1B}) ainsi qu'un changement de conformation, donc de l'activation (d'où modification de K_{2A} et K_{2B}).

Mélanges à action antagoniste

On connaît des composés responsables des notes fruitée (par exemple l'acétate d'isoamyle, ISO) et boisée (par exemple la wiskey lactone, WL), deux arômes majeurs du vin. Lorsqu'on applique l'ISO seul à différentes concentrations, la plupart des NRO

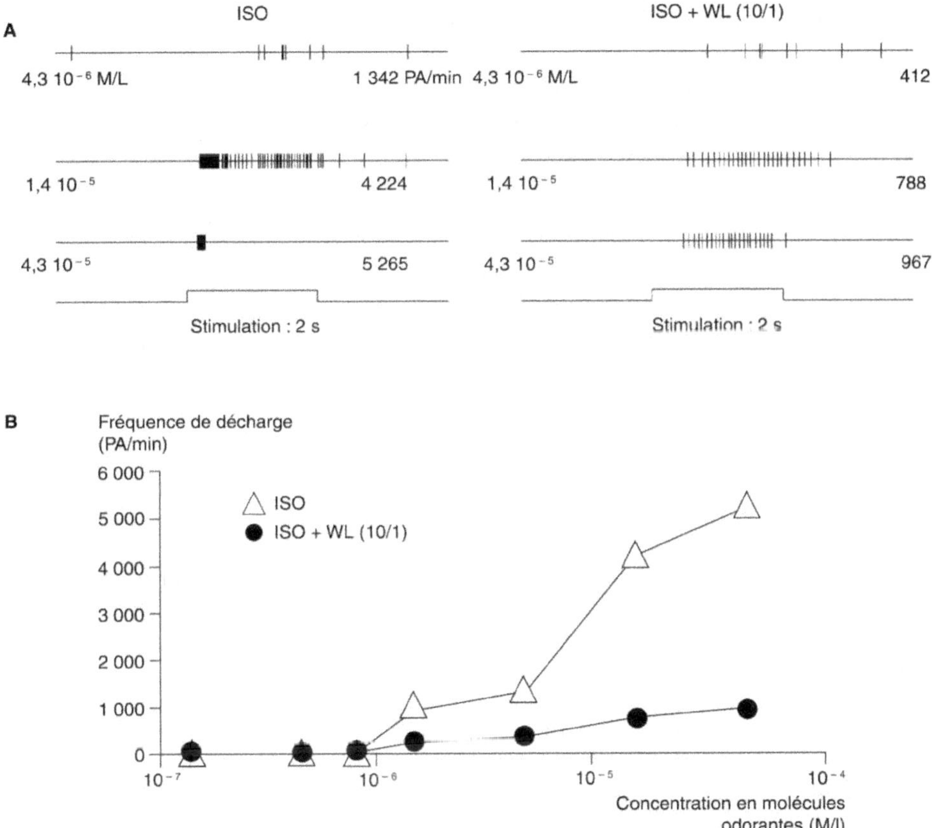

Figure 9.5. Exemple d'antagonisme : effet de réduction de la réponse à l'acétate d'isoamyle (ISO) lorsque cette dernière est mélangée à la wiskey lactone (WL).

(**A**) L'effet antagoniste est illustré par la réduction du nombre de potentiels d'action (PA) d'un NRO unique. Cette illustration regroupe 6 tracés qui déroulent l'occurrence des PA du neurone en fonction du temps de gauche à droite. Le groupe des tracés de gauche correspond à 3 séquences de stimulation avec l'ISO délivré seul à des concentrations croissantes de haut en bas. Les tracés de droite correspondent à 3 séquences de stimulation effectuées avec le mélange ISO + WL dans le rapport 10/1 délivré à des concentrations croissantes de haut en bas. Chaque tracé représente environ 6 secondes d'enregistrement. La stimulation (2 s) est positionnée en bas de chaque ensemble de 3 tracés. Les concentrations de la stimulation odorante sont indiquées à gauche des tracés. Bien que la concentration de l'ISO soit beaucoup plus élevée que celle de la WL (10/1), la WL diminue considérablement la fréquence des PA.

(**B**) Courbes concentration/réponse représentant l'ensemble des stimulations réalisées pour la cellule, dont certaines des réponses sont illustrées en (**A**). La WL seule n'ayant évoqué aucune réponse pour ce NRO, même à sa plus forte valeur de concentration, la courbe n'a pas pu être tracée.

(> 60 %) testés répondent selon une courbe sigmoïde, comme précédemment. En revanche, la WL appliquée seule est beaucoup moins efficace, puisque seulement 10 % des NRO/RO sont activés. Quant au mélange binaire ISO + WL, dans la majorité des cas (45 %) il diminue sensiblement la réponse par rapport à l'ISO seul (figure 9.5), tant en affinité (diminution du seuil) qu'en efficacité (diminution de la réponse maximale). Ces effets sont d'autant plus forts que la proportion relative de la WL dans le mélange ISO + WL est plus forte. Cet exemple illustre une action antagoniste[6].

Des preuves plus directes qu'un odorant peut inhiber la réponse d'un autre odorant ont été obtenues en exprimant des RO dans des systèmes hétérologues. Oka *et al.* (2004) ont étudié un RO de souris interagissant avec l'eugénol et ont montré que le méthyl-isoeugénol induisait un déplacement vers la droite de la courbe dose-réponse à l'eugénol, ce qui indique que le méthyl-isoeugénol est un antagoniste compétitif au même site de liaison que l'eugénol. Sanz *et al.* (2005) ont trouvé plusieurs antagonistes d'un RO humain, certains dépourvus d'activité agoniste. L'existence de caractères communs aux agonistes et aux antagonistes et la variation quantitative de l'inhibition pour différents rapports de concentrations de l'agoniste et de l'antagoniste suggèrent dans ce cas aussi que les deux ligands entrent en compétition pour la même poche de liaison sur le RO.

▸▸ Conclusion

Il est intéressant de noter que ces interactions de mélange se retrouvent au niveau perceptif. Ainsi, des études psychophysiques récentes (Atanasova *et al.* ; 2004, 2005) des molécules responsables des notes boisée et fruitée ont mis en évidence une dominance de la note boisée. Cette note, lorsqu'elle est majoritaire par sa concentration au sein du mélange, entraîne très souvent une suppression de la perception de la note fruitée et une diminution de l'intensité globale perçue pour le mélange. Inversement, lorsque les deux notes fruitée et boisée sont en proportions égales dans le mélange, il y a augmentation de l'intensité perçue (soit une synergie). Ces résultats conduisent à faire l'hypothèse que les réponses des NRO intégrant deux molécules peuvent permettre de prédire la perception finale d'un mélange, au niveau qualitatif notamment.

Remerciements : Les auteurs remercient le professeur André Duchamp, principal investigateur des travaux sur le codage qualitatif chez la grenouille, pour sa collaboration à la confection de la figure 9.2 et sa relecture du chapitre.

▸▸ Bibliographie

ADRIAN E.D., ZOTTERMAN Y., 1926. The impulses produced by sensory nerve endings. 2. The response of a single-end organ. *Journal of Physiology,* 61, 151-171.

ATANASOVA B., THOMAS-DANGUIN T., LANGLOIS D., NICKLAUS S., ETIÉVANT P., 2004. Perceptual interactions between fruity and woody notes of wine. *Flavour and Fragrance,* 19, 476-482.

---

6. L'action antagoniste de la WL sur certains récepteurs à l'ISO n'est pas générale. Dans environ 18 % des NRO testés, les deux molécules en présence agissent de façon synergique, la réponse au mélange étant plus forte que la réponse à la molécule fruitée ou à la molécule boisée seule. Cette synergie est souvent observée dans la partie basse de la courbe dose-réponse (elle correspond à un abaissement du seuil) et s'atténue à forte concentration. Une telle synergie peut s'accompagner de la diminution de la concentration correspondant au seuil de réponse de la cellule (augmentation de la sensibilité).

ATANASOVA B., THOMAS-DANGUIN T., CHABANET C., LANGLOIS D., NICKLAUS S., ETIÉVANT P., 2005. Perceptual interactions in odour mixtures: odour quality in binary mixtures of woody and fruity wine odorants. *Chemical Senses,* 30 (3), 209-217.

BUCK L., AXEL R., 1991. A novel multigene family may encode odorant receptors: a molecular basis for odor recognition. *Cell,* 65, 175-187.

CHASTRETTE M., 1990. Stimulus properties and binding to receptors. *In: Chemosensory Information Processing* (D. Schild, ed.), NATO ASI series H. 39, Springer, Berlin, 97-107.

COMETTO-MUNIZ J.E., CAIN W.S., ABRAHAM M.H., 2003. Dose-addition of individual odorants in the odor detection of binary mixtures. *Behavioral Brain Research,* 138 (1), 95-105.

COMETTO-MUNIZ J.E., CAIN W.S., ABRAHAM M. H., GOLA J.M., 1999. Chemosensory detectability of 1-butanol and 2-heptanone singly and in binary mixtures. *Physiology and Behavior,* 67 (2), 269-276.

DEL CASTILLO J., KATZ B., 1957. Interaction at end-plate receptors between different choline derivatives. *In: Proceedings of the Royal Society London B,* 146, 369-381.

DUCHAMP A., SICARD G., 1984. Influence of stimulus intensity on odour discrimination by olfactory bulb neurons as compared with receptor cells. *Chemical Senses,* 8, 355-366.

DUCHAMP A., REVIAL M.F., HOLLEY A., MAC LEOD P., 1974. Odor discrimination by frog olfactory receptors. *Chemical Senses,* 1, 213-233.

DUCHAMP-VIRET P., CHAPUT M., DUCHAMP A., 1999. Odor response properties of rat olfactory receptor neurons. *Science,* 284, 2171-2174.

DUCHAMP-VIRET P., DUCHAMP A., CHAPUT M.A., 2000. Peripheral odor coding in the rat and frog: quality and intensity specification. *Journal of Neuroscience,* 20 (6), 2383-2390.

DUCHAMP-VIRET P., DUCHAMP A., CHAPUT M.A., 2003. Single olfactory sensory neurons simultaneously integrate the components of an odor mixture. *European Journal of Neuroscience,* 18, 2690-2696.

EMINET B.P., CHASTRETTE M., 1983. Discrimination of camphoraceous substances using physicochemical parameters. *Chemical Senses,* 7, 293-300.

FLEISCHMANN A., SHYKIND B.M., SOSULSKI D.L., FRANKS K.M., GLINKA M.E., MEI D.F., SUN Y., KIRKLAND J., MENDELSOHN M., ALBERS M.W., AXEL R., 2008. Mice with a "monoclonal nose": perturbations in an olfactory map impair odor discrimination. *Neuron,* 26 (60), 1068-1081.

GROSMAÎTRE X., VASSALLI A., MOMBAERTS P., SHEPHERD G.M., MA M., 2006. Odorant responses of olfactory sensory neurons expressing the odorant receptor MOR23: a patch clamp analysis in gene-targeted mice. *In: Proceedings of the National Academy of Sciences of the USA,* 103, 1970-1975.

GROSMAÎTRE X., FUSS S.H., LEE A.C., ADIPIETRO K.A., MATSUNAMI H., MOMBAERTS P., MA M., 2009. SR1, a mouse odorant receptor with an unusually broad response profile. *Journal of Neuroscience,* 29 (46), 14545-14552.

HOLLEY A., MAC LEOD P., 1977. Transduction et codage des informations olfactives chez les Vertébrés. *Journal de physiologie,* 73, 725-828.

HOLLEY A., DUCHAMP A., REVIAL M.F., JUGE A., MAC LEOD P., 1974. Qualitative and quantitative discrimination in the frog olfactory receptors: analysis from electrophysiological data. *Annals of the New York Academy of Sciences,* 237, 102-114.

LAING D.G., PANHUBER H., SLOTNICK B.M., 1989. Odor masking in the rat. *Physiology and Behavior,* 45 (4), 689-94.

LASKA M., HUDSON R., 1993. Discriminating parts from the whole. Determinants of odor mixture perception in squirrel monkeys, *Saimiri sciureus. Journal of Comparative Physiology A. Sensory Neural and Behavioral Physiology,* 173, 249-256.

OKA Y., OMURA M., KATAOKA H., TOUHARA K., 2004. Olfactory receptor antagonism between odorants. *EMBO Journal,* 23, 120-126.

RANG H.P., 2006. The receptor concept: pharmacology's big idea. *British Journal of Pharmacology,* 147, S9-S16.

REVIAL M.F., DUCHAMP A., HOLLEY A., 1978a. Odour discrimination by frog olfactory receptors: a second study. *Chemical Senses,* 3, 7-21.

REVIAL M.F., DUCHAMP A., HOLLEY A., MAC LEOD P., 1978b. Frog olfaction: odour groups, acceptor distribution and receptor categories. *Chemical Senses,* 3, 23-33.

Rospars J.-P., Lansky P., Chaput M., Duchamp-Viret P., 2008. Competitive and noncompetitive odorant interactions in the early neural coding of odorant mixtures. *Journal of Neuroscience,* 28, 2659-2666.

Rospars J.-P., Lansky P., Duchamp-Viret P., Duchamp A., 2003. Relation between stimulus and response in frog olfactory receptor neurons *in vivo. European Journal of Neuroscience,* 18, 1135-1154.

Rospars J.-P., Lansky P., Tuckwell H.C., Vermeulen A., 1996. Coding of odor intensity in a steady-state deterministic model of an olfactory receptor neuron. *Journal of Computational Neuroscience,* 3, 51-72.

Sanz G., Schlegel C., Pernollet J.-C., Briand L., 2005. Comparison of odorant specificity of two human olfactory receptors from different phylogenetic classes and evidence for antagonism. *Chemical Senses,* 30, 69-80.

Sicard G., 1985. Olfactory discrimination of structurally related molecules: receptor cell responses to camphoraceous odorants. *Brain Research,* 326, 203-212.

Sicard G., Holley A., 1984. Receptor cell responses to odorants: similarities and differences among odorants. *Brain Research,* 292, 283-296.

Willis M., Baker T., 1984. Effects of intermittent and continuous pheromone stimulation on the flight behaviour of the oriental fruit moth, *Grapholita molesta. Physiological Entomology,* 9, 341-358.

Chapitre 10

Développement, plasticité et neuroendocrinologie des systèmes olfactifs périphériques

Christine BALY, Monique CAILLOL, Patrice CONGAR et Michel RENOU

▸▸ Introduction

Les comportements de recherche et de reconnaissance de ressources (nourriture, partenaires sexuels ou sociaux) et l'évitement de dangers ou de prédateurs dépendent de la perception d'odeurs spécifiques. Chez les Vertébrés comme chez les Invertébrés, les composés odorants interagissent avec des récepteurs olfactifs (RO) exprimés au sein de neurones récepteurs olfactifs (NRO) contenus dans un neuroépithélium complexe (Kaupp, 2010). L'épithélium olfactif comporte des neurones à différents stades de différenciation, des cellules basales assurant le renouvellement permanent du tissu, des cellules de soutien, des cellules microvillaires chez les Vertébrés et des cellules accessoires chez les Insectes. Les NRO sont les seuls neurones en contact direct avec l'environnement ; leur dendrite baigne dans un mucus protecteur chez les Vertébrés ou dans une lymphe sensillaire chez les Insectes. Le contact direct avec le milieu ambiant, eau ou air, de la muqueuse olfactive (MO) des Vertébrés ou des antennes des Insectes et crustacés facilite leur fonction de détecteur chimique, mais les expose aux attaques de toxiques ou d'agents pathogènes (cf. chapitre 38). Ces tissus doivent en permanence et rapidement faire face aux variations du milieu extérieur et répondent aux fluctuations de l'état physiologique de l'animal, récurrentes (variations veille/sommeil ; états nutritionnels rassasié ou affamé), ou à plus long terme (états métaboliques installés, saison de reproduction) pour maintenir et adapter un codage des odeurs essentiel à la survie dans un contexte fluctuant. Dans ce chapitre, nous évoquerons la mise en place des organes olfactifs périphériques (ontogenèse) chez les Vertébrés et les Insectes, puis nous examinerons les différents mécanismes conservatifs et/ou évolutifs par lesquels ils maintiennent (homéostasie) et adaptent (plasticité) leur fonctionnement.

▸▸ Ontogenèse des organes olfactifs périphériques

Invertébrés

Le développement postembryonnaire des Arthropodes est discontinu, la croissance par mues impliquant le remaniement des organes olfactifs. Chez les Insectes holométaboles, la transition de la larve à l'adulte s'accompagne d'une profonde modification de la morphologie des antennes. Ainsi le nombre de sensilles passe d'une dizaine chez la chenille à plusieurs dizaines de milliers chez le papillon. Ces changements anatomiques s'accompagnent de changements fonctionnels, les signaux odorants perçus par la larve et l'adulte étant souvent différents. Au contraire, les organes olfactifs des hétérométaboles (blattes, punaises, etc.) présentent une croissance progressive et différentielle du nombre de sensilles, comme chez la punaise verte (Brézot *et al.,* 1996). Chez tous les Insectes, l'adulte cessant de se développer, il n'y a pas de remaniement important des organes olfactifs à l'échelle macroscopique. L'antenne se forme à partir d'un disque imaginal, formation épithéliale commune à l'œil et à l'antenne. La spécification en œil ou en antenne s'opère sous le contrôle de facteurs de transcription, impliquant l'activation de facteurs antennaires et la répression de facteurs œil (Duong *et al.,* 2008). Le passage de la nymphe à l'imago s'accompagne d'une prolifération cellulaire, sensible aux ecdystéroïdes chez le Lépidoptère (Franco *et al.,* 2007). NRO et cellules accessoires des sensilles dérivent d'une cellule précurseur par mitoses différentielles, mais d'autres cellules peuvent également être impliquées. Chez la drosophile, leur mise en place met en jeu des cascades complexes de gènes *(emptyspiracle, lozenge…)* incluant notamment des gènes proneuraux *(amos, ato),* puis des facteurs de différenciation cellulaire. Des gènes différents sont impliqués dans la formation de chaque type de sensille olfactive. Le système Notch conditionne la différenciation des types neuronaux et leur projection dans des glomérules spécifiques (Endo *et al.,* 2007). Chez le sphinx du tabac, *Manduca sexta,* la greffe d'un disque imaginal d'antenne de type mâle sur une chrysalide femelle induit la différenciation d'un lobe antennaire de type mâle du côté du greffon (Schneiderman et Hildebrand, 1985).

Vertébrés : Poissons et Batraciens

Chez les Vertébrés (cf. également chapitre 21), les placodes à l'origine des organes des sens (cristallin, oreille interne, MO) proviennent d'un primordium à l'avant de la plaque neurale, défini par l'expression de certains homéogènes qui sont des facteurs de transcription (*Six 1/2, Six 3/4, Dlx 3* et *Eya*). La formation d'une placode résulte d'une prolifération cellulaire, de mouvements morphogènes et de différenciation neuronale, puis de l'expression d'une combinaison unique de facteurs de transcription et de marqueurs spécifiques de la placode (pour revue Schlosser, 2010 ; Whitlock, 2008). La placode olfactive est à l'origine de l'épithélium olfactif et voméronasal ; elle donne naissance à des cellules sécrétrices (cellules de soutien et glandes), aux neurones et aux cellules gliales, et à des cellules neurosécrétrices (GnRH, NPY, FMRFamide) qui migrent ensuite dans le système nerveux central.

Chez le poisson zèbre (Barth *et al.*, 1996 ; Miyasaka *et al.*, 2007 ; Whitlock, 2008), la mise en place de la placode olfactive a lieu 14 à 16 heures postfécondation. Des neurones pionniers dépourvus de dendrite apparaissent, suivis, 24 heures postfécondation, des neurones olfactifs qui se différencient, expriment des récepteurs olfactifs et envoient des axones vers le bulbe ; les neurones pionniers subissent ensuite une mort programmée par apoptose (Whitlock et Westerfield, 1998). La fascicularisation des axones se produit à 36 heures, les glomérules apparaissent à 2-3 jours de développement, et l'éclosion à 72 heures.

Les Batraciens ont un mode de vie à la fois aquatique et terrestre ; un système olfactif de type aérien (RO de classe II semblables à ceux des Mammifères) localisé dans la cavité principale coexiste avec un système aquatique (RO de classe I semblables à ceux des Poissons) localisé dans la cavité médiane (pour les classes de RO, cf. chapitre 22). Au début de la métamorphose, la vie est uniquement aquatique, avec des ROI dans la cavité principale ; durant la métamorphose, un réarrangement complet du système olfactif se produit : les neurones qui expriment les ROI sont transférés dans la cavité médiane ; les NRO de la cavité principale expriment les ROII (Gaudin et Gascuel, 2005). Ce changement d'expression de récepteurs dans la cavité principale est dû essentiellement au renouvellement de ces neurones (Higgs et Burd, 2001).

Vertébrés : Mammifères

Chez la souris, la placode olfactive peut être distinguée dès le neuvième jour de la vie embryonnaire (E9) ; elle s'invagine pour former le puits nasal à E10,5. Comme chez les autres espèces animales, des homéogènes et des facteurs de transcription s'expriment de façon coordonnée et permettent l'apparition des différents types cellulaires de la MO : des cellules progénitrices exprimant Pax7, à l'origine des NRO, des cellules non neuronales et des engainantes sont détectées entre E10,5 et E15,5 (Murdoch *et al.*, 2010) ; *Six 1* et *Six 4* sont indispensables à la formation de la placode olfactive et à la neurogenèse (Chen *et al.*, 2009) ; *Mash1* suivi de l'expression de nombreux facteurs de transcription, dont *Ngn1,* indispensable pour l'expression du gène de différenciation neuronale, et *NeuroD,* apparaissent séquentiellement au cours de la neurogenèse (Cau *et al.*, 2002).

La différenciation des neurones dans la placode olfactive s'achève à E15 par la formation des glomérules. Le guidage axonal pendant la vie embryonnaire dépend de l'activité de l'adénylate cyclase III (AC3), qui fait partie de la cascade de signalisation des RO. Les RO sont présents dans les axones des neurones olfactifs, où ils joueraient un rôle de guidage vers les glomérules (Imai et Sakano, 2007). À E11, les boutons dendritiques se forment, les cils olfactifs apparaissent à E12 et expriment les RO (Schwarzenbacher *et al.,* 2005). Deux pics de mort neuronale surviennent pendant la morphogenèse de la MO, le premier à E12, le second à E16 pendant la phase de synaptogenèse bulbaire (Suzuki, 2004 ; Voyron *et al.,* 1999) ; cette apoptose diminue ensuite jusqu'à l'âge adulte.

La neurogenèse commencée au stade placode chez l'embryon se poursuit pendant toute la vie de l'animal. De nombreux facteurs présents pendant la vie embryonnaire stimulent la division des cellules basales. Pendant la vie adulte, ces mêmes facteurs continuent d'assurer la prolifération des cellules basales et contribuent à la survie des neurones matures et immatures (Hansel *et al.,* 2001a).

▸▸ Renouvellement et maintien au cours de la vie postnatale

La structuration fonctionnelle du tissu lors de l'embryogenèse, son expansion en période postnatale et son maintien à l'âge adulte dans des environnements cellulaires et extracellulaires variables (Murdoch et Roskams, 2007) nécessitent un renouvellement permanent, savant équilibre entre division/multiplication (prolifération), maturation et migration (différenciation) et mort (apoptose/nécrose) des cellules. En particulier, la muqueuse olfactive des Vertébrés est l'un des trois sites connus de neurogenèse adulte par sa capacité constitutive de régénérer les NRO à partir des cellules progénitrices (Whitman et Greer, 2009). Elle constitue donc un modèle de choix pour l'étude des cellules souches neuronales (Mackay-Sim, 2010), utilisables pour des approches thérapeutiques dans les maladies neurodégénératives (Murrell *et al.,* 2008). Cette dynamique cellulaire est sous le contrôle de différents signaux de régulation autocrines ou paracrines, comprenant un grand nombre de peptides/protéines appartenant à la famille des facteurs de croissance, produits par différents types cellulaires de la muqueuse, de la sous-muqueuse et du bulbe. Contrairement aux Vertébrés, on ne connaît pas de phénomènes de renouvellement cellulaire dans l'antenne des Insectes adultes.

Prolifération, différenciation

La mise en place et le maintien de la MO résultent de l'activation combinée de deux types de cellules souches basales (CB) : les cellules basales horizontales (CBH) et les cellules basales globulaires (CBG) capables de se multiplier et de s'engager dans différentes voies de différenciation. Les cellules progénitrices neuronales CBG deviendront des NRO matures. Les CBH de la muqueuse sont capables de donner naissance aux autres types cellulaires de la MO tels que les cellules de soutien (CS), les cellules engainantes olfactives (CEO) et les cellules épithéliales des glandes de Bowman (Beites *et al.,* 2005 ; Leung *et al.,* 2007). Les mécanismes et les facteurs associés à ces voies de prolifération/différenciation non neuronales ne sont pas encore clairement connus.

Les NRO représentant plus de 80 % des cellules de l'épithélium olfactif, ce sont surtout les mécanismes concernant leur renouvellement (neurogenèse) et leur survie qui ont été décrits. L'engagement dans la voie de la prolifération/différenciation neuronale est facilité par l'expression séquentielle d'au moins deux facteurs : *Mash1* et *Ngn1* (Beites *et al.*, 2005 ; Calof *et al.*, 2002). Les différents facteurs contrôlant la prolifération des cellules basales, la genèse, la différenciation et la survie des neurones, sont résumés dans le tableau 10.1. Leur origine, leurs cibles et leurs mécanismes d'action sont partiellement connus et très largement discutés. On peut néanmoins distinguer les facteurs qui vont essentiellement favoriser la prolifération (FGF, EGF, TGFα) et/ou le début de la différenciation des cellules basales en neurones olfactifs (NGF, EGF, IGF, LIF, NPY), et ceux qui vont favoriser leur différenciation/migration et/ou leur survie (BDNF, NT-3, GDNF, PDGF, CNTF, IL-6, PACAP, DA). Il apparaît néanmoins clair que les CEO sont une importante source locale de production de ces facteurs, avec les NRO eux-mêmes (Chuah et West, 2002) et les CS (Kanekar *et al.*, 2009). La plupart de ces facteurs vont favoriser les différentes étapes du renouvellement cellulaire dans la MO. Ces molécules agissent sur les facteurs de transcription qui contrôlent les gènes cibles responsables de l'établissement des phénotypes et du lignage cellulaire (Nicolay *et al.*, 2006). Néanmoins, on sait qu'au moins deux d'entre eux, le BMP4 et le BMP11, de la grande famille des TGFβ, qui seraient produits entre autres par les NRO matures, induisent l'effet inverse et diminuent la neurogenèse. Il semble donc que les NRO eux-mêmes soient capables de réguler les mécanismes de renouvellement de la MO, et en particulier la neurogenèse. La baisse du nombre de NRO matures par des mécanismes d'apoptose et/ou de nécrose, engendrés par les différentes agressions ou lésions dont la MO peut être l'objet, va ainsi libérer les voies de neurogenèse pour rétablir l'équilibre et la fonction de ce tissu. Il apparaît également que certains facteurs issus du stress et de la dégénérescence cellulaires, tels que l'ATP, agissent en synergie avec certains facteurs neurotrophiques (tels que le NPY), comme des signaux de reprise et de coordination de la neurogenèse (Jia et Hegg, 2010 ; Jia *et al.*, 2009). Il est intéressant de noter que des données obtenues chez les Amphibiens (Hassenklover *et al.*, 2009) corroborent celles décrites chez les Mammifères. Enfin, il est également connu que des facteurs activant les voies de transduction reliées au stress sont impliqués, puisque l'expression du facteur de transcription HSF1 et de certaines cytokines est nécessaire à la neurogenèse olfactive adulte (Takaki *et al.*, 2006).

On devine la complexité des interactions possibles quand on voit que l'inactivation individuelle de certains de ces facteurs n'a aucun effet sur les propriétés fonctionnelles de la MO (Wu *et al.*, 2003). Ceci peut sans doute être relié à l'importante redondance des facteurs de croissance impliqués et à la complexité de leurs mécanismes d'action (Carter et Roskams, 2002). Certains modulateurs de la neurogenèse dans la MO sont par ailleurs associés à des désordres pathologiques (Benardais *et al.*, 2010 ; Willett *et al.*, 2010).

Apoptose, survie, neuroprotection

Quelle que soit l'espèce, les NRO des Vertébrés ont une durée de vie limitée à quelques semaines, puis sont éliminés de la muqueuse par un processus apoptotique caspases-dépendant (Cowan et Roskams, 2002 ; Suzuki, 2004). La mort du neurone et son remplacement à l'âge adulte sont largement couplés grâce à l'instauration de dialogues moléculaires entre cellule apoptotique et cellules en différenciation, dont la complexité

Tableau 10.1. Facteurs de renouvellement et de maintien au cours de la vie postnatale.

Classe	Facteur	Nom complet	Récepteurs	Origine	Cibles identifiées	Rôles dans la muqueuse	Références
Cytokines	LIF	*Leukemia inhibitory factor*	LIFrβ	CEO, CS		Prolifération/ neurogenèse	Plendl *et al.*, 1999 ; Mackay-Sim et Chuah, 2000 ; Carter et Roskams, 2002 ; Féron *et al.*, 2008
	CNTF	*Ciliary neurotrophic factor*	CNTFrα	CBH, NRO, CEO	NRO	Différenciation, survie	
	IL-6	*Interleukin-6*	IL-6rβ			Différenciation, survie	
Facteurs de croissance	FGF	*Fibroblast growth factor*	FGFr1-4	Fibroblastes, CEO	CB, NRO, CEO	Prolifération, différenciation, survie	Plendl *et al.*, 1999 ; Mackay-Sim et Chuah, 2000 ; Carter et Roskams, 2002 ; McCurdy *et al.*, 2005 ; Féron *et al.*, 2008
	EGF	*Epidermal growth factor*	ErbB-1, ErbB-2		CB, CS, CEO	Prolifération, neurogenèse	
	TGFα	*Transforming growth factor*	ErbB-1, ErbB-2		CB	Prolifération	
	TGFβ	*Transforming growth factor*	TβR 1-2, ActR 1-2 et BMPR 1-2		CB, NRO	Neurogenèse, différenciation neuronale	
	IGF-1	*Insulin-like growth factor*	IGF-1r	CS, CEO	CB, NRO	Prolifération, différenciation neuronale, survie	
	IGF-2	*Insulin-like growth factor*	IGF-2r	CS, CEO	CB, NRO	Prolifération, différenciation neuronale, survie	
	PDGF	*Platelet-devived growth factor*	PDGFrα	CEO	NRO	Survie neuronale	
	GDNF	*Glial cell line-derived neurotrophic factor*	GFRα 1-4 = Trk	NRO	NRO, CEO	Survie neuronale	

Tableau 10.1. (Suite)

Classe	Facteur	Nom complet	Récepteurs	Origine	Cibles identifiées	Rôles dans la muqueuse	Références
Neurotrophines	BDNF	*Brain-derived neurotrophic factor*	Trk_B, $p75^{NTR}$	CBH, CEO, NRO, CS		Différenciation et survie neuronale	Plendl *et al.*, 1999 ; Mackay-Sim et Chuah, 2000 ;
	NGF	*Nerve growth factor*	Trk_A, $p75^{NTR}$	NRO, CS, CBG, CEO	NRO, CBH	Neurogenèse/ prolifération NRO et différenciation / survie CEOs	Carter et Roskams, 2002 ; Féron *et al.*, 2008
	NT-3/4/5	Neurotrophines 3/4/5	Trk_A, Trk_B, Trk_C, $p75^{NTR}$	CBH, CEO, NRO	NRO	Différenciation et survie neuronale	
Peptides	PACAP	*Pituitary adenylate cyclase-activating polypeptide*	PAC-1	CEO	NRO	Neuroprotection (antiapoptotique)	Hansel *et al.*, 2001a ; Hegg *et al.*, 2003b ; Han et Lucero, 2005
	NPY	Neuropeptide Y	NPY_R 1-5	CS, microvillaires, CEO	CB	Prolifération	Hansel *et al.*, 2001b ; Doyle *et al.*, 2008 ; Jia et Hegg, 2010
Nucléotides	ATP	Adénosine triphosphate	P2X, P2Y	CS, CEO	CB, NRO	Prolifération	Jia *et al.*, 2009 ; Jia et Hegg, 2010
Neurotrans-metteur	DA	Dopamine	D2	Ganglion cervical supérieur, nerf terminal, nerf trijumeau		Différenciation	Coronas *et al.*, 1997 ; Féron *et al.*, 1999

CEO : cellule engainante olfactive ; CS : cellule de soutien ; CBH : cellule basale horizontale ; NRO : neurone récepteur olfactif ; CB : cellule basale.

apparaît à la lecture des processus biologiques en jeu lors d'une bulbectomie (Gangadhar *et al.*, 2008 ; Shetty *et al.*, 2005) ou lors de traitements pharmacologiques délétères pour les neurones postsynaptiques (Sultan-Styne *et al.*, 2009). En tarissant la source de facteurs trophiques provenant du bulbe, ces traitements induisent une apoptose dont les conséquences sur la survie ont été étudiées par analyse expressionnelle. Le renouvellement du tissu olfactif se fait au travers de l'expression des facteurs de transcription, des protéines de signalisation, du cytosquelette et de l'immunité, dont les synthèses semblent coordonnées dans le temps et l'espace, mais dont la liste varie selon la nature de la lésion (Shetty *et al.*, 2005 ; Sultan-Styne *et al.*, 2009).

D'autres facteurs ont été identifiés par des approches plus ciblées, par analogie avec le système nerveux central, comme le *leukemia inhibitory factor* (LIF), synthétisé par les neurones matures pour favoriser la survie des neurones immatures (Kim *et al.*, 2005 ; Moon *et al.*, 2009). Il jouerait un rôle critique dans l'équilibre dynamique des populations neuronales. Le facteur de transcription *Bcl-6* est impliqué dans le contrôle de la durée de vie des neurones olfactifs en agissant comme facteur antiapoptotique sur la phase de différenciation terminale (Otaki *et al.*, 2010). En revanche, on connaît mal les mécanismes de régulation de ces facteurs en fonction de l'activité cellulaire, mais une relation entre le peptide PACAP, l'activation de courants ioniques et la réduction de l'apoptose dans la muqueuse a pu être établie *in vitro* chez les rongeurs (Han et Lucero, 2005).

De nombreux facteurs neuroprotecteurs essentiellement produits par le bulbe ont été identifiés, mais certains travaux suggèrent que l'épithélium dispose de ressources propres assurant une protection locale paracrine, voire autocrine des cellules, en particulier des neurones (Murdoch et Roskams, 2007). Certaines neurotrophines (Féron *et al.*, 2008 ; Simpson *et al.*, 2003), l'acide rétinoïque (Rawson et LaMantia, 2006) ou l'endothéline (Laziz *et al.*, 2011), modulent la survie des neurones. D'autres molécules, comme des hormones ou des peptides connus pour leur implication dans le contrôle de la prise alimentaire, exercent une fonction neuroprotectrice dans la MO (insuline : Lacroix *et al.*, 2008 ; NPY : Jia et Hegg, 2010). À une échelle plus globale, les macrophages résidant dans la MO participent à la neuroprotection du tissu olfactif lorsqu'ils sont activés par bulbectomie (Borders *et al.*, 2007).

Rôle des odorants comme régulateurs du renouvellement cellulaire

Les expériences olfactives vécues par un individu, lors du développement chez le Poisson (empreinte) ou à l'âge adulte chez les Mammifères, induisent des changements physiologiques au niveau périphérique. Cette modulation correspond à la nécessité d'adapter les fonctions épithéliales à l'environnement aussi bien à court qu'à long terme.

Si l'on sollicite la MO de manière aiguë ou chronique par inhalation de molécules odorantes spécifiques, on entraîne une modulation de la réponse électrique des neurones chez l'humain (Wang *et al.*, 2004), des changements de l'expression génique par augmentation de l'expression de facteurs de transcription neuronaux chez les Poissons (Harden *et al.*, 2006), ou encore un remodelage de l'expression de protéines comme les lipocalines ou les protéines du cytosquelette chez les rongeurs (Barbour *et al.*, 2008). Le rôle des odorants dans la plasticité périphérique s'exerce dans différents types cellulaires et à plusieurs niveaux, mais semble dépendre des odorants et des protocoles d'odorisation. À plus long terme, la dynamique cellulaire est touchée par la stimulation odorante, en particulier la survie neuronale (Suh *et al.*, 2006). Globalement, le blocage expérimental de l'activité neuronale diminue la survie des neurones et perturbe l'établissement des connexions bulbaires (Yu *et al.*, 2004 ; Zhao et Reed, 2001). Ce phénomène s'appuie sur un dialogue entre des voies de transduction olfactive et de régulation de la survie cellulaire (Watt et Storm, 2001 ; Watt *et al.*, 2004). Cela suggère fortement que des régulations activité-dépendantes et activité-indépendantes sont mises en jeu dans le maintien de l'homéostasie tissulaire.

Les conséquences fonctionnelles de l'adaptation périphérique induite spécifiquement par les odorants sur la physiologie de la MO restent à caractériser, même si on connaît déjà certaines des voies touchées par l'activité-dépendance dans le neurone (Bennett *et al.*, 2010).

Vieillissement

Comme dans la plupart des tissus neuronaux de l'organisme, le processus dynamique de remplacement des cellules de l'épithélium est modulé par l'âge. Il touche tous les types cellulaires, les NRO comme les cellules environnantes (Krishna *et al.*, 1995 ; Kwon *et al.*, 2005). On constate une diminution de l'épaisseur de l'épithélium chez les rongeurs (Weiler et Farbman, 1998) accompagnée d'une atrophie, voire une transition épithéliale vers un phénotype respiratoire chez l'humain (Paik *et al.*, 1992). L'analyse expressionnelle de lignées murines montre que de nombreux gènes comme des régulateurs du cycle cellulaire (Legrier *et al.*, 2001), des fonctions immunitaires ou du métabolisme enzymatique (Getchell *et al.*, 2003 ; Poon *et al.*, 2005) sont modulés. Ces transitions géniques sont accompagnées d'une diminution de la neurogenèse et d'une augmentation de la mort cellulaire, sans que la cinétique de différenciation des neurones soit affectée (Kondo *et al.*, 2010). La variation du répertoire des gènes de RO exprimés (Rimbault *et al.*, 2009 ; Zhang *et al.*, 2004) n'affecte pas tous les RO de la même manière (Cavallin *et al.*, 2010 ; Rodriguez-Gil *et al.*, 2010), et il n'a pas été rapporté de perte de la sensibilité des NRO aux odorants avec l'âge (Lee *et al.*, 2009).

Chez les Insectes, les approches électrophysiologiques indiquent que la sensibilité des organes olfactifs diminue avec l'âge, tant chez des Lépidoptères (Seabrook *et al.*, 1979) que chez des Diptères (Crnjar *et al.*, 1990 ; Den Otter *et al.*, 2008). Malgré l'intérêt porté à la drosophile comme modèle d'étude de la sénescence (Grotewiel *et al.*, 2005), l'origine de ce déficit sensoriel n'est pas connue.

▶▶ Modulations et interaction
avec les grandes fonctions physiologiques

La perception olfactive varie largement en fonction de l'état physiologique de l'animal ; par exemple, l'état nutritionnel, à jeun ou nourri (Cabanac et Duclaux,

Tableau 10.2. Facteurs de modulation et d'interaction avec les grandes fonctions physiologiques.

Classe	Facteur	Origine	Rôles physiologiques principaux	Rôles dans la muqueuse	Références
Hormones	Insuline	Pancréas, faible production locale	Anorexigène	Augmente l'activité électrique spontanée des NRO ; diminue l'amplitude EOG en réponse à une odeur	Lacroix *et al.*, 2008 ; Savigner *et al.*, 2009
	Leptine	Tissu adipeux, faible production locale	Anorexigène	Augmente l'activité électrique spontanée des NRO ; diminue l'amplitude EOG en réponse à une odeur	Baly *et al.*, 2007 ; Savigner *et al.*, 2009 ; Meunier *et al.*, communication personnelle
Neurotransmetteurs, neuromodulateurs, gliotransmetteurs, facteurs paracrines	Orexines	Production locale	Orexigène ; éveil	Augmente l'amplitude EOG en réponse à une odeur	Caillol *et al.*, 2003 ; Meunier *et al.*, communication personnelle
	Endocan-nabinoïdes	Production locale	Orexigène ; récompense	Augmente l'amplitude EOG en réponse à un mélange d'acides aminés (stimulus olfactif)	Czesnik *et al.*, 2007 ; Breunig *et al.*, 2010b
	NPY	Nerf terminal, production locale	Orexigène ; croissance axonale pendant la vie fœtale	Chez l'animal à jeun, augmente l'amplitude EOG en réponse à un odorant	Ubink et Hokfelt, 2000 ; Mousley *et al.*, 2006 ; Congar *et al.*, 2010
	PACAP	Production locale	Modulateur pléïotropique : prolifération, développement neuronal et glial ; régulation de la balance énergétique ; rythmes circadiens ; actions neurotrophiques	Prolifération et survie neuronale, régulation de canaux potassium, effets antiapoptose	Hansel *et al.*, 2001a ; Han et Lucero, 2005 ; Vaudry *et al.*, 2009

Tableau 10.2. (Suite)

Classe	Facteur	Origine	Rôles physiologiques principaux	Rôles dans la muqueuse	Références
	GnRH	Nerf terminal	Reproduction	Augmente l'excitabilité des NRO essentiellement pendant la saison de reproduction	Eisthen *et al.*, 2000
	SubstanceP, cGRP	Nerf trijumeau ; synthèse locale NRO	Innervation de la face, détection des substances irritantes	« Réflexe d'axone » : vasodilatation, sécrétion de mucus ; inhibition de la réponse des NRO	Bouvet *et al.*, 1987 ; Finger *et al.*, 1990 ; Schaefer *et al.*, 2002 ; Zaccone *et al.*, 2010
	Signalisation purinergique (ATP, adénosine)	NRO, nerf trijumeau	Neuromodulation, processus physiopathologiques	Diminution de la sensibilité des NRO ; ouverture de jonctions communicantes entre les cellules de soutien	Hegg *et al.*, 2003a ; Vogalis *et al.*, 2005 ; Housley *et al.*, 2009
	Adrénaline	Hormone surrénalienne ; neurotransmetteur ; système sympathique	Stress : accélération du rythme cardiaque, dilatation des bronches, glycolyse	Augmente l'excitabilité des NRO ; augmente la réponse des NRO à des odorants	Kawai *et al.*, 1999
	Dopamine	Ganglion cervical supérieur, nerf terminal, nerf trijumeau	Mouvements ; récompense	Diminue l'excitabilité et la réponse des NRO à des odorants	Doty et Risser, 1989 ; Lucero et Squires, 1998 ; Hegg et Lucero, 2004

NRO : neurone récepteur olfactif ; EOG : électro-olfactogramme.

1973), le statut hormonal (gestation, différentes phases du cycle ovarien ; Doty et Cameron, 2009) ou l'état d'éveil ou de stress sont connus pour modifier la mise en forme du message olfactif. Cette modulation commence dès le premier niveau de codage du stimulus olfactif, et des données récentes montrent que de nombreuses molécules agissent sur les différents types cellulaires de la MO pour adapter finement le message olfactif. Chez les Vertébrés, ces modulations font intervenir des facteurs circulants (hormones, glycémie, etc.) et l'innervation extrinsèque (nerf terminal, trijumeau, fibres sympathiques en provenance du ganglion cervical supérieur). Chez les Insectes, le taux d'ecdysone affecte la production des OBP (Vogt *et al.*, 1993). Quelques exemples sont explicités dans le tableau 10.2.

Interaction avec la nutrition

Une expérience quotidienne nous montre qu'une odeur alimentaire, agréable quand on est affamé, devient neutre, voire désagréable, après un repas. Après un repas, les niveaux circulants de leptine et d'insuline augmentent ; la réponse électro-olfacto-graphique (EOG) des NRO à un odorant diminue en présence de ces hormones (Lacroix *et al.*, 2008 ; Savigner *et al.*, 2009). Parallèlement, la sensibilité des animaux à ce composé ou à une odeur alimentaire diminue (Aimé *et al.*, 2007 ; Prud'homme *et al.*, 2009). En période de jeûne, les niveaux d'orexines et de NPY augmentent dans le système nerveux central ; la réponse des NRO à une odeur augmente en présence de ces molécules (Congar *et al.*, 2010 ; Mousley *et al.*, 2006), parallèlement à une augmentation de la sensibilité olfactive (Aimé *et al.*, 2007 ; Prud'homme *et al.*, 2009). Chez le xénope, les endocannabinoïdes, qui stimulent la prise alimentaire, augmentent aussi la réponse des NRO à un stimulus odorant constitué d'un mélange d'acides aminés (Breunig *et al.*, 2010a ; Czesnik *et al.*, 2007).

L'olfaction joue un rôle important dans la recherche de ressources alimentaires chez les Insectes. Chez les espèces étudiées, la prise alimentaire ne semble toutefois pas moduler significativement la sensibilité des NRO spécialisés dans la reconnaissance des odeurs de l'hôte, sauf chez les Diptères hématophages. Les femelles de moustique ne sont temporairement plus attirées par les signaux odorants produits par l'hôte humain après un repas de sang, mais répondent à des signaux liés au milieu de ponte. Corrélativement, les NRO présents dans les sensilles basiconiques d'*Aedes aegypti* voient leur sensibilité à l'acide lactique, un des constituants volatils de la sueur, diminuer significativement (Davis, 1984), tandis que la sensibilité des NRO des sensilles trichoïdes augmente vis-à-vis de l'indole ou des composés phénoliques, propres aux sites de ponte (Siju *et al.*, 2010). La distension du tube digestif est à l'origine de cette dépression. L'injection d'un extrait du corps gras de femelles nourries provoque la même réduction de sensibilité des NRO à l'acide lactique, indiquant que des facteurs humoraux interviennent ensuite (Bowen, 1991 ; Davis *et al.*, 1987). Ces facteurs pourraient à leur tour exercer une régulation négative sur certains RO, dont l'expression est diminuée 12 heures après un repas de sang chez l'anophèle (Fox *et al.*, 2001).

L'étape de liaison d'un odorant à son RO fait intervenir des OBP (cf. chapitre 7), synthétisées par les glandes de Bowman et libérées dans le mucus olfactif. Certaines cellules très spécialisées de l'épithélium (cellules à mucus, sensibles à la leptine)

(Badonnel *et al.*, 2009) synthétisent aussi l'une des OBP, en moins grande quantité si l'animal est à jeun (Badonnel *et al.*, 2007). Ce contrôle de la synthèse des OBP permet une modulation très précoce du message olfactif. Une régulation du niveau d'expression des OBP avec l'état nutritionnel a également été observée chez le moustique (Biessmann *et al.*, 2005).

Interactions avec le statut hormonal et/ou la reproduction

Si de nombreuses données suggèrent des modifications de perception des odeurs chez la femme en fonction du cycle ou pendant la gestation (Doty et Cameron, 2009), aucune donnée précise n'a mis en évidence de modulation dès le niveau des NRO. En revanche, chez la salamandre, pendant la saison de reproduction, une libération de GnRH par le nerf terminal augmente l'excitabilité des NRO (Eisthen *et al.*, 2000).

L'accouplement modifie profondément la réponse comportementale des Insectes aux odeurs. Par exemple, les mâles des Lépidoptères nocturnes ne sont plus attirés par la phéromone sexuelle dans les heures qui suivent l'accouplement. Au contraire, les femelles fécondées sont significativement plus attirées par l'odeur de la plante hôte des chenilles. Malgré l'amplitude de ces modifications du comportement, les approches électrophysiologiques n'ont pas permis de mettre en évidence de modulation périphérique, et le mécanisme est à rechercher vraisemblablement principalement au niveau central (Anton *et al.*, 2007). Une modulation présynaptique, très précoce, des voies afférentes pourrait intervenir dès l'entrée des axones des NRO dans le cerveau par les voies GABAergiques ou peptidergiques mises en évidence dans les lobes antennaires (Ignell *et al.*, 2009).

Sous l'effet de certaines conditions environnementales, la survenue d'une diapause imaginale peut interrompre le comportement reproducteur. L'ovogenèse et les comportements de recherche du site de ponte sont alors interrompus chez les femelles. Chez le moustique, la sortie de diapause s'accompagne d'un accroissement du nombre de NRO répondant à l'acide lactique et d'une diminution de ceux qui n'y répondent pas (Bowen, 1990).

Neuromodulations rapides et réponse au stress

De nombreux neurotransmetteurs/modulateurs sont libérés dans la sous-muqueuse ou dans la muqueuse olfactive par les terminaisons nerveuses du trijumeau ou du nerf terminal, et vont modifier l'activité électrique des NRO (tableau 10.2).

Chez l'Insecte, un contrôle présynaptique des afférences olfactives intervient à l'entrée des NRO dans les lobes antennaires (Ignell *et al.*, 2009), mais l'expression dans les antennes d'acteurs de systèmes de neuromodulation, comme l'oxyde nitrique synthétase (Wasserman et Itagaki, 2003) ou la présence de fibres immunoréactives pour la sérotonine (Siju *et al.*, 2008), indiquent qu'un contrôle précoce de l'activité électrique des NRO intervient également dans les antennes. L'injection d'octopamine augmente la fréquence d'émission des potentiels d'action par les NRO (Grosmaitre *et al.*, 2001) et un récepteur octopamine/tyramine est exprimé dans les sensilles olfactives d'un Lépidoptère (Brigaud *et al.*, 2009). Corrélativement, l'octopamine stimule le vol orienté des mâles vers une source de phéromone sexuelle (Linn et Roelofs, 1986). Ce contrôle périphérique de l'activité des NRO par des neurotransmetteurs ou neuromodulateurs pourrait permettre un ajustement rapide de la sensibilité olfactive dans des situations d'urgence, comme la réponse au stress ou lorsque l'animal doit mobiliser ses ressources pour suivre une trace odorante.

Chez la souris, la concentration en catécholamines dans le mucus olfactif est augmentée en réponse à une activation du nerf trijumeau par un stimulus irritant (Lucero et Squires, 1998). La dopamine ainsi libérée agit sur les récepteurs dopaminergiques des neurones olfactifs, diminuant leur excitabilité et leur sensibilité aux odeurs (Doty et Risser, 1989 ; Hegg et Lucero, 2004). L'ATP, libéré par les neurones olfactifs en réponse à un stimulus olfactif, augmente la communication cellulaire entre cellules de soutien, induit la synthèse de protéines de stress dans ces cellules et diminue la réponse des neurones olfactifs (Hegg *et al.*, 2003a). Certains modulateurs sont produits localement dans la MO pour agir de façon paracrine sur les différentes catégories cellulaires, modifier l'excitabilité des NRO, mais aussi réguler la dynamique cellulaire du tissu.

Influence des rythmes

Beaucoup de comportements des Invertébrés ont une rythmicité circadienne très marquée. L'activité sexuelle des Lépidoptères nocturnes, par exemple, est limitée à une fraction de la scotophase. Plusieurs études des réponses antennaires à la phéromone sexuelle n'ayant pas mis en évidence de variation significative au cours du nycthémère, il a longtemps été considéré que la modulation était centrale plutôt que périphérique. La mise en évidence de variations circadiennes de la réponse électroantennographique (EAG) chez une mouche, puis chez d'autres groupes d'Insectes, a conduit à remettre en question cette conception. Chez la drosophile, les réponses EAG à l'acétate d'éthyle montrent un rythme endogène de réponse, l'amplitude de l'EAG atteignant un pic au milieu de la scotophase. Ce rythme est conservé après un jour en scotophase constante chez la mouche sauvage, et il n'y a pas de rythme chez les mouches dépourvues des gènes d'horloge *per (period)* et *tim (timeless)*. En revanche, chez la blatte, les rythmes de l'amplitude des réponses EAG à différentes odeurs générales montrent un entraînement par la lumière et sont abolis après déafférentation des lobes optiques. La mise en évidence de *per* et *cryptochrome* dans les antennes a confirmé la présence d'horloges locales chez les Lépidoptères. Les mécanismes par lesquels les gènes d'horloge exprimés dans les sensilles modulent la sensibilité des NRO ne sont pas élucidés pour le moment. Recherchant des rythmes d'expression des gènes impliqués dans l'olfaction chez une noctuelle par PCR quantitative, Merlin *et al.* (2007) n'ont observé de périodicité ni pour *Slit-R2* ni pour *Slit-PBP1*, deux gènes codant respectivement pour un récepteur candidat et une protéine de transport ; en revanche, le transcrit de l'ODE Slit-Est présentait un pic net en début de scotophase. Chez la drosophile, on observe une augmentation de l'amplitude des potentiels d'action pendant la nuit, corrélée avec une accumulation de RO dans les dendrites des NRO, elle-même contrôlée par l'accroissement du niveau d'expression des GRK (Krishnan *et al.*, 2008 ; Tanoue *et al.*,

2008). L'importance fonctionnelle des modulations observées sur la sensibilité reste encore peu claire. Chez une mouche tsé-tsé, les courbes dose-réponse sont effectivement déplacées vers les fortes concentrations (Van der Goes van Naters *et al.*, 1998) durant une période correspondant à la recherche de l'hôte, mais les signaux électriques montrant une périodicité chez les autres espèces comme l'amplitude de l'EAG ou des potentiels d'action (Krishnan *et al.*, 2008) sont moins directement corrélés au codage intensitif.

Chez les Mammifères, alors qu'il est évident que les niveaux de la plupart des modulateurs cités au-dessus varient avec les rythmes, et les hormones en particulier, seules quelques données anciennes mentionnent une variation de l'amplitude des réponses olfactives avec le rythme circadien chez l'humain (Lotsch *et al.*, 1997).

▸▸ Conclusion

Un contrôle neuroendocrine s'exerce dès l'étage le plus périphérique du système olfactif chez les Vertébrés comme chez les Invertébrés. Le fonctionnement des NRO mais aussi les types cellulaires non neuronaux de cet organe sont affectés. Les mécanismes mis en jeu par ces facteurs pléïotropes permettent une modulation de la réponse olfactive aussi bien à court terme qu'à long terme. À court terme, se pose cependant la question de la part relative prise par les régulations de l'étage périphérique par rapport aux nombreuses modulations intervenant au cours des différentes étapes de l'intégration du signal olfactif par le système nerveux central. À long terme, les capacités de régénérescence qu'ils modulent et/ou entretiennent sont indispensables au maintien de la fonction olfactive, tout au long de la vie de l'animal.

▸▸ Bibliographie

AIMÉ P., DUCHAMP-VIRET P., CHAPUT M.A., SAVIGNER A., MAHFOUZ M., JULLIARD A.K., 2007. Fasting increases and satiation decreases olfactory detection for a neutral odor in rats. *Behavioural Brain Research,* 179 (2), 258-264.

ANTON S., DUFOUR M.C., GADENNE C., 2007. Plasticity of olfactory-guided behaviour and its neurobiological basis: lessons from moths and locusts. *Entomologia Experimentalis et Applicata,* 123, 1-11.

BADONNEL K., DURIEUX D., MONNERIE R., GREBERT D., SALESSE R., CAILLOL M., BALY C., 2009. Leptin-sensitive OBP-expressing mucous cells in rat olfactory epithelium: a novel target for olfaction-nutrition crosstalk? *Cell Tissue Research,* 338 (1), 53-66.

BADONNEL K., DENIS J.B., CAILLOL M., MONNERIE R., PIUMI F., POTIER M.C., SALESSE R., BALY C., 2007. Transcription profile analysis reveals that OBP-1F mRNA is downregulated in the olfactory mucosa following food deprivation. *Chemical Senses,* 32 (7), 697-710.

BALY C., AIOUN J., BADONNEL K., LACROIX M.C., DURIEUX D., SCHLEGEL C., SALESSE R., CAILLOL M., 2007. Leptin and its receptors are present in the rat olfactory mucosa and modulated by the nutritional status. *Brain Research,* 1129 (1), 130-141.

BARBOUR J., NEUHAUS E.M., PIECHURA H., STOEPEL N., MASHUKOVA A., BRUNERT D., SITEK B., STUHLER K., MEYER H.E., HATT H., WARSCHEID B., 2008. New insight into stimulus-induced plasticity of the olfactory epithelium in *Mus musculus* by quantitative proteomics. *Journal of Proteome Research,* 7 (4), 1594-1605.

BARTH A.L., JUSTICE N.J., NGAI J., 1996. Asynchronous onset of odorant receptor expression in the developing zebrafish olfactory system. *Neuron,* 16 (1), 23-34.

BEITES C.L., KAWAUCHI S., CROCKER C.E., CALOF A.L., 2005. Identification and molecular regulation of neural stem cells in the olfactory epithelium. *Experimental Cell Research,* 306 (2), 309-316.

BENARDAIS K., KASEM B., COUEGNAS A., SAMAMA B., FERNANDEZ S., SCHAEFFER C., ANTAL M.C., JOB D., SCHWEITZER A., ANDRIEUX A., GIERSCH A., NEHLIG A., BOEHM N., 2010. Loss of STOP protein impairs peripheral olfactory neurogenesis. *PLoS One,* 5 (9), e12753.

BENNETT M.K., KULAGA H.M., REED R.R., 2010. Odor-evoked gene regulation and visualization in olfactory receptor neurons. *Molecular and Cellular Neuroscience,* 43 (4), 353-362.

BIESSMANN H., NGUYEN Q.K., LE D., WALTER M.F., 2005. Microarray-based survey of a subset of putative olfactory genes in the mosquito *Anopheles gambiae. Insect Molecular Biology,* 14 (6), 575-589.

BORDERS A.S., GETCHELL M.L., ETSCHEIDT J.T., VAN ROOIJEN N., COHEN D.A., GETCHELL T.V., 2007. Macrophage depletion in the murine olfactory epithelium leads to increased neuronal death and decreased neurogenesis. *Journal of Comparative Neurology,* 501 (2), 206-218.

BOUVET J.F., DELALEU J.C., HOLLEY A., 1987. Olfactory receptor cell function is affected by trigeminal nerve activity. *Neuroscience Letters,* 77 (2), 181-186.

BOWEN E.T., 1990. Post-diapause sensory responsiveness in *Culex pipiens. Journal of Insect Physiology,* 36, 923-929.

BOWEN M.F., 1991. The sensory physiology of host-seeking behavior in mosquitoes. *Annual Review of Entomology,* 36, 139-158.

BREUNIG E., CZESNIK D., PISCITELLI F., DI MARZO V., MANZINI I., SCHILD D., 2010b. Endocannabinoid modulation in the olfactory epithelium. *Results Problems Cell Differentiation,* 52, 139-145.

BREUNIG E., MANZINI I., PISCITELLI F., GUTERMANN B., DI MARZO V., SCHILD D., CZESNIK D., 2010a. The endocannabinoid 2-arachidonoyl-glycerol controls odor sensitivity in larvae of *Xenopus laevis. Journal of Neuroscience,* 30 (26), 8965-8973.

BRÉZOT P., TAUBAN D., RENOU M., 1996. Sense organs on the antennal flagellum of the green stink bug, *Nezara viridula* (L) *(Heteroptera: Pentatomidae):* sensillum types and numerical growth during the post-embryonic development. *International Journal of Insect Morphology and Embryology,* 25 (4), 427-441.

BRIGAUD I., GROSMAITRE X., FRANÇOIS M.-C., JACQUIN E., 2009. Cloning and expression pattern of a putative octopamine/tyramine receptor in antennae of the noctuid moth *Mamestra brassicae. Cell and Tissue Research,* 335 (455-463).

CABANAC M., DUCLAUX R., 1973. Alliesthésie olfacto-gustative et prise alimentaire chez l'homme. *Journal of Physiology (Paris),* 66 (2), 113-135.

CAILLOL M., AIOUN J., BALY C., PERSUY M.A., SALESSE R., 2003. Localization of orexins and their receptors in the rat olfactory system: possible modulation of olfactory perception by a neuropeptide synthetized centrally or locally. *Brain Research,* 960 (1-2), 48-61.

CALOF A.L., BONNIN A., CROCKER C., KAWAUCHI S., MURRAY R.C., SHOU J., WU H.H., 2002. Progenitor cells of the olfactory receptor neuron lineage. *Microscopy Research Techniques,* 58 (3), 176-188.

CARTER L.A., ROSKAMS A.J., 2002. Neurotrophins and their receptors in the primary olfactory neuraxis. *Microscopy Research Techniques,* 58 (3), 189-196.

CAU E., CASAROSA S., GUILLEMOT F., 2002. *Mash1* and *Ngn1* control distinct steps of determination and differentiation in the olfactory sensory neuron lineage. *Development,* 129 (8), 1871-1880.

CAVALLIN M.A., POWELL K., BIJU K.C., FADOOL D.A., 2010. State-dependent sculpting of olfactory sensory neurons is attributed to sensory enrichment, odor deprivation, and aging. *Neuroscience Letters,* 483 (2), 90-95.

CHEN B., KIM E.H., XU P.X., 2009. Initiation of olfactory placode development and neurogenesis is blocked in mice lacking both *Six1* and *Six4. Develpmental Biology,* 326 (1), 75-85.

CHUAH M.I., WEST A.K., 2002. Cellular and molecular biology of ensheathing cells. *Microscopy Research Techniques,* 58 (3), 216-227.

CONGAR P., NEGRONI J., MEUNIER N., BALY C., SALESSE R., CAILLOL M., 2010. Neuropeptide Y modulates olfactory mucosa responses to odorant in fasted rat. *Chemical Senses,* 35 (7), 627-644 (A638).

CORONAS V., SRIVASTAVA L.K., LIANG J.J., JOURDAN F., MOYSE E., 1997. Identification and localization of dopamine receptor subtypes in rat olfactory mucosa and bulb: a combined *in situ* hybridization and ligand binding radioautographic approach. *Journal of Chemical Neuroanatomy*, 12, 243-257.

COWAN C.M., ROSKAMS A.J., 2002. Apoptosis in the mature and developing olfactory neuroepithelium. *Microscopy Research Techniques*, 58 (3), 204-215.

CRNJAR R., YIN C.-M., STOFFOLANO JR J.G., TOMASSINI BARBAROSSA I., LISCIA A., ANGIOY A.M., 1990. Influence of age on the electroantennogram response of the female blowfly *(Phormia regina)* *(Diptera: Calliphoridae)*. *Journal of Insect Physiology*, 36, 917-921.

CZESNIK D., SCHILD D., KUDUZ J., MANZINI I., 2007. Cannabinoid action in the olfactory epithelium. *In: Proceedings of the National Academy of Sciences of the USA*, 104 (8), 2967-2972.

DAVIS E.E., 1984. Regulation of sensitivity in the peripheral chemoreceptor systems for host-seeking behaviour by a haemolymph-borne factor in *Aedes aegypti*. *Journal of Insect Physiology*, 30, 179-183.

DAVIS E.E., HAGGART D.A., BOWEN M.F., 1987. Receptors mediating host-seeking behaviour in mosquitotes and their regulation by endogenous hormones. *Insect Science and its Applications*, 8 (4/5/6), 637-641.

DEN OTTER C.J., TCHICAYA T., SCHUTTE A.M., 2008. Effects of age, sex and hunger on the antennal olfactory sensitivity of tsetse flies. *Physiological Entomology*, 16, 173-182.

DOTY R.L., CAMERON E.L., 2009. Sex differences and reproductive hormone influences on human odor perception. *Physiology and Behavior*, 97 (2), 213-228.

DOTY R.L., RISSER J.M., 1989. Influence of the D-2 dopamine receptor agonist quinpirole on the odor detection performance of rats before and after spiperone administration. *Psychopharmacology (Berl)*, 98 (3), 310-315.

DOYLE K.L., KARL T., HORT Y., DUFFY L., SHINE J., HERZOG H., 2008. Y1 receptors are critical for the proliferation of adult mouse precursor cells in the olfactory neuroepithelium. *Journal of Neurochemistry*, 105 (3), 641-652.

DUONG H.A., WANG C.W., SUN Y.H., COUREY A.J., 2008. Transformation of eye to antenna by misexpression of a single gene. *Mechanisms of Development*, 125 (1-2), 130-141.

EISTHEN H.L., DELAY R.J., WIRSIG-WIECHMANN C.R., DIONNE V.E., 2000. Neuromodulatory effects of gonadotropin releasing hormone on olfactory receptor neurons. *Journal of Neuroscience*, 20 (11), 3947-3955.

ENDO K., AOKI T., YODA Y., KIMURA K., HAMA C., 2007. Notch signal organizes the *Drosophila* olfactory circuitry by diversifying the sensory neuronal lineages. *Nature Neurosciences*, 10 (2), 153-160.

FÉRON F., VINCENT A., MACKAY-SIM A., 1999. Dopamine promotes differentiation of olfactory neuron *in vitro*. *Brain Research*, 845 (2), 252-259.

FÉRON F., BIANCO J., FERGUSON I., MACKAY-SIM A., 2008. Neurotrophin expression in the adult olfactory epithelium. *Brain Research*, 1196, 13-21.

FINGER T.E., ST JEOR V.L., KINNAMON J.C., SILVER W.L., 1990. Ultrastructure of substance P- and CGRP-immunoreactive nerve fibers in the nasal epithelium of rodents. *Journal of Comparative Neurology*, 294 (2), 293-305.

FOX A.N., PITTS R.J., ROBERTSON H.M., CARLSON J.R., ZWIEBEL L.J., 2001. Candidate odorant receptors from the malaria vector mosquito *Anopheles gambiae* and evidence of down-regulation in response to blood feeding. *In: Proceedings of the National Academy of Sciences of the USA*, 98 (25), 14693-14697.

FRANCO M.D., BOHBOT J., FERNANDEZ K., HANNA J., POPPY J., VOGT R., 2007. Sensory cell proliferation within the olfactory epithelium of developing adult *Manduca sexta (Lepidoptera)*. *PLoS One*, 2 (2), e215.

GANGADHAR N.M., FIRESTEIN S.J., STOCKWELL B.R., 2008. A novel role for jun N-terminal kinase signaling in olfactory sensory neuronal death. *Molecular and Cellular Neuroscience*, 38 (4), 518-525.

GAUDIN A., GASCUEL J., 2005. 3D atlas describing the ontogenic evolution of the primary olfactory projections in the olfactory bulb of *Xenopus laevis*. *Journal of Comparative Neurology*, 489 (4), 403-424.

GETCHELL T.V., PENG X., STROMBERG A.J., CHEN K.C., PAUL GREEN C., SUBHEDAR N.K., SHAH D.S., MATTSON M.P., GETCHELL M.L., 2003. Age-related trends in gene expression in the chemosensory-nasal mucosae of senescence-accelerated mice. *Ageing Research Reviews,* 2 (2), 211-243.

GROSMAITRE X., MARION-POLL F., RENOU M., 2001. Biogenic amines modulate olfactory receptor neurons firing activity in *Mamestra brassicae. Chemical Senses,* 26 (6), 653-661.

GROTEWIEL M.S., MARTIN I., BHANDARI P., COOK-WIENS E., 2005. Functional senescence in *Drosophila melanogaster. Ageing Research Reviews,* 4 (3), 372-397.

HAN P., LUCERO M.T., 2005. Pituitary adenylate cyclase activating polypeptide reduces A-type K^+ currents and caspase activity in cultured adult mouse olfactory neurons. *Neuroscience,* 134 (3), 745-756.

HANSEL D.E., EIPPER B.A., RONNETT G.V., 2001a. Regulation of olfactory neurogenesis by amidated neuropeptides. *Journal of Neuroscience Research,* 66 (1), 1-7.

HANSEL D.E., MAY V., EIPPER B.A., RONNETT G.V., 2001b. Pituitary adenylyl cyclase-activating peptides and α-amidation in olfactory neurogenesis and neuronal survival *in vitro. Journal of Neuroscience,* 21 (13), 4625-4636.

HARDEN M.V., NEWTON L.A., LLOYD R.C., WHITLOCK K.E., 2006. Olfactory imprinting is correlated with changes in gene expression in the olfactory epithelia of the zebrafish. *Journal of Neurobiology,* 66 (13), 1452-1466.

HASSENKLOVER T., SCHWARTZ P., SCHILD D., MANZINI I., 2009. Purinergic signaling regulates cell proliferation of olfactory epithelium progenitors. *Stem Cells,* 27 (8), 2022-2031.

HEGG C.C., LUCERO M.T., 2004. Dopamine reduces odor and elevated-$K(^+)$-induced calcium responses in mouse olfactory receptor neurons *in situ. Journal of Neurophysiology,* 91 (4), 1492-1499.

HEGG C.C., AU E., ROSKAMS A.J., LUCERO M.T., 2003b. PACAP is present in the olfactory system and evokes calcium transients in olfactory receptor neurons. *Journal of Neurophysiology,* 90 (4), 2711-2719.

HEGG C.C., GREENWOOD D., HUANG W., HAN P., LUCERO M.T., 2003a. Activation of purinergic receptor subtypes modulates odor sensitivity. *Journal of Neuroscience,* 23 (23), 8291-8301.

HIGGS D.M., BURD G.D., 2001. Neuronal turnover in the *Xenopus laevis* olfactory epithelium during metamorphosis. *Journal of Comparative Neurology,* 433 (1), 124-130.

HOUSLEY G.D., BRINGMANN A., REICHENBACH A., 2009. Purinergic signaling in special senses. *Trends in Neuroscience,* 32 (3), 128-141.

IGNELL R., ROOT C.M., BIRSE R.T., WANG J.W., NASSEL D.R., WINTHER A.M., 2009. Presynaptic peptidergic modulation of olfactory receptor neurons in *Drosophila. In: Proceedings of the National Academy of Sciences of the USA,* 106 (31), 13070-13075.

IMAI T., SAKANO H., 2007. Roles of odorant receptors in projecting axons in the mouse olfactory system. *Current Opinion in Neurobiology,* 17 (5), 507-515.

JIA C., HEGG C.C., 2010. NPY mediates ATP-induced neuroproliferation in adult mouse olfactory epithelium. *Neurobiology of Disease,* 38 (3), 405-413.

JIA C., DOHERTY J.P., CRUDGINGTON S., HEGG C.C., 2009. Activation of purinergic receptors induces proliferation and neuronal differentiation in Swiss Webster mouse olfactory epithelium. *Neuroscience,* 163 (1), 120-128.

KANEKAR S., JIA C., HEGG C.C., 2009. Purinergic receptor activation evokes neurotrophic factor neuropeptide Y release from neonatal mouse olfactory epithelial slices. *Journal of Neuroscience Research,* 87 (6), 1424-1434.

KAUPP U.B., 2010. Olfactory signalling in Vertebrates and Insects: differences and commonalities. *Nature Reviews in Neuroscience,* 11 (3), 188-200.

KAWAI F., KURAHASHI T., KANEKO A., 1999. Adrenaline enhances odorant contrast by modulating signal encoding in olfactory receptor cells. *Nature Neuroscience,* 2 (2), 133-138.

KIM E.J., SIMPSON P.J., PARK D.J., LIU B.Q., RONNETT G.V., MOON C., 2005. Leukemia inhibitory factor is a proliferative factor for olfactory sensory neurons. *Neuroreport,* 16 (1), 25-28.

KONDO K., SUZUKAWA K., SAKAMOTO T., WATANABE K., KANAYA K., USHIO M., YAMAGUCHI T., NIBU K., KAGA K., YAMASOBA T., 2010. Age-related changes in cell dynamics of the postnatal mouse olfactory neuroepithelium: cell proliferation, neuronal differentiation, and cell death. *Journal of Comparative Neurology,* 518 (11), 1962-1975.

KRISHNA N.S., GETCHELL T.V., DHOOPER N., AWASTHI Y.C., GETCHELL M.L., 1995. Age and gender-related trends in the expression of glutathione S-transferases in human nasal mucosa. *Annals of Otology Rhinology Laryngology,* 104 (10 Pt 1), 812-822.

KRISHNAN P., CHATTERJEE A., TANOUE S., HARDIN P.E., 2008. Spike amplitude of single-unit responses in antennal sensillae is controlled by the *Drosophila* circadian clock. *Current Biology,* 18 (11), 803-807.

KWON B.S., KIM M.K., KIM W.H., PYO J.S., CHEON Y.H., CHA C.I., NAM S.Y., BAIK T.K., LEE B.L., 2005. Age-related changes in microvillar cells of rat olfactory epithelium. *Neuroscience Letters,* 378 (2), 65-69.

LACROIX M.C., BADONNEL K., MEUNIER N., TAN F., SCHLEGEL-LE POUPON C., DURIEUX D., MONNERIE R., BALY C., CONGAR P., SALESSE R., CAILLOL M., 2008. Expression of insulin system in the olfactory epithelium: first approaches to its role and regulation. *Journal of Neuroendocrinology,* 20 (10), 1176-1190.

LAZIZ I., LARBI A., GREBERT D., SAUTEL M., CONGAR P., LACROIX M.C., SALESSE R., MEUNIER N., 2011. Endothelin as a neuroprotective factor in the olfactory epithelium. *Neuroscience,* 172, 20-29.

LEE S.H., KO H.J., PARK T.H., 2009. Real-time monitoring of odorant-induced cellular reactions using surface plasmon resonance. *Biosensensors and Bioelectronics,* 25 (1), 55-60.

LEGRIER M.E., DUCRAY A., PROPPER A., CHAO M., KASTNER A., 2001. Cell cycle regulation during mouse olfactory neurogenesis. *Cell Growth and Differentiation,* 12 (12), 591-601.

LEUNG C.T., COULOMBE P.A., REED R.R., 2007. Contribution of olfactory neural stem cells to tissue maintenance and regeneration. *Nature Neuroscience,* 10 (6), 720-726.

LINN C.E., ROELOFS W.L., 1986. Modulatory effects of octopamine and serotonin on male sensitivity and periodicity of response to sex pheromone in the cabbage looper moth, *Trichoplusia ni.* *Archives of Insect Biochemistry and Physiology,* 3 (2), 161-171.

LOTSCH J., NORDIN S., HUMMEL T., MURPHY C., KOBAL G., 1997. Chronobiology of nasal chemosensitivity: do odor or trigeminal pain thresholds follow a circadian rhythm? *Chemical Senses,* 22 (5), 593-598.

LUCERO M.T., SQUIRES A., 1998. Catecholamine concentrations in rat nasal mucus are modulated by trigeminal stimulation of the nasal cavity. *Brain Research,* 807 (1-2), 234-236.

MACKAY-SIM A., 2010. Stem cells and their niche in the adult olfactory mucosa. *Archives of Italian Biology,* 148 (2), 47-58.

MACKAY-SIM A., CHUAH M.I., 2000. Neurotrophic factors in the primary olfactory pathway. *Progress in Neurobiology,* 62 (5), 527-559.

McCURDY R.D., FÉRON F., McGRATH J.J., MACKAY-SIM A., 2005. Regulation of adult olfactory neurogenesis by insulin-like growth factor-I. *European Journal of Neuroscience,* 22 (7), 1581-1588.

MERLIN C., LUCAS P., ROCHAT D., FRANCOIS M.C., MAIBECHE-COISNE M., JACQUIN-JOLY E., 2007. An antennal circadian clock and circadian rhythms in peripheral pheromone reception in the moth *Spodoptera littoralis.* *Journal of Biological Rhythms,* 22 (6), 502-514.

MILLER A.M., TRELOAR H.B., GREER C.A., 2010. Composition of the migratory mass during development of the olfactory nerve. *Journal of Comparative Neurology,* 518 (24), 4825-4841.

MIYASAKA N., KNAUT H., YOSHIHARA Y., 2007. Cxcl12/Cxcr4 chemokine signaling is required for placode assembly and sensory axon pathfinding in the zebrafish olfactory system. *Development,* 134 (13), 2459-2468.

MOON C., LIU B.Q., KIM S.Y., KIM E.J., PARK Y.J., YOO J.Y., HAN H.S., BAE Y.C., RONNETT G.V., 2009. Leukemia inhibitory factor promotes olfactory sensory neuronal survival *via* phosphoinositide 3-kinase pathway activation and Bcl-2. *Journal of Neuroscience Research,* 87 (5), 1098-1106.

MOUSLEY A., POLESE G., MARKS N.J., EISTHEN H.L., 2006. Terminal nerve-derived neuropeptide Y modulates physiological responses in the olfactory epithelium of hungry axolotls *(Ambystoma mexicanum). Journal of Neuroscience,* 26 (29), 7707-7717.

MURDOCH B., ROSKAMS A.J., 2007. Olfactory epithelium progenitors: insights from transgenic mice and *in vitro* biology. *Journal of Molecular Histology,* 38 (6), 581-599.

Murdoch B., DelConte C., Garcia-Castro M.I., 2010. Embryonic Pax7-expressing progenitors contribute multiple cell types to the postnatal olfactory epithelium. *Journal of Neuroscience*, 30 (28), 9523-9532.

Murrell W., Wetzig A., Donnellan M., Feron F., Burne T., Meedeniya A., Kesby J., Bianco J., Perry C., Silburn P., Mackay-Sim A., 2008. Olfactory mucosa is a potential source for autologous stem cell therapy for Parkinson's disease. *Stem Cells*, 26 (8), 2183-2192.

Nicolay D.J., Doucette J.R., Nazarali A.J., 2006. Transcriptional regulation of neurogenesis in the olfactory epithelium. *Cellular and Molecular Neurobiology*, 26 (4-6), 803-821.

Otaki J.M., Hatano M., Matayoshi R., Tokuhisa T., Yamamoto H., 2010. The proto-oncogene Bcl-6 promotes survival of olfactory sensory neurons. *Developmental Neurobiology*, 70 (6), 424-435.

Paik S.I., Lehman M.N., Seiden A.M., Duncan H.J., Smith D.V., 1992. Human olfactory biopsy. The influence of age and receptor distribution. *Archives of Otolaryngology Head and Neck Surgery*, 118 (7), 731-738.

Plendl J., Stierstorfer B., Sinowatz F., 1999. Growth factors and their receptors in the olfactory system. *Anatomy Histolology Embryology*, 28 (2), 73-79.

Poon H.F., Vaishnav R.A., Butterfield D.A., Getchell M.L., Getchell T.V., 2005. Proteomic identification of differentially expressed proteins in the aging murine olfactory system and transcriptional analysis of the associated genes. *Journal of Neurochemistry*, 94 (2), 380-392.

Prud'homme M.J., Lacroix M.C., Badonnel K., Gougis S., Baly C., Salesse R., Caillol M., 2009. Nutritional status modulates behavioural and olfactory bulb fos responses to isoamyl acetate or food odour in rats: roles of orexins and leptin. *Neuroscience*, 162 (4), 1287-1298.

Rawson N.E., LaMantia A.S., 2006. Once and again: retinoic acid signaling in the developing and regenerating olfactory pathway. *Journal of Neurobiology*, 66 (7), 653-676.

Rimbault M., Robin S., Vaysse A., Galibert F., 2009. RNA profiles of rat olfactory epithelia: individual and age related variations. *BMC Genomics*, 10, 572.

Rodriguez-Gil D.J., Treloar H.B., Zhang X., Miller A.M., Two A., Iwema C., Firestein S.J., Greer C.A., 2010. Chromosomal location-dependent nonstochastic onset of odor receptor expression. *Journal of Neuroscience*, 30 (30), 10067-10075.

Savigner A., Duchamp-Viret P., Grosmaitre X., Chaput M., Garcia S., Ma M., Palouzier-Paulignan B., 2009. Modulation of spontaneous and odorant-evoked activity of rat olfactory sensory neurons by two anorectic peptides, insulin and leptin. *Journal of Neurophysiology*, 101 (6), 2898-2906.

Schaefer M.L., Bottger B., Silver W.L., Finger T.E., 2002. Trigeminal collaterals in the nasal epithelium and olfactory bulb: a potential route for direct modulation of olfactory information by trigeminal stimuli. *Journal of Comparative Neurology*, 444 (3), 221-226.

Schlosser G., 2010. Making senses development of vertebrate cranial placodes. *International Review of Cellular and Molecular Biology*, 283, 129-234.

Schneiderman A.M., Hildebrand J.G., 1985. Sexually dimorphic development of the Insect olfactory pathway. *Trends in Neurosciences*, 8, 494-499.

Schwarzenbacher K., Fleischer J., Breer H., 2005. Formation and maturation of olfactory cilia monitored by odorant receptor-specific antibodies. *Histochemistry and Cell Biology*, 123 (4-5), 419-428.

Seabrook W., Hirai K., Shorey H., Gaston L., 1979. Maturation and senescence of an Insect chemosensory response. *Journal of Chemical Ecology*, 5 (4), 587-594.

Shetty R.S., Bose S.C., Nickell M.D., McIntyre J.C., Hardin D.H., Harris A.M., McClintock T.S., 2005. Transcriptional changes during neuronal death and replacement in the olfactory epithelium. *Molecular and Cellular Neuroscience*, 30 (4), 583-600.

Siju K.P., Hansson B.S., Ignell R., 2008. Immunocytochemical localization of serotonin in the central and peripheral chemosensory system of mosquitoes. *Arthropod Structure and Development*, 37 (4), 248-259.

Siju K.P., Hill S.R., Hansson B.S., Ignell R., 2010. Influence of blood meal on the responsiveness of olfactory receptor neurons in antennal sensilla trichodea of the yellow fever mosquito, *Aedes aegypti*. *Journal of Insect Physiology*, 56 (6), 659-665.

SIMPSON P.J., WANG E., MOON C., MATARAZZO V., COHEN D.R., LIEBL D.J., RONNETT G.V., 2003. Neurotrophin-3 signaling maintains maturational homeostasis between neuronal populations in the olfactory epithelium. *Molecular and Cellular Neuroscience,* 24 (4), 858-874.

SUH K.S., KIM S.Y., BAE Y.C., RONNETT G.V., MOON C., 2006. Effects of unilateral naris occlusion on the olfactory epithelium of adult mice. *Neuroreport,* 17 (11), 1139-1142.

SULTAN-STYNE K., TOLEDO R., WALKER C., KALLKOPF A., RIBAK C.E., GUTHRIE K.M., 2009. Long-term survival of olfactory sensory neurons after target depletion. *Journal of Comparative Neurology,* 515 (6), 696-710.

SUZUKI Y., 2004. Fine structural aspects of apoptosis in the olfactory epithelium. *Journal of Neurocytology,* 33 (6), 693-702.

TAKAKI E., FUJIMOTO M., SUGAHARA K., NAKAHARI T., YONEMURA S., TANAKA Y., HAYASHIDA N., INOUYE S., TAKEMOTO T., YAMASHITA H., NAKAI A., 2006. Maintenance of olfactory neurogenesis requires HSF1, a major heat shock transcription factor in mice. *Journal of Biological Chemistry,* 281 (8), 4931-4937.

TANOUE S., KRISHNAN P., CHATTERJEE A., HARDIN P.E., 2008. G protein-coupled receptor kinase 2 is required for rhythmic olfactory responses in *Drosophila. Current Biology,* 18 (11), 787-794.

UBINK R., HOKFELT T., 2000. Neuropeptide Y expression in Schwann cell precursors. *Glia,* 32 (1), 71-83.

VAUDRY D., FALLUEL-MOREL A., BOURGAULT S., BASILLE M., BUREL D., WURTZ O., FOURNIER A., CHOW B.K., HASHIMOTO H., GALAS L., VAUDRY H., 2009. Pituitary adenylate cyclase-activating polypeptide and its receptors: 20 years after the discovery. *Pharmacological Reviews,* 61 (3), 283-357.

VAN DER GOES VAN NATERS W., DEN OTTER C.J., MAES F.W., 1998. Olfactory sensitivity in tsetse flies: a daily rhythm. *Chemical Senses,* 23, 351-357.

VOGALIS F., HEGG C.C., LUCERO M.T., 2005. Electrical coupling in sustentacular cells of the mouse olfactory epithelium. *Journal of Neurophysiol,* 94 (2), 1001-1012.

VOGT R.G., RYBCZYNSKI R., CRUZ M., LERNER M.R., 1993. Ecdysteroid regulation of olfactory protein expression in the developing antenna of the tobacco hawk moth, *Manduca sexta. Journal of Neurobiology,* 24 (5), 581-597.

VOYRON S., GIACOBINI P., TAROZZO G., CAPPELLO P., PERROTEAU I., FASOLO A., 1999. Apoptosis in the development of the mouse olfactory epithelium. *Brain Research, Developmental Brain Research,* 115 (1), 49-55.

WANG L., CHEN L., JACOB T., 2004. Evidence for peripheral plasticity in human odour response. *Journal of Physiology,* 554 (Pt 1), 236-244.

WASSERMAN S.L., ITAGAKI H., 2003. The olfactory responses of the antenna and maxillary palp of the fleshfly, *Neobellieria bullata (Diptera: Sarcophagidae),* and their sensitivity to blockage of nitric oxide synthase. *Journal of Insect Physiology,* 49 (3), 271-280.

WATT W.C., STORM D.R., 2001. Odorants stimulate the ERK/mitogen-activated protein kinase pathway and activate cAMP-response element-mediated transcription in olfactory sensory neurons. *Journal of Biological Chemistry,* 276 (3), 2047-2052.

WATT W.C., SAKANO H., LEE Z.Y., REUSCH J.E., TRINH K., STORM D.R., 2004. Odorant stimulation enhances survival of olfactory sensory neurons *via* MAPK and CREB. *Neuron,* 41 (6), 955-967.

WEILER E., FARBMAN A.I., 1998. Supporting cell proliferation in the olfactory epithelium decreases postnatally. *Glia,* 22 (4), 315-328.

WHITLOCK K.E., 2008. Developing a sense of scents: plasticity in olfactory placode formation. *Brain Research Bulletin,* 75 (2-4), 340-347.

WHITLOCK K.E., WESTERFIELD M., 1998. A transient population of neurons pioneers the olfactory pathway in the zebrafish. *Journal of Neuroscience,* 18 (21), 8919-8927.

WHITMAN M.C., GREER C.A., 2009. Adult neurogenesis and the olfactory system. *Progress in Neurobiology,* 89 (2), 162-175.

WILLETT L., GAO Y., LEI Z., LU C., ROISEN F.J., WINSTEAD W.I., EL-MALLAKH R.S., 2010. Effects of brain-derived neurotrophic factor on sodium-induced apoptosis in human olfactory neuroepithelial progenitor cells. *Psychiatry Research,* 178 (2), 391-394.

WU H.H., IVKOVIC S., MURRAY R.C., JARAMILLO S., LYONS K.M., JOHNSON J.E., CALOF A.L., 2003. Autoregulation of neurogenesis by GDF11. *Neuron,* 37 (2), 197-207.

Yu C.R., Power J., Barnea G., O'Donnell S., Brown H.E., Osborne J., Axel R., Gogos J.A., 2004. Spontaneous neural activity is required for the establishment and maintenance of the olfactory sensory map. *Neuron,* 42 (4), 553-566.

Zaccone D., Cascio P.L., Lauriano R., Pergolizzi S., Sfacteria A., Marino F., 2010. Occurrence of neuropeptides and tyrosine hydroxylase in the olfactory epithelium of the lesser-spotted catshark (*Scyliorhinus canicula Linnaeus,* 1758). *Acta Histochemica,* 113 (7), 712-722.

Zhang X., Rogers M., Tian H., Zou D.J., Liu J., Ma M., Shepherd G.M., Firestein S.J., 2004. High-throughput microarray detection of olfactory receptor gene expression in the mouse. *In: Proceedings of the National Academy of Sciences of the USA,* 101 (39), 14168-14173.

Zhao H., Reed R.R., 2001. X inactivation of the OCNC1 channel gene reveals a role for activity-dependent competition in the olfactory system. *Cell,* 104 (5), 651-660.

Chapitre 11

Bulbe olfactif et plasticité : la neurogenèse adulte

Gilles GHEUSI, Gabriel LEPOUSEZ et Pierre-Marie LLEDO

L'objectif de cette revue est d'offrir un bilan des connaissances sur les capacités du bulbe olfactif à produire de nouveaux neurones. Le bulbe olfactif fait partie des rares structures cérébrales qui bénéficient d'un apport permanent de nouveaux neurones chez les Mammifères adultes. Nous verrons tout d'abord que l'idée de l'existence d'une neurogenèse adulte a connu une émergence difficile avant finalement de s'imposer dans le champ des neurosciences. La découverte de cellules souches neurales ne s'est pas arrêtée à un unique intérêt fondamental pour notre compréhension du fonctionnement cérébral. Elle a entraîné avec elle un florilège de questions sur le potentiel thérapeutique des sources permanentes de neurones nouvellement générés au cœur du cerveau.

Nous tenterons de brosser un bilan du savoir qui permet aujourd'hui de comprendre la dynamique, les niveaux de régulation et le caractère fonctionnel de la neurogenèse adulte dans une structure comme le bulbe olfactif. Finalement, nous envisagerons les orientations susceptibles de prendre forme à partir des connaissances fondamentales des mécanismes qui supportent la production de nouveaux neurones, un domaine qui ne s'offre à nous que depuis une vingtaine d'années.

▸▸ De nouveaux neurones dans le cerveau adulte. Aspects historiques

La capacité de plusieurs de nos organes à conserver, dans certaines limites, la faculté de se réparer a souvent renforcé ce regard si spécifique que nous portons sur le cerveau : un organe, bien sûr complexe et combien essentiel, mais aussi précieux et fragile en raison, notamment, de son incapacité à renverser le cours inéluctable de la perte de composants fondamentaux : les neurones. Les écrits qui ont fait suite aux origines modernes de la neuroanatomie ne laissent place à aucun doute à ce sujet. Qui mieux que Ramón y Cajal pouvait symboliser à lui seul le chef de file d'une communauté de neurobiologistes acquise à l'idée d'une incapacité du cerveau à produire de nouveaux neurones au cours de la vie adulte : « No new neurons are added in the adult mammalian brain »[1] (Ramón y Cajal, 1913-1914). Les observations d'Allen (1912) sur la présence d'une activité mitotique au niveau de la couche épendymaire dans la région antérieure des ventricules latéraux ne suffiront pas à ébranler, voire simplement discuter, les certitudes de l'époque. Pourtant, les travaux d'Allen reçurent un premier écho favorable après l'introduction, à la fin des années 1950, des techniques d'autoradiographie reposant sur l'utilisation d'un traceur, la thymidine tritiée, permettant de désigner dans l'espace et dans le temps les cellules en division. Altman trouva dans cet outil une des sources qui l'incitèrent à rechercher les signes d'une activité mitotique neurale dans le cerveau adulte. Il publia une série de travaux lui permettant de rapporter l'incorporation de thymidine tritiée dans des neurones nouvellement générés du gyrus denté de l'hippocampe, du bulbe olfactif et du cortex chez le rat et le chat adulte (Altman, 1962 ; 1963 ; 1966 ; 1967 ; 1969 ; Altman et Das 1965 ; 1966). Une fois encore, la publication de ces résultats dans des journaux, pourtant prestigieux, ne suffit pas pour autant à remettre en cause la doctrine établie jusqu'alors. Il faut dire que, même pour les neurobiologistes les plus ouverts, des questions de taille se dressaient encore. Ainsi la prolifération cellulaire révélée par les radio-isotopes témoignait-elle de ce qu'il conviendrait d'appeler une neurogenèse adulte (ou secondaire, par comparaison avec celle qui est à l'œuvre chez l'embryon), c'est-à-dire une production de nouveaux neurones, ou bien n'était-elle qu'une simple confirmation des propriétés prolifératives, déjà connues, des cellules gliales ? Et puis, comment imaginer que l'apport permanent de nouveaux éléments dans les circuits neuronaux préexistants ne puisse altérer l'organisation et le fonctionnement de ces derniers ?

Les travaux de Kaplan, une quinzaine d'années plus tard, confirmèrent cependant ce dont avait été témoin Altman : l'incorporation de radio-isotopes dans l'hippocampe et le bulbe olfactif de rat. S'appuyant sur des observations en microscopie électronique, Kaplan commença à dissiper quelques doutes en offrant une description des cellules ainsi marquées : il révéla la présence de dendrites et de jonctions synaptiques ou, en d'autres termes, d'évidentes caractéristiques neuronales (Kaplan, 1984 ; Kaplan et Hinds, 1977). Sa démarche le conduisit jusqu'à la description de divisions cellulaires dans la région subventriculaire du cerveau de macaque adulte (Kaplan, 1983). Et pourtant, les avancées apportées par Kaplan ne suscitèrent toujours pas l'intérêt attendu. Pire, elles furent balayées l'année suivante par une étude présentée lors d'un congrès par Rakic et publiée peu de temps après (Rakic, 1985a ; 1985b). L'auteur y rapporta l'examen complet des structures et subdivisions majeures de cerveaux de macaques préalablement traités avec de la thymidine tritiée. Rakic affirmait n'avoir pas observé, parmi les cellules marquées, la moindre caractéristique

---

1. « Le cerveau des Mammifères ne produit pas de nouveaux neurones à l'âge adulte. »

morphologique se rapportant à un neurone. À cet instant, le chapitre de la neurogenèse adulte des Mammifères semblait définitivement clos, et la production de nouveaux neurones dans le système nerveux adulte se trouvait dès lors restreinte au cerveau d'espèces plus primitives : Invertébrés, Amphibiens, Reptiles et Oiseaux. Dans le domaine de la neurogenèse, la démonstration d'une production de nouveaux neurones chez les oiseaux adultes occupe une place à part qu'elle doit en grande partie à l'élégance des travaux réalisés par Nottebohm et ses collègues. En combinant les approches autoradiographiques, la microscopie électronique et les enregistrements électrophysiologiques, Nottebohm offrit pour la première fois la démonstration de l'incorporation permanente de nouveaux neurones fonctionnels dans les noyaux contrôlant la production du chant des canaris (Goldman et Nottebohm, 1983 ; Paton et Nottebohm, 1984). L'histoire s'est embellie un peu plus encore lorsque Nottebohm observa que le pic de recrutement des nouveaux neurones dans le cerveau des oiseaux chanteurs s'accordait avec les modifications apportées chaque année par les canaris dans leur répertoire vocal. En d'autres termes, les neurones nouvellement générés semblaient constituer le support destiné, ou tout au moins propice, à l'incorporation et à l'acquisition de nouvelles syllabes chez des canaris prêts à s'engager annuellement dans leur saison de reproduction. Bien que salués à leur juste valeur, l'existence et le caractère fonctionnel de la neurogenèse chez les oiseaux chanteurs demeurèrent perçus comme une exception zoologique, et sans véritable conséquence ni pertinence pour le cerveau des primates adultes.

Dans les années 1990, les avancées en biologie cellulaire et moléculaire changèrent radicalement le cours des choses. Tout d'abord, ce fut la découverte par Reynolds et Weiss (1992) de cellules souches neurales adultes ayant la propriété de donner naissance à la fois à des cellules gliales et à des neurones qui relança le débat. Conjointement, le développement de techniques immunohistochimiques couplées à une analyse stéréologique permit de révéler des analogues synthétiques de la thymidine tritiée ; plus important encore, une liste croissante de marqueurs cellulaires exprimés spécifiquement soit par les neurones, soit par les cellules gliales, levèrent toute ambiguïté sur l'identité des cellules nouvellement générées dans le cerveau adulte des Mammifères. C'est alors que, devant l'évidence, les doutes et objections jusqu'alors exprimés laissèrent progressivement place à l'intérêt et à l'enthousiasme. Ces nouveaux outils jouèrent un rôle déterminant dans la reconnaissance des premières descriptions et hypothèses fonctionnelles développées par Altman, Kaplan et leurs collaborateurs trente ans auparavant. Les compétences de notre propre cerveau à produire en permanence de nouveaux neurones depuis les zones subgranulaire et subventriculaire n'échappèrent pas à l'examen et à la construction de nouvelles perspectives fondamentales et cliniques (Eriksson *et al.*, 1998 ; Bedard et Parent, 2004).

▶▶ Les niches de production des nouveaux neurones à l'âge adulte

La neurogenèse est un long processus qui comporte plusieurs étapes : la prolifération, la migration, la différenciation et l'intégration de nouveaux neurones (figure 11.1, planche couleur V). Deux zones germinatives, déjà identifiées par Altman et Kaplan, sont le siège de la production de ces nouveaux neurones dans le cerveau adulte, et ceci de manière constitutive. Il s'agit de la zone subventriculaire (ZSV), qui longe les ventricules latéraux, et de la zone subgranulaire (ZSG) de l'hippocampe. Cette dernière donne lieu à des cellules granulaires qui se développent localement dans une région de l'hippocampe appelée gyrus denté (GD), alors que la ZSV constitue un lieu de production à partir duquel les neuroblastes empruntent un courant de migration rostral (CMR) en direction de leur destination finale : le bulbe olfactif (BO). Ces neuroblastes donnent lieu à des interneurones qui viennent occuper les couches granulaire et périglomérulaire du bulbe olfactif. Plus de 95 % de ces neuroblastes se différencient en neurones granulaires et moins de 3 % en neurones périglomérulaires (Lois et Alvarez-Buylla, 1994 ; Winner *et al.*, 2002).

Une fois au cœur du bulbe olfactif, les neurones nouvellement générés entament une migration radiale leur permettant d'atteindre les couches granulaire et périglomérulaire du bulbe olfactif (figure 11.2, planche couleur VI). Chez la souris, on estime à environ 30 000 le nombre quotidien de nouveaux neurones qui atteignent le bulbe olfactif. Le caractère neurogénique de la ZSV, mais aussi de la ZSG, est principalement déterminé par un ensemble de signaux moléculaires. La transplantation de cellules de la ZSV d'un animal donneur à la ZSV d'un animal receveur se traduit par l'acquisition et le développement de nouveaux neurones sans changement phénotypique chez l'hôte. En revanche, les greffes hétérotypiques de cellules de la ZSV transplantées dans des territoires non neurogéniques montrent que les nouvelles cellules produites se transforment en cellules gliales et non neuronales. Ainsi, les zones neurogéniques possèdent deux propriétés fondamentales : elles constituent un environnement non seulement permissif pour le développement des précurseurs neuronaux, puisqu'elles contribuent au maintien de l'existence de cellules souches chez l'adulte, mais aussi instructif, puisqu'elles possèdent le potentiel d'induire la différenciation de précurseurs en neurones.

▸▸ La prolifération des cellules nouvellement générées

Les cellules souches neurales adultes à l'origine des interneurones nouvellement générés du bulbe olfactif résident dans une zone périventriculaire qualifiée de germinative. Isolées et mises en culture en présence de facteurs de croissance, les cellules souches neurales dévoilent leurs propriétés de cellules souches, à savoir une capacité à s'autorenouveler et à donner naissance aux trois types principaux de cellules neurales : les astrocytes, les oligodendrocytes et les neurones, elles sont dites multipotentes (Reynolds et Weiss, 1992). La question au cœur des débats, tant sur le plan fondamental que dans le cadre de perspectives thérapeutiques, concerne l'identité des cellules souches neurales adultes. Les premières études dans ce domaine désignèrent les cellules épendymaires (Johansson *et al.*, 1999), mais les travaux qui suivirent n'aboutirent pas aux mêmes conclusions (Chiasson *et al.*, 1999 ; Doetsch *et al.*, 1999 ; Laywell *et al.*, 2000). Un examen minutieux de la ZSV révèle, en plus des cellules épendymaires (cellules de type E), la présence d'autres types cellulaires : des cellules de type A apparentées à des neuroblastes dont le devenir est de migrer en direction du bulbe olfactif, des cellules de type C qui prolifèrent rapidement et qui sont associées aux chaînes migratoires de neuroblastes, enfin des cellules de type B de nature astrocytaire qui expriment une protéine spécifique des cellules gliales, la GFAP (*glial fibrillary acid protein*) (Doetsch *et al.,* 1997). Des méthodes de marquage et d'ablation temporaire de catégories cellulaires spécifiques ont ainsi permis de discuter et de réviser l'identité des cellules souches neurales adultes. À la suite d'un traitement qui élimine spécifiquement les cellules à division rapide au sein de la ZSV, c'est-à-dire les cellules A et C, mais épargne les cellules B et les cellules épendymaires qui forment la paroi des ventricules, la ZSV est régénérée (Doetsch *et al.,* 1999). Dans les jours qui suivent l'arrêt du traitement, on peut observer une division des cellules B suivie d'une production de cellules de type C puis de cellules de type A, suggérant que les cellules B sont à l'origine des deux précédentes et constituent donc les cellules souches neurales de la ZSV. À l'inverse, l'élimination sélective des cellules exprimant la GFAP au sein de la ZSV conduit à une diminution de la production de neurones nouvellement générés dans le bulbe olfactif (Garcia *et al.,* 2004). L'ensemble de ces résultats a offert au cours de ces dernières années un faisceau d'arguments tangibles en faveur de l'idée que les cellules B sont des cellules souches neurales adultes. De récents travaux ont cependant remis au premier plan l'existence d'une population de cellules épendymaires qui auraient la capacité de s'autorenouveler et de générer *in vivo* des neurones à destination du bulbe olfactif (Coskun *et al.,* 2008 ; Carlen *et al.,* 2009). Une caractéristique importante de la ZSV est sa riche vasculature. Les cellules souches neurales se trouvent ainsi au contact de capillaires qui constituent une source idéale d'approvisionnement en facteurs de croissance, jouant un rôle important dans la régulation de la production des cellules progénitrices (Louissaint *et al.,* 2002 ; Shen *et al.,* 2004 ; 2008).

▸▸ En route vers le bulbe olfactif. La migration des nouveaux neurones

Les neuroblastes migrent depuis la ZSV en empruntant un courant de migration rostral (CMR). Les cellules migrent en chaîne, associées les unes aux autres et entourées d'une gaine de cellules astrocytaires (Lois et Alvarez-Buylla, 1994 ; Lois *et al.,* 1996). Le rôle de ce tunnel de cellules astrocytaires dans la migration des neuroblastes n'est pas encore entièrement compris, dans la mesure où les cellules nouvellement générées sont capables de migrer *in vitro* en l'absence d'astrocytes (Lim et Alvarez-Buylla, 1999 ; Wichterle *et al.,* 1997). Certains travaux semblent cependant leur accorder un rôle régulateur de la vitesse de migration des neuroblastes (Bolteus et Bordey, 2004). Une fois arrivées au cœur du bulbe olfactif, les cellules nouvellement générées se détachent les unes des autres et migrent de manière radiaire dans les couches granulaire et périglomérulaire, au sein desquelles elles achèvent leur maturation en interneurones GABAergiques et dopaminergiques. La migration des neuroblastes réunit des mécanismes d'adhésion, d'attraction, de répulsion et de guidage cellulaires orchestrés par un ensemble de molécules. Le phénomène de migration en chaîne caractéristique des neuroblastes empruntant le CMR repose sur l'expression de protéines membranaires d'adhésion qui appartiennent à la super-famille des immunoglobulines et qui ont pour nom les protéines NCAM (*neural cell adhesion molecule*). Ces protéines assurent le contact et l'adhésion entre cellules. Au sein du CMR, les protéines NCAM s'associent à de longues chaînes d'acide polysialique, formant un complexe facilitant le glissement des cellules les unes sur les autres et leur progression. Les neuroblastes expriment une autre protéine associée à leur cytosquelette essentielle à leur migration : la doublecortine. Elle participe aux changements de forme de la cellule permettant son élongation, sa rétraction et donc la progression de cette dernière en direction du bulbe olfactif. Les neuroblastes en migration trouvent appui sur un ensemble de protéines dites extracellulaires qui facilitent l'organisation, l'orientation, les propriétés adhésives et la motilité des cellules au sein du CMR. La progression des neuroblastes est polarisée, c'est-à-dire orientée vers le bulbe olfactif. Ceci est en partie dû au fait que des structures voisines comme le septum libèrent des facteurs moléculaires (Slit-1 et Slit-2) qui exercent un effet répulsif sur les neuroblastes (Wu *et al.*, 1999). Les effets de tels facteurs se combinent avec ceux de facteurs attractifs comme la prokinéticine-2, une molécule produite par le bulbe olfactif (Ng *et al.*, 2005). Après avoir atteint le cœur du bulbe olfactif, les neuroblastes, organisés jusqu'alors en chaînes, se détachent les uns des autres et entament une migration radiaire individuelle pour occuper les couches granulaire et périglomérulaire du bulbe olfactif. Différentes molécules exprimées au sein du bulbe olfactif ont été identifiées comme signaux de détachement : la reeline, la ténascine-R et la prokinéticine-2 (Hack *et al.*, 2002 ; Ng *et al.*, 2005 ; Saghatelyan *et al.*, 2004).

▸▸ La maturation des nouveaux neurones

On distingue cinq stades reflétant le degré de maturation morphologique et fonctionnelle des neuroblastes (Petreanu et Alvarez-Buylla, 2002). D'abord, les neuroblastes issus de la ZSV atteignent le bulbe olfactif entre 2 à 7 jours (stade 1). Ils entament leur migration radiaire dans les deux jours qui suivent (stade 2), puis investissent la couche granulaire du bulbe olfactif 9 à 11 jours après leur naissance (stade 3). Près de deux semaines après avoir initié leur migration, les neurones développent une arborisation dendritique élaborée qui s'étend vers les neurones cibles (stade 4). Enfin, la plupart des néoneurones achèvent leur maturation au terme d'une trentaine de jours (stade 5). C'est entre leur 2e et leur 4e semaine de développement que les néoneurones connaissent une maturation synaptique (Carleton *et al.*, 2003 ; Kelsch *et al.*, 2008 ; Whitman et Greer, 2007). La maturation des neurones granulaires néoformés suit une cinétique bien spécifique. Ils reçoivent en premier lieu des afférences excitatrices avant de générer eux-mêmes une activité électrique. Le caractère silencieux des nouveaux neurones granulaires au cours des premiers stades de maturation est dû à l'expression tardive des canaux sodiques voltage-dépendants qui déterminent les processus de dépolarisation. En somme, ces nouveaux neurones sur le point de s'intégrer dans les réseaux fonctionnels donnent l'image de cellules qui se connectent à d'autres cellules, « écoutent » les informations émanant de ces dernières avant de finalement « s'exprimer » à leur tour. Enfin, ces nouveaux neurones montrent au cours des deux premières semaines de vie un degré de plasticité synaptique important qui s'efface au fur et à mesure de leur maturation (Nissant *et al.*, 2009). Cette forme de plasticité évanescente suggère que les nouveaux neurones auraient, au cours de cette période de leur développement, un rôle important dans l'apprentissage des odeurs.

▸▸ Les nouveaux neurones. Une question de survie

Près de 50 % des neurones nouvellement générés survivent et intègrent les circuits du bulbe olfactif (Winner *et al.,* 2002 ; Petreanu et Alvarez-Buylla, 2002). Cette phase de sélection débute lors de la 2e semaine d'âge des nouveaux neurones et s'achève autour de la 5e semaine (Magavi *et al.,* 2005 ; Petreanu et Alvarez-Buylla, 2002 ; Winner *et al.,* 2002 ; Yamaguchi et Mori, 2005). L'expérience olfactive des sujets a un large impact sur le taux de survie des nouveaux neurones. Ainsi, une occlusion nasale unilatérale, qui a pour conséquence une diminution de l'activité bulbaire, conduit à une diminution du nombre de nouveaux neurones dans le bulbe olfactif situé du côté de l'occlusion (Yamaguchi et Mori, 2005). Cette baisse de neurogenèse ne résulte pas d'un défaut des progéniteurs à se différencier en neuroblastes, mais témoigne d'une diminution du taux de survie des nouveaux neurones. À l'inverse, les chances de survie des neurones néoformés s'accroissent lorsque les animaux sont exposés à un environnement enrichi en odeurs ou lorsqu'ils sont entraînés à discriminer des odeurs (Mouret *et al.,* 2008 ; Rochefort *et al.,* 2002). L'accroissement du taux de neurogenèse en réponse à une exposition quotidienne à des odeurs variées s'explique par un nombre plus important de nouveaux neurones qui échappent à une mort cellulaire, et non par une augmentation de leur production au niveau de la ZSV (Rochefort *et al.,* 2002). Les variations significatives du nombre de neurones néoformés que peuvent produire des expériences de privation ou d'enrichissement en stimulations olfactives prennent place au cours de la période de sélection que traversent les nouveaux neurones entre 2 et 5 semaines d'âge. C'est au cours d'une fenêtre temporelle comparable qu'un apprentissage à discriminer deux odeurs favorise également la survie des neurones nouvellement générés dans le bulbe olfactif (Mouret *et al.,* 2008).

▸▸ Neurogenèse adulte et plasticité au sein du bulbe olfactif

Ces données témoignent du rôle critique que peut jouer l'activité sensorielle au sein du bulbe olfactif sur la régulation des processus neurogéniques. Comme nous l'avons précédemment spécifié, il est possible de modifier l'activité au sein du bulbe olfactif en réduisant par occlusion nasale ou en multipliant par exposition à une variété d'odeurs la quantité d'informations sensorielles au niveau de l'épithélium olfactif. Une occlusion nasale unilatérale diminue la prolifération et la survie des neurones nouvellement générés dans le bulbe ipsilatéral (Corotto *et al.,* 1994 ; Petreanu et Alvarez-Buylla, 2002 ; Yamaguchi et Mori, 2005). Des résultats comparables apparaissent lorsqu'on réduit par des moyens pharmacologiques l'activité dans le bulbe olfactif (Yamaguchi et Mori, 2005). Les cellules granulaires nouvellement générées qui survivent malgré une occlusion nasale présentent un nombre plus élevé d'afférences excitatrices, qui contribuent vraisemblablement à leur maintien *via* un processus compensateur (Kelsch *et al.,* 2009). La perte d'activité sensorielle dans le réseau bulbaire diminue la densité des épines dendritiques émanant des cellules nouvellement générées. Ces effets s'observent spécifiquement lorsque les neurones néoformés entrent dans leur phase de maturation, au moment où ils développent leurs boutons synaptiques. De manière intéressante, c'est aussi au cours de cette période que les neurones nouvellement générés entrent temporairement dans une phase de plasticité synaptique. Une fois leur stade de maturation achevé, les nouveaux interneurones bulbaires perdent alors cette forme de plasticité (Nissant *et al.*, 2009). À l'inverse d'une privation olfactive, une exposition chronique à des odeurs variées augmente la densité des interneurones granulaires et glomérulaires nouvellement formés (Bovetti *et al.*, 2009 ; Moreno *et al.*, 2009 ; Rochefort *et al.*, 2002 ; Veyrac *et al.*, 2009). Parallèlement, le nombre d'afférences excitatrices de type glutamatergique que reçoivent les neurones néoformés augmente (Livneh *et al.*, 2009).

De manière générale, les nombreuses afférences centrifuges en provenance de différentes structures cérébrales (*locus coeruleus*, bande diagonale de Broca, noyau du raphé) qui modulent la perception des odeurs contribuent à la survie des nouveaux neurones. Ainsi, lors d'une exposition à un environnement olfactif enrichi, la survie des nouveaux neurones semblerait tout autant dépendre des entrées sensorielles que des afférences centrifuges noradrénergiques dont font l'objet ces nouveaux neurones (Veyrac *et al.*, 2009). On retrouve par ailleurs les mêmes effets de ces deux types d'afférences dans différents modes d'apprentissage olfactif. Des animaux entraînés à discriminer des odeurs au cours d'épreuves de conditionnement opérant montrent à leur tour une augmentation de la survie des néoneurones (Mandairon *et al.*, 2006 ; Mouret *et al.*, 2008 ; Sultan *et al.*, 2010). Un apprentissage olfactif associatif affecte la survie des nouveaux neurones selon l'âge de ces derniers. Âgés de 18 à 30 jours, les neurones nouvellement générés ont une plus grande probabilité de survivre dans un contexte d'apprentissage, alors que les néoneurones de 30 à 45 jours voient leur chance de survie compromise dans un même contexte (Mouret *et al.*, 2008 ; Mandairon *et al.*, 2006). Ceci conduit à remarquer, ici encore, que c'est au cours de la période de développement des contacts synaptiques qu'ils reçoivent que les nouveaux neurones voient leur devenir engagé.

▸▸ Pourquoi produire en permanence de nouveaux neurones dans le bulbe olfactif ?

À quelles fonctions sont destinés les nouveaux neurones qui affluent constamment dans le bulbe olfactif ? L'apport permanent de neurones nouvellement générés suppose le remplacement des interneurones matures en vue de préserver l'organisation synaptique du bulbe. Il est encore difficile aujourd'hui de dire avec précision dans quelle proportion s'effectue ce remplacement et si les cellules remplacées se rapportent à un sous-type spécifique d'interneurones granulaires (Imayoshi *et al.*, 2008 ; Lagace *et al.*, 2007 ; Ninkovic *et al.*, 2007 ; Valley *et al.*, 2009). En exprimant du GABA, les interneurones granulaires nouvellement générés représentent un gain d'inhibition dans le réseau synaptique du bulbe olfactif. Les interneurones granulaires jouent un rôle critique dans les processus d'inhibition latérale et la synchronisation des cellules mitrales dans le bulbe olfactif. Dès lors, leur incorporation permanente s'accorde avec l'idée d'un renforcement des mécanismes inhibiteurs qui conduisent à un meilleur contraste des images olfactives, facilitant en conséquence la perception et l'apprentissage de ces dernières (Brennan *et al.*, 1998 ; Breton-Provencher *et al.*, 2009 ; Moreno *et al.*, 2009 ; Yokoi *et al.*, 1995). Il demeure encore difficile de dresser un bilan harmonieux des études ayant examiné la contribution des neurones nouvellement générés dans le bulbe olfactif avec les performances olfactives des sujets. La diversité des méthodes de blocage de la neurogenèse adulte (ablation génétique, irradiation, administration d'un agent antimitotique), des paradigmes et la difficulté des tâches d'apprentissage olfactif utilisées au sein des différentes études expliquent en partie la difficulté de ce bilan (Breton-Provencher *et al.*, 2009 ; Imayoshi *et al.*, 2008 ; Lazarini *et al.*, 2009 ; Moreno *et al.*, 2009 ; Valley *et al.*, 2009). Ainsi certaines études permettent de rendre compte d'un déficit de discrimination olfactive après réduction de la densité des interneurones néoformés (Bath *et al.*, 2008 ; Enwere *et al.*, 2004 ; Gheusi *et al.*, 2000 ; Moreno *et al.*, 2009), alors que d'autres ne relèvent aucun effet dans ce domaine (Breton-Provencher *et al.*, 2009 ; Imayoshi *et al.*, 2008 ; Lazarini *et al.*, 2009). De même, les processus de mémoire olfactive à court et à long terme ne s'avèrent pas toujours affectés chez les animaux privés d'un apport quotidien de nouveaux neurones dans le bulbe olfactif (Breton-Provencher *et al.*, 2009 ; Imayoshi *et al.*, 2008 ; Sultan *et al.*, 2010). Les tâches d'apprentissage mises en œuvre dans ces différentes études reposent sur des procédures de conditionnement associatif ou non associatif impliquant de la part des animaux des niveaux d'attention et de motivation variables. À ce titre, il est possible que les afférences centrifuges, dont le rôle est également déterminant dans le degré d'excitabilité des cellules granulaires nouvellement générées, contribuent de manière significative à l'acquisition et à la restitution des traces olfactives. D'autres travaux se sont intéressés à la contribution de la neurogenèse bulbaire adulte en mettant l'accent sur la pertinence éthologique des situations dans lesquelles cette neurogenèse serait susceptible de tenir un rôle. L'importance du sens olfactif dans la mise en place et la régulation des comportements sociaux chez de nombreux Mammifères suffit à justifier cet intérêt. L'exposition de souris femelles adultes à l'urine de souris mâles dominants augmente la production et l'intégration de cellules nouvellement générées dans le bulbe olfactif (Mak *et al.*, 2007). Cette augmentation repose sur une action spécifique de la prolactine au niveau de la zone subventriculaire et détermine la mise en place et l'expression d'une préférence des souris femelles à l'égard des partenaires dominants (Mak *et al.*, 2007). Toujours chez la souris, la première semaine de gestation et la première semaine de lactation représentent également deux périodes au cours desquelles une augmentation de la production de nouvelles cellules est observée dans la ZSV (Shingo *et al.*, 2003). Chez la rate, le même phénomène prend place en fin de gestation (Furuta et Bridges, 2005), alors que chez la brebis c'est une diminution de la prolifération cellulaire au sein de la ZSV qui accompagne la mise bas et les premiers soins prodigués à l'agneau (Brus *et al.*, 2010 ; cf. chapitre 24). La production cellulaire accrue qui intervient au cours de la période périnatale chez les rongeurs suggère une contribution fonctionnelle des nouveaux neurones dans la mise en place des conduites maternelles et de la reconnaissance des jeunes. C'est ce qui paraît être le cas chez les souris mâles exposées à la naissance de leur progéniture (Mak et Weiss, 2010). Au contact des jeunes, les souris mâles connaissent une élévation de leur taux de prolactine plasmatique qui est à l'origine d'une augmentation de la production de nouveaux neurones au sein de la ZSV et de l'hippocampe. Ces premières interactions entre un mâle et sa progéniture représentent également une période au cours de laquelle le premier mémorise l'identité de ses jeunes. Mak et Weiss ont montré que les nouveaux neurones produits dans le bulbe olfactif des mâles dans les jours qui suivent la naissance de leurs jeunes sont aussi ceux qui, par la suite, sont activés lorsque ces mâles ont l'opportunité de rencontrer leur progéniture après plusieurs semaines de séparation. Ces résultats suggèrent que les nouveaux neurones bulbaires produits lors de la naissance des jeunes constitueraient pour les souris mâles un support critique à la mémorisation et à la reconnaissance de leur descendance. Il paraît cependant beaucoup plus difficile de tirer les mêmes conclusions pour les souris mères. Une étude récente menée sur des souris femelles ayant fait l'objet d'une diminution de près de 70 % des neuroblastes par une irradiation spécifique de la ZSV n'a révélé aucun déficit chez ces femelles dans l'expression de leurs conduites maternelles ou encore dans leurs facultés à reconnaître leurs jeunes (Feierstein *et al.*, 2010). Au final, la contribution fonctionnelle de la neurogenèse adulte dans le domaine de la parentalité attend confirmation et devrait conduire à un examen étendu à d'autres espèces.

▸▸ Vers un potentiel thérapeutique de la production de nouveaux neurones bulbaires ?

Si le renouvellement neuronal à partir de progéniteurs de la ZSV adulte se restreint au bulbe olfactif dans des conditions physiologiques normales, il peut cependant concerner un certain nombre de régions cérébrales au sein desquelles peut survenir une perte massive de neurones. Ces régions non neurogéniques peuvent accueillir de nouveaux neurones durant l'émergence de maladies neurodégénératives, après un accident vasculaire cérébral ou encore lors d'un trauma. On parle alors de neurogenèse réactive. En induisant une perte de neurones corticaux, Macklis et son équipe ont mis en évidence la production de nouveaux neurones corticothalamiques (Magavi *et al.*, 2000), puis ultérieurement de motoneurones corticospinaux (Chen *et al.*, 2004). La majorité de ces nouveaux neurones semble être issue de la ZSV. Une autre étude récente montre que la production de neurones striataux épineux est possible après une ischémie transitoire chez le rongeur (Arvidsson *et al.*, 2002). De nouveau, c'est la ZSV qui produit le type neuronal désiré. Il semble donc que le cerveau mature ait bien la capacité de remplacer certaines catégories de neurones, dans des conditions de lésions où se développe une mort cellulaire importante. Ce remplacement cellulaire se ferait essentiellement par un recrutement des précurseurs de la ZSV et reposerait sur les modifications microenvironnementales produites par la lésion (Jin *et al.*, 2002). En regard de ces travaux expérimentaux chez l'animal, il est important de souligner que différentes études ont également rapporté la prolifération de cellules neurales sur des échantillons prélevés *post mortem* chez des patients atteints d'accidents vasculaires cérébraux, de la maladie de Huntington ou encore de sclérose en plaques (Chang *et al.*, 2008 ; Curtis *et al.*, 2003 ; 2007 ; Ekonomou *et al.*, 2011 ; Minger *et al.*, 2007). Ces données suggèrent que, dans certains cas cliniques, le recrutement de progéniteurs ou de neuroblastes pourrait s'apparenter à celui observé expérimentalement chez le rongeur.

Bien qu'encourageants, les résultats obtenus chez l'animal pointent dans bien des cas un certain nombre de limites. Ainsi, la proportion de nouveaux neurones produits est extrêmement faible en regard du nombre de neurones éliminés (Magavi *et al.,* 2000 ; Chen *et al.,* 2004 ; Ardvisson *et al.,* 2002). De plus, dans les cas d'ischémie expérimentale, non seulement une grande partie des progéniteurs neuraux se différencie en astrocytes, mais la majorité des nouveaux neurones meurt très rapidement. Pour ces raisons, le développement de stratégies visant à stimuler la prolifération, le recrutement et la différenciation des précurseurs en un sous-type neural précis, mais aussi la survie cellulaire, doit être mené plus loin dans la perspective de récupérations fonctionnelles significatives. Un travail de Nakatomi et ses collaborateurs fait à ce jour figure d'exemple (Nakatomi *et al.,* 2002). Après induction d'une ischémie globale conduisant à la dégénérescence sélective des neurones pyramidaux hippocampiques de la région CA1, les auteurs ont examiné les effets d'une infusion combinée de facteurs de croissance. Les résultats montrent un recrutement de plus de 40 % des neurones de la région CA1. Ces nouveaux neurones migrent à partir de la région caudale de la ZSV. Enfin, les auteurs montrent que les nouveaux neurones pyramidaux survivent pour une période d'au moins six mois et que leur présence s'accompagne d'une amélioration importante des fonctions hippocampiques.

▸▸ Conclusions

Ces deux dernières décennies témoignent des considérables progrès réalisés dans notre compréhension des mécanismes et de la régulation de la production de nouveaux neurones dans le bulbe olfactif adulte. Le phénomène pourrait être jugé anecdotique s'il ne concernait que quelques lignées de rongeurs de laboratoire. Mais la démonstration de son existence s'étend désormais à l'ensemble des espèces de Mammifères. Par comparaison aux autres structures cérébrales adultes, les raisons pour lesquelles le bulbe olfactif et l'hippocampe font l'objet d'une intégration permanente de nouveaux neurones demeurent encore inconnues. À la différence des processus d'intégration neuronale prenant place au cours du développement, les neurones nouvellement générés à l'âge adulte achèvent leur intégration et établissent leurs contacts au cœur d'un réseau stabilisé et fonctionnel. Il reste à découvrir les mécanismes qui permettent de préserver le caractère fonctionnel des réseaux des différentes populations de neurones bulbaires en dépit des changements permanents inhérents à un apport quotidien de nouveaux interneurones. La nature exacte des fonctions supportées par les neurones nouvellement générés attend encore d'être précisée. Les futurs progrès dans ce domaine devraient s'appuyer sur une meilleure compréhension de l'origine et de la diversité des cellules granulaires et périglomérulaires produites. Sur le plan clinique, les attentes sont essentiellement orientées vers une poursuite des efforts produits pour caractériser au mieux les cellules souches neurales et les facteurs moléculaires et cellulaires sur lesquels repose le concept de niche germinative. C'est donc tout naturellement que la neurogenèse bulbaire adulte rassemble la perspective à la fois d'un savoir fondamental du fonctionnement du système olfactif et celle du développement de nouvelles stratégies thérapeutiques en réponse aux troubles neurologiques accompagnant les maladies neurodégénératives.

⇥ Bibliographie

ALLEN E., 1912. The cessation of mitosis in the central nervous system of the albino rat. *Journal of Comparative Neurology*, 22, 547-568.

ALTMAN J., 1962. Are neurons formed in the brains of adult mammals? *Science*, 135, 1127-1128.

ALTMAN J., 1963. Autoradiographic investigation of cell proliferation in the brain of rats and cats. *Anatomical Record*, 145, 573-591.

ALTMAN J., 1966. Autoradiographic and histological studies of postnatal neurogenesis. 2. A longitudinal investigation of the kinetics, migration and transformation of cells incorporating tritiated thymidine in neonate rats, with special reference to postnatal neurogenesis in some brain regions. *Journal of Comparative Neurology*, 128, 431-474.

ALTMAN J., 1967. Postnatal growth and differentiation of the mammalian brain, with implications for a morphological theory of memory. *In: The Neurosciences, A Study Program* (G.C. Quarton, T. Melnechuck, F.O. Schmitt, eds), Rockefeller University Press, New York, 723-743.

ALTMAN J., 1969. Autoradiographic and histological studies of postnatal neurogenesis. 4. Cell proliferation and migration in the anterior forebrain, with special reference to persisting neurogenesis in the olfactory bulb. *Journal of Comparative Neurology*, 137, 433-458.

ALTMAN J., DAS G.D., 1965. Autoradiographic and histological studies of postnatal hippocampus neurogenesis in rats. *Journal of Comparative Neurology*, 124, 319-336.

ALTMAN J., DAS G.D., 1966. Autoradiographic and histological studies of postnatal neurogenesis. 1. A longitudinal investigation of the kinetics, migration and transformation of cells incorporating tritiated thymidine in neonate rats, with special reference to postnatal neurogenesis in some brain regions. *Journal of Comparative Neurology*, 126, 337-390.

ARVIDSSON A., COLLIN T., KIRIK D., KOKAIA Z., LINDVALL O., 2002. Neuronal replacement from endogenous precursors in the adult brain after stroke. *Nature Medecine*, 8, 963-970.

BATH K.G., MANDAIRON N., JING D., RAJAGOPAL R., KAPOOR R., CHEN Z.Y., KHAN T., PROENCA C.C., KRAEMER R., CLELAND T.A., HEMPSTEAD B.L., CHAO M.V., LEE F.S., 2008. Variant brain-derived neurotrophic factor (Val66Met) alters adult olfactory bulb neurogenesis and spontaneous olfactory discrimination. *Journal of Neuroscience*, 28, 2383-2393.

BEDARD A., PARENT A., 2004. Evidence of newly generated neurons in the human olfactory bulb. *Brain Research Developmental Brain Research*, 151, 159-168.

BOLTEUS A.J., BORDEY A., 2004. GABA release and uptake regulate neuronal precursor migration in the postnatal subventricular zone. *Journal of Neuroscience*, 24, 7623-7631.

BOVETTI S., VEYRAC A., PERETTO P., FASOLO A., DE M.S., 2009. Olfactory enrichment influences adult neurogenesis modulating GAD67 and plasticity-related molecules expression in newborn cells of the olfactory bulb. *PLoS One*, 4, e6359.

BRENNAN P.A., SCHELLINCK H.M., DE LA RIVA C., KENDRICK K.M., KEVERNE E.B., 1998. Changes in neurotransmitter release in the main olfactory bulb following an olfactory conditioning procedure in mice. *Neuroscience*, 87, 583-590.

BRETON-PROVENCHER V., LEMASSON M., PERALTA M.R., SAGHATELYAN A., 2009. Interneurons produced in adulthood are required for the normal functioning of the olfactory bulb network and for the execution of selected olfactory behaviors. *Journal of Neuroscience*, 29, 15245-15257.

BRUS M., MEURISSE M., FRANCESCHINI I., KELLER M., LÉVY F., 2010. Evidence for cell proliferation in the sheep brain and its down-regulation by parturition and interactions with the young. *Hormones and Behavior*, 58, 737-746.

CARLEN M., MELETIS K., GÖRITZ C., DARSALIA V., EVERGREN E., TANIGAKI K., AMENDOLA M., BARNABÉ-HEIDER F., YEUNG M.S.Y., NALDINI L., HONJO T., KOKAIA Z., SHUPLIAKOV O., CASSIDY R.M., LINDVALL O., FRISEN J., 2009. Forebrain ependymal cells are Notch-dependent and generate neuroblasts and astrocytes after stroke. *Nature Neuroscience*, 12, 259-267.

CARLETON A., PETREANU L., LANSFORD R., ALVAREZ-BUYLLA A., LLEDO P.M., 2003. Becoming a new neuron in the adult olfactory bulb. *Nature Neuroscience*, 6, 507-518.

CHANG A., SMITH M.C., YIN X., FOX R.J., STAUGAITIS S.M., TRAPP B.D., 2008. Neurogenesis in the chronic lesions of multiple sclerosis. *Brain*, 131, 2366-2375.

CHEN J., MAGAVI S.S., MACKLIS J.D., 2004. Neurogenesis of corticospinal motor neurons extending spinal projections in adult mice. *In: Proceedings of the National Academy of Sciences of the USA*, 101, 16357-16362.

CHIASSON B.J., TROPEPE V., MORSHEAD C.M., VAN DER KOOY D., 1999. Adult mammalian forebrain ependymal and subependymal cells demonstrate proliferative potential, but only subependymal cells have neural stem cell characteristics. *Journal of Neuroscience*, 19, 4462-4471.

COROTTO F.S., HENEGAR J.R., MARUNIAK J.A., 1994. Odor deprivation leads to reduced neurogenesis and reduced neuronal survival in the olfactory bulb of the adult mouse. *Neuroscience*, 61, 739-744.

COSKUN V., WU H., BLANCHI B., TSAO S., KIM K., ZHAO J., BIANCOTTI J.C., HUTNICK L., KRUEGER R.C., FAN G., DE VELLIS J., YI E., SUN Y.E., 2008. CD133+ neural stem cells in the ependyma of mammalian postnatal forebrain. *In: Proceedings of the National Academy of Sciences of the USA*, 105, 1026-1031.

CURTIS M.A., FAULL R.L., ERIKSSON P.S., 2007. The effect of neurodegenerative diseases on the subventricular zone. *Nature Reviews Neuroscience*, 8, 712-723.

CURTIS M.A., PENNEY E.B., PEARSON A.G., VAN ROON-MOM W.M., BUTTERWORTH N.J., DRAGUNOW M., CONNOR B., FAULL R.L., 2003. Increased cell proliferation and neurogenesis in the adult human Huntington's disease brain. *In: Proceedings of the National Academy of Sciences of the USA*, 100, 9023-9027

DOETSCH F., GARCIA-VERDUGO J.M., ALVAREZ-BUYLLA A., 1997. Cellular composition and three-dimensional organization of the subventricular germinal zone in the adult mammalian brain. *Journal of Neuroscience*, 17 (13), 5046-5061.

DOETSCH F., CAILLÉ I., LIM D.A., GARCIA-VERDUGO J.M., ALVAREZ-BUYLLA A., 1999. Subventricular zone astrocytes are neural stem cells in the adult mammalian brain. *Cell*, 97 (6), 703-716.

EKONOMOU A., BALLARD C.G., PATHMANABAN O.N., PERRY R.H., PERRY E.K., KALARIA R.N., MINGER S.L., 2011. Increased neural progenitors in vascular dementia. *Neurobiology of Aging*, 32 (12), 2152-2161.

ENWERE E., SHINGO T., GREGG C., FUJIKAWA H., OHTA S., WEISS S., 2004. Aging results in reduced epidermal growth factor receptor signaling, diminished olfactory neurogenesis, and deficits *in fine* olfactory discrimination. *Journal of Neuroscience*, 24, 8354-8365.

ERIKSSON P.S., PERFILIEVA E., BJORK-ERIKSSON T., ALBORN A.M., NORDBORG C., PETERSON D.A., GAGE F.H., 1998. Neurogenesis in the adult human hippocampus. *Nature Medecine*, 4, 1313-1317.

FEIERSTEIN C., LAZARINI F., WAGNER S., GABELLEC M.M., DE CHAUMONT F., OLIVO-MARIN J.C., BOUSSIN F.D., LLEDO P.M., GHEUSI G., 2010. Disruption of adult neurogenesis in the olfactory bulb affects social interaction but not maternal behavior. *Frontiers in Behavioral Neuroscience*, 4, article 176.

FURUTA M., BRIDGES R.S., 2005. Gestation-induced cell proliferation in the rat brain. *Brain Research Developmental Brain Research*, 156, 61-66.

GARCIA A.D., DOAN N.B., IMURA T., BUSH T.G., SOFRONIEW M.V., 2004. GFAP-expressing progenitors are the principal source of constitutive neurogenesis in adult mouse forebrain. *Nature Neuroscience*, 7, 1233-1241.

GHEUSI G., CREMER H., MCLEAN H., CHAZAL G., VINCENT J.D., LLEDO P.M., 2000. Importance of newly generated neurons in the adult olfactory bulb for odor discrimination. *In: Proceedings of the National Academy of Sciences of the USA*, 97, 1823-1828.

GOLDMAN S.A., NOTTEBOHM F., 1983. Neuronal production, migration and differentiation in a vocal control nucleus of the adult female canary brain. *In: Proceedings of the National Academy of Sciences of the USA*, 80, 2390-2394.

HACK I., BANCILA M., LOULIER K., CARROLL P., CREMER H., 2002. Reelin is a detachment signal in tangential chain-migration during postnatal neurogenesis. *Nature Neuroscience*, 10, 939-945.

IMAYOSHI I., SAKAMOTO M., OHTSUKA T., TAKAO K., MIYAKAWA T., YAMAGUCHI M., MORI K., IKEDA T., ITOHARA S., KAGEYAMA R., 2008. Roles of continuous neurogenesis in the structural and functional integrity of the adult forebrain. *Nature Neuroscience*, 11, 1153-1161.

JIN K., MAO X., SUN Y., XIE L., GREENVERG D.A., 2002. Stem cell factor stimulates neurogenesis *in vitro* and *in vivo*. *Journal of Clinical Investigation*, 110, 311-319.

JOHANSSON C.B., MOMMA S., CLARKE D.L., RISLING M., LENDAHL U., FRISEN J., 1999. Identification of a neural stem cell in the adult mammalian central nervous system. *Cell,* 96, 25-34.

KAPLAN M.S., 1983. Prolifération of subependymal cells in the adult primate CNS: differential uptake of DNA labelled precursors. *Journal für Hirnforshcung,* 24, 23-33.

KAPLAN M.S., 1984. Mititotic neuroblasts in the 9-day-old and 11-month-old rodent hippocampus. *Journal of Neuroscience,* 4, 1429-1441.

KAPLAN M.S., HINDS J.W., 1977. Neurogenesis in the adult rat: electron microscopic analysis of light radioautographs. *Science,* 197, 1092-1094.

KELSCH W., LIN C.W., LOIS C., 2008. Sequential development of synapses in dendritic domains during adult neurogenesis. *In: Proceedings of the National Academy of Sciences of the USA,* 105, 16803-16808.

KELSCH W., LIN C.W., MOSLEY C.P., LOIS C., 2009. A critical period for activity-dependent synaptic development during olfactory bulb adult neurogenesis. *Journal of Neuroscience,* 29, 11852-11858.

LAGACE D.C., WHITMAN M.C., NOONAN M.A., ABLES J.L., DeCAROLIS N.A., ARGUELLO A.A., DONOVAN M.H., FISCHER S.J., FARNBAUCH L.A., BEECH R.D., DiLEONE R.J., GREER C.A. MANDYAM C.D., EISCH A.J., 2007. Dynamic contribution of nestin-expressing stem cells to adult neurogenesis. *Journal of Neuroscience,* 27, 12623-12629.

LAYWELL E.D., RAKIC P., KUKEKOV V.G., HOLAND E.C., STEINDLER D.A., 2000. Identification of a multipotent astrocytic stem cell in the immature and adult mouse brain. *In: Proceedings of the National Academy of Sciences of the USA,* 97, 13883-13888.

LAZARINI F., MOUTHON M.A., GHEUSI G., DE CHAUMONT F., OLIVO-MARIN J.C., LAMARQUE S., ABROUS D.N., BOUSSIN F.D., LLEDO P.M., 2009. Cellular and behavioral effects of cranial irradiation of the subventricular zone in adult mice. *PLoS One,* 4, e7017.

LIM D.A., ALVAREZ-BUYLLA A., 1999. Interaction between astrocytes and adult subventricular zone precursors stimulates neurogenesis. *In: Proceedings of the National Academy of Sciences of the USA,* 96, 7526-7531.

LIVNEH Y., FEINSTEIN N., KLEIN M., MIZRAHI A., 2009. Sensory input enhances synaptogenesis of adult-born neurons. *Journal of Neuroscience,* 29, 86-97.

LOIS C., ALVAREZ-BUYLLA A., 1994. Long-distance neuronal migration in the adult mammalian brain. *Science,* 264, 1145-1148.

LOIS C., GARCIA-VERDUGO J.M., ALVAREZ-BUYLLA A., 1996. Chain migration of neuronal precursors. *Science,* 271, 978-981.

LOUISSAINT A., RAO S., LEVENTHAL C., GOLDMAN S.A., 2002. Coordinated interaction of neurogenesis and angiogenesis in the adult songbird brain. *Neuron,* 34, 945-960.

MAGAVI S.S., LEAVITT B.R., MACKLIS J.D., 2000. Induction of neurogenesis in the neocortex of adult mice. *Nature,* 405, 951-955.

MAGAVI S.S., MITCHELL B.D., SZENTIRMAI O., CARTER B.S., MACKLIS J.D., 2005. Adult-born and preexisting olfactory granule neurons undergo distinct experience-dependent modifications of their olfactory responses *in vivo. Journal of Neuroscience,* 25, 10729-10739.

MAK G.K., WEISS S., 2010. Paternal recognition of adult offspring mediated by newly generated CNS neurons. *Nature Neuroscience,* 13, 753-758.

MAK G.K., ENWERE E.K., GREGG C., PAKARAINEN T., POUTANEN M., HUHTANIEMI I., WEISS S., 2007. Male pheromone-stimulated neurogenesis in the adult female brain: possible role in mating behavior. *Nature Neuroscience,* 10, 1003-1011.

MANDAIRON N., SACQUET J., GARCIA S., RAVEL N., JOURDAN F., DIDIER A., 2006. Neurogenic correlates of an olfactory discrimination task in the adult olfactory bulb. *European Journal of Neuroscience,* 24, 3578-3588.

MINGER S.L., EKONOMOU A., CARTA E.M., CHINOY A., PERRY R.H., BALLARD C.G., 2007. Endogenous neurogenesis in the human brain following cerebral infarction. *Regenerative Medecine,* 2, 69-74.

MORENO M.M., LINSTER C., ESCANILLA O., SACQUET J., DIDIER A., MANDAIRON N., 2009. Olfactory perceptual learning requires adult neurogenesis. *In: Proceedings of the National Academy of Sciences of the USA,* 106, 17980-17985.

MOURET A., GHEUSI G., GABELLEC M.M., DE CHAUMONT F., OLIVO-MARIN J.C., LLEDO P.M., 2008. Learning and survival of newly generated neurons: when time matters. *Journal of Neuroscience,* 28, 11511-11516.

NAKATOMI H., KURIU T., OKABE S., YAMAMOTO S., HATANO O., KAWAHARA N., TAMURA A., KIRINO T., NAKAFUKU M., 2002. Regeneration of hippocampal pyramidal neurons after ischemic brain injury by recruitment of endogenous neural progenitors. *Cell,* 110, 429-441.

NG K.L., LI J.D., CHENG M.Y., LESLIE F.L., LEE A.G., ZHOU Q.Y., 2005. Dependence of olfactory bulb neurogenesis on prokineticin-2 signaling. *Science,* 308, 1923-1927.

NINKOVIC J., MORI T., GÖTZ M., 2007. Distinct modes of neuron addition in adult mouse neurogenesis. *Journal of Neuroscience,* 27, 10906-10911.

NISSANT A., BARDY C., KATAGIRI H., MURRAY K., LLEDO P.M., 2009. Adult neurogenesis promotes synaptic plasticity in the olfactory bulb. *Nature Neuroscience,* 12, 728-730.

PATON J.A., NOTTEBOHM F., 1984. Neurons generated in adult brain are recruited into functional circuits. *Science,* 225, 1046-1048.

PETREANU L., ALVAREZ-BUYLLA A., 2002. Maturation and death of adult-born olfactory bulb granule neurons: role of olfaction. *Journal of Neuroscience,* 22, 6106-6113.

RAKIC P., 1985a. DNA synthesis and cell division in the adult primate brain. *Annals of the New York Academy of Science,* 457, 193-211.

RAKIC P., 1985b. Limits of neurogenesis in primates. *Science,* 227, 1054-1056.

RAMÓN Y CAJAL S., 1913-1914. Estudios sobre la degeneración y regeneración del sistema nervioso. Moya, Madrid. Reprinted and edited with additional translations by DeFelipe J., Jones E.G., 1991. *Cajal's Degeneration and Regeneration of the Nervous System,* Oxford University Press, New York, 769 p.

REYNOLDS B.A., WEISS S., 1992. Generation of neurons and astrocytes from isolated cells of the adult mammalian central nervous sytem. *Science,* 255, 1707-1710.

ROCHEFORT C., GHEUSI G., VINCENT J.D., LLEDO P.M., 2002. Enriched odor exposure increases the number of newborn neurons in the adult olfactory bulb and improves odor memory. *Journal of Neuroscience,* 22, 2679-2689.

SAGHATELYAN A., DE CHEVIGNY A., SCHACHNER M., LLEDO P.M., 2004. Tenascin-R mediates activity-dependent recruitment of neuroblasts in the adult mouse forebrain. *Nature Neuroscience,* 7, 347-356.

SHEN Q., GODERIE S.K., JIN L., KARANTH N., SUN Y., ABRAMOVA N., VINCENT P., PUMIGLIA K., TEMPLE S., 2004. Endothelial cells stimulate self-renewal and expand neurogenesis of neural stem cells. *Science,* 304, 1338-1340.

SHEN Q., WANG Y., KOKOVAY E., LIN G., CHUANG S.M., GODERIE S.K., ROYSAM B., TEMPLE S., 2008. Adult SVZ stem cells lie in a vascular niche: a quantitative analysis of niche cell-cell interactions. *Cell Stem Cell,* 3, 279-288.

SHINGO T., GREGG C., ENWERE E., FUJIKAWA H., HASSAM R., GEARY C., CROSS J.C., WEISS S., 2003. Pregnancy-stimulated neurogenesis in the adult female forebrain mediated by prolactin. *Science,* 299, 117-120.

SULTAN S., MANDAIRON N., KERMEN F., GARCIA S., SACQUET J., DIDIER A., 2010. Learning-dependent neurogenesis in the olfactory bulb determines long-term olfactory memory. *FASEB Journal,* 24, 2355-2363.

VALLEY M.T., MULLEN T.R., SCHULTZ L.C., SAGDULLAEV B.T., FIRESTEIN S., 2009. Ablation of mouse adult neurogenesis alters olfactory bulb structure and olfactory fear conditioning. *Frontiers in Neuroscience,* 3, article 51.

VEYRAC A., SACQUET J., NGUYEN V., MARIEN M., JOURDAN F., DIDIER A., 2009. Novelty determines the effects of olfactory enrichment on memory and neurogenesis through noradrenergic mechanisms. *Neuropsychopharmacology,* 34, 786-795.

WHITMAN M.C., GREER C.A., 2007. Synaptic integration of adult-generated olfactory bulb granule cells: basal axodendritic centrifugal input precedes apical dendrodendritic local circuits. *Journal of Neuroscience,* 27, 9951-9961.

WICHTERLE H., GARCIA-VERDUGO J.M., ALVAREZ-BUYLLA A., 1997. Direct evidence for homotypic, glia-independent neuronal migration. *Neuron,* 18, 779-791.

WINNER B., COOPER-KHUN C.M., AIGNER R., WINKLER J., KHUN H.G., 2002. Long-term survival and cell death of newly generated neurons in the adult olfactory bulb. *European Journal of Neuroscience,* 16, 1681-1689.

WU W., WONG K., CHEN J.H., JIANG Z.H., DUPUIS S., WU J., RAO Y., 1999. Directional guidance of neuronal migration in the olfactory system by the protein Slit. *Nature,* 400, 331-336.

YAMAGUCHI M., MORI K., 2005. Critical period for sensory experience-dependent survival of newly generated granule cells in the adult mouse olfactory bulb. *In: Proceedings of the National Academy of Sciences of the USA,* 102, 9697-9702.

YOKOI M., MORI K., NAKANISHI S., 1995. Refinement of odor molecule tuning by dendrodendritic synaptic inhibition in the olfactory bulb. *In: Proceedings of the National Academy of Sciences of the USA,* 92, 3371-3375.

Chapitre 12

Insectes : structure, développement et plasticité des lobes antennaires

Sylvia ANTON et Jean-Pierre ROSPARS

Le lobe antennaire (LA) est un réseau de neurones dont la fonction est d'effectuer le premier traitement de l'information recueillie par les neurones récepteurs olfactifs (NRO). Cette structure paire[1] fait partie du deutocérébron, l'un des trois compartiments majeurs du cerveau de l'Insecte. Le deutocérébron comporte également une seconde partie, le centre mécanosensoriel et moteur de l'antenne, qui n'a pas de fonction olfactive. Dans le LA, les NRO entrent en contact synaptique avec les neurones cérébraux au sein de structures particulières, les glomérules. Nous décrirons successivement les glomérules, les neurones qui les composent et leurs changements au cours du temps (développement et plasticité) (revues de Rospars, 1988 ; Anton et Homberg, 1999).

▸▸ Les glomérules

Chaque glomérule est une petite sphère de neuropile[2] dense à l'intérieur de laquelle ont lieu les contacts synaptiques entre les axones des NRO (entrants), les dendrites des

---

1. En anatomie, on distingue les structures paires, symétriques à droite et à gauche du cerveau (ou du corps), et impaires, situées dans le plan sagittal (médian).
2. Dans le système nerveux central des Insectes, on distingue les corps cellulaires, situés à la périphérie des ganglions, et l'ensemble des neurites (axones, dendrites) et synapses, situés en leur centre. Le neuropile est structuré en régions qui se distinguent par la densité ou l'organisation des neurites.

neurones de projection (NP) (sortants) et les neurones locaux (NL) (intrinsèques). Ces trois éléments sont les constituants de base de la plupart des régions du cerveau, chez les Insectes et chez les Vertébrés, où ils forment ce qu'on appelle une triade synaptique (Shepherd et Koch, 1990). À l'intérieur d'une triade, les connexions entre neurones entrants et sortants assurent la transmission de l'information, tandis que les synapses entre les neurones intrinsèques et les neurones sortants servent à moduler cette transmission. D'une façon assez générale, la transmission est le fait de synapses excitatrices et la modulation le fait de synapses inhibitrices.

Le glomérule, unité de structure et de fonction

Chaque glomérule constitue une unité de structure et de fonction bien définie pour les raisons suivantes (Rospars, 1988) :
– il est entouré, au moins partiellement, de cellules gliales qui jouent un rôle dans son développement et sa nutrition (Oland et Tolbert, 1996) ;
– chez de nombreux groupes d'Insectes, le glomérule présente une structure interne avec une partie périphérique contenant les synapses et une partie centrale par où pénètrent les fibres des neurones du LA ;
– chaque NRO a son arborisation terminale limitée à un seul glomérule ;
– de même, les extrémités de l'arborisation dendritique des NP et des NL à l'intérieur d'un glomérule demeurent confinées dans celui-ci ; une même arborisation s'étend rarement sur plusieurs glomérules, même si on observe quelquefois des branches collatérales peu ramifiées.

L'organisation glomérulaire

Le nombre des glomérules varie en général entre 50 et 200 suivant les espèces (Anton et Homberg, 1999 ; Rospars, 1988 ; Schachtner *et al.*, 2005). Le record est actuellement détenu par une fourmi avec 442 glomérules (Kelber *et al.*, 2010). Les Orthoptères, quant à eux, ont un millier de microglomérules (Ernst *et al.*, 1977). Pour une espèce et un sexe donné, le nombre total de glomérules, la taille, la forme (subsphérique) et la position de chacun d'eux sont très bien conservés entre individus (Rospars, 1988 ; Rospars et Chambille, 1989). Il est donc possible de les identifier de manière individuelle (figure 12.1, planche couleur VII). Cette identifiabilité indique une très bonne reproductibilité de l'organisation neuronale sous-jacente ; elle permet de caractériser les neurones et d'étudier de manière individuelle la fonction propre à chaque glomérule. C'est donc une voie d'accès privilégiée pour étudier la structure et le fonctionnement du LA. Cependant, l'invariance de l'organisation glomérulaire en position et en taille n'est pas absolue (Couton *et al.*, 2009). Elle ne paraît pas maintenue avec la même précision chez toutes les espèces, ce qui se manifeste par une variabilité qualitative (glomérule absent unilatéralement ou bilatéralement chez un individu) et quantitative (variabilité de position et de taille du même glomérule chez divers individus). Au sein d'une même espèce, la variabilité quantitative est minimale entre LA droit et gauche du même individu, légèrement plus grande entre individus du même sexe et maximale entre individus de sexes différents (Rospars, 1988).

Le dimorphisme sexuel de l'organisation glomérulaire

Le dimorphisme sexuel de l'organisation glomérulaire, présent chez de nombreuses espèces, reflète le dimorphisme sexuel des antennes (Anton et Homberg, 1999 ; Rospars, 1988). Le dimorphisme sexuel le plus apparent concerne le complexe macroglomérulaire (CMG), visible notamment chez les Dictyoptères (blattes), Lépidoptères et Hyménoptères. Il s'agit d'un neuropile glomérulaire de beaucoup plus grande taille que les glomérules ordinaires et spécifique du mâle, ou au moins de taille plus grande chez les mâles que chez les femelles. Chez les Lépidoptères, c'est sur ce complexe que se projettent les NRO antennaires sensibles aux composants de la phéromone sexuelle. Le système olfactif est donc subdivisé en au moins deux sous-systèmes indépendants, l'un pour la phéromone sexuelle, l'autre pour l'ensemble des autres odeurs. Le nombre de glomérules du CMG varie de un à sept suivant les espèces. Ce nombre correspond souvent au nombre de composés phéromonaux d'une espèce. Un homologue de petite taille du CMG existe parfois chez la femelle, notamment des noctuelles et des tordeuses, dont les femelles possèdent des NRO sensibles à leur propre phéromone sexuelle (Rospars, 1988).

Le CMG n'est cependant pas le seul dimorphisme sexuel de l'organisation glomérulaire. Ainsi, le LA de femelles de Lépidoptères peut inclure des glomérules de plus grande taille que leurs homologues mâles (*Bombyx* : Koontz et Schneider, 1987 ; *Manduca* : Rospars et Hildebrand, 2000). Chez les Hyménoptères sociaux, les mâles ont généralement beaucoup moins de glomérules que les femelles, ce qui est sans doute lié au fait que les mâles ne sont pas impliqués dans les tâches sociales qui requièrent la perception de nombreux composés volatils.

L'évolution

La compartimentalisation des LA en glomérules est commune aux Insectes et aux Crustacés (qui, ensemble, forment le groupe des Tétraconates) et semble remonter à leur dernier ancêtre commun ; autrement dit, c'est un caractère plésiomorphique du cerveau des Tétraconates (Schachtner *et al.*, 2005). La taille des LA, le nombre de glomérules et leur structuration précise semblent davantage corrélés au nombre de NRO et à l'importance de l'olfaction pour une espèce qu'à sa position systématique. Les glomérules sont plus ou moins distincts les uns des autres selon la densité des enveloppes gliales, mais là encore ce trait est indépendant de la position systématique des espèces. On ne trouve de tendance évolutive que chez les Orthoptères, où les glomérules primitifs de taille ordinaire se seraient d'abord divisés en groupes de glomérules plus petits chez les Gryllidés, puis ces derniers se seraient morcelés en microglomérules chez les Acrididés (Ignell *et al.*, 2001). On trouve des LA réduits et dépourvus de glomérules, voire une absence complète de LA, essentiellement chez des Insectes anosmiques comme les libellules, les Éphémères et certains Hétéroptères et Coléoptères aquatiques (Schachtner *et al.*, 2005).

▸▸ Les neurones du lobe antennaire

Quatre types de neurones font synapse à l'intérieur des glomérules. Ce sont les NRO, qui proviennent essentiellement de l'antenne et se terminent dans les glomérules ; les NL, qui connectent les différents glomérules entre eux ; les NP, qui transmettent l'information olfactive traitée dans le LA aux centres supérieurs du cerveau dans le protocérébron ; enfin les neurones centrifuges (NC), qui proviennent des centres supérieurs et qui modulent l'activité des neurones précédents (figure 12.2).

Le nombre de NRO, NL, NP et glomérules varie selon les espèces (tableau 12.1). Vingt à deux mille NRO convergent dans chaque glomérule et deux ou trois NP en sortent. Les NRO sont donc cent à mille fois plus nombreux que les neurones des LA ; c'est le phénomène de convergence. Ceci suggère que le réseau de neurones du LA réduit fortement la redondance du message olfactif porté par les NRO et en accroît la précision. Ainsi, l'information olfactive portée par les NP résulte d'un condensé de l'information portée par les NRO.

Des connexions synaptiques multiples existent entre neurones dans les glomérules. En se tenant aux NRO, NP et NL, on peut distinguer quatre types principaux de synapses selon la nature des éléments pré et postsynaptiques en jeu : les synapses connectant les NRO (présynaptiques) aux NP et aux NL ; les synapses entre NP et NL qui sont réciproques, c'est-à-dire associent une connexion NP vers NL et une connexion NL vers NP, avec un poids plus important de ces dernières ; les synapses entre NL ; enfin des synapses dont l'élément présynaptique est probablement un NL et dont l'élément postsynaptique est une terminaison présynaptique de NRO (Distler et Boeckh, 1997 ; Olsen et Wilson, 2008). En première approximation, les NRO et NP sont excitateurs et les NL en majorité inhibiteurs.

Tableau 12.1. Nombre de glomérules, de neurones des différents types et de gènes de récepteurs olfactifs (RO).

Ordre	Espèce	RO[1]	Glomérules	NRO[2]	NL[3]	NP[4]
Orthoptères	*Locusta migratoria*	–	~ 1 000	106 000	300	700
	Schistocerca sp.	–	~ 1 000	–	–	830
Dictyoptères	*Periplaneta americana* mâle	–	125	200 000	300	700
Lépidoptères	*Manduca sexta* mâle	47	62	300 000	360	900
	Bombyx mori mâle	> 48	60	300 000	–	–
Diptères	*Drosophila melanogaster*	61	50	1 200	100	150
	Anopheles sp.	78	60	1 500	–	–
Hyménoptères	*Apis mellifera* ouvrière	162	166	65 000	750	1 000
	Apis mellifera mâle	–	107	300 000	–	–

1 : récepteurs olfactifs membranaires ; 2 : neurones récepteurs olfactifs ; 3 : neurones locaux ; 4 : neurones de projection.

Références : Anton et Homberg, 1999 ; Grosse-Wilde *et al.,* 2011 ; Laissue *et al.,* 1999 ; Rospars, 1988 ; Rospars et Hildebrand, 2000 ; de Bruyne et Baker, 2008 ; McIver, 1982 ; Steinbrecht, 1970.

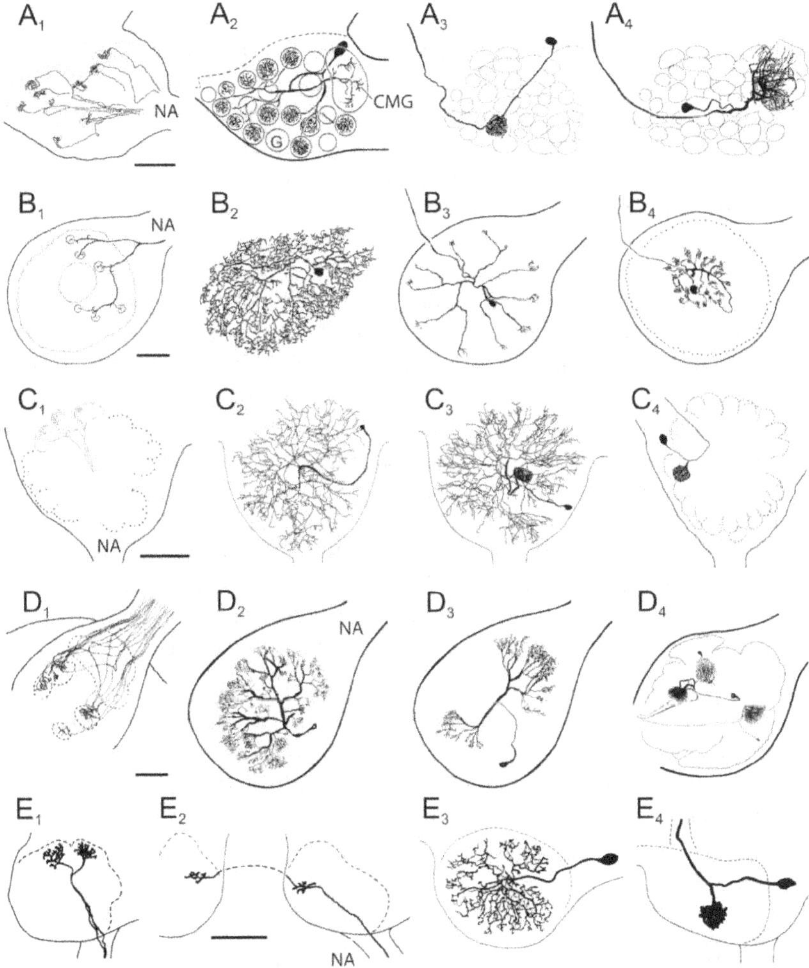

Figure 12.2. Types principaux de neurones du lobe antennaire (LA) de la blatte *Periplaneta americana* (A1-A4), du criquet migrateur *Schistocerca gregaria* (B1-B4), de l'abeille *Apis mellifera* (C1-C4), du sphingide *Manduca sexta* (D1-D4) et de la mouche du vinaigre *Drosophila melanogaster* (E1-E4).

(A1), (B1), (C1), (D1), (E1), (E2) : projections axonales de neurones récepteurs olfactifs (NRO) dans le LA. Les projections des NRO du criquet migrateur sont multiglomérulaires (B1) et les projections des NRO de la mouche sont bilatérales (E2). (A2), (B2), (C2), (C3), (D2), (D3), (E3) : ramifications des neurones locaux (NL). Différents types de NL existent selon les espèces : chez l'abeille, on a trouvé des NL avec des ramifications homogènes (C2) et hétérogènes (C3), et chez le sphingide, des neurones symétriques (D2) et asymétriques (D3). (A3), (A4), (B3), (B4), (C4), (D4), (E4) : arborisations de neurones de projection (NP) dans le LA dont les axones empruntent le tractus antenno-protocérébral (TAP) médian. Les corps cellulaires des NP sont situés dans le groupe de corps cellulaires médian ou latéral du LA. NA : nerf antennaire ; CMG : complexe macroglomérulaire (d'après Schachtner *et al.*, 2005).

Neurones récepteurs olfactifs

Les corps cellulaires des NRO sont situés à la base des sensilles olfactives dans l'antenne, les palpes labiaux et/ou les palpes maxillaires. Leurs axones, qui forment la majeure partie du nerf antennaire, se réorganisent en fascicules à l'entrée du LA. Chaque fascicule regroupe les axones de NRO provenant de différents segments de l'antenne qui expriment le même récepteur olfactif (ils reconnaissent donc les mêmes odeurs) (Hildebrand, 1995). Sauf rares exceptions, l'arborisation terminale de chaque NRO se limite à un seul glomérule du LA ipsilatéral[3]. Les NRO des mouches se divisent en deux branches dont l'une se termine du côté ipsilatéral comme chez les autres Insectes, tandis que l'autre se termine dans un glomérule symétrique du LA contralatéral. Chez les Orthoptères comme le criquet migrateur, chaque NRO innerve plusieurs glomérules de petite taille. Tous les NRO qui expriment un même récepteur olfactif se projettent dans un même glomérule (Gao *et al.*, 2000 ; Vosshall *et al.*, 2000). Le nombre de NRO varie en fonction de l'importance de l'olfaction pour l'espèce. Les Insectes sociaux ont souvent un nombre élevé de NRO et de glomérules associés (Schachtner *et al.*, 2005 ; Galizia et Rössler, 2010). Les espèces qui emploient des phéromones sexuelles présentent un dimorphisme sexuel du nombre de NRO sensibles à la phéromone et de la taille des glomérules qu'ils innervent (Rospars, 1988 ; Anton et Homberg, 1999). Le neurotransmetteur principal des NRO est l'acétylcholine. On a trouvé des récepteurs cholinergiques nicotiniques dans le LA de toutes les espèces d'Insectes étudiées, ainsi que des récepteurs muscariniques chez certaines espèces (Homberg et Müller, 1999 ; Schachtner *et al.*, 2005).

Les NRO des palpes maxillaires et labiaux se terminent dans un ou plusieurs glomérules médio-ventraux qui sont intégrés dans le LA chez les Insectes holométaboles (Anton et Homberg, 1999). Chez les hémimétaboles, au contraire, les neurones chimiorécepteurs, essentiellement gustatifs, se projettent dans une structure séparée du LA, le *lobus glomerulatus* (Ignell *et al.*, 2000).

Interneurones locaux

Les corps cellulaires des NL sont situés dans un ou plusieurs des groupes cellulaires situés à la périphérie du LA. On distingue par leur anatomie trois types principaux de NL : les multiglomérulaires dont les ramifications sont homogènes dans tous les glomérules, les multiglomérulaires dont les ramifications sont hétérogènes et distribuées asymétriquement dans le LA, et enfin les oligoglomérulaires qui se ramifient dans quelques glomérules seulement. Le principal neurotransmetteur des NL est l'acide γ-aminobutyrique (GABA), qui exerce un rôle inhibiteur, mais des travaux récents ont également mis en évidence des populations de NL libérant des neurotransmetteurs excitateurs comme l'acétylcholine (Shang *et al.*, 2007 ; voir aussi Olsen *et al.*, 2007), des amines biogènes et une multitude de neuropeptides (Schachtner *et al.*, 2005). On peut également distinguer les NL par la polarité de leurs synapses[4]

---

3. En anatomie, deux structures sont ipsilatérales si elles sont du même côté (droit ou gauche) du corps ; elles sont contralatérales dans le cas contraire.

4. Les synapses peuvent être d'entrée ou de sortie. Dans une synapse de sortie, l'élément présent dans le NL est présynaptique (les vésicules synaptiques sont en général bien visibles en microscopie électronique). Dans une synapse d'entrée, il est postsynaptique.

et la partie des glomérules qu'ils innervent (Galizia et Rössler, 2010). Cette variabilité anatomique correspond à une variabilité physiologique quant à la spécificité et aux modes de réponse (émission ou non de potentiels d'action, canaux ioniques, etc.) (Seki *et al.*, 2009).

Neurones de projection

Les corps cellulaires des NP se situent également dans les groupes cellulaires périphériques du LA. Leur arborisation dendritique est le plus souvent restreinte à un seul glomérule (blattes, papillons, abeilles), mais il existe aussi des NP à arborisations dendritiques dans plusieurs glomérules. Chez les criquets migrateurs, dont le LA est atypique en raison du grand nombre (~ 1 000) et de la petite taille de ses glomérules, les NP se ramifient dans plusieurs glomérules organisés en cercles concentriques (Anton et Hansson, 1996). L'axone des NP se projette dans le protocérébron ipsilatéral et plus rarement bilatéral, en empruntant l'un des tractus qui relie le LA au protocérébron et sont appelés pour cette raison tractus antenno-protocérébraux (TAP, Galizia et Rössler, 2010). Le plus important, présent chez tous les Insectes, est le TAP médian (également appelé tractus antenno-cérébral interne), qui sort du LA au voisinage du plan sagittal et se projette dorsalement d'abord dans les calices des corps pédonculés, puis se termine dans le protocérébron latéral. Les NP de ce tractus sont cholinergiques. Un second tractus, le TAP latéral, se dirige d'abord vers le protocérébron latéral puis se termine dans les calices des corps pédonculés ; il est constitué de peu d'axones, sauf chez les Hyménoptères (Galizia et Rössler, 2010). D'autres tractus avec peu de neurones innervent essentiellement des régions du protocérébron latéral. Chez les mâles des Lépidoptères et d'autres Insectes utilisant des phéromones sexuelles, les NP originaires du CMG ont des terminaisons dans des régions du protocérébron séparées des régions de terminaison des NP répondant à d'autres odeurs (Anton et Homberg, 1999).

Neurones centrifuges

Les NC ont leurs arborisations dendritiques pour la plupart dans des régions situées hors du LA. Différents types de NC sont présents chez différents Insectes, généralement en petit nombre (Schachtner *et al.*, 2005). On a aussi mis en évidence des neurones descendants du protocérébron avec des arborisations dans les LA à l'aide de marquages par des anticorps dirigés contre des neuropeptides (Anton et Homberg, 1999).

▸▸ Le développement

Formation des glomérules

Le développement du LA chez les Insectes a été bien étudié chez les hémimétaboles et les holométaboles.

Hémimétaboles

Chez les blattes, un LA constitué de petits glomérules se forme relativement tôt durant l'embryogenèse. Au cours du développement postembryonnaire, le nombre de glomérules demeure constant (Chambille et Rospars, 1985), mais leur taille augmente de manière exponentielle avec un taux de croissance propre à chaque glomérule (Rospars et Chambille, 1986). Chez *Blaberus craniifer,* le macroglomérule peut être suivi du premier au dernier stade larvaire, mais son dimorphisme sexuel n'apparaît qu'à la mue imaginale (Rospars et Chambille, 1986) ; en revanche, chez *Periplaneta americana,* le dimorphisme apparaît dès les trois ou quatre derniers stades (Salecker et Malun, 1999). Pendant le développement larvaire des criquets migrateurs, les microglomérules augmentent à la fois en taille et en nombre (Anton *et al.,* 2002).

Holométaboles

Les LA des stades larvaires des Insectes holométaboles sont souvent aglomérulaires. Le LA adulte avec glomérules se forme dans la chrysalide pendant la métamorphose

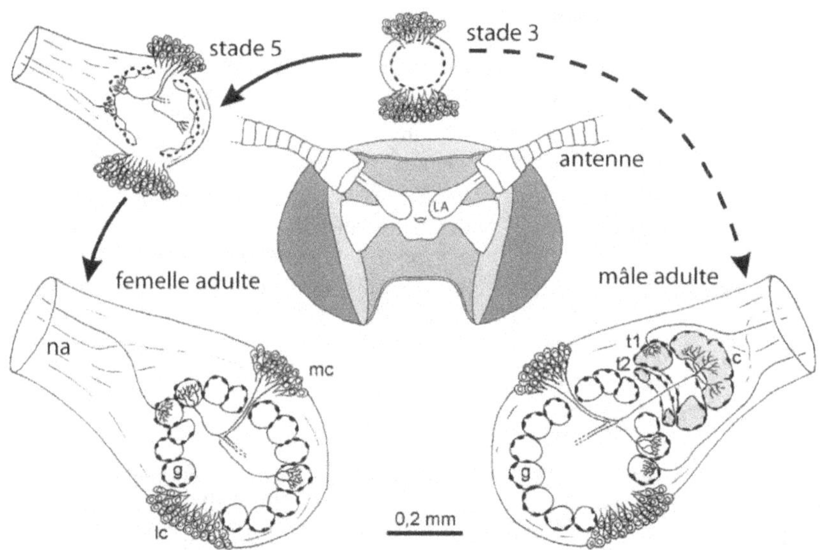

Figure 12.3. Représentation schématique des événements du développement des lobes antennaires (LA) du papillon de nuit *Manduca sexta.*

Au stade 3 de la métamorphose, les neurones du LA envoient des neurites dans un neuropile homogène entouré de cellules gliales. Les axones des neurones récepteurs de l'antenne commencent à entrer dans le LA au stade 4, et pendant le stade 5, leurs terminaisons se rassemblent pour former des protoglomérules. Après leur formation, les protoglomérules sont rapidement envahis par les neurites des neurones de projection (NP) uniglomérulaires (deux sont représentés). Les cellules gliales entourent les protoglomérules, tandis que les glomérules grandissent en même temps que des synapses se forment. Chez la femelle de ce papillon, un groupe de glomérules (g) entoure un neuropile central sans synapses. Chez le mâle, un complexe macroglomérulaire, avec un cumulus (c) et deux glomérules en forme de tore (t_1, t_2), chacun entouré de cellules gliales, s'ajoute aux glomérules « ordinaires ». na : nerf antennaire ; lc et mc : groupe latéral et médian des corps cellulaires du LA (d'après Hildebrand *et al.,* 1997).

(Salecker et Malun, 1999). La formation des glomérules est induite par l'entrée des NRO dans le LA : les cellules gliales forment alors des prolongements qui enveloppent et délimitent les glomérules (Salecker et Malun, 1999). En revanche, l'activité électrique des NRO ne semble pas nécessaire à leur formation (Oland et Tolbert, 1996). Les arborisations dendritiques des NP peuvent se structurer en forme de glomérules même en l'absence de NRO chez le papillon de nuit *Manduca sexta* et chez la drosophile, mais non chez la blatte (Jefferis *et al.*, 2004 ; Oland et Tolbert, 1996) (figure 12.3). Les NRO jouent également un rôle primordial dans la formation de glomérules à dimorphisme sexuel. Ainsi, un CMG peut être induit chez une femelle de *M. sexta* si le disque imaginal d'une antenne mâle est greffé dans une femelle (Schneiderman et Hildebrand, 1985).

Formation des synapses

Les premières synapses entre les différents types de neurones se constituent seulement après la formation des glomérules et après l'apparition des ramifications de tous les types neuronaux (Salecker et Malun, 1999). Les NL immunoréactifs au GABA ainsi que l'unique NC immunoréactif à la sérotonine se ramifient dans les glomérules après leur formation chez les Insectes hémimétaboles et holométaboles et ne forment pas de glomérules en l'absence des autres neurones du LA. Bien que la sérotonine soit connue pour son rôle dans la régulation des prolongements neuronaux, elle ne semble pas impliquée dans le développement des glomérules (Salecker et Malun, 1999).

Différentes molécules jouant un rôle dans la formation des synapses et la délimitation des glomérules ont été identifiées. Chez la drosophile, la molécule d'adhésion cadhérine est importante pour restreindre l'arborisation dendritique des NP à un seul glomérule et pour assurer des connections synaptiques entre NRO et NP au sein des glomérules (Suzuki et Takeichi, 2008). Toujours chez la drosophile, un gène qui code une protéine de la famille des immunoglobulines, DSCAM[5], est impliqué dans l'établissement des connexions synaptiques entre axones des NRO et dendrites des NP, indépendamment de la présence de structures glomérulaires (Zhu *et al.*, 2006). Une autre molécule, l'oxyde nitrique (NO), semble impliquée dans la synaptogenèse du LA (Bicker, 2001 ; Schachtner *et al.*, 1998).

▸▸ La plasticité

Chez plusieurs espèces, la structure du LA est plastique, c'est-à-dire susceptible de se modifier au cours de la vie de l'individu adulte. Les changements dépendent de l'âge après l'émergence, de l'expérience et, chez les Insectes sociaux, des tâches effectuées. Ils portent essentiellement sur la taille des glomérules, et donc du LA dans son ensemble, car ils résultent d'une augmentation de la densité des synapses. En revanche, aucune étude à ce jour n'a pu mettre en évidence une neurogenèse adulte dans les LA, contrairement aux résultats obtenus dans le bulbe olfactif des Vertébrés (Cayre *et al.*, 2002).

---

5. DSCAM est un gène qui code des isoformes d'une famille d'immunoglobulines de la surface de cellules impliquées dans le guidage axonal.

Chez la drosophile, la taille de certains glomérules augmente pendant les premiers jours de la vie adulte. Cet accroissement est plus grand si les insectes sont mis en présence d'odeurs représentées dans ces glomérules, même sans renforcement par une récompense (Devaud *et al.*, 2003). Chez les papillons de nuit, une augmentation de la taille relative du CMG du mâle par rapport à la taille du LA a été mise en évidence en début de vie adulte (Huetteroth et Schachtner, 2005).

Chez la fourmi ouvrière, la taille relative des LA par rapport à la taille du cerveau entier augmente au cours de la vie adulte en lien avec la complexité des tâches assurées dans le nid (Gronenberg *et al.*, 1996). Chez l'abeille, la taille et la densité des synapses de certains glomérules augmentent en fonction de l'expérience olfactive et lors du passage de l'état de nourricière à celui de butineuse (Brown *et al.*, 2002 ; Winnington *et al.*, 1996) (figure 12.4). Chez l'abeille également, on a détecté une augmentation de la taille de certains glomérules, ceux qui sont le moins inhibés par les odeurs utilisées, après un apprentissage associatif d'odeurs (Hourcade *et al.*, 2009).

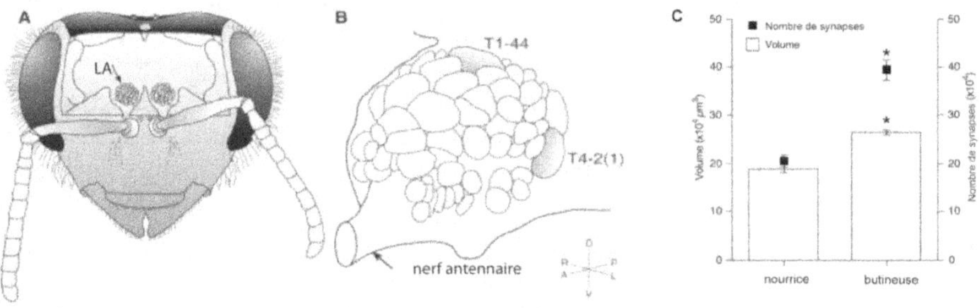

Figure 12.4. Plasticité des lobes antennaires.

(**A**) Position des lobes antennaires (LA) dans la tête de l'abeille. (**B**) Reconstruction du lobe antennaire avec des glomérules identifiés. (**C**) Volume moyen et nombre moyen (± l'erreur type) de synapses dans le glomérule T1-44 d'une nourrice de 4 jours et d'une butineuse. Une augmentation significative du volume du glomérule est accompagnée d'une augmentation significative du nombre de synapses. Les * indiquent les différences significatives (d'après Brown *et al.*, 2002).

▸▸ Bibliographie

Anton S., Hansson B.S., 1996. Antennal lobe interneurons in the desert locust *Schistocerca gregaria* (Forskal): processing of aggregation pheromones in adult males and females. *Journal of Comparative Neurology*, 370 (1), 85-96.

Anton S., Homberg U., 1999. Antennal lobe structure. *In: Insect Olfaction* (B.S. Hansson, ed.), Springer, Berlin, 98-125.

Anton S., Ignell R., Hansson B., 2002. Developmental changes in the structure and function of the central olfactory system in gregarious and solitary desert locusts. *Microscopy Research and Technique*, 56 (4), 281-291.

Bicker G., 2001. Sources and targets of nitric oxide signalling in insect nervous systems. *Cell and Tissue Research*, 303 (2), 137-146.

Brown S.M., Napper R.M., Thompson C.M., Mercer A.R., 2002. Stereological analysis reveals striking differences in the structural plasticity of two readily identifiable glomeruli in the antennal lobes of the adult worker honeybee. *Journal of Neuroscience*, 22, 8514-8522.

Bruyne M. (de), Baker T.C., 2008. Odor detection in insects: volatile codes. *Journal of Chemical Ecology*, 34 (7), 882-97.

CAYRE M., MALATERRE J., SCOTTO-LOMASSESE S., STRAMBI C., STRAMBI A., 2002. The common properties of neurogenesis in the adult brain: from invertebrates to vertebrates. *Comparative Biochemistry and Physiology B,* 132 (1), 1-15.

CHAMBILLE I., ROSPARS J.P., 1985. Neurons and identified glomeruli of antennal lobes during postembryonic development in the cockroach *Blaberus craniifer* Burm. *(Dictoptera, Blaberidae). International Journal of Insect Morphology,* 14 (4), 203-226.

COUTON L., MINOLI S., KIEU K., ANTON S., ROSPARS J., 2009. Constancy and variability of identified glomeruli in antennal lobes: computational approach in *Spodoptera littoralis. Cell and Tissue Research,* 337 (3), 491-511.

DEVAUD J.M., ACEBES A., RAMASWAMI M., FERRUS A., 2003. Structural and functional changes in the olfactory pathway of adult *Drosophila* take place at a critical age. *Journal of Neurobiology,* 56, 13-23.

DISTLER P.G., BOECKH J., 1997. Synaptic connections between identified neuron types in the antennal lobe glomeruli of the cockroach, *Periplaneta americana.* 1. Uniglomerular projection neurons. *Journal of Comparative Neurology,* 378, 307-319.

ERNST K.-D., BOECKH J., BOECKH V., 1977. A neuroanatomical study on the organization of the central antennal pathways in insects. 2. Deutocerebral connections in *Locusta migratoria* and *Periplaneta americana. Cell and Tissue Research,* 176, 285-308.

GALIZIA C., RÖSSLER W., 2010. Parallel olfactory systems in insects: anatomy and function. *Annual Reviews of Entomology,* 55, 399-420.

GAO Q., YUAN B.B., CHESS A., 2000. Convergent projections of *Drosophila* olfactory neurons to specific glomeruli in the antennal lobe. *Nature Neuroscience,* 3 (8), 780-785.

GRONENBERG W., HEEREN S., HOLLDOBLER B., 1996. Age-dependent and task-related morphological changes in the brain and the mushroom bodies of the ant *Camponotus floridanus. Journal of Experimental Biology,* 199 (9), 2011-2019.

GROSSE-WILDE E., KUEBLER L.S., BUCKS S., VOGEL H., WICHER D., HANSSON B.S., 2011. Antennal transcriptome of *Manduca sexta. In: Proceedings of the National Academy of Sciences of the USA,* 108, 7449-7454.

HILDEBRAND J.G., 1995. Analysis of chemical signals by nervous systems. *In: Proceedings of the National Academy of Sciences of the USA,* 92 (1), 67-74.

HILDEBRAND J.G., SHEPHERD G.M., 1997. Mechanisms of olfactory discrimination: converging evidence for common principles across phyla. *Annual Review of Neuroscience,* 20, 595-631.

HILDEBRAND J.G., RÖSSLER W., TOLBERT L.P., 1997. Postembryonic development of the olfactory system in the moth *Manduca sexta:* primary-afferent control of glomerular development. *Seminars in Cell and Developmental Biology,* 8 (2), 163-170.

HOMBERG U., MÜLLER U., 1999. Neuroactive substances in the antennal lobe. *In: Insect Olfaction* (B.S. Hansson, ed.), Springer, Berlin, 181-206.

HOURCADE B., PERISSE E., DEVAUD J.M., SANDOZ J.C., 2009. Long-term memory shapes the primary olfactory center of an insect brain. *Learning and Memory,* 16 (10), 607-615.

HUETTEROTH W., SCHACHTNER J., 2005. Standard three-dimensional glomeruli of the *Manduca sexta* antennal lobe: a tool to study both developmental and adult neuronal plasticity. *Cell and Tissue Research,* 319 (3), 513-524.

IGNELL R., ANTON S., HANSSON B.S., 2000. The maxillary palp sensory pathway of *Orthoptera. Arthropod Structure and Development,* 29 (4), 295-305.

IGNELL R., ANTON S., HANSSON B.S., 2001. The antennal lobe of orthoptera: anatomy and evolution. *Brain Behavior and Evolution,* 57 (1), 1-17.

JEFFERIS G.S., VYAS R.M., BERDNIK D., RAMAEKERS A., STOCKER R., TANAKA N.K., ITO K., LUO L., 2004. Developmental origin of wiring specificity in the olfactory system of *Drosophila. Development,* 131 (1), 117-30.

KELBER C., ROESSLER W., KLEINEIDAM C., 2010. Phenotypic plasticity in number of glomeruli and sensory innervation of the antennal lobe in leaf-cutting ant workers *(A. vollenweideri). Developmental Neurobiology,* 70 (4), 222-234.

KOONTZ M.A., SCHNEIDER D., 1987. Sexual dimorphism in neuronal projections from the antennae of silk moths *(Bombyx mori, Antherea polyphemus)* and the gypsy moth *(Lymantria dispar). Cell and Tissue Research,* 249 (1), 39-50.

LAISSUE P.P., REITER C., HIESINGER P.R., HALTER S., FISCHBACH K.F., STOCKER R.F., 1999. Three-dimensional reconstruction of the antennal lobe in *Drosophila melanogaster*. *Journal of Comparative Neurology*, 405, 543-552.

MCIVER S.B., 1982. Sensilla of mosquitoes *(Diptera: Culicidae)*. *Journal of Medical Entomology*, 19 (5), 489-535.

OLAND L.A., TOLBERT L.P., 1996. Multiple factors shape development of olfactory glomeruli: insights from an insect model system. *Journal of Neurobiology*, 30 (1), 92-109.

OLSEN S.R., WILSON R.I., 2008. Lateral presynaptic inhibition mediates gain control in an olfactory circuit. *Nature*, 452, 956-960.

OLSEN S.R., BHANDAWAT V., WILSON R.I., 2007. Excitatory interactions between olfactory processing channels in the *Drosophila* antennal lobe. *Neuron*, 54, 89-103.

ROSPARS J.P., 1988. Structure and development of the insect antennodeutocerebral system. *International Journal of Insect Morphology*, 17 (3), 243-294.

ROSPARS J.P., CHAMBILLE I., 1986. Postembryonic growth of the antennal lobes and their identified glomeruli in the cockroach *Blaberus craniifer* Burm. *(Dyctyoptera, Blaberidae):* a morphometric study. *International Journal of Insect Morphology*, 15 (5-6), 393-415.

ROSPARS J.P., CHAMBILLE I., 1989. Identified glomeruli in the antennal lobes of insects: invariance, sexual variation and postembryonic development. *In: Neurobiology of Sensory Systems* (N.R. Singh, N. Strausfeld, eds), Plenum, New York, 355-375.

ROSPARS J.P., HILDEBRAND J.G., 2000. Sexually dimorphic and isomorphic glomeruli in the antennal lobes of the sphinx moth *Manduca sexta*. *Chemical Senses*, 25, 119-129.

SALECKER I., MALUN D., 1999. Development of olfactory glomeruli. *In: Insect Olfaction* (B.S. Hansson, ed.), Springer, Berlin, 207-242.

SCHACHTNER J., SCHMIDT M., HOMBERG U., 2005. Organization and evolutionary trends of primary olfactory brain centers in *Tetraconata (Crustacea plus Hexapoda)*. *Arthropod Structure and Development*, 34 (3), 257-299.

SCHACHTNER J., TRUMAN J.W., HOMBERG U., 1998. The NO/cGMP signaling pathway in the developing antennal lobe of the tobacco hornworm *Manduca sexta*. *European Journal of Neuroscience*, 10, 279-279.

SCHNEIDERMAN A.M., HILDEBRAND J.G., 1985. Sexually dimorphic development of the insect olfactory pathway. *Trends in Neuroscience*, 8, 494-499.

SEKI Y., WICHER D., SACHSE S., HANSSON B., 2009. Morphological and physiological characterization of antennal lobe local interneurons in *Drosophila*. *Chemical Senses*, 34 (3), 1007-1019.

SHANG Y., CLARIDGE-CHANG A., SJULSON L., PYPAERT M., MIESENBÖCK G., 2007. Excitatory local circuits and their implications for olfactory processing in the fly antennal lobe. *Cell*, 128 (3), 601-612.

SHEPHERD G.M., KOCH C., 1990. Introduction to synaptic circuits. *In: The Synaptic Organization of the Brain. An Introduction* (G.M. Shepherd, ed.), Oxford University Press, New York, 3-31.

STEINBRECHT R.A., 1970. Zur Morphometrie der Antenne des Seidenspinners, *Bombyx mori* L.: Zahl und Verteilung der Riechsensillen *(Insecta, Lepidoptera)*. *Zeitschrift für Morphologie der Tiere*, 68, 93-126.

SUZUKI S.C., TAKEICHI M., 2008. Cadherins in neuronal morphogenesis and function. *Development, Growth and Differentiation*, 50, S119-S130.

VOSSHALL L.B., WONG A.M., AXEL R., 2000. An olfactory sensory map in the fly brain. *Cell*, 102 (2), 147-159.

WINNINGTON A.P., NAPPER R.M., MERCER A.R., 1996. Structural plasticity of identified glomeruli in the antennal lobes of the adult worker honey bee. *Journal of Comparative Neurology*, 365 (3), 479-490.

ZHU H.T., HUMMEL T., CLEMENS J.C., BERDNIK D., ZIPURSKY S.L., LUO L.Q., 2006. Dendritic patterning by DSCAM and synaptic partner matching in the *Drosophila* antennal lobe. *Nature Neuroscience*, 9 (3), 349-355.

Chapitre 13

Fonction, codage et plasticité du lobe antennaire

Philippe LUCAS et Sylvia ANTON

Le système olfactif des Insectes, comme celui des Vertébrés, est constitué de trois ensembles de neurones (cf. chapitre 12) :
— les neurones récepteurs olfactifs (NRO) détectent et codent la qualité, l'intensité et les caractéristiques temporelles du signal odorant sous forme de trains de potentiels d'action ;
— le lobe antennaire, équivalent du bulbe olfactif des Vertébrés, comprend des neurones locaux (NL), des neurones de projection (NP) et des neurones centrifuges. Les NP intègrent l'information délivrée par les NRO ;
— les cellules de Kenyon des corps pédonculés décodent l'information reçue des NP.

Le lobe antennaire est le premier centre d'intégration cérébrale de l'information olfactive délivrée par les NRO présents sur les antennes. Il a une organisation glomérulaire : toutes les synapses entre les NRO, les NL et les NP se font dans les glomérules. On distingue deux grandes catégories d'odorants, les composés phéromonaux et les odorants non phéromonaux, dits aussi odorants généraux (odeurs de plantes par exemple). Les odorants de ces deux catégories sont détectés par des NRO différents qui se projettent dans des glomérules différents des lobes antennaires. Le traitement des signaux phéromonaux a lieu dans un ensemble de glomérules appelé complexe macroglomérulaire, présent uniquement chez les mâles des espèces utilisant des phéromones sexuelles, alors que les odeurs non phéromonales sont traitées dans les glomérules dits ordinaires.

▸▸ Propriétés électriques
des neurones du lobe antennaire

Les propriétés électriques des neurones du lobe antennaire ont été abordées par électrophysiologie *in situ* (enregistrements extra et intracellulaires et *patch-clamp*) ou sur des cultures primaires de cellules du lobe antennaire *(patch-clamp)*. Les données acquises *in situ* permettent d'identifier le type de neurone enregistré grâce à un colorant qui diffuse de l'électrode d'enregistrement (intracellulaire ou *patch-clamp*) vers le neurone. Il est ainsi possible d'identifier le type d'arborisation (uni ou multiglomérulaire) ainsi que l'existence (NP) ou non (NL) d'un axone sortant du lobe. Dans certaines études, des marqueurs cellulaires (Mercer et Hildebrand, 2002) ou le marquage rétrograde de NP avant leur dissociation (Grünewald, 2003) ont permis d'identifier en culture primaire les neurones enregistrés.

Les NP sont excitateurs pour la majorité, bien que des NP GABAergiques, donc inhibiteurs, aient été observés chez l'abeille (Schäfer et Bicker, 1986) et la drosophile. Les propriétés des NP ont été étudiées essentiellement en culture primaire chez le sphinx du tabac *(Manduca sexta)* et ont porté sur les modifications des courants en fonction de l'âge et sur leur dépendance à des amines biogènes (Kloppenburg et Mercer, 2008).

Chez tous les insectes étudiés, la majorité des NL sont GABAergiques et donc inhibiteurs (Schäfer et Bicker, 1986 ; Seki et Kanzaki, 2008 ; Wilson et Laurent, 2005). Il existe aussi des NL qui contiennent et probablement libèrent divers peptides (Carlsson *et al.,* 2010), des amines biogènes (Homberg et Müller, 1999 ; Nässel et Homberg, 2006) ou de l'acétylcholine (Chou *et al.,* 2010 ; Shang *et al.,* 2007). Certains NL sont excitateurs (Olsen *et al.,* 2007 ; Shang *et al.,* 2007).

Chez la blatte, on distingue deux populations de NL (Husch *et al.,* 2009a ; 2009b) : les NL de type I génèrent des potentiels d'action sodiques, alors que les NL de type II, dépourvus de canaux sodiques, émettent seulement des spikelets. Les NL de type II sont donc vraisemblablement impliqués dans le traitement d'information intraglomérulaire ou entre glomérules voisins, alors que les NL de type I peuvent moduler l'activité de neurones de glomérules distants. Les NL de type I innervent la plupart des glomérules mais pas tous et sont GABAergiques, alors que les NL de type II ont une arborisation équivalente dans tous les glomérules et la plupart ne sont pas GABAergiques. Les propriétés des courants calciques de ces deux populations de NL diffèrent et ont même permis de distinguer deux sous-types de NL de type II, ce qui correspond vraisemblablement à des différences de transmission synaptique de ces neurones.

Les NL de la drosophile présentent également une grande variété de propriétés physiologiques (Chou *et al.,* 2010 ; Seki *et al.,* 2010). Leurs différences concernent l'émission spontanée de potentiels d'action (fréquence et décours temporel), la cinétique de décroissance d'émission de potentiels d'action lors d'une dépolarisation, la forme de leurs potentiels d'action et les réponses aux stimulations odorantes de l'antenne. Ainsi, les études les plus récentes révèlent qu'outre une grande diversité morphologique (cf. chapitre 12), les NL présentent une diversité inattendue dans leurs neuromédiateurs et leurs propriétés électriques.

Des travaux récents chez la drosophile montrent que les NL peuvent moduler la transmission du message olfactif vers les NP grâce à des synapses situées sur les terminaisons présynaptiques des NRO. Le GABA (Olsen et Wilson, 2008 ; Root *et al.*, 2008) et un neuropeptide, la tachykinine (Ignell *et al.*, 2009), sont les neuro-médiateurs de cette inhibition. L'inhibition présynaptique des NRO par des NL limite à forte dose la saturation des neurones postsynaptiques et permet ainsi la conservation de l'étendue dynamique (capacité de codage d'une gamme étendue de concentrations d'odeurs).

▸▸ Codage de la qualité du stimulus

La nature chimique d'un stimulus olfactif est codée dans le lobe antennaire au niveau spatial (ensemble de glomérules activés) et temporel (coïncidence d'activité de groupes de neurones). L'imagerie calcique et l'électrophysiologie ont aidé à comprendre ce code spatiotemporel. L'imagerie calcique permet de suivre l'activité d'un grand nombre de glomérules simultanément mais avec une faible résolution temporelle. Chez la drosophile, Insecte pour lequel la transgenèse est maîtrisée, la sonde calcique est exprimée dans des populations cellulaires particulières, ce qui permet de suivre leurs réponses (Pelz *et al.*, 2006). Pour les autres Insectes, la sonde est soit appliquée directement sur les lobes et permet le suivi essentiellement des réponses des NRO, soit elle est injectée dans un tractus remontant vers les corps pédonculés et permet alors de visualiser par marquage rétrograde l'activité des NP. L'électrophysiologie intra ou extracellulaire ne donne des informations que sur un ou quelques neurones, mais avec une excellente résolution temporelle.

L'imagerie calcique chez l'abeille, le papillon de nuit et la drosophile a montré qu'un stimulus olfactif donné active de façon reproductible un ensemble spécifique de glomérules (Galizia *et al.*, 1999). Le codage est dit combinatoire, car la nature de l'odeur détectée ne peut être déduite de l'activité d'un seul glomérule mais seulement du patron d'activation des glomérules du lobe antennaire. Si dans ce patron l'activité d'un glomérule change, cela peut signifier qu'une odeur différente a été détectée. Le signal calcique originaire des NRO présente souvent une activité dans un plus grand nombre de glomérules que le signal résultant de l'activité des NP. Ceci est dû à l'inhibition latérale des glomérules activés sur les glomérules voisins, ce qui augmente le niveau de contraste de l'information sensorielle entrante (Olsen et Wilson, 2008). Les réseaux d'inhibition dus aux NL qui interconnectent les glomérules contribuent activement à la représentation spatiale du message odorant par les NP (Sachse et Galizia, 2002).

Les NP diffèrent des NRO à la fois sur la gamme de composés auxquels ils sont sensibles et sur le profil de leurs réponses (décharge de potentiels d'action au cours du temps) (figure 13.1). Les NRO sensibles à la phéromone présentent une spécifi-cité de réponse très stricte. À l'inverse, une grande variabilité des réponses des NP est observée (Hansson et Christensen, 1999). Les NP ont des profils de réponse plus larges que les NRO. L'enregistrement de NRO et de NP du même glomérule chez la drosophile a montré que des NP peuvent répondre à plus de composés que les NRO, ce qui reflète les interactions entre glomérules (Wilson *et al.*, 2004). Trois populations différentes de NP traitant l'information phéromonale peuvent être distinguées chez les papillons de nuit selon qu'ils répondent à un seul composé, à plusieurs composés ou à des mélanges spécifiques de composés phéromonaux (Anton *et al.*, 1997 ; Wu *et al.*, 1996). Il existe même des NP qui répondent aux composés phéromonaux dans des glomérules ordinaires et des NP qui répondent aux odeurs de plantes dans le CMG. Des NP de glomérules ordinaires sont par exemple impliqués dans l'intégration de stimulus phéromonaux chez la tordeuse orientale du pêcher (Varela *et al.*, 2011).

L'enregistrement simultané de plusieurs neurones du lobe antennaire avec des multiélectrodes ainsi que l'enregistrement d'oscillations du potentiel de champ

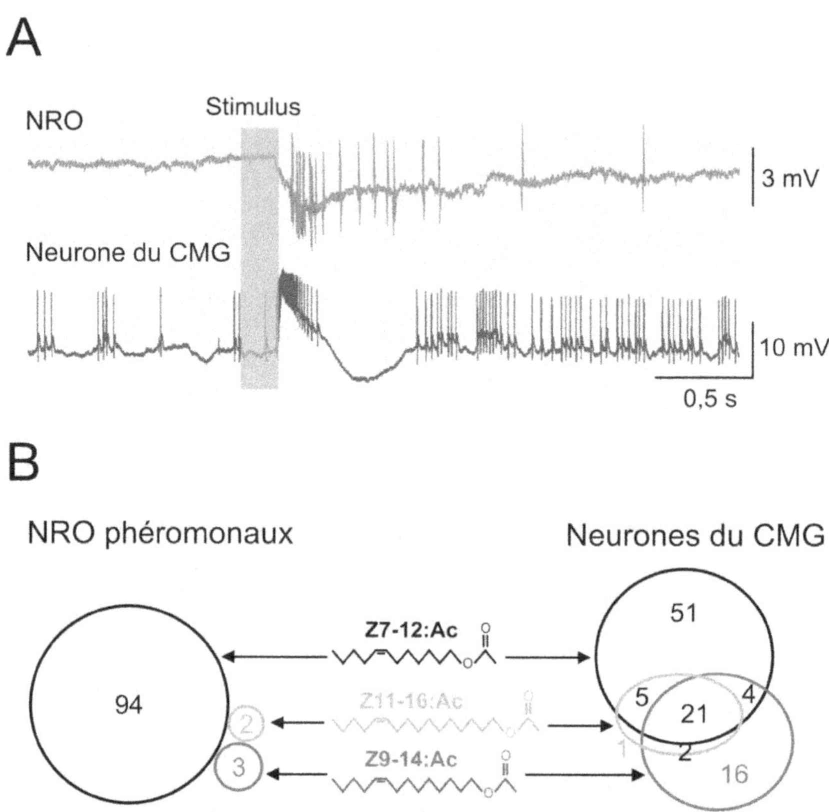

Figure 13.1. Différence de codage entre NRO et neurones du lobe antennaire.

(A) Réponses d'un NRO et d'un neurone du CMG à une stimulation phéromonale chez la noctuelle *Agrotis ipsilon*. Les activités des deux neurones ont été mesurées en réponse à une stimulation par 10 ng de Z7-12:Ac. La barre grise symbolise la durée de la stimulation (200 ms). Ces enregistrements illustrent les différences de fréquence d'émission spontanée de potentiels d'action (plus élevée dans les neurones du CMG) et de profil de réponse (une seule phase d'excitation dans le NRO, réponse triphasique dans le neurone du CMG avec une excitation suivie d'une inhibition suivie d'une seconde excitation).
(B) Distribution des réponses aux trois composés de la phéromone sexuelle de NRO et de neurones du CMG chez *A. ipsilon*. Les chiffres indiquent les pourcentages de neurones ayant répondu. Quasiment tous les NRO (94 %) ont répondu sélectivement à un seul des composés de la phéromone, alors que 32 % des neurones du CMG ont répondu à au moins deux composés. Dans les deux populations, les neurones ont en majorité répondu au Z7-12:Ac, le composé le plus abondant dans la phéromone sexuelle de cette espèce (d'après Jarriault *et al.*, 2009a).

dans le lobe antennaire et les corps pédonculés du protocérébron ont conduit à l'hypothèse d'un codage temporel de la nature du stimulus olfactif. Durant la stimulation odorante, des oscillations du potentiel de champ à une fréquence de 20-30 Hz ont été enregistrées dans les corps pédonculés de différentes espèces d'Insectes, comme l'abeille, le criquet migrateur ou la drosophile. Ces oscillations auraient pour origine l'activité synchronisée des NL. Les observations faites chez ces Insectes indiquent que la qualité du stimulus pourrait également être codée par la synchronisation spécifique de certaines populations de NP pendant différentes phases de stimulation par une odeur (Stopfer et Laurent, 1999 ; Tanaka *et al.,* 2009). La séquence temporelle et l'identité des NP synchronisés à chaque instant pourraient coder la nature de l'odeur détectée (Laurent, 1996).

▸▸ Codage intensitif

Le codage de l'intensité du stimulus est dépendant du codage de sa nature. On montre en imagerie calcique que des doses croissantes d'une odeur donnée augmentent le niveau de réponse des glomérules activés et activent de nouveaux glomérules (Galizia et Szyszka, 2008). Ceci implique qu'un motif de glomérules activés est spécifique d'un stimulus seulement à une certaine dose. Les relations entre dose et réponse à un stimulus suivent une courbe sigmoïde pour les NRO. Des courbes similaires sont souvent observées pour les neurones (Hansson et Christensen, 1999) ou les glomérules (Galizia et Szyszka, 2008) du lobe antennaire, mais on trouve également des NP et des NL dont les réponses dépendent peu de la dose du stimulus (Varela *et al.,* 2011). Le seuil de réponse des neurones du lobe antennaire a été étudié chez différents Insectes. Pour des odorants généraux comme les odeurs de plantes, le seuil de réponse est souvent le même dans les NP et les NRO. En revanche, pour le système phéromonal, la sensibilité des NP est dix à dix mille fois plus élevée que celle des NRO (Jarriault *et al.,* 2009a). Cette amplification du signal s'explique par la convergence d'un grand nombre de NRO sur peu de NP (Hansson et Christensen, 1999).

▸▸ Codage temporel

Selon les Insectes et les comportements considérés, les caractéristiques temporelles du stimulus olfactif sont plus ou moins importantes pour engendrer une réponse adaptée. Dans l'environnement d'une blatte, la circulation d'air est souvent minimale et les odeurs se distribuent assez régulièrement. En revanche, la phéromone sexuelle des papillons de nuit est portée par le vent et un papillon en vol rencontre des volutes d'odeurs à des fréquences qui dépendent de la distance de la source ainsi que de la vitesse et de la turbulence du vent (Baker *et al.,* 1985). Comme le décours temporel des bouffées d'odeurs est une information cruciale dans ce cas, le codage de rapides stimulations phéromonales par les neurones du lobe antennaire a été étudié chez plusieurs espèces. Chez des noctuelles et chez le sphinx *Manduca sexta,* certains NP peuvent répondre à des stimulations pulsées jusqu'à une fréquence de

10 Hz. Chez *M. sexta,* une inhibition initiale lors de la réponse, observée seulement en réponse au mélange des composés phéromonaux et non à un seul de ses constituants, est responsable de la capacité des neurones à suivre une stimulation pulsée (Christensen et Hildebrand, 1997).

▸▸ Codage de mélanges

Dans la nature, l'environnement olfactif est complexe. Les odeurs émises par des hôtes, plantes ou animaux, des sources de nourriture ou des partenaires sexuels sont des mélanges de plusieurs composés. Le signal délivré par l'ensemble des NRO dans le lobe antennaire en réponse à des mélanges correspond dans ses grandes lignes à la somme des réponses aux composés présents dans le mélange (Deisig *et al.,* 2006). En revanche, des phénomènes d'inhibition dans le lobe antennaire sont responsables d'une représentation des mélanges par les NP qui diffère de la somme de leurs constituants (Deisig *et al.,* 2010 ; Silbering et Galizia, 2007). Ainsi, les Insectes perçoivent les mélanges d'odeurs différemment d'une simple addition de leurs constituants, ce qui leur permet une meilleure discrimination d'arômes complexes.

De nombreuses études ont montré une détection de mélanges spécifiques de composés phéromonaux par les NP du CMG (figure 13.2). Par exemple chez la noctuelle *Agrotis segetum,* certains NP répondent au mélange de composés phéromonaux uniquement quand ces composés sont présents dans une composition relative précise, mais pas quand les proportions des composés sont modifiées (Wu *et al.,* 1996). Ceci est également vrai pour des rapports de concentration de deux énantiomères de la même molécule chez deux races de la pyrale du maïs (Anton *et al.,* 1997) ; les NP du lobe antennaire des mâles répondent préférentiellement au ratio correspondant à celui de la phéromone des femelles de leur propre race.

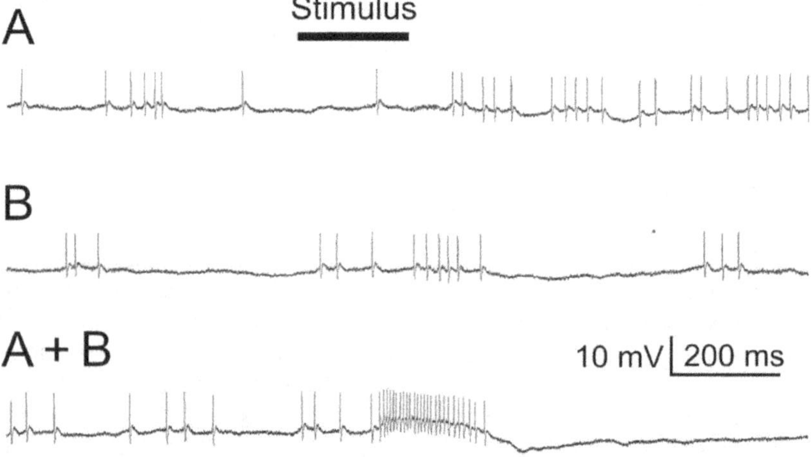

Figure 13.2. Exemple d'un neurone du lobe antennaire répondant spécifiquement au mélange de deux composés phéromonaux (A + B), mais pas à ses composés individuels (A ou B).

Le traitement de mélanges entre phéromones sexuelles et odeurs de plantes est encore très peu étudié au niveau du lobe antennaire. Un effet synergique d'une odeur de plante hôte ajoutée à la phéromone sexuelle a été observé chez le ver à soie, *Bombyx mori,* dans la réponse de NP du CMG et chez des mâles vierges de la noctuelle *Agrotis ipsilon* dans la réponse de NP des glomérules ordinaires (Barrozo *et al.,* 2010 ; Namiki *et al.,* 2008).

➤➤ Plasticité du codage

Le traitement de stimulus olfactifs dans le lobe antennaire présente une grande plasticité, en corrélation avec des changements profonds des réponses comportementales des Insectes à ces signaux. Différentes formes de plasticité liées à l'expérience ou à l'état physiologique ont été mises en évidence. Si une plasticité des réponses des NRO a parfois été observée (Martel *et al.,* 2009), dans la plupart des cas l'origine de la modulation du codage olfactif se situe dans le lobe antennaire. Chez certaines espèces de papillons de nuit, comme la noctuelle *Agrotis ipsilon*, les mâles ne répondent à la phéromone sexuelle des femelles de leur espèce qu'après 4 à 5 jours de vie adulte. Cette augmentation de réponse comportementale avec l'âge dépend de l'élévation du taux de l'hormone juvénile (HJ) et probablement aussi des ecdystéroïdes. Les neurones du CMG augmentent leur sensibilité avec l'âge et le taux d'HJ, contrairement aux neurones des glomérules ordinaires, dont la sensibilité aux odeurs de plantes ne varie pas (Anton *et al.,* 2007). Chez le criquet migrateur, l'HJ a un effet inverse sur la sensibilité des neurones du lobe antennaire à la phéromone d'agrégation : la sensibilité des neurones décroît avec l'âge et avec l'augmentation du taux d'HJ, et les criquets âgés sont moins attirés par la phéromone d'agrégation que les criquets jeunes (Ignell *et al.,* 2001). Chez les abeilles ouvrières, la réponse aux odeurs de plantes varie également avec l'âge de l'adulte. Une même odeur active plus de glomérules chez une abeille plus âgée, et les réponses glomérulaires augmentent (Wang *et al.,* 2005).

Des changements profonds de comportement en réponse à des stimulus olfactifs apparaissent également après l'accouplement. Chez les papillons de nuit, comme chez beaucoup de Vertébrés, les mâles ne répondent plus à la phéromone sexuelle après l'accouplement. Ce changement comportemental a pour origine le lobe antennaire, car la sensibilité des neurones du CMG subit une forte baisse alors que celle des NRO reste identique après l'accouplement (figure 13.3) (Anton *et al.,* 2007). Les réponses neuronales et comportementales aux odeurs de plantes sont similaires chez les mâles vierges et accouplés, mais elles sont inhibées par l'ajout de phéromone chez les mâles accouplés (Barrozo *et al.,* 2010).

Un autre changement dans la sensibilité des neurones du lobe antennaire est observé après une expérience olfactive. Outre l'apprentissage associatif, bien étudié chez l'abeille et la drosophile et dans lequel le lobe antennaire est impliqué, une brève exposition à une odeur ou à un autre stimulus sensoriel ayant une signification biologique sensibilise les mâles de la noctuelle égyptienne du coton à la phéromone sexuelle très leurs femelles. Vingt-quatre heures après l'exposition, les neurones du lobe antennaire sont plus sensibles à la phéromone sexuelle que chez les papillons naïfs (Anderson *et al.,* 2007).

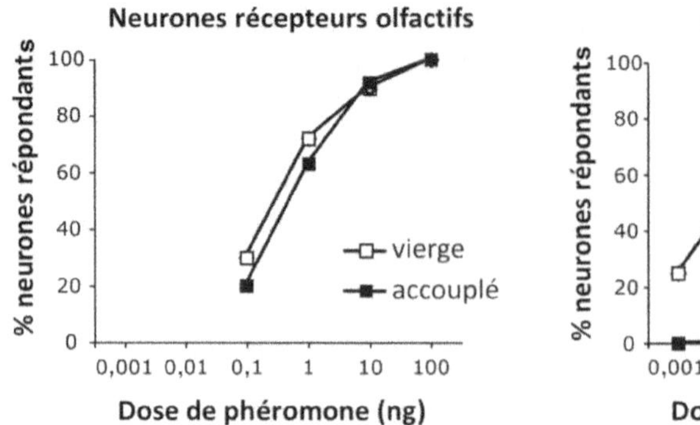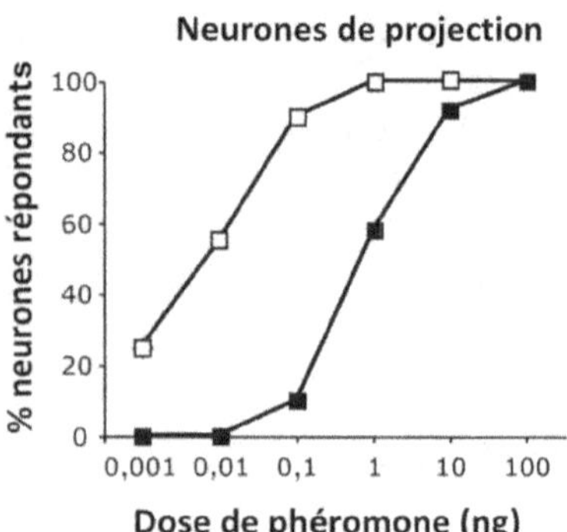

Figure 13.3. Modulation de la sensibilité du système olfactif après l'accouplement chez la noctuelle *Agrotis ipsilon*.

Les NRO (à gauche) ont les mêmes seuils de réponse avant et après accouplement. La sensibilité des NP (à droite) à la phéromone baisse fortement après l'accouplement.

De nombreuses hypothèses ont été proposées concernant les mécanismes responsables des changements de sensibilité des neurones du LA, mais aucune n'a été confirmée à ce jour pour les phénomènes de plasticité décrits ci-dessus. La présence de neuromodulateurs dans le LA, comme des amines biogènes et des neuropeptides, est décrite depuis de nombreuses années chez plusieurs espèces d'Insectes, mais leurs rôles restent mal compris (Carlsson *et al.*, 2010). Diverses amines biogènes (sérotonine, dopamine et octopamine) augmentent la sensibilité des neurones du lobe antennaire (Jarriault *et al.*, 2009b), la sérotonine module l'excitabilité de neurones du lobe antennaire (Kloppenburg et Mercer, 2008) ainsi que leur réponse calcique (Hill *et al.*, 2003), mais jusqu'à présent aucun lien causal n'a pu être établi avec les phénomènes de plasticité olfactive décrits ci-dessus.

▶▶ Conclusion

La compréhension du codage olfactif dans le lobe antennaire a largement bénéficié de nouvelles techniques d'électrophysiologie et d'imagerie *in situ*. Elle s'appuie sur une meilleure connaissance de l'anatomie de cet organe. L'objectif final est de comprendre les circuits neuronaux responsables des réponses comportementales aux odeurs, d'identifier les neurones impliqués et leur rôle dans la transformation des signaux. Cependant, malgré la relative simplicité des réseaux de neurones chez les Insectes par rapport aux Vertébrés (il y a environ mille fois moins de neurones dans un cerveau de drosophile que dans un cerveau de souris), cet objectif est encore loin d'être atteint. La diversité fonctionnelle des types cellulaires caractérisés dans le lobe antennaire (Chou *et al.*, 2010) en est une des causes. Ainsi, de nombreuses questions restent non résolues, comme les rôles respectifs du codage spatial et temporel de la nature des odeurs détectées.

▸▸ Bibliographie

ANDERSON P., HANSSON B.S., NILSSON U., HAN Q., SJOHOLM M., SKALS N., ANTON S., 2007. Increased behavioral and neuronal sensitivity to sex pheromone after brief odor experience in a moth. *Chemical Senses,* 32 (5), 483-491.

ANTON S., LÖFSTEDT C., HANSSON B.S., 1997. Central nervous processing of sex pheromones in two strains of the European corn borer *Ostrinia nubilalis (Lepidoptera: Pyralidae). Journal of Experimental Biology,* 200 (Pt 7), 1073-1087.

ANTON S., DUFOUR M.-C., GADENNE C., 2007. Plasticity of olfactory-guided behaviour and its neurobiological basis: lessons from moths and locusts. *Entomologia Experimentalis et Applicata,* 123, 1-11.

BAKER T.C., WILLIS M.A., HAYNES K.F., PHELAN P.L., 1985. A pulsed cloud of pheromone elicits upwind flight in male moths. *Physiological Entomology,* 10, 257-265.

BARROZO R.B., GADENNE C., ANTON S., 2010. Switching attraction to inhibition: mating-induced reversed role of sex pheromone in an insect. *Journal of Experimental Biology,* 213 (Pt 17), 2933-2939.

CARLSSON M.A., DIESNER M., SCHACHTNER J., NASSEL D.R., 2010. Multiple neuropeptides in the *Drosophila* antennal lobe suggest complex modulatory circuits. *Journal of Comparative Neurology,* 518 (16), 3359-3380.

CHOU Y.H., SPLETTER M.L., YAKSI E., LEONG J.C., WILSON R.I., LUO L., 2010. Diversity and wiring variability of olfactory local interneurons in the *Drosophila* antennal lobe. *Nature Neuroscience,* 13 (4), 439-449.

CHRISTENSEN T.A., HILDEBRAND J.G., 1997. Coincident stimulation with pheromone components improves temporal pattern resolution in central olfactory neurons. *Journal of Neurophysiology,* 77 (2), 775-781.

DEISIG N., GIURFA M., SANDOZ J.C., 2010. Antennal lobe processing increases separability of odor mixture representations in the honeybee. *Journal of Neurophysiology,* 103 (4), 2185-2194.

DEISIG N., GIURFA M., LACHNIT H., SANDOZ J.-C., 2006. Neural representation of olfactory mixtures in the honeybee antennal lobe. *European Journal of Neuroscience,* 24 (4), 1161-1174.

GALIZIA C.G., SZYSZKA P., 2008. Olfactory coding in the insect brain: molecular receptive ranges, spatial and temporal coding. *Entomologia Experimentalis et Applicata,* 128, 81-92.

GALIZIA C.G., SACHSE S., RAPPERT A., MENZEL R., 1999. The glomerular code for odor representation is species specific in the honeybee *Apis mellifera. Nature Neuroscience,* 2 (5), 473-8.

GRÜNEWALD B., 2003. Differential expression of voltage-sensitive K^+ and Ca^{2+} currents in neurons of the honeybee olfactory pathway. *Journal of Experimental Biology,* 206, 117-129.

HANSSON B.S., CHRISTENSEN T.A., 1999. Functional characteristics of the antennal lobe. *In: Insect Olfaction* (B.S. Hansson, ed.), Springer, Berlin, 125-161.

HILL E.S., OKADA K., KANZAKI R., 2003. Visualization of modulatory effects of serotonin in the silkmoth antennal lobe. *Journal of Experimental Biology,* 206 (2), 345-352.

HOMBERG U., MÜLLER U., 1999. Neuroactive substances in the antennal lobe. *In: Insect Olfaction* (B.S. Hansson, ed.), Springer, Berlin, Heidelberg, New York, 181-206.

HUSCH A., PAEHLER M., FUSCA D., PAEGER L., KLOPPENBURG P., 2009a. Calcium current diversity in physiologically different local interneuron types of the antennal lobe. *The Journal of Neuroscience,* 29 (3), 716-726.

HUSCH A., PAEHLER M., FUSCA D., PAEGER L., KLOPPENBURG P., 2009b. Distinct electrophysiological properties in subtypes of nonspiking olfactory local interneurons correlate with their cell type-specific Ca^{2+} current profiles. *Journal of Neurophysiology,* 102 (5), 2834-2845.

IGNELL R., COUILLAUD F., ANTON S., 2001. Juvenile-hormone-mediated plasticity of aggregation behaviour and olfactory processing in adult desert locusts. *Journal of Experimental Biology,* 204 (2), 249-259.

IGNELL R., ROOT C.M., BIRSE R.T., WANG J.W., NASSEL D.R., WINTHER A.M., 2009. Presynaptic peptidergic modulation of olfactory receptor neurons in *Drosophila. In: Proceedings of the National Academy of Sciences of the USA,* 106 (31), 13070-13075.

JARRIAULT D., GADENNE C., ROSPARS J.P., ANTON S., 2009a. Quantitative analysis of sex-pheromone coding in the antennal lobe of the moth *Agrotis ipsilon:* a tool to study network plasticity. *Journal of Experimental Biology,* 212 (8), 1191-1201.

JARRIAULT D., BARROZO R.B., DE CARVALHO PINTO C.J., GREINER B., DUFOUR M.C., MASANTE-ROCA I., GRAMSBERGEN J.B., ANTON S., GADENNE C., 2009b. Age-dependent plasticity of sex phero-mone response in the moth, *Agrotis ipsilon:* combined effects of octopamine and juvenile hormone. *Hormones and Behaviour,* 56 (1), 185-191.

KLOPPENBURG P., MERCER A.R., 2008. Serotonin modulation of moth central olfactory neurons. *Annual Review of Entomology,* 53, 179-190.

LAURENT G., 1996. Dynamical representation of odors by oscillating and evolving neural assem-blies. *Trends in Neurosciences,* 19 (11), 489-496.

MARTEL V., ANDERSON P., HANSSON B.S., SCHLYTER F., 2009. Peripheral modulation of olfaction by physiological state in the Egyptian leaf worm *Spodoptera littoralis (Lepidoptera: Noctuidae). Journal of Insect Physiology,* 55 (9), 793-797.

MERCER A.R., HILDEBRAND J.G., 2002. Developmental changes in the density of ionic currents in antennal-lobe neurons of the sphinx moth, *Manduca sexta. Journal of Neurophysiology,* 87 (6), 2664-2675.

NAMIKI S., IWABUCHI S., KANZAKI R., 2008. Representation of a mixture of pheromone and host plant odor by antennal lobe projection neurons of the silkmoth *Bombyx mori. Journal of compara-tive Physiology,* 194 (5), 501-515.

NÄSSEL D.R., HOMBERG U., 2006. Neuropeptides in interneurons of the insect brain. *Cell and Tissue Research,* 326 (1), 1-24.

OLSEN S.R., WILSON R.I., 2008. Lateral presynaptic inhibition mediates gain control in an olfactory circuit. *Nature,* 452 (7190), 956-960.

OLSEN S.R., BHANDAWAT V., WILSON R.I., 2007. Excitatory interactions between olfactory proces-sing channels in the *Drosophila* antennal lobe. *Neuron,* 54 (1), 89-103.

PELZ D., ROESKE T., SYED Z., DE BRUYNE M., GALIZIA C.G., 2006. The molecular receptive range of an olfactory receptor *in vivo (Drosophila melanogaster* Or22a). *Journal of Neurobiology,* 66 (14), 1544-1563.

ROOT C.M., MASUYAMA K., GREEN D.S., ENELL L.E., NASSEL D.R., LEE C.H., WANG J.W., 2008. A presynaptic gain control mechanism fine-tunes olfactory behavior. *Neuron,* 59 (2), 311-21.

SACHSE S., GALIZIA C.G., 2002. Role of inhibition for temporal and spatial odor representation in olfactory output neurons: a calcium imaging study. *Journal of Neurophysiology,* 87 (2), 1106-1117.

SCHÄFER S., BICKER G., 1986. Distribution of GABA-like immunoreactivity in the brain of the honeybee. *Journal of Comparative Neurology,* 246 (3), 287-300.

SEKI Y., KANZAKI R., 2008. Comprehensive morphological identification and GABA immunocyto-chemistry of antennal lobe local interneurons in *Bombyx mori. Journal of Comparative Neurology,* 506 (1), 93-107.

SEKI Y., RYBAK J., WICHER D., SACHSE S., HANSSON B.S., 2010. Physiological and morphological characterization of local interneurons in the *Drosophila* antennal lobe. *Journal of Neurophysiology,* 104 (2), 1007-1019.

SHANG Y., CLARIDGE-CHANG A., SJULSON L., PYPAERT M., MIESENBOCK G., 2007. Excitatory local cir-cuits and their implications for olfactory processing in the fly antennal lobe. *Cell,* 128 (3), 601-612.

SILBERING A., GALIZIA C., 2007. Processing of odor mixtures in the *Drosophila* antennal lobe reveals both global inhibition and glomerulus-specific interactions. *The Journal of Neuroscience,* 27 (44), 11966-11977.

STOPFER M., LAURENT G., 1999. Short-term memory in olfactory network dynamics. *Nature,* 402 (6762), 664-8.

TANAKA N.K., ITO K., STOPFER M., 2009. Odor-evoked neural oscillations in *Drosophila* are media-ted by widely branching interneurons. *The Journal of Neuroscience,* 29 (26), 8595-8603.

VARELA N., AVILLA J., GEMENO C., ANTON S., 2011. Ordinary glomeruli in the antennal lobe of male and female tortricid moth *Grapholita molesta* (Busck) *(Lepidoptera: Tortricidae)* process sex phero-mone and host-plant volatiles. *Journal of Experimental Biology,* 214, 637-645.

WANG S.P., ZHANG S.W., SATO K., SRINIVASAN M.V., 2005. Maturation of odor representation in the honeybee antennal lobe. *Journal of Insect Physiology,* 51, 1244-1254.

WILSON R.I., LAURENT G., 2005. Role of GABAergic inhibition in shaping odor-evoked spatiotemporal patterns in the *Drosophila* antennal lobe. *The Journal of Neuroscience,* 25 (40), 9069-9079.

WILSON R.I., TURNER G.C., LAURENT G., 2004. Transformation of olfactory representations in the *Drosophila* antennal lobe. *Science,* 303 (5656), 366-370.

WU W.Q., ANTON S., LÖFSTEDT C., HANSSON B.S., 1996. Discrimination among pheromone component blends by interneurons in male antennal lobes of two populations of the turnip moth, *Agrotis segetum. In: Proceedings of the National Academy of Sciences of the USA,* 93, 8022-8027.

Chapitre 14

Codage dans le bulbe olfactif principal des Mammifères

Nathalie Buonviso et Hirac Gurden

Des Insectes aux Mammifères, le sens olfactif est utilisé par la majorité des espèces animales pour connaître et se repérer dans l'environnement dans lequel elles se trouvent. Le système olfactif principal permet notamment de détecter à distance et de façon très efficace les molécules odorantes volatiles qui constituent des signaux vitaux à la survie, comme les signaux de danger (prédateurs, feu) ou de source alimentaire. Une odeur est composée de plusieurs dizaines de molécules odorantes qui ont chacune sa structure chimique (cf. chapitre 4). Le stimulus olfactif est donc extrêmement complexe et son code cérébral difficile à déchiffrer.

Comment s'effectue la représentation cérébrale des nombreuses molécules odorantes volatiles ? Comment peut-on distinguer l'identité (qualité) et la quantité (intensité) d'une molécule odorante ? Pour répondre à ces questions fascinantes, le point de départ de notre étude du code olfactif se trouve au niveau des neurones olfactifs (cf. chapitres 8 et 9). Chaque neurone olfactif n'exprime qu'un seul type de récepteur parmi un très vaste répertoire. Ces récepteurs sont les détecteurs des molécules odorantes. La structure cérébrale qui reçoit les projections des neurones olfactifs et qui est chargée de coder l'information olfactive est le bulbe olfactif, un cortex qui se trouve chez les Mammifères sous l'os qui recouvre l'espace entre les deux yeux. Ce cortex est constitué de deux parties symétriques, ou hémibulbes, et possède plusieurs populations cellulaires réparties en couches (cf. chapitres 6 et 11).

Une fois les neurones olfactifs activés par la molécule odorante, la première étape du codage dans le bulbe olfactif principal est effectuée au niveau de modules fonctionnels que sont les glomérules. Il s'agit du codage spatial de l'odeur, c'est-à-dire de la répartition dans le volume du bulbe olfactif de l'activité induite par les neurones récepteurs activés. Cette étape constituera la première partie de ce chapitre. L'activation d'un patron précis de glomérules entraîne une activation des cellules mitrales qui leur sont connectées, activation synchronisée sur l'activité respiratoire et impliquant les interactions avec les cellules granulaires. Ce codage temporel constitue la deuxième partie de ce chapitre. Le code olfactif est dynamique et de nature spatio-temporelle. Il constitue l'élément clé qui permet au système olfactif d'effectuer la représentation cérébrale de cette information sensorielle.

▸▸ Le codage spatial

L'activation d'une combinaison de plusieurs milliers de récepteurs olfactifs (cf. chapitre 8) conduit à solliciter un nombre restreint de glomérules. L'information très dispersée sur la muqueuse olfactive converge vers quelques modules fonctionnels dans le cerveau. Comment ces modules fonctionnent-ils ?

Chez le rat, les neurones olfactifs portant le même récepteur ne projettent que sur deux glomérules par hémibulbe, donc une population de neurones olfactifs activée a une représentation par quatre glomérules au total au niveau du bulbe (Mombaerts, 2004). Les neurones activés libèrent du glutamate par leurs terminaisons axonales dans l'espace glomérulaire. Ce neurotransmetteur excitateur se lie à ses récepteurs glutamatergiques postsynaptiques et engendre une dépolarisation des cellules mitrales qui prennent le relais du message nerveux. Les cellules périglomérulaires (interneurones inhibiteurs et astrocytes) sont également sollicitées et régulent en retour et de façon stricte la quantité massive de neurotransmetteurs qui est libérée et présente au niveau synaptique (Chen et Shepherd, 2005 ; Zou *et al.*, 2009).

Pour visualiser la répartition spatiale de l'activité, c'est-à-dire le patron de glomérules activés par rapport à ceux qui ne le sont pas, des méthodes d'imagerie optique ont été mises au point dans les dix dernières années. Il a ainsi été possible de visualiser les cartes olfactives chez l'animal anesthésié à qui on a présenté des molécules odorantes (Gurden *et al.*, 2006 ; Meister et Bonhoeffer, 2001 ; Rubin et Katz, 1999 ; Uchida *et al.*, 2000). Ces méthodes utilisent des caméras pour enregistrer les propriétés optiques endogènes du tissu cérébral, par exemple l'oxygénation et le débit vasculaire par l'imagerie dite du signal intrinsèque (figure 14.1A, planche couleur VIII) ou la fluorescence d'agents exogènes comme les colorants calciques qui, une fois injectés dans la cavité nasale, sont transportés par les neurones olfactifs vers les glomérules (figure 14.1B, planche couleur VIII). Il est à noter que les systèmes sensoriels sont fonctionnels même si le rat est anesthésié : l'animal ne souffre pas et n'a pas conscience du protocole expérimental, mais son odorat répond aux stimulations.

Qu'enregistre la caméra à la surface du bulbe olfactif quand on stimule le rat ou la souris anesthésiés avec une molécule odorante pure ? Chaque molécule possède une structure chimique qui lui est propre et qui détermine son identité, dénommée « qualité ». Cette qualité odorante porte une signature spatiale (figure 14.1, planche couleur VIII) au niveau des glomérules olfactifs sous forme de cartes spécifiques composées de modules activés qui représentent plusieurs caractéristiques de ces molécules volatiles, dont les fonctions chimiques qu'elles portent : par exemple, les groupements chimiques composés d'une fonction acide (soit une chaîne terminale –COOH) activent une combinaison de glomérules dans la zone antéro-médiane du bulbe olfactif, tandis que les molécules portant un noyau phénol ou une fonction alcool (une chaîne terminale –OH) activent des zones distinctes dans une région plus postérieure et latérale. En plus de cette ségrégation spatiale de la représentation des fonctions chimiques portées par les molécules odorantes, l'imagerie a démontré d'autres traits fonctionnels qui avaient été postulés par les études de biologie moléculaire menées dans les années 1990 : l'activation est bilatérale (Belluscio et Katz, 2001 ; Gurden *et al.*, 2006) et elle est combinatoire, c'est-à-dire que des molécules portant la même fonction chimique activent le même glomérule, mais le patron d'activité demeure spécifique à chaque molécule (Rubin et Katz, 1999).

Les études fonctionnelles par imagerie ont démontré une séquence d'activation dans la carte olfactive qui ne reste pas figée dans le temps, que cela soit en réponse à une concentration de molécules odorantes (Spors et Grinvald, 2002 ; Spors *et al.*, 2006) ou en augmentant cette concentration (Rubin et Katz, 1999 ; Wachowiak et Cohen, 2003). En effet, l'activation des récepteurs olfactifs suit une échelle d'affinité : les récepteurs qui reconnaissent le mieux la molécule odorante, qui sont les plus affins pour elle, sont activés en premier et aboutissent à l'activation d'un groupe de glomérules spécifiques, qui apparaissent en premier dans la carte. Les signaux détectés dans ces modules sont donc à faible latence et ont une grande amplitude. Les neurones récepteurs à affinité plus faible pour la molécule odorante activent des glomérules secondaires, avec un signal optique qui a une latence plus longue et une amplitude plus faible que les glomérules spécifiques (figure 14.1B, planche couleur VIII). Ces variations dans le temps sont flagrantes quand on augmente la dose de molécule : à forte concentration, des neurones récepteurs de moins en moins spécifiques sont sollicités et recrutent des glomérules moins spécifiques de la molécule odorante en question. Ces glomérules moins spécifiques s'ajoutent à la carte olfactive, ce qui implique que plus la concentration de molécules odorantes augmente, plus la carte se complexifie (Wachowiak et Cohen, 2003).

Il est à remarquer que la cartographie par imagerie optique ne décèle que les activations dans la partie dorsale du bulbe olfactif principal, puisque les photons ne pénètrent pas très profondément dans les tissus. Or la partie ventrale de la structure renferme également des glomérules olfactifs appartenant à la carte olfactive (cf. chapitre 11). Deux techniques par imagerie de signaux liés au métabolisme énergétique permettent d'obtenir des cartes de la partie ventrale du bulbe : la première, l'imagerie par la technique du glucose radiomarqué (ou 2-désoxyglucose, 2DG) qui s'accumule dans les glomérules activés en demande d'énergie, permet, après sacrifice de l'animal, d'analyser les foyers qui ont accumulé de la radioactivité pendant la stimulation olfactive[1]. La seconde, l'imagerie par résonance magnétique fonctionnelle (IRMf), se base sur des signaux liés à l'oxygénation et au débit sanguin nécessaires à l'irrigation des glomérules activés. Elle permet de visualiser la répartition spatiale de l'activité sur l'ensemble du bulbe (Martin *et al.*, 2007 ; Yang *et al.*, 1998). Cependant, ces deux techniques ont une résolution insuffisante pour détecter du

---

1. Ces cartes sont présentées sur le site Web de Johnson et Leon, *Glomerular Activity Response Archive*, <http://gara.bio.uci.edu/index.jsp> (consulté le 16 février 2012).

signal dans un module glomérulaire individuel. De plus, elles ne peuvent être utilisées pour réaliser une imagerie chez l'animal éveillé.

Jusqu'à présent nous n'avons discuté que de cas de molécules simples et pures. Or les odeurs naturelles (clou de girofle, café) sont des mélanges de nombreuses molécules odorantes (Lin *et al.*, 2006). Que deviennent les cartes spatiales d'activité quand on présente à l'animal deux molécules séparément, puis en les ajoutant l'une à l'autre dans une solution unique ? Si une molécule odorante est mélangée à concentration égale à une autre (les deux molécules ayant les mêmes propriétés de diffusion dans l'air), le mélange des deux molécules aboutit globalement à une addition linéaire des glomérules activés par chacune des molécules dans l'espace du bulbe olfactif dorsal (Belluscio et Katz, 2001). Même si cet ajout de modules fonctionnels reste plausible pour un mélange incorporant quelques molécules, il est difficile de penser que l'odeur de café, qui peut être composée de quatre cents molécules différentes, évoque au niveau du bulbe l'addition simple de tous les glomérules répondant à chacune de ces molécules. L'étude des cartes spatiales en réponse à des odeurs complexes reste à effectuer en détail dans le futur.

Les cartes olfactives chez l'animal anesthésié ont montré toute leur utilité pour étudier la répartition spatiale de l'activité dans le bulbe olfactif. Sont-elles présentes et évoluent-elles pendant l'apprentissage d'une tâche de discrimination olfactive entre deux odeurs chez le rat conscient ? Les rats vigiles respirent plus rapidement qu'à l'état anesthésié (1 à 2 Hz) et présentent un comportement typique de « flairage » (Kepecs *et al.*, 2006) constitué de brèves séquences d'inhalation (jusqu'à 12 Hz) qui permettraient d'échantillonner rapidement les molécules odorantes. Une très bonne étude des cartes olfactives pendant une tâche d'apprentissage chez le rat restreint dans ses mouvements (Verhagen *et al.*, 2007) a montré que la fréquence respiratoire était importante pour l'activation des glomérules olfactifs : pendant la respiration à basse fréquence en mode passif, l'activation des glomérules est phasique, calée sur la respiration, et des cartes similaires à l'état anesthésié sont enregistrées. Pendant le passage actif au flairage à haute fréquence respiratoire, l'activation glomérulaire est tonique, elle est fortement réduite en amplitude et découplée de la respiration. Le flairage permet de filtrer les odeurs ambiantes et d'amplifier le signal des odeurs nouvelles : c'est un filtre temporel qui modifie l'activité bulbaire.

Ces résultats montrent que la carte spatiale bulbaire n'est pas la réplique des patrons de récepteurs activés dans la muqueuse et que des activités spécifiques et dynamiques dans le temps codent l'information olfactive dans le bulbe olfactif. Le code est donc non seulement spatial, mais il est aussi temporel.

▸▸ Le codage temporel

Dans le système olfactif, le codage temporel est défini par le fait que des indices temporels de l'activité neuronale peuvent être utilisés pour la représentation de la qualité et/ou l'intensité de l'odeur. La représentation temporelle d'un stimulus par les structures neuronales a été évaluée à travers l'observation de signaux électrophysiologiques, recueillis par des électrodes. Selon le type d'électrode utilisé, il est possible de recueillir les potentiels d'action des cellules individuelles ou une activité plus globale, les potentiels de champ locaux. Ces potentiels représentent l'activité sommée d'une large population de neurones et de leurs interactions. À travers ces différents types de signaux, de nombreuses équipes ont abordé la question du codage temporel des odeurs. Qu'est-ce que le temps pour le codage olfactif ? Nous allons voir dans la deuxième partie de ce chapitre que l'information olfactive peut être représentée à différentes échelles temporelles : une lente, dépendant de la dynamique de l'échantillonnage (> 100 ms, liée à la respiration), et une plus rapide, imposée par l'activité oscillatoire du réseau (de l'ordre de la dizaine de millisecondes). Quelle que soit la base de temps, le principe de codage consisterait en un transfert fiable de l'information sur la qualité et l'intensité odorantes issues des cartes glomérulaires.

Un rythme lent lié à l'échantillonnage de l'odeur

Olfaction et respiration sont intimement liées par le simple fait que les molécules odorantes atteignent la muqueuse olfactive de façon rythmique, à chaque inspiration. Le cycle respiratoire constitue donc une base temporelle naturelle. L'animal respire à une fréquence de 1-2 Hz lorsqu'il est anesthésié, mais peut accroître sa fréquence respiratoire par flairage jusqu'à 8-12 Hz lorsqu'il explore un environnement.

Adrian déjà décrivait dans les années 1940 un rythme lent dans le bulbe olfactif et le cortex piriforme du Mammifère lié à l'échantillonnage périodique des molécules odorantes (Adrian, 1942). Cette modulation lente est particulièrement visible sur les tracés présentés sur la figure 14.2. Plus tard, les aspects temporels du codage ont été abordés par des études d'électrophysiologie unitaire extracellulaire. La plupart de ces travaux ont conclu que l'activité de décharge des cellules principales du bulbe olfactif, les cellules mitrales et à panache, présentait des patterns temporels en fonction du rythme respiratoire. On peut voir deux exemples de patterns respiratoires dans les activités des cellules mitrales présentées dans la figure 14.2. Malgré cela, les patterns respiratoires des cellules mitrales et à panache ne représentent probablement pas à eux seuls un code de l'odeur, puisque aucune relation spécifique entre une odeur et un pattern respiratoire particulier n'a pu être mise en évidence jusqu'à présent (Cang et Isaacson, 2003 ; Chaput *et al.*, 1992).

L'utilisation de nouvelles méthodes statistiques issues de la théorie de l'information a permis de regarder les données d'enregistrements unitaires sous un angle nouveau. Plusieurs auteurs ont ainsi mesuré la quantité d'information portée par l'activité des cellules mitrales et à panache du bulbe olfactif de rongeur. Ils ont d'abord montré que, alors que l'activité de chaque cellule prise individuellement ne permettait pas une reconnaissance de l'odeur, la représentation de l'odeur devenait pertinente si l'on considérait le taux de décharge d'une grande population de cellules (Bathellier *et al.*, 2008 ; Lehmkuhle *et al.*, 2006). Dans ce cas, le système peut même discriminer deux odeurs aussi proches que des énantiomères, deux molécules qui sont parfaitement identiques et images l'une de l'autre dans un miroir. Ensuite, ces auteurs ont montré que la reconnaissance de l'odeur était maximale quand le taux de décharge de la population était intégré sur la période d'un cycle respiratoire. Enfin, il semblerait que le taux de décharge d'une population pendant la durée d'un cycle respiratoire soit le paramètre le plus robuste aux variations de fréquence respiratoire de l'animal (Bathellier *et al.*, 2008). Cependant, chez l'animal vigile, cette observation a été remise en question récemment par Cury et Uchida (2010), qui observent que les réponses des cellules mitrales et à panache à une échelle temporelle inférieure au cycle respiratoire (20-40 ms) portent plus d'information que le taux de décharge mesuré sur un cycle respiratoire entier. De plus, elles sont corrélées au temps de réaction de l'animal.

Sur le plan comportemental, des études psychophysiques indiquent que la discrimination odorante peut être réalisée en un échantillonnage unique chez l'homme (Sobel *et al.*, 2000) et chez le rongeur (Uchida et Mainen, 2003), même si la discrimination nécessite un temps supplémentaire (70-100 ms) lorsque la tâche est difficile (Abraham *et al.*, 2004). Il existe donc une balance entre la vitesse et la précision de la discrimination : plus la tâche est difficile, plus le temps nécessaire à la discrimination est long. Chaque cycle peut ainsi être considéré comme un instantané complet de l'environnement olfactif à un temps donné (Kepecs *et al.*, 2006).

Il est connu que des variations des paramètres respiratoires peuvent entraîner un changement de perception. Par exemple, nous faisons de plus grandes inspirations pour sentir des odeurs plaisantes que pour sentir des odeurs non plaisantes (Bensafi *et al.*, 2003). De même, des odeurs fortement concentrées provoquent des inspirations de plus petit volume que des odeurs faiblement concentrées

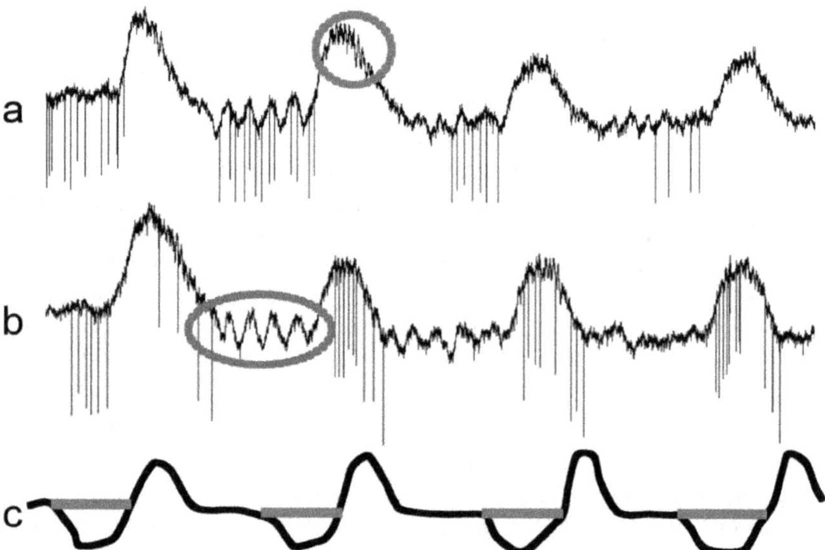

Figure 14.2. Exemples d'activités enregistrées dans la couche des cellules mitrales de rat anesthésié.

(a) Signal brut en réponse à l'acétate d'isoamyle et (b) à la méthyl-amyl cétone. On peut y distinguer l'oscillation lente liée à la respiration, sur laquelle se superposent des oscillations rapides. Le cercle en (a) repère un épisode d'oscillations γ (40-80 Hz), celui en (b) un épisode d'oscillations ß (15-35 Hz). Les potentiels d'action sur les deux tracés appartiennent à la même cellule mitrale qui répond aux deux odeurs par un pattern respiratoire différent : en (a), les potentiels d'action surviennent pendant l'expiration, alors qu'ils surviennent plutôt en phase inspiratoire en (b). (c) Signal respiratoire enregistré par un capteur placé devant la narine de l'animal. Les traits gris horizontaux repèrent les phases inspiratoires. Durée d'un cycle respiratoire : ~ 800 ms.

(Laing, 1983 ; Sobel *et al.*, 2001). Ainsi, en régulant la profondeur, la fréquence et/ou le nombre de cycles d'échantillonnage, l'animal peut influencer la représentation de l'odeur et donc sa perception. Ces observations ont conduit certains auteurs à postuler que le cycle d'échantillonnage ferait partie intégrante du percept olfactif.

Un rythme rapide lié à la dynamique du réseau

Le réseau bulbaire produit des oscillations rapides qui se superposent à cette oscillation lente. Ces oscillations sont générées par les interactions entre cellules mitrales/à panache et interneurones granulaires (Neville et Haberly, 2003 ; Rall et Sheperd, 1968). Grâce à un type de contact synaptique très particulier — les synapses réciproques dendro-dendritiques —, les cellules mitrales/à panache excitent les interneurones granulaires *via* la libération de glutamate. En retour, les granulaires inhibent les mitrales/à panache *via* la libération de GABA. C'est le fonctionnement de cette boucle qui est à l'origine des oscillations rapides bulbaires. La découverte de l'ubiquité des oscillations dans les potentiels de champ locaux des différentes structures nerveuses a amené la théorie classique du codage neuronal à évoluer vers le concept de codage par formation d'assemblées de neurones. Ces assemblées seraient caractérisées par des liens temporels unissant les neurones entre eux. Les oscillations rapides d'un réseau neuronal constituent un mécanisme de choix pour la formation de telles assemblées. En effet, elles représenteraient l'horloge commune par rapport à laquelle les neurones pourraient se synchroniser et donc se reconnaître comme appartenant à la même assemblée. Dans un tel principe de codage, le paramètre fondamental est la relation temporelle existant entre les oscillations des potentiels de champ locaux et des potentiels d'action des neurones. Ce principe de codage a été mis en évidence dans le lobe antennaire (équivalent du bulbe olfactif) du criquet (Laurent *et al.*, 1996), dans lequel chaque odeur serait représentée par une séquence spécifique de neurones activés qui se synchronisent au cours des cycles d'oscillation successifs de la réponse oscillatoire du réseau (cf. chapitre 13). Chez le Mammifère, un tel système de codage n'a pas encore été mis en évidence. Aucune règle montrant une relation entre une qualité odorante et un pattern de synchronisation oscillatoire spécifique n'a été mise en évidence jusqu'à présent. Le traitement bulbaire chez le Mammifère est probablement plus complexe, principalement à cause du fait que plusieurs régimes fréquentiels existent dans l'activité oscillatoire des potentiels de champ locaux. En effet, au cours d'un cycle respiratoire, deux régimes d'oscillations rapides se superposent à l'oscillation lente : l'un dans la bande ß (15-35 Hz), l'autre dans la bande γ (40-80 Hz). Au moins chez l'animal anesthésié, ces deux régimes alternent au cours d'un cycle respiratoire, comme le montrent de façon très nette les tracés de la figure 14.2. Ces patterns oscillatoires dépendent du niveau d'activation du bulbe : ils varient avec la concentration de l'odeur ou sa pression de vapeur (Cenier *et al.*, 2008 ; Neville et Haberly, 2003) et avec le débit d'air dans le nez (Courtiol *et al.*, 2011). Les cellules mitrales/à panache peuvent synchroniser leur décharge sur l'oscillation γ si elles sont fortement activées ou sur l'oscillation ß si elles sont faiblement activées par l'odeur (Cenier *et al.*, 2009). On peut faire l'hypothèse que la synchronisation de cellules sur une oscillation ß et/ou γ sélectionnerait les neurones codant une odeur.

Sur le plan comportemental, ce principe ne peut être considéré comme valide que si l'on montre que le système utilise ces oscillations pour coder l'odeur. Le seul argument dont nous disposions aujourd'hui vient d'un travail chez l'Insecte montrant que l'abeille n'est plus capable de discriminer des odeurs proches sur le plan moléculaire si les synchronisations neuronales sont abolies (Stopfer *et al.*, 1997). Ces synchronisations oscillatoires seraient donc essentielles pour les discriminations sensorielles fines. Chez le Mammifère, le support neuronal de ce type de codage existe puisque les cellules mitrales/à panache peuvent se synchroniser sur les oscillations ß ou γ. Cependant, nous n'avons pas la preuve aujourd'hui que le système utilise ce principe pour coder les odeurs. De plus, chez l'animal anesthésié, les patterns oscillatoires et les synchronisations sont modifiés par la dynamique respiratoire de l'animal : plus le débit d'air dans la cavité nasale est fort, plus les oscillations γ augmentent au détriment des oscillations ß (Courtiol *et al.*, 2011). Le défi des années à venir sera probablement de montrer comment la perception de l'odeur peut rester stable, alors que sa représentation neuronale dans les premiers étages de la voie olfactive change avec le mode d'échantillonnage. De plus, nous allons voir que ces motifs d'oscillation sont tout aussi sensibles à l'apprentissage.

Effet de l'apprentissage

Chez le Mammifère, les effets de l'apprentissage ont été principalement étudiés sur les signaux oscillatoires des potentiels de champ locaux. Plusieurs travaux ont montré que les patterns oscillatoires étaient largement modifiés par l'apprentissage. Dans une série de travaux chez le lapin éveillé, Freeman (1978) avait montré que :
– chaque odeur induisait au niveau du bulbe olfactif et du cortex piriforme une carte spatiotemporelle d'oscillations γ ;
– ces cartes d'oscillations variaient au cours des différentes présentations d'une même odeur ;
– ces cartes étaient stabilisées par l'apprentissage.

Ainsi, les cartes d'oscillations ne représenteraient pas l'odeur elle-même mais ce que l'animal connaît de cette odeur et ce qu'il doit en faire. Plus récemment, Martin *et al.* (2004) ont montré que, dans une tâche particulière, les animaux experts montrent un affaissement des oscillations γ et une amplification des oscillations ß dans certains foyers bulbaires à la présentation de l'odeur. La localisation spatiale de ces foyers dépend à la fois de la nature de l'odeur et de sa signification biologique.

À cause de la difficulté technique, il n'existe encore que peu de données d'activités unitaires enregistrées chez l'animal en comportement. Des enregistrements pratiqués chez la souris qui effectue une tâche de discrimination ont révélé que, au fur et à mesure que l'animal apprend à discriminer deux odeurs, les cellules commencent à répondre de façon différente à l'odeur renforcée et non renforcée (Doucette et Restrepo, 2008). Ces résultats indiquent que la représentation de l'odeur dans le bulbe olfactif montre une importante plasticité dépendante du contexte.

▸▸ Conclusion

Les données d'imagerie et d'électrophysiologie nous indiquent aujourd'hui que l'information olfactive est représentée à différents niveaux du réseau bulbaire :
– par la séquence spatiotemporelle de glomérules activés ;

– par la combinaison spatiale des neurones activés ;
– par l'activité temporelle lente, imposée par le rythme d'échantillonnage de l'odeur ;
– par la synchronisation rapide de sous-populations de neurones par rapport à l'oscillation du réseau.

Ainsi, le codage de l'odeur dans le bulbe olfactif n'est pas un processus statique mais au contraire très dynamique. Le message olfactif est représenté à différentes échelles temporelles, chacune étant probablement décodée par un mécanisme cortical adapté. Cette représentation spatiotemporelle de l'odeur est très plastique : elle est fortement influencée d'une part par les paramètres respiratoires (durée, fréquence, profondeur de l'inspiration) et d'autre part par l'expérience.

▸▸ Bibliographie

ABRAHAM N.M., SPORS H., CARLETON A., MARGRIE T.W., KUNER T., SCHAEFER A.T., 2004. Maintaining accuracy at the expense of speed: stimulus similarity defines odor discrimination time in mice. *Neuron*, 44, 865-876.

ADRIAN E.D., 1942. Olfactory reactions in the brain of the hedgehog. *Journal of Physiology*, 100, 459-473.

BATHELLIER B., BUHL D.L., ACCOLLA R., CARLETON A., 2008. Dynamic ensemble odor coding in the mammalian olfactory bulb: sensory information at different timescales. *Neuron*, 57, 586-598.

BELLUSCIO L., KATZ L.C., 2001. Symmetry, stereotypy, and topography of odorant representations in mouse olfactory bulbs. *Journal of Neuroscience*, 21, 2113-2122.

BENSAFI M., PORTER J., POULIOT S., MAINLAND J., JOHNSON B., ZELANO C., YOUNG N., BREMNER E., AFRAMIAN D., KHAN R., SOBEL N., 2003. Olfactomotor activity during imagery mimics that during perception. *Nature Neuroscience*, 6, 1142-1144.

CANG J., ISAACSON J.S., 2003. *In vivo* whole-cell recording of odor-evoked synaptic transmission in the rat olfactory bulb. *Journal of Neuroscience*, 23, 4108-4116.

CENIER T., AMAT C., LITAUDON P., GARCIA S., LAFAYE DE MICHEAUX P., LIQUET B., ROUX S., BUONVISO N., 2008. Odor vapor pressure and quality modulate local field potential oscillatory patterns in the olfactory bulb of the anesthetized rat. *European Journal of Neuroscience*, 27, 1432-1440.

CENIER T., DAVID F., LITAUDON P., GARCIA S., AMAT C., BUONVISO N., 2009. Respiration-gated formation of γ and ß neural assemblies in the mammalian olfactory bulb. *European Journal of Neuroscience*, 29, 921-930.

CHAPUT M.A., BUONVISO N., BERTHOMMIER F., 1992. Temporal patterns in spontaneous and odour-evoked mitral cell discharges recorded in anaesthetized freely breathing animals. *European Journal of Neuroscience*, 4, 813-822.

CHEN W.R., SHEPHERD G.M., 2005. The olfactory glomerulus: a cortical module with specific functions. *Journal of Neurocytology*, 34(3-5), 353-60.

COURTIOL E., AMAT C., THÉVENET M., MESSAOUDI B., GARCIA S., BUONVISO N., 2011. Reshaping of bulbar odor response by nasal flow rate in the rat. *PLoS One*, 6 (1), e16445, doi:10.1371/journal.pone.0016445.

CURY K.M., UCHIDA N., 2010. Robust odor coding via inhalation-coupled transient activity in the mammalian olfactory bulb. *Neuron*, 68, 570-585.

DOUCETTE W., RESTREPO D., 2008. Profound context-dependent plasticity of mitral cell responses in olfactory bulb. *PLoS Biol*, 6, e258.

FREEMAN W.J., 1978. Spatial properties of an EEG event in the olfactory bulb and cortex. *Electroencephalography and Clinical Neurophysiology*, 44, 586-605.

GURDEN H., UCHIDA N., MAINEN Z.F., 2006. Sensory-evoked intrinsic optical signals in the olfactory bulb are coupled to glutamate release and uptake. *Neuron*, 52, 335-345.

KEPECS A., UCHIDA N., MAINEN Z.F., 2006. The sniff as a unit of olfactory processing. *Chemical Senses,* 31, 167-179.

LAING D.G., 1983. Natural sniffing gives optimum odour perception for humans. *Perception,* 12, 99-117.

LAURENT G., WEHR M., DAVIDOWITZ H., 1996. Temporal representations of odors in an olfactory network. *Journal of Neuroscience,* 16, 3837-3847.

LEHMKUHLE M.J., NORMANN R.A., MAYNARD E.M., 2006. Trial-by-trial discrimination of three enantiomer pairs by neural ensembles in mammalian olfactory bulb. *Journal of Neurophysiology,* 95, 1369-1379.

LIN D.Y., SHEA S.D., KATZ L.C., 2006. Representation of natural stimuli in the rodent main olfactory bulb. *Neuron,* 50, 937-949.

MARTIN C., GERVAIS R., HUGUES E., MESSAOUDI B., RAVEL N., 2004. Learning modulation of odor-induced oscillatory responses in the rat olfactory bulb: a correlate of odor recognition? *Journal of Neuroscience,* 24, 389-397.

MARTIN C., GRENIER D., THÉVENET M., VIGOUROUX M., BERTRAND B., JANIER M., 2007. fMRI visualization of transient activations in the rat olfactory bulb using short odor stimulations. *NeuroImage,* 36, 1288-1293.

MEISTER M., BONHOEFFER T., 2001. Tuning and topography in an odor map on the rat olfactory bulb. *Journal of Neuroscience,* 21, 1351-1360.

MOMBAERTS P., 2004. Genes and ligands for odorant, vomeronasal and taste receptors. *Nature Review Neuroscience,* 5, 263-78.

NEVILLE K.R., HABERLY L.B, 2003. ß and γ oscillations in the olfactory system of the urethane-anesthetized rat. *Journal of Neurophysiology,* 90, 3921-3930.

RALL W., SHEPHERD G.M., 1968. Theoretical reconstruction of field potentials and dendrodendritic synaptic interactions in olfactory bulb. *Journal of Neurophysiology,* 31, 884-915.

RUBIN B.D., KATZ L.C., 1999. Optical imaging of odorant representations in the mammalian olfactory bulb. *Neuron,* 23, 499-511.

SOBEL N., KHAN R.M., HARTLEY C.A., SULLIVAN E.V., GABRIELI J.D., 2000. Sniffing longer rather than stronger to maintain olfactory detection threshold. *Chemical Senses,* 25, 1-8.

SOBEL N., THOMASON M.E., STAPPEN I., TANNER C.M., TETRUD J.W., BOWER J.M., SULLIVAN E.V., GABRIELI J.D., 2001. An impairment in sniffing contributes to the olfactory impairment in Parkinson's disease. *In: Proceedings of the National Academy of Sciences of the USA,* 98, 4154-4159.

SPORS H., GRINVALD A., 2002. Spatio-temporal dynamics of odor representations in the mammalian olfactory bulb. *Neuron,* 34, 301-315.

SPORS H., WACHOWIAK M., COHEN L.B., FRIEDRICH R.W., 2006. Temporal dynamics and latency patterns of receptor neuron input to the olfactory bulb. *Journal of Neuroscience,* 26, 1247-1259.

STOPFER M., BHAGAVAN S., SMITH B.H., LAURENT G., 1997. Impaired odour discrimination on desynchronization of odour-encoding neural assemblies. *Nature,* 390, 70-74.

UCHIDA N., MAINEN Z.F., 2003. Speed and accuracy of olfactory discrimination in the rat. *Nature Neuroscience,* 6, 1224-1229.

UCHIDA N., TAKAHASHI Y.K., TANIFUJI M., MORI K., 2000. Odor maps in the mammalian olfactory bulb: domain organization and odorant structural features. *Nature Neuroscience,* 3, 1035-1043.

VERHAGEN J.V., WESSON D.W., NETOFF T.I., WHITE J.A., WACHOWIAK M., 2007. Sniffing controls an adaptive filter of sensory input to the olfactory bulb. *Nature Neuroscience,* 10, 631-639.

WACHOWIAK M., COHEN L.B., 2003. Correspondence between odorant-evoked patterns of receptor neuron input and intrinsic optical signals in the mouse olfactory bulb. *Journal of Neurophysiology,* 89 (3), 1623-1639.

YANG X., RENKEN R., HYDER F., SIDDEEK M., GREER C.A., SHEPHERD G.M., 1998. Dynamic mapping at the laminar level of odor-elicited responses in rat olfactory bulb by functional MRI. *In: Proceedings of the National Academy of Sciences of the USA,* 95, 7715-7720.

ZOU D.J., CHESLER A., FIRESTEIN S., 2009. How the olfactory bulb got its glomeruli: a just so story? *Nature Review Neuroscience,* 10 (8), 611-618.

Chapitre 15

Intégration centrale chez les Insectes

Jean-Pierre ROSPARS et Sylvia ANTON

Chez les Insectes, l'intégration centrale de l'information olfactive a lieu dans la partie antérieure du cerveau, le protocérébron (figure 15.1). Le protocérébron, comme les autres parties du système nerveux central, est formé d'une zone périphérique de corps cellulaires et d'une zone centrale de neuropile. Deux structures de neuropile dense, le complexe central et les deux corps pédonculés (CP) situés symétriquement à gauche et à droite du complexe central sont les grands centres intégratifs du cerveau. D'autres neuropiles du protocérébron, moins bien délimités et d'organisation interne moins géométrique, sont identifiés par leur position vis-à-vis des CP et du complexe central.

Les deux entrées sensorielles du protocérébron les plus importantes par leur nombre de neurones récepteurs sont celles des yeux *via* les lobes optiques (qui font partie du protocérébron) et des antennes *via* les lobes antennaires (qui font partie du deutocérébron) (figure 15.2). Il ressort des nombreuses études réalisées que l'intégration des informations olfactives a lieu dans le lobe latéral du protocérébron (LLP) et dans les corps pédonculés (CP), bien que ces derniers aient aussi d'autres fonctions. En revanche, aucune étude à ce jour n'a mis en évidence des fonctions olfactives dans le complexe central, dont on a compris seulement récemment qu'il intervenait dans l'orientation du vol et la commande de la marche (Rospars, 2012).

Après une vue d'ensemble de la voie olfactive protocérébrale, nous présenterons schématiquement trois aspects de l'intégration dans le protocérébron : le traitement des informations olfactives dans le LLP et les CP, la plasticité du protocérébron en fonction de l'expérience et enfin l'élaboration des commandes motrices de comportements guidés par l'olfaction dans le protocérébron latéral et ventral.

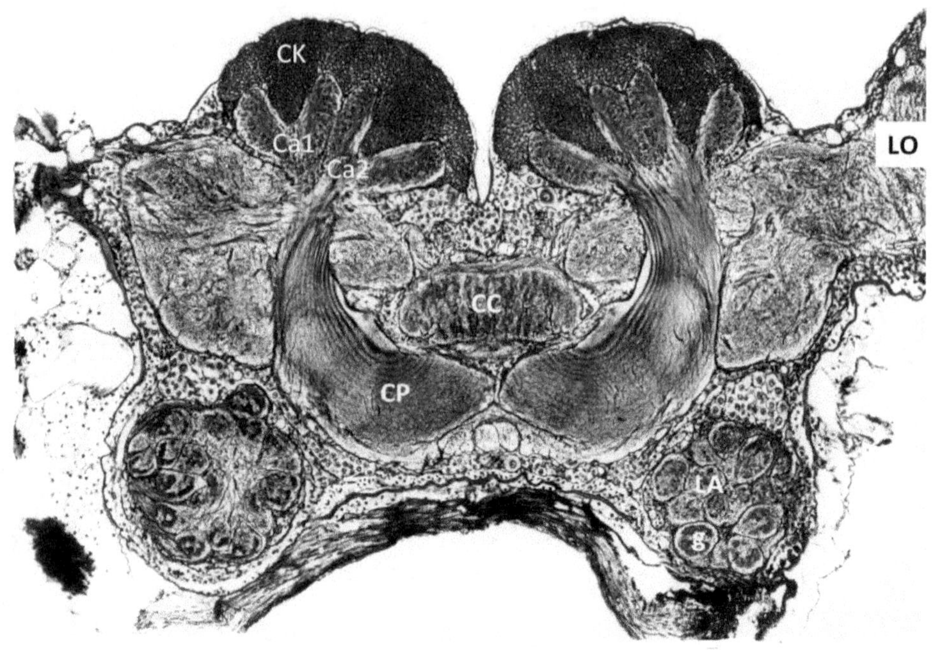

Figure 15.1. Coupe histologique du cerveau de blatte *Blaberus craniifer* en coloration argentique de Bodian.

Cette vue frontale montre dans le protocérébron les deux corps pédonculés (CP) avec leurs calices doubles (Ca1 et Ca2), les nombreux corps cellulaires des cellules de Kenyon (CK) qui leur donnent naissance, le complexe central (CC) et les lobes optiques (LO). Les lobes antennaires (LA) du deutocérébron et leurs 106 glomérules (g) sont également visibles. La largeur du cerveau est de 1 500 μm (© Jean-Pierre Rospars).

▸▸ Anatomie de la voie sensori-motrice olfactive du protocérébron

Neurones de projection issus des lobes antennaires

Les neurones de projection, dont le corps cellulaire et l'arborisation dendritique (uni ou pluri-glomérulaire) sont dans le lobe antennaire (cf. chapitre 12), envoient leurs axones *via* divers tractus dont le plus important est le tractus antenno-protocérébral interne (aussi appelé médian). Chaque axone de ce tractus émet une branche collatérale au niveau du CP ipsilatéral, dont l'ensemble constitue la principale entrée sensorielle du CP, puis il poursuit sa route et se termine dans le LLP. Chez les Hyménoptères, un tractus antenno-protocérébral latéral important émet d'abord une branche collatérale au niveau du LLP et se termine ensuite dans les calices du CP, et fait donc le trajet inverse. D'autres tractus avec peu d'axones se terminent dans différentes régions du LLP chez la plupart des Insectes (Galizia et Rössler, 2010).

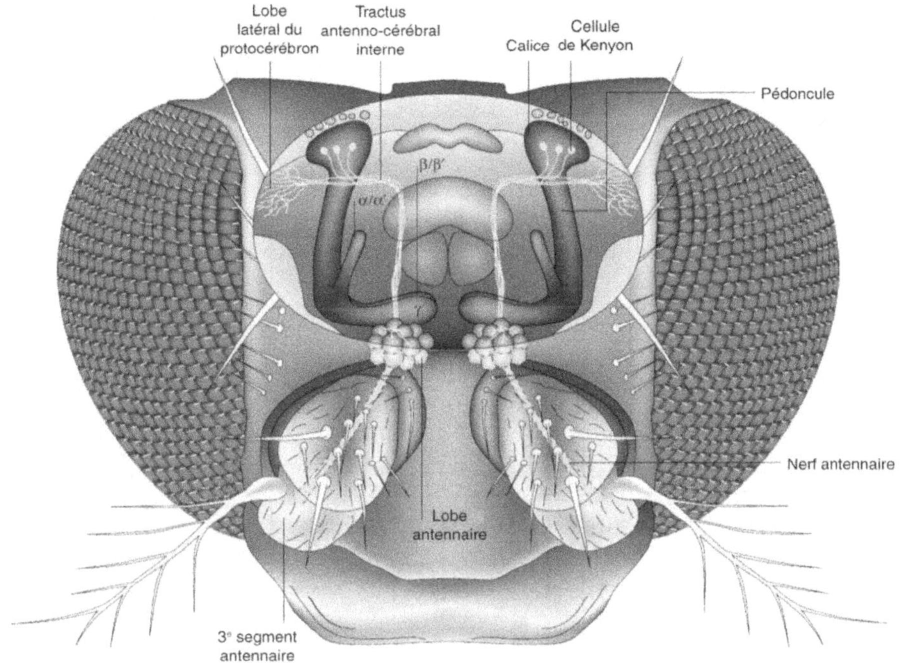

Figure 15.2. Vue d'ensemble du cerveau de la mouche du vinaigre *Drosophila melanogaster*. Corps pédonculés (les formes en « L » en miroir, en haut, en foncé) avec le pédoncule entre leurs entrées (calice, en haut) et leurs sorties (lobes α/α', β/β' et γ) ; tractus antenno-cérébral interne provenant des lobes antennaires et se terminant dans le lobe latéral du protocérébron avec branches collatérales au niveau des calices. Le 3ᵉ segment antennaire transmet le message olfactif au lobe antennaire *via* le nerf antennaire (d'après Heisenberg, 2003).

Structure des corps pédonculés

Les CP ont été décrits pour la première fois en 1850 par Félix Dujardin (Strausfeld *et al.,* 1998). Chaque CP a la forme d'un champignon, d'où son autre nom de « corps fongiforme », et comporte trois parties : le calice simple ou double, en forme de coupe comme son nom l'indique, le pédoncule de forme cylindrique et les trois lobes, α, ß et γ, dont deux sont clairement visibles chez la plupart des Insectes (Fahrbach, 2006 ; Farris, 2005). Le neurone principal du CP est la cellule de Kenyon (CK), dont les petits corps cellulaires sphériques remplissent le creux des calices. Leur nombre varie selon les espèces (2 500 chez la drosophile, 170 000 chez l'abeille, 200 000 chez la blatte) et tous leurs processus sont contenus dans le neuropile du CP. Le neurite primaire issu du corps cellulaire d'une CK typique se divise en une arborisation dendritique (dans les calices) et un axone (dans le pédoncule), qui se divise à son tour en deux arborisations terminales (dans les lobes) (figure 15.3).

Il existe plusieurs populations de CK dont la date de naissance à partir des cellules souches (neuroblastes) détermine les caractéristiques morphologiques et biochimiques (figure 15.4, planche couleur IX). La drosophile n'a que quatre

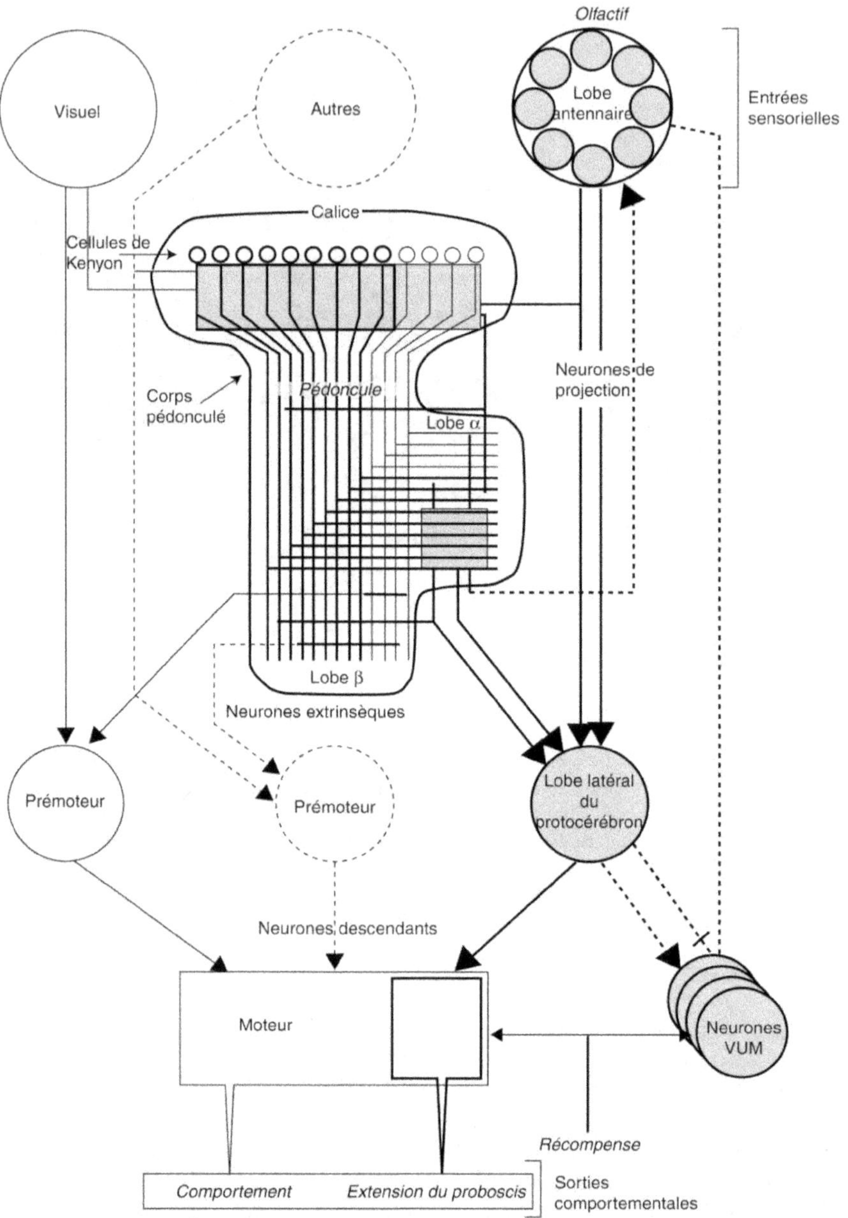

Figure 15.3. Diagramme schématique de l'organisation fonctionnelle du cerveau de l'abeille prenant en charge le contrôle des comportements liés à l'expérience acquise par l'animal.

En haut, les entrées sensorielles. En bas, les sorties comportementales. Au centre, un corps pédonculé avec son calice et les cellules de Kenyon, son pédoncule et ses lobes α et ß. Traits gras : neuropiles et neurones impliqués dans l'olfaction et les comportements à déterminisme olfactif. Traits fins : organisation présumée des systèmes autres que le système olfactif. En grisé : le neurone VUMmx1, les autres neurones VUM et les sites potentiels de convergence entre odeur et récompense (cf. § « Zone d'entrée et de sortie du CP »). En pointillés : sites potentiels de convergence des entrées olfactives (excitatrices et inhibitrices, traitement par les circuits de la mémoire) sur le neurone VUMmx1.

184

neuroblastes ; l'abeille en a des milliers (Farris et Sinakevitch, 2003). En règle générale, cette neurogenèse cesse au moment de l'émergence de l'adulte chez les hémimétaboles et avec la mort des neuroblastes chez les holométaboles, ce qui se produit dans la nymphe pour l'abeille. Il existe cependant des exceptions chez certains Orthoptères, Coléoptères et Lépidoptères (Cayre *et al.*, 1996).

Les CP et le cortex cérébral des Mammifères présentent des similitudes remarquables. Chaque population de CK serait l'équivalent d'une aire corticale (Farris, 2005). Dans les deux groupes, il existe une relation entre la complexité des interactions sociales et la taille de ces structures : ainsi les blattes, les abeilles et les fourmis ont des CP bien développés (sur ces correspondances, voir aussi Davis, 2004).

Zones d'entrée et de sortie du CP

Les CP sont des centres d'intégration multimodale avec des entrées olfactives dominantes, mais également des entrées visuelles, tactiles et autres (Strausfeld *et al.*, 2003).

Les calices sont la principale zone d'entrée du CP. Ces entrées sont surtout dues aux terminaisons des neurones de projection (NP) et sont donc à dominante olfactive. Seuls les Hyménoptères ont aussi des entrées visuelles en provenance des lobes optiques ; l'aire visuelle (le col du calice) est intercalée entre les aires chimiosensorielles (lèvre et anneau basal) qui, elles, proviennent du proboscis *via* le ganglion sous-œsophagien et antennaire. Les CK sont en beaucoup plus grand nombre que leurs neurones présynaptiques (en entrée) et postsynaptiques (en sortie). Les connexions synaptiques entre les NP et les CK sont à la fois divergentes (d'un NP vers plusieurs CK) et convergentes (de plusieurs NP vers une CK). En effet, chaque NP se ramifie dans une grande partie des calices et établit des synapses avec un grand nombre de CK, tandis que chaque CK reçoit une entrée synaptique d'un grand nombre de NP (Galizia et Szyszka, 2008).

Les synapses entre les terminaisons présynaptiques des NP et les dendrites des CK sont cholinergiques. D'autres synapses sont GABAergiques. Les terminaisons présynaptiques de ces dernières, très probablement inhibitrices, appartiennent à des neurones récurrents dont les arborisations dendritiques sont dans les lobes du CP, mais aussi à des neurones provenant du LLP. Ces deux types de synapses des calices sont organisés en microglomérules. On trouve en outre des terminaisons présynaptiques dopaminergiques et octopaminergiques (ces dernières provenant en partie du ganglion sous-œsophagien) souvent situées sur les corps cellulaires des cellules de Kenyon (ce type de synapse axosomatique est rare chez les Insectes). Un neurone octopaminergique très bien décrit chez l'abeille est le VUMmx1[1], qui se ramifie non seulement dans les CP, mais également dans les LA et d'autres régions du cerveau et du ganglion sous-œsophagien (figure 15.3). Ce neurone est responsable de la transmission de signaux gustatifs du proboscis dans le cas de l'apprentissage

---

1. Neurone dont le corps cellulaire est en position ventrale (V) et médiane (M) dans le neuromère maxillaire (mx) du ganglion sous-œsophagien. Ce neurone est impair (U), car il présente des branches symétriques dans les hémisphères droit et gauche.

associatif d'une odeur et permet aux neurones des CP de faire un lien entre les signaux gustatifs et olfactifs (Hammer, 1997).

Les zones de sortie sont les deux lobes, α (vertical) et ß (médian). Un troisième lobe, dit γ, n'est pas toujours clairement séparé des deux précédents. Les CK y font synapse avec les neurones extrinsèques des CP, selon des structures feuilletées. Certains de ces neurones se projettent en retour sur les calices et y forment les terminaisons GABAergiques décrites ci-dessus : ils entrent donc dans une boucle de rétroaction inhibitrice.

Protocérébron latéral et ventral

Le LLP, également appelé corne latérale, est la zone de terminaison des neurones de projection issus du LA ; sa fonction est sensorielle. Des sous-groupes de glomérules du LA sont liés à des zones particulières du LLP (Tanaka *et al.*, 2004), à la différence des projections dans les calices du CP. Par exemple chez *Drosophila melanogaster,* les zones de représentation des composés phéromonaux putatifs et des odeurs de fruits sont distinctes (Jefferis *et al.*, 2007). Cette spécificité est même préservée à l'étape suivante : des régions distinctes du LLP sont en effet reliées à des aires distinctes d'autres parties du cerveau, préservant ainsi l'information de sous-populations de glomérules (Tanaka *et al.*, 2004). On distingue deux autres aires du protocérébron latéral en rapport avec l'olfaction : le lobe accessoire latéral (LAL) et le protocérébron ventral (PCV), dont la fonction est prémotrice (voir § « Commandes motrices » ci-dessous).

▸▸ Code olfactif dans les centres supérieurs

Lobe latéral du protocérébron

Il n'y a pas eu d'étude détaillée du codage olfactif de cette aire à notre connaissance. Toutefois, en se fondant sur les résultats obtenus sur les CP (voir § « Corps pédoncules » ci-dessous), on peut supposer que les neurones postsynaptiques du LLP se comportent comme des détecteurs de coïncidence (Heisenberg, 2003). Dans ce cas, si chaque odeur active un ensemble propre de glomérules du LA, un neurone du LLP répondrait uniquement à cet ensemble s'il est connecté aux NP provenant de ces glomérules. Chaque odeur significative pour l'insecte serait caractérisée par une combinaison particulière d'odeurs primaires et ainsi reconnue. Le LLP fournirait une analyse rapide mais grossière des stimulus olfactifs.

Corps pédoncules

Cependant, si l'animal doit discriminer plusieurs mélanges complexes d'odeurs ayant plusieurs glomérules activés en commun, il pourrait devoir traiter l'information olfactive plus à fond, ce qui aurait lieu dans les CP. Ceux-ci possèdent des capacités d'analyse plus étendues en raison du grand nombre de cellules qui les composent.

Supposons que chaque CK soit connectée à 3 NP et qu'à toutes les combinaisons possibles de 3 NP correspondent une CK, toutes les combinaisons possibles de glomérules activés seraient alors représentées par des ensembles uniques mais chevauchants de CK.

Le transfert des informations des NP aux CK a été étudié notamment chez le criquet (Perez-Orive *et al.*, 2002). Chaque odeur excite une centaine des 830 NP. La probabilité qu'une CK réponde à une odeur est en moyenne de 11 %, alors qu'elle est de 64 % pour les NP, soit six fois plus élevée. Autrement dit, lorsqu'on enregistre une CK, il faut appliquer une dizaine d'odeurs sur l'antenne en moyenne avant d'en trouver une à laquelle elle réponde, alors que moins de deux essais en moyenne suffisent pour obtenir une réponse d'un NP. Il y a donc une forte réduction à la fois de la probabilité de réponse d'un neurone et du nombre de potentiels d'action (PA) émis lorsqu'on passe des NP aux CK. Cette réduction fait intervenir des neurones inhibiteurs provenant du LLP. La représentation des odeurs par les NP est dense, dynamique et redondante ; celle des CK clairsemée et sélective. Une CK ne réagit qu'aux NP actifs au même instant : les CK sont donc des détecteurs de coïncidences efficaces. Cette représentation clairsemée n'est pas propre aux CP des Insectes. Elle se retrouve dans le cortex des Mammifères et elle est reconnue aujourd'hui comme un principe fondamental de codage de l'information dans les cerveaux.

La synchronisation des activités des NP produit un potentiel de champ local dont les oscillations durent le temps de la stimulation olfactive ou un peu plus et s'étendent à la totalité d'un calice. Ce potentiel de champ est créé par des NP différents à chaque période. Les potentiels postsynaptiques excitateurs des CK, rarement supraliminaires, sont en phase avec le potentiel de champ (Laurent, 1996). Ces oscillations cohérentes sont également enregistrées au niveau des neurones sortant des lobes, sur lesquels convergent des milliers de CK (MacLeod *et al.*, 1998).

Au total, selon Laurent (2002), le codage qualitatif des odeurs utilise deux processus : un processus de décorrélation, qui a lieu dans le LA et qui tend à séparer les codes de deux odeurs différentes en minimisant leur chevauchement, c'est-à-dire le nombre de neurones répondant aux deux odeurs, et un processus de simplification qui a lieu dans le CP et qui tend à accroître la spécificité du codage en diminuant le nombre de neurones activés. La décorrélation est un processus dynamique lent non périodique et la simplification un processus périodique rapide. Les deux processus sont menés en parallèle au cours du temps. Le processus de décorrélation est associé au potentiel de champ à 20-30 Hz du LA et à des actions inhibitrices lentes. Le processus de simplification est associé à la synchronisation des potentiels d'action due à des synapses GABAergiques rapides. Les synapses lentes et rapides seraient indépendantes chez la sauterelle (MacLeod et Laurent, 1996). L'étude simultanée des codages intensitifs et qualitatifs à l'aide d'électrodes multiples (Stopfer *et al.*, 2003) montre que la plus grande différence de réponse des NP à plusieurs concentrations de la même odeur est atteinte vers 200-300 ms, soit après cinq à dix cycles d'oscillations du traitement dans le LA. Les CK seraient remises à zéro après chaque cycle et analyseraient les réponses des NP par tranches indépendantes de 50 ms. Certaines CK (30 %) répondent sélectivement à des concentrations spécifiques d'odeurs particulières, tandis que d'autres (15 %) répondent à plusieurs concentrations d'une même odeur.

Les études des CP de l'abeille par électrophysiologie et imagerie calcique confirment et complètent les résultats précédents obtenus chez le criquet. Les CK ont une activité spontanée très faible et répondent avec peu de potentiels d'action à une stimulation odorante. Typiquement, une réponse brève *on* est suivie par une réponse *off* à la fin de la stimulation. Même si la représentation d'une odeur est toujours combinatoire au niveau des CP, des microcircuits locaux dans les calices modifient la sortie des NP, et le motif combinatoire peut changer entre le début et la fin de la stimulation. La proportion de réponses spécifiques obtenues augmente progressivement du signal mesuré dans le LA, *via* le signal présynaptique des NP dans les calices, au signal émis par les CK. La rareté des réponses des CK viendrait de la faiblesse des connexions synaptiques et des inhibitions provoquées par la stimulation (Galizia et Szyszka, 2008).

▸▸ Plasticité du protocérébron

Les CP présentent une plasticité structurale qui dépend de l'expérience de l'animal. Un environnement enrichi a pour effet d'accroître la neurogenèse des CK chez l'adulte du grillon (Scotto-Lomassese *et al.,* 2000). Chez l'abeille, certains glomérules du LA, mais aussi les corps cellulaires des CK ont un volume supérieur chez les butineuses par rapport aux nourrices. Chez les Hyménoptères sociaux et la drosophile, le volume des CP de l'adulte change aussi lors de l'apprentissage associatif. La trace mnésique a pu être localisée dans les synapses des CP (Davis, 2004 ; Heisenberg, 2003 ; Menzel, 2001 ; Waddell et Quinn, 2001). En effet, les CP sont indispensables à l'apprentissage des discriminations olfactives et au stockage des souvenirs, olfactifs ou autres. Toute altération ou presque de ces corps, par une lésion physique, un refroidissement réversible ou une mutation, affecte la mémoire des odeurs et le rappel des odeurs associées aux récompenses et aux punitions. L'effet est bien mémoriel et non pas seulement sensori-moteur, car les réponses spontanées aux stimulus utilisés (odeurs, sucre et chocs électriques) ne sont pas affectées. Des modifications structurales dans les CP ont été mises en évidence après un apprentissage associatif : la densité des microglomérules dans les calices des CP augmente chez les abeilles après qu'elles ont associé une odeur à une récompense sucrée (Hourcade *et al.,* 2010).

Chez l'abeille, on a découvert un neurone protocérébral, appelé PE1, dont la réponse à une odeur augmente quand celle-ci est associée plusieurs fois à une récompense sucrée. Il signale donc l'attente de nourriture au reste du cerveau en présence d'une odeur associée à la nourriture. On pense qu'au cours de l'apprentissage le neurone PE1 apprendrait à répondre à l'odeur par des modifications synaptiques. De fait, il contacte plusieurs CK dans le lobe α et se projette dans le protocérébron latéral et médian. Le PE1 apparaît alors comme un neurone sortant qui recueille la réponse conditionnée (apprise) à partir de toutes les cellules de Kenyon. Au cours du conditionnement, le neurone PE1 apprendrait à répondre à l'odeur par des modifications synaptiques.

On a également montré que des neurones néoformés chez l'adulte du grillon intervenaient dans l'apprentissage. Si la neurogenèse est empêchée par irradiation des neuroblastes, les grillons perdent leur capacité d'apprentissage associatif d'odeurs.

▸▸ Commandes motrices

Un déplacement en zigzag est fréquemment observé chez les Insectes, mais aussi chez les Vertébrés, lors de comportements de recherche de nourriture, d'une plante hôte ou d'un partenaire sexuel.

Ce dernier exemple a été particulièrement étudié chez le mâle du bombyx du mûrier (Iwano *et al.,* 2010). Une stimulation pulsée par la phéromone sexuelle émise par les femelles provoque un comportement particulier du mâle, qui consiste en une marche rectiligne (cet insecte aux ailes atrophiées ne vole pas), suivie de déplacements en zigzag et en boucles. Ces deux phases successives sont commandées par les activités alternées de neurones descendants de deux types. La marche initiale est commandée par des activités brèves ($\sim$ 300 ms) de neurones issus du protocérébron inférieur. La seconde phase est commandée par des activités de plus longue durée de neurones issus du lobe accessoire latéral (LAL) et du protocérébron ventral (PCV), zones présentes chez la plupart des Insectes. Ces derniers neurones issus du LAL-PCV sont en opposition de phase dans les deux hémisphères. Les activités longues sont souvent formées de trains alternés de potentiels d'action de fréquences hautes et basses (flip-flop).

Les connexions des neurones du LAL-PCV avec le LLP (ou éventuellement les LA) ne sont pas encore connues avec précision. On ne sait donc pas exactement quelles informations olfactives ils reçoivent en entrée. En revanche, en sortie, on sait que des neurones descendants connectent le LAL-PCV aux circuits neuronaux des ganglions thoraciques, qui commandent les muscles locomoteurs des ailes et des pattes. Ces neurones descendants sont multimodaux : ils ne répondent pas seulement à des odeurs, mais souvent aussi à des stimulus visuels et mécaniques (Kanzaki *et al.,* 1991). Le LAL et le PCV d'un même hémisphère sont connectés par des neurones unilatéraux, les uns du LAL vers le PCV et les autres en sens inverse. Les aires LAL-PCV de chaque hémisphère sont reliées entre elles par des neurones bilatéraux dont certains au moins sont GABAergiques ; leurs interactions inhibitrices pourraient expliquer l'activité en opposition de phase mentionnée ci-dessus. Comme ces neurones bilatéraux ont également des arborisations ailleurs dans le protocérébron, ils pourraient bien servir de voie d'entrée pour les informations sensorielles olfactives.

Dans le LAL-PCV, on peut distinguer cinq types principaux de neurones par leur anatomie et leur réponse à une stimulation brève par la phéromone : les neurones bilatéraux répondent de manière brève ou longue, soit par une excitation soit par une inhibition, et les neurones unilatéraux toujours de manière longue, soit par une excitation seulement soit par une alternance rapide d'excitations et d'inhibitions. Sur cette base, Iwano *et al.* (2010) ont proposé un modèle qualitatif expliquant l'activité des neurones flip-flop. Selon eux, l'entrée du système est constituée par les neurones bilatéraux à réponse brève qui ont des arborisations dans d'autres aires protocérébrales, notamment les lobes α et β des CP, mais apparemment pas dans le LLP. Toutefois, un point demeure obscur : le mécanisme qui détermine la longue phase d'activité des neurones du LAL-PCV. En tout cas, le composé principal de la phéromone suffit pour déclencher une excitation longue des neurones descendants chez *Bombyx mori,* tandis que chez *Manduca sexta* et *Agrotis segetum,* elle est provoquée seulement par le bouquet phéromonal. Ceci est en accord avec le comportement de ces espèces, puisque la réponse comportementale est déclenchée par le seul composé principal chez l'une *(B. mori)*, mais pas chez les deux autres.

▸▸ Bibliographie

CAYRE M., STRAMBI C., CHARPIN P., AUGIER R., MEYER M.R., EDWARDS J.S., STRAMBI A., 1996. Neurogenesis in adult insect mushroom bodies. *Journal of Comparative Neurology,* 371, 300-310.

DAVIS R.L., 2004. Olfactory learning. *Neuron,* 44, 31-48.

FAHRBACH S.E., 2006. Structure of the mushroom bodies of the insect brain. *Annual Reviews of Entomology,* 51, 209-232.

FARRIS S.M., 2005. Evolution of insect mushroom bodies: old clues, new insight. *Arthropod Structure and Development,* 34, 211-234.

FARRIS S.M., SINAKEVITCH I., 2003. Development and evolution of the insect mushroom bodies: towards the understanding of conserved developmental mechanisms in a higher brain center. *Arthropod Structure and Development,* 32, 79-101.

GALIZIA C.G., RÖSSLER W., 2010. Parallel olfactory systems in insects: anatomy and function. *Annual Reviews in Entomology,* 55, 399-420.

GALIZIA C.G., SZYSZKA P., 2008. Olfactory coding in the insect brain: molecular receptive ranges, spatial and temporal coding. *Entomologia Experimentalis et Applicata,* 128, 81-92.

HAMMER M., 1997. The neural basis of associative reward learning in honeybees. *Trends in Neuroscience,* 20, 245-252.

HEISENBERG M., 2003. Mushroom body memoir: from maps to models. *Nature Reviews Neuroscience,* 4, 266-275.

HOURCADE B., MUENZ T.S., SANDOZ J.C., RÖSSLER W., DEVAUD J.M., 2010. Long-term memory leads to synaptic reorganization in the mushroom bodies: a memory trace in the insect brain? *Journal of Neuroscience,* 30, 6461-6465.

IWANO M., HILL E.S., MORI A., MISHIMA T., MISHIMA T., ITO K., KANZAKI R., 2010. Neurons associated with the flip-flop activity in the lateral accessory lobe and ventral protocerebrum of the silkworm moth brain. *Journal of Comparative Neurology,* 518, 366-388.

JEFFERIS G.S.X.E., POTTER C.J., CHAN A.I., MARIN E.C., ROHLFING T., MAURER C.R., LUO L., 2007. Comprehensive maps of *Drosophila* higher olfactory centers: spatially segregated fruit and pheromone representation. *Cell,* 128, 1187-1203.

KANZAKI R., ARBAS E.A., HILDEBRAND J.G., 1991. Physiology and morphology of descending neurons in pheromone-processing olfactory pathways in the male moth *Manduca sexta. Journal of Comparative Physiology A,* 169, 1-14.

LAURENT G., 1996. Dynamical representation of odors by oscillating and evolving neural assemblies. *Trends in Neuroscience,* 19, 489-496.

LAURENT G., 2002. Olfactory network dynamics and the coding of multidimensional signals. *Nature Reviews Neuroscience,* 3, 884-895.

MACLEOD K., LAURENT G., 1996. Distinct mechanisms for synchronization and temporal patterning of odor-encoding neural assemblies. *Science,* 274, 976-979.

MACLEOD K., BÄCKER A., LAURENT G., 1998. Who reads temporal information contained across synchronized and oscillatory spike trains? *Nature,* 395, 693-697.

MENZEL R., 2001. Searching for the memory trace in a mini-brain, the honeybee. *Learning and Memory,* 8, 53-62.

PEREZ-ORIVE J., MAZOR O., TURNER G.C., CASSENAER S., WILSON R.I., LAURENT G., 2002. Oscillations and sparsening of odor representations in the mushroom body. *Science,* 297, 359-365.

ROSPARS J.-P., 2012. Le cerveau de l'insecte. *In : Des insectes et des plantes* (N. Sauvion, P.-A. Catalayud, D. Thiéry, F. Marion-Poll, eds), à paraître, 159-170.

SCOTTO-LOMASSESE S., STRAMBI C., STRAMBI A., CHARPIN P., AUGIER R., AOUANE A., CAYRE M., 2000. Influence of environmental stimulation on neurogenesis in the adult insect brain. *Journal of Neurobiology,* 45, 162-171.

STOPFER M., JAYARAMAN V., LAURENT G., 2003. Intensity versus identity coding in an olfactory system. *Neuron,* 39, 991-1004.

STRAUSFELD N.J., SINAKETVITCH I., VILINSKY I., 2003. The mushroom bodies of *Drosophila melanogaster:* an immunocytological and golgi study of Kenyon cell organization in the calyces and lobes. *Microscopy Research and Technique,* 62, 151-169.

STRAUSFELD N.J., HANSEN L., LI Y., GOMEZ R.S., ITO K., 1998. Evolution, discovery, and interpretations of arthropod mushroom bodies. *Learning and Memory,* 5, 11-37.

TANAKA N.K., AWASAKI T., SHIMADA T., ITO K., 2004. Integration of chemosensory pathways in the *Drosophila* second-order olfactory centers. *Current Biology,* 14, 449-457.

WADDELL S., QUINN W.G., 2001. Flies, genes and learning. *Annual Reviews Neuroscience,* 24, 1283-1309.

Partie IV

Systèmes chimiosenseurs dits « accessoires »

Chapitre 16

Le système voméronasal

Ivan RODRIGUEZ

Il y a deux cents ans que Ludvig von Jacobson redécouvrait et décrivait une structure sensorielle olfactive étrange présente chez la plupart des Mammifères (Jacobson *et al.*, 1998). Son identification initiale datait du siècle précédent, puisqu'elle avait déjà été observée chez l'humain en 1703 par l'anatomiste et botaniste néerlandais Frederik Ruysch. Cette structure, l'organe voméronasal, allait rester dans l'ombre du système olfactif majeur jusqu'à la fin du XXe siècle.

Le circuit correspondant à cet organe est aujourd'hui appelé système olfactif accessoire. La terminologie scientifique reflète parfois les errements de la science. C'est le cas pour de nombreuses molécules qui ont été nommées en fonction du rôle qui leur avait à l'origine été attribué. C'est également le cas de ce système, dont la fonction initiale avait à tort été déconsidérée, et qui a hérité par son nom de ce manque d'estime.

Notre compréhension du système olfactif du Mammifère a fait un bond quantique grâce à l'identification des outils moléculaires responsables de la perception des stimulus olfactifs, c'est-à-dire grâce à la découverte des récepteurs à odorants et à phéromones. L'objet de cette revue est de présenter et de mettre en perspective ces données récentes, en particulier celles relatives à l'organe voméronasal.

▸▸ L'organe voméronasal : évolution, morphologie

L'organe voméronasal semble être apparu avec les premiers Vertébrés terrestres, puisqu'il est absent chez les Poissons et est observé chez les Reptiles et les Mammifères (Halpern et Martinez-Marcos, 2003). Certains de ces derniers, comme les grands singes ou les Mammifères retournés à une vie aquatique, l'ont perdu ou n'en conservent que quelques reliques probablement non fonctionnelles.

La morphologie de la structure sensorielle est variable entre espèces. L'organe est généralement protégé par une capsule cartilagineuse ou osseuse allongée, localisée à la base du septum nasal. Sa structure consiste en un tube ouvert en son centre et tapissé de neurones. La partie postérieure de ce tube est close et la portion antérieure s'ouvre sur l'extérieur *via* un étroit canal. Ce canal représente donc le lien entre le monde extérieur et l'organe. Il débouche, suivant l'espèce, dans la cavité nasale, dans la cavité buccale ou dans ces deux cavités.

La taille de l'organe voméronasal est également inégale entre espèces. Elle peut atteindre dix centimètres chez l'éléphant et être inférieure à deux millimètres chez de petits Mammifères. Probablement plus significatif en ce qui concerne son importance fonctionnelle, son volume peut être gigantesque. Par exemple, de nombreux serpents possèdent une structure voméronasale hypertrophiée. La souris et la brebis disposent également d'organes voméronasaux massifs, alors que la cavité nasale du chien ne renferme qu'un organe peu développé (Salazar *et al.,* 1995 ; 2007).

Le soma des neurones sensoriels voméronasaux est localisé à l'intérieur de l'organe. Ces neurones sont organisés en épithélium pseudostratifié et sont bipolaires. Chacun d'entre eux projette une dendrite vers la lumière de l'organe, dendrite qui se termine par une structure spécialisée constituée de dizaines de microvillosités qui baignent dans le mucus voméronasal. Des cellules de soutien participent à la structure, et des cellules progénitrices localisées principalement dans les parties latérales de l'épithélium permettent le renouvellement permanent de la population sensorielle.

▸▸ L'organe voméronasal : récepteurs

Nous avons longtemps vécu avec l'idée simple et pratique que le système olfactif principal représentait un outil d'apprentissage, exclusivement responsable de la perception des odeurs. Parallèlement, l'organe voméronasal était lui à la base de comportements innés induits par la perception de phéromones, c'est-à-dire responsable de la reconnaissance de molécules produites par les individus d'une espèce donnée, molécules dont la perception déclenche des comportements stéréotypés. L'identification dans le système olfactif majeur et le système voméronasal de nombreuses sous-populations de neurones sensoriels exprimant chacune des types de récepteurs très différents a brouillé les cartes.

À une ou deux exceptions près, tous les récepteurs olfactifs connus sont des serpentines faisant partie de la superfamille des protéines couplées à la protéine G. Par récepteur olfactif s'entendent tous les récepteurs chimiosensoriels de la cavité nasale, incluant les récepteurs à odorants et à phéromones. Trois types de récepteurs voméronasaux (qui ont longtemps été appelés récepteurs à phéromones, probablement à tort, pour la raison indiquée précédemment) sont exprimés par les neurones sensoriels de l'organe voméronasal.

Le premier type est appelé V1r, et est caractérisé par un segment N-terminal extracellulaire court (Dulac et Axel, 1995). Seuls les neurones localisés dans la partie apicale du neuroépithélium voméronasal expriment ce type de récepteur. Cette famille de récepteurs est présente chez la majorité des espèces de Vertébrés (Pfister et Rodriguez, 2005 ; Shi et Zhang, 2007). Chez la souris, elle est organisée en 15 sous-familles, et est codée par plus de 150 gènes (Rodriguez *et al.*, 2002b) (figure 16.1, planche couleur X). Ces gènes sont le produit d'une évolution particulière, caractérisée par une émergence rapide de nouveaux gènes accompagnée d'une pseudogénisation massive (Lane *et al.*, 2002). Ainsi, certaines sous-familles que l'on trouve chez le rat sont totalement absentes chez la souris, et inversement (Lane *et al.*, 2004). Le résultat est que certaines espèces ont maintenu un répertoire V1r fonctionnel très réduit (7 V1r chez le chien : Grus *et al.*, 2005 ; Young *et al.*, 2005) et moins encore chez l'homme (Rodriguez et Mombaertz, 2002a ; Rodriguez *et al.*, 2000), alors que d'autres bénéficient d'un répertoire particulièrement important, comme l'oppossum qui dispose de 450 gènes V1r. Ces récepteurs sont spécifiques à l'organe voméronasal, excepté quelques rares V1r qui sont transcrits dans des neurones de l'épithélium olfactif majeur, chez la brebis ou l'homme par exemple (Rodriguez *et al.*, 2000 ; Wakabayashi *et al.*, 2007).

Le deuxième type de récepteur voméronasal est nommé V2r. Il s'agit de serpentines (ou RCPG) possédant un long segment N-terminal, qui s'apparentent au niveau de leur séquence aux récepteurs à calcium (Herrada et Dulac, 1997 ; Matsunami et Buck, 1997 ; Ryba et Tirindelli, 1997). Seuls les neurones basaux de l'épithélium voméronasal expriment les gènes codant pour ce type de récepteur. Chez la souris, le nombre de ces gènes potentiellement fonctionnels atteint 150 (figure 16.1, planche couleur X) (Yang *et al.*, 2005). À nouveau, comme pour les gènes de type V1r, une grande variabilité de séquences est observée au sein du répertoire V2r d'une même espèce, mais également et surtout entre espèces. Toutefois, chez les Vertébrés terrestres et contrairement aux V1r, un nombre très restreint d'espèces de Mammifères a conservé ce type de récepteur (Shi et Zhang, 2007).

Les récepteurs à peptide formylé (FPR) représentent le troisième type de récepteur, présenté par les dendrites des neurones voméronasaux (Liberles *et al.*, 2009 ; Rivière *et al.*, 2009). Ces récepteurs, présents chez tous les Mammifères, n'étaient jusqu'à récemment connus que comme outils chimiotactiques utilisés par le système immunitaire. Ce n'est d'ailleurs apparemment que chez les rongeurs que la fonction olfactive de ces protéines est apparue. Chez la souris, le répertoire codant pour ces récepteurs s'est amplifié, quoique largement moins que ceux des V1r ou V2r, et consiste en cinq gènes exprimés exclusivement dans l'épithélium voméronasal (figure 16.1, planche couleur X).

Finalement, certains gènes codant pour des récepteurs olfactifs (RO) sont transcrits dans le neuroépithélium de l'organe voméronasal (Levai *et al.*, 2006). Les récepteurs à odorants peuvent donc être considérés comme un quatrième type de récepteurs utilisés par le système voméronasal (figure 16.1, planche couleur X).

▸▸ L'organe voméronasal : agonistes

L'accès des molécules aux senseurs voméronasaux est très différent de celui utilisé par les odorants qui atteignent le système olfactif principal, puisque les agonistes dissous dans le mucus doivent être aspirés dans la lumière de l'organe voméro-nasal. Il s'agit d'une opération active impliquant la vasoconstriction de sinus ou de vaisseaux sanguins. Ce transport par contact direct permet de se défaire d'une limitation affectant le neuroépithélium du système majeur, qui est celle d'être restreint par la volatilité des molécules, et donc par leur taille. Des molécules très lourdes peuvent donc être analysées par l'organe voméronasal, en particulier des peptides.

Un nombre relativement réduit de molécules capables d'activer les neurones voméronasaux ont été identifiées (figure 16.2, planche couleur XI), parmi lesquelles une poignée a été associée à un récepteur donné. Chez le rongeur, seule une paire ligand-récepteur a été mise en évidence pour les récepteurs de type V1r. Il s'agit du récepteur V1rb2 qui chez la souris reconnaît la 2-heptanone, une phéromone présente dans l'urine qui affecte le cycle ovarien (Boschat *et al.*, 2002). Pour la famille V2r, il a récemment été montré qu'un de ces récepteurs (V2rp5) reconnaît ESP1 (Haga *et al.*, 2010), une phéromone produite dans les glandes lacrymales de la souris. Plusieurs agonistes ont en revanche été identifiés pour les neurones exprimant les FPR. Ces récepteurs sont particulièrement polyvalents, et répondent à des ligands liés à l'inflammation ou aux pathogènes. Ainsi, le peptide formylé fMLF (produit par les bactéries Gram-) ou CRAMP (un peptide endogène antimicrobial) font partie de ces agonistes (Rivière *et al.*, 2009).

Puis viennent les composés connus pour activer l'organe voméronasal, mais pour lesquels aucun récepteur n'a encore été associé. La plupart sont considérés comme des phéromones. Les premières de ces molécules ont été purifiées naturellement à partir d'extraits de la sécrétion corporelle la plus facilement accessible, c'est-à-dire l'urine. Elles incluent la 6-hydroxy-6-méthylméthyl-3-heptanone, le n-pentylacé-tate, le 2-sec-butyl-4,5-dihydroxythiazole, le 2,5-diméthylpyrazine, l'α et ß farné-sènes, l'isobutylamine et le 3,4-déhydro-exo-brévicomine (Tirindelli *et al.*, 2009). Les neurones sensoriels voméronasaux détectent également une série de composés stéroïdes sulfatés peu volatils, qui comprennent deux glucocorticoïdes dont la concentration augmente drastiquement dans l'urine d'animaux stressés, suggé-rant une possibilité d'évaluation du statut physiologique lié au stress *via* ce liquide corporel (Nodari *et al.*, 2008).

Trois types de ligands de nature peptidique ont la capacité d'activer l'organe voméronasal de la souris. Le premier consiste en des peptides présentés par le complexe majeur d'histocompatibilité (CMH ; cf. chapitre 23), peptides dont le rôle n'est pas encore éclairci (Leinders-Zufall *et al.*, 2004). Le deuxième type consiste en une série de peptides de la famille ESP *(exocrine-gland-secreting peptides)* (Kimoto *et al.*, 2005 ; 2007). Ceux-ci sont codés chez la souris par une famille de 38 gènes, et sont restreints à certains clades de Mammifères, puisqu'ils sont absents chez l'humain par exemple. Ces peptides sont sécrétés par plusieurs glandes et se retrouvent dans les larmes, le mucus nasal et la salive. Certains d'entre eux, comme ESP1 et ESP36, ont la particularité d'être exprimés de façon sexuellement dimorphique (Kimoto *et al.*, 2005). Le troisième type comprend un groupe de protéines appelées MUP *(major urinary proteins)* (Cavaggioni *et al.*, 1999 ; Chamero *et al.*, 2007 ; cf. chapitre 5). Celles-ci sont des lipocalines synthétisées dans le foie et sont retrouvées dans l'urine et d'autres sécrétions corporelles comme la salive.

Certains autres agonistes voméronasaux, plus inattendus, ont été rapportés. Ainsi des composés très odorants mais sans rôle dans les échanges entre individus, comme l'éthyl vanilline ou l'éthyl acétate, activent l'organe (Trinh et Storm, 2003). L'identification d'un agoniste ne signifie naturellement pas que celui-ci soit pertinent dans le milieu naturel. Ceci dit, cette observation suggère que le système voméronasal pourrait également avoir une fonction de perception d'odorants, et donc une activité non reliée à l'expression de comportements innés.

▸▸ Le circuit voméronasal

La transcription par chaque neurone sensoriel d'un seul gène (ou d'un nombre très restreint de gènes) codant pour un récepteur voméronasal est à la base de notre compréhension du codage dans le système olfactif (Rodriguez, 2007). Cette expression n'est pas seulement monogénique, elle est aussi monoallélique puisque chaque cellule choisit un seul des deux allèles parentaux (Rodriguez *et al.*, 1999 ; Roppolo *et al.*, 2007). Le mécanisme permettant cette transcription très stricte est aujourd'hui inconnu, mais l'expression d'un récepteur fonctionnel est impliquée dans celui-ci, puisque la transcription d'un gène V1r non fonctionnel permet le choix et l'expression d'un autre récepteur V1r (Rodriguez *et al.*, 1999 ; Roppolo *et al.*, 2007). En prenant en considération l'existence de polymorphismes alléliques, il existe donc au moins autant de groupes fonctionnels différents (et potentiellement le double) qu'il existe de gènes codant pour les récepteurs voméronasaux.

La stratégie employée par le système olfactif pour traiter initialement l'information périphérique est de rassembler les senseurs de nature identique, et donc de faire converger les axones de neurones exprimant le même récepteur. Ainsi, pour une population de 300-800 neurones exprimant un récepteur de type V1r ou V2r, on observe 15 à 40 sites de convergence dans le bulbe olfactif accessoire (ou BOA), appelés glomérules (Belluscio *et al.*, 1999 ; Del Punta *et al.*, 2002a ; Rodriguez *et al.*, 1999) (figure 16.3, planche couleur XI). Il s'agit d'un phénomène biologique remarquable, ces neurones étant initialement positionnés au hasard dans le neuroépithélium et se retrouvant liés dans le cerveau dans des structures dont le diamètre est inférieur à 30 μm. Les mécanismes permettant cette convergence sont encore mystérieux mais semblent impliquer les récepteurs chimiosensoriels eux-mêmes (Rodriguez *et al.*, 1999). La position des glomérules dans le bulbe accessoire n'est pas entièrement définie, mais des zones de projection corrèlent avec les types neuronaux présents dans le neuroépithélium : les neurones apicaux et basaux projettent respectivement dans les parties antérieures et postérieures du bulbe olfactif accessoire (Belluscio *et al.*, 1999 ; Del Punta *et al.*, 2002a ; Rodriguez *et al.*, 1999) (figure 16.3, planche couleur XI), régions à l'intérieur desquelles des microdomaines sont formés par des neurones exprimant des sous-familles de récepteurs voméronasaux similaires (Wagner *et al.*, 2006). Ces neurones primaires sont connectés au niveau des glomérules à des neurones secondaires appelés cellules mitrales. Les projections du bulbe accessoire atteignent ensuite l'amygdale médiane et la partie postéromédiane de l'amygdale corticale. Le circuit est finalement connecté à l'hypothalamus (figure 16.3, planche couleur XI).

▸▸ La transduction du signal

La transduction du signal voméronasal est encore peu claire. Bien que les récepteurs voméronasaux de type V1r, V2r et FPR soient, comme les récepteurs à odorants, supposés être des serpentines liées à des protéines G, la cascade est sans aucun doute très différente de celle impliquée dans le système olfactif majeur, qui elle est basée sur la production d'AMP cyclique.

La nature des sous-unités constituant les protéines G de l'organe voméronasal varie en fonction du type de chimiorécepteur exprimé. Le modèle actuel implique une activation de la phospholipase C, suivie de la production d'inositol triphosphate et du messager lipidique diacylglycérol, qui activerait le canal à cation TRPC2, permettant ainsi une dépolarisation de la cellule. Il ne s'agit cependant que d'une partie de l'histoire, les souris déficientes pour le canal TRPC2 conservant en effet une activité voméronasale résiduelle (Kelliher *et al.*, 2006 ; Leypold *et al.*, 2002).

▸▸ Le rôle du système voméronasal

La fonction du système voméronasal semble être clairement liée à l'activation de comportements innés. Mais les comportements que le système contrôle ne sont probablement que partiellement partagés entre clades phylogénétiques. Chez le serpent par exemple, l'organe est impliqué dans la poursuite des proies (Cinelli *et al.*, 2002), une fonction de prédation certainement absente chez le lapin. Chez les Mammifères, la presque totalité des données disponibles relatives au rôle joué par le système voméronasal provient d'expériences effectuées chez les rongeurs, principalement le hamster, la souris et le rat.

Une série de données indiquent qu'un rôle majeur est joué par le système voméronasal dans l'activation de comportements liés à l'activité sexuelle. Ainsi l'excision physique de la structure sensorielle voméronasale résulte en une altération des vocalisations ultrasoniques de la femelle en œstrus (Johnston, 1992). Chez le hamster, la souris et le rat, la lordose de la femelle est également diminuée après l'ablation de l'organe (Keller *et al.*, 2006 ; Mackay-Sim et Rose, 1986 ; Saito et Moltz, 1986). Le rat, le hamster, la souris, le furet et le lémur sont sexuellement moins actifs lorsqu'ils sont dépourvus d'organe (Aujard, 1997 ; Clancy *et al.*, 1984a ; 1984b ; Jakupovic *et al.*, 2008 ; Saito et Moltz, 1986 ; Woodley *et al.*, 2004). Une approche génétique chez la souris est compatible avec ces observations : la délétion de tous les membres des sous-familles V1ra et V1rb (correspondant à 10 % du répertoire des gènes codant pour les récepteurs voméronasaux de type V1r) montre chez les animaux mutants une diminution de l'activité sexuelle des mâles envers les femelles, et plus particulièrement un apprentissage déficient de cette activité (Del Punta *et al.*, 2002b).

Deux séries d'observations semblent tempérer les conclusions tirées des résultats cités plus haut. Premièrement, une destruction physique du neuroépithélium du système olfactif principal provoque chez la souris une déficience prononcée de son comportement reproductif. Cette observation est confirmée par l'inactivation génétique de sous-populations de l'épithélium olfactif majeur exprimant les éléments de transduction olfactive adénylate cyclase III (AC3) ou CNGA2[1] (Mandiyan *et al.*, 2005 ; Wang *et al.*, 2006). Deuxièmement, une approche génétique chez la souris résultant en la délétion du gène codant pour le canal TRPC2 (affectant donc la cascade de transduction des neurones sensoriels voméronasaux) produit des comportements surprenants. Les mâles mutants sont sexuellement attirés par les femelles mais montrent une même attraction envers les mâles (Stowers *et al.*, 2002). Parallèlement, les femelles mutantes montrent un comportement de monte, une activité généralement restreinte aux mâles (Kimchi *et al.*, 2007). Ces données semblent suggérer que le stimulus olfactif activant l'intérêt sexuel du mâle n'est pas perçu par l'organe voméronasal, mais que l'organe permet de restreindre cet intérêt sexuel aux femelles, le transformant en présence de mâles en une autre réaction innée, l'agression.

Parallèlement à ce rôle sexuel, l'organe est impliqué dans l'interaction entre proie et prédateur ; mais chez la souris dans le sens inverse de celui observé chez le serpent. Chez l'animal sauvage, les MUP produites par des prédateurs (le chat ou le rat) induisent une réaction défensive (Chamero *et al.*, 2007), et représentent donc pour la souris des kairomones, c'est-à-dire des molécules dont l'émission ne favorise pas l'émetteur mais le receveur. Chez le mutant TRPC2, ces MUP ne déclenchent plus aucune réaction (Papes *et al.*, 2010).

Des expériences indiquent qu'un autre type de relation interindividuelle est médié par le système voméronasal. Il s'agit des interactions progéniture-mère qui sont nombreuses et complexes. Par exemple, un rôle majeur est joué par ce système dans « l'effet Bruce » (cf. chapitre 33). Il s'agit d'une réaction innée chez la femelle souris, qui avorte si, après avoir été inséminée par un mâle, elle perçoit des signaux olfactifs provenant d'un mâle inconnu. Un autre type de comportement est altéré chez la rate lactante : celle-ci lèche vigoureusement et de façon répétée la partie anogénitale de sa progéniture. Cette stimulation est vitale pour cette dernière puisque nécessaire pour la défécation. Une phéromone produite par la glande préputiale des petits, le dodécyl propionate, déclenche apparemment ce comportement et est perçue par l'organe voméronasal (Brouette-Lahlou *et al.*, 1999). Le comportement maternel est également affecté chez le lapin dépourvu d'organe voméronasal, mais dans le sens inverse, puisque la femelle montre une attention plus soutenue à sa progéniture en l'absence de perception voméronasale (Gonzalez-Mariscal *et al.*, 2004). Finalement, un dernier exemple chez la souris relie l'agression et l'attention maternelle. Les femelles lactantes sont agressives envers les intrus (ce qui n'est pas le cas en dehors de cette période). Cette agressivité est fortement diminuée après lésion physique ou génétique du système voméronasal (Bean et Wysocki, 1989 ; Del Punta *et al.*, 2002b ; Leypold *et al.*, 2002 ; Stowers *et al.*, 2002).

Chez le rongeur, il semble donc que l'organe voméronasal joue au moins trois rôles majeurs. Le premier est lié à l'acte reproductif, le deuxième à l'interaction mère-enfant et le troisième à un comportement défensif, qui peut se traduire en fonction de la situation par la fuite, l'immobilité ou l'agression. D'autres fonctions sont possiblement également médiées par ce système. Celles-ci incluent la reconnaissance individuelle, celle du statut social et l'évaluation de l'état sanitaire des conspécifiques.

---

1. *Cyclic nucleotide gated channel A2* (canaux activables par les nucléotides cycliques A2).

▸▸ Conclusion

En nous basant sur des critères morphologiques ou topographiques, nous divisons les senseurs olfactifs en quatre neuroépithéliums : l'épithélium olfactif majeur, l'organe de Grueneberg, l'organe septal (cf. aussi chapitres 17 et 21) et l'organe voméronasal. Cette distinction de structures a dirigé et dirige encore notre compréhension du système olfactif. Elle guide d'ailleurs en partie le découpage de cet ouvrage. Mais ces épithéliums représentent peut-être de simples variations morphologiques de structures spécialisées dans la perception de molécules de nature chimique différente, et non des entités dévolues à une fonction spécifique, sinon celle d'évaluer le monde chimique environnant. Il serait peut-être plus approprié de diviser aujourd'hui le système olfactif en populations neuronales exprimant chacune une famille de chimiorécepteurs donnée, sans considérer leur appartenance à un organe olfactif ou à un autre comme une information majeure quant à leur fonction. Ceci dans l'attente de l'identification des projections olfactives dans le cerveau (cortex, amygdale, etc.) correspondant à chacune de ces populations, qui certainement refléteront plus exactement les diverses fonctions du système olfactif.

▸▸ Bibliographie

AUJARD F., 1997. Effect of vomeronasal organ removal on male socio-sexual responses to female in a prosimian primate *(Microcebus murinus)*. *Physiology and Behavior,* 62 (5), 1003-1008.

BEAN N.J., WYSOCKI C.J., 1989. Vomeronasal organ removal and female mouse aggression: the role of experience. *Physiology and Behavior,* 45 (5), 875-882.

BELLUSCIO L., KOENTGES G., AXEL R., DULAC C., 1999. A map of pheromone receptor activation in the mammalian brain. *Cell,* 97 (2), 209-220.

BOSCHAT C., PELOFI C., RANDIN O., ROPPOLO D., LUSCHER C., BROILLET M.C., RODRIGUEZ I., 2002. Pheromone detection mediated by a V1r vomeronasal receptor. *Nature Neuroscience,* 5 (12), 1261-1262.

BROUETTE-LAHLOU I., GODINOT F., VERNET-MAURY E., 1999. The mother rat's vomeronasal organ is involved in detection of dodecyl propionate, the pup's preputial gland pheromone. *Physiology and Behavior,* 66 (3), 427-436.

CAVAGGIONI A., MUCIGNAT C., TIRINDELLI R., 1999. Pheromone signalling in the mouse: role of urinary proteins and vomeronasal organ. *Archives of Italian Biology,* 137 (2-3), 193-200.

CHAMERO P., MARTON T.F., LOGAN D.W., FLANAGAN K., CRUZ J.R., SAGHATELIAN A., CRAVATT B.F., STOWERS L., 2007. Identification of protein pheromones that promote aggressive behaviour. *Nature,* 450 (7171), 899-902.

CINELLI A.R., WANG D., CHEN P., LIU W., HALPERN M., 2002. Calcium transients in the garter snake vomeronasal organ. *Journal of Neurophysiology,* 87 (3), 1449-1472.

CLANCY A.N., MACRIDES F., SINGER A.G., AGOSTA W.C., 1984a. Male hamster copulatory responses to a high molecular weight fraction of vaginal discharge: effects of vomeronasal organ removal. *Physiology and Behavior,* 33 (4), 653-660.

CLANCY A.N., COQUELIN A., MACRIDES F., GORSKI R.A., NOBLE E.P., 1984b. Sexual behavior and aggression in male mice: involvement of the vomeronasal system. *Journal of Neuroscience,* 4 (9), 2222-2229.

DEL PUNTA K., PUCHE A., ADAMS N.C., RODRIGUEZ I., MOMBAERTS P., 2002a. A divergent pattern of sensory axonal projections is rendered convergent by second-order neurons in the accessory olfactory bulb. *Neuron,* 35 (6), 1057-1066.

DEL PUNTA K., LEINDERS-ZUFALL T., RODRIGUEZ I., JUKAM D., WYSOCKI C.J., OGAWA S., ZUFALL F., MOMBAERTS P., 2002b. Deficient pheromone responses in mice lacking a cluster of vomeronasal receptor genes. *Nature,* 419 (6902), 70-74.

DULAC C., AXEL R., 1995. A novel family of genes encoding putative pheromone receptors in mammals. *Cell,* 83 (2), 195-206.

GONZALEZ-MARISCAL G., CHIRINO R., BEYER C., ROSENBLATT J.S., 2004. Removal of the accessory olfactory bulbs promotes maternal behavior in virgin rabbits. *Behavioural Brain Research,* 152 (1), 89-95.

GRUS W.E., SHI P., ZHANG Y.P., ZHANG J., 2005. Dramatic variation of the vomeronasal pheromone receptor gene repertoire among five orders of placental and marsupial mammals. *In: Proceedings of the National Academy of Sciences of the USA,* 102 (16), 5767-5772.

HAGA S., HATTORI T., SATO T., SATO K., MATSUDA S., KOBAYAKAWA R., SAKANO H., YOSHIHARA Y., KIKUSUI T., TOUHARA K., 2010. The male mouse pheromone ESP1 enhances female sexual receptive behaviour through a specific vomeronasal receptor. *Nature,* 466 (7302), 118-122.

HALPERN M., MARTINEZ-MARCOS A., 2003. Structure and function of the vomeronasal system: an update. *Progress in Neurobiology,* 70 (3), 245-318.

HERRADA G., DULAC C., 1997. A novel family of putative pheromone receptors in mammals with a topographically organized and sexually dimorphic distribution. *Cell,* 90 (4), 763-773.

JACOBSON L., TROTIER D., DOVING K.B., 1998. Anatomical description of a new organ in the nose of domesticated animals by Ludvig Jacobson (1813). *Chemical Senses,* 23 (6), 743-754.

JAKUPOVIC J., KANG N., BAUM M.J., 2008. Effect of bilateral accessory olfactory bulb lesions on volatile urinary odor discrimination and investigation as well as mating behavior in male mice. *Physiology and Behavior,* 93 (3), 467-473.

JOHNSTON R.E., 1992. Vomeronasal and/or olfactory mediation of ultrasonic calling and scent marking by female golden hamsters. *Physiology and Behavior,* 51 (3), 437-448.

KELLER M., PIERMAN S., DOUHARD Q., BAUM M.J., BAKKER J., 2006. The vomeronasal organ is required for the expression of lordosis behaviour, but not sex discrimination in female mice. *European Journal of Neuroscience,* 23 (2), 521-530.

KELLIHER K.R., SPEHR M., LI X.H., ZUFALL F., LEINDERS-ZUFALL T., 2006. Pheromonal recognition memory induced by TRPC2-independent vomeronasal sensing. *European Journal of Neuroscience,* 23 (12), 3385-3390.

KIMCHI T., XU J., DULAC C., 2007. A functional circuit underlying male sexual behaviour in the female mouse brain. *Nature,* 448 (7157), 1009-1014.

KIMOTO H., HAGA S., SATO K., TOUHARA K., 2005. Sex-specific peptides from exocrine glands stimulate mouse vomeronasal sensory neurons. *Nature,* 437 (7060), 898-901.

KIMOTO H., SATO K., NODARI F., HAGA S., HOLY T.E., TOUHARA K., 2007. Sex and strain-specific expression and vomeronasal activity of mouse ESP family peptides. *Current Biology,* 17 (21), 1879-1884.

LANE R.P., YOUNG J., NEWMAN T., TRASK B.J., 2004. Species specificity in rodent pheromone receptor repertoires. *Genome Research,* 14 (4), 603-608.

LANE R.P., CUTFORTH T., AXEL R., HOOD L., TRASK B.J., 2002. Sequence analysis of mouse vomeronasal receptor gene clusters reveals common promoter motifs and a history of recent expansion. *In: Proceedings of the National Academy of Sciences of the USA,* 99 (1), 291-296.

LEINDERS-ZUFALL T., BRENNAN P., WIDMAYER P., S P.C., MAUL-PAVICIC A., JAGER M., LI X.H., BREER H., ZUFALL F., BOEHM T., 2004. MHC class I peptides as chemosensory signals in the vomeronasal organ. *Science,* 306 (5698), 1033-1037.

LEVAI O., FEISTEL T., BREER H., STROTMANN J., 2006. Cells in the vomeronasal organ express odorant receptors but project to the accessory olfactory bulb. *Journal of Comparative Neurology,* 498 (4), 476-490.

LEYPOLD B.G., YU C.R., LEINDERS-ZUFALL T., KIM M.M., ZUFALL F., AXEL R., 2002. Altered sexual and social behaviors in TRP2 mutant mice. *In: Proceedings of the National Academy of Sciences of the USA,* 99 (9), 6376-6381.

LIBERLES S.D., HOROWITZ L.F., KUANG D., CONTOS J.J., WILSON K.L., SILTBERG-LIBERLES J., LIBERLES D.A., BUCK L.B., 2009. Formyl peptide receptors are candidate chemosensory receptors in the vomeronasal organ. *In: Proceedings of the National Academy of Sciences of the USA,* 106 (24), 9842-9847.

MACKAY-SIM A., ROSE J.D., 1986. Removal of the vomeronasal organ impairs lordosis in female hamsters: effect is reversed by luteinising hormone-releasing hormone. *Neuroendocrinology,* 42 (6), 489-493.

MANDIYAN V.S., COATS J.K., SHAH N.M., 2005. Deficits in sexual and aggressive behaviors in CNGA2 mutant mice. *Nature Neuroscience,* 8 (12), 1660-1662.

MATSUNAMI H., BUCK L.B., 1997. A multigene family encoding a diverse array of putative pheromone receptors in mammals. *Cell,* 90 (4), 775-784.

NODARI F., HSU F.F., FU X., HOLEKAMP T.F., KAO L.F., TURK J., HOLY T.E., 2008. Sulfated steroids as natural ligands of mouse pheromone-sensing neurons. *Journal of Neuroscience,* 28 (25), 6407-6418.

PAPES F., LOGAN D.W., STOWERS L., 2010. The vomeronasal organ mediates interspecies defensive behaviors through detection of protein pheromone homologs. *Cell,* 141 (4), 692-703.

PFISTER P., RODRIGUEZ I., 2005. Olfactory expression of a single and highly variable V1r pheromone receptor-like gene in fish species. *In: Proceedings of the National Academy of Sciences of the USA,* 102 (15), 5489-5494.

RIVIÈRE S., CHALLET L., FLUEGGE D., SPEHR M., RODRIGUEZ I., 2009. Formyl peptide receptor-like proteins are a novel family of vomeronasal chemosensors. *Nature,* 459 (7246), 574-577.

RODRIGUEZ I., 2007. Odorant and pheromone receptor gene regulation in vertebrates. *Current Opinion in Genetics and Development,* 17 (5), 465-470.

RODRIGUEZ I., BOEHM U., 2009. Pheromone sensing in mice. *Results Problems Cell Differentiation,* 47, 77-96.

RODRIGUEZ I., MOMBAERTS P., 2002a. Novel human vomeronasal receptor-like genes reveal species-specific families. *Current Biology,* 12 (12), R409-R411.

RODRIGUEZ I., FEINSTEIN P., MOMBAERTS P., 1999. Variable patterns of axonal projections of sensory neurons in the mouse vomeronasal system. *Cell,* 97 (2), 199-208.

RODRIGUEZ I., GREER C.A., MOK M.Y., MOMBAERTS P., 2000. A putative pheromone receptor gene expressed in human olfactory mucosa. *Nature Genetics,* 26 (1), 18-19.

RODRIGUEZ I., DEL PUNTA K., ROTHMAN A., ISHII T., MOMBAERTS P., 2002b. Multiple new and isolated families within the mouse superfamily of V1r vomeronasal receptors. *Nature Neuroscience,* 5 (2), 134-140.

ROPPOLO D., VOLLERY S., KAN C.D., LUSCHER C., BROILLET M.C., RODRIGUEZ I., 2007. Gene cluster lock after pheromone receptor gene choice. *Embo Journal,* 26 (14), 3423-3430.

RYBA N.J., TIRINDELLI R., 1997. A new multigene family of putative pheromone receptors. *Neuron,* 19 (2), 371-379.

SAITO T.R., MOLTZ H., 1986. Copulatory behavior of sexually naive and sexually experienced male rats following removal of the vomeronasal organ. *Physiology and Behavior,* 37 (3), 507-510.

SALAZAR I., SANCHEZ QUINTEIRO P.S., CIFUENTES J.M., 1995. Comparative anatomy of the vomeronasal cartilage in mammals: mink, cat, dog, pig, cow and horse. *Annals of Anatomy,* 177 (5), 475-481.

SALAZAR I., QUINTEIRO P.S., ALEMAN N., CIFUENTES J.M., TROCONIZ P.F., 2007. Diversity of the vomeronasal system in mammals: the singularities of the sheep model. *Microscopy Research and Techniques,* 70 (8), 752-762.

SHI P., ZHANG J., 2007. Comparative genomic analysis identifies an evolutionary shift of vomeronasal receptor gene repertoires in the vertebrate transition from water to land. *Genome Research,* 17 (2), 166-174.

STOWERS L., HOLY T.E., MEISTER M., DULAC C., KOENTGES G., 2002. Loss of sex discrimination and male-male aggression in mice deficient for TRP2. *Science,* 295 (5559), 1493-1500.

TIRINDELLI R., DIBATTISTA M., PIFFERI S., MENINI A., 2009. From pheromones to behavior. *Physiological Reviews,* 89 (3), 921-956.

TRINH K., STORM D.R., 2003. Vomeronasal organ detects odorants in absence of signaling through main olfactory epithelium. *Nature Neuroscience,* 6 (5), 519-525.

WAGNER S., GRESSER A.L., TORELLO A.T., DULAC C., 2006. A multireceptor genetic approach uncovers an ordered integration of VNO sensory inputs in the accessory olfactory bulb. *Neuron,* 50 (5), 697-709.

WAKABAYASHI Y., OHKURA S., OKAMURA H., MORI Y., ICHIKAWA M., 2007. Expression of a vomeronasal receptor gene (V1r) and G protein α subunits in goat, *Capra hircus,* olfactory receptor neurons. *Journal of Comparative Neurology,* 503 (2), 371-380.

Wang Z., Balet Sindreu C., Li V., Nudelman A., Chan G.C., Storm D.R., 2006. Pheromone detection in male mice depends on signaling through the type 3 adenylyl cyclase in the main olfactory epithelium. *Journal of Neuroscience,* 26 (28), 7375-7379.

Woodley S.K., Cloe A.L., Waters P., Baum M.J., 2004. Effects of vomeronasal organ removal on olfactory sex discrimination and odor preferences of female ferrets. *Chemical Senses,* 29 (8), 659-669.

Yang H., Shi P., Zhang Y.P., Zhang J., 2005. Composition and evolution of the V2r vomeronasal receptor gene repertoire in mice and rats. *Genomics,* 86 (3), 306-315.

Young J.M., Kambere M., Trask B.J., Lane R.P., 2005. Divergent V1R repertoires in five species: amplification in rodents, decimation in primates, and a surprisingly small repertoire in dogs. *Genome Research,* 15 (2), 231-240.

Chapitre 17

L'organe septal de Masera
et le ganglion de Grueneberg

Xavier Grosmaitre

L'épithélium olfactif principal et l'organe voméronasal représentent les points d'entrée principaux de l'information olfactive dans l'organisme. Un certain nombre de sous-systèmes coexistent avec ces deux systèmes. Le rôle de ces sous-systèmes reste encore parfois énigmatique, mais de nombreuses données récentes montrent que l'organe septal de Masera et le ganglion de Grueneberg (ou Grüneberg) appartiennent au système olfactif. Nous avons résumé dans le tableau 17.1 les propriétés essentielles de ces organes, avec l'épithélium olfactif principal comme point de comparaison.

▸▸ L'organe septal, un mini-nez détecteur d'odeurs

L'organe septal est une petite zone d'épithélium olfactif isolée de l'épithélium olfactif principal dans l'épithélium respiratoire. Localisé à la base du septum nasal, l'organe septal a été observé pour la première fois par Broman en 1921 chez des souriceaux et appelé « *Riechepithelinsel* ». Sa description a ensuite été étendue à de nombreuses espèces et sa structure profondément décrite par Rodolfo-Masera en 1943. Depuis, l'organe septal est également appelé organe de Masera. Il est présent dans la cavité nasale de nombreuses espèces de Mammifères, et en particulier les rongeurs. Dès ses premières descriptions anatomiques, la question de son rôle est devenue récurrente. Sa position dans la cavité nasale est particulière : situé ventralement, juste à l'arrière de l'organe voméronasal et à proximité de la choane, l'organe

Tableau 17.1. Résumé des caractéristiques de l'organe septal et du ganglion de Grueneberg avec les données de l'épithélium olfactif principal pour comparaison.

	Organe septal	Ganglion de Grueneberg	Épithélium olfactif principal
Surface totale (mm^2)	~ 0,2	Volume en forme de flèche Longueur ~ 1 000 μm	~ 20
Nombre de neurones olfactifs	~ 20 000	Quelques centaines (700 à 900)	~ 2 millions
Récepteurs exprimés	~ 120, dont 10 principaux dont MOR256-3 dans 50 % des neurones	Le récepteur V2R83 est abondant ainsi que quelques récepteurs de type TAARs ; de rares récepteurs olfactifs de type MOR sont présents.	Plusieurs centaines de récepteurs différents (~ 1 000)
Sensibles aux stimulus	Stimulus mécaniques Odorants : odeurs générales, pas phéromones	Stimulus thermiques (baisse de température) Odorants : phéromone d'alarme, quelques odorants (2,3-diméthylpyrazine)	Odeurs générales, phéromones, stimulus mécaniques, autres ?
Types cellulaires	Neurones olfactifs bipolaires, cellules de soutien, cellules basales, glandes de Bowman	Neurones olfactifs non conventionnels, cellules gliales	Neurones olfactifs bipolaires, cellules de soutien, cellules basales, glandes de Bowman
Projections dans le bulbe	Bulbe olfactif principal, « glomérules septaux »	Bulbe olfactif principal *necklace glomeruli*	Bulbe olfactif principal

septal se trouve sur le chemin de la respiration au repos. Cette situation anatomique a suggéré que l'organe septal était un détecteur d'odeur ayant pour rôle d'alerter l'organisme de la présence de molécules odorantes. Toutefois, durant les décennies suivant sa description, les études étaient essentiellement anatomiques, ce qui laissait son rôle en suspens.

Structure

L'épithélium de l'organe septal présente de nombreuses similarités avec celui de l'épithélium olfactif principal : on note la présence majoritaire de neurones olfactifs couverts de cils, mais également de rares cellules portant des microvillosités (Miragall *et al.*, 1984). On peut toutefois noter quelques différences structurales avec l'épithélium olfactif principal. Le nombre de couches de neurones de l'épithélium de l'organe septal (2 ou 3 couches) est inférieur au nombre de couches de neurones dans l'épithélium olfactif principal (6 à 8 dans la plupart des régions) (Ma *et al.*,

2003 ; Weiler et Farbman, 2003). De plus, les neurones olfactifs de l'organe septal présentent un corps cellulaire plus ramassé, des dendrites plus courtes et des boutons dendritiques un peu plus larges (3 mm au lieu de 1-2 mm) que les neurones olfactifs de l'épithélium olfactif principal. Alors que la population des neurones récepteurs olfactifs (NRO) de l'épithélium olfactif principal fait preuve d'une uniformité remarquable, l'organe septal correspond donc à une source originale de variabilité morphologique des NRO.

Concernant son développement, l'organe septal se détache de l'épithélium olfactif principal au cours du développement embryonnaire : au jour de gestation 17 chez la souris (E17), une accumulation de neurones apparaît dans la partie ventrale du septum, alors que l'espace entre l'organe septal et l'épithélium olfactif principal s'appauvrit en neurones. Il devient vraiment reconnaissable à E20 avec l'apparition de plusieurs couches de cellules dont de nombreux neurones exprimant l'OMP *(olfactory marker protein)*. Son développement se poursuit après la naissance pour atteindre sa taille maximale entre 66 et 105 jours (P66-P105).

Équipement moléculaire et récepteurs

Une vaste majorité des neurones olfactifs de l'organe septal exprime les protéines de la cascade de transduction dites « classiques » de l'épithélium olfactif principal : la protéine G de type Golf et l'adénylate cyclase de type III. Ces données suggèrent l'utilisation de la voie de transduction par l'AMPc similaire à celle majoritaire dans le reste de l'épithélium. Ces données ont été confirmées par des études d'électrophysiologie que nous avons menées. L'activité des neurones de l'organe septal peut être étudiée par des méthodes de *patch-clamp* perforé réalisées en déposant une électrode d'enregistrement sur le bouton dendritique de neurones observés sur une préparation d'épithélium intact. Nous avons ainsi pu mettre en évidence que l'activation de ces neurones par des odorants peut être reproduite pharmacologiquement, notamment par un agoniste d'adénylate cyclase et par un inhibiteur de la phosphodiestérase (PDE) ; ces réponses peuvent également être bloquées par un inhibiteur de l'adénylate cyclase et sont absentes chez des souris KO pour le gène du canal couplé aux nucléotides cycliques de type CNGA2 (Grosmaitre *et al.*, 2007 ; Ma *et al.*, 2003). Nous avons ainsi confirmé la présence de la cascade de transduction liée à l'AMPc dans ces neurones.

Les récepteurs exprimés dans l'organe septal ont été bien décrits par deux études distinctes : plus de 120 récepteurs ont été identifiés (Kaluza *et al.*, 2004 ; Tian et Ma, 2004). Toutefois, les niveaux d'expression de ces récepteurs varient de manière spectaculaire. L'organe septal exprime principalement un petit groupe de récepteurs, dont le plus abondant (MOR256-3, encore appelé SR1) est exprimé dans environ 50 % des cellules, et les neuf plus abondants (MOR256-3, 244-3, 235-1, 0-2, 160-2, 236-1, 160-5, 122-1 et 244-2) couvrent approximativement 95 % des cellules de l'organe septal (figure 17.1, planche couleur XII). Cette observation est d'autant plus étonnante que dans l'épithélium olfactif principal les récepteurs olfactifs sont généralement répartis uniformément. Bien que ces récepteurs soient exprimés abondamment dans ces neurones, la règle d'un gène de récepteur exprimé par neurone reste valide, à quelques rares exceptions près. Les récepteurs exprimés dans l'organe septal sont également exprimés dans la partie la plus ventrale de l'épithélium principal, mais leur densité est alors nettement plus faible. Les neurones de l'organe septal se projettent dans le bulbe olfactif principal (Giannetti *et al.*, 1992). Des expériences de traçage axonal ont mis en évidence un petit groupe de glomérules dits « glomérules septaux » où se projettent essentiellement des axones issus de l'organe septal dans la partie postérieure et ventromédiane du bulbe. De nombreux autres glomérules nettement moins marqués reçoivent des afférences issues de l'organe septal comme de l'épithélium olfactif principal (Levai et Strotmann, 2003).

Physiologie

En 1986, la première étude fonctionnelle a eu lieu par des enregistrements physiologiques en EOG (ou électro-olfactogramme). Marshall et Maruniak (1986) ont ainsi décrit que l'organe septal répond effectivement aux odeurs, comme le laissait penser sa structure. Cette observation princeps montre également que l'organe septal répond aux odeurs avec une sensibilité forte : cette zone répond à des concentrations plus faibles que l'épithélium olfactif principal. Cela renforce donc les spéculations d'un système d'alerte d'après les données anatomiques. Les aspects fonctionnels de l'organe septal ont été étudiés plus récemment grâce au développement de techniques d'enregistrements unitaires sur tissu intact. Par la méthode de *patch-clamp* perforé sur le bouton dendritique de neurones olfactifs, nous avons analysé les réponses de neurones olfactifs de l'organe septal. Bien que ces neurones expriment un récepteur olfactif choisi dans un répertoire limité, leur spectre de réponse aux odeurs s'est révélé particulièrement large, avec des réponses à des molécules de structures et de fonctions chimiques variées (Grosmaitre *et al.*, 2007 ; Ma *et al.*, 2003) : ces neurones semblent donc être généralistes. Ce large spectre de réponses est-il également celui des récepteurs exprimés dans l'organe septal ? Nous avons pour cela utilisé des souris transgéniques exprimant la protéine fluorescente GFP dans des neurones olfactifs spécifiques sous le contrôle du promoteur du récepteur SR1, majoritaire dans l'organe septal (voir images sur la figure 17.1, planche couleur XII). Tous les neurones olfactifs exprimant le récepteur SR1 ont un large spectre de réponses avec une forte sensibilité (seuil de détection sous les 10-9 μM). La figure 17.1 montre des exemples de réponses de neurones exprimant le récepteur SR1. Ce récepteur SR1 exprimé dans un système hétérologue (cellules HEK) répond également à de nombreuses molécules structurellement variées (Grosmaitre *et al.*, 2009). On peut donc en conclure que l'organe septal, en concentrant des neurones exprimant des récepteurs ultrasensibles et de spectre large dans le flot de la respiration au repos, pourrait alerter l'organisme de la présence d'odeur, laissant le rôle de discrimination au reste de l'épithélium olfactif principal.

▸▸ Le ganglion de Grueneberg : un ensemble de cellules thermo et chimiosensibles

Au cours d'une étude approfondie des glandes exocrines de la cavité nasale, Grüneberg (également épelé Grueneberg) a mis en évidence en 1973 un amas de cellules localisé dans la partie la plus antérieure des cavités nasales. Ce groupe de cellules sera par la suite dénommé ganglion de Grueneberg (GG) dans la littérature. Originellement, ce ganglion était supposé faire partie du système nerveux périphérique, sans lien avec l'olfaction.

Un regain d'intérêt pour cette structure réapparaît au cours des années 2000 suite à la découverte que les cellules du GG expriment l'OMP, un marqueur des neurones olfactifs matures, en particulier par l'utilisation de souris transgéniques dans lesquelles la protéine fluorescente GFP est exprimée sous le promoteur de l'OMP. Chez les souris transgéniques OMP-GFP, l'épithélium olfactif principal, l'organe voméronasal et l'organe septal sont marqués par la GFP (figure 17.2, planche couleur XIII). Plusieurs équipes ont noté par ailleurs qu'une zone très antérieure de la cavité nasale est également marquée (Fuss *et al.*, 2005 ; Koos et Fraser, 2005 ; Fleischer *et al.*, 2006a ; Roppolo *et al.*, 2006 ; Storan et Key, 2006) et ont pu étudier abondamment sa structure et son développement, les projections des cellules du ganglion dans le bulbe, et plus récemment leur fonction, entre perception olfactive et sensibilité thermique.

Structure des cellules, équipement moléculaire, récepteurs et développement

Bien que les cellules du ganglion de Grueneberg expriment l'OMP et projettent un prolongement ressemblant à un axone dans le bulbe olfactif, leur structure est relativement éloignée des neurones olfactifs « classiques ». De forme ovale, ces cellules sont rassemblées et accolées les unes aux autres en grappes. Ces grappes ne sont pas en contact direct avec la cavité nasale. Au contraire, elles sont entourées de tissu connectif et se situent sous une couche épithéliale kératinisée. Chez la souris, ce tissu connectif est constitué de cellules gliales. Alors que les neurones olfactifs de l'épithélium olfactif principal, insérés dans un épithélium pseudostratifié, présentent une dendrite terminée par un bouton couvert de multiples longs cils, les neurones du GG comportent quelques dizaines de cils courts insérés directement dans le corps cellulaire et sans accès direct avec l'environnement (voir figure 17.2, planche couleur XIII). L'amas de cellules du GG apparaît dès le jour de développement embryonnaire 14, et sa taille augmente progressivement jusqu'à la période périnatale pendant laquelle le GG atteint son développement maximal, avec environ 950 neurones. Puis le nombre de neurones diminue lentement pour atteindre 700 neurones à l'âge adulte.

La majorité des neurones du GG expriment un récepteur typique du VNO de la famille des récepteurs V2r-C, le récepteur V2r83 (Fleischer *et al.*, 2006b ; cf. également chapitre 16). Un nombre plus limité de neurones expriment des récepteurs olfactifs standard. Ainsi, mOR256-17 et neuf autres ont été observés par une étude de RT-PCR extensive. Les niveaux d'expression sont toutefois faibles, indiquant un très petit nombre de cellules exprimant ces récepteurs. Les neurones exprimant ces récepteurs de l'épithélium olfactif principal (MOE) coexpriment également l'adénylate cyclase III, signe de leur similarité fonctionnelle avec les neurones de l'épithélium olfactif principal. Enfin, une autre sous-population de neurones du GG exprime des récepteurs de type TAAR (*trace amine-associated receptor,* cf. chapitre 16) (Fleischer *et al.,* 2007). Ces récepteurs sont colocalisés avec la protéine Gi, comme le récepteur V2r83. Il n'a pas été mis en évidence de colocalisation des récepteurs entre eux : comme les neurones du MOE, les neurones du GG semblent donc n'exprimer qu'un seul type de récepteur, de type TAAR, V2r ou mOR. En ce qui concerne la cascade de transduction, ces neurones expriment des protéines G hétérotrimériques de type Gi et Go (Fleischer *et al.,* 2006b), des composantes d'une cascade de transduction *via* le GMPc : le canal couplé au nucléotide cyclique spécifique du GMPc (CNGA3), une phosphodiestérase stimulée par le GMPc (PDE2A) (Liu *et al.,* 2009) ainsi que la guanylate cyclase de type G. L'ensemble de ces résultats indique une forte implication du GG dans la perception olfactive.

Projections dans le bulbe olfactif et rôle putatif

Les neurones du GG se projettent vers l'arrière de l'animal en suivant la partie dorsale de la cavité nasale, passent la lame criblée de l'ethmoïde, longent la partie dorsale du bulbe olfactif et terminent en innervant quelques glomérules dans la zone des *necklace glomeruli* (glomérules en collier de perles). Ces glomérules reçoivent les projections de neurones olfactifs exprimant la guanylate cyclase de type D présents dans le MOE et responsables, entre autres, de la perception du CO_2, de petits peptides urinaires et du CS_2, kairomone impliquée dans l'apprentissage de comportements d'acceptation alimentaire induits socialement (Munger *et al.,* 2009). La projection des neurones du GG dans le *necklace glomeruli* suggère l'implication de ces neurones dans les interactions mère-petit, car ces glomérules ont été démontrés comme fondamentaux pour ces interactions. En isolant des nouveau-nés de leur mère, Mamasuew *et al.* (2008) ont montré que les neurones étaient activés par la baisse de température induite et que cela entraînait la transcription de gènes de réponse précoce *(c-Fos)*, en particulier dans les neurones exprimant V2r83. Ces résultats ont ensuite été confirmés et approfondis par des méthodes d'imagerie calcique (Schmid *et al.,* 2010), sans toutefois préciser la cascade de transduction impliquée : les neurones du GG exprimant V2r83 expriment également CNGA3, mais les auteurs n'ont pas vu de suppression de la réponse chez des souris CNGA3 KO. Une autre étude utilisant la méthode de *c-Fos* montre en revanche que les neurones du GG de souris KO pour CNGA3 n'étaient plus activés par le froid (Mamasuew *et al.,* 2010b). La question n'est donc pas encore tranchée. Pour ajouter à la confusion, une autre étude majeure sur les cellules du GG (Brechbühl *et al.,* 2008) montre que ces neurones répondent à une phéromone d'alarme sans observer de réponse ni au froid ni à un mélange d'odeurs et de phéromones. Cette réponse à une phéromone d'alarme passerait par une libération de calcium de réserve intracellulaire et non pas par une entrée de calcium externe. Enfin, l'étude la plus récente montre que les cellules du GG chez des souris à la naissance répondent à un panel d'odeurs très précis contenant un noyau pyrazine et en particulier la molécule 2,3-diméthylpyrazine (Mamasuew *et al.,* 2010a). L'activation des neurones du GG par cette molécule est amplifiée si les animaux sont soumis à une baisse de température : la baisse de température pourrait donc renforcer la réponse chimiosensorielle des neurones du GG. Enfin, il semblerait que les réponses olfactives et thermiques soient présentes chez les nouveau-nés puis disparaissent à l'âge adulte (Mamasuew *et al.,* 2008 ; 2010b), hormis la réponse à la phéromone d'alarme (Brechbühl *et al.,* 2008).

À ce jour, la question du rôle du GG n'est donc pas totalement résolue : à un âge précoce, les neurones du GG répondent à une baisse de température, à une phéromone d'alarme pour le moment inconnue ainsi qu'à des molécules chimiques précises. Cela ne lève pas complètement le voile sur le rôle du GG, tout en suggérant fortement son implication dans la relation mère-enfant.

▸▸ Bibliographie

BRECHBÜHL J., KLAEY M., BROILLET M.C., 2008. Grueneberg ganglion cells mediate alarm pheromone detection in mice. *Science,* 321 (5892), 1092-1095.

FLEISCHER J., SCHWARZENBACHER K., BREER H., 2007. Expression of trace amine-associated receptors in the Grueneberg ganglion. *Chemical Senses,* 32 (6), 623-631.

FLEISCHER J., HASS N., SCHWARZENBACHER K., BESSER S., BREER H., 2006a. A novel population of neuronal cells expressing the olfactory marker protein (OMP) in the anterior/dorsal region of the nasal cavity. *Histochemistry and Cell Biology,* 125 (4), 337-349.

FLEISCHER J., SCHWARZENBACHER K., BESSER S., HASS N., BREER H., 2006b. Olfactory receptors and signalling elements in the Grueneberg ganglion. *Journal of Neurochemistry,* 98 (2), 543-554.

FUSS S.H., OMURA M., MOMBAERTS P., 2005. The Grueneberg ganglion of the mouse projects axons to glomeruli in the olfactory bulb. *European Journal of Neuroscience,* 22 (10), 2649-2654.

GIANNETTI N., SAUCIER D., ASTIC L., 1992. Organization of the septal organ projection to the main olfactory bulb in adult and newborn rats. *Journal of Comparative Neurology,* 323 (2), 288-298.

GROSMAITRE X., SANTARELLI L.C., TAN J., LUO M., MA M., 2007. Dual functions of mammalian olfactory sensory neurons as odor detectors and mechanical sensors. *Nature Neuroscience,* 10 (3), 348-354.

GROSMAITRE X., FUSS S.H., LEE A.C., ADIPIETRO K.A., MATSUNAMI H., MOMBAERTS P., MA M., 2009. SR1, a mouse odorant receptor with an unusually broad response profile. *Journal of Neuroscience,* 29 (46), 14545-14552.

GRUENEBERG H., 1973. A ganglion probably belonging to the N. terminalis system in the nasal mucosa of the mouse. *Zeitschrift für Anatomie und Entwicklungsgeschichte,* 140 (1), 39-52.

KALUZA J.F., GUSSING F., BOHM S., BREER H., STROTMANN J., 2004. Olfactory receptors in the mouse septal organ. *Journal of Neuroscience Res,* 76 (4), 442-452.

KOOS D.S., FRASER S.E., 2005. The Grueneberg ganglion projects to the olfactory bulb. *Neuroreport,* 16 (17), 1929-1932.

LEVAI O., STROTMANN J., 2003. Projection pattern of nerve fibers from the septal organ: diI-tracing studies with transgenic OMP mice. *Histochemistry and Cell Biology,* 120 (6), 483-492.

LIU C.Y., FRASER S.E., KOOS D.S., 2009. Grueneberg ganglion olfactory subsystem employs a cGMP signaling pathway. *Journal of Comparative Neurology,* 516 (1), 36-48.

MA M., GROSMAITRE X., IWEMA C.L., BAKER H., GREER C.A., SHEPHERD G.M., 2003. Olfactory signal transduction in the mouse septal organ. *Journal of Neuroscience,* 23 (1), 317-324.

MAMASUEW K., BREER H., FLEISCHER J., 2008. Grueneberg ganglion neurons respond to cool ambient temperatures. *European Journal of Neuroscience,* 28 (9), 1775-1785.

MAMASUEW K., HOFMANN N., BREER H., FLEISCHER J., 2010a. Grueneberg ganglion neurons are activated by a defined set of odorants. *Chemical Senses,* 36 (3), 271-82.

MAMASUEW K., MICHALAKIS S., BREER H., BIEL M., FLEISCHER J., 2010b. The cyclic nucleotide-gated ion channel CNGA3 contributes to coolness-induced responses of Grueneberg ganglion neurons. *Cellular and Molecular Life Science,* 67 (11), 1859-1869.

MARSHALL D.A., MARUNIAK J.A., 1986. Masera's organ responds to odorants. *Brain Research,* 366 (1-2), 329-332.

MIRAGALL F., BREIPOHL W., NAGURO T., VOSS-WERMBTER G., 1984. Freeze-fracture study of the plasma membranes of the septal olfactory organ of Masera. *Journal of Neurocytology,* 13 (1), 111-125.

MUNGER S.D., LEINDERS-ZUFALL T., ZUFALL F., 2009. Subsystem organization of the mammalian sense of smell. *Annual Reviews of Physiology,* 71, 115-140.

RODOLFO-MASERA T., 1943. Su l'estizenza di un particulare organo olfacttivo nel setto nasale della cavia e di altri roditori. *Arch. Ital. Anat. Embryo.l,* 48, 157-212.

ROPPOLO D., RIBAUD V., JUNGO V.P., LUSCHER C., RODRIGUEZ I., 2006. Projection of the Grueneberg ganglion to the mouse olfactory bulb. *European Journal of Neuroscience,* 23 (11), 2887-2894.

SCHMID A., PYRSKI M., BIEL M., LEINDERS-ZUFALL T., ZUFALL F., 2010. Grueneberg ganglion neurons are finely tuned cold sensors. *Journal of Neuroscience,* 30 (22), 7563-7568.

STORAN M.J., KEY B., 2006. Septal organ of Grueneberg is part of the olfactory system. *Journal of Comparative Neurology,* 494 (5), 834-844.

TIAN H., MA M., 2004. Molecular organization of the olfactory septal organ. *Journal of Neuroscience,* 24 (38), 8383-8390.

WEILER E., FARBMAN A.I., 2003. The septal organ of the rat during postnatal development. *Chemical Senses,* 28 (7), 581-593.

Figure 6.4. Schéma des voies olfactives cérébrales chez l'homme.

Le cerveau est vu du côté gauche, le nez vers la gauche. Le premier relais cérébral du message olfactif a lieu dans le bulbe olfactif. Les axones issus des cellules mitrales et à panache du bulbe suivent le tractus olfactif latéral (en rouge) et se répartissent entre plusieurs noyaux du cortex olfactif primaire :
– le noyau olfactif antérieur permet la communication avec le côté droit via la commissure antérieure (flèche verte) ;

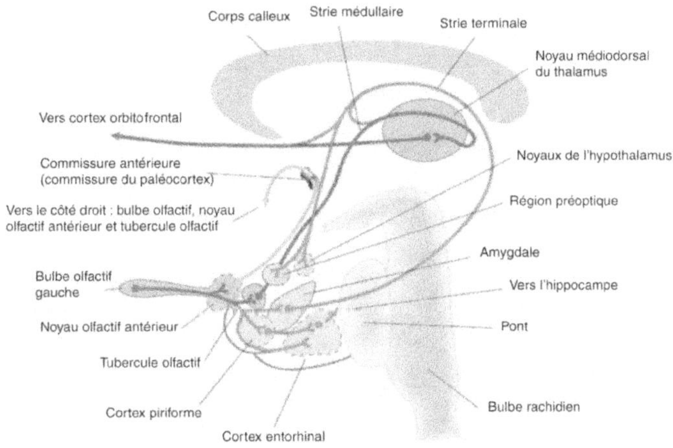

– le tubercule olfactif relaie les informations vers le noyau médiodorsal (ou dorsomédian) du thalamus et, de là, vers le cortex orbitofrontal (flèche rouge) ;
– le cortex piriforme se projette également vers le noyau dorsomédian du thalamus (trait bleu), puis vers le cortex orbitofrontal (flèche rouge) ;
– le cortex entorhinal se projette vers l'hippocampe (gyrus denté) via la voie perforante (flèche bleue) ;
– l'amygdale se connecte principalement aux noyaux de l'hypothalamus et à la région préoptique (juste au-dessus, en bleu).

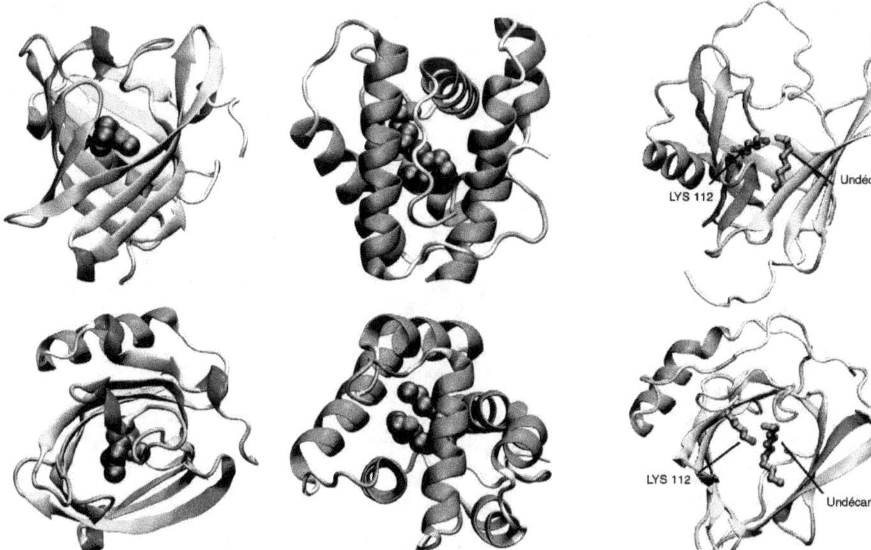

Figure 7.2. Vues de face et de dessus de la structure de l'OBP-1 porcine liée au 3-isobutyl-2-méthoxy-pyrazine (à gauche) et de la PBP de *Bombyx mori* liée à la phéromone bombycol (à droite).

Dans la protéine, les hélices α sont représentées en rouge, les brins ß en jaune et les coudes en bleu. Dans le ligand, les atomes de carbone sont montrés en gris, les atomes d'oxygène en rouge et les atomes d'azote en bleu.

Figure 7.3. Vues de face et de dessus du complexe hOBP-2A/undécanal obtenu par modélisation moléculaire.

L'interaction privilégiée entre l'undécanal et la lysine 112 est représentée explicitement. Le code couleur est identique à celui de la figure 7.2.

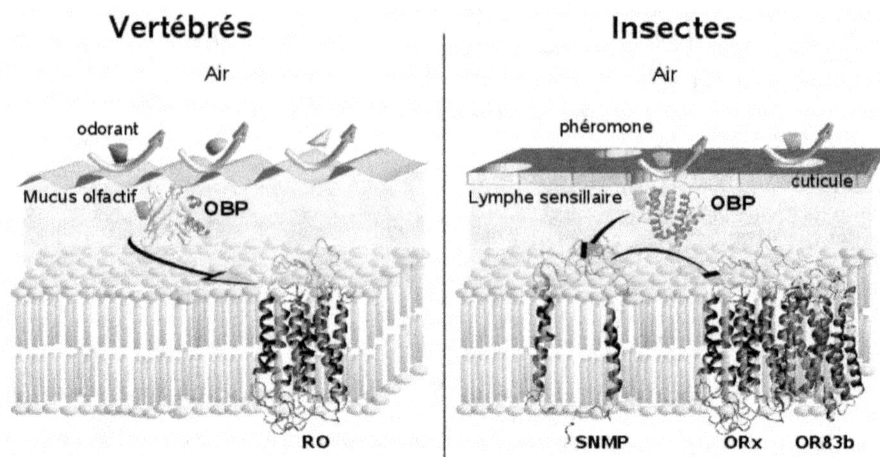

Figure 7.4. Représentation schématique du rôle de transport des OBP et leurs implications possibles dans l'activation des complexes de récepteurs olfactifs.

Chez les Vertébrés, les divers odorants présents dans l'air se solubilisent partiellement dans le mucus olfactif. Les OBP faciliteraient le transfert de ces molécules hydrophobes vers les récepteurs olfactifs (RO) situés dans la membrane phospholipidique du neurone olfactif. Chez les Insectes, les OBP jouent un rôle fonctionnel mieux connu. Elles participent au transfert des odorants vers la surface du neurone olfactif, d'abord vers un premier intermédiaire (SNMP), qui activera ensuite un hétérodimère, constitué d'un récepteur olfactif de nature variable (ORx) associé à un autre récepteur appelé OR83b (dénommé maintenant ROco, cf. chapitre 8).

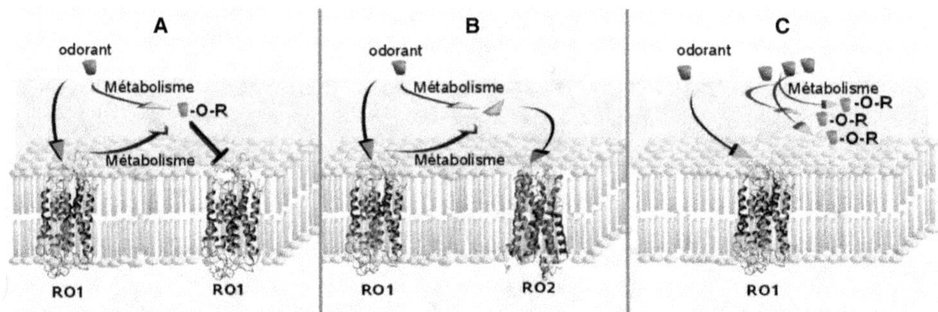

Figure 7.5. Représentation schématique des rôles potentiels des enzymes du métabolisme des xénobiotiques (EMX) dans la modulation du signal olfactif.

(**A**) La biotransformation de la molécule odorante conduit à un métabolite non odorant et participe à la terminaison du signal. (**B**) La biotransformation de la molécule odorante forme une nouvelle molécule odorante. (**C**) La biotransformation permet d'éliminer les molécules odorantes en excès et évite ainsi la saturation du système.

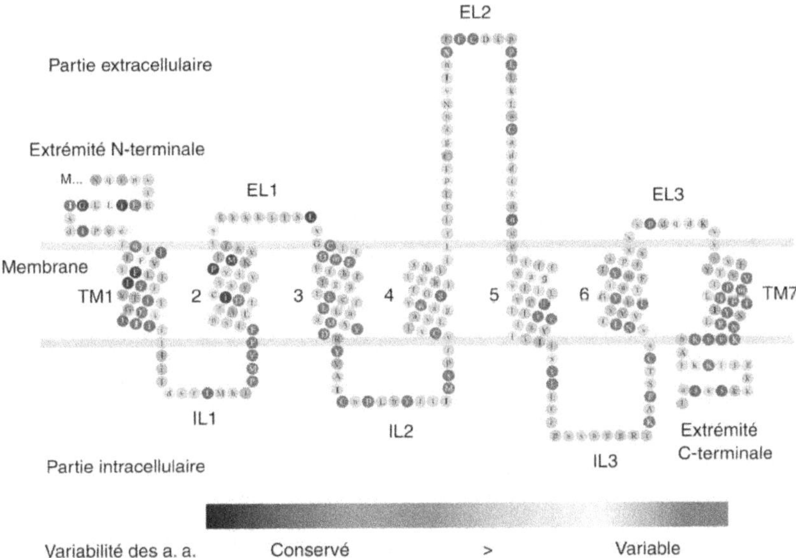

Figure 8.2. Structure schématique d'un RO de Mammifère.

a.a. : acides aminés hypervariables et conservés ; TM : domaines transmembranaires ; EL : boucles extracellulaires ; IL : boucles intracellulaires (d'après Liu *et al.*, 2003, avec permission).

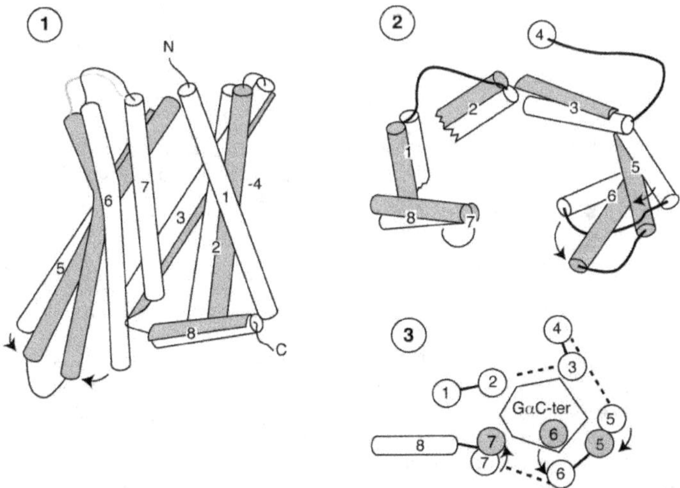

Figure 8.3. Comparaison des structures active et inactive d'un modèle pour les récepteurs olfactifs.

Structures comparées d'un modèle d'opsine sous forme inactive (en blanc) et sous forme active (en vert). Les flèches indiquent les mouvements lors de l'activation. Les petits déplacements ont été omis pour simplifier.

(**1**) Vue de côté : l'hélice transmembranaire 4 est masquée par les hélices 2 et 3. À la différence des représentations habituelles de la rhodopsine, le N-terminal est en haut.

(**2**) Vue depuis la face cytoplasmique.

(**3**) Schéma de la face cytoplasmique : les mouvements des hélices 5 et 6 ouvrent une cavité permettant la liaison de la sous-unité α de la protéine G (GαC-ter). Cette forme active est stabilisée par la liaison de GαC-ter. Les traits pleins figurent les boucles intracellulaires et les traits pointillés les boucles extracellulaires.

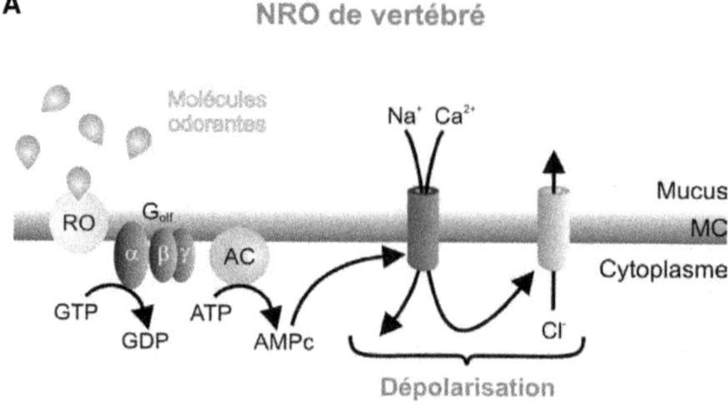

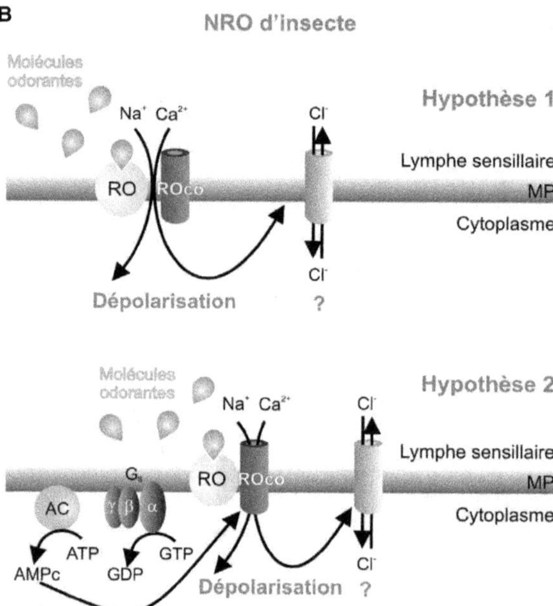

Figure 8.6. Cascades de transduction olfactive impliquées dans la réponse des NRO des Mammifères et des Insectes.

(A) Transduction dans la membrane ciliaire de NRO de l'épithélium olfactif de Mammifère. La liaison de l'odorant à son récepteur (RO) génère l'activation d'une protéine G hétérotrimérique. La sous-unité α (Golf) se dissocie des sous-unités βγ et active l'adénylate cylase (AC) responsable de la production d'AMPc. L'AMPc ouvre des canaux cationiques qui laissent entrer des ions Na^+ et Ca^{2+}, ce qui constitue un courant dépolarisant. L'augmentation de la concentration calcique qui en résulte ouvre des canaux anioniques qui laissent sortir les ions Cl^-, ce qui amplifie le courant dépolarisant.

(B) Transduction dans la membrane de la dendrite externe de NRO d'Insecte. Les étapes de la cascade de transduction olfactive restent un sujet de controverse. Les deux principales hypothèses proposent un couplage direct entre le RO et un canal cationique perméable au Ca^{2+}. Dans l'hypothèse 1, la liaison de l'odorant avec son RO génère l'ouverture d'un canal cationique hétéromérique constitué du RO et de ROco. L'entrée de cations par ce canal dépolarise le NRO (Sato *et al.*, 2008). Dans l'hypothèse 2, à forte concentration, la liaison de l'odorant avec son RO ouvre un canal cationique constitué de la seule sous-unité ROco. À faible concentration, l'activation du RO par son ligand génère l'activation d'une protéine G couplée à l'adénylate cyclase. L'AMPc ouvre les canaux ROco (Wicher *et al.*, 2008). Dans les deux hypothèses, l'augmentation de Ca^{2+} intracellulaire due à l'ouverture des canaux cationiques ouvre des canaux Cl^-. Le gradient de concentration des ions Cl^- n'étant pas connu, le sens du courant Cl^- (dépolarisant ou repolarisant) reste incertain.

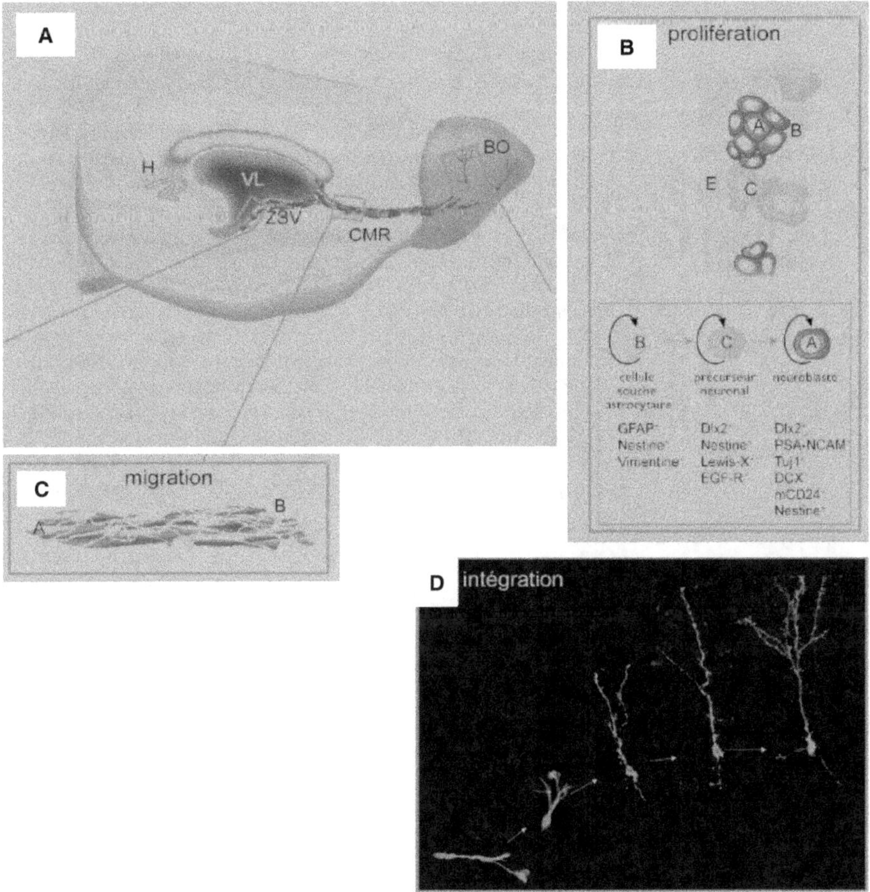

Figure 11.1. Les différentes étapes de la neurogenèse bulbaire chez la souris adulte.

(A) Coupe sagittale de cerveau de souris adulte où figurent la zone germinative (ZSV : zone subventriculaire) contenant les cellules souches neurales, le courant de migration rostral (CMR) constitué par les neuroblastes en migration vers le bulbe olfactif (BO). On distingue classiquement quatre grandes étapes de la neurogenèse adulte, à savoir la prolifération cellulaire, la migration des neuroblastes, la différenciation et l'intégration des neurones nouvellement générés. H : hippocampe ; VL : ventricule latéral. (B) La zone subventriculaire borde la paroi des ventricules latéraux. Elle est constituée par des cellules épendymaires (cellules E), qui forment la paroi des ventricules latéraux, des cellules souches neurales (cellules B) de phénotype astrocytaire, des précurseurs neuronaux (cellules C) à division rapide et des neuroblastes (cellules A). Par division asymétrique, les cellules souches donnent naissance aux cellules C qui, après plusieurs cycles de divisions symétriques, donnent naissance aux cellules A. (C) La migration des neuroblastes (en violet) dans le courant de migration rostral s'effectue en chaîne à l'intérieur d'un tunnel d'astrocytes (en vert). (D) Photographie de cellules granulaires nouvellement générées illustrant les différentes étapes de différenciation, et notamment l'arborisation dendritique.

A

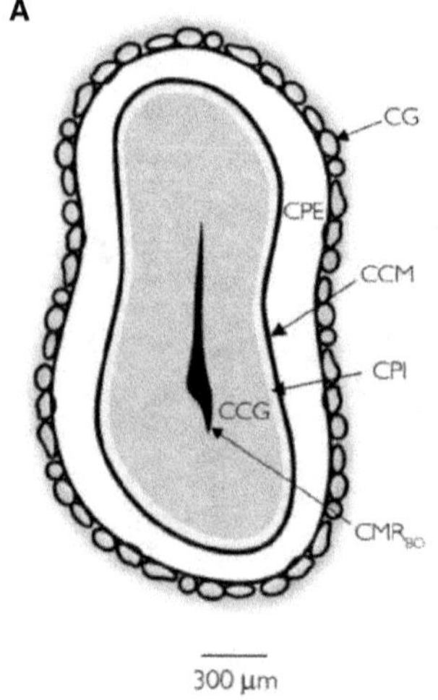

300 µm

Figure 11.2. Organisation synaptique du bulbe olfactif.

(A) Schéma d'une coupe coronale de bulbe olfactif figurant les différentes couches. CG : couche glomérulaire ; CPE : couche plexiforme externe ; CCM : couche des cellules mitrales ; CPI : couche plexiforme interne ; CCG : couche des cellules granulaires ; CMR$_{BO}$: partie bulbaire du courant de migration rostral.

(B) Les principales populations neuronales du bulbe olfactif. Les cellules principales sont figurées en vert. Parmi elles on distingue les cellules mitrales (M), les cellules à panache externes (Ps), médianes (Pm) et profondes (Pp). Les deux populations d'interneurones nouvellement générés à l'âge adulte sont les cellules granulaires (G) et périglomérulaires (PG), respectivement en orange et en rouge. Suivant la position de leur corps cellulaire et la localisation de leur arborisation dendritique, on distingue trois types de cellules granulaires : les cellules granulaires de type I (G I), de type II (G II) et de type III (G III). CG : couche glomérulaire ; CPE : couche plexiforme externe ; CCM : couche des cellules mitrales ; CCG : couche des cellules granulaires ; PG : cellules périglomérulaires.

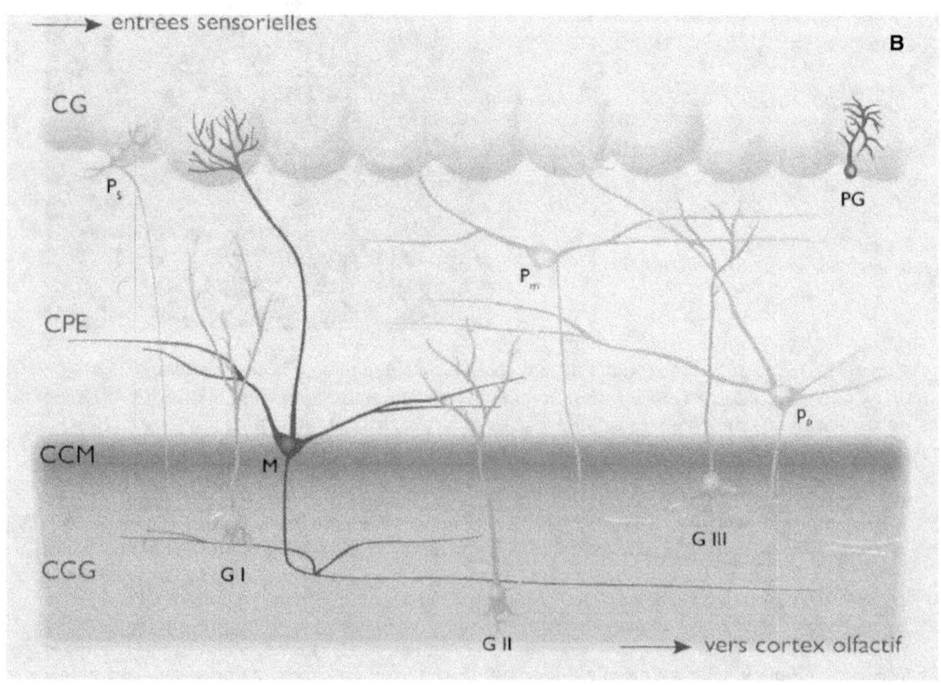

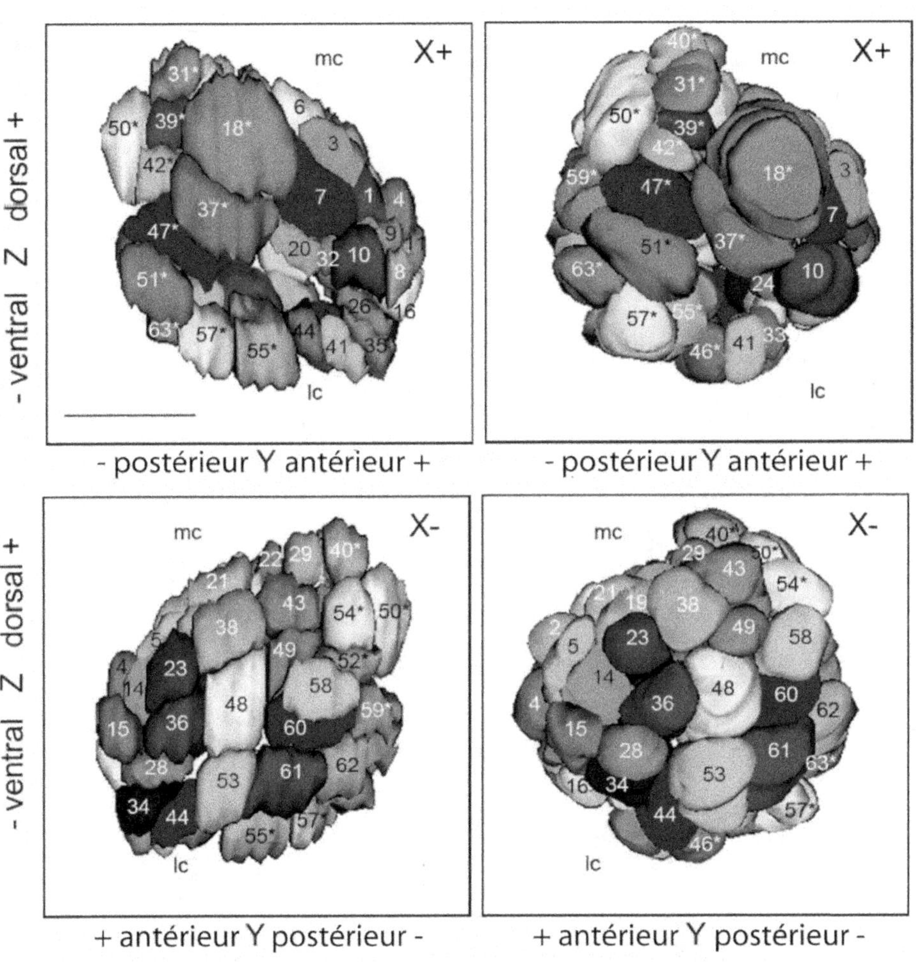

Figure 12.1. Reconstruction sur ordinateur du lobe antennaire de deux individus mâles différents (premier individu à gauche, second à droite) d'un papillon de nuit, la noctuelle *Spodoptera littoralis*.

Les lobes antennaires sont observés latéralement, soit du côté externe (X+), soit du côté interne, proche du plan de symétrie du cerveau (X–). Les glomérules homologues ont le même numéro et la même couleur. Les plus faciles à reconnaître par leur position, leur taille ou leur forme sont indiqués par un astérisque. Le glomérule n° 18 est le cumulus du complexe macroglomérulaire. On remarque que la position absolue des glomérules n'est pas bien conservée, mais que leurs positions relatives le sont. Certains glomérules, colorés en gris, sont absents dans l'un des lobes. Le nombre total de glomérules est de 63 (anomalies exclues) et leur diamètre moyen est de 54 μm. La position des groupes cellulaires latéral (lc) et médian (mc) est indiquée. La barre horizontale indique 100 μm (d'après Couton *et al.*, 2009).

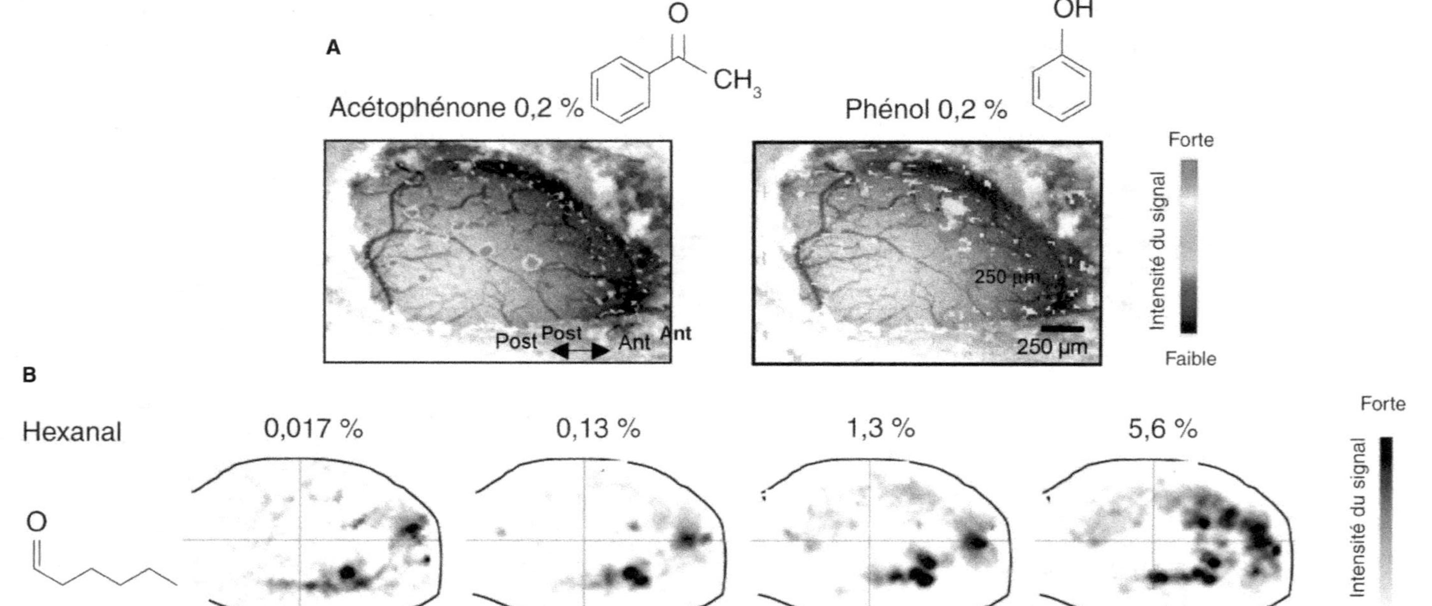

Figure 14.1. Répartition spatiale de l'activité glomérulaire dans le bulbe olfactif principal.

(A) Identification d'une molécule odorante par imagerie optique du signal intrinsèque dépendant de l'oxygénation vasculaire. Vues aériennes du bulbe olfactif principal montrant en couleur chaude les zones d'activité glomérulaire en réponse à une stimulation par l'acétophénone ou le phénol à la même concentration (zones superposées à une vue anatomique de la vascularisation en noir et blanc). Le pourcentage indique la concentration des molécules. À remarquer la ségrégation spatiale du patron de glomérules activés pour chaque odeur. Post : direction postérieure vers l'arrière du cerveau. Ant : direction antérieure vers le nez.

(B) Cartes olfactives en réponse à une quantité croissante d'hexanal. Chaque tache sombre correspond à la fluorescence d'un colorant calcique accumulé dans un glomérule. Plus la concentration de molécule présentée à l'animal augmente, plus le nombre de glomérules activés croît dans la carte (d'après Wachowiak et Cohen, 2003, avec permission).

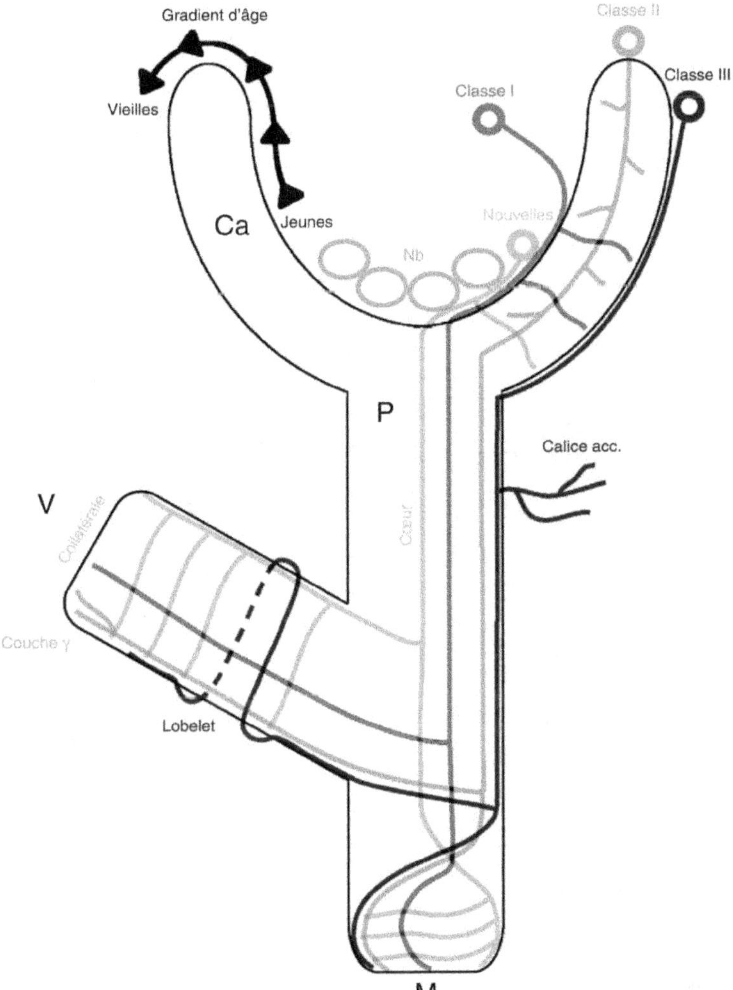

Figure 15.4. Schéma du corps pédonculé de la blatte *Periplaneta americana* en vue sagittale illustrant des aspects généraux et spécifiques du développement des CP.

Les neuroblastes (Nb) sont localisés au centre de chaque calice (Ca). Les corps cellulaires dans et autour du calice sont disposés selon un gradient d'âge. Les cellules de Kenyon de classes I et II sont communes à la majorité des taxons d'Insectes. Dans tous les cas, les cellules de classe II sont les premières-nées des neurones intrinsèques. Les corps cellulaires des cellules de classe I remplissent la coupe du calice. Les axones des cellules de Kenyon migrent au long du pédoncule (P) et bifurquent dans les lobes médian (M) et vertical (V), où elles sont toutes disposées par âge. Les axones de la classe II forment la couche antérieure γ (ou le lobe γ distinct de la drosophile), tandis que les axones de classe I occupent progressivement des couches plus postérieures à mesure que la neurogenèse se poursuit. Les axones des cellules nouvelles nées de classe I forment le cœur du pédoncule et des lobes ; elles se distinguent par leur morphologie (elles produisent des branches collatérales) et par les gènes qu'elles expriment. À ce jour, l'existence des cellules de classe III n'a pas été confirmée en dehors des Dictyoptères. Chez *P. americana*, elles sont nées avant les cellules de classe II et forment un calice accessoire distinct (calice acc.). Leurs axones occupent les laminae les plus antérieures des lobes ; en outre, elles forment dans le lobe vertical une structure en boucle appelée lobelet (d'après Farris et Sinakevitch, 2003).

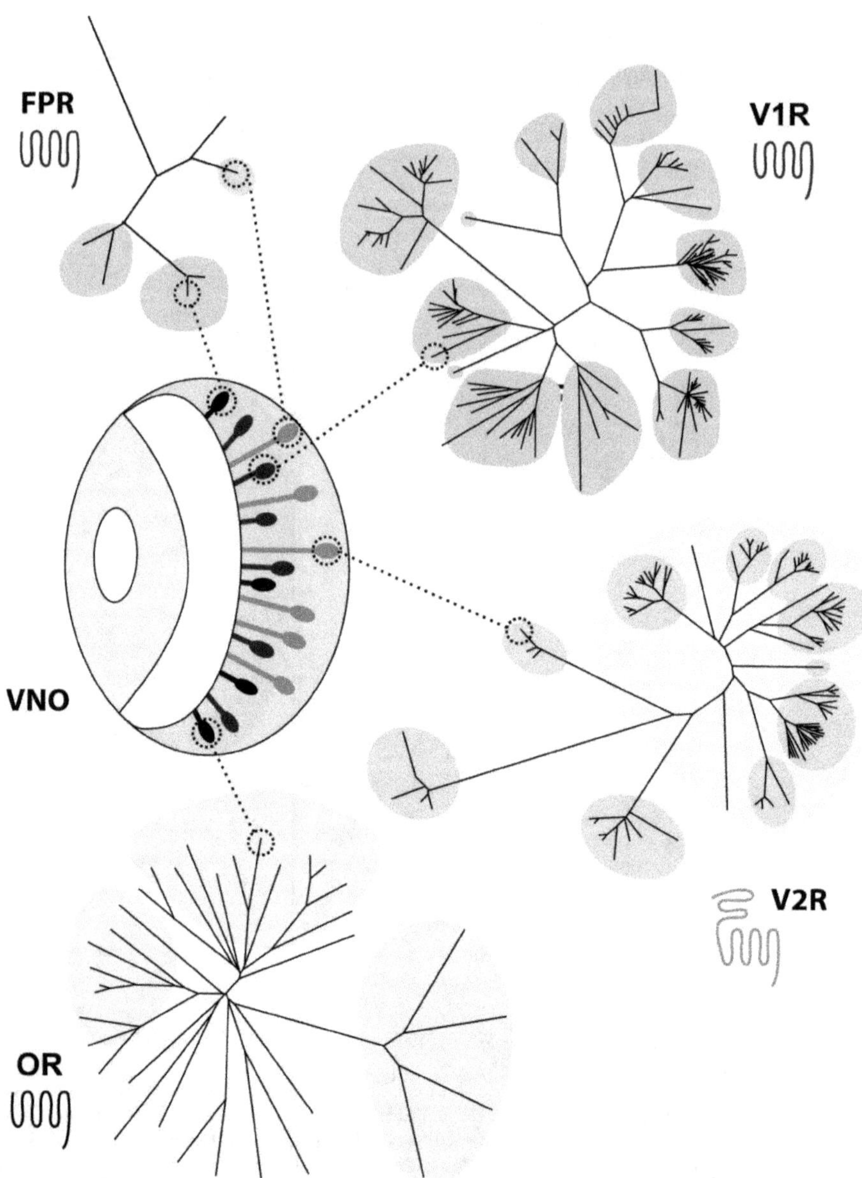

Figure 16.1. Récepteurs voméronasaux chez la souris.
Au centre, coupe coronale schématique à travers l'organe voméronasal (VNO). Le neuroépithélium sensoriel est divisé en parties basale (en rose) et apicale (en bleu). Chaque famille de récepteurs est représentée par un arbre dont les branches représentent chacune un gène. En rose, la famille V2R (exprimée par les neurones basaux) et un membre de la famille FPR. En bleu, les membres des familles FPR et V1R (modifié de Rodriguez et Boehm, 2009).

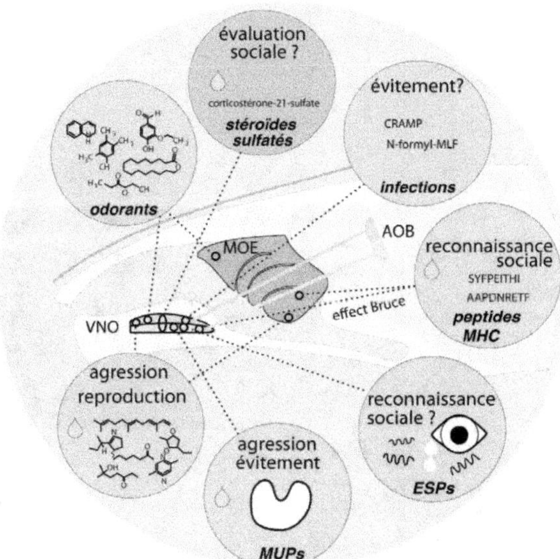

Figure 16.2. Perception voméronasale : de la reconnaissance sociale à l'agression.

Certains agonistes stimulent à la fois l'organe voméronasal (VNO) et le système olfactif principal (MOE). La couleur bleue correspond à l'activation des neurones sensoriels apicaux du neuroépithélium voméronasal. La couleur rose correspond à l'activation des neurones sensoriels basaux du neuroépithélium. Ces deux populations projettent respectivement vers le bulbe accessoire (AOB) rostral et caudal. Les gouttes dorées indiquent la présence de l'agoniste voméronasal dans l'urine. Les gouttes blanches indiquent une production lacrymale ou salivaire des composés (modifié de Rodriguez et Boehm, 2009).

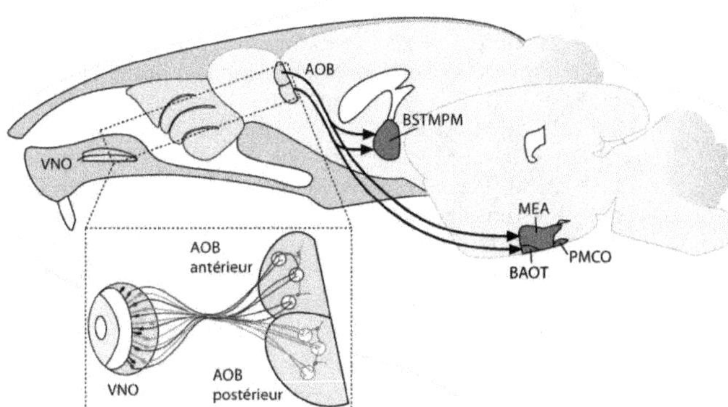

Figure 16.3. Le circuit voméronasal. Représentation schématique de la cavité nasale d'un rongeur (vue latérale).

Les neurones sensoriels voméronasaux basaux (en rouge) convergent en fonction du récepteur voméronasal qu'ils expriment et projettent dans la partie postérieure du bulbe olfactif accessoire (AOB). Les neurones apicaux (en bleu) projettent dans la partie antérieure de l'AOB. VNO : organe voméronasal ; BSTMPM : noyau postéromédian du lit de la strie terminale ; MEA : noyau amygdaloïde médial ; BAOT : noyau du lit du circuit olfactif accessoire ; PMCO : région postéromédiane de l'amygdale corticale (modifié de Rodriguez et Boehm, 2009).

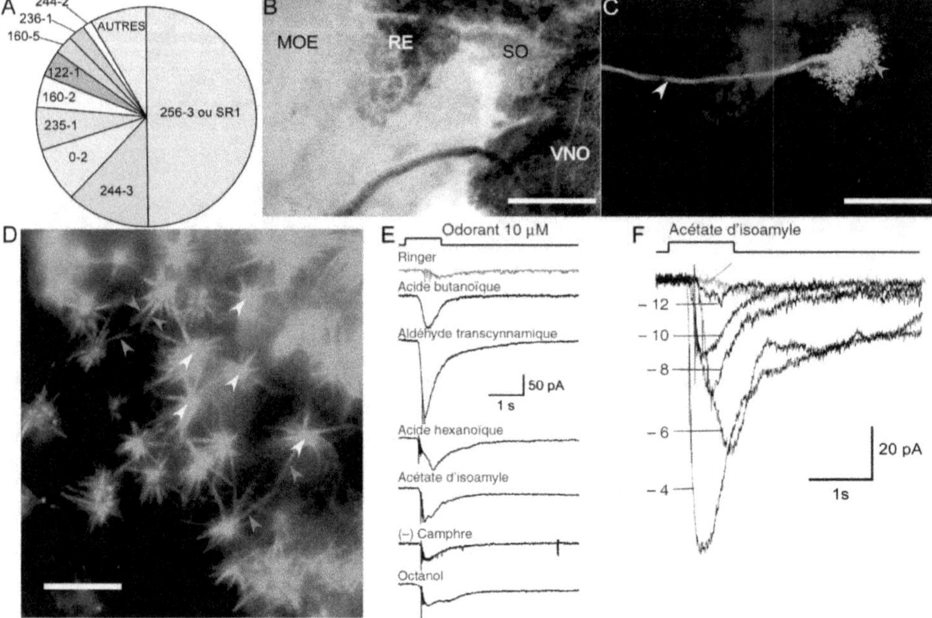

Figure 17.1. L'organe septal exprime un nombre limité de récepteurs dont le majoritaire, SR1, répond aux odeurs avec un spectre large et une forte sensibilité.

(**A**) Représentation schématique des différents gènes exprimés dans l'organe septal en fonction de leur pourcentage. (**B**) (**C**) (**D**) Photographies de l'organe septal dans une préparation d'épithélium intact chez une souris SR1-IRES-tauEGFP. (**B**) Image en lumière transmise de la zone de l'organe septal où l'on peut distinguer l'épithélium olfactif principal (MOE), l'épithélium respiratoire (RE), l'organe septal (SO) et l'organe voméronasal (VNO). (**C**) Même champ que B, photographié en lumière fluorescente où l'on peut distinguer l'organe septal (flèche rouge) et les faisceaux d'axones qui se projettent vers le bulbe olfactif (flèche blanche). (**D**) Vue rapprochée des neurones SR1-GFP où l'on voit des boutons dendritiques (flèches blanches) dont partent les cils (flèches rouges). (**E**)-(**F**) Exemples d'enregistrements obtenus par *patch-clamp* sur des neurones SR1-GFP en voltage imposé (potentiel imposé de − 65 mV). (**E**) Courants obtenus en réponse à différentes molécules. (**F**) Courants enregistrés en réponse à des concentrations croissantes (données en 10^{-x} M) d'acétate d'isoamyle. Barres d'échelle : 0,5 mm en (B) et (C) ; 10 µm en (D) (photos X. Grosmaitre et H. Cadiou).

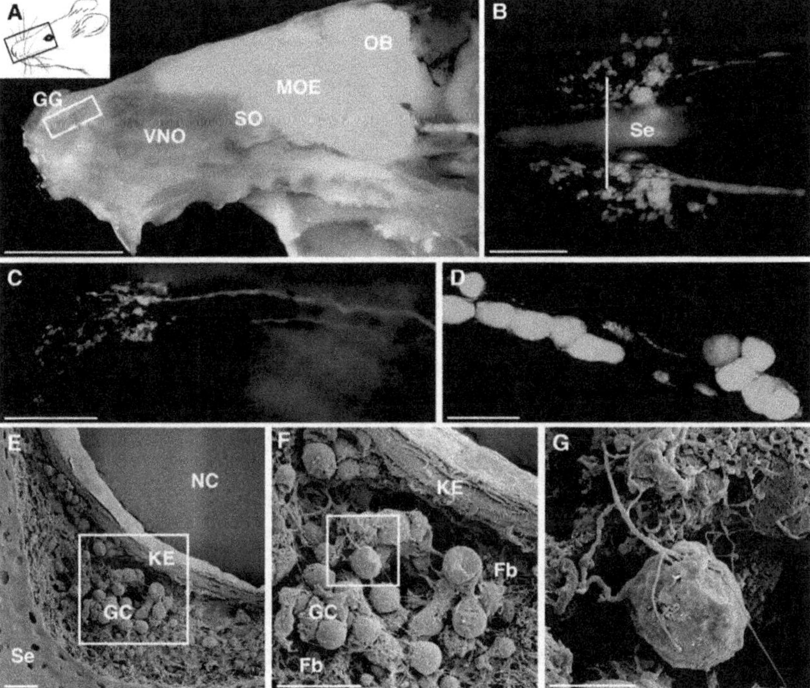

Figure 17.2. Les cellules du ganglion de Grueneberg sont localisées dans la partie antérieure de la cavité nasale, sous une paroi kératinisée, et portent des cils.

(A) Coupe sagittale de la cavité nasale d'une souris OMP-GFP. Tous les neurones olfactifs matures sont fluorescents : les neurones de l'épithélium olfactif principal (MOE), de l'organe septal (SO), de l'organe voméronasal (VNO) et du ganglion de Grueneberg (GG, dans le rectangle blanc) se projettent dans le bulbe olfactif (OB). (B) En vue dorsale, le ganglion de Grueneberg se présente comme un organe pair en forme de flèche réparti de part et d'autre du septum nasal (Se). (C) Vue en fort grossissement d'un ganglion de Grueneberg [rectangle de la vue (A)]. (D) Vue en grossissement maximal obtenue au microscope confocal d'une grappe de cellules du GG. (E) Image en microscopie électronique à balayage d'une coupe coronale de GG [barre blanche en (B)]. Des grappes de cellules du GG (GC) sont visibles et localisées sous la paroi kératinisée (KE) de la cavité nasale (NC). (F) Grossissement d'une zone du GG [carré blanc de (E)] où l'on peut observer les cellules du GG (GC) entourées d'un réseau de fibroblastes (Fb). (G) Grossissement de la zone dans le carré blanc de (F) détaillant une cellule du GG en fausses couleurs montrant le corps cellulaire (en vert), un axone (en rouge) et des cils (en bleu). Barres d'échelle : 1 mm en (A) ; 0,1 mm en (B) ; 0,25 mm en (C) ; 25 μm en (D) ; 20 μm en (E) et (F) ; et 5 μm en (G) (d'après Brechbühl *et al.*, 2008, © American Association for the Advancement of Science).

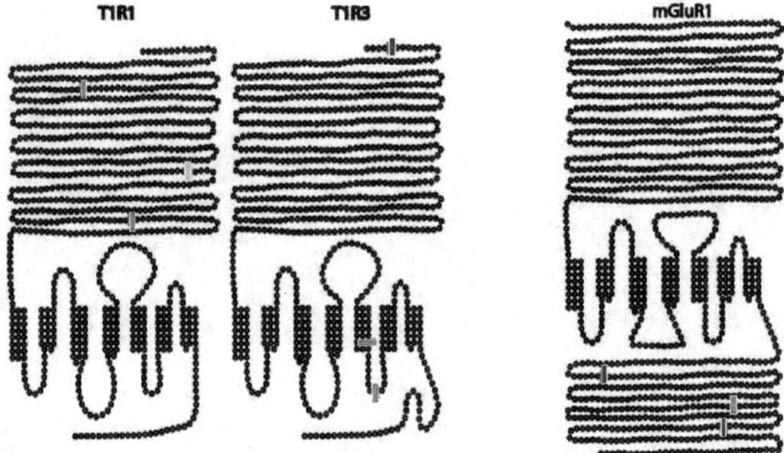

Figure 19.7. Représentation schématique de la structure secondaire des sous-unités T1R1 et T1R3 ainsi que du récepteur métabotropique du glutamate de type 1 (mGluR1).

Chaque sous-unité est composée d'une large partie extracellulaire N-terminale qui interagit avec le ligand, de sept domaines transmembranaires reliés entre eux par des boucles tantôt extracellulaires tantôt intracellulaires et d'une extrémité intracellulaire. Chaque boule représente un acide aminé. T1R1, T1R3 et mGluR1 sont formés respectivement de 841, 852 et 1 194 acides aminés. Les marques rouges représentent l'emplacement d'acides aminés variables dans la population, associés à une diminution significative de la sensibilité *in vivo* et/ou de la réponse *in vitro* au L-glutamate (position 110 et 507 dans T1R1, 749 et 757 dans T1R3 et 993 dans mGluR1). La marque verte (position 372 dans T1R1) indique une substitution sans effet sur la fonction du récepteur. Les marques bleues (position 5 dans T1R3, 884 et 1 069 dans mGluR1) indiquent des substitutions dont le rôle est encore indéterminé (Raliou *et al.*, 2009a ; 2009b ; 2011).

Figure 20.1. Anatomie des organes gustatifs chez un papillon.

(**A**) Schéma de l'implantation des sensilles gustatives chez un papillon. Les sensilles gustatives (cercles verts) sont distribuées sur toute la surface du corps et sont particulièrement concentrées sur les pièces buccales (trompe, tube digestif antérieur), les pattes et les antennes. Ces neurones se projettent dans les ganglions nerveux correspondant à chaque appendice ; une partie d'entre eux se projette également dans le ganglion sous-œsophagien, dans la capsule céphalique.

(**B**) Structure d'une sensille gustative de type chaetica. Chez les Insectes, les papilles gustatives sont des organes dérivés de cellules épithéliales externes appelées sensilles. Les sensilles gustatives comportent un pore à leur extrémité. Les neurones sensoriels sont bipolaires et la dendrite porte des récepteurs membranaires gustatifs. Le plus souvent, ces sensilles comportent quatre neurones gustatifs (en rose) associés à un neurone mécanorécepteur (en rouge). Ces neurones sensoriels sont enveloppés par des cellules accessoires qui mettent en place la cuticule de la soie lors des mues et qui sécrètent le liquide sensillaire dans lequel baignent les dendrites.

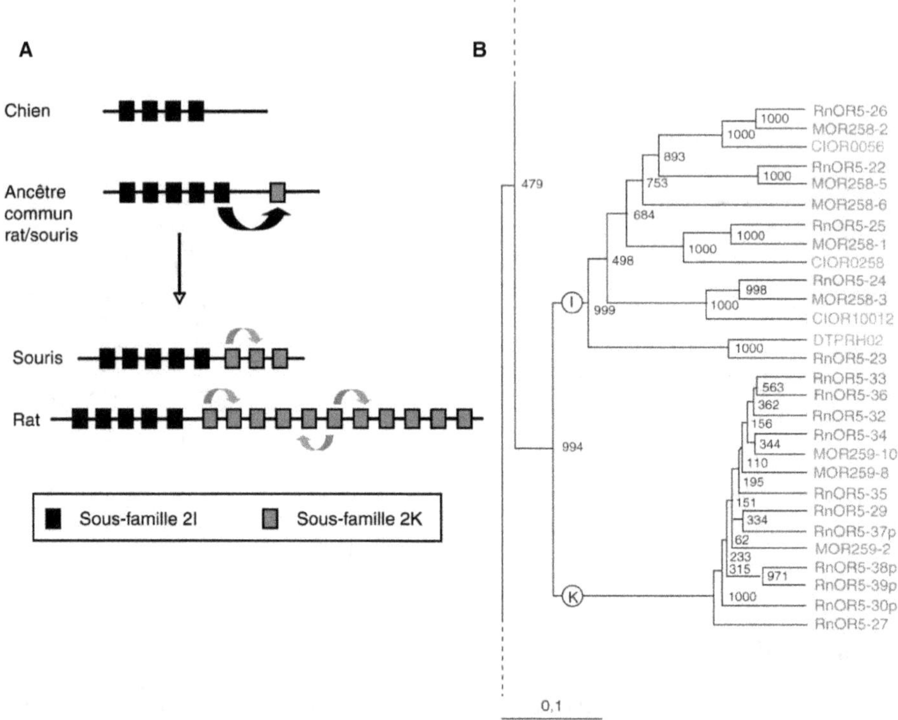

Figure 22.3. Événements de duplications locales conduisant à une diversification des répertoires des gènes RO, par création de sous-familles de gènes RO spécifiques d'espèces : exemple des sous-familles 2I et 2K chez trois espèces de Mammifères.

(**A**) La sous-famille 2I est présente dans les trois espèces (5 gènes RO chez le rat et la souris, 4 gènes RO chez le chien), alors que la sous-famille 2K est spécifique des rongeurs (11 gènes RO chez le rat, 3 gènes RO chez la souris). La sous-famille 2K est issue de duplications successives au sein de la « lignée » des rongeurs. La flèche noire symbolise une duplication qui a eu lieu avant la séparation des espèces rat et souris, permettant la création de la sous-famille 2K, alors que les flèches grises symbolisent des duplications de gènes RO au sein de la sous-famille 2K dans chacune des espèces.

(**B**) Arbre phylogénétique des sous-familles 2I et 2K chez le rat (en rouge), la souris (en vert) et le chien (en bleu) (Quignon *et al.*, 2005).

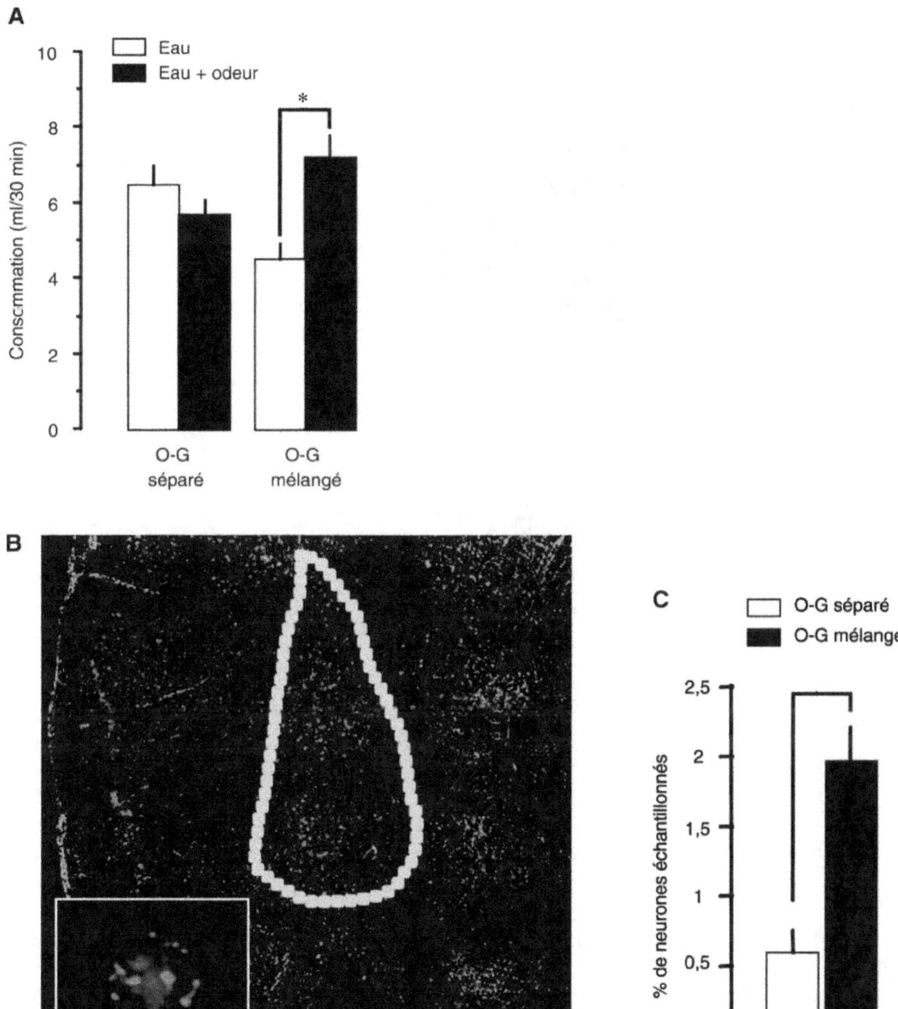

Figure 24.3. Préférence olfactive conditionnée.

(**A**) La préférence olfactive conditionnée est mise en évidence dans un test de choix entre deux biberons : l'un contenant de l'eau odorisée (eau + odeur) et l'autre de l'eau non odorisée. Le groupe O-G mélangé (qui a préalablement consommé une boisson avec un *mélange* odeur et goût sucré) préfère l'eau odorisée, alors que le groupe O-G séparé (qui a préalablement reçu l'odeur et le goût sucré *séparément*) ne montre aucune préférence pour l'eau odorisée. (**B**) Photographie représentant un exemple d'activations cellulaires (du gène *Arc*, en rouge) au niveau de l'amygdale basolatérale (délimitée par les pointillés jaunes) engendrées par la consommation successive d'eau odorisée et d'un goût sucré (par la méthode dite du catFISH). (**C**) La préférence conditionnée est associée à un nombre plus important de cellules répondant aux deux stimulations, olfactives et gustatives (c'est-à-dire double marquage), dans l'amygdale basolatérale (d'après Desgranges *et al.*, 2010).

* : significativement différent (p < 0,05).

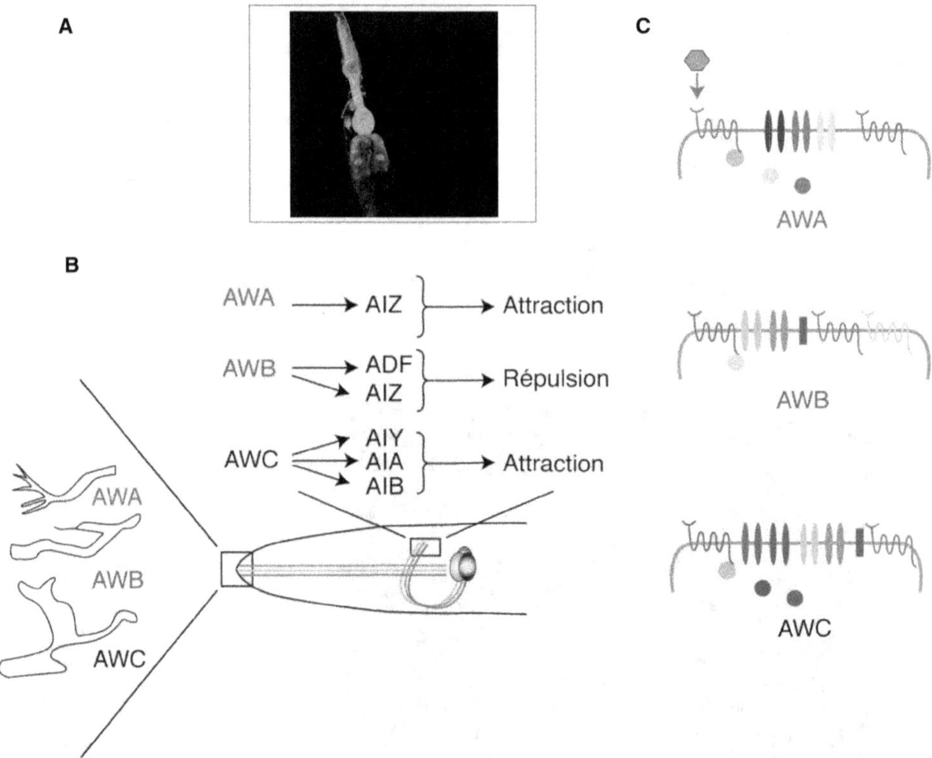

Figure 25.1. Les neurones du sens chimique chez *Caenorhabditis elegans* (d'après Melkman et Sengupta, 2004).

(**A**) Partie antérieure de *C. elegans*. Le pharynx avec ses deux bulbes est marqué en vert par expression de la GFP (*green fluorescent protein*). Les neurones AWC (avec leurs dendrites vers le haut et leurs corps cellulaires près du 2ᵉ bulbe) sont marqués en rouge par la RFP (*red fluorescent protein*) sous le contrôle du promoteur odr-1, qui est spécifique des neurones AWC (document fourni par Marie-Pierre Blanchard et Madeleine Erard Garcia).

(**B**) Les trois neurones récepteurs des odorants volatils AWA, AWB et AWC : structure de leurs extrémités dendritiques ciliées, connexions aux interneurones (AIZ, ADF, AIY, AIA, AIB) et fonctions (attraction, répulsion).

(**C**) Transduction du signal des neurones olfactifs AWA, AWB et AWC. Chaque neurone exprime un répertoire particulier de récepteurs des odeurs (molécule odorante = hexagone gris) situés à la surface des dendrites ciliées. Chaque récepteur est coloré différemment (⨕). Ces récepteurs traversent sept fois la membrane des cils et sont couplés aux protéines G (ronds colorés). La transduction du message olfactif est assurée par l'activation de guanylates cyclases membranaires (rectangles) ou/et par l'ouverture de différents canaux ioniques (ovales).

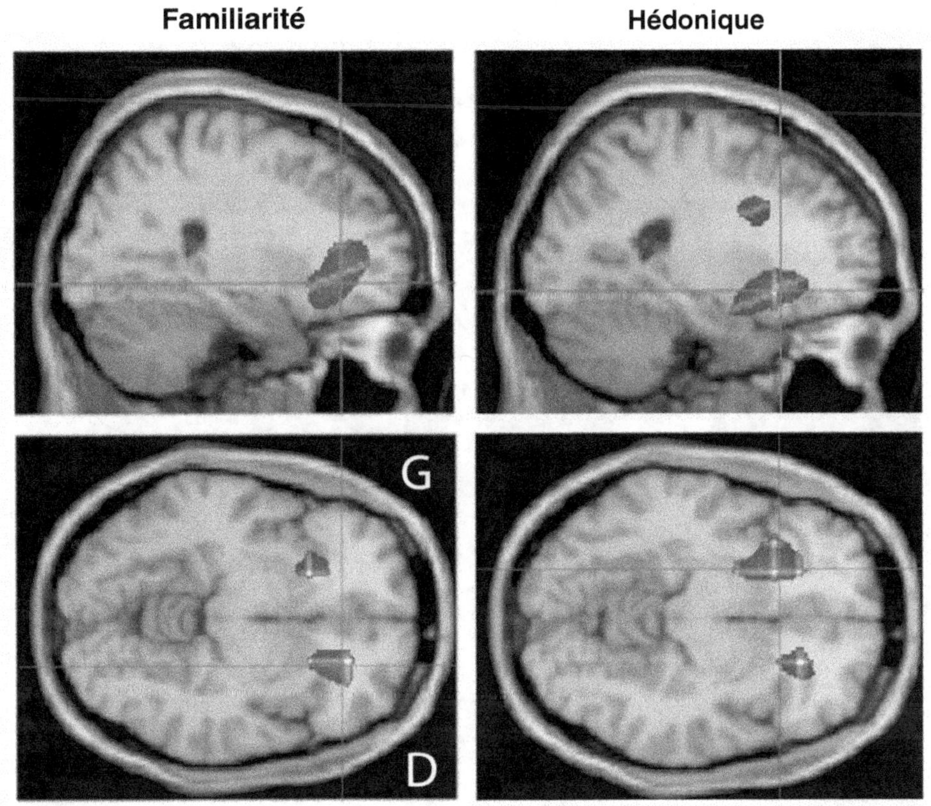

Familiarité

Hédonique

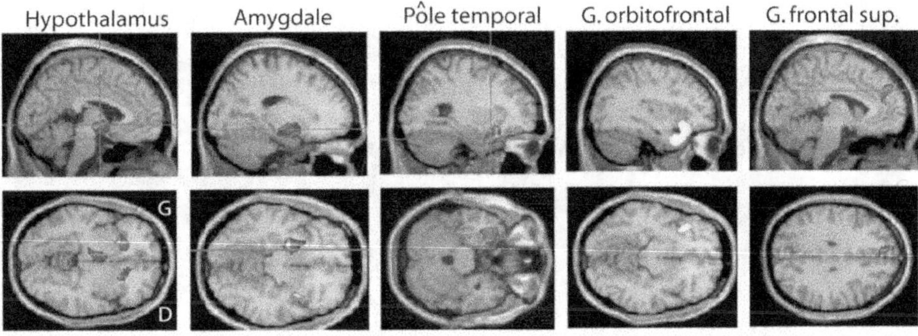

Figure 26.1. Activation préférentielle du COF droit lors de la tâche de jugement de familiarité, et du COF gauche lors de la tâche de jugement hédonique. Représentation sur des coupes horizontales et sagittales d'un cerveau standard. D : droit ; G : gauche.

Figure 26.2. Aires activées durant une tâche de jugement hédonique dans l'hypothalamus gauche en olfaction et vision, dans l'amygdale gauche en olfaction, et dans le pôle temporal, les gyrus orbitofrontal et frontal supérieur gauches dans les trois modalités sensorielles. Les activations sont représentées sur des coupes sagittales (haut) et horizontales (bas) d'un cerveau standard. D : droit ; G : gauche.

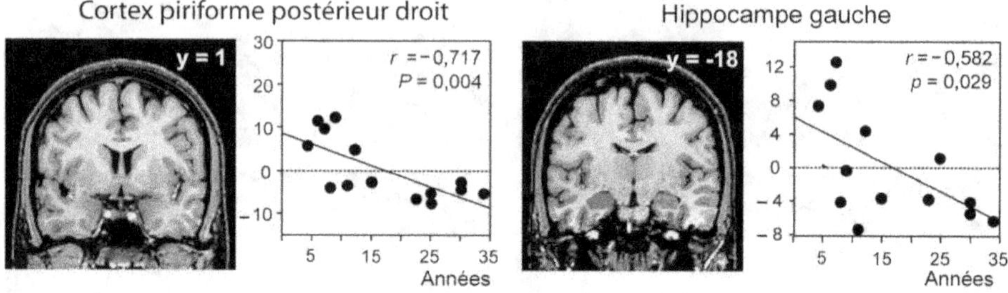

Figure 26.3. Corrélations négatives significatives entre les niveaux d'activation enregistrés dans le cortex piriforme droit et l'hippocampe gauche et le nombre d'années d'expérience des parfumeurs professionnels.

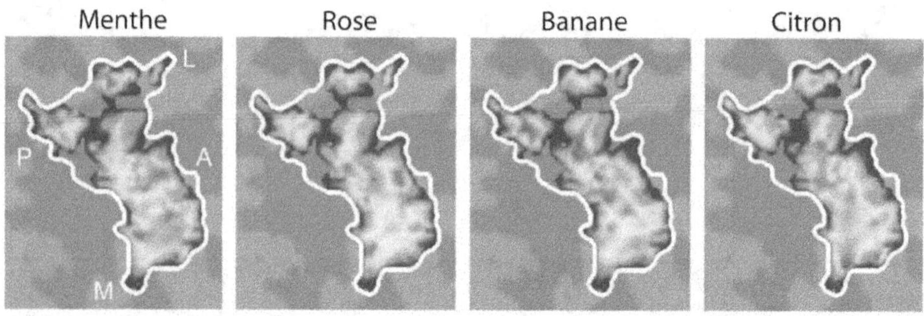

Figure 26.5. Exemple de cartes spatiales de l'activité évoquée par 4 odeurs dans le CP postérieur gauche chez un sujet. A : antérieur ; L : latéral ; M : médial ; P : postérieur.

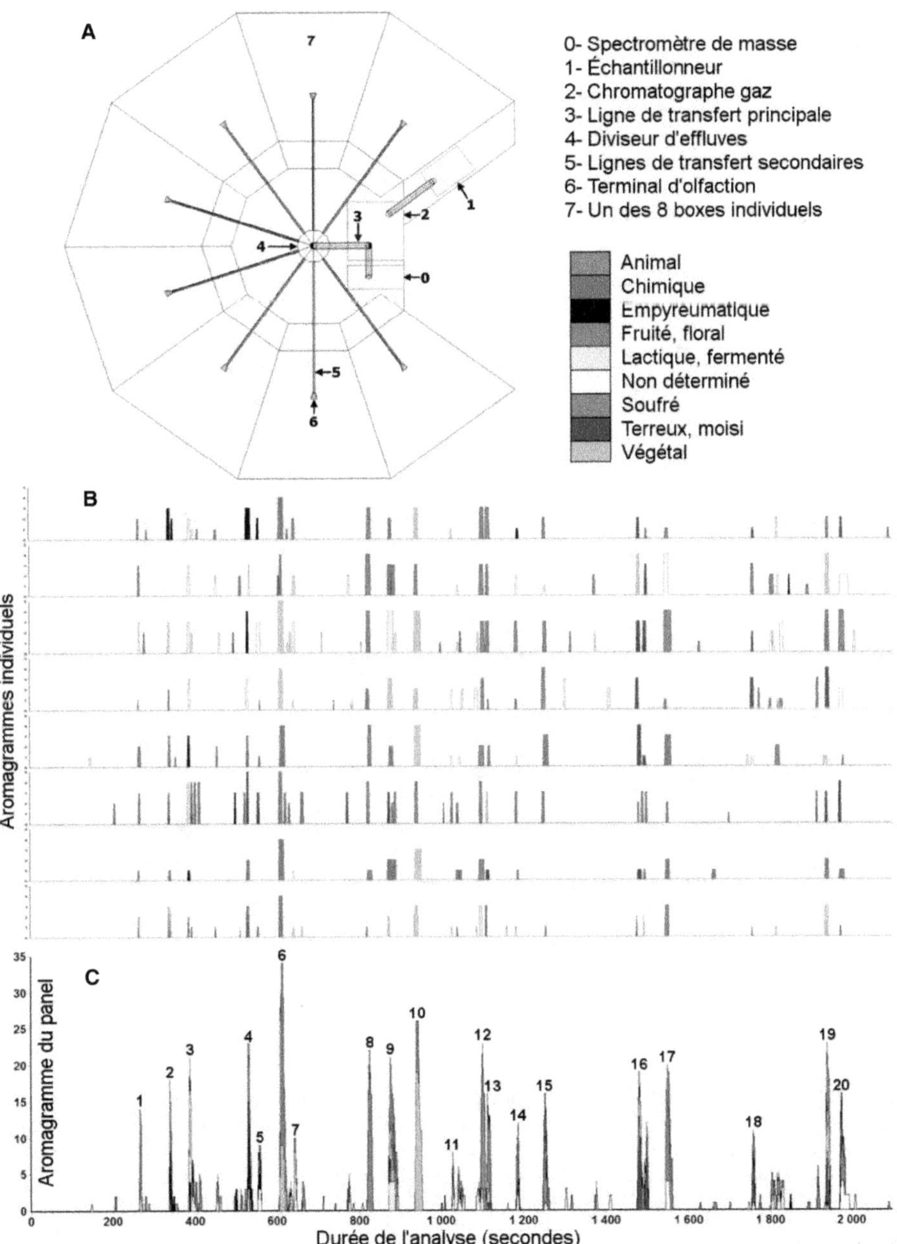

Figure 32.1. (A) Schéma du système de chromatographie olfactométrie multivoie. Ce système est constitué d'un chromatographe en phase gazeuse couplé à la spectrométrie de masse et à un diviseur qui permet la diffusion des effluves dans 8 boxes disposés radialement. (B) Aromagrammes individuels des 8 flaireurs. (C) Aromagramme du panel de flaireurs. Le système d'olfactométrie multivoie et le logiciel d'analyse AcquiSniff®, développés par l'Inra, permettent une acquisition rapide des signaux sensoriels, un repérage efficace des molécules odorantes par pôles olfactifs et une description très visuelle de leurs propriétés sensorielles (une couleur par pôle). Les signaux présentés ici ont été acquis en 35 minutes par 8 flaireurs à partir d'un extrait d'huile d'olive obtenu par la technique de *purge and trap*.

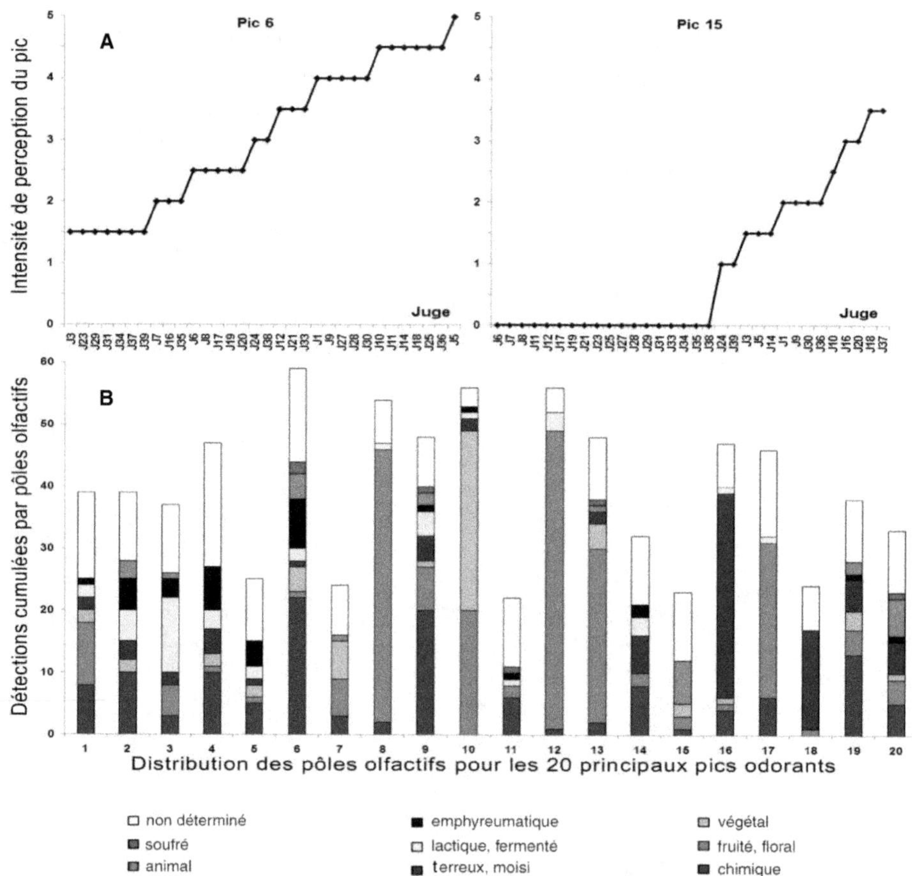

Figure 32.2. La CPG-MS/8O informe sur la manière dont les composés odorants sont détectés (**A**) ou décrits (**B**) par un panel de flaireurs. Les résultats présentés ont été obtenus avec un jury de 32 flaireurs qui ont analysé en double de l'huile d'olive étudiée figure 32.1. Ainsi, le pic 6 (1-pentène-3-one) est détecté par tous les flaireurs, tandis que le pic 15 (heptanal) n'est détecté que par 14 flaireurs sur 32. Concernant la description des odeurs, un fort consensus descriptif est observé autour d'une note fruitée pour les pics 8 (acide propanoïque, 2-méthyl-, éthyl ester) et 12 (acide 2-buténoïque, 3-méthyl-, méthyl ester), tandis que des descriptions très différentes selon les flaireurs sont observées pour les pics 6 (1-pentène-3-one) et 9 (1-pentène-2-ol). L'attribution des différences de perception à chacun de ces composés est confirmée par CPG-CPG-SM/O en validant l'absence de coélution dans chaque pic odorant de l'aromagramme.

Figure 33.2. Exemple de diffuseurs passifs homologués en France permettant d'assurer la confusion sexuelle en vignoble contre les vers de la grappe. Chaque diffuseur contient une formulation de phéromone sexuelle de synthèse. La dose homologuée est de 500 diffuseurs par hectare (cliché Inra Bordeaux).

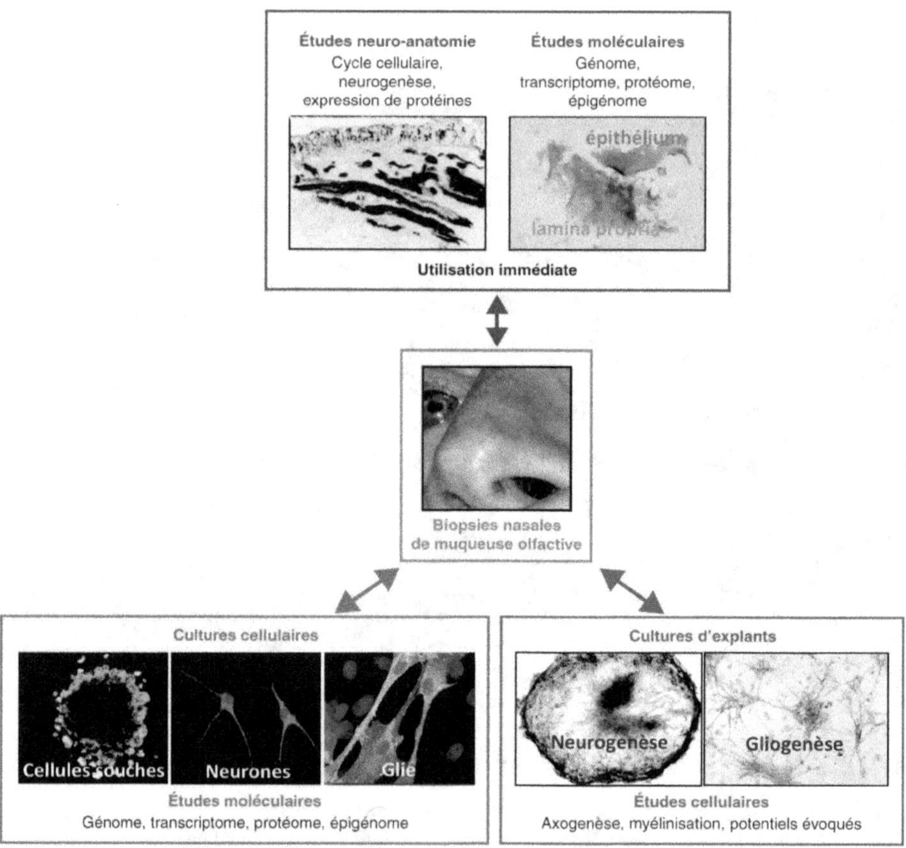

Figure 41.1. Schéma résumant les différentes façons d'utiliser la muqueuse olfactive à des fins diagnostiques.

Il est possible de procéder extemporanément à la fixation ou à la congélation du tissu afin de réaliser soit des études de neuroanatomie, soit des études moléculaires. Par ailleurs, le donateur étant vivant, il est possible de cultiver soit des explants, soit l'un des multiples types cellulaires (neurones, glie, cellules souches) qui composent ce tissu.

Chapitre 18

La sensibilité trigéminale chimique

Didier Trotier, Akiko Ishii-Foret, Amir Djoumoi,
Morgane Bourdonnais, Fabrice Chéruel, Annick Faurion

L'information sensorielle trigéminale est une composante essentielle de nos sensations « olfactives » et « gustatives ».

Le système trigéminal est muni de capteurs périphériques sensibles aux informations tactiles et thermiques. Ces capteurs sont également sensibles à diverses molécules. Ceux localisés dans les cavités nasales et la bouche apportent une information sensorielle qui s'ajoute à l'information olfactive, issue de l'activation des neurones récepteurs olfactifs, ou à l'information gustative, résultant de l'activation des bourgeons du goût de la langue. Toutes ces informations sensorielles, bien qu'empruntant des trajets nerveux périphériques et cérébraux distincts, sont finalement intégrées dans un percept global, « odeur », « goût » ou « flaveur ». Lorsque nous inspirons du menthol, les neurones de l'épithélium olfactif sont activés pour évoquer une note olfactive mentholée, mais les fibres trigéminales nasales sensibles à une diminution de la température sont également activées chimiquement et ajoutent une sensation de froid : d'où l'illusion de percevoir une odeur fraîche. De même, de la moutarde ou du poivre ajoutés à un mets activent les récepteurs trigéminaux sensibles à une augmentation de température, produisant une sensation chaude ou piquante qui s'ajoute à l'information gustative ; nous avons l'illusion d'un goût plus relevé.

Les sensations engendrées par les stimulations trigéminales sont diverses et regroupent des sensations thermiques (chaud, brûlant, frais, froid) ou tactiles (piquant, titillement, picotement, pression, etc., le catalogue est encore certainement incomplet !). À l'extrême, ces sensations deviennent douloureuses et peuvent s'accompagner de réflexes protecteurs (production de larmes, éternuement, vomissement ou arrêt de l'inspiration).

▶▶ Anatomie du système sensoriel trigéminal

Les nerfs trigéminaux constituent la cinquième paire des nerfs crâniens. La composante motrice anime les muscles masticateurs. La composante sensorielle correspond à des neurones regroupés dans le ganglion de Gasser, avec une fibre recevant l'information des capteurs périphériques et l'autre transmettant l'information au cerveau.

Innervation périphérique

Sortant du ganglion de Gasser, trois branches sont observées. La branche ophtalmique intéresse l'œil, les glandes lacrymales, la partie supérieure de chaque cavité nasale (muqueuse nasale et épithélium sensoriel olfactif), les sinus frontaux, le front et une partie des méninges. La branche maxillaire innerve le reste de chaque cavité nasale (muqueuse nasale), les narines, la lèvre supérieure, les dents supérieures, le palais, le plancher du pharynx, le maxillaire, les sinus ethmoïdaux et sphénoïdes. Enfin, la branche mandibulaire innerve la bouche, la lèvre inférieure, les dents inférieures, le menton, la mâchoire, le pavillon de l'oreille. Une branche du nerf mandibulaire, le nerf lingual, innerve la muqueuse du tiers antérieur de la langue. Toutes ces branches se divisent en de nombreux rameaux, puis en d'innombrables fibres libres dont certaines parviennent à proximité de la surface des épithéliums (figure 18.1).

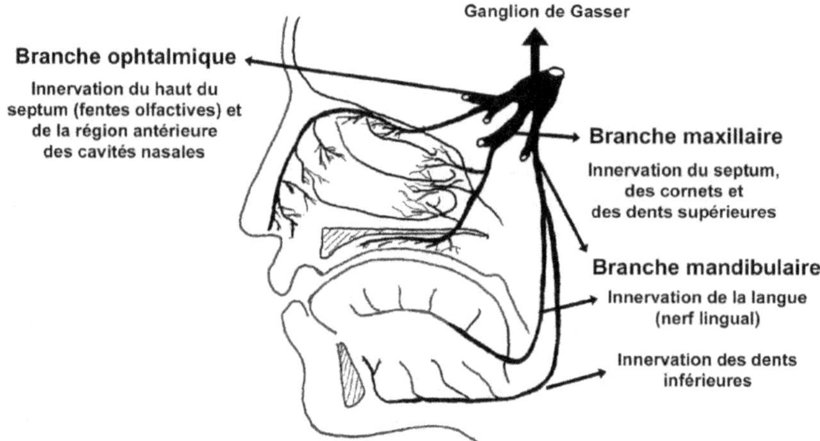

Figure 18.1. Représentation schématique de l'innervation trigéminale d'une cavité nasale et d'une moitié de langue.

Depuis le ganglion de Gasser, un rameau issu de la branche ophtalmique innerve la région haute et la partie antérieure de la cavité nasale. Un rameau issu de la branche maxillaire innerve l'arrière de la cavité, l'ensemble des cornets et de la cloison nasale (septum). Un rameau issu de la branche mandibulaire innerve la langue. Les rameaux innervant les dents supérieures et inférieures sont également indiqués.

Projections centrales

Les prolongements centraux sortant des neurones du ganglion de Gasser transmettent l'information au noyau terminal du trijumeau, qui se divise en trois parties : la partie spinale reçoit l'information des fibres sensibles à la douleur et à la température ; la partie principale reçoit l'information des fibres sensibles au toucher ; la partie mésencéphalique gère l'information des fibres proprioceptives et mécano-réceptrices de la mâchoire et des dents. L'information trigéminale de type tactile est transmise au noyau ventral postérieur de l'hypothalamus pour aboutir au cortex primaire somatosensoriel, le gyrus postcentral du lobe cérébral pariétal de l'hémisphère opposé. Dans cette zone corticale, *grosso modo* du sommet du crâne jusqu'aux oreilles, il existe une représentation précise, dite somatotopique, du corps, si bien qu'il y a connaissance fine de la région stimulée. L'information de type douleur/température emprunte le même chemin, mais se propage aussi vers d'autres zones corticales (cortex cingulaire antérieur, cortex insulaire, formation réticulée). Le système sensoriel trigéminal est donc relativement complexe et transmet des informations sur les molécules sapides et odorantes en activant des zones corticales anatomiquement très distinctes de celles gérant l'information olfactive (cortex pyriforme et orbitofrontal ; Savic, 2002) et gustative (insula ; Cerf-Ducastel *et al.*, 2001). Ces derniers auteurs montrent que les informations, correspondant à la « sensibilité trigéminale chimique », obtenues avec des composés trigéminaux acides et piquants ou astringents appliqués sur la langue, projettent exactement dans les mêmes aires que les informations gustatives (Faurion *et al.*, 2005 ; Ogawa *et al.*, 2005).

▸▸ Mécanismes de détection

La diversité des sensations trigéminales correspond à différents contingents de fibres pourvues de propriétés détectrices particulières. Ce qui est surprenant dans ce système sensoriel est que ces sensations peuvent découler d'une stimulation de type physique (une source de chaleur ou de froid par exemple), mais aussi de la présence de molécules, par exemple le menthol (sensation de froid) ou la capsaïcine (sensation de chaud). Ces molécules stimulantes, présentes à la surface de l'épithélium, diffusent dans le tissu pour atteindre l'extrémité des fibres trigéminales. Notons cependant l'existence de cellules à la surface de l'épithélium nasal des rongeurs (cellules solitaires à microvillosités) qui sont couplées par des contacts synaptiques avec des fibres trigéminales (Finger *et al.*, 2003) et pourraient agir comme des détecteurs spécifiques en contact direct avec l'extérieur (Lin *et al.*, 2008).

L'analyse des neurones sensoriels trigéminaux, l'étude en expression hétérologue de récepteurs putatifs et l'observation de souris génétiquement modifiées ont permis récemment de proposer des mécanismes de détection pour certains stimulus trigé-minaux (Gerhold et Bautista, 2009). La capsaïcine, principe actif du piment, serait détectée par les canaux ioniques TRPV1 (Silver *et al.*, 2006) qui sont fortement présents dans un sous-ensemble de neurones trigéminaux. La capsaïcine se fixe sur une boucle intracellulaire du canal, qui est par ailleurs sensible à une augmentation de température vers 43 °C ; l'information nerveuse transmise au cerveau est donc interprétée comme une augmentation de température du tissu, d'où la sensation de chaleur. Ce canal est également sensible à des composés reflétant une inflammation des tissus lors d'une lésion.

Le menthol active un autre canal ionique, TRPM8 (Andersson *et al.*, 2004 ; Bautista *et al.*, 2007 ; Peier *et al.*, 2002), présent dans des fibres trigéminales nociceptives de petite taille sensibles au refroidissement, d'où la sensation de froid évoquée. Ce canal, sensible à une baisse de température vers 25 °C, est également activé par d'autres composés « refroidissants » comme l'iciline. À lui seul, il n'explique cependant pas l'effet douloureux du froid. Le canal TRPA1 est activé par des composés présentant le groupement isothiocyanate (huile de moutarde) et par des composés de l'ail, portant le groupement thiosulfinate, qui évoquent une sensation de piquant (Bautista *et al.*, 2005). L'hydroxy-α-sanshool, un composé des poivres du Sichuan responsable d'une sensation de picotement et de vibration sur la langue, active des fibres trigéminales (Klein *et al.*, 2011 ; Sawyer *et al.*, 2009) en inhibant des canaux potassiques KCNK3, KCNK9 et KCNK18 (Bautista *et al.*, 2008). Ce composé active également les canaux TRPV1 et TRPA1 (Koo *et al.*, 2007 ; Riera *et al.*, 2009).

Nous voyons avec ces exemples que les bases moléculaires de la détection des stimulus trigéminaux commencent à émerger. C'est un domaine de recherche en pleine expansion qui devrait bientôt révéler plus précisément la nature des motifs moléculaires engendrant ces diverses sensations trigéminales (Tominaga, 2005).

▸▸ Contribution du trijumeau à l'odeur

Périphérie

L'activation des fibres trigéminales nasales par les molécules odorantes est connue depuis fort longtemps (Doty *et al.*, 1978), en particulier chez des patients dépourvus de système olfactif fonctionnel, par exemple ceux privés de bulbe olfactif depuis la naissance (Trotier *et al.*, 2007). Ces sujets perçoivent cependant de nombreuses molécules odorantes qui, à des concentrations élevées, activent les fibres trigéminales.

Chez les sujets normaux, il est possible de déceler une activation du trijumeau nasal par les molécules odorantes. On ne stimule qu'une seule cavité nasale, à l'insu du sujet, et on lui demande de déceler si la stimulation est à droite ou à gauche. Pour les stimulus odorants à faible ou sans effet sur les fibres trigéminales (vanilline, alcool phényléthylique ou H_2S par exemple), les réponses sont données au hasard, car le système olfactif ne permet pas de déterminer lequel des deux épithéliums olfactifs est stimulé (Frasnelli *et al.*, 2010 ; Kleemann *et al.*, 2009). En revanche, pour des molécules odorantes activant les fibres trigéminales (menthol, acide butyrique, éthanol, citral, acétate d'isoamyle, etc.), la détermination du côté stimulé est possible (Hummel *et al.*, 2003 ; 2009) en raison du traitement de l'information par le cortex somatosensoriel.

On ignore, dans la plupart des cas, l'importance relative de la composante trigéminale dans l'odeur perçue. L'idée actuelle est que la grande majorité des molécules odorantes présente une composante trigéminale procurant des sensations variées. Le déterminisme moléculaire de ces activations trigéminales reste à élucider (Cometto-Muñiz *et al.*, 2005).

On considère que les fibres trigéminales nasales sont moins sensibles aux stimulus odorants que les neurones sensoriels de l'épithélium olfactif. De fait, cela pourrait s'expliquer par la nécessité de diffusion à travers le tissu pour atteindre les fibres. À faible concentration odorante, la contribution trigéminale serait donc réduite, mais augmenterait avec la concentration au-dessus de niveaux de concentration qui sont encore mal connus. Notons également que certaines sensations trigéminales apparaissent assez lentement (Wise *et al.*, 2006) et perdurent longtemps après l'arrêt de la stimulation, comme chacun a pu l'expérimenter en consommant du piment.

L'activation des fibres trigéminales nasales par des molécules odorantes produit une variation négative du potentiel de surface du tissu respiratoire nasal. Ce signal, dont l'origine exacte n'est pas connue, est utilisé pour déterminer des différences de sensibilité locales au sein des cavités nasales (Scheibe *et al.*, 2008). Ces différences de sensibilité peuvent aussi être observées par stimulation électrique locale (Meusel *et al.*, 2010).

Tous les outils sont en place pour mieux déterminer, dans un proche avenir, la diversité des sensations trigéminales induites par les molécules odorantes et la contribution des deux branches trigéminales innervant les cavités nasales.

Traitement par le système nerveux central

Le système trigéminal nasal et le système olfactif sont intimement connectés (Stone et Rebert, 1970). Dès l'étage des bulbes olfactifs, des fibres trigéminales, présentes dans l'épithélium nasal, innervent par des collatérales la couche des glomérules et indiqueraient directement la présence d'une composante irritante dans les cavités nasales (Schaefer *et al.*, 2002).

Les réponses cérébrales induites par les molécules odorantes appliquées dans les cavités nasales peuvent s'observer par enregistrement des potentiels évoqués (Lorig, 2000 ; Rombaux *et al.*, 2006). Ces signaux correspondent à une synchronisation de l'activité des neurones corticaux en réponse à des stimulations nasales de courte durée. Les signaux induits par des molécules odorantes à forte contribution trigéminale sont de plus grande amplitude que les signaux induits par les molécules à faible composante trigéminale (Boesveldt *et al.*, 2007), indiquant une implication plus importante des ressources corticales. À la suite d'une perte de l'odorat, la sensibilité trigéminale est tout d'abord réduite puis, après adaptation, est augmentée (Frasnelli et Hummel, 2007a ; Frasnelli *et al.*, 2010). Les anosmiques congénitaux, qui ne possèdent pas de bulbe olfactif pour des raisons génétiques, présentent des réponses périphériques plus importantes que les sujets normaux, mais des réponses centrales similaires (Frasnelli *et al.*, 2007b).

L'IRM fonctionnelle permet de vérifier que les zones cérébrales activées par stimulation odorante avec ou sans composante trigéminale sont distinctes, même si elles se recouvrent partiellement (Bensafi *et al.*, 2008 ; Boyle *et al.*, 2007 ; Hummel *et al.*, 2005 ; Lombion *et al.*, 2009). La nicotine active des zones cérébrales associées à des stimulus douloureux, même à des concentrations pour lesquelles les sujets ne perçoivent pas cette sensation (Albrecht *et al.*, 2009). Selon Savic *et al.* (2002), l'acétone (stimulus olfactif et trigéminal) active préférentiellement les projections cérébrales trigéminales, en particulier dans le cortex somatosensoriel de la face. Il y a donc bien traitement distinct de l'information trigéminale nasale et de l'information olfactive, même si, *in fine,* toutes ces informations sont intégrées dans la perception.

▸▸ Trijumeau et goût

L'innervation trigéminale de la bouche et de la langue contribue fortement à l'élaboration des sensations. Le nerf lingual, issu de la branche mandibulaire du trijumeau, innerve les deux tiers antérieurs de la langue. Les fibres de ce nerf sont sensibles au froid (Pittman et Contreras, 1998) et les canaux TRPM8 sont présents dans les fibres trigéminales qui entourent les papilles fongiformes (Abe *et al.*, 2005). Les molécules acides hydrophobes activent efficacement les fibres trigéminales linguales (Lugaz *et al.*, 2005). L'addition de CO_2, qui active certaines fibres trigéminales, change la perception du salé et du sucré (Cowart, 1998). La déafférentation dentaire diminue la sensibilité gustative (Boucher *et al.*, 2006). Les neurones du noyau du tractus solitaire qui traitent l'information gustative sont modulés par l'information trigéminale (Felizardo *et al.*, 2009). L'IRM fonctionnelle montre une activation des zones corticales somatosensorielles par de l'eau en bouche (Zald et Pardo, 2000). Les interactions goût-somesthésie sont importantes au niveau cortical (Cerf-Ducastel *et al.*, 2001 ; Faurion, 2006).

Aux sensations thermiques et tactiles s'ajoutent les sensations proprioceptives et kinesthésiques, c'est-à-dire les informations transmises par les récepteurs sensibles à l'étirement des fibres musculaires, qui nous renseignent sur la dureté ou le croustillant au cours de la mastication, ainsi que par les récepteurs de l'articulation temporo-mandibulaire, qui nous renseignent sur la vitesse d'ouverture angulaire, ce qui contribue à rendre compte des propriétés texturales des aliments. Enfin, les terminaisons libres du trijumeau sont sensibles à des molécules contenues dans le poivre, le piment, la moutarde, etc., c'est ce que l'on nomme la sensibilité trigéminale chimique.

Lugaz *et al.* (2005) ont montré que les acides plus hydrophobes stimulent relativement mieux le système trigéminal, tandis qu'ils stimulent les cellules gustatives de la même manière que les acides moins hydrophobes. La molécule d'acide faible passe d'autant mieux les tissus qu'elle est plus hydrophobe et se dissocie dans ce tissu qui est à pH 7, libérant ainsi les protons responsables de la réponse acide-goût et de la réponse acide-piquant (trigéminal).

L'application d'une faible intensité de courant sur la langue stimule, par transport iontophorétique, les cellules réceptrices gustatives et permet de vérifier la fonctionnalité gustative (Berteretche *et al.*, 2008 ; Boucher *et al.*, 2006 ; cf. chapitre 38). À plus forte intensité, la stimulation électrique atteint les terminaisons libres trigéminales, qui sont alors activées (Just *et al.*, 2007). L'enregistrement concomitant des potentiels évoqués et la localisation des générateurs cérébraux montrent l'activation de zones corticales communes (Ohla *et al.*, 2010).

L'étirement de la corde du tympan lors d'opérations de l'oreille moyenne diminue la sensibilité gustative (Berteretche *et al.*, 2008). Un dysfonctionnement des fibres trigéminales linguales de petit diamètre contribuerait au syndrome de bouche en feu (symptômes douloureux persistants) (Lauria *et al.*, 2005).

▸▸ Conclusion et perspectives

Il ne fait aucun doute que la contribution sensorielle du trijumeau, en réponse aux stimulations nasales et buccales, est très importante dans l'élaboration des perceptions. L'existence de mécanismes encore mal connus d'interactions entre ces différentes sources d'information au niveau du système nerveux central est un riche terrain pour des recherches futures.

▸▸ Bibliographie

ABE J., HOSOKAWA H., OKAZAWA M., KANDACHI M., SAWADA Y., YAMANAKA K., MATSUMURA K., KOBAYASHI S., 2005. TRPM8 protein localization in trigeminal ganglion and taste papillae. *Brain Research Molecular Brain Research,* 136 (1-2), 91-8.

ALBRECHT J., KOPIETZ R., LINN J., SAKAR V., ANZINGER A., SCHREDER T., POLLATOS O., BRÜCKMANN H., KOBAL G., WIESMANN M., 2009. Activation of olfactory and trigeminal cortical areas following stimulation of the nasal mucosa with low concentrations of S(-)-nicotine vapor: an fMRI study on chemosensory perception. *Human Brain Mapping,* 30 (3), 699-710.

ANDERSSON D.A., CHASE H.W., BEVAN S., 2004. TRPM8 activation by menthol, icilin, and cold is differentially modulated by intracellular pH. *Journal of Neuroscience,* 24 (23), 5364-5349.

BAUTISTA D.M., SIEMENS J., GLAZER J.M., TSURUDA P.R., BASBAUM A.I., STUCKY C.L., JORDT S.E., JULIUS D., 2007. The menthol receptor TRPM8 is the principal detector of environmental cold. *Nature,* 448 (7150), 204-208.

BAUTISTA D.M., SIGAL Y.M., MILSTEIN A.D., GARRISON J.L., ZORN J.A., TSURUDA P.R., NICOLL R.A., JULIUS D., 2008. Pungent agents from Sechuan peppers excite sensory neurons by inhibiting two-pore potassium channels. *Nature Neuroscience,* 11 (7), 772-779.

BAUTISTA D.M., MOVAHED P., HINMAN A., AXELSSON H.E., STERNER O., HÖGESTÄTT E.D., JULIUS D., JORDT S.E., ZYGMUNT P.M., 2005. Pungent products from garlic activate the sensory ion channel TRPA1. *In: Proceedings of the National Academy of Sciences of the USA,* 102 (34), 12248-12252.

BENSAFI M., IANNILLI E., GERBER J., HUMMEL T., 2008. Neural coding of stimulus concentration in the human olfactory and intranasal trigeminal systems. *Neuroscience,* 154, 832-838.

BERTERETCHE M.V., ELOIT C., DUMAS H., TALMAIN G., HERMAN P., TRAN BA HUY P., FAURION A., 2008. Taste deficits after middle ear surgery for otosclerosis: taste somatosensory interactions. *European Journal of Oral Sciences,* 116 (5), 3, 94-404.

BOESVELDT S., HAEHNER A., BERENDSE H.W., HUMMEL T., 2007. Signal-to-noise ratio of chemosensory event-related potentials. *Clinical Neurophysiology,* 118 (3), 690-695.

BOUCHER Y., BERTERETCHE M.V., FARHANG F., ARVY M.P., AZÉRAD J., FAURION A., 2006. Taste deficits related to dental deafferentation: an electrogustometric study in humans. *European Journal of Oral Sciences,* 114 (6), 456-64.

BOYLE J.A., HEINKE M., GERBER J., FRASNELLI J., HUMMEL T., 2007. Cerebral activation to intranasal chemosensory trigeminal stimulation. *Chemical Senses,* 32 (4), 343-353.

CERF-DUCASTEL B., VAN DE MOORTELE P.F., MAC LEOD P., LE BIHAN D., FAURION A., 2001. Interaction of gustatory and lingual somatosensory perceptions at the cortical level in the human: a functional magnetic resonance imaging study. *Chemical Senses,* 26 (4), 371-83.

COMETTO-MUÑIZ J.E., CAIN W.S., ABRAHAM M.H., 2005. Determinants for nasal trigeminal detection of volatile organic compounds. *Chemical Senses,* 30 (8), 627-642.

COWART B.J., 1998. The addition of CO_2 to traditional taste solutions alters taste quality. *Chemical Senses,* 23 (4), 397-402.

DOTY R.L., BRUGGER W.E., JURS P.C., ORNDORFF M.A., SNYDER P.J., LOWRY L.D., 1978. Intranasal trigeminal stimulation from odorous volatiles: psychometric responses from anosmic and normal humans. *Physiology and Behavior,* 20, 175-185.

FAURION A., 2006. Sensory interactions through neural pathways. *Physiology and Behavior,* 89 (1), 44-6.

FAURION A., KOBAYAKAWA T., CERF-DUCASTEL B., 2005. Cerebral imaging in taste. *Chemical Senses,* 30 (suppl. 1), i230-i231.

FELIZARDO R., BOUCHER Y., BRAUD A., CARSTENS E., DAUVERGNE C., ZERARI-MAILLY F., 2009. Trigeminal projections on gustatory neurons of the nucleus of the solitary tract: a double-label strategy using electrical stimulation of the chorda tympani and tracer injection in the lingual nerve. *Brain Research*, 1288, 60-68.

FINGER T., BÖTTGER B., HANSEN A., ANDERSON K., ALIMOHAMMADI H., SILVER W., 2003. Solitary chemoreceptor cells in the nasal cavity serve as sentinels of respiration. *In: Proceedings of the National Academy of Sciences of the USA*, 100 (15), 8981-8986.

FRASNELLI J., HUMMEL T., 2007a. Interactions between the chemical senses: trigeminal function in patients with olfactory loss. *International Journal of Psychophysiology*, 65, 177-181.

FRASNELLI J., SCHUSTER B., HUMMEL T., 2007b. Subjects with congenital anosmia have larger peripheral but similar central trigeminal responses. *Cerebral Cortex*, 17, 370-377.

FRASNELLI J., SCHUSTER B., HUMMEL T., 2010. Olfactory dysfunction affects thresholds to trigeminal chemosensory sensations. *Neuroscience Letters*, 468, 259-263.

FRASNELLI J., CHARBONNEAU G., COLLIGNON O., LEPORE F., 2009. Odor localization and sniffing. *Chemical Senses*, 34 (2), 139-144

GERHOLD K., BAUTISTA D., 2009. Molecular and cellular mechanisms of trigeminal chemosensation. *Annals of the New York Academy of Sciences*, 1170, 184-189.

HUMMEL T., DOTY R.L., YOUSEM D.M., 2005. Functional MRI of intranasal chemosensory trigeminal activation. *Chemical Senses*, 30 (suppl. 1), i205-i206.

HUMMEL T., FUTSCHIK T., FRASNELLI J., HÜTTENBRINK K.B., 2003. Effects of olfactory function, age, and gender on trigeminally mediated sensations: a study based on the lateralization of chemosensory stimuli. *Toxicology Letters*, 140-141, 273-280.

HUMMEL T., IANNILLI E., FRASNELLI J., BOYLE J., GERBER J., 2009. Central processing of trigeminal activation in humans. *Annals of the New York Academy of Sciences*, 1170, 190-195.

JUST T., STEINER S., STRENGER T., PAU HW., 2007. Changes of oral trigeminal sensitivity in patients after middle ear surgery. *Laryngoscope*, 117 (9), 1636-1640.

KLEEMANN A.M., ALBRECHT J., SCHÖPF V., HAEGLER K., KOPIETZ R., HEMPEL J.M., LINN J., FLANAGIN V.L., FESL G., WIESMANN M., 2009. Trigeminal perception is necessary to localize odors. *Physiology and Behavior*, 97 (3-4), 401-5.

KLEIN A.H., SAWYER C.M., IVANOV M.A., CHEUNG S., CARSTENS M., SIMONS C.T., SLACK J., CARSTENS E., 2011. Tingle sensation by a sanshool derivative and its effects on primary sensory neurons abstract. *Chemical Senses*, 36 (1), E45.

KOO J.Y., JANG Y., CHO H., LEE C.H., JANG K.H., CHANG Y.H., SHIN J., OH U., 2007. Hydroxy-α-sanshool activates TRPV1 and TRPA1 in sensory neurons. *European Journal of Neuroscience*, 26 (5), 1139-1147.

LAURIA G., MAJORANA A., BORGNA M., LOMBARDI R., PENZA P., PADOVANI A., SAPELLI P., 2005. Trigeminal small-fiber sensory neuropathy causes burning mouth syndrome. *Pain*, 115 (3), 332-337.

LIN W., OGURA T., MARGOLSKEE R.F., FINGER T.E., RESTREPO D., 2008. TRPM5-expressing solitary chemosensory cells respond to odorous irritants. *Journal of Neurophysiology*, 99 (3), 1451-1460.

LOMBION S., COMTE A., TATU L., BRAND G., MOULIN T., MILLOT J.L., 2009. Patterns of cerebral activation during olfactory and trigeminal stimulations. *Human Brain Mapping*, 30, 821-828.

LORIG T., 2000. The application of electroencephalographic techniques to the study of human olfaction: a review and tutorial. *International Journal of Psychophysiology*, 36, 91-104.

LUGAZ O., PILLIAS A.M., BOIREAU-DUCEPT N., FAURION A., 2005. Time-intensity evaluation of acid taste in subjects with saliva high flow and low flow rates for acids of various chemical properties. *Chemical Senses*, 30 (1), 89-103.

MEUSEL T., NEGOIAS S., SCHEIBE M., HUMMEL T., 2010. Topographical differences in distribution and responsiveness of trigeminal sensitivity within the human nasal mucosa. *Pain*, 151 (2), 516-521.

OHLA K., TOEPEL U., LE COUTRE J., HUDRY J., 2010. Electrical neuroimaging reveals intensity-dependent activation of human cortical gustatory and somatosensory areas by electric taste. *Biological Psychology*, 85 (3), 446-55.

OGAWA H., WAKITA M., HASEGAWA K., KOBAYAKAWA T., SAKAI N., HIRAI T., YAMASHITA Y., SAITO S., 2005. Functional MRI detection of activation in the primary gustatory cortices in humans. *Chemical Senses*, 30 (7), 583-592.

PEIER A.M., MOQRICH A., HERGARDEN A.C., REEVE A.J., ANDERSSON D.A., STORY G.M., EARLEY T.J., DRAGONI I., MCINTYRE P., BEVAN S., PATAPOUTIAN A., 2002. A TRP channel that senses cold stimuli and menthol. *Cell,* 108 (5), 705-15.

PITTMAN D.W., CONTRERAS R.J., 1998. Responses of single lingual nerve fibers to thermal and chemical stimulation. *Brain Research,* 790 (1-2), 224-235.

RIERA C.E., MENOZZI-SMARRITO C., AFFOLTER M., MICHLIG S., MUNARI C., ROBERT F., VOGEL H., SIMON S.A., LE COUTRE J., 2009. Compounds from Sichuan and Melegueta peppers activate, covalently and non-covalently, TRPA1 and TRPV1 channels. *British Journal of Pharmacology,* 157 (8), 1398-1409.

ROMBAUX P., MOURAUX A., BERTRAND B., GUERIT J.M., HUMMEL T., 2006. Assessment of olfactory and trigeminal function using chemosensory event-related potentials. *Clinical Neurophysiology,* 36, 53-62.

SAVIC I., 2002. Imaging of brain activation by odorants in humans. *Current Opinion in Neurobiology,* 12 (4), 455-461.

SAVIC I., GULYÁS B., BERGLUND H., 2002. Odorant differentiated pattern of cerebral activation: comparison of acetone and vanillin. *Human Brain Mapping,* 17 (1), 17-27.

SAWYER C.M., CARSTENS M.I., SIMONS C.T., SLACK J., MCCLUSKEY T.S., FURRER S., CARSTENS E., 2009. Activation of lumbar spinal wide-dynamic range neurons by a sanshool derivative. *Journal of Neurophysiology,* 101 (4), 1742-1748.

SCHAEFER M.L., BÖTTGER B., SILVER W.L., FINGER T.E., 2002. Trigeminal collaterals in the nasal epithelium and olfactory bulb: a potential route for direct modulation of olfactory information by trigeminal stimuli. *Journal of Comparative Neurology,* 444 (3), 221-226.

SCHEIBE M., VAN THRIEL C., HUMMEL T., 2008. Responses to trigeminal irritants at different locations of the human nasal mucosa. *Laryngoscope,* 118 (1), 152-155.

SILVER W.L., CLAPP T.R., STONE S.L., KINNAMON S., 2006. TRPV1 receptors and nasal trigeminal chemesthesis. *Chemical Senses,* 31 (9), 807-812.

STONE H., REBERT C.S., 1970. Observations on trigeminal olfactory interactions. *Brain Research,* 21, 138-42.

TOMINAGA M., 2005. Molecular mechanisms of trigeminal nociception and sensation of pungency. *Chemical Senses,* 30 (suppl. 1), i191-i192.

TROTIER D., BENSIMON J.L., HERMAN P., TRAN BA HUY P., DØVING K.B., ELOIT C., 2007. Inflammatory obstruction of the olfactory clefts and olfactory loss in humans: a new syndrome? *Chemical Senses,* 32 (3), 285-292.

WISE P.M., CANTY T.M., WYSOCKI C.J., 2006. Temporal integration in nasal lateralization of ethanol. *Chemical Senses,* 31 (3), 227-235.

ZALD D.H., PARDO J.V., 2000. Cortical activation induced by intraoral stimulation with water in humans. *Chemical Senses,* 25 (3), 267-75.

Partie V

Systèmes gustatifs

Chapitre 19

La gustation chez les Vertébrés

Annick FAURION et Jean-Pierre MONTMAYEUR

Lorsque des composés sapides se lient aux récepteurs gustatifs, ceux-ci activent une cascade de réactions biochimiques intracellulaires qui transforment une information physicochimique en information électrique : des potentiels d'action modulés en fréquence sont véhiculés par les nerfs jusqu'aux centres nerveux supérieurs.

L'« image sensorielle » constituée par l'ensemble des neurones activés et des neurones non activés correspond à l'objet dégusté qu'elle « identifie » ; elle est traitée et transmise de relais en relais vers plusieurs aires cérébrales. Lorsque nous goûtons du sucre, nous obtenons une image d'activation neuronale. Lorsque nous répétons la même dégustation, nous obtenons la même image d'activation neuronale et, par identification avec la source, nous pouvons nommer « sucrée » cette perception, du nom du prototype qui l'a suscitée ; cette désignation ne décrit en rien la perception de l'individu : l'adjectif qualificatif est seulement formé sur le nom du prototype. Si un stimulus différent donne une image distincte mais similaire, le cerveau dispose de l'information montrant qu'elle est à la fois distincte et semblable : nous pouvons la nommer « sucrée » également. Cette option de catégorisation est une opération mentale, et son résultat ne constitue pas toute l'information sensorielle, même si elle en découle. C'est l'ensemble des processus de ce codage de l'information chimiosensorielle gustative que nous allons développer dans ce chapitre.

▶▶ Le système gustatif périphérique

Les bourgeons du goût

Les papilles linguales (figure 19.1) contiennent les bourgeons du goût, constitués des cellules sensorielles gustatives dont les microvillosités apicales communiquent avec l'extérieur au niveau du pore gustatif baigné par la salive. Un stimulus doit être hydrosoluble pour susciter un goût.

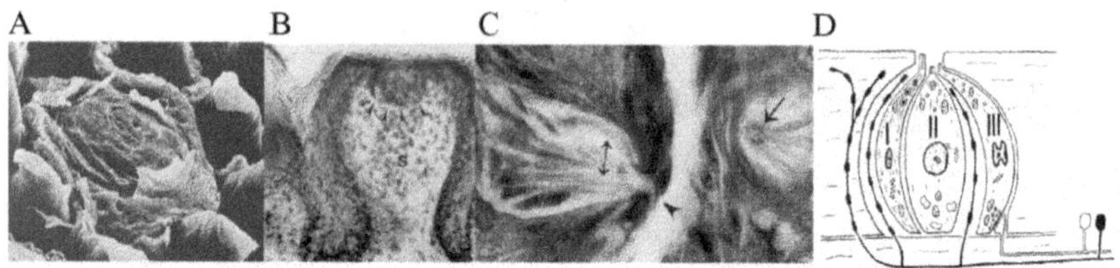

Figure 19.1. Anatomie du bourgeon du goût.

(**A**) Papille fongiforme montrant le pore du bourgeon du goût (document fourni par P.P.C. Graziadei). (**B**) Bourgeon du goût dans une papille fongiforme (d'après Nagy *et al.*, 1982). (**C**) Papille foliée montrant les cellules sensorielles des bourgeons du goût et les pores (d'après Oakley, 1991). (**D**) Schéma montrant l'innervation des bourgeons du goût dans les papilles fongiformes par les axones de la corde du tympan (en blanc) et par les terminaisons nerveuses libres du trijumeau intra et périgemmales (en noir) (d'après Yamazaki *et al.*, 1984).

Les papilles fongiformes, situées en avant-poste sur les deux tiers antérieurs de la langue, sont au nombre de 500 à 5 000 chez l'homme selon l'individu, et contiennent chacune de 3 à 6 bourgeons du goût, tandis que les papilles caliciformes formant le « V » lingual et les papilles foliées sur les bords postérieurs de la langue contiennent chacune quelques centaines de bourgeons du goût.

Un bourgeon du goût contient, selon les espèces, 50 à 100 cellules, de 2 à 4 μm de diamètre et de 50 μm de long, d'origine épithéliale et non nerveuse, à la différence du neurorécepteur olfactif. Ces cellules sont reliées entre elles par des jonctions serrées étanches au niveau du pore gustatif, dans lequel débouchent leurs microvillosités apicales, noyées dans une substance mucopolysaccharidique. Elles sont distinguées d'après leurs propriétés fonctionnelles : les cellules de type I sont semblables à des cellules gliales, les cellules de type II, ou réceptrices (DeFazio *et al.*, 2006 ; Romanov et Kolesnikov, 2006), contiennent les récepteurs des deux familles T1R et T2R ainsi que l'α-gustducine, protéine G ; les cellules de type III, ou présynaptiques, forment synapse avec un ou plusieurs neurones gustatifs. Les cellules de types II et III correspondent aux *light cells,* ou cellules de type II dans l'ancienne classification fondée sur des critères histologiques (Murray et Murray, 1967). Beidler et Smallman (1965) ont montré que ces cellules se renouvellent constamment. La durée de leur *turn-over* varie de quelques jours (4 à 10) à quelques semaines selon le type cellulaire (Farbman, 1980 ; Hamamichi *et al.*, 2006).

Les récepteurs et canaux ioniques

Les récepteurs sont situés au niveau de la membrane apicale des cellules. On distingue la détection des ions de la détection des molécules organiques. Les cations Na$^+$ et

H^+, qui suscitent des goûts respectivement salé et acide, traversent la membrane cellulaire par des canaux ioniques (voies de transduction ionotropiques). Les molécules organiques sont détectées par des récepteurs qui reconnaissent la disposition spatiale des charges électroniques de l'enveloppe moléculaire. Les récepteurs activent des voies transductionnelles impliquant la synthèse de métabolites intracellulaires (voies de transduction métabotropiques, messagers secondaires).

Les canaux ioniques : le sel, Na⁺

Un canal ionique est une protéine transmembranaire qui laisse passer un ion (canal spécifique) ou plusieurs ions (canal non spécifique). Le Na^+, sphère solvatée caractérisée par sa charge et son diamètre, passe par des canaux ioniques sensibles à l'effet inhibiteur de l'amiloride (Avenet et Lindemann, 1988) de la famille des *epithelial Na channels,* ou ENaC (Benos *et al.,* 1995), reconnus médiateurs de la sensibilité gustative (Benos et Stanton, 1999) et spécifiques des cellules gustatives (Kretz *et al.,* 1999). Chez la souris, ces ENaC sont spécifiquement exprimés dans les cellules de type I (Vandenbeuch *et al.,* 2008), précédemment considérées seulement comme des cellules de soutien. Le passage des ions Na^+ au travers de la membrane entraîne une dépolarisation de la cellule.

Des polymorphismes de l'une des trois sous-unités (α) du canal ENaC affectent la structure de ce canal et sa sensibilité à l'amiloride. Ce canal est par ailleurs régulé par l'aldostérone (Lin *et al.,* 1999) et par l'insuline, qui augmente la réponse au Na^+ chez la souris et contribue au maintien de son expression fonctionnelle (Baquero et Gilbertson, 2011).

Toute la sensibilité au cation Na^+ n'est pas médiée par ce canal sensible à l'amiloride. Un second candidat récepteur au Na^+ est un variant du récepteur vanilloïde TRPV1 sensible au chaud et à la capsaïcine, le TRPV1t (Lyall *et al.,* 2004) ; il est régulé par la concentration de calcium intracellulaire (Lyall *et al.,* 2009). Ce canal n'est pas spécifique et laisse aussi passer des ions K^+, NH_4^+ et Ca^{++}.

L'éthanol module la réponse au Na^+ du TRPV1t par augmentation ou inhibition selon sa concentration. La résiniferatoxine, agoniste du TRPV1, et le chaud synergisent cet effet de l'éthanol, tandis que l'antagoniste du TRPV1 SB-366791 l'inhibe (Lyall *et al.,* 2005). La nicotine module la réponse au Na^+, entre pH 6 et 7, par un effet direct (agoniste) sur les récepteurs TRPV1t ; cet effet dose-dépendant est modulé par la température et par la présence d'agoniste/antagoniste du TRPV1 (Lyall *et al.,* 2007).

Les canaux ioniques : l'acide, H⁺

Le cation H^+, du fait de son diamètre inférieur à celui de tous les autres cations, peut traverser des canaux très variés. Outre les canaux de la famille des ASIC qui laissent passer des ions H^+ également bloquables par l'amiloride (Gilbertson *et al.,* 1992 ; Kretz *et al.,* 1999), on trouve, dans les bourgeons du goût, les ENaC sensibles à l'amiloride et responsables pour partie de la sensibilité au Na^+ qui signalent aussi les H^+ chez l'homme (Yamamura *et al.,* 2004). Ces canaux sont donc « relativement » spécifiques. Participent aussi à la signalisation du H^+, les canaux sensibles aux nucléotides cycliques et activés par une hyperpolarisation : HCN1, HCN4 (Stevens *et al.*, 2001), des canaux de fuite du K$^+$ sensibles au pH (Kleak) et les canaux K$^+$ à deux pores K2P (Lin *et al.*, 2004), ainsi que des canaux de la famille des PKD : PKD2L1 et PKD1L3 (Ishimaru et Matsunami, 2009 ; LopezJimenez *et al.*, 2006). Localisés dans les cellules de type III ou présynaptiques (Kataoka *et al.*, 2008), ce sont des récepteurs qui semblent s'associer en hétéromère. Mais si le PKD2L1 semble essentiel chez la souris, il n'en est pas de même du PKD1L3 (Nelson *et al.*, 2010), et Huang *et al.* (2008a) montrent que la molécule non dissociée induit l'acidification de l'intérieur de la cellule de type III, ce qui serait le véritable stimulus et la source de l'entrée de calcium extracellulaire. Chang *et al.* (2010) pensent qu'il existe, coexprimée dans les cellules contenant PKD2L1 et PKD1L3, une conductance spécifique des protons qui serait la source de la dépolarisation de la cellule et expliquerait que les souris KO pour le PKD1L3 soient cependant sensibles à l'acide.

La sensibilité gustative aux acides se complique du fait de la contribution somatosensorielle. Dans le cas des acides faibles, les acides hydrophobes sont relativement plus efficaces, par rapport aux acides hydrophiles, sur le système trigéminal (cf. chapitre 18) que sur le système gustatif. Ces derniers stimulent les canaux de l'apex des cellules dans le pore gustatif, tandis que les acides hydrophobes traversent plus facilement les tissus où ils libèrent leurs cations H$^+$, réalisant ainsi une stimulation des récepteurs des terminaisons nerveuses libres du trijumeau présentes dans le bourgeon du goût. La réponse relative des nerfs gustatif et trijumeau dépend donc de la nature de la molécule acide, de sa liposolubilité, du nombre de fonctions carboxyliques, de la concentration titrable (Lugaz, 2004). Les acides les plus hydrophobes sont plus efficaces sur les sujets humains à flux salivaire élevé par comparaison aux sujets à flux salivaire faible, chez qui on ne sait pas stimuler la salivation à l'aide d'acide et dont le trijumeau est peu sensible aux acides (Lugaz *et al.*, 2005). Wang *et al.* (2011) montrent que le proton active un canal TRPA1 dans les neurones trigéminaux.

Les récepteurs couplés aux protéines G

Les récepteurs couplés aux protéines G (RCPG) signalent les molécules organiques. On a mis en évidence un intermédiaire transductionnel au début des années 1970, mais l'ensemble des travaux sur ces composés intracellulaires ainsi que sur les protéines G débute réellement à la fin des années 1980. Enfin, des récepteurs gustatifs sont identifiés à la fin des années 1990, au tournant des années 2000.

Intermédiaires transductionnels

Des composés intracellulaires, intermédiaires impliqués dans différentes voies de transduction, ont été progressivement identifiés :
– la phosphodiestérase (Kurihara, 1972 ; Price, 1973) ;
– les nucléotides cycliques (Avenet et Lindemann, 1987 ; Okada *et al.*, 1987) ;
– la phospholipase C (PLCβ2) et l'inositol 1,4,5-triphosphate (IP3) (Bernhardt *et al.*, 1996) ou IP3R3 (Clapp *et al.*, 2001), ou le diacylglycérol (DAG) chez le Poisson, la mouche (Brand *et al.*, 1991 ; Ozaki et Amakawa, 1992) et le rongeur (Spielman *et al.*, 1994).

Protéines G

En 1987, Bruch et Kalinoski démontrent l'existence de protéines G chez le poisson-chat *Ictalurus punctatus*. On identifie, dans les cellules gustatives, la transducine et la gustducine (Abe *et al.*, 1993 ; McLaughlin *et al.*, 1992 ; 1994 ; Striem *et al.*, 1989) impliquées dans la signalisation de composés organiques sources de perceptions variées, sucrées, amères, umami (He *et al.*, 2004 ; Huang *et al.*, 1999 ; Kusakabe *et al.*, 1998 ; Ruiz-Avila *et al.*, 1995 ; Wong *et al.*, 1996). La gustducine est spécifiquement localisée dans les cellules de type II, ou cellules réceptrices (Yang *et al.*, 2000). Deux protéines (RGS21 et Ric-8A) qui régulent l'état d'activation de la sous-unité α-gustducine sont présentes dans les cellules de type II et pourraient moduler la sensibilité aux composés amers (Fenech *et al.*, 2009 ; von Buchholtz *et al.*, 2004). Deux autres protéines, Gαi2 et Gα14, abondantes dans la papille caliciforme de rongeur, pourraient être couplées aux récepteurs T2R, T1R1-T1R3 (Ozeck *et al.*, 2004 ; Tizzano *et al.*, 2008).

Récepteurs

Est enfin identifié en 1996 le premier RCPG à partir des cellules des bourgeons du goût de rongeurs, le mGluR4, récepteur métabotropique du glutamate de type III, ainsi qu'une forme tronquée dans sa partie extracellulaire (Chaudhari *et al.*, 1996 ; 2000). Puis trois récepteurs de la famille des récepteurs à sept segments transmembranaires couplés aux protéines G (RCPG) sont identifiés chez la souris par Hoon *et al.* (1999), localisés dans les cellules gustatives, associés à l'IP3 et à la PLCβ2 (Miyoshi *et al.*, 2001). On leur assigne des fonctions : d'une part, T1R2 et T1R3 s'associent pour former un hétéromère qui répond *in vitro* au saccharose et à quelques édulcorants ; d'autre part, T1R1 et T1R3 s'associent en un hétéromère qui répond *in vitro* au L-glutamate monosodique, ou MSG (Jiang *et al.*, 2004 ; Li *et al.*, 2002 ; Liao et Schultz, 2003 ; Max *et al.*, 2001 ; Montmayeur *et al.*, 2001 ; Nelson *et al.*, 2002 ; Sainz *et al.*, 2001 ; Zhao *et al.*, 2003). Une autre famille de récepteurs, celle des T2Rs, comprenant de 25 à 35 récepteurs chez les Mammifères, est identifiée. Ceux-ci répondent *in vitro*, pour la plupart, à une série de molécules perçues amères par l'homme ou évitées par les souris dans des tests comportementaux (Adler *et al.*, 2000 ; Behrens *et al.*, 2004 ; Brockhoff *et al.*, 2007 ; Bufe *et al.*, 2005 ; Chandrashekar *et al.*, 2000 ; Conte *et al.*, 2002 ; Kim *et al.*, 2004 ; Kuhn *et al.*, 2004 ; Matsunami *et al.*, 2000 ; Ueda *et al.*, 2003).

Autres signalisations de la voie gustative

La détection des acides gras, dont on pensait qu'elle était olfactive et trigéminale, pourrait faire intervenir le CD36 (glycoprotéine transmembranaire qui se lie sélectivement aux acides gras) dans les cellules gustatives chez le rat, la souris (Laugerette *et al.*, 2005) et l'homme (Simons *et al.*, 2010) ainsi que les RCPG GPR120 (Matsumura *et al.*, 2009) et GPR40 exprimés respectivement dans les cellules de type II et I (Cartoni *et al.*, 2010). Les mécanismes de transduction impliquent des canaux potassiques (Gilbertson *et al.*, 1997) et des canaux TRPM5 (Liu *et al.*, 2011), les acides gras semblent donc bien activer les cellules de la même manière que les molécules sapides et contribuer à l'information gustative (Gaillard *et al.*, 2008 ; Glendinning *et al.*, 2008).

La préférence pour le gras dépend du CD36, mais pas les conditionnements postingestifs (Sclafani *et al.*, 2007). La préférence pour le gras est inversement proportionnelle à la sensibilité aux acides gras (Gilbertson *et al.*, 1998), les réponses sont plus faibles (Gilbertson *et al.*, 2005) et l'expression du récepteur CD36 est moindre chez les rats obèses (Zhang *et al.*, 2011).

Les mécanismes transductionnels

Dans le cas des canaux sensibles aux Na^+ ou au H^+, le passage de l'ion peut être directement le déclencheur de la dépolarisation cellulaire. Dans le cas des récepteurs T1Rs et T2Rs, leur liaison avec un stimulus entraîne l'activation d'une protéine G et la synthèse de seconds messagers.

Voies métabotropiques

Plusieurs voies métabotropiques ont été décrites :
– la voie de l'AMP cyclique (AMPc) synthétisé par une adénylate cyclase activée par la protéine G couplée au récepteur (Akabas *et al.*, 1988 ; Avenet *et al.*, 1988 ; Cummings *et al.*, 1993 ; Krizhanovsky *et al.*, 2000 ; Misaka *et al.*, 1997 ; Striem *et al.*, 1989 ; Tonosaki et Funakoshi, 1988 ; Varkevisser et Kinnamon, 2000) ;
– la voie de l'IP3 (Akabas *et al.*, 1988 ; Bernhardt *et al.*, 1996 ; Huang *et al.*, 1999 ; Miyoshi *et al.*, 2001 ; Nakashima et Ninomiya, 1998 ; Ogura et Kinnamon, 1999 ; Okada *et al.*, 1998 ; Rössler *et al.*, 1998) produit par la PLCβ2 activée par la protéine G associée au récepteur. L'IP3 est majoritairement localisé avec la gustducine, dans les cellules réceptrices (type II) du bourgeon du goût (Huang et Roper, 2010) ou du palais (Miura *et al.*, 2007), mais aussi dans les cellules chimiosensorielles solitaires (SCC) du larynx (Finger, 1997 ; Sbarbati *et al.*, 2004) ;
– la voie de la phosphodiestérase qui, elle, diminue la concentration intracellulaire de l'AMPc (McLaughlin *et al.*, 1994 ; Ruiz-Avila *et al.*, 1995).

Deuxième étape de ce processus

L'AMPc active une kinase qui phosphoryle des canaux K^+ de la base de la cellule et inhibe la sortie de potassium, ce qui entraîne une dépolarisation (Avenet *et al.*, 1988 ; Cummings *et al.*, 1996). Si cette dépolarisation est assez élevée, elle peut activer des canaux calcium voltage-dépendants : le calcium entre alors dans la cellule. Cependant, la cellule de type II qui exprime les récepteurs T1Rs et T2Rs n'a pas de canaux calciques voltage-dépendants et, d'autre part, Roberts *et al.* (2009) montrent que seules certaines cellules présynaptiques de type III voient leur contenu en AMPc modifié lors de la stimulation par la forskoline. Les premiers enregistrements auraient donc eu lieu dans des cellules de type III, présynaptiques, et non dans des cellules de type II, réceptrices. Pour autant, des auteurs comme Bernhardt *et al.* (1996) ont bien vu des réponses au saccharose par élévation d'AMPc dans des cellules isolées. La distinction récente entre cellules réceptrices et présynaptiques ne permet pas de comprendre le fonctionnement précis de la voie de l'AMPc dans l'état actuel des connaissances.

Dans les cellules réceptrices, de type II, l'IP3 peut mobiliser les réserves intra-cellulaires de calcium du réticulum endoplasmique. Le rôle de la concentration de calcium intracellulaire dans la transduction est central (Béhé *et al.*, 1990).

Troisième étape

Dans ces cellules de type II, la concentration élevée de calcium active un canal TRPM5 (Pérez *et al.*, 2002). Ce canal TRPM5 activé laisse alors entrer du sodium dans la cellule qui se dépolarise, et la conjonction de la présence de calcium à haute concentration et de la dépolarisation entraîne une ouverture d'hémi-canaux connexine pour Romanov *et al.* (2007) ou pannexine pour Huang *et al.* (2007), qui laissent sortir de l'ATP de la cellule réceptrice (Dando et Roper, 2009 ; Huang et Roper, 2010). Cet ATP stimule les récepteurs P2X (Bo *et al.*, 1999 ; Finger *et al.*, 2005) des neurones gustatifs (Ishida *et al.*, 2009) ou les récepteurs P2Y (Baryshnikov *et al.*, 2003 ; Fedorov *et al.*, 2007 ; Hayato *et al.*, 2007 ; Kataoka *et al.*, 2004) de la cellule présynaptique voisine de type III. Cette cellule est la seule (Vandenbeuch *et al.*, 2010) à excréter un neurotransmetteur par exocytose, laquelle est déclenchée par les ions calcium. Le neurotransmetteur, la sérotonine (Huang *et al.*, 2005 ; Nada et Hirata, 1975) et, pour 33 % des cellules, également la norépinéphrine (Huang *et al.*, 2008b) stimulent les récepteurs postsynaptiques des axones périphériques de la corde du tympan.

Vers les centres nerveux

Un signal électrique est alors enregistrable sur le neurone de premier ordre, c'est le potentiel d'action, modulé en fréquence.

Dix nerfs dont huit gustatifs véhiculent les informations gustatives vers les centres : la corde du tympan (CT, nerf VIIbis) innerve les papilles fongiformes des deux tiers antérieurs de la langue. Le glossopharyngien (IX) nerf mixte, gustatif et somesthé-sique, innerve les papilles caliciformes du tiers postérieur constituées d'un sillon semi-circulaire entourant une éminence et formant le V lingual chez l'homme. Les papilles foliées, sillons linéaires situés sur les bords postérieurs de la langue, sont innervées par le VIIbis et le IX. La branche laryngée du vague (X) transmet la sensibilité oropharyngée et les nerfs palatins, celle du palais. Ces derniers neurones rejoignent ceux de la CT dans le ganglion genouillé, où ils ont leurs corps cellu-laires. Le trijumeau (V), nerf de la somesthésie, transmet aussi une partie de la sensibilité chimique des papilles fongiformes (figure 19.1) et des muqueuses de la cavité orale. Ces nombreuses voies ainsi que le *turn-over* très rapide et constant des cellules sensorielles sont probablement les deux facteurs expliquant que l'on ne perde pas la sensibilité gustative avec l'âge *per se,* mais seulement à cause de l'effet cumulatif des pathologies, des médications ou des toxicomanies, par exemple le tabac (cf. chapitre 38), ou encore des événements traumatiques (désafférentation dentaire incluse), dont l'occurrence augmente avec l'âge. Le goût est un système très robuste.

Les modulations du signal gustatif neuronal et cellulaire au niveau des papilles

Le signal gustatif est modulé par une inhibition latérale entre des papilles voisines (Vandenbeuch *et al.*, 2004). Au sein du bourgeon, le GABA, sécrété par les cellules I de type glial et par les cellules présynaptiques de type III, peut inhiber les cellules réceptrices de type II (Cao *et al.*, 2009 ; Dvoryanchikov *et al.*, 2011 ; Starostik *et al.*, 2010).

L'insuline et l'aldostérone modifient la réponse au sel des ENaC (cf. § « Canaux ioniques : le sel, Na^+ ») ; la leptine, hormone anorexigène, diminue les réponses au saccharose et à la saccharine au niveau des cellules gustatives chez la souris (Kawai *et al.*, 2000 ; Shimizu *et al.*, 2003), et les endocannabinoïdes augmentent les réponses au saccharose *via* des récepteurs CB1 coexprimés dans les cellules réceptrices de type II avec le récepteur gustatif T1R3 (Jyotaki *et al.*, 2010 ; Yoshida *et al.*, 2010). Le neuropeptide Y, la cholécystokinine et le peptide vaso-intestinal (VIP) modulent les courants potassiques sortant des cellules gustatives contenant le T1R2-T1R3 (Shen *et al.*, 2005 ; Zhao *et al.*, 2005).

D'une part, une mise en forme du signal au niveau même du bourgeon du goût intègre donc l'information et, d'autre part, la modulation de la sensibilité gustative par voie hormonale pourrait jouer un rôle sur la prise alimentaire et par là même sur la régulation de la balance énergétique.

▸▸ Le codage gustatif et l'image sensorielle

Deux concepts de codage gustatif se sont longtemps opposés dans la littérature. D'un côté, le concept simplificateur directement induit par la sémantique d'un récepteur unique codant pour une qualité (ex. : saveur sucrée). Cette hypothèse dite des « *labeled lines* » (lignes câblées) implique que chaque qualité prototypique soit exprimée dans un seul type de fibre neuronale du nerf gustatif, ce qui a entraîné l'idée qu'un seul récepteur serait responsable de la sensibilité à quelques centaines de molécules perçues sucrées. Elle est opposée au concept de codage combinatoire par activation d'un sous-ensemble de neurones différents pour chaque stimulus, et donc d'un sous-ensemble de cellules sensorielles différentes et, également, de récepteurs. Ce concept dit des « *across fiber patterns* » (motifs constitués par les fibres neuronales activées dans un ensemble) rend compte de la possibilité de coder une infinité de saveurs différentes (cf. § « Sémantique du goût, erreur épistémologique et culture »). Il est, de plus, en parfait accord avec la masse croissante de données expérimentales venues de l'amont (biologie moléculaire, génétique) aussi bien que de l'aval (psychophysique, sciences cognitives).

Ce paragraphe décrit les caractéristiques de l'image sensorielle telles qu'elles se présentent au fur et à mesure que l'on monte dans les centres, depuis la périphérie jusqu'au cortex et les structures sous-corticales. Peut-on définir des groupes de neurones et donc des « types de neurones » spécifiques (Frank, 1973) ? Si l'on utilise non pas quatre stimulus mais un grand nombre de molécules variées, obtient-on quatre groupes de neurones ? Les électrophysiologistes se sont livrés à cet exercice pour chaque étage de la voie gustative.

Les voies de transduction

Elles ne sont pas spécifiques des « saveurs » perçues. La gustducine, protéine G des cellules de type II, impliquée dans la transduction des molécules perçues comme sucrées ou amères, n'est pas spécifique d'une qualité perçue (Wong *et al.*, 1996). Une même cellule gustative peut répondre à deux stimulus suscitant la saveur sucrée par deux voies de transduction distinctes (Bernhardt *et al.*, 1996), et un même stimulus peut aussi être signalé par deux voies de transduction (Béhé *et al.*, 1990 ; Nakashima et Ninomiya, 1999). Le courant potassique est inhibé par la gurmarine, un inhibiteur du goût « sucré », dans le cas de la réponse de la cellule à la saccharine, tandis qu'il ne l'est pas dans le cas du D-tryptophane. La réponse cellulaire au saccharose nécessite la présence de calcium, tandis que celle de la D-phénylalanine n'en dépend pas (Uchida et Sato, 1997a ; 1997b). Les mécanismes de signalisation de ces quatre molécules qui suscitent un goût similaire au saccharose chez le rongeur et un goût sucré chez l'homme sont donc distincts.

Les cellules sensorielles

Les enregistrements intracellulaires ont montré dès 1972 (figure 19.2) que chaque cellule est susceptible de répondre à tous les stimulus parmi les quatre présentés, à savoir le NaCl, le saccharose, la quinine et l'acide chlorhydrique ; celles-ci ne sont donc pas spécifiques d'une qualité donnée. En revanche, l'amplitude de la réponse chimiosensorielle dépend de la cellule, du stimulus et de la concentration, elle est donc discriminante (Ozeki et Sato, 1972). Tonosaki et Funakoshi (1984) montrent que les profils différents des réponses de cinq cellules suffisent pour discriminer quelques oses. En 1997, Sato et Beidler confirment que « la non-spécificité des cellules gustatives suggère que le motif des réponses de l'ensemble des cellules *(across cell pattern)* joue un rôle important dans le mécanisme du codage de la qualité gustative ».

Avec des techniques différentes (réponse calcique), Caicedo et Roper (2001) montrent que les cellules sensorielles discriminent différents stimulus suscitant un goût amer et qu'elles répondent à plusieurs stimulus de qualité différente (Caicedo *et al.*, 2002). Sur des tranches linguales de souris GFP, la réponse calcique permet d'observer que les cellules de type II, ou réceptrices, sont plus spécifiques que les cellules de type III, ou présynaptiques, indiquant une convergence des cellules de type II sur les cellules de type III (Tomchik *et al.*, 2007 ; Yoshida *et al.*, 2009a). L'état des connaissances sur ce sujet est en cours d'acquisition, nécessitant d'autres approches.

Les neurones gustatifs

En 1939, Pfaffmann, le premier à enregistrer les réponses à la stimulation gustative de fibres unitaires chez le rongeur, écrivait : « There is evidence that certain other substances *[autres que sucre, sel, acide, quinine]* may also stimulate more than one fibre, so that if a wide variety of agents were used,

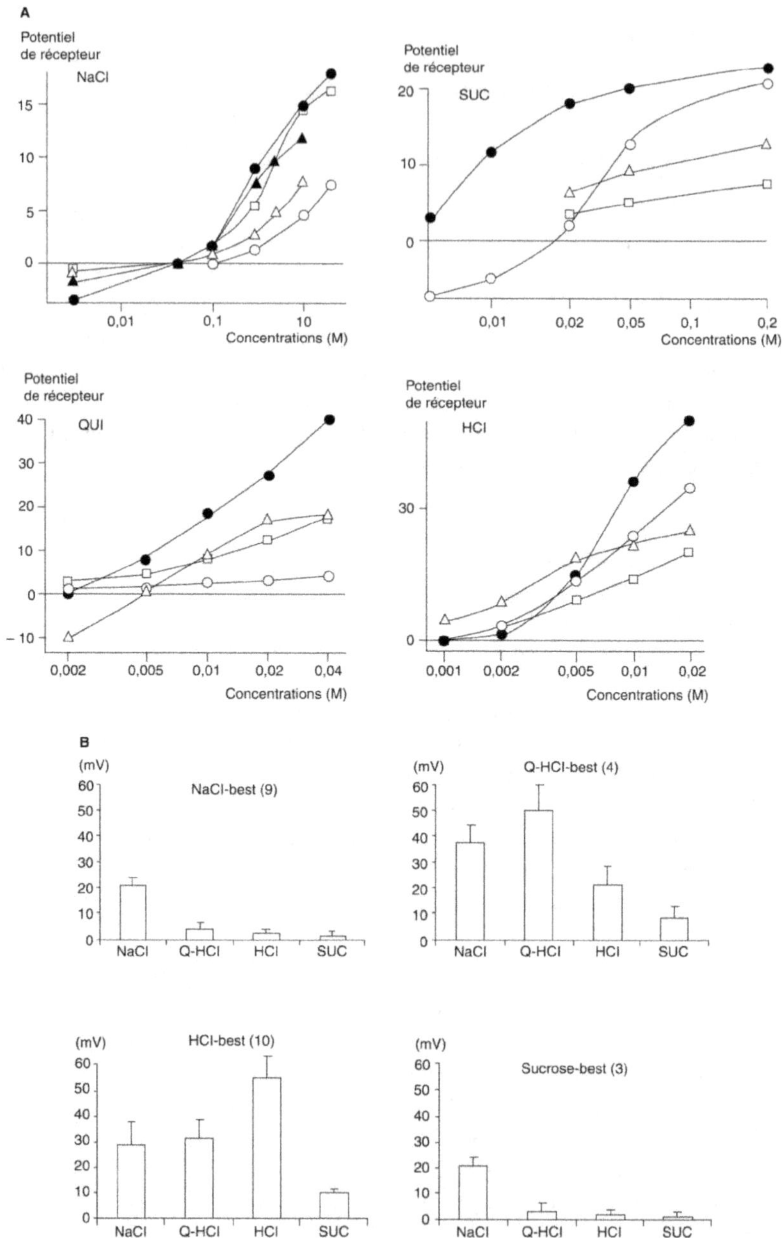

Figure 19.2. Enregistrements électrophysiologiques intracellulaires de cellules du bourgeon du goût et de neurones du noyau du tractus solitaire (2e neurone).

(**A**) Chaque cellule, identifiée par le même symbole dans les 4 diagrammes, répond à 3 ou 4 stimulus sur 4. L'amplitude du potentiel de récepteur (ordonnée) dépend de la cellule, du composé et de la concentration (abscisse) (d'après Ozeki et Sato, 1972). (**B**) Les cellules qui répondent le mieux à la quinine répondent aussi au NaCl, au HCl et au saccharose. Les cellules qui répondent le mieux à l'acide répondent aussi au NaCl, et à la quinine. Les cellules qui répondent le mieux au saccharose répondent aussi au NaCl, etc. (d'après Sato et Beidler, 1997).

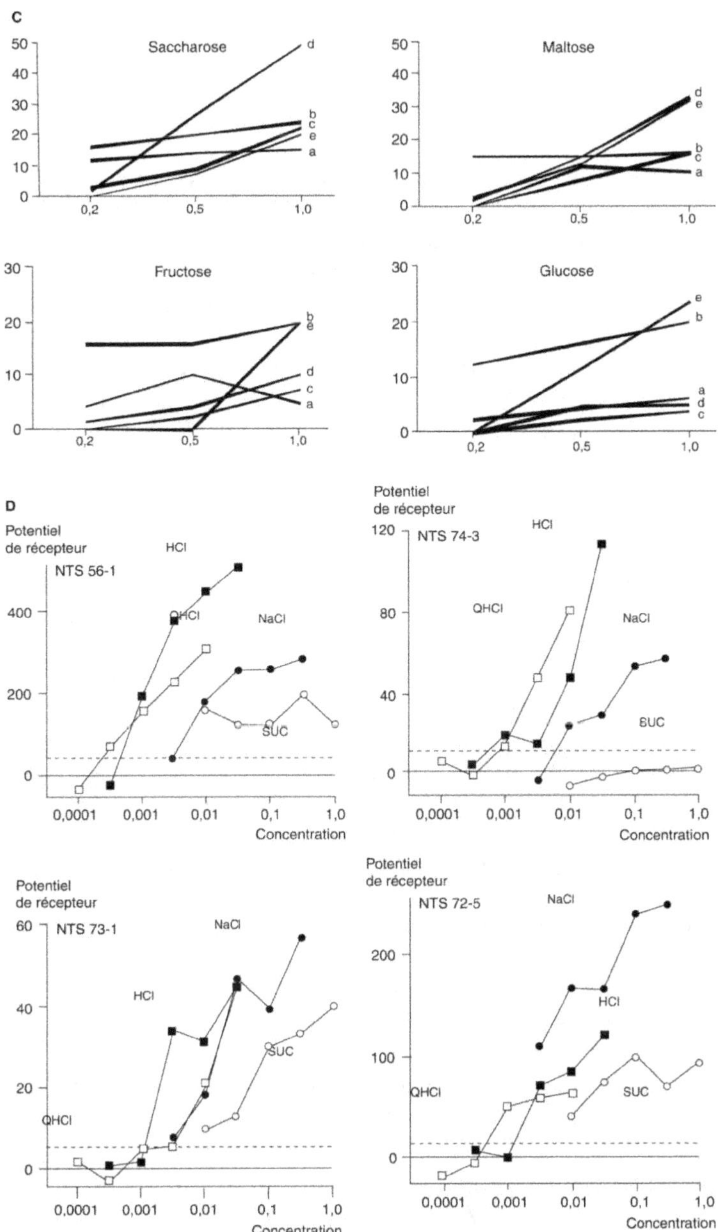

Figure 19.2. (suite)

(C) Les cellules (a, b, c, d, e) qui répondent le mieux ne sont pas les mêmes pour chaque ose : cellule d pour saccharose, d et e pour maltose, b et e pour fructose, etc. Un petit ensemble de cellules peut discriminer ces molécules proches chimiquement (abscisse : concentration, ordonnées : potentiel de récepteur en mV) (d'après Tonosaki et Funakoshi, 1984). (D) Enregistrements de neurones isolés dans le noyau du tractus solitaire : comme au niveau des cellules sensorielles, chaque neurone (un neurone différent par diagramme) répond à 3 ou 4 stimulus sur 4, et les profils de réponse des neurones sont différents (d'après Smith et Travers, 1979).

each fibre might be found to have a chemical "spectrum" which overlapped those of other fibres. »[1]

Profil de sensibilité

Pfaffmann introduisait ainsi la notion de profil de sensibilité des fibres pour les molécules testées et la notion de différence fonctionnelle de chaque fibre. Bien sûr, les conditions expérimentales étaient difficiles (Pfaffmann, 1955) et les auteurs ont débuté avec quatre ou cinq stimulus seulement : du sel, de l'acide, du sucre, de la quinine. Mais, à cette période, il y a une confusion radicale entre stimulus et descripteur qualitatif, les expérimentateurs utilisent quatre stimulus car ils pensent qu'il y a quatre qualités perceptibles en gustation et, sauf chez Pfaffmann, il n'y a pas trace de la discrimination potentielle, par le système gustatif, entre différentes molécules suscitant des goûts qu'il est possible de ranger dans une même catégorie sémantique.

Across neuron pattern

Sur la base d'enregistrements de neurones isolés dans la corde du tympan, Erickson propose en 1963 la notion de motif d'activation des fibres unitaires, ou « *across neuron pattern* » ; il fait remarquer de manière didactique que le dessin formé par le profil des réponses quantifiées de l'ensemble des fibres enregistrées est différent d'un stimulus à l'autre (figure 19.3). Il démontre que ce dessin est donc caracté-ristique du stimulus et qu'il le représente dans les différents niveaux des centres nerveux. Il est tout ensemble l'*input* et le *read out* (Erickson, 1984a), le signal d'en-trée et le signal de sortie du système gustatif (Erickson *et al.*, 1965 ; Schiffman et Erickson, 1980 ; Woolston et Erickson, 1979). Yamamoto et Kawamura (1972) proposent, pour représenter les réponses des neurones enregistrés dans la corde du tympan, une série de damiers en noir (réponse) et blanc (non-réponse). Ces damiers (figure 19.3) représentent bien la notion de codage spatial de la nature du stimulus, ou « qualité » perçue, que l'on appellera « image sensorielle ». On y constate que chaque neurone unitaire peut répondre à plusieurs prototypes parmi quatre. De la même manière qu'avec un nombre relativement restreint de pixels on peut coder une infinité d'images différentes, on peut coder avec un certain ensemble de neurones une infinité d'images sensorielles correspondant à des composés chimiquement purs ou bien à des mélanges, indifféremment.

Pouvoir de discrimination

Un tel codage combinatoire rend parfaitement compte à la fois du grand pouvoir de discrimination du système gustatif qui identifie chaque molécule, et du fait que le résultat des mélanges n'est jamais une composition additive des images sensorielles correspondant à chaque composé du mélange, mais seulement une autre image.

---

1. « Il y a des preuves que certaines autres substances [autres que sucre, sel, acide, quinine] peuvent également stimuler [la réponse de] plus d'une fibre, de telle manière que si l'on utilisait une grande variété de composés, on pourrait trouver que chaque fibre présente un spectre "chimique" chevauchant avec celui d'autres fibres. »

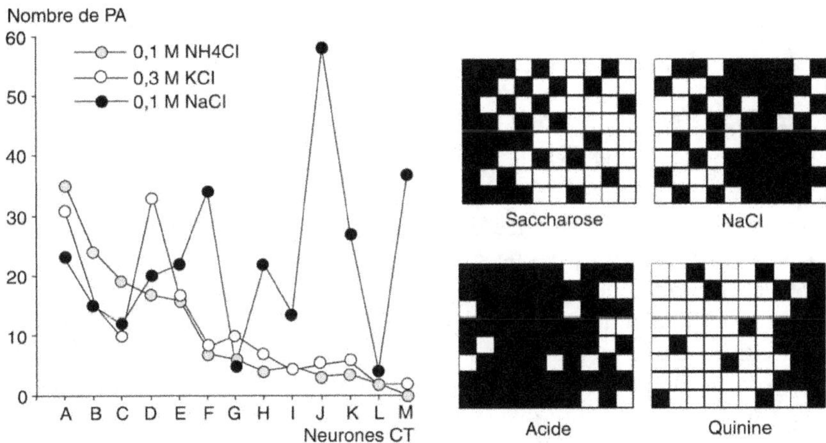

Figure 19.3. Enregistrements de fibres isolées de la corde du tympan (CT).

À **gauche** : les profils de réponse d'un même ensemble de fibres (neurones A à M) sont différents pour chaque stimulus, ces motifs caractérisent et constituent les codes périphériques de chaque stimulus (d'après Erickson, 1963). À **droite** : ici 84 neurones (un par case) de la corde du tympan ont été stimulés avec chacun des 4 stimulus (un « damier » = un stimulus). Chaque stimulus est représenté par un ensemble spécifique de neurones activés (images sensorielles différentes) (d'après Yamamoto et Kawamura, 1972).

La chaîne sensorielle gustative ne code pas chaque élément d'un mélange ; ainsi, la notion de pureté chimique *versus* un mélange ne fait pas partie des informations codées par le système gustatif. Ceci n'empêche pas de reconnaître un goût dans un mélange s'il est bien connu à l'état pur et s'il est prédominant dans le mélange.

Classification des neurones et mesure d'entropie des réponses

Après avoir montré que chaque neurone est susceptible de répondre à un ou plusieurs stimulus parmi les quatre prototypes de manière aléatoire (Frank et Pfaffmann, 1969), Frank (1973) a défendu l'idée d'une classification des neurones en fonction du composé auquel ils répondent le plus fortement (neurone *sucrose-best*, neurone *quinine-best*, etc.). Faurion et Vayssettes-Courchay (1990) ont utilisé 18 composés dont 15 molécules organiques de structures variées et suscitant chez l'homme des goûts variés. En adoptant le calcul dérivé par Smith et Travers (1979) de la notion d'entropie, qui s'applique ici à la non-spécificité des neurones (« désordre »), on peut quantifier l'étendue H du spectre des réponses d'un neurone. H varie de 0 pour un neurone spécifique d'une seule qualité gustative à 1 si le neurone répond à 4 stimulus sur 4. La mesure d'entropie H pour ces neurones enregistrés dans le bourgeon du goût varie de 0,25 à 0,92 (moyenne = 0,68), indiquant une grande étendue du spectre de réponse en général, pour ces 63 neurones. Par comparaison, Yamamoto *et al.* (1989) trouvent H = 0,59 pour 4 stimulus et des neurones enregistrés dans la corde du tympan du rat. Enfin, la classification hiérarchique ne permet pas non plus de discriminer des types de neurones, sauf si les données sont traitées en ne considérant que 5 stimulus : on peut alors observer 5 groupes de neurones. Enfin, même dans ce cas, les neurones de chaque groupe répondent à plusieurs stimulus parmi 5. C'est bien l'amplitude relative des réponses qui compte.

Différence intercorde du tympan *versus* reproductibilité intracorde chez le hamster non consanguin

Faurion (1993 ; 2008) a pu comparer la reproductibilité intranerf ou intrastimulus à la différence des profils de réponses internerfs ou interstimulus.

L'enregistrement des réponses de nerfs entiers chez 38 et 59 hamsters pour respectivement 41 et 51 stimulus montre des corrélations intranerf variant de 0,71 à 0,94 (r = 0,84 ± 1,6) ; s'y oppose une grande différence internerfs : seulement 1,7 % des 1 711 corrélations dépasse r = 0,5. Ces animaux non consanguins présentent donc de grandes différences interindividuelles (un nerf = un animal). De même, on trouve une grande différence interstimulus : le coefficient de corrélation *r* est supérieur à 0,3 dans seulement 18 % des 820 et 5 % des 1 275 comparaisons de stimulus appairés (deux expérimentations). On montre ainsi que les molécules organiques sont toutes discriminées (figure 19.4).

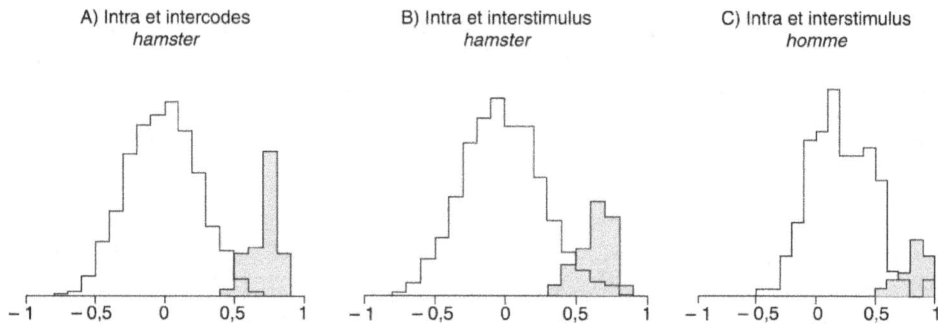

Figure 19.4. Reproductibilité des réponses et discrimination des stimulus.

(**A**) et (**B**) Réponses des cordes de tympan de 59 hamsters pour une collection de 51 stimulus sapides de structure chimique variée. (**A**) Distribution des coefficients de corrélation entre les cordes du tympan prises deux à deux pour les réponses aux 51 stimulus ; en gris : corrélations intracorde, en blanc : corrélations intercordes. (**B**) Corrélations entre les stimulus pris deux à deux pour les réponses des 59 hamsters ; en gris : corrélations intrastimulus, en blanc : corrélations interstimulus ; les corrélations intranerf ou intrastimulus sont élevées, les corrélations internerf ou interstimulus sont centrées sur 0. (**C**) Chez des sujets humains individuels, évaluation quantitative, au niveau supraliminaire, de la concentration de molécules variées suscitant la même intensité qu'une référence. De même que pour les neurones, les corrélations intrastimulus (en gris) indiquent une grande reproductibilité et les corrélations très faibles interstimulus montrent un grand pouvoir de discrimination des molécules organiques (cf. § « Quantification des différences interindividuelles »).

Les projections cérébrales

Noyau du tractus solitaire

Quoique l'on puisse toujours définir des *best-responding* neurones par le stimulus auxquels ils répondent *le plus,* les tentatives de décrire des « neurones-types » en utilisant les techniques de classification hiérarchique qui tiennent compte de toutes les réponses, et pas seulement de la meilleure pour chaque neurone, ne permettent pas d'aboutir à des groupes de neurones spécifiques non plus au niveau du noyau du tractus solitaire (NTS) (Doetsch et Erickson, 1970 ; Woolston et Erickson, 1979). Smith *et al.* (1979) obtiennent trois groupes valables distinguant : les neurones qui répondent le plus au saccharose ; ceux qui répondent aux sels de sodium ; ceux qui répondent aux sels sans sodium et aux acides. Cependant, les auteurs rapportent que les *sucrose-best neurones,* très peu spécifiques, ne forment pas réellement un groupe. On ne voit pas quatre groupes de neurones qui coderaient « quatre saveurs ».

Chez le singe Cynomolgus, Scott *et al.* (1986a) ne réussissent à discriminer que deux groupes de neurones selon que la réponse est forte ou faible pour HCl (H = 0,870 ± 0,014). Cette grande étendue du spectre de réponses suggère aux auteurs que l'information qualitative est incorporée dans l'activation relative de l'ensemble des neurones. Barry (1999) trouve un coefficient de 0,63, Di Lorenzo et Victor (2003), de 0,69. McCaughey (2007) montre aussi un large spectre de réponses des neurones du NTS, une grande différence selon les souches de souris et contredit l'hypothèse des lignes câblées *(labeled lines).*

Smith et Li (1998) avaient proposé que l'étendue du spectre de réponses puisse être modulée par l'action inhibitrice que le GABA exerce sur 60 % des neurones du NTS. Les neurones apparaîtraient plus spécifiques en ne gardant que les réponses les plus fortes. Mais au contraire, en 2009, Rosen et Di Lorenzo montrent que le large spectre de réponses observé dans le NTS résulte non seulement des signaux entrants, mais aussi des influences récurrentes en provenance des circuits inhibiteurs internes au NTS.

Aire pontique

L'aire parabracchiale, ou aire pontique, est constituée d'amas cellulaires diffus localisés autour de la base des pédoncules cérébelleux. Smith *et al.* (1983) réalisent une classification de ces neurones valide à 80 % en utilisant 4 stimulus. Di Lorenzo et Victor (2003) calculent une entropie de 0,69 et, de même, Lei *et al.* (2007) montrent que la plupart des neurones répondent à plusieurs stimulus parmi quatre.

Thalamus

Le relais thalamique est la partie parvocellulaire du noyau ventropostéromédian du thalamus (VPMpc). Les neurones présentent aussi un large spectre de réponses, H = 0,79 ± 0,02, moyenné sur 73 neurones gustatifs (Verhagen *et al.,* 2003).

Cortex

Pour Yamamoto *et al.* (1989), le spectre des réponses des neurones gustatifs au niveau du cortex primaire (H = 0,54) est semblable à celui de la corde du tympan (H = 0,59) chez le rat ; la spécificité des neurones n'augmente pas en montant vers les centres, ce ne sont pas des circuits réverbérant dans les relais successifs de la chaîne gustative qui créent des catégories qualitatives.

Dans l'insula du singe — aire de projection primaire — (Yaxley *et al.,* 1990), le coefficient H est de 0,56 ± 0,03 pour 65 neurones et, dans l'opercule frontal, autre projection gustative primaire du cortex, de 0,67 ± 0,02 (Scott *et al.,* 1986b).

Les auteurs concluent que les neurones assignés à un même groupe ne sont pas identiques ni même très semblables. Deux autres expérimentations chez le Cynomolgus et chez le Macaque (Plata-Salamán *et al.,* 1993 ; Scott *et al.,* 1999) donnent 0,59 et 0,77 respectivement pour un ensemble de stimulus centrés, l'un sur 11 oses et 8 édulcorants de structures variées, et l'autre sur 10 composés différents suscitant un goût amer.

Chimiotopie

Il est important de noter qu'aucune organisation topographique des saveurs n'apparaît dans ces études, Accolla *et al.* (2007) confirment l'absence de chimiotopie et démontrent l'existence de différentes représentations spatiales chevauchantes, ou images sensorielles, visualisées pour différents stimulus.

Amygdale

Dans cette projection sous-corticale, l'étendue du spectre de réponses chez le Macaque rhésus est évaluée à 0,82 pour 26 stimulus, plus élevé que dans les structures plus périphériques, sans évidence de types de neurones ni d'organisation chimiotopique (Scott *et al.,* 1993).

Cortex orbitofrontal caudal

Pour cette projection secondaire, où convergent des informations olfactives et gustatives exprimant les valences hédoniques et les motivations pour les stimulus, le spectre de réponses est plus faible : 0,39 (Rolls *et al.,* 1990). On comprend que l'interprétation préférence/rejet réduit la variance interneurones. L'opposition entre le préféré et le rejeté est monodimensionelle et la classification des neurones est probante, tandis que, dans les aires primaires corticales, la similitude entre les neurones, d'après leurs profils de réponses aux composés, est multidimensionnelle, et le nombre de types de neurones dépend du nombre de stimulus présentés.

En conclusion, à aucun étage de la chaîne sensorielle on ne voit de spécificité des neurones correspondant à la qualité perçue par l'homme. Le concept de qualité n'est pas codé par des types de neurones. Le seul endroit où l'on ait calculé une entropie réduite est le cortex orbitofrontal, où s'opposent les valences hédoniques positive et négative. Le codage du stimulus gustatif ne se fait pas en fonction de la qualité ou des types qualitatifs qui seront finalement perçus. On se servira de cette base de données physiologiques dans le dernier paragraphe de ce chapitre sur la perception et la sémantique.

L'imagerie cérébrale

L'imagerie par résonance magnétique fonctionnelle (IRMf) produit une résolution spatiale inférieure au millimètre, mais loin encore de la résolution électrophysiologique qui est au niveau du neurone. La magnétoencéphalographie (MEG) permet de se situer au niveau de la résolution temporelle compatible avec le fonctionnement du système nerveux (la milliseconde).

Activation corticale : aires primaires

L'IRMf est utilisée dès 1996, confirmant les acquis de deux approches : électro-physiologique chez le singe, clinique chez des patients porteurs de lésions. Les activations gustatives se trouvent dans l'insula supérieure et inférieure, dans les opercules frontal, temporal et rolandique, ce dernier étant la base des gyrus précentral et postcentral (Cerf *et al.*, 1996a ; 1996b ; Van de Moortele *et al.*, 1997). En outre, d'autres zones sont activées dans le thalamus, le lobe préfrontal, le gyrus cingulaire. Simultanément, la MEG (Kobayakawa *et al.*, 1996 ; Mizoguchi *et al.*, 2002 ; Ogawa *et al.*, 2005) mesure des latences très courtes dans l'insula supérieure et postérieure ainsi que dans l'opercule rolandique : 80 ms pour du sel et 120 ms pour de la saccharine, confirmant qu'il s'agit bien des projections primaires. De même que dans les données électrophysiologiques, on ne trouve pas de chimio-topie, pas de localisation des « saveurs » dans l'insula ni les opercules (O'Doherty *et al.*, 2002).

Plasticité, goût et sémantique

On observe dans les aires insulaires et operculaires une plasticité des activations pendant la phase d'entraînement des sujets, avant que leurs évaluations psychophy-siques ne soient répétables, qui dépend de l'orientation de l'évolution de l'appréciation hédonique et de l'existence de repères sémantiques pour nommer le stimulus (Faurion *et al.*, 1998) : les activations observées correspondent aux signaux senso-riels, certes, mais imprégnés de corrélats cognitifs. Une zone de l'insula antérieure et inférieure qui s'avance vers le cortex orbitofrontal est activée dans l'hémisphère dominant des sujets (Faurion *et al.*, 1999), et cette zone est coactivée avec le gyrus angulaire gauche chez les droitiers (Cerf-Ducastel *et al.*, 2001), zone impliquée dans des tâches d'interprétation sémantique, environ une seconde après l'arrivée du stimulus (Kobayakawa *et al.*, 1999), moment où le sujet prend conscience du goût perçu. Par ailleurs, Wakita *et al.* (2009) montrent que le développement de l'aire du langage contribue à décaler asymétriquement la position de l'aire primaire gustative vers une zone plus postérieure chez les sujets japonais, mais ce décalage n'avait pas été noté chez les sujets français.

Projections secondaires

Dans le cortex orbitofrontal (COF), une région où se trouvent des neurones activés par le *reward* (récompense alimentaire), on observe des localisations différentes pour des activations suscitées par des stimulus à valence hédonique positive et à valence hédonique négative (O'Doherty *et al.*, 2001 ; Small *et al.*, 2003). Dans cette structure, l'information, réduite à sa signification hédonique, perd la dimension complexe de la qualité perçue. On trouve également une convergence olfacto-gustative, avec des localisations antérieures et latérales des interactions positives entre les deux moda-lités (« goût du sucre » et « odeur de fraise ») et plus médianes pour des goûts et des odeurs qui « vont bien ensemble » ; enfin, on voit l'anticipation de l'aspect plaisant ou déplaisant du stimulus gustatif à venir (De Araujo *et al.*, 2003 ; O'Doherty *et al.*, 2002). Dans l'amygdale apparaissent des activations en rapport avec le caractère

« nouveau » de la flaveur *(« novelty »),* ce qui permet de considérer une fonction de mémorisation (O'Doherty *et al.,* 2002). Et dans le cortex dorsolatéral préfrontal, le stimulus gustatif évoque des activations (Kringelbach *et al.,* 2004) dans une région qui correspond à des fonctions de réponse sélective, de mémoire de travail, d'attention, d'intégration, c'est-à-dire des fonctions de contrôle exécutif.

Modulation par l'état physiologique

La réponse est modulée par l'état physiologique de faim ou de satiété (cf. chapitre 10 pour l'olfaction) pour le saccharose, mais pas pour la saccharine non calorique, dans les zones en rapport avec l'émotion et la motivation (l'hippocampe, le parahippocampe, l'amygdale, le cortex orbitofrontal et l'insula inférieure) ; au contraire, il n'y a pas de modulation par la satiété dans les projections primaires de la chaîne sensorielle (insula supérieure, opercule frontal, opercule rolandique). La diminution de l'activation dans le système limbique, au-dessous du niveau obtenu pour l'eau pour la condition « satiété », peut contribuer à l'arrêt de la consommation, laquelle est associée à la motivation pour le stimulus et à la valeur émotionnelle associée au stimulus (Haase *et al.,* 2009). Les auteurs suggèrent que des « facteurs motivationnels et hédoniques, de même que la mémoire d'une précédente expérience, résultent en un recrutement de populations neuronales additionnelles qui façonnent le pattern d'activation cérébrale ».

▸▸ La perception

Les trois paramètres « qualité », « intensité » et « préférence » définissent la perception gustative et sont indépendants les uns des autres. Les différences interindividuelles gustatives chez l'homme proviennent de deux types de facteurs, intrinsèques et extrinsèques. La différence d'intensité perçue pour un même stimulus, d'un sujet à un autre ou bien la différence de qualité perçue font partie des facteurs intrinsèques génétiquement déterminés. Au contraire, les facteurs extrinsèques de la variabilité interindividuelle concernent les préférences, soumises aux conditionnements doux d'origine psychosociologique de la vie quotidienne, en rapport avec la mémorisation d'expériences antérieures, le vécu en général (cf. chapitres 24 et 27). On peut manipuler les préférences par les conditions expérimentales, contrairement aux données quantitatives, qui restent constantes sur les années, une fois acquis l'apprentissage spécifique de l'image sensorielle suscitée par la molécule, cet apprentissage est stimulus-spécifique et ne se transmet pas d'un stimulus à un autre (Berteretche *et al.,* 2005 ; Faurion *et al.,* 1998 ; 2002).

Les différences interindividuelles de sensibilité

Le puissant pouvoir de discrimination du système, les différences interindividuelles et le nombre de facteurs grand mais limité révélé par les analyses statistiques nous amènent à la notion d'un codage ensembliste par une combinatoire de récepteurs peu spécifiques.

Quantification des différences interindividuelles

Pour évaluer quantitativement les différences de sensibilité interindividuelles, on peut utiliser la mesure du seuil de détection ou bien, au niveau supraliminaire, la mesure des concentrations iso-intenses, c'est-à-dire de la concentration de chacun des stimulus suscitant une intensité perçue égale à celle que suscite une référence. Les mesures quantitatives offrent l'avantage de se prêter à l'évaluation statistique et permettent d'assurer la reproductibilité intra-individuelle pour montrer l'existence de la variance interindividuelle. La figure 19.5 montre la reproductibilité des mesures individuelles de seuil pour 57 individus et 2 produits (aspartame et saccharine), elle montre aussi que 2 individus présentent de grandes différences de seuil de détection pour le même produit. Il n'y a pas de prédictibilité, il y a indépendance des sensibilités. Il est donc impossible que ces sujets détectent ces deux molécules à l'aide d'un seul et même récepteur, il faut, pour rendre compte de la non-covariance, des mécanismes de signalisation indépendants. Or ces deux molécules suscitent un goût sucré !

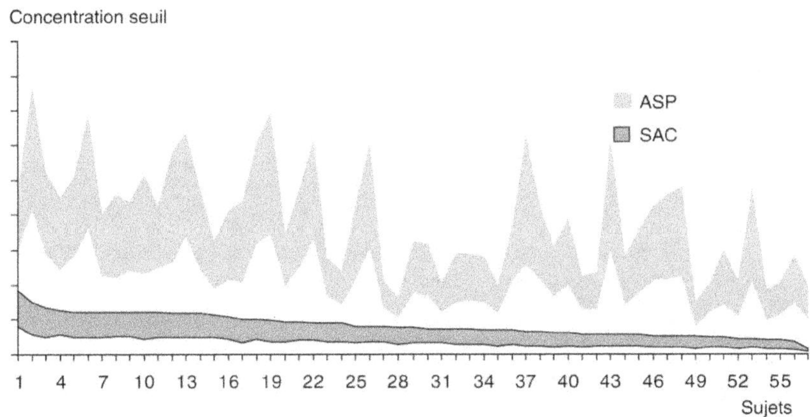

Figure 19.5. Seuils de détection pour l'aspartame (gris clair) et la saccharine (gris sombre) de 57 sujets humains après apprentissage, classés selon leur sensibilité décroissante pour la saccharine (moyenne ± erreur standard).

La figure 19.6 généralise ce constat pour un ensemble de stimulus et de sujets et démontre le grand pouvoir de discrimination du système gustatif. La reproductibilité intrasujet ou intrastimulus est toujours élevée ($0,75 < r < 0,96$). Elle s'oppose à la faiblesse des corrélations interstimulus avec, au niveau du seuil, 70 % de valeurs inférieures à 0,3 et la corrélation la plus élevée à 0,58. Au niveau supraliminaire, la corrélation interstimulus apparaît comme un paramètre quantifiant valablement, entre 0 et 0,9, la similitude entre les composés du point de vue de leur activité sur le système gustatif, mais le nombre de paires de stimulus présentant une certaine similitude reste faible, avec 73 % des valeurs inférieures à 0,6 (figure 19.4C).

Un espace gustatif continu

La mesure des seuils nous montre une extraordinaire discrimination entre toutes les molécules, le niveau supraliminaire nous montre une quantification possible des

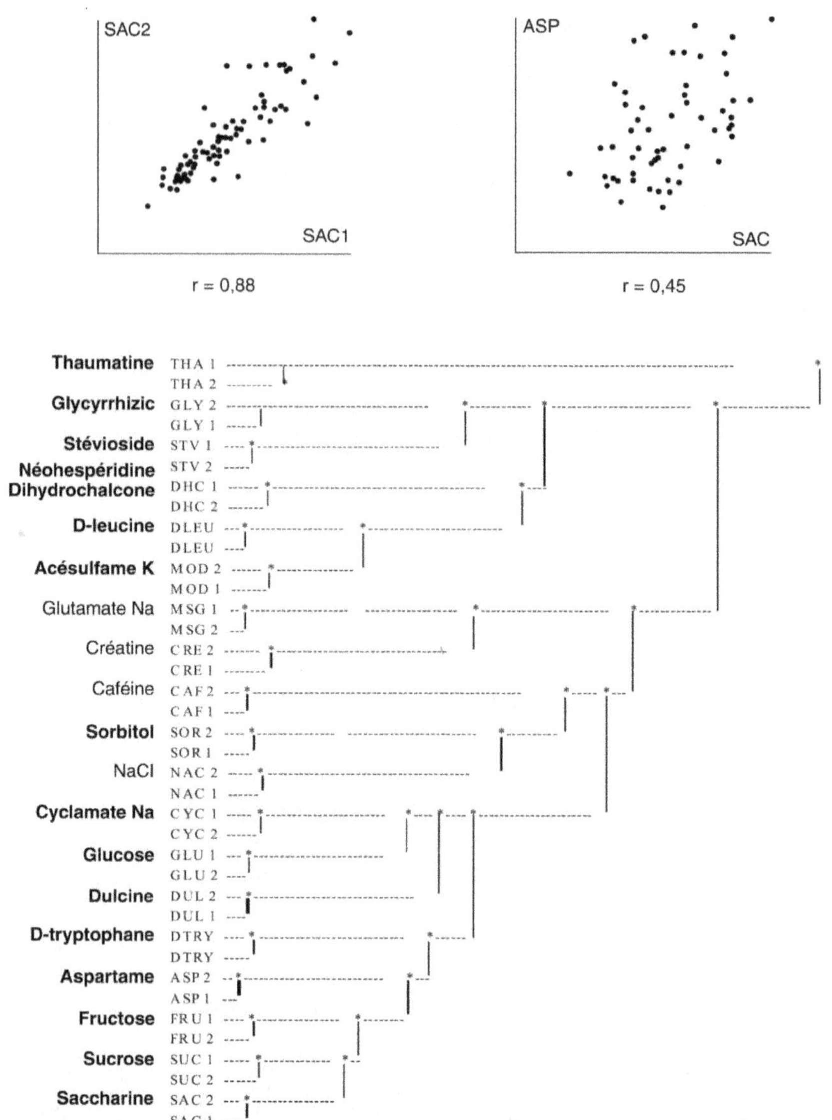

Figure 19.6. Seuils de détection chez l'homme.

En haut, exemples de corrélation intrastimulus (à gauche) et interstimulus (à droite). Chaque point représente un sujet. **En bas,** le dendrogramme, calculé sur les données individuelles pour 19 composés dont 15 suscitent un goût sucré (en gras), montre de grandes distances interstimulus (discrimination entre produits) comparées aux courtes distances intrastimulus (reproductibilité d'une séance de test à l'autre).

similitudes et décrit un continuum de proximités. Le goût apparaît donc comme un puissant système discriminateur. Les calculs d'analyse multivariée ont montré effectivement un espace des composés sapides continu : les composés amers et les composés sucrés forment ensemble un seul continuum, ou deux sous-continuums qui se compénètrent. On peut définir différents types de goûts sucrés, différents types de goûts amers, à partir, d'une part, des qualités perçues par les sujets (Schiffman *et al.*, 1979 ; 1981), mais aussi à partir des facteurs de l'analyse multidimensionnelle calculés sur les données de sensibilités (quantitatives) individuelles : certains composés qui suscitent un goût sucré définissent des facteurs différents, de même pour les composés suscitant un goût amer ou des goûts « autres ». Il existe même des composés (par exemple le méthyl α,D-mannopyrannoside) que certains sujets perçoivent sucrés et d'autres, amers.

Dimension de l'espace gustatif

La dimension de cet espace est très élevée : la variance interstimulus et interindividus nécessite près de 10 dimensions pour rendre compte de 75 % de l'information (ou variance) contenue dans des matrices de dimension 40×50 et de l'ordre de 20 dimensions pour 90 % de celle-ci. Cette dimension de « l'espace gustatif » augmente très vite avec le nombre de stimulus organiques en passant de 4 à 12, puis 18 stimulus, etc., mais très peu en passant à 41 puis à 51 stimulus (cf. *infra* figure 19.8B) : le nombre de facteurs indépendants, source de la variance interindividuelle et de la discrimination des molécules, est donc grand mais limité.

Ce continuum très multidimensionnel est différent des continuums connus pour d'autres sens, dont la grandeur physique du stimulus évolue dans une seule dimension (la longueur d'onde pour la vision, la fréquence pour l'audition). En vision, la classification des couleurs est erronée aux frontières des catégories en raison de petites variations sur trois pigments visuels seulement. En gustation comme en olfaction, le grand nombre de dimensions indique un nombre de canaux d'information indépendants bien supérieur à trois. Ce sont, par définition, les éléments indépendants qui, à l'interface entre le milieu externe des composés chimiques et le monde interne de l'individu, signalent la présence des molécules, à savoir les récepteurs. Pour satisfaire la relation d'indépendance, ils devraient être codés indépendamment. Les analyses de la variance des sensibilités des hamsters et des hommes ont suggéré quelques dizaines de facteurs indépendants, et ce nombre est compatible avec celui de l'ensemble des récepteurs T1Rs et T2Rs actuellement connus, de l'ordre de 40 en tout, ce qui nous amène à définir un espace des saveurs pour l'ensemble des stimulus organiques utilisant tous ces récepteurs, par petits sous-ensembles différents obtenus par permutation, pour chaque molécule, soit 240 (ou 1 012), de quoi discriminer mille milliards de molécules sapides ou de stimulus non nécessairement purs chimiquement.

Les réponses de la corde du tympan de hamster ou de neurones isolés dans ce nerf permettent d'obtenir des résultats très semblables aux résultats de psychophysique quantitative. L'espace gustatif obtenu par l'analyse multidimensionnelle est continu et de même dimension. Certaines parties de l'espace sont semblables du point de vue des proximités relatives de certains oses, édulcorants et acides aminés dextrogyres ou lévogyres qui suscitent un goût sucré chez l'homme. La psychophysique quantitative permet de calculer un espace de même nature que celui des réponses neuronales quantitatives enregistrées à la périphérie du système : elle les reflète.

Un continuum de sujets

Les sujets peuvent être représentés dans cet espace gustatif, car les vecteurs propres du nuage des sujets et du nuage des objets sont les mêmes dans le cas de l'analyse factorielle des correspondances. Les sujets sont répartis sur tout l'espace en fonction de leur sensibilité pour chaque stimulus. Ceci représente assez bien le fait que chacun « voit » l'espace gustatif de son propre point de vue, c'est-à-dire avec ses propres récepteurs, qui doivent donc être différents d'un sujet à un autre. De même pour les hamsters qui ne sont pas des animaux consanguins et constituent donc un bon modèle électrophysiologique pour l'homme. Cette propriété indique que la variabilité génétique individuelle est un facteur d'intérêt pour comprendre le codage gustatif.

Un exemple de codage polygénique d'une molécule

Pour certains auteurs, seul le dimère T1R2-T1R3, reposant sur deux gènes indépendants, est considéré comme le récepteur pour toutes les molécules qui seraient perçues sucrées ; le dimère T1R1-T1R3 est également considéré comme le seul récepteur pour le goût « umami » dont le prototype est le glutamate (Ikeda, 1909). Pourtant, il semble bien nécessaire de considérer plusieurs récepteurs pour expliquer la variabilité des profils de sensibilité des sujets ou des profils de réponses des neurones gustatifs isolés de hamster aux composés suscitant des goûts sucrés (Faurion *et al.*, 1980) ou umami (Faurion, 1987a ; 1987b), et l'on a proposé l'hypothèse d'un codage de chaque molécule sapide par un sous-ensemble de récepteurs peu spécifiques (Faurion, 1991 ; 1994 ; Faurion et Vayssettes-Courchay, 1990 ; Froloff *et al.*, 1996 ; 1998 ; Ohkuri *et al.*, 2009 ; Schiffman *et al.*, 1981 ; Tonosaki et Funakoshi, 1989). Des arguments convergents ont été obtenus par d'autres approches expérimentales (Delay *et al.*, 2004 ; 2007 ; Maruyama *et al.*, 2006 ; Stapleton *et al.*, 1999 ; Wifall *et al.*, 2007 ; Yasumatsu *et al.*, 2009 ; Yasuo *et al.*, 2008). Chez l'Insecte également-ment (cf. chapitre 20), plusieurs récepteurs pourraient coder le saccharose (Slone *et al.*, 2007) ou la caféine (Lee Y. *et al.*, 2009) et les nucléotides (Furuyama *et al.*, 1999). Quant à la qualité amère, si l'on connaît une famille de T2Rs depuis le début de l'identification des récepteurs gustatifs, l'idée que le codage de chaque molécule puisse être polygénique est une proposition récente, notamment pour la sensibilité au phénylthiocarbamide (ou au propylthiouracile, PROP) dont la variance inter-individuelle n'est expliquée que très partiellement par le récepteur T2R38 (Delwiche *et al.*, 2001 ; Hayes *et al.*, 2008 ; Meyerhof *et al.*, 2010) ou la sensibilité à la quinine et à la goitrine (Reed *et al.*, 2010 ; Wooding *et al.*, 2010).

Récepteurs au L-glutamate

Raliou et collaborateurs ont étudié à l'échelle individuelle la relation entre le phénotype des sujets, c'est-à-dire leur sensibilité pour le L-glutamate, et leur génotype, c'est-à-dire les gènes codant leurs récepteurs pour le glutamate. Ce stimulus a été choisi comme modèle, d'une part en raison de la très grande différence inter-individuelle des sensibilités pour cette molécule (facteur 500 en concentration au seuil de détection) et parce qu'il existe des sujets agueusiques spécifiquement pour cette molécule (Lugaz *et al.*, 2002), comme pour le phénylthiocarbamide et autres composés contenant le groupement fonctionnel NCS. D'autre part, le modèle du L-glutamate est attractif du fait que l'on peut suggérer une coopération de récepteurs au glutamate du système nerveux central. En effet, la corde du tympan répond à certains de leurs agonistes (Faurion, 1991) et l'on a observé l'expression de récepteurs métabotropiques (Chaudhari *et al.*, 1996 ; 2000 ; San Gabriel *et al.*, 2005 ; Toyono *et al.*, 2002 ; 2003 ; 2007) et ionotropiques (Lee S.B. *et al.*, 2009 ; Lin et Kinnamon, 1999) dans les papilles.

Sélectionnée à partir de 3 000 personnes, une population de 142 sujets indépendants enrichie en agueusiques et hypogueusiques potentiels au L-glutamate a été réunie, et la sensibilité pour cette molécule a été répétitivement quantifiée chez ces sujets indépendants ainsi que des membres de leur famille. Des papilles fongiformes ont été prélevées sur 20 sujets qui ont montré, par RT-PCR, la présence les ARNm codant pour les récepteurs candidats de la littérature et, par immunohistochimie, les protéines réceptrices correspondantes. Ce n'est donc pas un déficit du récepteur T1R1-T1R3 qui pourrait rendre compte du déficit gustatif pour le L-glutamate spécifiquement. Des polymorphismes ou variants génétiques ont été trouvés (Raliou *et al.*, 2009a), qui changent l'acide aminé (nsSNP : *non synonymous SNP* ; SNP : polymorphisme d'une seule paire de base d'un codon) dans la protéine synthétisée (figure 19.7, planche couleur XIV). Aucun de ces polymorphismes n'est ni nécessaire ni suffisant, mais les prévalences sont significativement différentes chez les sujets sensibles et non sensibles. L'analyse statistique a montré que neuf variants dans trois gènes qui codent pour les chimiorécepteurs T1R1, T1R3 et mGluR1 sont significativement plus fréquents chez des sujets non sensibles ou hyposensibles que chez les sensibles (p < 0,003), démontrant une association significative entre le déficit spécifique pour le L-glutamate et ces variants génétiques sur ces trois récepteurs (Raliou *et al.*, 2009b). La stimulation des récepteurs exprimés *in vitro* a confirmé des réponses faibles pour ces récepteurs mutés (Raliou *et al.*, 2011). Trois gènes au moins sont donc impliqués chez l'homme. Ceci démontre la réalité du codage d'une molécule unique par un ensemble de récepteurs. Cette conclusion est aussi argumentée dans des revues (Chaudhari *et al.*, 2009 ; Kinnamon et Vandenbeuch, 2009 ; Yoshida *et al.*, 2009b).

Récepteurs de la famille des T2Rs

Meyerhof *et al.* (2010) appliquent 50 molécules sapides différentes sur 26 des récepteurs humains de la famille des T2Rs exprimés *in vitro*. Le T2R43 répond à 16 molécules sur 50 et le T2R44 à 8 sur 50. Tous deux répondent à la quinine, la référence du goût amer, mais aussi à la saccharine, qui suscite un goût sucré. Le T2R1 répond à 14 molécules sur 50, et parmi celles-ci à l'humulone, présente dans la bière, et à la picrotoxine, qui suscitent un goût amer, mais aussi au cyclamate de sodium, qui suscite un goût sucré. Le T2R8 répond à 4 molécules sur 50, dont le benzoate de dénatonium (amer) et la saccharine (sucrée), et le T2R38 répond à 21 molécules sur 50, dont le PTC, le PROP (goût amer) et le cyclamate de sodium (goût sucré), etc. Ainsi le même récepteur peut-il contribuer au codage d'un stimulus perçu finalement sucré et d'un stimulus perçu finalement amer. La saccharine stimule T1R2 et T1R3, mais aussi le T2R43, le T2R44, le T2R8 ; le cyclamate stimule le T1R2, le T1R3, le T2R1, le T2R38, etc.

Ceci confirme la réalité d'un codage gustatif plurirécepteur pour chaque molécule détectée, explique les différentes variétés de goûts amers et les différentes variétés de goûts sucrés, les différences de perceptions qualitatives individuelles pour les molécules que certains perçoivent sucrées et d'autres amères, par exemple le méthyl α, D-mannopyrannoside. Outre la contribution de polymorphismes variés, le codage plurirécepteur ensembliste peut expliquer les différences interindividuelles aussi par des proportions relatives des différents récepteurs exprimés, variant d'un individu à un autre. Enfin, le codage combinatoire implique un très grand nombre de goûts et donc des goûts non nommés par le système des quatre saveurs, ce qui correspond aux expérimentations anciennes de Schiffman sur la qualité perçue (Schiffman *et al.,* 1979).

Perspectives

On peut donc envisager de chercher chez l'homme dès maintenant quels récepteurs détectent quelles molécules, de faire une typologie sensorielle des sujets en utilisant les mesures de sensibilité pour une collection de molécules représentatives variées et de comparer cette typologie à celle de leurs récepteurs polymorphiques. Les applications en santé publique et dans les industries alimentaires seraient immédiates. Dans ce cadre, il convient de considérer également d'autres récepteurs que les T1Rs et T2Rs, variés et présents dans les papilles gustatives (Hevezi *et al.,* 2009 ; Rossier *et al.,* 2004) ; les études portant sur tout le génome livrent, en effet, un catalogue de gènes exprimés dans les bourgeons du goût, codant pour de nombreux récepteurs dont on doit vérifier quelles fonctions ils remplissent précisément dans le bourgeon du goût.

▶▶ Sémantique du goût, erreur épistémologique et culture

Quelle relation existe-t-il entre la sémantique du goût et les mécanismes du codage de la qualité gustative ? Il semble incroyable qu'il puisse exister une multitude de saveurs sans nom et inconnues (voir aussi le chapitre 28, pour l'olfaction). Ces goûts différents si nombreux et non nommés sont souvent considérés comme résultant d'une contribution olfactive, mais on peut les identifier si l'on supprime l'olfaction rétronasale pour les expérimentations de psychophysique et si l'on enregistre les réponses sur le nerf gustatif chez l'animal.

Évolution historique de l'espace gustatif

La notion de quatre qualités repose sur une évolution complexe au cours du temps, opposant les auteurs en faveur de « catégories » de perceptions ou de saveurs (Cohn, 1914 ; Fick, 1864 ; Von Skramlik, 1926 ; cf. aussi chapitre 29) aux auteurs en faveur d'un « continuum » de perceptions gustatives, dont la dimension (figure 19.8A) varie de l'unité chez Aristote à deux chez Kiesow (1896) et à trois chez Henning (1916). Grâce à l'accessibilité des calculs multidimensionnels au xxe siècle, des espaces de dimension plus élevée ont été obtenus (voir Erickson, 1984b ; 2008 ; Faurion 1987b ; 1988, pour des revues plus détaillées de l'évolution historique de l'espace gustatif). Une erreur épistémologique résulte de la citation *a contrario* de l'article de Henning (1916), présenté comme le père des quatre saveurs, alors qu'il a, au contraire, décrit et argumenté pour l'existence d'un continuum perceptif de saveurs toutes différentes les unes des autres de proche en proche pour des composés chimiques purs. En conséquence de cette citation erronée répétitive, les électrophysiologistes du milieu du xxe siècle ont utilisé quatre stimulus représentant les quatre saveurs ; ils ont ainsi trouvé quatre types de fibres, des fibres sucrées, amères, etc. L'erreur se répète au xxie siècle, en biologie moléculaire, avec le concept de récepteurs ou de cellules « sucrées » ou « amères », spécifiques pour le goût sucré ou le goût amer.

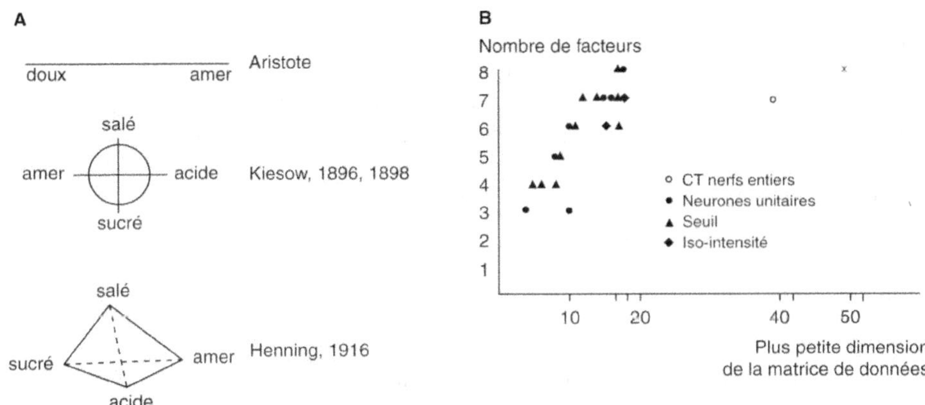

Figure 19.8. Évolution historique de la dimension de l'espace gustatif.

(**A**) Cet espace est monodimensionnel chez Aristote, bidimensionnel pour Kiesow, tridimensionnel chez Henning. Pour ces auteurs, les termes : sucré, salé, acide, amer, ne sont que des jalons dans un espace continu de sensations gustatives toutes différentes.

(**B**) L'accès au calcul multidimensionnel au xxe siècle nous permet d'appréhender le nombre de facteurs indépendants, source de variance des données individuelles de sensibilité gustative.

Sensibilité mesurée chez les sujets humains, seuil : ▲ et niveau supraliminaire : ◆. Réponses électrophysiologiques chez le hamster, corde du tympan entière (CT) : ○, x ; fibres isolées (axones périphériques) : ●. Pour les mêmes dimensions de matrice chez l'homme et le hamster, on obtient la même dimension de l'espace gustatif, mais les proximités peuvent différer. Matrices : sujets × stimulus ou CT/fibres isolées × stimulus. En abscisse : plus petite dimension de la matrice de données. En ordonnée : nombre de facteurs nécessaires pour expliquer 75 % de la variance des données.

Existe-t-il un nombre de catégories sémantiques naturel et spontané dans la population ? O'Mahony et Ishii (1986) donnent treize solutions sapides différentes à quelques centaines de sujets américains et japonais (au Japon) et leur demandent de créer le nombre de catégories nécessaires pour classer ces solutions par groupes de similitude. L'histogramme du nombre de catégories résultant s'étend de 2 à 10 selon les sujets, indiquant qu'il n'est pas « naturel » de penser avec quatre saveurs ; en outre, user de cinq ou six catégories pour classer seulement treize items ne constitue pas vraiment une fonction de catégorisation.

Des goûts non nommés par manque de consensus perceptif

Nous ne disposons pas de terme pour qualifier la nature des goûts perçus pour tous ces stimulus qui ne peuvent se décrire avec les saveurs correspondant aux quatre prototypes quinine, sucre, sel et acide, par exemple la D-thréonine. Il n'y a pas de terme à proprement parler « descripteur » de la sensation gustative parce qu'il n'y a pas de consensus sensoriel. Ce sont les polymorphismes génétiques, sources des différences interindividuelles des perceptions quantitatives et qualitatives, qui permettent de comprendre que, dans aucun groupe humain, il n'a pu émerger de terme consensuel pour désigner les saveurs perçues différentes par chacun : pas de consensus sensoriel signifie impossibilité d'un consensus sémantique.

Pourquoi disposons-nous cependant de quatre ou cinq termes désignant *des* saveurs ? Il s'agit seulement d'adjectifs formés sur le nom de prototypes dont trois existent purs dans la cuisine quotidienne. L'accord sémantique se fait sur l'objet chimique (cf. chapitre 4), non sur la perception qui est indescriptible et *essentiellement* incommunicable. La nature de notre perception n'est pas décrite par les mots sucré, salé, acide, amer, elle est seulement *identifiée*. Ces références ne sont que des jalons dans un espace continu. Cependant, du fait qu'elles sont nommées, les « saveurs » correspondantes prennent une position privilégiée dans la culture.

Les systèmes gustatif et olfactif construisent des images sensorielles uniques que l'on associe comme des photos d'identité au nom de la source qui les produit. Des mécanismes cognitifs, fonctions indépendantes de la chaîne sensorielle, sont toujours là pour définir des groupes de ressemblances opportunistes au sein d'un continuum.

Le goût apparaît donc plutôt comme un système discriminateur que catégorisateur, toutes les molécules étant discriminables par le système gustatif. Le rôle de la gustation n'est pas de classer les goûts. En revanche, il est important de reconnaître le goût spécifique des aliments pour les consommer à nouveau ou les rejeter, selon les informations viscérales qui ont suivi une expérience antérieure (cf. chapitre 24). Et si nous ne disposons pas de termes consensuels pour décrire nos perceptions, le meilleur descripteur pour un aliment sera le nom de la recette : truite à l'oseille, etc.

« Mille et une saveurs et seulement quatre mots pour les dire » (Faurion, 1988). Il faut noter que l'expérience quotidienne ne nous fournit pas l'occasion de goûter sans olfaction de telle manière que l'on puisse découvrir l'ensemble des saveurs perceptibles. En outre, nous ne goûtons jamais de solutions pures auxquelles rattacher des descripteurs prototypiques autres que le sucre, le sel, l'acide. Nous sommes donc susceptibles de percevoir des milliards de saveurs, ce que permet le codage dans la chaîne sensorielle gustative, mais nous ne disposons culturellement que de quatre mots pour les dire.

Remerciements : *Les auteurs remercient Patrick Mac Leod et Didier Trotier pour la relecture et la discussion du manuscrit.*

▸▸ Bibliographie

ABE K., KUSAKABE Y., TANEMURA K., EMORI Y., ARAI S., 1993. Multiple genes for G protein-coupled receptors and their expression in lingual epithelia. *FEBS Letters,* 316 (3), 253-256.

ACCOLLA R., BATHELLIER B., PETERSEN C.C., CARLETON A., 2007. Differential spatial representation of taste modalities in the rat gustatory cortex. *Journal of Neuroscience,* 27 (6), 1396-1404.

ADLER E., HOON M.A., MUELLER K.L., CHANDRASHEKAR J., RYBA N.J., ZUKER C.S., 2000. A novel family of mammalian taste receptors. *Cell,* 100 (6), 693-702.

AKABAS M.H., DODD J., AL-AWQATI Q., 1988. A bitter substance induces a rise in intracellular calcium in a subpopulation of rat taste cells. *Science,* 242 (4881), 1047-1050.

ARISTOTE. *De Anima,* Livre II, chapitre 10, 422b, 10-15.

AVENET P., LINDEMANN B., 1987. Patch-clamp study of isolated taste receptor cells of the frog. *Journal of Membrane Biology,* 97 (3), 223-240.

AVENET P., LINDEMANN B., 1988. Amiloride-blockable sodium currents in isolated taste receptor cells. *Journal of Membrane Biology,* 105 (3), 245-255.

AVENET P., HOFMANN F., LINDEMANN B., 1988. Transduction in taste receptor cells requires cAMP-dependent protein kinase. *Nature,* 331 (6154), 351-354.

BAQUERO A.F., GILBERTSON T.A., 2011. Insulin activates epithelial sodium channel (ENaC) *via* phosphoinositide 3-kinase in mammalian taste receptor cells. *American Journal of Physiology. Cell Physiology,* 300 (4), C860-C871.

BARRY M.A., 1999. Recovery of functional response in the nucleus of the solitary tract after peripheral gustatory nerve crush and regeneration. *Journal of Neurophysiology,* 82 (1), 237-247.

BARYSHNIKOV S.G., ROGACHEVSKAJA O.A., KOLESNIKOV S.S., 2003. Calcium signaling mediated by P2Y receptors in mouse taste cells. *Journal of Neurophysiology,* 90 (5), 3283-3294.

BÉHÉ P., DESIMONE J.A., AVENET P., LINDEMANN B., 1990. Membrane currents in taste cells of the rat fungiform papilla. Evidence for two types of Ca currents and inhibition of K currents by saccharin. *Journal of General Physiology,* 96 (5), 1061-1084.

BEHRENS M., BROCKHOFF A., KUHN C., BUFE B., WINNIG M., MEYERHOF W., 2004. The human taste receptor hTAS2R14 responds to a variety of different bitter compounds. *Biochemical and Biophysical Research Communications,* 319 (2), 479-485.

BEIDLER L.M., SMALLMAN R.L., 1965. Renewal of cells within taste buds. *Journal of Cell Biology,* 27 (2), 263-272.

BENOS D.J., STANTON B.A., 1999. Functional domains within the degenerin/epithelial sodium channel (Deg/ENaC) superfamily of ion channels. *Journal of Physiology,* 520 (3), 631-644.

BENOS D.J., AWAYDA M.S., ISMAILOV I.I., JOHNSON J.P., 1995. Structure and function of amiloride-sensitive Na^+ channels. *Journal of Membrane Biology,* 143 (1), 1-18.

BERNHARDT S.J., NAIM M., ZEHAVI U., LINDEMANN B., 1996. Changes in IP3 and cytosolic Ca^{2+} in response to sugars and non-sugar sweeteners in transduction of sweet taste in the rat. *Journal of Physiology,* 490 (2), 325-336.

BERTERETCHE M.V., BOIREAU N., PILLIAS A.M., FAURION A., 2005. Stimulus-induced increase of taste responses in the hamster chorda tympani by repeated exposure to 'novel' tastants. *Appetite,* 45, 324-333.

BO X., ALAVI A., XIANG Z., OGLESBY I., FORD A., BURNSTOCK G., 1999. Localization of ATP-gated P2X2 and P2X3 receptor immunoreactive nerves in rat taste buds. *Neuroreport,* 10 (5), 1107-1111.

BRAND J.G., TEETER J.H., KUMAZAWA T., HUQUE T., BAYLEY D.L., 1991. Transduction mechanisms for the taste of amino acids. *Physiology and Behavior,* 49 (5), 899-904.

BROCKHOFF A., BEHRENS M., MASSAROTTI A., APPENDINO G., MEYERHOF W., 2007. Broad tuning of the human bitter taste receptor hTAS2R46 to various sesquiterpene lactones, clerodane and labdane diterpenoids, strychnine, and denatonium. *Journal of Agricultural and Food Chemistry,* 55 (15), 6236-6243.

BRUCH R.C., KALINOSKI D.L., 1987. Interaction of GTP-binding regulatory proteins with chemosensory receptors. *Journal of Biological Chemistry,* 262 (5), 2401-2404.

BUFE B., BRESLIN P.A., KUHN C., REED D.R., THARP C.D., SLACK J.P., KIM U.K., DRAYNA D., MEYERHOF W., 2005. The molecular basis of individual differences in phenylthiocarbamide and propylthiouracil bitterness perception. *Current Biology,* 15 (4), 322-327.

CAICEDO A., ROPER S.D., 2001. Taste receptor cells that discriminate between bitter stimuli. *Science,* 291 (5508), 1557-1560.

CAICEDO A., KIM K.N., ROPER S.D., 2002. Individual mouse taste cells respond to multiple chemical stimuli. *Journal of Physiology,* 544 (2), 501-509.

CAO Y., ZHAO F.L., KOLLI T., HIVLEY R., HERNESS S., 2009. GABA expression in the mammalian taste bud functions as a route of inhibitory cell-to-cell communication. *In: Proceedings of the National Academy of Sciences of the USA,* 106 (10), 4006-4011.

CARTONI C., YASUMATSU K., OHKURI T., SHIGEMURA N., YOSHIDA R., GODINOT N., LE COUTRE J., NINOMIYA Y., DAMAK S., 2010. Taste preference for fatty acids is mediated by GPR40 and GPR120. *Journal of Neuroscience,* 30 (25), 8376-8382.

CERF B., FAURION A., MAC LEOD P., VAN DE MOORTELE P.F., LE BIHAN D., 1996b. Functional MRI study of human gustatory cortex. *NeuroImage,* 3 (1), S342.

CERF B., VAN DE MOORTELE P.F., GIACOMINI E., MAC LEOD P., FAURION A., LE BIHAN D., 1996a. Correlation of perception to temporal variations of fMRI signal : a taste study. *In: Proceedings of the 4th Scientific Meeting of the International Society for Magnetic Resonance in Medicine (ISMRM),* New York, 280.

CERF-DUCASTEL B., VAN DE MOORTELE P.F., MAC LEOD P., LE BIHAN D., FAURION A., 2001. Interaction of gustatory and lingual somatosensory perceptions at the cortical level in the human: a functional Magnetic Resonance Imaging study. *Chemical Senses,* 26 (4), 371-383.

CHANDRASHEKAR J., MUELLER K.L., HOON M.A., ADLER E., FENG L., GUO W., ZUKER C.S., RYBA N.J., 2000. T2Rs function as bitter taste receptors. *Cell,* 100 (6), 703-711.

CHANG R.B., WATERS H., LIMAN E.R., 2010. A proton current drives action potentials in genetically identified sour taste cells. *In: Proceedings of the National Academy of Sciences of the USA,* 107 (51), 22320-22325.

CHAUDHARI N., LANDIN A.M., ROPER S.D., 2000. A metabotropic glutamate receptor variant functions as a taste receptor. *Nature Neuroscience,* 3 (2), 113-119.

CHAUDHARI N., PEREIRA E., ROPER S.D., 2009. Taste receptors for umami: the case for multiple receptors. *American Journal of Clinical Nutrition,* 90 (3), 738S-742S.

CHAUDHARI N., YANG H., LAMP C., DELAY E., CARTFORD C., THAN T., ROPER S., 1996. The taste of monosodium glutamate: membrane receptors in taste buds. *Journal of Neuroscience,* 16 (12), 3817-3826.

CHO Y.K., FARBMAN A.I., SMITH D.V., 1998. The timing of alpha-gustducin expression during cell renewal in rat vallate taste buds. *Chemical Senses,* 23 (6), 735-742.

CLAPP T.R., STONE L.M., MARGOLSKEE R.F., KINNAMON S.C., 2001. Immunocytochemical evidence for co-expression of type III IP3 receptor with signaling components of bitter taste transduction. *BMC Neuroscience,* 2 (6).

COHN C., 1914. Organic flavours, the relation of chemical constitution to taste. *Pharmazeutische Zentrahalle,* 55, 735-747.

CONTE C., EBELING M., MARCUZ A., NEF P., ANDRES-BARQUIN P.J., 2002. Identification and characterization of human taste receptor genes belonging to the TAS2R family. *Cytogenetic and Genome Research,* 98 (1), 45-53.

CUMMINGS T.A., DANIELS C., KINNAMON S.C., 1996. Sweet taste transduction in hamster: sweeteners and cyclic nucleotides depolarize taste cells by reducing a K^+ current. *Journal of Neurophysiology,* 75 (3), 1256-1263.

CUMMINGS T.A., POWELL J., KINNAMON S.C., 1993. Sweet taste transduction in hamster taste cells: evidence for the role of cyclic nucleotides. *Journal of Neurophysiology,* 70 (6), 2326-2336.

DANDO R., ROPER S.D., 2009. Cell-to-cell communication in intact taste buds through ATP signalling from pannexin 1 gap junction hemichannels. *Journal of Physiology,* 587 (24), 5899-5906.

DE ARAUJO I.E., KRINGELBACH M.L., ROLLS E.T., McGLONE F., 2003. Human cortical responses to water in the mouth, and the effects of thirst. *Journal of Neurophysiology,* 90 (3), 1865-1876.

DEFAZIO R.A., DVORYANCHIKOV G., MARUYAMA Y., KIM J.W., PEREIRA E., ROPER S.D., CHAUDHARI N., 2006. Separate populations of receptor cells and presynaptic cells in mouse taste buds. *Journal of Neuroscience,* 26 (15), 3971-3980.

DELAY E.R., SEWCZAK G.M., STAPLETON J.R., ROPER S.D., 2004. Glutamate taste: discrimination between the tastes of glutamate agonists and monosodium glutamate in rats. *Chemical Senses,* 29 (4), 291-299.

DELAY E.R., MITZELFELT J.D., WESTBURG A.M., GROSS N., DURAN B.L., ESCHLE B.K., 2007. Comparison of L-monosodium glutamate and L-amino acid taste in rats. *Neuroscience,* 148 (1), 266-278.

DELWICHE J.F., BULETIC Z., BRESLIN P.A., 2001. Covariation in individuals' sensitivities to bitter compounds: evidence supporting multiple receptor/transduction mechanisms. *Perception and Psychophysics,* 63 (5), 761-776.

DI LORENZO P.M., VICTOR J.D., 2003. Taste response variability and temporal coding in the nucleus of the solitary tract of the rat. *Journal of Neurophysiology,* 90 (3), 1418-1431.

DOETSCH GS., ERICKSON R.P., 1970. Synaptic processing of taste-quality information in the nucleus tractus solitarius of the rate. *Journal of Neurophysiology,* 33 (4), 490-507.

DVORYANCHIKOV G., HUANG Y.A., BARRO-SORIA R., CHAUDHARI N., ROPER S.D., 2011. GABA, its receptors, and GABAergic inhibition in mouse taste buds. *Journal of Neuroscience,* 31 (15), 5782-5791.

ERICKSON R.P., 1963. Sensory neural patterns and gustation. *In: Olfaction and Taste I* (Y. Zotterman, ed.), MacMillan, New York, 205-213.

ERICKSON R.P., 1984a. On the neural basis of behaviour. *American Scientist,* 72, 233-241.

ERICKSON R.P., 1984b. Ohrwall, Henning and von Skramlik; the foundations of the four primary positions in taste. *Neuroscience and Biobehavioral Reviews,* 8 (1), 105-127.

ERICKSON R.P., 2008. A study of the science of taste: on the origins and influence of the core ideas. *Behavioural Brain Science,* 31 (1), 59-75, discussion 75-105.

ERICKSON R.P., DOETSCH G.S., MARSHALL D.A., 1965. The gustatory neural response function. *Journal of General Physiology,* 49 (2), 247-263.

FARBMAN A.I., 1980. Renewal of taste bud cells in rat circumvallate papillae. *Cell Tissue Kinetics,* 13 (4), 349-357.

FAURION A., 1987a. Physiology of the sweet taste. *Progress in Sensory Physiology,* 8, 130-201.

FAURION A., 1987b. MSG as one of the sensitivities within a continuous taste space : electrophysiological and psychophysical studies. *In: Umami, a Basic Taste* (Y. Kawamura, M.R. Kare, eds), Marcel Dekker, New York and Basel, 387-408.

FAURION A., 1988. Naissance et obsolescence du concept de quatre qualités en gustation. *Journal d'agriculture traditionnelle et de botanique appliquée,* 35, 21-40.

FAURION A., 1991. Are umani taste receptor sites structurally related to glutamate CNS receptor sites? *Physiology and Behavior,* 49 (5), 905-912.

FAURION A., 1993. Physiology of sweet taste and molecular receptors. *In: Sweet Taste Chemoreception* (J. Kanters, M. Mathlouti, eds), Applied Science Publisher, 291-315.

FAURION A., 1994. Structure and dimension of the taste sensory space: central and peripheral data. *In: Olfaction and Taste XI* (K. Kurihara, N. Suzuki, H. Ogawa, eds), Springer Verlag, 301-304.

FAURION A., 2008. Interindividual differences of sensitivity in humans and hamsters and multiple receptor sites for organic molecules: the sweet example. *In: Sweetness and Sweeteners* (D. Weerasinghe, G.E. DuBois, eds), ACS book, Washington, 296-334. ISBN 978 0 8412 7432 7.

FAURION A., VAYSSETTES-COURCHAY C., 1990. Taste as a highly discriminative system: a hamster intrapapillar single unit study with 18 compounds. *Brain Research,* 512 (2), 317-332.

FAURION A., SAITO S, MAC LEOD P., 1980. Sweet taste involves several distinct receptor mechanisms. *Chemical Senses,* 5 (2), 107-121.

FAURION A., CERF B., LE BIHAN D., PILLIAS A.M., 1998. fMRI study of taste cortical areas in Humans (activations observed in relation to the hedonic and semantic status of the stimulus). *Annals of the New York Academy of Sciences,* 585, 535-545.

FAURION A., CERF B., PILLIAS A.M., BOIREAU N., 2002. Increased taste sensitivity by familiarization to "novel" stimuli. Psychophysics, fMRI and electrophysiological techniques suggest modulations at peripheral and central levels. *In: Olfaction, Taste and Cognition* (C. Rouby, B. Schaal, D. Dubois, R. Gervais, A. Holley, eds), Cambridge University Press, New York, 350-366.

FAURION A., CERF B., VAN DE MOORTELE P.F., LOBEL E., MAC LEOD P., LE BIHAN D., 1999. Human taste cortical areas studied with functional Magnetic Resonance Imaging: evidence of functional lateralization related to handedness. *Neuroscience Letters,* 277 (3), 189-192.

FEDOROV I.V., ROGACHEVSKAJA O.A., KOLESNIKOV S.S., 2007. Modeling P2Y receptor-Ca^{2+} response coupling in taste cells. *Biochimica et Biophysica Acta,* 1768 (7), 1727-1740.

FENECH C., PATRIKAINEN L., KERR D.S., GRALL S., LIU Z., LAUGERETTE F., MALNIC B., MONTMAYEUR J.P., 2009. Ric-8A, a Gα protein guanine nucleotide exchange factor potentiates taste receptor signaling. *Frontiers in Cell Neuroscience*, 3, 11.

FICK A., 1864. Anatomie des Gesmacksorganes. *In: Lehrbuch der Anatomie und Physiologie der Sinnesorgane*, 67-88, M. Schauenburg, Lahr.

FINGER T.E., 1997. Evolution of taste and solitary chemoreceptor cell systems. *Brain, Behavior and Evolution*, 50 (4), 234-243.

FINGER T.E., DANILOVA V., BARROWS J., BARTEL D.L., VIGERS A.J., STONE L., HELLEKANT G., KINNAMON S.C., 2005. ATP signaling is crucial for communication from taste buds to gustatory nerves. *Science*, 310 (5753), 1495-1499.

FRANK M., 1973. An analysis of hamster afferent taste nerve response functions. *Journal of General Physiology*, 61 (5), 588-618.

FRANK M., PFAFFMANN C., 1969. Taste nerve fibers: a random distribution of sensitivities to four tastes. *Science*, 164 (884), 1183-1185.

FROLOFF N., FAURION A., MAC LEOD P., 1996. Multiple human taste receptor sites: a molecular modeling approach. *Chemical Senses*, 21 (4), 425-445.

FROLOFF N., LLORET E., MARTINEZ J.M., FAURION A., 1998. Cross-adaptation and molecular modeling study of receptor mechanisms common to four taste stimuli in humans. *Chemical Senses*, 23 (2), 197-206.

FURUYAMA A., KOGANEZAWA M., SHIMADA I., 1999. Multiple receptor sites for nucleotide reception in the labellar taste receptor cells of the fleshfly *Boettcherisca peregrina*. *Journal of Insect Physiology*, 45 (3), 249-255.

GAILLARD D., LAUGERETTE F., DARCEL N., EL-YASSIMI A., PASSILLY-DEGRACE P., HICHAMI A., KHAN N.A., MONTMAYEUR J.P., BESNARD P., 2008. The gustatory pathway is involved in CD36-mediated orosensory perception of long-chain fatty acids in the mouse. *FASEB Journal*, 22 (5), 1458-1468.

GILBERTSON T.A., AVENET P., KINNAMON S.C., ROPER S.D., 1992. Proton currents through amiloride-sensitive Na channels in hamster taste cells. Role in acid transduction. *Journal of General Physiology*, 100 (5), 803-824.

GILBERTSON T.A., LIU L., YORK DA., BRAY GA., 1998. Dietary fat preferences are inversely correlated with peripheral gustatory fatty acid sensitivity. *Annals of the New York Academy of Sciences*, 855, 165-168.

GILBERTSON T.A., FONTENOT D.T., LIU L., ZHANG H., MONROE W.T., 1997. Fatty acid modulation of K^+ channels in taste receptor cells: gustatory cues for dietary fat. *American Journal of Physiology*, 272 (4 Pt 1), C1203-C1210.

GILBERTSON T.A., LIU L., KIM I., BURKS C.A., HANSEN D.R., 2005. Fatty acid responses in taste cells from obesity-prone and -resistant rats. *Physiology and Behavior*, 86 (5), 681-690.

GLENDINNING J.I., FELD N., GOODMAN L., BAYOR R., 2008. Contribution of orosensory stimulation to strain differences in oil intake by mice. *Physiology and Behavior*, 95 (3), 476-483.

HAASE L., CERF-DUCASTEL B., MURPHY C., 2009. Cortical activation in response to pure taste stimuli during the physiological states of hunger and satiety. *NeuroImage*, 44 (3), 1008-1021.

HAMAMICHI R., ASANO-MIYOSHI M., EMORI Y., 2006. Taste bud contains both short-lived and long-lived cell populations. *Neuroscience*, 141, 2129-2138.

HAYATO R., OHTUBO Y., YOSHII K., 2007. Functional expression of ionotropic purinergic receptors on mouse taste bud cells. *Journal of Physiology*, 584 (2), 473-488.

HAYES J.E., BARTOSHUK L.M., KIDD J.R., DUFFY V.B., 2008. Supertasting and PROP bitterness depends on more than the TAS2R38 gene. *Chemical Senses*, 33 (3), 255-265.

HE W., YASUMATSU K., VARADARAJAN V., YAMADA A., LEM J., NINOMIYA Y., MARGOLSKEE R.F., DAMAK S., 2004. Umami taste responses are mediated by α-transducin and α-gustducin. *Journal of Neuroscience*, 24 (35), 7674-7680.

HENNING H., 1916. Die Qualitätenreihe des Geschmacks. *Zeitschrift für Psychologie*, 74, 203-219.

HEVEZI P., MOYER B.D., LU M., GAO N., WHITE E., ECHEVERRI F., KALABAT D., SOTO H., LAITA B., LI C., YEH S.A., ZOLLER M., ZLOTNIK A., 2009. Genome-wide analysis of gene expression in primate taste buds reveals links to diverse processes. *PLoS One*, 4 (7), e6395.

HOON M.A., ADLER E., LINDEMEIER J., BATTEY J.F., RYBA N.J., ZUKER C.S., 1999. Putative mammalian taste receptors: a class of taste-specific GPCRs with distinct topographic selectivity. *Cell*, 96 (4), 541-551.

HUANG Y.A., ROPER S.D., 2010. Intracellular Ca(2$^+$) and TRPM5-mediated membrane depolarization produce ATP secretion from taste receptor cells. *Journal of Physiology*, 588 (13), 2343-2350.

HUANG Y.A., MARUYAMA Y., ROPER S.D., 2008b. Norepinephrine is coreleased with serotonin in mouse taste buds. *Journal of Neuroscience*, 28 (49), 13088-13093.

HUANG Y.A., MARUYAMA Y., STIMAC R., ROPER S.D., 2008a. Presynaptic (type III) cells in mouse taste buds sense sour (acid) taste. *Journal of Physiology*, 586 (Pt 12), 2903-12.

HUANG Y.J., MARUYAMA Y., DVORYANCHIKOV G., PEREIRA E., CHAUDHARI N., ROPER S.D., 2007. The role of pannexin 1 hemichannels in ATP release and cell-cell communication in mouse taste buds. *In: Proceedings of the National Academy of Sciences of the USA*, 104 (15), 6436-6441.

HUANG Y.J., MARUYAMA Y., LU K.S., PEREIRA E., PLONSKY I., BAUR J.E., WU D., ROPER S.D., 2005. Mouse taste buds use serotonin as a neurotransmitter. *Journal of Neuroscience*, 25 (4), 843-847.

HUANG L., SHANKER Y.G., DUBAUSKAITE J., ZHENG J.Z., YAN W., ROSENZWEIG S., SPIELMAN A.I., MAX M., MARGOLSKEE R.F., 1999. Gγ13 colocalizes with gustducin in taste receptor cells and mediates IP3 responses to bitter denatonium. *Nature Neuroscience*, 2 (12), 1055-1062.

IKEDA K., 1909. On a new seasoning. *Journal of the Tokyo Chemical Society*, 820-836.

ISHIDA Y., UGAWA S., UEDA T., YAMADA T., SHIBATA Y., HONDOH A., INOUE K., YU Y., SHIMADA S., 2009. P2X(2)- and P2X(3)-positive fibers in fungiform papillae originate from the chorda tympani but not the trigeminal nerve in rats and mice. *Journal of Comparative Neurology*, 514 (2), 131-144.

ISHIMARU Y., MATSUNAMI H., 2009. Transient receptor potential (TRP) channels and taste sensation. *Journal of Dental Research*, 88 (3), 212-218.

JIANG P., JI Q., LIU Z., SNYDER L.A., BENARD L.M., MARGOLSKEE R.F., MAX M., 2004. The cysteine-rich region of T1R3 determines responses to intensely sweet proteins. *Journal of Biological Chemistry*, 279 (43), 45068-45075.

JYOTAKI M., SHIGEMURA N., NINOMIYA Y., 2010. Modulation of sweet taste sensitivity by orexigenic and anorexigenic factors. *Endocr. J.*, 57 (6), 467-475.

KATAOKA S., TOYONO T., SETA Y., OGURA T., TOYOSHIMA K., 2004. Expression of P2Y1 receptors in rat taste buds. *Histochemistry and Cell Biology*, 121 (5), 419-426.

KATAOKA S., YANG R., ISHIMARU Y., MATSUNAMI H., SÉVIGNY J., KINNAMON J.C., FINGER T.E., 2008. The candidate sour taste receptor, PKD2L1, is expressed by type III taste cells in the mouse. *Chemical Senses*, 33 (3), 243-254.

KAWAI K., SUGIMOTO K., NAKASHIMA K., MIURA H., NINOMIYA Y., 2000. Leptin as a modulator of sweet taste sensitivities in mice. *In: Proceedings of the National Academy of Sciences of the USA*, 97 (20), 11044-11049.

KIESOW F., 1896. *Wundt's Phil. Studies*, 12, 273.

KIM U.K., BRESLIN P.A., REED D., DRAYNA D., 2004. Genetics of human taste perception. *Journal of Dental Research*, 83 (6), 448-453.

KINNAMON S.C., VANDENBEUCH A., 2009. Receptors and transduction of umami taste *stimuli. Annals of the New York Academy of Sciences*, 1170, 55-59.

KOBAYAKAWA T., OGAWA H., KANEDA H., AYABE-KANAMURA S., ENDO H., SAITO S., 1999. Spatiotemporal analysis of cortical activity evoked by gustatory stimulation in humans. *Chemical Senses*, 24 (2), 201-209.

KOBAYAKAWA T., ENDO H., AYABE-KANAMURA S., KUMAGAI T., YAMAGUCHI Y., KIKUCHI Y., TAKEDA T., SAITO S., OGAWA H., 1996. The primary gustatory area in human cerebral cortex studied by magnetoencephalography. *Neuroscience Letters*, 212 (3), 155-158.

KRETZ O., BARBEY P., BOCK R., LINDEMANN B., 1999. *Journal of Histochemistry and Cytochemistry*, 47, 51-54.

KRINGELBACH M.L., DE ARAUJO I.E., ROLLS E.T., 2004. Taste-related activity in the human dorsolateral prefrontal cortex. *NeuroImage*, 21 (2), 781-788.

KRIZHANOVSKY V., AGAMY O., NAIM M., 2000. Sucrose-stimulated subsecond transient increase in cGMP level in rat intact circumvallate taste bud cells. *American Journal of Physiology. Cell Physiology*, 279 (1), C120-C125.

Kuhn C., Bufe B., Winnig M., Hofmann T., Frank O., Behrens M., Lewtschenko T., Slack J.P., Ward C.D., Meyerhof W., 2004. Bitter taste receptors for saccharin and acesulfame K. *Journal of Neuroscience,* 24 (45), 10260-10265.

Kurihara K., 1972. Inhibition of cyclic 3',5'-nucleotide phosphodiesterase in bovine taste papillae by bitter taste stimuli. *FEBS Letters,* 27 (2), 279-281.

Kusakabe Y., Yamaguchi E., Tanemura K., Kameyama K., Chiba N., Arai S., Emori Y., Abe K., 1998. Identification of two α-subunit species of GTP-binding proteins, Gα15 and Gαq, expressed in rat taste buds. *Biochimica et Biophysica Acta,* 1403 (3), 265-272.

Laugerette F., Passilly-Degrace P., Patris B., Niot I., Febbraio M., Montmayeur J.P., Besnard P., 2005. CD36 involvement in orosensory detection of dietary lipids, spontaneous fat preference, and digestive secretions. *Journal of Clinical Investigations,* 115 (11), 3177-3184.

Lee S.B., Lee C.H., Kim S.N., Chung K.M., Cho Y.K., Kim K.N., 2009. Type II and III taste bud cells preferentially expressed kainate glutamate receptors in rats. *Korean Journal of Physiology and Pharmacology,* 13 (6), 455-460.

Lee Y., Moon S.J., Montell C., 2009. Multiple gustatory receptors required for the caffeine response in *Drosophila. In: Proceedings of the National Academy of Sciences of the USA,* 106 (11), 4495-4500.

Lei Q., Yan J.Q., Shi J.H., Yang X.J., Chen K., 2007. Inhibitory responses of parabrachial neurons evoked by taste stimuli in rat. *Sheng Li Xue Bao,* 59 (3), 260-266.

Li X., Staszewski L., Xu H., Durick K., Zoller M., Adler E., 2002. Human receptors for sweet and umami taste. *In: Proceedings of the National Academy of Sciences of the USA,* 99 (7), 4692-4696.

Liao J., Schultz P.G., 2003. Three sweet receptor genes are clustered in human chromosome 1. *Mammalian Genome,* 14 (5), 291-301.

Lin W., Kinnamon S.C., 1999. Physiological evidence for ionotropic and metabotropic glutamate receptors in rat taste cells. *Journal of Neurophysiology,* 82 (5), 2061-2069.

Lin W., Finger T.E., Rossier B.C., Kinnamon S.C., 1999. Epithelial Na$^+$ channel subunits in rat taste cells: localization and regulation by aldosterone. *Journal of Comparative Neurology,* 405 (3), 406-420.

Lin W., Burks C.A., Hansen D.R., Kinnamon S.C., Gilbertson T.A., 2004. Taste receptor cells express pH-sensitive leak K$^+$ channels. *Journal of Neurophysiology,* 92 (5), 2909-2919.

Liu P., Shah B.P., Croasdell S., Gilbertson T.A., 2011. Transient receptor potential channel type m5 is essential for fat taste. *Journal of Neuroscience,* 31 (23), 8634-8642.

LopezJimenez N.D., Cavenagh M.M., Sainz E., Cruz-Ithier M.A., Battey J.F., Sullivan S.L., 2006. Two members of the TRPP family of ion channels, Pkd1l3 and Pkd2l1, are co-expressed in a subset of taste receptor cells. *Journal of Neurochemistry,* 98 (1), 68-77.

Lugaz O., 2004. Convergence des sensations gustatives et somesthésiques : cas particulier des acides. Thèse, université Paris Sud 11, 243 p.

Lugaz O., Pillias A.M., Faurion A., 2002. A new specific ageusia: some humans cannot taste L-glutamate. *Chemical Senses,* 27, 105-115.

Lugaz O., Pillias A.M., Boireau-Ducept N., Faurion A., 2005. Time-intensity evaluation of acid taste in subjects with saliva high flow and low flow rates for acids of various chemical properties. *Chemical Senses,* 30 (1), 89-103.

Lyall V., Heck G.L., Phan T.H., Mummalaneni S., Malik S.A., Vinnikova A.K., Desimone J.A., 2005. Ethanol modulates the VR-1 variant amiloride-insensitive salt taste receptor. 2. Effect on chorda tympani salt responses. *Journal of General Physiology,* 125 (6), 587-600.

Lyall V., Phan T.H., Mummalaneni S., Mansouri M., Heck G.L., Kobal G., DeSimone J.A., 2007. Effect of nicotine on chorda tympani responses to salty and sour stimuli. *Journal of Neurophysiology,* 98 (3), 1662-1674.

Lyall V., Phan T.H., Mummalaneni S., Melone P., Mahavadi S., Murthy K.S., DeSimone J.A., 2009. Regulation of the benzamil-insensitive salt taste receptor by intracellular Ca^{2+}, protein kinase C, and calcineurin. *Journal of Neurophysiology,* 102 (3), 1591-1605.

Lyall V., Heck G.L., Vinnikova A.K., Ghosh S., Phan T.H., Alam R.I., Russell OF., Malik S.A., Bigbee J.W., DeSimone J.A., 2004. The mammalian amiloride-insensitive non-specific salt taste receptor is a vanilloid receptor-1 variant. *Journal of Physiology,* 558 (1), 147-159.

MARUYAMA Y., PEREIRA E., MARGOLSKEE R.F., CHAUDHARI N., ROPER S.D., 2006. Umami responses in mouse taste cells indicate more than one receptor. *Journal of Neuroscience,* 26 (8), 2227-2234.

MATSUMURA S., EGUCHI A., MIZUSHIGE T., KITABAYASHI N., TSUZUKI S., INOUE K., FUSHIKI T., 2009. Colocalization of GPR120 with phospholipase-Cß2 and α-gustducin in the taste bud cells in mice. *Neuroscience Letters,* 450 (2), 186-190.

MATSUNAMI H., MONTMAYEUR J.P., BUCK L.B., 2000. A family of candidate taste receptors in human and mouse. *Nature,* 404 (6778), 601-604.

MAX M., SHANKER Y.G., HUANG L., RONG M., LIU Z., CAMPAGNE F., WEINSTEIN H., DAMAK S., MARGOLSKEE R.F., 2001. Tas1r3, encoding a new candidate taste receptor, is allelic to the sweet responsiveness locus Sac. *Nature Genetics,* 28 (1), 58-63.

MCCAUGHEY S.A., 2007. Taste-evoked responses to sweeteners in the nucleus of the solitary tract differ between C57BL/6ByJ and 129P3/J mice. *Journal of Neuroscience,* 27 (1), 35-45.

MCLAUGHLIN S.K., MCKINNON P.J., MARGOLSKEE R.F., 1992. Gustducin is a taste-cell-specific G protein closely related to the transducins. *Nature,* 357 (6379), 563-569.

MCLAUGHLIN S.K., MCKINNON P.J., SPICKOFSKY N., DANHO W., MARGOLSKEE R.F., 1994. Molecular cloning of G proteins and phosphodiesterases from rat taste cells. *Physiology and Behavior,* 56 (6), 1157-1164.

MEYERHOF W., BATRAM C., KUHN C., BROCKHOFF A., CHUDOBA E., BUFE B., APPENDINO G., BEHRENS M., 2010. The molecular receptive ranges of human TAS2R bitter taste receptors. *Chemical Senses,* 35 (2), 157-170.

MISAKA T., KUSAKABE Y., EMORI Y., GONOI T., ARAI S., ABE K., 1997. Taste buds have a cyclic nucleotide-activated channel, CNGgust. *Journal of Biological Chemistry,* 272 (36), 22623-22629.

MIURA H., NAKAYAMA A., SHINDO Y., KUSAKABE Y., TOMONARI H., HARADA S., 2007. Expression of gustducin overlaps with that of type III IP3 receptor in taste buds of the rat soft palate. *Chemical Senses,* 32 (7), 689-696.

MIYOSHI M.A., ABE K., EMORI Y., 2001. IP(3) receptor type 3 and PLCß2 are co-expressed with taste receptors T1R and T2R in rat taste bud cells. *Chemical Senses,* 26 (3), 259-265.

MIZOGUCHI C., KOBAYAKAWA T., SAITO S., OGAWA H., 2002. Gustatory evoked cortical activity in humans studied by simultaneous EEG and MEG recording. *Chemical Senses,* 27 (7), 629-634.

MONTMAYEUR J.P., LIBERLES S.D., MATSUNAMI H., BUCK L.B., 2001. A candidate taste receptor gene near a sweet taste locus. *Nature Neuroscience,* 4 (5), 492-498.

MURRAY R.G., MURRAY A., 1967. Fine structure of taste buds of rabbit foliate papillae. *Journal of Ultrastructure Research,* 19 (3), 327-353.

NADA O., HIRATA K., 1975. Specific effect of 5,6-dihydroxytryptamine on the monoamine fluorophore of the frog's gustatory cells. *Histochemistry,* 45 (2), 121-127.

NAGY J.I., GOEDERT M., HUNT S.P., BOND A., 1982. The nature of the substance P-containing nerve fibres in taste papillae of the rat tongue. *Neuroscience,* 7 (12), 3137-3151.

NAKASHIMA K., NINOMIYA Y., 1998. Increase in inositol 1,4,5-triphosphate levels of the fungiform papilla in response to saccharin and bitter substances in mice. *Cell Phyiology and Biochemistry,* 8 (4), 224-230.

NAKASHIMA K., NINOMIYA Y., 1999. Transduction for sweet taste of saccharin may involve both inositol 1,4,5-trisphosphate and cAMP pathways in the fungiform taste buds in C57BL mice. *Cell Phyiology and Biochemistry,* 9 (2), 90-98.

NELSON T.M., LOPEZJIMENEZ N.D., TESSAROLLO L., INOUE M., BACHMANOV A.A., SULLIVAN S.L., 2010. Taste function in mice with a targeted mutation of the pkd1l3 gene. *Chemical Senses,* 35 (7), 565-577.

NELSON G., CHANDRASHEKAR J., HOON M.A., FENG L., ZHAO G., RYBA N.J., ZUKER C.S., 2002. An amino-acid taste receptor. *Nature,* 416 (6877), 199-202.

OAKLEY B., 1991. Neuronal-epithelial interactions in mammalian gustatory epithelium. *Ciba Foundation Symposium,* 160, 277-287.

O'DOHERTY J.P., DEICHMANN R., CRITCHLEY H.D., DOLAN R.J., 2002. Neural responses during anticipation of a primary taste reward. *Neuron,* 33 (5), 815-826.

O'DOHERTY J., ROLLS E.T., FRANCIS S., BOWTELL R., MCGLONE F., 2001. Representation of pleasant and aversive taste in the human brain. *Journal of Neurophysiology,* 85 (3), 1315-1321.

OGAWA H., WAKITA M., HASEGAWA K., KOBAYAKAWA T., SAKAI N., HIRAI T., YAMASHITA Y., SAITO S., 2005. Functional MRI detection of activation in the primary gustatory cortices in humans. *Chemical Senses*, 30 (7), 583-592.

OGURA T., KINNAMON S.C., 1999. IP(3)-Independent release of Ca($2+$) from intracellular stores: a novel mechanism for transduction of bitter stimuli. *Journal of Neurophysiology*, 82 (5), 2657-2666.

OHKURI T., YASUMATSU K., HORIO N., JYOTAKI M., MARGOLSKEE R.F., NINOMIYA Y., 2009. Multiple sweet receptors and transduction pathways revealed in knockout mice by temperature dependence and gurmarin sensitivity. *American Journal of Physiology. Regulatory, Integrative and Comparative Physiology*, 296 (4), R960-R971.

OKADA Y., MIYAMOTO T., SATO T., 1987. Depolarization induced by injection of cyclic nucleotides into frog taste cell. *Biochimica et Biophysica Acta*, 904 (2), 187-190.

OKADA Y., FUJIYAMA R., MIYAMOTO T., SATO T., 1998. Inositol 1,4,5-trisphosphate activates non-selective cation conductance *via* intracellular Ca^{2+} increase in isolated frog taste cells. *European Journal of Neuroscience*, 10 (4), 1376-1382.

O'MAHONY M., ISHII R., 1986. A comparison of English and Japanese taste languages: taste descriptive methodology, codability and the umami taste. *British Journal of Psychology*, 77 (2), 161-174.

OZAKI M., AMAKAWA T., 1992. Adaptation-promoting effect of IP3, Ca^{2+}, and phorbol ester on the sugar taste receptor cell of the blowfly, *Phormia regina*. *Journal of General Physiology*, 100 (5), 867-879.

OZECK M., BRUST P., XU H., SERVANT G., 2004. Receptors for bitter, sweet and umami taste couple to inhibitory G protein signaling pathways. *European Journal of Pharmacology*, 489 (3), 139-149.

OZEKI M., SATO M., 1972. Responses of gustatory cells in the tongue of the rat to stimuli representing the four taste qualities. *Comparative Biochemistry and Physiology A*, 41, 291-407.

PÉREZ C.A., HUANG L., RONG M., KOZAK J.A., PREUSS A.K., ZHANG H., MAX M., MARGOLSKEE R.F., 2002. A transient receptor potential channel expressed in taste receptor cells. *Nature Neuroscience*, 5 (11), 1169-1176.

PFAFFMANN C., 1939. Specific gustatory impulses. *Journal of Physiology*, 96, 41P-42P.

PFAFFMANN C., 1955. Gustatory nerve impulses in rat, cat and rabbit. *Journal of Neurophysiology*, 18 (5), 429-440.

PLATA-SALAMÁN C.R., SCOTT T.R., SMITH-SWINTOSKY V.L., 1993. Gustatory neural coding in the monkey cortex: the quality of sweetness. *Journal of Neurophysiology*, 69 (2), 482-493.

PRICE S., 1973. Phosphodiesterase in tongue epithelium: activation by bitter taste stimuli. *Nature*, 241 (5384), 54-55.

RALIOU M., BOUCHER Y., WIENCIS A., BÉZIRARD V., PERNOLLET J.C., TROTIER D., FAURION A., MONTMAYEUR J.P., 2009a. Tas1R1-Tas1R3 taste receptor variants in human fungiform papillae. *Neuroscience Letters*, 451 (3), 217-221.

RALIOU M., WIENCIS A., PILLIAS A.M., PLANCHAIS A., ELOIT C., BOUCHER Y., TROTIER D., MONTMAYEUR J.P., FAURION A., 2009b. Nonsynonymous single nucleotide polymorphisms in human Tas1R1, Tas1R3, and mGluR1 and individual taste sensitivity to glutamate. *American Journal of Clinical Nutrition*, 90 (3), 789S-799S.

RALIOU M., GRAUSO M., HOFFMANN B., SCHLEGEL-LE-POUPON C., NESPOULOUS C., DÉBAT H., BELLOIR C., WIENCIS A., SIGOILLOT M., PREET BANO S., TROTIER D., PERNOLLET J.C., MONTMAYEUR J.P., FAURION A., BRIAND L., 2011. Human genetic polymorphisms in T1R1 and T1R3 taste receptor subunits affect their function. *Chemical Senses*, 36, 527-537.

REED D.R., ZHU G., BRESLIN P.A., DUKE F.F., HENDERS A.K., CAMPBELL M.J., MONTGOMERY G.W., MEDLAND S.E., MARTIN N.G., WRIGHT M.J., 2010. The perception of quinine taste intensity is associated with common genetic variants in a bitter receptor cluster on chromosome 12. *Human Molecular Genetics*, 19 (21), 4278-4285.

ROBERTS C.D., DVORYANCHIKOV G., ROPER S.D., CHAUDHARI N., 2009. Interaction between the second messengers cAMP and Ca^{2+} in mouse presynaptic taste cells. *Journal of Physiology*, 587 (8), 1657-1668.

ROLLS E.T., YAXLEY S., SIENKIEWICZ Z.J., 1990. Gustatory responses of single neurons in the caudolateral orbitofrontal cortex of the macaque monkey. *Journal of Neurophysiology*, 64 (4), 1055-1066.

ROMANOV R.A., KOLESNIKOV S.S., 2006. Electrophysiologically identified subpopulations of taste bud cells. *Neuroscience Letters,* 395 (3), 249-254.

ROMANOV R.A., ROGACHEVSKAJA O.A., BYSTROVA M.F., JIANG P., MARGOLSKEE R.F., KOLESNIKOV S.S., 2007. Afferent neurotransmission mediated by hemichannels in mammalian taste cells. *EMBO Journal,* 26 (3), 657-667.

ROSEN A.M., DI LORENZO PM., 2009. Two types of inhibitory influences target different groups of taste-responsive cells in the nucleus of the solitary tract of the rat. *Brain Research,* 1275, 24-32.

ROSSIER O., CAO J., HUQUE T., SPIELMAN A.I., FELDMAN R.S., MEDRANO J.F., BRAND J.G., LE COUTRE J., 2004. Analysis of a human fungiform papillae cDNA library and identification of taste-related genes. *Chemical Senses,* 29 (1), 13-23.

RÖSSLER P., KRONER C., FREITAG J., NOÈ J., BREER H., 1998. Identification of a phospholipase C ß subtype in rat taste cells. *European Journal of Cell Biology,* 77 (3), 253-261.

RUIZ-AVILA L., MCLAUGHLIN S.K., WILDMAN D., MCKINNON P.J., ROBICHON A., SPICKOFSKY N., MARGOLSKEE R.F., 1995. Coupling of bitter receptor to phosphodiesterase through transducin in taste receptor cells. *Nature,* 376 (6535), 80-85.

SAINZ E., KORLEY J.N., BATTEY J.F., SULLIVAN S.L., 2001. Identification of a novel member of the T1R family of putative taste receptors. *Journal of Neurochemistry,* 77 (3), 896-903.

SAN GABRIEL A., UNEYAMA H., YOSHIE S., TORII K., 2005. Cloning and characterization of a novel mGluR1 variant from vallate papillae that functions as a receptor for L-glutamate stimuli. *Chemical Senses,* 30 (suppl. 1), i25-i26.

SATO T., BEIDLER L.M., 1997. Broad tuning of rat taste cells for four basic taste stimuli. *Chemical Senses,* 22 (3), 287-293.

SBARBATI A., MERIGO F., BENATI D., TIZZANO M., BERNARDI P., CRESCIMANNO C., OSCULATI F., 2004. Identification and characterization of a specific sensory epithelium in the rat larynx. *Journal of Comparative Neurology,* 475 (2), 188-201.

SCHIFFMAN S.S., ERICKSON R.P., 1980. The issue of primary tastes versus a taste continuum. *Neuroscience and Biobehavioral Reviews,* 4 (2), 109-117.

SCHIFFMAN S.S., CAHN H., LINDLEY M.G., 1981. Multiple receptor sites mediate sweetness: evidence from cross adaptation. *Pharmacology Biochemistry and Behavior,* 15 (3), 377-388.

SCHIFFMAN S.S., REILLY D.A., CLARK T.B., 1979. Qualitative differences among sweeteners. *Physiology and Behavior,* 23 (1), 1-9.

SCLAFANI A., ACKROFF K., ABUMRAD N.A., 2007. CD36 gene deletion reduces fat preference and intake but not post-oral fat conditioning in mice. *American Journal of Physiology. Regulatory, Integrative and Comparative Physiology,* 293 (5), R1823-R1832.

SCOTT T.R., GIZA B.K., YAN J., 1999. Gustatory neural coding in the cortex of the alert cynomolgus macaque: the quality of bitterness. *Journal of Neurophysiology,* 81 (1), 60-71.

SCOTT T.R., YAXLEY S., SIENKIEWICZ ZJ., ROLLS E.T., 1986a. Gustatory responses in the nucleus tractus solitarius of the alert cynomolgus monkey. *Journal of Neurophysiology,* 55 (1), 182-200.

SCOTT T.R., YAXLEY S., SIENKIEWICZ ZJ., ROLLS E.T., 1986b. Gustatory responses in the frontal opercular cortex of the alert cynomolgus monkey. *Journal of Neurophysiology,* 56 (3), 876-890.

SCOTT T.R., KARADI Z., OOMURA Y., NISHINO H., PLATA-SALAMÁN C.R., LENARD L., GIZA BK., AOU S., 1993. Gustatory neural coding in the amygdala of the alert macaque monkey. *Journal of Neurophysiology,* 69 (6), 1810-1820.

SHEN T., KAYA N., ZHAO F.L., LU S.G., CAO Y., HERNESS S., 2005. Co-expression patterns of the neuropeptides vasoactive intestinal peptide and cholecystokinin with the transduction molecules α-gustducin and T1R2 in rat taste receptor cells. *Neuroscience,* 130 (1), 229-238.

SHIMIZU Y., YAMAZAKI M., NAKANISHI K., SAKURAI M., SANADA A., TAKEWAKI T., TONOSAKI K., 2003. Enhanced responses of the chorda tympani nerve to sugars in the ventromedial hypothalamic obese rat. *Journal of Neurophysiology,* 90 (1), 128-133.

SIMONS P.J., KUMMER J.A., LUIKEN J.J., BOON L., 2010. Apical CD36 immunolocalization in human and porcine taste buds from circumvallate and foliate papillae. *Acta Histochemica,* doi:10.1016/j.acthis.2010.08.006.

SLONE J., DANIELS J., AMREIN H., 2007. Sugar receptors in *Drosophila. Current Biology,* 17 (20), 1809-1816.

SMALL D.M., GREGORY M.D., MAK Y.E., GITELMAN D., MESULAM M.M., PARRISH T., 2003. Dissociation of neural representation of intensity and affective valuation in human gustation. *Neuron*, 39 (4), 701-711.

SMITH D.V., LI C.S., 1998. Tonic GABAergic inhibition of taste-responsive neurons in the nucleus of the solitary tract. *Chemical Senses*, 23 (2), 159-169.

SMITH D.V., TRAVERS J.B., 1979. A metric for the breadth of tuning of gustatory neurons. *Chemical Senses*, 4 (3), 215-219.

SMITH D.V., TRAVERS J.B., VAN BUSKIRK RL., 1979. Brainstem correlates of gustatory similarity in the hamster. *Brain Research Bulletin*, 4 (3), 359-372.

SMITH D.V., VAN BUSKIRK R.L., TRAVERS J.B., BIEBER S.L., 1983. Gustatory neuron types in hamster brain stem. *Journal of Neurophysiology*, 50 (2), 522-540.

SPIELMAN A.I., HUQUE T., NAGAI H., WHITNEY G., BRAND J.G., 1994. Generation of inositol phosphates in bitter taste transduction. *Physiology and Behavior*, 56 (6), 1149-1155.

STAPLETON J.R., ROPER S.D., DELAY E.R., 1999. The taste of monosodium glutamate (MSG), L-aspartic acid, and N-methyl-D-aspartate (NMDA) in rats: are NMDA receptors involved in MSG taste? *Chemical Senses*, 24 (4), 449-457.

STAROSTIK M.R., REBELLO M.R., COTTER K.A., KULIK A., MEDLER K.F., 2010. Expression of GABAergic receptors in mouse taste receptor cells. *PLoS One*, 5 (10), e13639.

STEVENS D.R., SEIFERT R., BUFE B., MÜLLER F., KREMMER E., GAUSS R., MEYERHOF W., KAUPP U.B., LINDEMANN B., 2001. Hyperpolarization-activated channels HCN1 and HCN4 mediate responses to sour stimuli. *Nature*, 413 (6856), 631-635.

STRIEM B.J., PACE U., ZEHAVI U., NAIM M., LANCET D., 1989. Sweet tastants stimulate adenylate cyclase coupled to GTP-binding protein in rat tongue membranes. *Biochemical Journal*, 260 (1), 121-126.

TIZZANO M., DVORYANCHIKOV G., BARROWS J.K., KIM S., CHAUDHARI N., FINGER T.E., 2008. Expression of Gα14 in sweet-transducing taste cells of the posterior tongue. *BMC Neuroscience*, 9, 110.

TOMCHIK S.M., BERG S., KIM J.W., CHAUDHARI N., ROPER S.D., 2007. Breadth of tuning and taste coding in mammalian taste buds. *Journal of Neuroscience*, 27 (40), 10840-10848.

TONOSAKI K., FUNAKOSHI M., 1984. The mouse taste cell response to five sugar stimuli. *Comparative Biochemistry and Physiology A*, 79 (4), 625-630.

TONOSAKI K., FUNAKOSHI M., 1988. Cyclic nucleotides may mediate taste transduction. *Nature*, 331 (6154), 354-356.

TONOSAKI K., FUNAKOSHI M., 1989. Cross-adapted sugar responses in the mouse taste cell. *Comparative Biochemistry and Physiology A*, 92 (2), 181-183.

TOYONO T., KATAOKA S., SETA Y., SHIGEMOTO R., TOYOSHIMA K., 2007. Expression of group II metabotropic glutamate receptors in rat gustatory papillae. *Cell and Tissue Research*, 328 (1), 57-63.

TOYONO T., SETA Y., KATAOKA S., KAWANO S., SHIGEMOTO R., TOYOSHIMA K., 2003. Expression of metabotropic glutamate receptor group I in rat gustatory papillae. *Cell and Tissue Research*, 313 (1), 29-35.

TOYONO T., SETA Y., KATAOKA S., HARADA H., MOROTOMI T., KAWANO S., SHIGEMOTO R., TOYOSHIMA K., 2002. Expression of the metabotropic glutamate receptor, mGluR4a, in the taste hairs of taste buds in rat gustatory papillae. *Archives of Histology and Cytology*, 65 (1), 91-96.

UCHIDA Y., SATO T., 1997a. Changes in outward K$^+$ currents in response to two types of sweeteners in sweet taste transduction of gerbil taste cells. *Chemical Senses*, 22 (2), 163-169.

UCHIDA Y., SATO T., 1997b. Intracellular calcium increase in gerbil taste cell by amino acid sweeteners. *Chemical Senses*, 22 (1), 83-91.

UEDA T., UGAWA S., YAMAMURA H., IMAIZUMI Y., SHIMADA S., 2003. Functional interaction between T2R taste receptors and G-protein α subunits expressed in taste receptor cells. *Journal of Neuroscience*, 23 (19), 7376-7380.

VAN DE MOORTELE P.F., CERF B., LOBEL E., PARADIS A.L., FAURION A., LE BIHAN D., 1997. Latencies in fMRI time-series: effect of slice acquisition order and perception. *NMR in Biomedicine*, 10, 230-236.

VANDENBEUCH A., CLAPP T.R., KINNAMON S.C., 2008. Amiloride-sensitive channels in type I fungiform taste cells in mouse. *BMC Neuroscience*, 9, 1.

VANDENBEUCH A., PILLIAS A.M., FAURION A., 2004. Modulation of taste peripheral signal through interpapillar inhibition in hamsters. *Neuroscience Letters,* 358 (2), 137-141.

VANDENBEUCH A., ZOREC R., KINNAMON S.C., 2010. Capacitance measurements of regulated exocytosis in mouse taste cells. *Journal of Neuroscience,* 30 (44), 14695-14701.

VARKEVISSER B., KINNAMON S.C., 2000. Sweet taste transduction in hamster: role of protein kinases. *Journal of Neurophysiology,* 83 (5), 2526-2532.

VERHAGEN JV., GIZA BK., SCOTT TR., 2003. Responses to taste stimulation in the ventroposteromedial nucleus of the thalamus in rats. *Journal of Neurophysiology,* 89 (1), 265-275.

VON BUCHHOLTZ L., ELISCHER A., TAREILUS E., GOUKA R., KAISER C., BREER H., CONZELMANN S., 2004. RGS21 is a novel regulator of G protein signalling selectively expressed in subpopulations of taste bud cells. *European Journal of Neuroscience,* 19 (6), 1535-1544.

VON SKRAMLIK E., 1926. *Handbuch der Physiologie der moderne Sinne, Band 1,* G. Thieme Verlag, Leipzig.

WAKITA M., KOBAYAKAWA T., SAITO S., SAKAI N., HIAI Y., HIRAI T., YAMASHITA Y., HASEGAWA K., MATSUNAGA K., OGAWA H., 2009. Handedness: dependent asymmetrical location of the human primary gustatory area, area G. *Neuroreport,* 20 (4), 450-455.

WANG Y.Y., CHANG R.B., ALLGOOD S.D., SILVER W.L., LIMAN E.R., 2011. A TRPA1-dependent mechanism for the pungent sensation of weak acids. *Journal of General Physiology,* 137 (6), 493-505.

WIFALL T.C., FAES T.M., TAYLOR-BURDS C.C., MITZELFELT J.D., DELAY E.R., 2007. An analysis of 5'-inosine and 5'-guanosine monophosphate taste in rats. *Chemical Senses,* 32 (2), 161-172.

WONG G.T., GANNON K.S., MARGOLSKEE R.F., 1996. Transduction of bitter and sweet taste by gustducin. *Nature,* 381 (6585), 796-800.

WOODING S., GUNN H., RAMOS P., THALMANN S., XING C., Meyerhof W., 2010. Genetics and bitter taste responses to goitrin, a plant toxin found in vegetables. *Chemical Senses,* 35 (8), 685-92.

WOOLSTON D.C., ERICKSON R.P., 1979. Concept of neuron types in gustation in the rat. *Journal of Neurophysiology,* 42 (5), 1390-1409.

YAMAMOTO T., KAWAMURA Y., 1972. A model of neural code for taste quality. *Physiology and Behavior,* 9 (4), 559-563.

YAMAMOTO T., MATSUO R., KIYOMITSU Y., KITAMURA R., 1989. Taste responses of cortical neurons in freely ingesting rats. *Journal of Neurophysiology,* 61 (6), 1244-1258.

YAMAMURA H., UGAWA S., UEDA T., NAGAO M., SHIMADA S., 2004. Protons activate the δ-subunit of the epithelial Na^+ channel in humans. *Journal of Biological Chemistry,* 279 (13), 12529-12534.

YAMASAKI H., KUBOTA Y., TAKAGI H., TOHYAMA M., 1984. Immunoelectron-microscopic study on the fine structure of substance-P-containing fibers in the taste buds of the rat. *Journal of Comparative Neurology,* 227 (3), 380-392.

YANG R., TABATA S., CROWLEY H.H., MARGOLSKEE R.F., KINNAMON J.C., 2000. Ultrastructural localization of gustducin immunoreactivity in microvilli of type II taste cells in the rat. *Journal of Comparative Neurology,* 425 (1), 139-151.

YASUMATSU K., HORIO N., MURATA Y., SHIROSAKI S., OHKURI T., YOSHIDA R., NINOMIYA Y., 2009. Multiple receptors underlie glutamate taste responses in mice. *American Journal of Clinical Nutrition,* 90 (3), 747S-752S.

YASUO T., KUSUHARA Y., YASUMATSU K., NINOMIYA Y., 2008. Multiple receptor systems for glutamate detection in the taste organ. *Biological and Pharmacological Bulletin,* 31 (10), 1833-1837.

YAXLEY S., ROLLS E.T., SIENKIEWICZ Z.J., 1990. Gustatory responses of single neurons in the insula of the macaque monkey. *Journal of Neurophysiology,* 63 (4), 689-700.

YOSHIDA R., MIYAUCHI A., YASUO T., JYOTAKI M., MURATA Y., YASUMATSU K., SHIGEMURA N., YANAGAWA Y., OBATA K., UENO H., MARGOLSKEE R.F., NINOMIYA Y., 2009a. Discrimination of taste qualities among mouse fungiform taste bud cells. *Journal of Physiology,* 587 (Pt 18), 4425-39.

YOSHIDA R., YASUMATSU K., SHIROSAKI S., JYOTAKI M., HORIO N., MURATA Y., SHIGEMURA N., NAKASHIMA K., NINOMIYA Y., 2009b. Multiple receptor systems for umami taste in mice. *Annals of the New York Academy of Sciences,* 1170, 51-54.

YOSHIDA R., OHKURI T., JYOTAKI M., YASUO T., HORIO N., YASUMATSU K., SANEMATSU K., SHIGEMURA N., YAMAMOTO T., MARGOLSKEE R.F., NINOMIYA Y., 2010. Endocannabinoids selectively enhance sweet taste. *In: Proceedings of the National Academy of Sciences of the USA,* 107 (2), 935-939.

ZHANG X.J., ZHOU L.H., BAN X., LIU DX., JIANG W., LIU X.M., 2011. Decreased expression of CD36 in circumvallate taste buds of high-fat diet induced obese rats. *Acta Histochemica,* 113 (6), 663-667.

ZHAO F.L., SHEN T., KAYA N., LU S.G., CAO Y., HERNESS S., 2005. Expression, physiological action, and coexpression patterns of neuropeptide Y in rat taste-bud cells. *In: Proceedings of the National Academy of Sciences of the USA,* 102 (31), 11100-11105.

ZHAO G.Q., ZHANG Y., HOON M.A., CHANDRASHEKAR J., ERLENBACH I., RYBA N.J., ZUKER C.S., 2003. The receptors for mammalian sweet and umami taste. *Cell,* 115 (3), 255-266.

Chapitre 20

La gustation chez les Insectes

Frédéric MARION-POLL

Les Insectes disposent d'un système gustatif spécifique au même titre que les Vertébrés. Il intervient en liaison avec les comportements alimentaires en détectant des molécules sapides (sucres, sels, acides aminés) ou des molécules potentiellement toxiques comme les alcaloïdes. Cependant, ce système est bien plus que cela, car les Insectes disposent de sensilles gustatives réparties partout à la surface du corps, en particulier sur les pattes, les ailes et les organes reproducteurs. Le système gustatif permet de détecter des composés chimiques importants dans l'alimentation, la rencontre des sexes, le dépôt des œufs, les interactions sociales, mais aussi dans les interactions de l'individu avec son environnement, par exemple pour éviter des substances toxiques. Chez les Insectes, ces sensilles gustatives sont souvent capables de détecter des composés chimiques non solubles dans l'eau, par contact. Alors que chez les Vertébrés, les cellules sensorielles du système olfactif et gustatif sont complètement différentes à la fois par leur origine embryonnaire et par leur structure cellulaire, chez les Insectes, les sensilles gustatives sont très proches des sensilles olfactives, mais s'en distinguent par leur localisation et par les centres nerveux qui traitent ces informations. Dans ce chapitre, nous verrons successivement comment le système gustatif des Insectes est organisé à la périphérie et au niveau central, en évoquant les données anatomiques et physiologiques disponibles, puis nous évoquerons l'importance de ce système dans deux situations particulières : les relations plantes-insectes et l'apprentissage.

▶▶ Organes sensoriels périphériques

Anatomie

Au même titre que tous les Arthropodes, les Insectes sont munis d'un squelette externe. Ce squelette externe rigide leur fournit une structure sur laquelle viennent s'insérer les muscles et leur permet de se déplacer efficacement dans le milieu aérien, souterrain ou aquatique avec des appendices adaptés. Ce squelette joue aussi un rôle protecteur contre l'extérieur, en particulier contre la dessiccation. Il est constitué d'une cuticule rigide (mais souple aux articulations), imperméable à l'eau et aux molécules présentes dans le milieu extérieur. Cette cuticule représente une barrière dont tous les Arthropodes doivent s'accommoder lorsqu'il s'agit de détecter des molécules chimiques par olfaction ou par gustation.

Chez les Arthropodes, il n'y a pas à proprement parler de tissu sensoriel spécialisé dans une seule fonction, comme chez les Vertébrés la muqueuse nasale ou les papilles gustatives de la langue. La surface du corps porte de multiples unités de perception, appelées « sensilles », qui se suffisent à elles-mêmes et comprennent une ou plusieurs cellules nerveuses, des cellules épithéliales associées et modifiées, et un appareil cuticulaire ayant généralement l'apparence d'un poil. Les cellules nerveuses sont des cellules sensorielles bipolaires, comprenant un cil sensoriel associé directement ou non avec l'expansion cuticulaire, un corps cellulaire localisé au niveau de l'épithélium et un axone qui se projette directement dans le système nerveux central. Le corps cellulaire de ces cellules nerveuses est entouré de cellules accessoires, un peu comme les pelures d'un oignon. Du point de vue ontogénétique, ces cellules nerveuses et les cellules épithéliales accessoires dérivent toutes d'une cellule épithéliale mère. Les cellules épithéliales accessoires participent dans un premier temps à la mise en place de l'appareil cuticulaire, puis se différencient en cellules excrétrices dont la membrane apicale est tournée vers l'espace intérieur de la sensille. Elles sont généralement au nombre de trois, et le nom qui leur a été attribué est associé à la structure qu'elles mettent en place : la cellule trichogène élabore la soie proprement dite, la cellule thécogène génère une gaine autour des dendrites et la cellule tormogène met en place une cuticule pouvant servir d'articulation souple entre la cuticule environnante et la soie. Cette structure de base connaît de très nombreuses variations qui permettent aux Insectes de disposer d'organes de perception tout à fait particuliers et originaux répartis sur toute la surface du corps.

Dans le cas de la gustation comme de l'olfaction, les sensilles chimioréceptrices se distinguent des autres sensilles par la présence de pores. Alors que les sensilles olfactives disposent de pores très petits à la surface des soies, les sensilles gustatives portent un pore (ou un système de pores) à l'extrémité de la soie. Ces caractères distinguent les deux modalités sensorielles de manière assez simple et relativement robuste — quelques exemples existent cependant de sensilles chimiosensorielles possédant les deux systèmes de pores. L'autre critère qui les sépare mais de manière plus lâche est leur répartition à la surface du corps : les sensilles olfactives sont généralement concentrées sur les antennes et parfois sur les palpes maxillaires (chez les Diptères en particulier), alors que les sensilles gustatives sont distribuées sur les pièces buccales, les pattes, les antennes, les ailes et les organes génitaux (figure 20.1A, planche couleur XV). Cette distribution indique que les récepteurs gustatifs des Insectes sont impliqués dans toute une série de comportements qui ne sont pas directement liés à l'alimentation (contrairement aux Vertébrés), ce qui conduit certains auteurs à préférer l'expression de « chimiorécepteurs de contact » plutôt que de les qualifier de récepteurs « gustatifs » (Chapman, 2003).

Tous les récepteurs gustatifs des Insectes ne sont pas externes. Dans la plupart des espèces d'Insectes, le tube digestif antérieur porte une cuticule et des sensilles gustatives sont présentes sur le trajet du canal alimentaire. L'anatomie de ces récepteurs est moins bien connue, mais on considère généralement qu'il s'agit de sensilles dépourvues de soie externe mais munies d'un pore faisant face à la lumière du canal alimentaire. Les neurones gustatifs sont regroupés principalement en deux organes, l'organe gustatif épipharyngien et hypopharyngien. Ces organes revêtent une importance toute particulière chez les Insectes piqueurs-suceurs comme les moustiques et les pucerons, car ce sont les seuls organes gustatifs qui permettent à ces animaux d'analyser le sang ou la sève prélevés.

Une particularité des sensilles gustatives des Insectes est qu'elles comprennent très souvent des neurones gustatifs (au nombre de quatre) et un neurone mécanorécepteur dont le dendrite est inséré à la base de la soie (figure 20.1B, planche couleur XV). Les dendrites des neurones gustatifs s'insèrent dans le corps de la soie et se terminent à proximité du pore terminal. Ces dendrites baignent dans un liquide, le liquide sensillaire, qui est sécrété par les cellules accessoires. Ce liquide agit comme un tampon entre le milieu extérieur et les cellules nerveuses. De nombreux auteurs ont observé qu'une matière visqueuse est présente au niveau du pore terminal des sensilles gustatives, matière riche en mucopolysaccharides, probablement issue du liquide sensillaire ainsi exsudé.

Quelques organes ou appendices sont particulièrement riches en sensilles gustatives. Il s'agit principalement des pièces buccales externes dont l'anatomie varie selon le mode alimentaire. Chez les papillons adultes, par exemple, l'extrémité de la trompe comporte une trentaine de sensilles gustatives impliquées dans l'analyse du nectar. Chez les Diptères comme la mouche du vinaigre ou la mouche domestique, ces pièces buccales forment un labelle souple qui porte une soixantaine de ces sensilles gustatives. Chez les Orthoptères, les sensilles gustatives sont particulièrement concentrées sur les palpes maxillaires, qui forment des organes complexes du point de vue sensoriel car ils comprennent également des sensilles olfactives et mécanoréceptrices. Chez certains papillons du genre *Papilio,* les femelles martèlent la surface des feuilles avec leurs pattes antérieures avant de pondre sur une plante. Leurs pattes antérieures portent un ensemble de 60-100 sensilles gustatives sur les derniers segments tarsaux, sensilles utilisées pour analyser les substances chimiques présentes à la surface des feuilles. Enfin, chez les Diptères comme la drosophile, les mâles ont plus de sensilles gustatives sur les pattes antérieures que les femelles. Ils utilisent ces sensilles pour analyser la composition chimique de la cuticule d'un partenaire potentiel afin d'identifier son sexe ou éventuellement son espèce.

Physiologie

Les données disponibles concernant la physiologie des sensilles gustatives des Insectes proviennent de trois ensembles de techniques : comportementales, électrophysiologiques et plus récemment moléculaires. Historiquement, les auteurs ont examiné la sensibilité des récepteurs gustatifs des Insectes en associant des tests comportementaux avec des enregistrements électrophysiologiques réalisés sur les sensilles gustatives de type chaetica ou trichodea, c'est-à-dire sur des sensilles externes. Les modèles d'Insectes les plus étudiés ont été des mouches comme la mouche domestique ou la mouche à viande, des chenilles de Lépidoptères et des Orthoptères comme le criquet migrateur. Actuellement, avec le développement des approches moléculaires, le système gustatif de la drosophile et des moustiques fait l'objet de très nombreux travaux.

Une des particularités du système gustatif des Insectes est qu'il est relativement facile d'enregistrer l'activité électrique des neurones gustatifs en utilisant une technique qualifiée d'enregistrement distal (ou *tip-recording*), introduite par Hodgson *et al.* (1955). Le signal électrique est enregistré grâce à une électrode extracellulaire qui vient coiffer l'extrémité d'une sensille gustative (figure 20.2A). Cette électrode d'enregistrement contient à la fois le stimulus à tester et un électrolyte pour conduire l'électricité. Comme chaque sensille contient généralement quatre neurones gustatifs et un neurone mécanorécepteur, il est très difficile d'attribuer les potentiels d'action enregistrés à un neurone particulier (figure 20.2B). Par ailleurs, comme le stimulus doit être en solution dans une solution salée, très peu de données sont disponibles concernant leur sensibilité à des stimulus lipophiles. Enfin, l'activité des cellules est enregistrée seulement pendant la stimulation et ne permet pas de savoir ce qui se passe avant ou après la stimulation. D'autres techniques d'enregistrement ont été introduites par le passé, à partir de la paroi latérale de sensilles chaetica, à l'aide d'une deuxième électrode implantée à la base de la soie ou encore en « patchant » une dendrite à l'extrémité d'une soie sectionnée, mais elles sont techniquement très difficiles à réaliser et ont donné lieu à peu de publications à ce jour.

Malgré ces limites, les études réalisées sur différentes espèces d'Insectes s'accordent généralement pour trouver dans une même sensille quatre cellules répondant chacune à une modalité gustative différente : « sucrée » (sucres et substances appétentes), « salée » (sels), « amère » (alcaloïdes, substances secondaires des plantes) et « eau ». La cellule qui répond à l'eau est excitée en présence d'eau (une solution de sel très diluée) et son activité diminue avec la concentration en différents solutés (sucres, sels, substances secondaires des plantes) au point qu'elle a parfois été considérée comme un osmomètre. Dans les revues bibliographiques les plus récentes, les auteurs préfèrent parler de deux modalités, en distinguant des neurones impliqués dans la détection de stimulus « appétants » (sucres, acides aminés, sels à faible concentration) et de stimulus « aversifs » (sels concentrés, certains acides aminés, alcaloïdes, etc.), modalités auxquelles il faudrait éventuellement ajouter la détection de l'eau et de phéromones sexuelles ou sociales.

Au cours des dix dernières années, le décodage du génome de la drosophile a fait considérablement évoluer notre compréhension de ce système. En effet, plusieurs laboratoires ont pu identifier chez cet insecte un ensemble de 60 gènes récepteurs

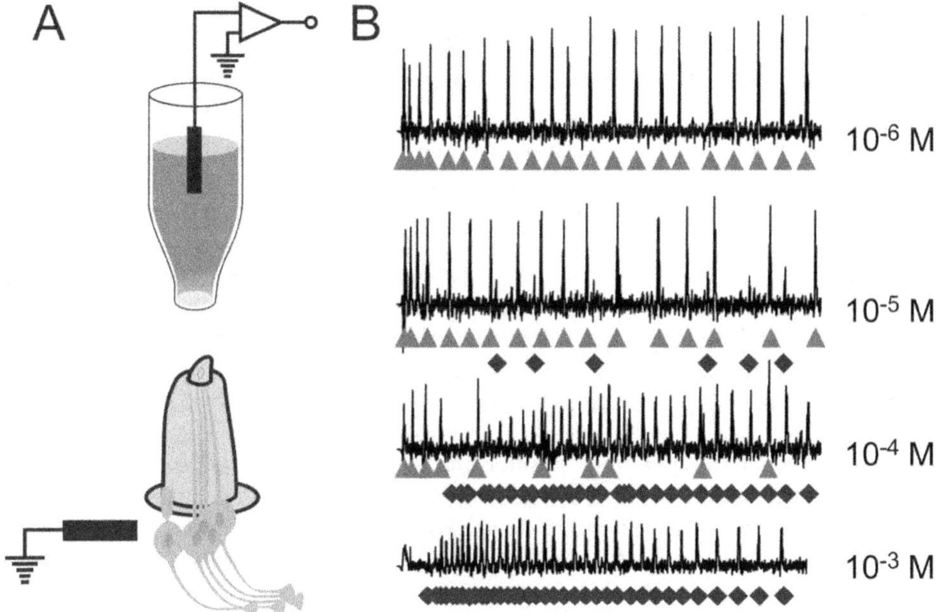

Figure 20.2. Enregistrements gustatifs chez l'Insecte.

(A) Principe des enregistrements électrophysiologiques *tip-recording*. La présence d'un pore à l'extrémité des sensilles gustatives permet de « coiffer » ces organes avec une électrode et d'établir ainsi un contact électrique permettant d'enregistrer simplement l'activité électrique des neurones gustatifs. Les composés à tester sont mis en solution dans l'électrolyte de l'électrode d'enregistrement.

(B) Exemple d'enregistrements de réponses à des concentrations croissantes de quinine. Cette série d'enregistrements a été obtenue sur une sensille gustative de drosophile adulte. À concentration faible de quinine, une cellule est active (triangles) ; cette cellule est inhibée par les concentrations croissantes de quinine (ou de toute autre substance). Elle est généralement qualifiée de cellule répondant à l'eau. Lorsque la concentration de quinine augmente, une deuxième cellule est visible, qui émet des potentiels d'action de plus faible amplitude (losanges). Cette cellule détecte les composés amers.

gustatifs putatifs qui codent pour 68 protéines réceptrices (certains gènes génèrent plusieurs protéines par épissage alternatif). Cet ensemble de 60 récepteurs gustatifs est à comparer avec les 62 récepteurs olfactifs identifiés chez ce même insecte (Hallem *et al.*, 2006). Ces récepteurs olfactifs et gustatifs putatifs appartiennent au même ensemble de gènes, et les auteurs considèrent que les récepteurs olfactifs dérivent des récepteurs gustatifs. Bien que nous soyons encore loin d'avoir exploré l'ensemble des espèces d'Insectes, estimées généralement à plus d'un million, les données disponibles actuellement indiquent que les insectes sociaux comme les abeilles ou les fourmis disposent de plusieurs centaines de récepteurs olfactifs, alors que les récepteurs gustatifs se situent dans une fourchette d'une dizaine (chez l'abeille domestique) à une centaine (chez le ver de la farine, *Tribolium castaneum*, un Coléoptère). Ces chiffres sont à comparer au millier de récepteurs olfactifs et à la trentaine de récepteurs gustatifs trouvés chez les Vertébrés, ce qui fait dire à certains auteurs que les Insectes pourraient disposer d'autres types de récepteurs gustatifs et olfactifs non identifiés à ce jour. Chez la drosophile, c'est certainement vrai, car les neurones gustatifs expriment également des canaux ioniques spécialisés dans la détection de composés irritants comme le wasabi (TRPA1) ainsi que des canaux ioniques appartenant à une nouvelle classe de récepteurs glutaminergiques, appelés IRs, dont certains sont exprimés dans les neurones gustatifs (Croset *et al.*, 2010).

L'application des techniques de biologie moléculaire et de transgenèse permettant d'utiliser des gènes rapporteurs ou de bloquer (ou d'activer) des gènes sélectivement dans certains tissus a permis dans une certaine mesure de faire le lien entre les données électrophysiologiques et les données moléculaires. Dans le système olfactif des Insectes et des Vertébrés, chaque cellule sensorielle exprime un seul récepteur olfactif ; chez les Insectes, il s'agit d'un dimère comprenant un corécepteur obligatoire et un récepteur qui formeraient un récepteur « canal » (cf. chapitre 8). Dans le système gustatif, l'organisation est différente, car chaque neurone coexprime un nombre variable de récepteurs. Les neurones les mieux connus sont les neurones gustatifs responsables respectivement de la perception du sucre et de l'amer, dont une équipe américaine vient de publier une cartographie complète sur le proboscis de drosophile (Weiss *et al.*, 2011). Dans les neurones sensibles aux sucres, chaque cellule coexprime au moins trois récepteurs (Gr5a, Gr64f et Gr64e). Dans les neurones sensibles à l'amer, ces auteurs ont trouvé quatre types de neurones coexprimant de 6 à 29 récepteurs Gr, dont certains sont communs (Gr66a, Gr32a, Gr33a, Gr39a.a et Gr89a). La logique présidant à l'expression de ces récepteurs ainsi que les ligands qu'ils permettent de détecter ne sont pas encore connus, mais font l'objet de recherches très actives.

▸▸ Système nerveux central

Contrairement au système olfactif, très peu de données sont disponibles concernant les centres nerveux responsables du traitement des informations gustatives chez les Insectes. Cette situation est liée à deux facteurs : il existe quasiment un « cerveau » gustatif par segment, et les aires de projection des neurones gustatifs ne sont pas aussi bien individualisées anatomiquement que les glomérules dans le cas de l'olfaction. Cette organisation complètement différente est probablement liée directement à la manière dont les stimulus chimiques sont perçus. Chez les Insectes comme chez les Vertébrés, la gustation est une chimioréception de « contact » : il faut que l'organisme puisse positionner très précisément dans l'espace l'organe portant chaque papille utilisée pour analyser une surface. Par ailleurs, le fait que chaque neurone gustatif coexprime un nombre variable de récepteurs gustatifs semble antinomique avec une organisation des projections « chimiotopiques », comme c'est le cas pour l'olfaction. Dans la littérature disponible, un certain nombre de travaux ont permis d'identifier des aires de projection dans chaque neuromère. Les aires de projection gustatives du ganglion sous-œsophagien jouent un rôle particulier, car elles reçoivent des afférences non seulement des appendices correspondant à leur segment, à savoir le proboscis par exemple chez la drosophile, mais aussi des afférences provenant d'autres segments. Le ganglion sous-œsophagien pourrait ainsi jouer un rôle central dans la perception gustative et, à ce titre, envoyer des informations vers d'autres centres de traitement comme les corps pédonculés, vers le système digestif ou vers des systèmes glandulaires comme les glandes salivaires. À ce jour, les interneurones intégrant les informations gustatives ne sont pas connus, à l'exception des interneurones locaux qui sont interfacés avec des motoneurones permettant l'évitement de stimulus nociceptifs chez *Locusta migratoria*.

▸▸ Gustation et comportement

Sélection d'une plante hôte et plasticité du système gustatif

Le système gustatif a été particulièrement étudié chez les larves de Lépidoptères dans la perspective de trouver des molécules susceptibles d'empêcher la consommation de plantes cultivées ainsi que pour la compréhension des aspects sensoriels du choix d'une plante hôte (Schoonhoven et van Loon, 2002). Ces larves sont très intéressantes, car elles ne possèdent qu'une dizaine de sensilles gustatives sur leur capsule céphalique. Malgré ce système réduit, elles sont capables d'analyser les aliments qu'elles consomment et font des choix en fonction des substances détectées, allant parfois à l'encontre du bon sens. Par exemple, le sphinx du tabac, *Manduca sexta*, s'alimente sur des solanacées. Les larves se laissent mourir de faim en présence d'un autre végétal. Si l'on supprime leurs récepteurs gustatifs externes, elles pourront consommer d'autres aliments sans inconvénient notoire. Alors que les chenilles qui sortent de l'œuf peuvent se développer sur de nombreuses espèces de plantes, une fois qu'elles sont adaptées à une plante donnée, elles se spécialisent à cette espèce : leur système gustatif change de sensibilité vis-à-vis des composés secondaires de cette plante, elles expriment également des enzymes de détoxification particulières ainsi que des enzymes digestives et salivaires adaptées. Ces mécanismes d'adaptation permettent à l'espèce de conserver un spectre de plantes hôtes relativement large, tout en optimisant l'adaptation d'une chenille individuelle à un type de nourriture particulier.

Apprentissage associatif

De nombreux Insectes sont capables d'associer un stimulus d'une modalité sensorielle à un autre, et la mémoire formée peut perdurer. L'insecte le plus étudié à cet égard est l'abeille domestique, qui est capable d'associer une odeur à une récompense sucrée au bout de quelques présentations seulement de l'odeur associée à un stimulus sucré (Menzel et Muller, 1996). Elle est capable également d'associer une odeur à un stimulus gustatif aversif. Après apprentissage, les Insectes qui ont associé les deux stimulus répondent à l'odeur comme si le stimulus gustatif avait été présenté. Ces expériences démontrent le caractère hédonique de la gustation chez les Insectes. De telles expériences permettront sans doute d'étudier les capacités de discrimination gustative chez les Insectes, qui semblent en tout cas bien inférieures aux capacités de discrimination du système olfactif des Vertébrés.

▸▸ Conclusion

Le système gustatif des Insectes est constitué des mêmes éléments cellulaires que le système olfactif, avec des neurones bipolaires contenus dans des sensilles cuticulaires. Ces neurones expriment des récepteurs membranaires appartenant à la même famille que les récepteurs olfactifs. Cependant, l'organisation de ces récepteurs est complètement différente à la fois au niveau de l'expression des récepteurs gustatifs dans les neurones et au niveau des structures nerveuses centrales traitant cette information. Ces éléments rappellent tout à fait la manière dont est structuré le système gustatif des Vertébrés. Chez les Insectes cependant, le système gustatif est souvent impliqué dans la détection de composés qui ne sont pas liés à la sphère orale, comme les phéromones sexuelles, ou de composés cuticulaires impliqués dans les interactions sociales. Ce système gustatif extra-oral, encore peu étudié, pourrait représenter un système chimiosensoriel original, intermédiaire entre le système gustatif proprement dit et l'olfaction.

▸▸ Bibliographie

CHAPMAN R.F., 2003. Contact chemoreception in feeding by phytophagous insects. *Annual Review of Entomology,* 48, 455-484.

CROSET V., RYTZ R., CUMMINS S.F., BUDD A., BRAWAND D., KAESSMANN H., GIBSON T.J., BENTON R., 2010. Ancient protostome origin of chemosensory ionotropic glutamate receptors and the evolution of insect taste and olfaction. *PLoS Genetics,* 6, e1001064.

HALLEM E.A., DAHANUKAR A., CARLSON J.R., 2006. Insect odor and taste receptors. *Annual Review of Entomology,* 51, 113-135.

HODGSON E.S., LETTVIN J.Y., ROEDER K.D., 1955. Physiology of a primary chemoreceptor unit. *Science,* 122, 417-418.

MENZEL R., MULLER U., 1996. Learning and memory in honeybees: from behavior to neural substrates. *Annual Review of Neuroscience,* 19, 379-404.

SCHOONHOVEN L.M., VAN LOON J.J.A., 2002. An inventory of taste in caterpillars: each species its own key. *Acta Zoologica Academiae Scientiarum Hungaricae,* 48, 215-263.

WEISS L.A., DAHANUKAR A., KWON J.Y., BANERJEE D., CARLSON J.R., 2011. The molecular and cellular basis of bitter taste in drosophila. *Neuron,* 69, 258-272.

Partie VI

Évolution

Chapitre 21

Diversité des systèmes olfactifs des Vertébrés

Jean GASCUEL

Les similarités d'organisations entre des systèmes olfactifs d'espèces aussi distantes phylogénétiquement que les Insectes et les Mammifères ont été illustrées dans le chapitre 6. Constatant de telles similarités, il serait tentant de proposer l'hypothèse selon laquelle ces différents systèmes olfactifs seraient homologues et pourraient avoir la même origine sur le plan évolutif. Pourtant, ces similarités seraient plutôt dues à des phénomènes de convergence indépendants. Ainsi, l'organisation glomérulaire étant favorable au traitement de l'information olfactive, elle serait apparue à plusieurs reprises indépendamment au cours de l'évolution dans le bulbe olfactif des Vertébrés et dans le lobe antennaire des Insectes. De même, les OBP *(olfactory binding protein),* présentes dans le système olfactif périphérique des Insectes comme des Mammifères et intervenant vraisemblablement dans la solubilisation des odorants avant leur liaison aux récepteurs, n'appartiennent pas aux mêmes familles moléculaires et auraient des origines différentes (cf. chapitre 7). Ainsi, l'histoire évolutive du système olfactif est complexe, encore mal comprise et sujette à controverses. Il serait bien trop long dans le cadre de ce chapitre de développer les arguments soutenant ou infirmant chaque hypothèse, et le lecteur qui voudrait en savoir plus aura avantage à consulter l'excellente revue d'Eisthen et Polese (2006). Aussi, dans le cadre de ce chapitre, nous nous limiterons à illustrer comment le jeu de l'évolution et de l'adaptation à l'environnement a généré chez chaque espèce des solutions parfois originales, parfois partagées avec d'autres groupes. En effet, les similarités d'organisation du système olfactif entre espèces, bien que réelles, ne doivent pas laisser croire que tous les systèmes olfactifs sont identiques. Autour d'un plan d'organisation partagé, d'importantes variations d'un groupe à l'autre existent.

Cette variabilité reflète les différentes stratégies mises en œuvre par les espèces pour percevoir leur environnement chimique. L'organisation d'un système olfactif chez une espèce est une adaptation par exemple à la nature des signaux moléculaires perçus ou au milieu, aérien ou aquatique, dans lequel ces molécules sont détectées.

Nous rappellerons donc tout d'abord succinctement l'organisation de base du système olfactif chez les Vertébrés et dresserons un schéma théorique intégrant toutes les différentes structures que l'on peut rencontrer chez les Vertébrés, sachant qu'aucune espèce ne les possède toutes. Nous illustrerons ensuite, autour de ce plan théorique, la variabilité rencontrée entre les différents groupes. Autant que possible, nous montrerons comment chaque organisation particulière correspond à une adaptation à l'environnement et à la biologie des espèces considérées.

Les principaux éléments du système olfactif des Vertébrés sont décrits en détail ailleurs dans ce volume (cf. chapitre 6). Rappelons succinctement que les odorants sont détectés par les neurones sensoriels, localisés au sein d'épithéliums particuliers eux-mêmes abrités dans des cavités. Ces neurones se projettent au niveau du bulbe olfactif dans des sous-unités anatomiques et fonctionnelles que l'on appelle glomérules, où ils forment des synapses avec différentes catégories d'interneurones. Ces derniers forment des réseaux complexes qui participent à la mise en forme d'un signal olfactif qui est ensuite exporté vers les centres supérieurs du cerveau par différents faisceaux d'axones.

Au niveau périphérique, on peut reconnaître plusieurs sous-systèmes olfactifs (figure 21.1). Chez chaque espèce, certains éléments seront présents alors que d'autres pourront être absents. Ces différents systèmes sont le système olfactif principal, le système olfactif accessoire ou voméronasal (cf. chapitre 16), l'organe septal (cf. chapitre 17), le ganglion de Grueneberg (cf. chapitre 17), le nerf terminal (NT) et l'EBOP (*extra bulbar olfactory pathway,* ou voie olfactive extrabulbaire). L'organisation des systèmes olfactifs principal, accessoire, septal et de Grueneberg est largement développée dans différents chapitres. En revanche, quelques mots sont nécessaires concernant le nerf terminal et l'EBOP :
– le nerf terminal est une structure particulière décrite en premier lieu chez les requins (Fritch, 1878). Ce nerf est composé d'un ganglion généralement proche de l'épithélium olfactif, qui contient des neurones bipolaires qui se projettent à la fois vers l'épithélium olfactif et vers le cerveau. Les neurones du NT contiennent des peptides tels que le GnRH, le FMRFamide et le NPY et ont de ce fait vraisemblablement une fonction neuromodulatrice ;
– l'EBOP est une structure différente bien que souvent confondue avec le nerf terminal. Elle est composée de neurones sensoriels localisés dans l'épithélium olfactif mais qui vont se projeter dans des régions profondes du diencéphale, principalement dans les aires préoptiques, au lieu du bulbe olfactif.

Au niveau central, à partir du bulbe olfactif, les projections vers les différentes aires corticales s'organisent en plusieurs faisceaux qui peuvent ne pas être tous représentés chez toutes les espèces de Vertébrés. Ces faisceaux sont le TOL (tractus olfactif latéral) et le TOM (tractus olfactif médian). Ce dernier peut se décliner en TOM latéral (TOMl) et TOM médian (TOMm) ou encore intermédiaire (TOMi). Les différentes régions corticales dans lesquelles se projettent ces tractus sont extraordinairement complexes et variables d'une espèce à l'autre (Eisthen et Polese, 2006). Elles ne seront pas détaillées dans ce chapitre.

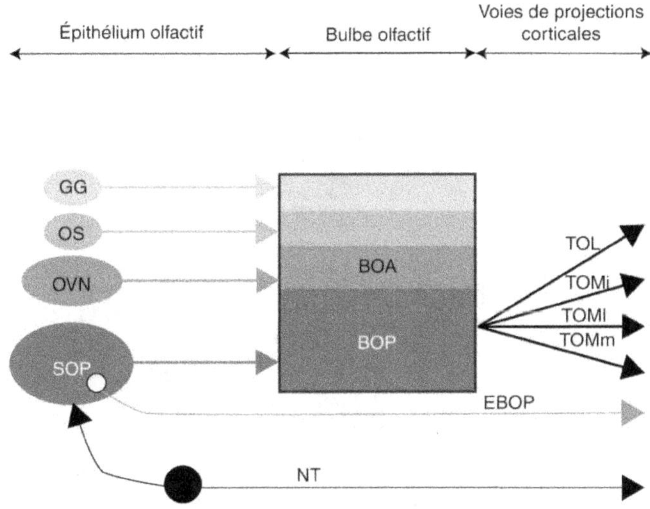

Figure 21.1. Système olfactif des Vertébrés.

Le schéma ci-dessus récapitule la totalité des éléments pouvant composer le système olfactif des Vertébrés. Cependant, il est rare qu'ils soient tous présents chez une espèce donnée. BOP : bulbe olfactif principal ; BOA : bulbe olfactif accessoire ; EBOP : *extra bulbar olfactory pathway* ; GG : ganglion de Grueneberg ; NT : *nervus terminalis* (ou nerf terminal) ; OS : organe septal ; OVN : organe voméronasal ; SOP : système olfactif principal ; TOL : tractus olfactif latéral ; TOM : tractus olfactif médian ; TOMi : tractus olfactif médian intermédiaire ; TOMl : tractus olfactif médian latéral ; TOMm : tractus olfactif médian médian.

▸▸ Espèces aquatiques

Chez les espèces aquatiques, les signaux perçus sont essentiellement des molécules solubles telles que les acides aminés, les acides et sels biliaires, les stéroïdes sexuels, les prostaglandines (Hara, 1994). À titre d'exemple, on citera les lamproies dont les mâles, lors de la migration, émettent en arrivant sur le site de reproduction un acide biliaire qui permet aux femelles de les rejoindre (Siefkes et Li, 2004). Ces molécules sont détectées par des neurones sensoriels disposés dans un épithélium organisé en rosette. Cette structure est caractéristique des espèces aquatiques. Autre particularité des espèces aquatiques, les bulbes olfactifs peuvent être soit étroitement apposés au télencéphale dont ils font partie, soit déportés vers les épithéliums olfactifs (figure 21.2). Les bulbes olfactifs sont alors reliés au télencéphale par des pédoncules composés du TOL et du TOM.

Craniates hyperotreti : les ancêtres des Vertébrés

Ces espèces avaient déjà un sens olfactif sans qu'il puisse être affirmé que le système olfactif des Vertébrés supérieurs en soit l'homologue (Eisthen et Polese, 2006). Alors que la plupart des espèces possèdent une organisation bilatérale de leur système olfactif, les myxines *(hagfish)* possèdent un système olfactif fusionné sur la

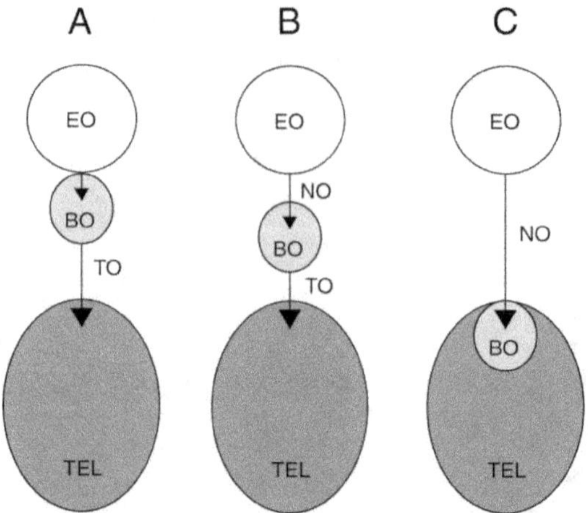

Figure 21.2. Différentes positions du bulbe olfactif chez les Vertébrés aquatiques.

Chez les Vertébrés aquatiques, de manière remarquable, le bulbe olfactif (BO) peut se détacher du télencéphale (TEL) pour migrer vers l'épithélium olfactif (EO). Différentes positions le long de ce trajet ont été observées selon les espèces. En **A,** le bulbe olfactif est accolé à l'épithélium olfactif, en **B,** il occupe une position intermédiaire, en **C,** il occupe la position la plus commune au sein du télencéphale. À noter que dans les cas **A** et **B** le tractus (TO, tractus olfactif) entre le bulbe olfactif et le télencéphale est composé des axones des cellules mitrales et non pas des axones des neurones olfactifs. NO : nerf olfactif.

ligne médiane. L'épithélium, localisé dans une cavité olfactive unique, est organisé en lamelles et possède à la fois des neurones ciliés et des neurones à microvillosités (Doving et Holmberg, 1974). Les myxines possèdent un EBOP (Witch et North-cutt, 1993), mais ne possèdent ni système voméronasal ni nerf terminal (Witch et Northcutt, 1992). Les efférences du bulbe sont regroupées en trois faisceaux : le TOL, le TOV (tractus olfactif ventral) et le TOM latéral (Witch et Northcutt, 1993) (figure 21.3).

Hyperoartia (lamproies)

Les lamproies, comme les myxines, présentent une cavité olfactive unique et médiane. Les récepteurs olfactifs des lamproies présentent de grandes similarités avec les récepteurs aux histamines, indiquant que les récepteurs olfactifs pour-raient être apparus indépendamment des récepteurs olfactifs des autres Vertébrés (Niimura et Nei, 2005). Leur bulbe olfactif est organisé en six zones (Frontini *et al.,* 2003). Cette organisation en zones se retrouve chez de nombreuses espèces de Vertébrés aquatiques et chez certains Amphibiens qui conservent une olfac-tion aquatique (xénope) (Gaudin et Gascuel, 2005). D'une certaine manière, elle rappelle l'organisation en zones du bulbe olfactif des Mammifères. Les lamproies présentent quatre faisceaux efférents au bulbe olfactif : un TOL, un TOM, un TOV et un faisceau particulier qui se projette sur le bulbe olfactif controla-téral. L'EBOP est bien présent, mais le *nervus terminalis* est absent (Northcutt et Puzdrowski, 1988) (figures 21.1 et 21.3).

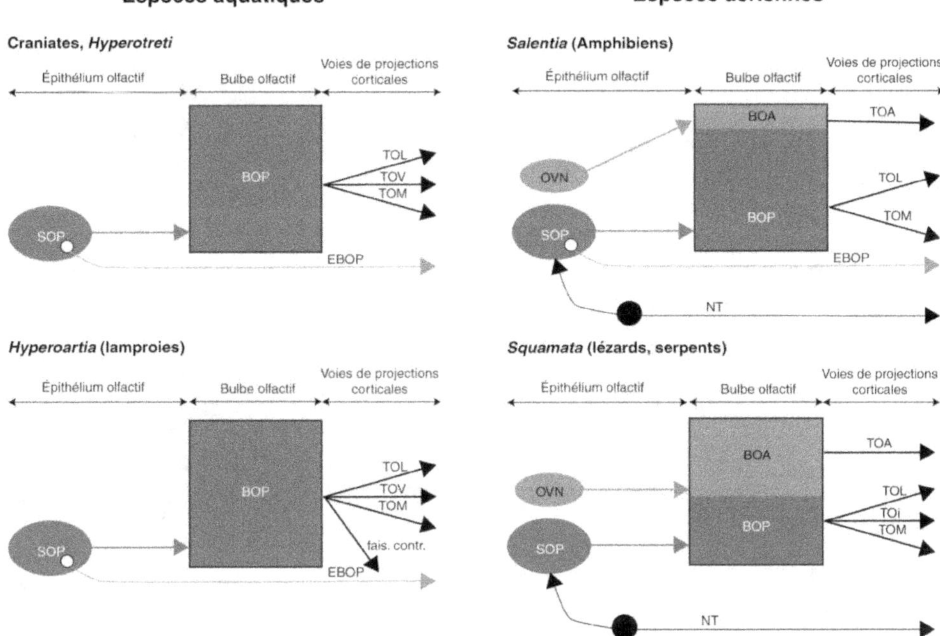

Figure 21.3. Différentes configurations présentées par les différents groupes de Vertébrés. BOP : bulbe olfactif principal ; BOA : bulbe olfactif accessoire ; Cc : cellule à crypte ; EBOP : *extra bulbar olfactory pathway ;* GG : ganglion de Grueneberg ; Nc : neurone cilié ; Nm : neurone à microvillosité ; NT : *nervus terminalis ;* OS : organe septal ; OVN : organe voméronasal ; SOP : système olfactif principal ; TOL : tractus olfactif latéral ; TOM : tractus olfactif médian ; TOMi : tractus olfactif median intermédiaire ; TOMl : tractus olfactif median latéral ; TOMm : tractus olfactif médian médian ; TOi : tractus olfactif intermédiaire ; fais. cons. : faisceau contralatéral.

Chondrichthyens (raies, requins)

L'olfaction est extrêmement importante chez les requins — même si elle a été surestimée —, notamment lors de la localisation des proies. Cependant, contrairement à ce que l'on peut lire parfois, la sensibilité des requins vis-à-vis du sang n'est pas supérieure à celle pour d'autres odeurs alimentaires (Zeiske *et al.,* 1986). Chez les requins, on trouve deux chambres de part et d'autre de la ligne médiane contenant chacune une rosette composée de deux rangées de lamelles portant l'épithélium olfactif (Fishelson et Baranes, 1997). Ce dernier est composé uniquement de neurones à microvillosités. Le bulbe olfactif est adjacent aux cavités olfactives (Theisen *et al.,* 1986). Un seul faisceau efférent, le faisceau latéral (TOL), a été identifié avec certitude (Northcutt, 1995). L'existence du faisceau médian (TOM) est incertaine. L'EBOP n'a jamais été identifié (Hoffmann et Meyer, 1995). En revanche, le *nervus terminalis* est évidemment présent puisque c'est chez ces espèces qu'il a été décrit pour la première fois (Fritsch, 1878) (figure 21.3).

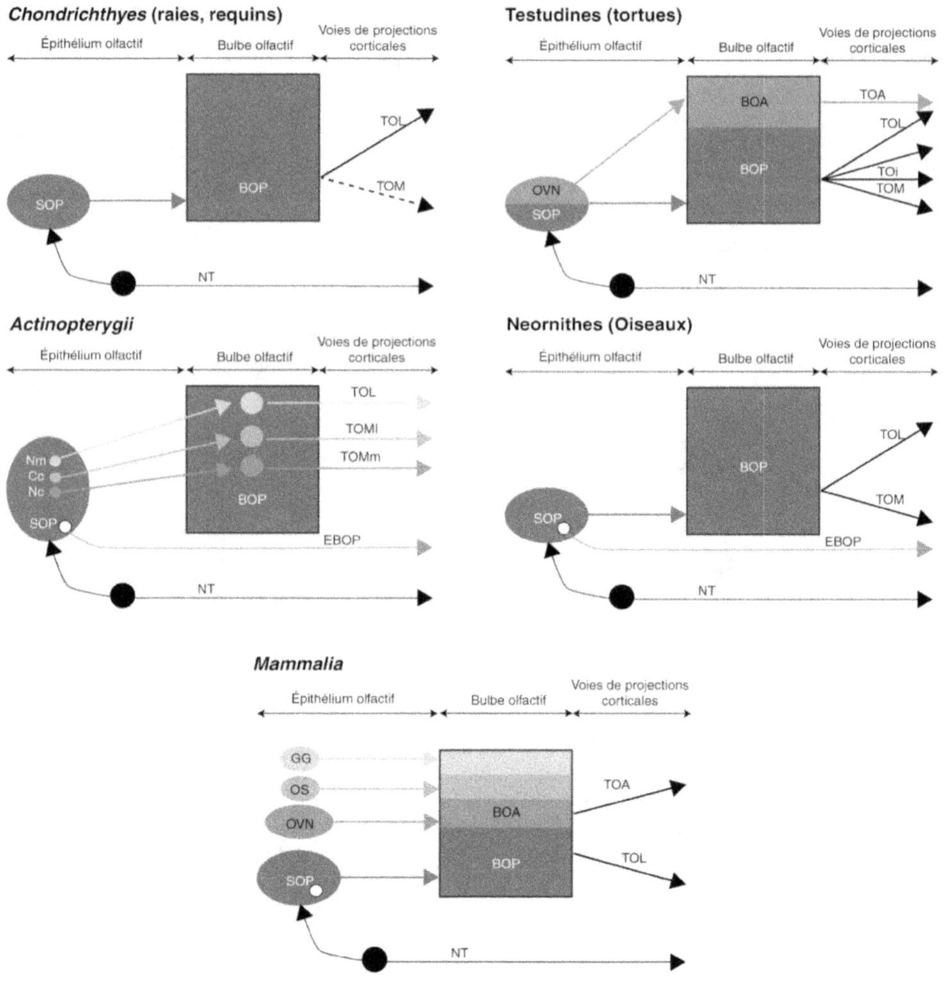

Figure 21.3. (Suite)

Actinopterygii

Cette classe compte un grand nombre d'espèces : 25 000 espèces, dont 23 000 pour les seuls Téléostéens (Nelson, 1994). Chez ces espèces, l'olfaction est capitale et intervient dans presque tous les comportements tels que la recherche de nourriture, la reproduction, etc. Sur le plan anatomique, elles possèdent deux narines. L'épithélium olfactif est également organisé en rosette. On y trouve à la fois des neurones à microvillosités et des neurones ciliés. Chez certaines espèces, on peut trouver des neurones à crypte qui portent des microvillosités au niveau apical et des cils dans une large partie concave (Hansen et Zeiske, 1998). Chez les Actinoptérygiens, on ne trouve pas de système voméronasal anatomiquement différencié, mais des récepteurs de type V2R et TRPC2 caractéristiques des neurones du système voméronasal des Mammifères ont été identifiés (Sato *et al.*, 2005). En fait, les neurones ciliés expriment les récepteurs olfactifs du système généraliste, alors que les neurones à microvillosités expriment les récepteurs V2R (Hansen *et al.*, 2004). On retrouve les deux faisceaux efférents au bulbe olfactif, le TOL et le TOM (Northcutt, 2006 ; Northcutt et Bradford, 1980). L'EBOP est présent chez toutes les espèces (Anadon *et al.*, 1995), et le *nervus terminalis* également (Yamamoto *et al.*, 1995). Chez la carpe, il a été montré (El Hamdani et Doving, 2007) que les trois types de neurones (ciliés, à microvillosités et à crypte) se projettent dans des sous-populations glomérulaires distinctes. Les axones des neurones efférents à ces populations glomérulaires (axones des cellules mitrales) se répartissent dans les trois faisceaux (TOL, TOMl et TOMm). À cette organisation neuroanatomique se superpose une spécificité fonctionnelle. Ainsi le TOMm transmettra des informations en provenance des neurones ciliés sensibles aux sels biliaires et aux acides aminés (signaux d'alarme). Le TOMl transmettra des signaux provenant des cellules à crypte (signaux phéromonaux), tandis que le TOL transmettra des signaux provenant des neurones à microvillosités (signaux alimentaires) (El Hamdani et Doving, 2007) (figure 21.3).

Dipnoïdes et cœlacanthes

Les dipnoïdes ont un système olfactif réduit localisé ventralement. L'épithélium olfactif est, comme dans les groupes précédents, organisé en rosette et composé soit de neurones ciliés et à microvillosités, soit uniquement de neurones à microvillosités (Theisen, 1972). Les bulbes olfactifs sont adjacents au télencéphale. La description des efférences au bulbe olfactif provient de travaux très anciens (Holmgren et van der Horst, 1925) et n'a jamais été réétudiée avec des techniques modernes. Ces efférences sont néanmoins décrites comme composées d'un faisceau central et d'un faisceau médian. Il existe également des projections dans le bulbe olfactif contralatéral. Les dipnoïdes posséderaient également un EBOP (Schober *et al.*, 1994) et un *nervus terminalis* (Fiorentino *et al.*, 2002 ; Sewertzoff, 1902) (figure 21.3).

Les cœlacanthes ont la caractéristique d'exprimer des récepteurs olfactifs de Vertébrés à la fois aériens et aquatiques (cf. chapitre 22). Les bulbes olfactifs sont adossés à la cavité olfactive et sont reliés au télencéphale par un long pédoncule (Nieuwenhuys, 1965). Ni l'EBOP ni le nerf terminal n'ont été décrits (Northcutt et Bemis, 1993) (figure 21.3).

▸▸ Espèces aériennes

Les Tétrapodes incluent les Amphibiens, les Reptiles, les Oiseaux, les Tortues et les Mammifères. Il est communément admis que les Tétrapodes ont des ancêtres aquatiques, mais que les différentes adaptations du système olfactif dans ces différents groupes ont pu survenir de manière indépendante (Eisthen et Polese, 2006). Chez les Tétrapodes, l'olfaction devient quasi systématiquement couplée à la respiration, et l'organe voméronasal fait son apparition. La spécialisation de cet organe dans la perception phéromonale est de plus en plus discutée, puisque les phéromones sont parfois perçues par le système olfactif principal et que le système voméronasal peut être impliqué dans la recherche de nourriture (voir § « *Squamata* (lézards et serpents) »). Lors du passage à la vie aérienne, l'environnement olfactif des espèces change de manière drastique. Les molécules odorantes sont des molécules de natures chimiques très variées, le plus souvent volatiles et insolubles. Le passage à la vie aérienne a donc posé aux espèces un problème d'adaptation majeur. En effet, les neurones sensoriels sont protégés de la dessiccation et des agressions des molécules toxiques par un mucus riche en protéines de détoxification (cf. chapitre 7). Beaucoup de molécules odorantes volatiles et insolubles ne peuvent donc théoriquement pas diffuser dans ce mucus aqueux pour atteindre les récepteurs olfactifs des neurones sensoriels. La conséquence secondaire de l'existence de ce mucus est la constitution d'une barrière entre les molécules odorantes insolubles et les récepteurs olfactifs. Dans ce cas, comment les odorants peuvent-ils être détectés ? La réponse à cette question réside vraisemblablement dans la présence dans le mucus de protéines, les OBP *(odorant binding proteins)*, dont la fonction serait, entre autres, de lier les molécules odorantes afin de les solubiliser et de les transporter vers les cils des neurones sensoriels. Cependant, chez les Vertébrés, la fonction exacte de ces protéines n'a pas été démontrée, mais nous verrons ci-dessous comment le cas particulier d'un Amphibien (le xénope) permet de soutenir l'hypothèse selon laquelle les OBP seraient l'un des éléments clés de l'adaptation au milieu aérien (Millery *et al.,* 2005) (figure 21.3).

Salientia (Amphibiens)

Ces espèces présentent un développement à métamorphose au cours de laquelle se réalisent des changements dans la morphologie, le régime alimentaire et le milieu de vie des animaux. En effet, les adultes pondent le plus souvent en milieu aquatique, où les larves se développent avant de se métamorphoser. Chez les Amphibiens, l'olfaction intervient dans tous les comportements tels que la reproduction, la recherche de nourriture, le comportement d'agrégation, le marquage du territoire (Waldman et Bishop, 2004). Les Amphibiens possèdent un organe voméronasal qui exprime les récepteurs V2R (Hagino-Yamagishi *et al.,* 2004) typiques du système voméronasal chez les Mammifères. Le système olfactif principal se présente sous la forme d'une cavité recouverte d'un épithélium sensoriel. Il est cependant difficile d'en donner une description générale, car il existe une grande variabilité d'une espèce à l'autre. On trouve à la fois des neurones ciliés et des neurones à microvillosités (Hansen *et al.,* 1998). Le cas le plus étonnant chez les Amphibiens est certainement la configuration présentée par le xénope. Chez cette espèce qui vit en permanence dans l'eau et dont l'aire de répartition s'étend dans toute l'Afrique subsaharienne, le système olfactif est dit tripartite. En effet, à côté d'un système phéromonal, le système olfactif principal est divisé en deux sous-systèmes — deux cavités séparées par une valve — dont chacune est recouverte d'un épithélium olfactif (Altner, 1962 ; Hansen *et al.,* 1998). Dans l'épithélium de la cavité principale, on trouve des neurones ciliés qui expriment des récepteurs olfactifs de classe II similaires à ceux trouvés chez les Mammifères aériens (Freitag *et al.,* 1995). L'épithélium de la cavité médiane contient à la fois des neurones ciliés et des neurones à microvillosités, qui expriment des récepteurs olfactifs de classe I similaires à ceux exprimés chez les Poissons. Ces deux systèmes diffèrent encore au niveau moléculaire par la nature des protéines G et des OMP (*olfactory marker protein*, un marqueur des neurones olfactifs matures) qu'ils expriment (Mezler *et al.*, 2001 ; Rössler *et al.*, 1998). Tous ces éléments soutiennent l'idée selon laquelle, chez l'adulte, la cavité principale est impliquée dans la perception olfactive en milieu aérien, tandis que la cavité médiane est impliquée dans la perception olfactive en milieu aquatique. Chez le têtard, une seule chambre existe : la cavité principale. Cette dernière intervient dans la perception olfactive en milieu aquatique. C'est à la métamorphose que la perception olfactive en milieu aquatique est transférée de la cavité principale à la cavité médiane, la cavité principale mettant en place les structures permettant la détection des signaux odorants en milieu aérien (Reiss et Burd, 1997). De manière remarquable, les OBP sont uniquement exprimées dans la cavité principale (aérienne) et pas dans la cavité médiane (aquatique). Ainsi, chez cette espèce qui possède en quelque sorte un système olfactif « Poisson » et un système olfactif « Mammifère aérien », la présence d'OBP limitée au système olfactif aérien soutient fortement l'hypothèse d'un rôle des OBP dans l'adaptation du système olfactif au milieu aérien (Millery *et al.*, 2005).

Ces trois sous-systèmes de détection des odorants se projettent au niveau bulbaire dans des régions différentes. Les neurones en provenance de l'organe voméronasal se projettent dans le bulbe olfactif accessoire, tandis que les afférences en provenance de la cavité principale et de la cavité médiane se partagent inégalement le bulbe olfactif principal. L'organisation glomérulaire du bulbe olfactif est structurée en zones (Gaudin et Gascuel, 2005). La zone correspondant aux projections des neurones de la cavité principale (aérienne) n'en forme qu'une seule, alors que les afférences en provenance de la cavité médiane (aquatique) en forment huit, conservant ainsi une organisation en zones fréquemment rencontrée chez les Vertébrés aquatiques.

Les efférences au bulbe olfactif sont le faisceau latéral et le faisceau médian. L'EBOP est bien caractérisé (Hoffmann et Meyer, 1991), ainsi que le nerf terminal (Wirsig-Wiechmann et Lee, 1999) (figure 21.3).

Squamata (lézards et serpents)

De manière tout à fait étonnante chez ces espèces, c'est le système voméronasal qui joue un rôle prépondérant, y compris dans la recherche des proies, au point de poser la question du rôle du système olfactif généraliste. À la différence des autres Vertébrés, le système voméronasal des Squamates ne communique pas avec le système olfactif, mais débouche dans la cavité buccale par l'intermédiaire d'un fin canal (Schwenk, 1993). Chez les serpents, c'est par un comportement caractéristique appelé « *tongue flicking* » que les molécules odorantes sont adsorbées sur la langue (Graves et Halpern, 1989 ; Schwenk, 1995). Elles sont ensuite mises en communication avec l'ouverture du canal de l'organe voméronasal dans des sillons formés au niveau du palais et dans lesquels les extrémités de la langue bifide viennent se loger (Daghfous, 2010). Les odorants seraient alors aspirés par une sorte de mécanisme de pompe assuré par l'importante vascularisation de l'organe voméronasal. L'organe olfactif se présente sous la forme d'une cavité recouverte d'un épithélium olfactif qui possède des neurones ciliés et des neurones à microvillosités. Les efférences du bulbe olfactif sont organisées en trois faisceaux : latéral, intermédiaire et médian (Halpern, 1976). L'EBOP n'est pas décrit, mais le nerf terminal existe (Smith *et al.*, 1997) (figure 21.3).

Crocodylomorpha (crocodiles)

Les crocodiles diffèrent des Squamates par le fait qu'ils n'ont pas de système voméronasal (Parson, 1970). On sait peu de chose sur le système olfactif des crocodiles. Il a été mentionné que l'épithélium olfactif des alligators contenait des chimiorécepteurs d'un type particulier, les *solitary chemoreceptor cells* (SCC) (Hansen, 2007). Ce sont des cellules épithéliales modifiées présentes chez beaucoup de Vertébrés anamniotes (*hagfish* = myxines), Téléostéens et Amphibiens. Ces cellules sans axone sont dispersées dans différents épithéliums des cavités nasales ou oropharyngées et dans la peau. Elles sont capables de détecter différentes substances selon les espèces (Braun et Northcutt, 1998 ; Whitears, 1965). Chez les rongeurs, ces cellules expriment des récepteurs T2R qui sont impliqués dans la détection de l'amertume (Finger *et al.*, 2003).

Testudines (Tortues)

L'olfaction est particulièrement importante pour les Tortues. Même si cette modalité sensorielle n'est pas totalement responsable du *homing* des tortues marines, elle interviendrait dans l'orientation à courte distance vers les sites de ponte (Lohmann *et al.*, 1999). L'olfaction participerait également aux comportements liés à la reproduction (Ehrenfeld et Ehrenfeld, 1973) et à la recherche de nourriture (Schwenk, 2000). Parfois, chez certaines espèces, l'organe voméronasal s'ouvre dans la cavité buccale, rappelant la situation observée chez les serpents (Gerlach, 2005). D'autres fois, l'épithélium voméronasal, composé de neurones à microvillosités, est localisé dans la même cavité que le système olfactif principal et en est séparé par un simple sillon. Il est composé de neurones portant cils et microvillosités (Parson, 1967). Les efférences au bulbe olfactif sont le faisceau latéral, le faisceau médian et le faisceau intermédiaire (Cairney, 1926). La présence de l'EBOP n'est pas mentionnée dans la littérature, mais le nerf terminal est bien présent (Johnston, 1913) (figure 21.3).

Neornithes (Oiseaux)

Il a longtemps été considéré que chez les Oiseaux l'olfaction était une modalité sensorielle sans réelle importance fonctionnelle (Del Hoyo *et al.*, 1992). Cette conception est souvent basée sur le développement supposé faible du système olfactif chez ces espèces. Pourtant, dès les années 1960, des travaux principalement anatomiques suggèrent qu'au moins chez certaines espèces d'Oiseaux l'olfaction pourrait jouer un rôle non négligeable (Bang, 1960). C'est chez le pigeon que le rôle de l'olfaction dans l'orientation a été suggéré dès 1972 (Papi *et al.*, 1972) et, bien que l'importance de l'olfaction dans l'orientation du pigeon fasse toujours débat, il semble maintenant admis qu'elle y participe en association avec d'autres modalités sensorielles (Mehlhorn et Rehkämper, 2009). Mais l'olfaction intervient dans bien d'autres comportements. Il a été montré que l'olfaction permettrait aux pétrels — oiseaux marins — de localiser et de reconnaître, de nuit ou par temps de brouillard, leur nid installé sur des falaises surpeuplées. De même, la localisation de leur source de nourriture à la surface de l'océan (pour revue Hagelin et Jones, 2007) ferait intervenir l'olfaction. Ce rôle de l'olfaction dans la détection de la nourriture a également été établi chez les kiwis, qui sont capables de trouver leur alimentation de nuit (Wenzel, 1968), ou chez les vautours, qui peuvent localiser les carcasses d'animaux en décomposition à de très grandes distances (Graves, 1992). L'olfaction interviendrait également dans l'évitement des prédateurs chez les mésanges bleues (Amo *et al.*, 2008). Ainsi, une convergence de travaux éthologiques soutient que les Oiseaux utilisent l'olfaction souvent au même titre que d'autres modalités sensorielles dans un grand nombre de comportements, y compris dans les comportements de reproduction (voir pour revue Balthasart et Taziaux, 2009).

Steiger *et al.* (2008) ont également montré que les oiseaux nocturnes ont un répertoire de récepteurs olfactifs plus important que les espèces diurnes les plus proches phylogénétiquement. Cependant, le nombre de gènes intacts (non pseudogènes) n'est pas supérieur chez les espèces nocturnes (Steiger *et al.*, 2009). L'absence de récepteurs phéromonaux chez les Oiseaux est en accord avec l'absence d'organe voméronasal. Il est pourtant établi que les odeurs jouent un rôle dans la vie sociale et reproductive des Oiseaux. Cependant, à ce jour, aucune phéromone n'a été identifiée (Caro et Balthasart, 2010).

La cavité nasale des Oiseaux est formée d'une seule cavité en forme de spirale (Huffman, 1963). Les neurones récepteurs sont d'un type particulier possédant des cils entourés par de courtes microvillosités. Les efférences au bulbe sont composées d'un faisceau latéral et d'un faisceau médian. Il semble qu'il existe un EBOP (Von Bartheld *et al.*, 1987). Le nerf terminal est bien représenté (Yamamoto *et al.*, 1996) (figure 21.3).

Mammalia (Mammifères)

Déjà largement décrit dans d'autres chapitres, le système olfactif des Mammifères ne sera repris ici que succinctement. Au niveau périphérique, le système olfactif est composé d'un système généraliste et d'un organe voméronasal (sauf cétacés, chauves-souris, primates dont l'homme ; cf. chapitre 16), mais ont également été récemment identifiés l'organe septal et le ganglion de Grueneberg (cf. chapitre 17). Ces derniers ont été caractérisés tardivement chez les rongeurs, modèles les plus étudiés actuellement en laboratoire. Le fait que nous ne les ayons pas mentionnés chez d'autres groupes ne signifie pas forcément qu'ils n'existent pas, mais simplement que leur présence n'a peut-être pas encore été recherchée avec attention. L'épithélium olfactif du système généraliste ne contient que des neurones ciliés, alors que les neurones à microvillosités sont présents dans l'organe voméronasal. Seul le TOL constitue les efférences du bulbe olfactif. Il est à noter dans le contexte de ce chapitre que lors du retour à l'élément aquatique, les Mammifères marins n'ont pas redéveloppé un système olfactif adapté à cet élément, mais présentent une atrophie du système olfactif et un hyperdéveloppement d'autres modalités sensorielles telles que l'écholocation (figure 21.3).

▸▸ Conclusion

Il est difficile de trouver une ligne directrice dans l'évolution du système olfactif des Vertébrés. Certes, le système voméronasal apparaît chez les Tétrapodes, mais l'existence d'une perception voméronasale, bien que non structurée en un organe individualisé, existe chez les Poissons, et elle semble disparaître chez les Oiseaux et les crocodiles. De même, l'EBOP et le nerf terminal ont une présence ou une absence qui ne peuvent être reliées à aucune tendance évolutive nette. Il semble plutôt qu'au sein de chaque groupe le système olfactif se soit adapté aux conditions de vie des espèces considérées, et ces conditions varient considérablement pour certains groupes, comme les Amphibiens qui ont colonisé tout autant le milieu aérien que le milieu aquatique. Ceci explique les considérables variations observées parfois au sein d'un même grand ensemble zoologique. Des solutions adaptatives proches sont souvent observées, comme la mise en œuvre des OBP au niveau de l'épithélium olfactif aérien faisant appel à des familles moléculaires différentes chez les Mammifères et les Insectes, ce qui indique une indépendance d'un point de vue évolutif. Ainsi, la compréhension des mécanismes mis en jeu dans l'évolution du système olfactif est complexe. Il est souvent difficile de faire la part entre les homologies, les convergences, le rôle de l'adaptation et de la contrainte, sans oublier la possibilité d'évolution sans contrainte évolutive lorsque les caractères n'offrent aucun avantage fonctionnel. La revue d'Eisthen (2002) offre une bonne illustration des débats ouverts qui agitent la communauté internationale sur ces questions.

Remerciements : Je tiens à remercier Vincent Bels, professeur au Muséum national d'histoire naturelle, département Écologie et gestion de la biodiversité, pour la relecture critique de ce chapitre.

▸▸ Bibliographie

Altner H., 1962. Untersuchungen über Leistungen und Van der Nase des südafrikanischen *Xenopus laevis. Zeitschrift für Vergleichende Physiologie,* 45, 2722-306.

Amo L., Galva I., Tomas G., Sanz J.J., 2008. Predator odour recognition and avoidance in a songbird. *Functional Ecology,* 22, 289-293.

Anadon R., Manso M., Rodriguez-Moldes I., Beccerra M., 1995. Neurons of the olfactory organ projecting to the caudal telencephalon and hypothalamus: a carbocyanine-dye labeling study in the brown trout *(Teleostei). Neuroscience Letters,* 191,157-160.

Balthasart J., Taziaux M., 2009. The underestimated role of olfaction in avian reproduction. *Behavioral Brain Research,* 200, 248-259.

Bang B.G., 1960. Anatomical evidences for olfactory function in some species of birds. *Nature,* 4750, 547-549.

Braun C.B., Northcutt R.G., 1998. Cutaneous exteroreceptor and their innervations in hagfishes. *In: The Biology of Hagfish* (J.M. Jorgenson, J.P. Lomholt, R.E. Weber, H. Malte, eds), Chapman and Hall, Londres, 512-532.

Cairney J., 1926. General survey of the forebrain of *Shenodon punctatum. Journal of Comparative Neurology,* 42, 255-348.

Caro S.P., Balthasart J., 2010. Pheromones in birds: myth or reality? *Journal of Comparative Physiology A.,* 196, 751-766.

Daghfous G., 2010. Contribution à l'étude du système voméronasal chez les serpents : approche comportementale, fonctionnelle et neuroanatomique. Thèse, Muséum national d'histoire naturelle, Paris.

DEL HOYO J., ELLIOTT A., SARGATAL J., 1992. *Handbook of the Birds of the World. 1.* Éditions Lynx, Barcelone, 845 p.

DOVING K.B., HOLMBERG K., 1974. A note on the function of the olfactory organ of the hagfish *Myxine glutinosa. Acta Physiologia Scandinavica,* 91, 430-432.

EHRENFELD J.G., EHRENFELD D.W., 1973. Externally secreting glands of freshwater and sea turtles. *Copeia,* 305-314.

EISTHEN H.L., 2002. Why are olfactory systems of different animals so similar? *Brain, Behaviour and Evolution,* 59, 273-293.

EISTHEN H.L., POLESE G., 2006. Evolution of vertebrate olfactory subsystems. *In: Evolution of Nervous Systems. 2. Non-Mammalian Vertebrates* (J.H. Kaas, ed), Academic Press, Oxford, 355-406.

EL HAMDANI H., DOVING K.B., 2007. The functional organization of the fish olfactory system. *Progress in Neurobiology,* 82 (2), 80-6.

FINGER T.E., BÖTTGER B., HANSEN A., ANDERSON K.T., ALIMOHAMMADI H., SILVER W.L., 2003. Solitary chemoreceptor cells in the nasal cavity serve as sentinels of respiration. *In: Proceedings of the National Academy of Sciences of the USA,* 100, 8981-8986.

FIORENTINO M., D'ANIELLO B., JOSS J., POLESSE, G., RASTOGI R.K., 2002. Ontogenic organization of the FMRFamide immunoreactivity in the nervous terminalis of the lungfish, *Neoceratodus forsteri. Journal of Comparative Neurology,* 450, 115-121.

FISHELSON L., BARANES A., 1997. Ontogenesis and cytomorphology of the nasal olfactory organs in the Oman Shark, *Iago Omanensis (Triakidae),* in the gulf of Aqaba Red sea. *Anatomical Record,* 249, 409-421.

FREITAG J., KRIEGER J., STROTMANN J., BREER H., 1995. Two classes of olfactory receptors in *Xenopus laevis. Neuron,* 15, 1383-1392.

FRITSCH G., 1878. *Untersuchungen über den feineren bau des sisch-gehirns mit besonderer berücksichtigung der homologien beianderen wirbelthierklassen.* Verlag der Gutmann'schen Buchhandlung.

FRONTINI A., ZAIDI A.U., HUA H., 2003. Glomerular territories in the olfactory bulb from larval stagesof the sea lamprey *Petromyzon marinus. Journal of Comparative Neurology,* 465, 27-37.

GAUDIN A., GASCUEL J., 2005. 3D atlas describing the ontogenic evolution of the primary olfactory projections in the olfactory bulb of *Xenopus laevis. Journal of Comparative Neurology,* 489 (4), 403-424.

GERLACH J., 2005. The complex vomeronasal structure of *Dipsochelys* giant tortoise and its identification as a true Jacobson's organ. *Herpetololgy Journal,* 15, 15-20.

GRAVES G.R., 1992. The greater yellow-headed vulture *(Cathartes melambrotus)* locates food by olfaction. *Journal of Raptor Research,* 26, 38-39.

GRAVES G.R., HALPERN M., 1989. Chemical acces to the vomeronasal organs of the lizard *Chalcides ocellatus. Journal of Experimental Zoology,* 249, 150-157.

HAGELIN J.C., JONES I.L., 2007. Bird odors and other chemical substances: a defense mechanism or overlooked mode of intraspecific communication? *The Auk,* 124 (3), 1-21.

HAGINO-YAMAGISHI K., MORIYA K., KUBO H., 2004. Expression of vomeronasal receptor genes in *Xenopus laevis. Journal of Comparative Neurology,* 472, 246-256.

HALPERN M., 1976. The efferent connections of the olfactory bulb and accessory olfactory bulb in the snake, *Thamnophis sirtalis* and *Thamnophis radix. Journal of Morphology,* 150, 553-578.

HANSEN A., 2007. Olfactory and solitary chemosensory cells: two different chemosensory systems in the nasal cavity of the american alligator, *Alligator mississippiensis. BMC Neuroscience,* 3, 8-64.

HANSEN A., ZEISKE E., 1998. The peripheral olfactory organ of the zebrafish, *Dario rerio:* an ultrastructural study. *Chemical Senses,* 23, 39-48.

HANSEN A., ANDERSON K.T., FINGER T.E., 2004. Differential distribution of olfactory receptor neurons in goldfish: structural and molecular correlates. *Journal of Comparative Neurology,* 477, 347-359.

HANSEN A., REISS J.O., GENTRY C.L., BURD G.D., 1998. Ultrastructure of the olfactory organ in the clawed frog, *Xenopus laevis,* during larval development and metamorphosis. *Journal of Comparative Neurology,* 398, 273-288.

HARA T.J., 1994. Olfaction and gestation in fish: an overview. *Acta Physiologica Scandinavica,* 152, 207-217.

HOFFMANN M.H., MEYER D.L., 1991. Subdivision of the terminal nerve in *Xenopus laevis*. *Journal of Experimental Zoology*, 259, 324-329.

HOFFMANN M.H., MEYER D.L., 1995. The extrabulbar olfactory pathway: primary olfactory fibers bypassing the olfactory bulb in bony fishes? *Brain Behavior and Evolution*, 46, 378-388.

HOLMGREN N., VAN DER HORST C.J., 1925. Contribution to the morphology of the brain of *Ceratodus*. *Acta Zoologica*, 6, 59-165.

HUFFMAN H.J.H., 1963. The olfactory bulb, accessory olfactory bulb and hemisphere of some animals. *Journal of Comparative Neurology*, 120, 317-368.

JOHNSTON J.B., 1913. *Nervus terminalis* in reptiles and mammals. *Journal of Comparative Neurology*, 23, 97-120.

LOHMANN K.J., HESTER J.T., LOHMANN C.M.F., 1999. Long distance navigation in sea turtles. *Ethology, Ecology and Evolution*, 11, 1-23.

MEHLHORN J., REHKÄMPER G., 2009. Neurobiology of the homing pigeon: a review. *Naturwissenschaften*, 96 (9), 1011-25.

MEZLER M., FLEISCHER J., CONZELMANN S., 2001. Identification of a nonmammalian Golf subtype: functional role in olfactory signaling of airborne odorants in *Xenopus laevis*. *Journal of Comparative Neurology*, 439 (4), 400-410.

MILLERY J., BRIAND L., BEZIRARD V., BLON F., FENECH C., RICHARD-PARPAILLON L., QUENNEDEY B., PERNOLLET J.C., GASCUEL J., 2005. Specific expression of olfactory binding protein in the aerial olfactory cavity of adult and developing *Xenopus*. *European Journal of Neurosciences*, 22, 1389-1399.

NELSON J.S., 1994. *Fishes of the World*, 3e édition, Wiley, New York, 600 p.

NIEUWENHUYS R., 1965. The telencephalon of the crossopterygian *Latimeria chalumnae* Smith. *Journal of Morphology*, 117, 1-24.

NIIMURA Y., NEI M., 2005. Evolutionary dynamics of the olfactory receptors genes in fishes and tetrapods. *In: Proceedings of the National Academy of Sciences of the USA*, 102, 6039-6044.

NORTHCUTT R.G., 1995. The forebrain of gnathostomes: in search of a morphotype. *Brain Behavior and Evolution*, 46, 275-318.

NORTHCUTT R.G., 2006. Connections of the lateral and medial divisions of the goldfish telencephalic pallium. *Journal of Comparative Neurology*, 494, 903-943.

NORTHCUTT R.G., BEMIS W.E., 1993. Cranial nerves of the coelacanth *Latimeria chalumnae* and comparisons with other craniates. *Brain Behaviour and Evolution*, 42 (suppl. 1), 1-76.

NORTHCUTT R.G., BRADFORD M.R.J., 1980. New observations on the organization and evolution of the telencephalon of the actinopterygian fishes. *In: Comparative Neurology of the Telencephalon* (S.O.E. Ebbesson, ed.), Plenum, 41-98.

NORTHCUTT R.G., PUZDROWSKI R.L., 1988. Projections of the olfactory bulb and *nervus terminalis* in the silver lamprey. *Brain Behaviour and Evolution*, 32, 96-107.

PAPI F., FIORE L., FIASCHI V., BENVENUTI S., 1972. Olfaction and homing in pigeons. *Monitore Zoologico Italiano*, 6, 85-95.

PARSON T.S., 1967. Evolution of the nasal structures in the lower tetrapods. *American Zoologist*, 7, 397-413.

PARSON T.S., 1970. The origin of Jacobson's organ. *Forma Functio*, 3, 175-187.

REISS J.O., BURD G.D., 1997. Metamorphic remodeling of the primary olfactory projection in *Xenopus*: developmental independence of projections from olfactory neuron sub-classes. *Journal of Neurobiology*, 32, 213-222.

RÖSSLER P., MEZLER M., BREER H., 1998. Two olfactory marker proteins in *Xenopus laevis*. *Journal of Comparative Neurology*, 395, 273-280.

SATO Y., MIYASAKA N., YOSHIHARA Y., 2005. Mutually exclusive glomerular innervations by two distinct types of olfactory sensory neurons revealed in transgenic zebrafish. *Journal of Anatomy*, 25, 4889-4897.

SCHOBER A., MEYER D.L., VON BARTHELD C.S., 1994. Central projections of the *nervus terminalis* and the *nervus praeopticus* in the lungfish brain revealed by nitric oxide synthetase. *Journal of Comparative Neurology*, 349, 1-9.

SCHWENK K., 1993. The evolution of chemoreception in squamate reptiles: a phylogenetic approach. *Brain Behaviour and Evolution,* 41, 124-137.

SCHWENK K., 1995. Of tongues and nose: chemoreception in lizards and snakes. *Trends in Ecology and Evolution,* 10, 7-12.

SCHWENK K., 2000. Feeding in lepidosaur. *In: Feeding: Form, Function and Evolution in Tetrapod Vertebrates* (K. Schwenk, ed.), Academic Press, San Diego, 175-291.

SEWERTZOFF A.N., 1902. Zur Entwicklungsgeschichte des *Ceratodus forsteri. Anatomischer Anzeiger,* 21, 593-608.

SIEFKES M.J., LI W., 2004. Electrophysiological evidence for detection and discrimination of pheromonal bile acids by the olfactory epithelium of female sea lampreys *(Petromyzon marinus). Journal of Comparative Neurology A,* 190, 193-199.

SMITH M.T., MOORE F.L., MASON R.T., 1997. Neuroanatomical distribution of chicken-1 gonado tropin-releasing hormone (cGnRH-1) in the brain of the male redsider garter snake. *Brain Behaviour and Evolution,* 49, 137-148.

STEIGER S., FILDER A., KEMPENAERS B., 2009. Evidence for increased olfactory receptor gene repertoire size in two noctual bird species with well-developped olfactory ability. *BMC Evolutionary Biology,* 9, 117.

STEIGER S., FIDLER A., VALCU M., KEMPENAERS B., 2008. Avian olfactory receptor gene repertoires: evidence for a well-developed sense of smell in birds? *In: Proceedings of the Royal Society of London in Biological Sciences,* 275, 2309-2317.

THEISEN B., 1972. Ultrastructure of the olfactory epithelium in the Australian lungfish *Neoceratodus forsteri. Acta Zoologica,* 53, 205-218.

THEISEN B., ZEISKE E., BREUCKER H., 1986. Functional morphology of the olfactory organs in the spiny dogfish *(Squalus acanthias L.)* and the wall small-spotted catshark *(Scyliorhinus canicula L.). Acta Zoologica,* 67, 73-86.

VON BARTHELD C.S., LINDÖRFER H.W., MAYER D.L., 1987. The *nervus terminalis* also exist in cyclostomes and birds. *Cell Tissue Research,* 250, 431-434.

WALDMAN B., BISHOP P.J., 2004. Chemical communication in an archaic anuran amphibian. *Behavioral Ecology,* 15, 88-93.

WENZEL B.M., 1968. Olfactory process of the kiwi. *Nature,* 220, 1133-1134.

WHITEARS M., 1965. Presumed sensory cells in fish epidermis. *Nature,* 208, 703-704.

WIRSIG-WIECHMANN C.R., LEE C.E., 1999. Estrogen regulates gonadotropin-releasing hormone in the nervous terminalis of *Xenopus laevis. General Comparative Endocrinology,* 115, 301-308.

WITCH H., NORTHCUTT R.G., 1992. FMRFamide-like immunoreactivity in the brain of pacific hagfish, *Eptatretus stouti (Myxinoidea). Cell Tissue Research,* 270, 443-449.

WITCH H., NORTHCUTT R.G., 1993. Secondary olfactory projections and pallial topography in the pacific hagfish, *Eptatretus stouti. The Journal of Comparative Neurology,* 337, 529-542.

YAMAMOTO N., UCHIYALA H., OHKI-HAMAZAKI H., TANAKA H., ITO H., 1996. Migration of GnRH-Immunoreactive neurons from the olfactory placode to the brain: a study using avian embryonic chimeras. *Developmental Brain Research,* 95, 234-244.

YAMAMOTO N., OKA Y., AMANO M., AIDA K., HASEGAWA Y., KAWASHIMA S., 1995. Multiple gonadotropin-releasing hormone (GnRH)-immunoreactive systems in the brain of dwarf gourami, *Colisa lalia:* immunohistochemistry and radioimmunoassay. *Journal of Comparative Neurology,* 355, 354-368.

ZEISKE E., CAPRIO J., GRUBER S.H., 1986. Morphological and electrophysiological studies on the olfactory organs of the lemon shark, *Negaprion brevirostris (Poey). In: Indo-Pacific Fish Biology. Proceedings of the Second International Conference on Indo-Pacific Fishes* (T. Uyeno, R. Arai, T. Taniuchi, K. Matsuura, eds), 381-391.

Chapitre 22

Génétique et évolution des récepteurs olfactifs chez les Vertébrés

Stéphanie ROBIN, Pascale QUIGNON et Francis GALIBERT

L'olfaction est un sens essentiel à la survie des animaux. Les signaux olfactifs sont utilisés dans des processus tels que la recherche de nourriture, l'identification de partenaires sexuels et de la descendance, la reconnaissance du territoire et l'appréhension de dangers. Ce sens permet d'analyser des substances volatiles dans l'environnement ou dissoutes dans l'eau, les animaux étant capables de détecter et de discriminer un grand nombre d'odeurs composées de plusieurs molécules chimiques différentes. La première étape de l'olfaction est la captation de ces molécules par des récepteurs spécifiques. À ce jour, quatre types de récepteurs ont été identifiés comme pouvant lier des molécules odorantes : les récepteurs olfactifs (RO), les récepteurs voméronasaux, les *trace amino acid receptors* (TAAR) et les *formyl peptide receptor like protein* (FPR) (cf. chapitres 8 et 16).

Dans ce chapitre, nous nous intéresserons exclusivement aux récepteurs olfactifs (RO) et nous décrirons l'identification et la structure des gènes RO ainsi que les répertoires de différentes espèces de Vertébrés et leur évolution, puis nous terminerons par le polymorphisme de ces gènes.

▶▶ Identification et structure des gènes RO

Les gènes RO forment la famille multigénique la plus vaste chez les Mammifères et représentent près de 2 % du génome. Les gènes codant les RO ont été identifiés en 1991 par Linda Buck et Richard Axel, qui ont reçu en 2004 le prix Nobel de médecine et de physiologie pour leurs travaux (Buck et Axel, 1991). Afin d'identifier ces gènes, ils se sont appuyés sur trois faits connus de la physiologie de l'olfaction. Le premier est que les protéines RO doivent faire partie de la superfamille des récepteurs couplés aux protéines G (RCPG). En effet, l'exposition des cils des neurones olfactifs à des molécules odorantes induit une activation rapide de l'adénylate cyclase, cette activation étant dépendante de la présence de guanosine triphosphate (GTP) et impliquant donc une protéine G (Pace *et al.*, 1985). Le deuxième fait est que ces récepteurs doivent être spécifiquement exprimés au niveau des neurones de l'épithélium olfactif. Et enfin troisièmement, ces gènes doivent former une famille, puisqu'un répertoire varié de récepteurs serait nécessaire pour détecter et discriminer les nombreuses molécules odorantes. Ils ont ainsi défini des amorces oligonucléotidiques à partir des motifs conservés des gènes connus codant des RCPG et ont pu amplifier chez le rat de courtes séquences nucléotidiques à partir des ARN messagers exprimés dans l'épithélium olfactif. La détermination de la séquence nucléotidique de ces fragments a permis d'identifier 18 gènes différents. Pour estimer la taille du répertoire des gènes RO, ils ont procédé à des expériences de Southern Blot dans lesquelles ils ont hybridé les gènes RO découverts sur de l'ADN génomique. Ces expériences ont révélé plusieurs bandes par hybridation, confirmant l'hypothèse d'une famille multigénique. Ce n'est que deux ans plus tard que Raming *et al.* (1993) ont confirmé que ces protéines étaient capables de se lier avec des molécules odorantes.

L'alignement des séquences protéiques montre qu'il existe des motifs très conservés, par exemple le motif LHTPMY dans la première boucle intracellulaire, MAYDRYVAIC à la fin du troisième domaine transmembranaire ou encore PMLNFP dans le septième domaine transmembranaire. Par opposition, il existe aussi des régions hypervariables situées dans les domaines transmembranaires 3, 4 et 5 qui correspondent aux régions impliquées dans la liaison avec la molécule odorante (Katada *et al.*, 2005) (figure 22.1 ; cf. chapitre 8). Chez les Vertébrés, les gènes codant les RO sont généralement constitués de deux exons, dont seul le second contient la phase codante. La protéine exprimée a une taille d'environ 300 acides aminés et à l'heure actuelle aucun peptide signal d'insertion dans la membrane plasmique n'a été identifié. Ces particularités des gènes RO font que leur identification par des expériences de *polymerase chain reaction* (PCR) ou de clonage *in silico* est relativement aisée. Ainsi, grâce aux motifs conservés, des amorces spécifiques des gènes RO ont été dessinées et utilisées avec succès pour identifier les gènes RO de plusieurs espèces de Vertébrés telles que le rat (Parmentier *et al.*, 1992 ; Walensky *et al.*, 1998), la souris (Nef *et al.*, 1992 ; Ressler *et al.*, 1993 ; Sullivan *et al.*, 1996), l'homme (Brand-Arpon *et al.*, 1999 ; Buettner *et al.*, 1998 ; Parmentier *et al.*, 1992 ; Rouquier *et al.*, 1998b ; Vanderhaeghen *et al.*, 1997a ; 1997b), le gorille (Rouquier *et al.*, 1998a), le poisson rouge (Cao *et al.*, 1998), le poisson-chat (Ngai *et al.*, 1993), le poisson zèbre (Barth *et al.*, 1996 ; 1997 ; Byrd *et al.*, 1996 ; Weth *et al.*, 1996), le chien (Issel-Tarver et Rine, 1996 ; Parmentier *et al.*, 1992 ; Quignon *et al.*, 2003 ; Vanderhaeghen *et al.*, 1997b), le poulet (Leibovici *et al.*, 1996 ; Nef *et al.*, 1996), le cochon (Matarazzo *et al.*, 1998 ; Velten *et al.*, 1998) et le xénope (Freitag *et al.*, 1995). Ces premières identifications étaient longues et fastidieuses, puisqu'elles nécessitaient d'amplifier de l'ADN génomique ou de l'ADNc issu de muqueuse olfactive et de cloner puis de séquencer les produits d'amplification. Depuis, les génomes de nombreuses espèces de Vertébrés ont été séquencés et de nombreux répertoires

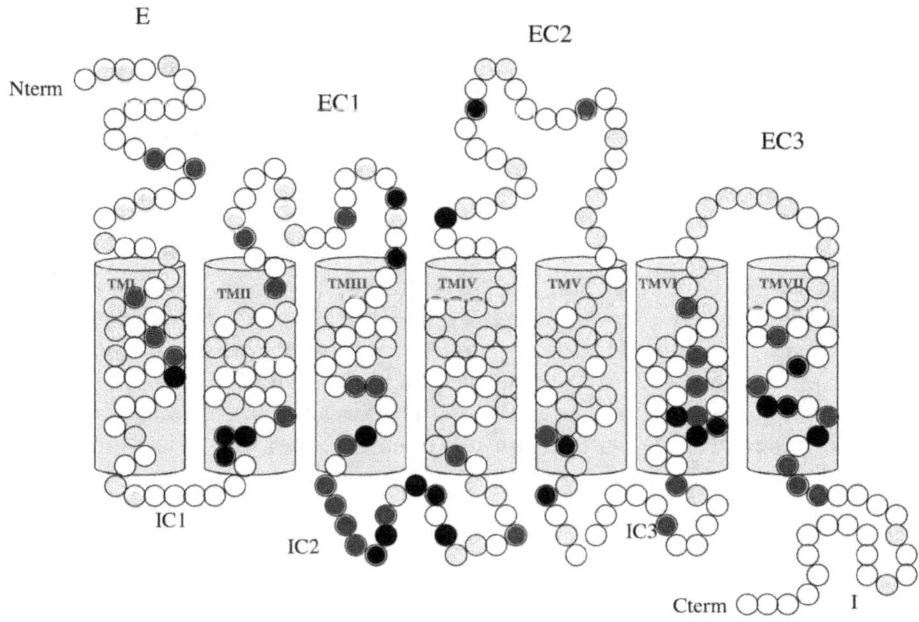

Figure 22.1. Structure des protéines RO canines.

Position des acides aminés conservés et variables dans 1 009 protéines RO canines (791 gènes RO et 218 pseudogènes RO pour lesquels la phase codante a été manuellement restaurée). Cterm : C-terminal ; E et EC : domaines extracellulaires ; I et IC : domaines intracellulaires ; Nterm : N-terminal ; TM : domaines transmembranaires (d'après Quignon *et al.,* 2005).

complets de gènes RO ont pu être identifiés *in silico* en recherchant les motifs conservés spécifiques des RO. Parmi ceux-ci, citons l'homme (Niimura et Nei, 2003), le chimpanzé, le macaque (Go et Niimura, 2008), la souris (Godfrey *et al.,* 2004), le rat, le chien (Quignon *et al.,* 2005), la vache, l'opossum, l'ornithorynque (Niimura et Nei, 2007), le dauphin (Hayden *et al.,* 2010), le poulet, le xénope, le poisson globe, le poisson zèbre (Niimura et Nei, 2005b), le médaka (Kasahara *et al.,* 2007), le fugu (Aparicio *et al.,* 2002) et la lamproie marine (Niimura, 2009) (figure 22.2).

▶▶ Comparaison et évolution des répertoires des gènes RO

Comparaison du nombre de gènes RO

L'identification des répertoires complets des gènes RO a permis de mettre en évidence des similitudes et des différences entre les espèces. Ainsi, le nombre total de gènes RO composant ces répertoires varie très largement, d'une centaine chez les Poissons (Niimura et Nei, 2005b) jusqu'à 1 493 chez le rat (Quignon *et al.*, 2005) (figure 22.2). Les gènes RO constituant la plus grande famille de gènes chez les Mammifères, on parle de « sous-génome olfactif ». Ces répertoires contiennent également un nombre variable de pseudogènes selon les espèces. Chez l'homme, le taux de pseudogènes RO est estimé à près de 50 %. Ainsi, le nombre de gènes RO potentiellement actifs serait d'environ 400 (Aloni *et al.*, 2006 ; Glusman *et al.*, 2001). Chez le rat, le taux de pseudogènes est plus faible (19,5 %) et le nombre de gènes potentiellement actifs est donc bien supérieur : 1 201 gènes RO, soit trois fois plus que l'homme. La taille des répertoires, globale et active, est donc très variable, et plusieurs hypothèses peuvent expliquer ces variations. Une des hypothèses est que les « besoins olfactifs » ne seraient pas identiques entre les espèces, mais spécifiques à chaque espèce. Un nombre plus important de gènes RO actifs correspondrait à une gamme plus large de molécules odorantes et/ou de mélanges odorants détectables. Ainsi, l'homme, considéré comme une espèce microsmate, aurait deux fois et demie

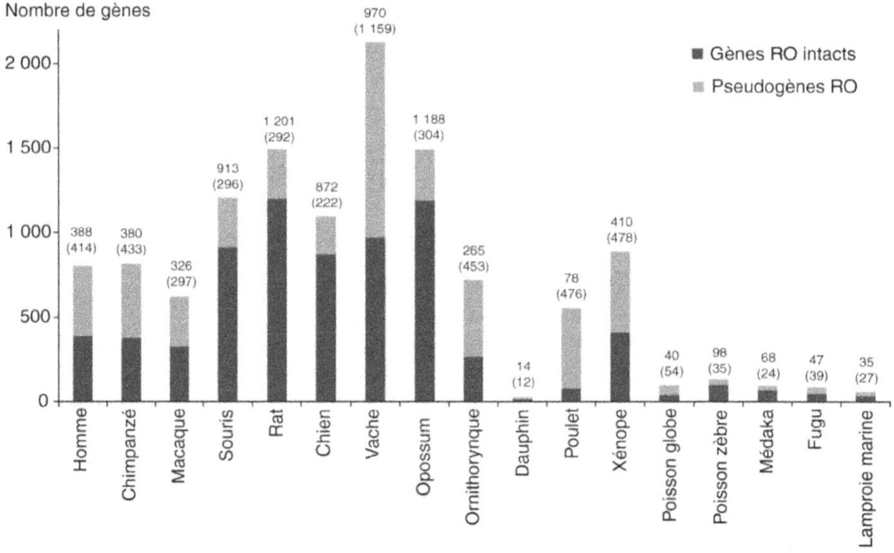

Figure 22.2. Nombre de gènes RO intacts et de pseudogènes RO dans différentes espèces de Vertébrés.

Diagramme représentant le nombre de gènes RO intacts (gris foncé, premier chiffre) et le nombre de pseudogènes RO (gris clair, chiffre entre parenthèses) dans les espèces suivantes : homme (Niimura et Nei, 2003), chimpanzé, macaque (Go et Niimura, 2008), souris (Godfrey *et al.*, 2004), rat, chien (Quignon *et al.*, 2005), vache, opossum, ornithorynque (Niimura et Nei, 2007), dauphin (Hayden *et al.*, 2010), poulet, xénope, poisson globe, poisson zèbre (Niimura et Nei, 2005b), médaka (Kasahara *et al.*, 2007), fugu (Aparicio *et al.*, 2002), lamproie marine (Niimura, 2009).

Cette liste de répertoires ne comprend qu'un seul Mammifère marin. Des analyses ont été initiées sur certains d'entre eux comme le cachalot nain ou la baleine de Minke (Kishida *et al.*, 2007), mais elles sont trop incomplètes pour être rapportées ici. Par ailleurs, le très grand nombre de pseudogènes identifiés chez la vache pourrait être dû à un problème de définition qui aurait amené à comptabiliser non seulement des pseudogènes complets, mais également des fragments de gènes incomplets.

moins de gènes RO actifs que le chien et trois fois moins que le rat qui sont des espèces macrosmates (Quignon *et al.*, 2005). Toutefois, l'hypothèse rattachant la taille du répertoire des gènes RO actifs aux besoins olfactifs, si elle cadre assez bien avec une diminution du nombre de gènes RO chez l'homme, ne s'accorde pas bien avec ce que l'on sait des capacités olfactives du chien et du rat, qui ont respectivement 872 et 1 201 gènes RO actifs (Quignon *et al.*, 2005). En 2004, Gilad *et al.* ont montré que la fraction de pseudogènes était plus importante chez l'homme, les primates et les singes du Vieux Continent que chez les singes du Nouveau Monde ou que chez la souris. Ils suggèrent que le taux important de pseudogènes serait dû à l'acquisition de la vision trichromatique, puisque le développement de cette vision plus puissante permet par exemple de trouver de la nourriture ou des partenaires sexuels. Avec cette vision développée, le sens de l'olfaction deviendrait moins primordial pour la survie de l'espèce et en conséquence des gènes RO fonctionnels deviendraient des pseudogènes. Cette hypothèse est toujours débattue et controversée (Matsui *et al.*, 2010). En effet, il ne faut pas oublier que l'olfaction est un mécanisme complexe qui va de la liaison de la molécule odorante à des récepteurs jusqu'à la perception de cette molécule par le cerveau. Ainsi, une étude chez le singe-écureuil montre que cette espèce, malgré un répertoire de gènes RO actifs réduit, est capable de percevoir des quantités faibles de molécules odorantes au même titre qu'une espèce macrosmate comme le rat (Laska *et al.*, 2000). Il est donc possible que des fonctions cérébrales performantes, comme une bonne mémoire chez les primates, permettent des capacités odorantes meilleures que celles auxquelles on pourrait s'attendre aux vues du répertoire de gènes RO fonctionnels. Cette hypothèse est très attractive, mais est à l'heure actuelle difficile à tester (Nei *et al.*, 2008).

Organisation génomique des gènes RO

L'organisation des gènes RO sur les génomes est particulière, puisque ces gènes sont répartis sur un grand nombre de locus appelés « groupes ». Chez l'homme, tous les chromosomes contiennent des gènes RO, à l'exception du chromosome 20 et du Y. Afin de mieux appréhender la composition de ces groupes, les gènes RO sont traduits et classés selon leur analogie de séquence en acides aminés. Ben-Arie *et al.* (1994) ont élaboré une classification dans laquelle les RO appartenant à une même famille et à une même sous-famille ont une analogie supérieure respectivement à 40 % et 60 %. Les gènes RO qui appartiennent à la même sous-famille sont bien souvent localisés dans un même groupe, montrant que les groupes sont formés de gènes RO en général plus proches phylogénétiquement (Malnic *et al.*, 2004). Ceci suggère également que le nombre de gènes RO a augmenté grâce à des duplications en tandem (figure 22.3, planche couleur XVI). Certains de ces groupes contiennent un nombre très élevé de gènes RO, par exemple près de 40 % des gènes RO humains sont situés sur le chromosome 11.

L'évolution de cette superfamille de gènes dans une espèce semble suivre le modèle *birth and death* dans lequel de nouveaux gènes sont créés par duplications successives suivies de la divergence et du maintien de certains gènes ou de l'accumulation de délétions dans d'autres (Niimura et Nei, 2005a ; Sharon *et al.*, 1998 ; Young *et al.*,

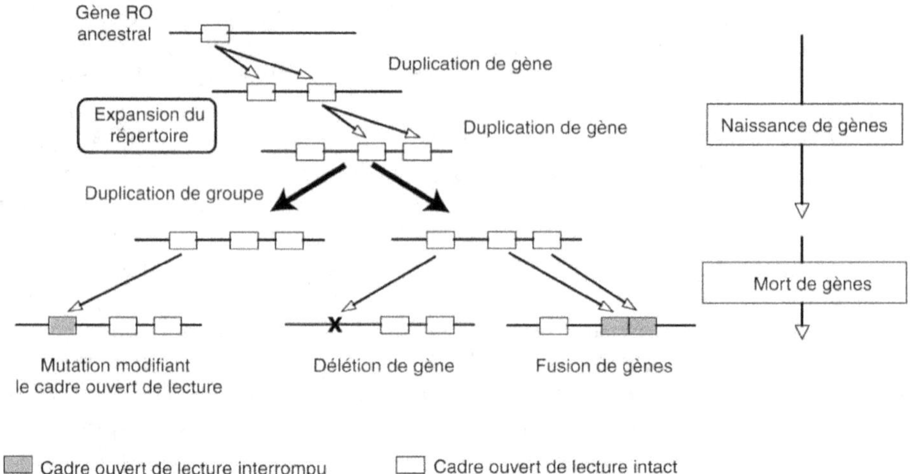

Figure 22.4. Mécanismes impliqués dans l'évolution des gènes RO.

Les nouveaux gènes RO peuvent être issus de duplications de gènes. Les gènes ancestraux sont dupliqués pour former des groupes, et l'expansion du répertoire avec génération de nouveaux groupes peut se produire par des duplications à grande échelle. Les gènes RO peuvent devenir inactifs par fusions de gènes, substitutions de base ou délétions (selon Sharon *et al.,* 1998).

2002) (figure 22.4). La comparaison du nombre de gènes RO composant le répertoire ainsi que le nombre de familles et sous-familles donnent quelques informations sur l'évolution des gènes RO. Par exemple, l'homme et le chien ont un nombre comparable de sous-familles, mais près de la moitié des sous-familles humaines est composée exclusivement de pseudogènes (Quignon *et al.,* 2005). Ceci reflète le grand nombre de pseudogènes RO chez l'homme plutôt qu'une diversification du répertoire. À l'inverse, le rat a un répertoire plus important que le chien (respectivement 1 493 et 1 094 gènes RO), mais le nombre de sous-familles est similaire, le rat ayant plus de gènes RO dans une même sous-famille que le chien. Un plus grand nombre de gènes RO n'est donc pas synonyme d'un plus grand nombre de sous-familles et donc d'un répertoire plus varié. La comparaison des groupes entre les espèces permet de retrouver les groupes orthologues de gènes RO et montre chez les Mammifères que la plupart des groupes ont un ancêtre commun précédant la séparation entre les marsupiaux et les Mammifères placentaires.

Par ailleurs, la comparaison des gènes non RO entourant les groupes de gènes RO montre à l'évidence que les groupes de gènes RO orthologues occupent des positions similaires dans les divers génomes de Mammifères et que seules les différences de caryotypes expliquent l'apparente différence d'organisation des gènes RO (figure 22.5). Le plus souvent, on observe la présence d'une copie chez une espèce et de plusieurs chez une seconde ou la présence de plusieurs copies dans les deux espèces, plutôt qu'une relation d'orthologie basée sur la présence d'une seule copie dans les deux espèces. Ceci indique que les gènes RO se sont souvent dupliqués après la séparation entre les deux espèces étudiées (Niimura et Nei, 2006). La figure 22.3 illustre ce propos en montrant un exemple de duplications ayant eu lieu au sein de la lignée des rongeurs.

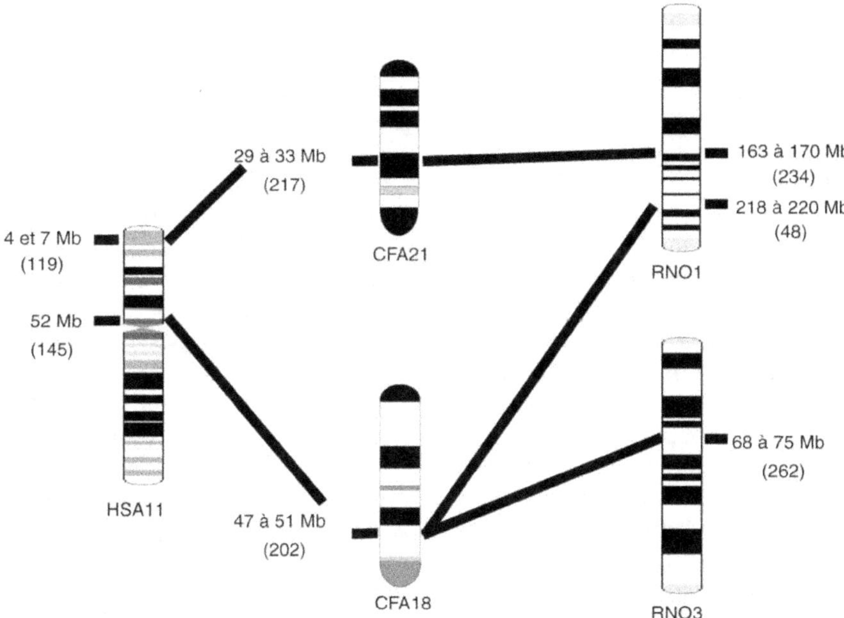

Figure 22.5. Organisation génomique en groupes des gènes RO.

Les gènes RO sont organisés en groupes sur le génome. Les groupes de gènes RO orthologues occupent des positions similaires dans les divers génomes de Mammifères, et seules les différences de caryotypes expliquent l'apparente différence d'organisation des gènes RO. Des groupes orthologues sont indiqués sur cette figure pour trois espèces : l'homme, le chien et le rat. La position de chaque groupe sur chaque chromosome est indiquée en Mb et le nombre de gènes RO dans ces groupes est indiqué entre parenthèses. HSA11 : chromosome 11 humain ; CFA18 et CFA21 : chromosomes 18 et 21 canins ; RNO1 et RNO3 : chromosomes 1 et 3 de rat.

Évolution des répertoires

Afin de mieux appréhender l'évolution des gènes RO chez les Vertébrés, des arbres phylogénétiques ont été construits à partir des séquences protéiques. Ces arbres incluent les pseudogènes pour lesquels les phases codantes sont rétablies. Les premières analyses séparaient les RO en deux classes : la classe I et la classe II. Les RO de classe II ont été les premiers à être identifiés par PCR avec des amorces dégénérées chez des Mammifères terrestres. Puis les RO de classe I ont été identifiés de la même façon, mais seulement chez des Poissons (Ngai *et al.*, 1993), d'où l'hypothèse que les RO de classe I étaient spécifiques des molécules odorantes solubles et les RO de classe II spécifiques des molécules volatiles. L'identification de RO appartenant à ces deux classes chez le xénope a renforcé cette hypothèse, les gènes RO de classe I étant spécifiquement exprimés dans le diverticule latéral (aquatique) et les gènes RO de classe II dans le diverticule médian (terrestre) (Freitag *et al.*, 1995 ; 1998). Cependant, aucune étude fonctionnelle n'a été réalisée pour confirmer cette théorie. Par ailleurs, cette hypothèse a été remise en question par l'identification des gènes RO de classe I chez tous les Mammifères. De façon notable, les gènes RO de classe I sont tous localisés dans un même groupe et ont en général un taux de pseudogènes plus faible que les gènes RO de classe II.

Une étude récente concernant les répertoires de Mammifères s'est intéressée à l'évolution des RO selon les niches écologiques, les spécialisations sensorielles et d'autres traits écologiques (Hayden *et al.*, 2010). Pour cela, les auteurs ont récupéré les séquences RO de 32 Mammifères dont les génomes avaient été complètement séquencés, et ont amplifié par PCR des gènes RO de 18 autres espèces, essentiellement aquatiques et semi-aquatiques. Cette étude reprend la classification en classes I et II et montre que le nombre de gènes RO de classe I n'a pas subi d'extension intensive ou de contraction comme celui des gènes RO de classe II. Cette étude montre également que les Cétacés seraient dépourvus de gènes RO de classe I. Par ailleurs, il convient d'ajouter que le dauphin ne disposerait que d'un tout petit nombre (n = 26) de gènes RO de classe II, suggérant que l'olfaction n'est pas un sens important chez le dauphin, voire chez les Cétacés, ou que la gamme d'odorants détectables par le dauphin est très spécialisée (Hayden *et al.*, 2010). Des analyses en composantes principales et des tests bayésiens d'assignement montrent que les gènes RO différencient les espèces non pas selon leurs groupes phylogénétiques, mais selon leurs niches écologiques. Ainsi, il est possible de séparer les Mammifères aquatiques des Mammifères terrestres, les volants des terrestres ou encore les semi-aquatiques des terrestres. Il est cependant plus difficile de séparer les Mammifères semi-aquatiques des Mammifères aquatiques ou des volants. Les séparations observées entre ces différents habitats seraient principalement dues à 8 familles de gènes RO. Ce résultat suggère que la sélection naturelle due à la niche environnementale est un facteur important dans le modelage des répertoires des gènes RO chez les Mammifères (Hayden *et al.*, 2010).

Chez la lamproie marine, un des Vertébrés les plus primitifs, il existe deux groupes différents de gènes RO, un groupe très similaire aux gènes RO de classes I et II des autres Vertébrés et l'autre plus similaire aux récepteurs TAAR. L'analyse d'un plus grand nombre de répertoires des gènes RO de Vertébrés, notamment de Poissons, a permis l'élaboration d'une nouvelle classification en types 1 et 2, les classes I et II appartenant au type 1 (Niimura et Nei, 2005b). À l'intérieur du type 1, on distinguerait six groupes différents dénommés α, β, γ, δ, ε et ζ et dans le type 2, cinq groupes dénommés η, $\theta1$, $\theta2$, κ et α λ contenant le groupe de gènes similaires aux récepteurs TAAR de la lamproie. Dans cette nouvelle classification, les gènes RO de Mammifères de classe I et de classe II restent toujours séparés, puisque les groupes α et β ne contiennent que des gènes RO de classe I et que le groupe γ ne contient que des gènes RO de classe II. L'analyse phylogénétique des gènes RO a également permis d'estimer le nombre de gènes RO des génomes ancestraux (Niimura et Nei, 2005b). Ainsi, l'ancêtre commun des Poissons et des Tétrapodes aurait au moins six gènes RO de type 1 et trois gènes RO de type 2 correspondant aux neuf groupes de RO. Les génomes actuels de Poissons contiennent tous les groupes, excepté les gènes du groupe α qui sont spécifiques des Tétrapodes. Ceci suggère que ce groupe de gènes RO a été perdu ou n'a pas encore été identifié dans la lignée des Poissons. De plus, il est probable que l'environnement des Poissons actuels n'est pas très différent de celui de l'espèce ancestrale, expliquant ainsi la présence des huit autres groupes. Les gènes appartenant aux groupes α et γ sont retrouvés chez les Amphibiens, les Reptiles, les Oiseaux et les Mammifères, mais sont absents chez les Poissons à quelques exceptions près (Niimura, 2009). Chez les Mammifères terrestres, ces deux groupes contiennent un nombre important de RO, tandis que les sept autres groupes sont absents. L'expansion du groupe γ est également observée chez les Amphibiens, mais ces derniers ont des gènes appartenant également aux huit autres groupes. Les raisons de l'expansion du groupe γ ne sont pas connues, mais il est vraisemblable que davantage de gènes RO soient nécessaires dans un environnement terrestre que dans un environnement aquatique. D'autre part, les gènes appartenant aux groupes δ, ε, ζ et η sont présents chez les Poissons téléostéens et les Amphibiens, alors qu'ils sont complètement absents chez les Reptiles, les Oiseaux et les Mammifères. Quant au groupe β, il est uniquement présent chez les Vertébrés aquatiques et terrestres.

L'évolution des répertoires des gènes RO a donc été en partie permise par des phénomènes de duplications de gènes. Ces gènes ainsi dupliqués ont ensuite dérivé pour adapter l'espèce aux molécules olfactives environnantes. De plus, les gènes RO sont très polymorphes comparés à d'autres gènes, et ce polymorphisme participe également à l'évolution des répertoires.

›› Polymorphisme des gènes RO

Il existe plusieurs types de polymorphismes dans les génomes. En ce qui concerne les gènes RO, deux ont été particulièrement étudiés, les *single nucleotide polymorphism,* ou polymorphismes nucléotidiques simples (SNP), incluant la substitution d'une base, les insertions et les délétions au sein des gènes, et les *copy number variations,* ou variations du nombre de copies (CNV) des gènes.

Polymorphisme de type SNP

Les gènes RO présentent un très fort taux de polymorphisme de type SNP assez singulier. En effet, dans les différentes espèces étudiées, quasiment tous les gènes RO analysés contiennent des SNP dans leurs parties codantes. Ceci a été initialement observé chez l'homme, où une première analyse d'un groupe de 15 gènes RO a révélé la présence de 21 SNP dans les régions codantes, avec une fréquence moyenne de 1 SNP sur 665 pb (Sharon *et al.,* 2000). Ce même groupe de gènes RO, analysé sur un plus grand nombre d'individus, contient 74 SNP (Menashe *et al.,* 2002). Une autre étude portant sur 16 gènes RO analysés sur 10 lignées cellulaires humaines a révélé que tous ces gènes RO sont polymorphes et 52 SNP ont été identifiés (Ehlers *et al.,* 2000). Enfin, une analyse plus représentative de l'ensemble du répertoire des gènes RO humains, faite sur 51 locus de gènes RO de 189 individus issus de différentes origines ethniques, a démontré l'existence de 178 combinaisons de génotypes (Menashe *et al.,* 2003). Chez la souris, la comparaison de deux souches a révélé que le taux de polymorphisme des gènes RO est en moyenne de 2,68 SNP/kb (Zhang *et al.,* 2004). Chez le chien, une première étude réalisée sur 16 gènes RO de 95 chiens issus de 20 races a révélé la présence de 98 SNP et 4 insertions ou délétions (Tacher *et al.,* 2005). Tous les gènes RO analysés sont polymorphes, et peuvent posséder jusqu'à 11 SNP par gène RO. Une seconde étude portant sur 109 gènes

RO de 48 chiens issus de 6 races a permis d'identifier 710 SNP et 22 insertions ou délétions (Robin *et al.*, 2009). Dans cette étude, tous les gènes RO analysés sauf quatre sont polymorphes et contiennent chacun entre 1 et 22 SNP. Ainsi, il apparaît que tous les gènes RO ne présentent pas le même degré de polymorphisme, et que celui-ci est en relation avec la taille des groupes dans lesquels se situent ces gènes RO. En effet, les gènes les plus polymorphes ont tendance à se retrouver dans de grands groupes, tandis que les gènes peu polymorphes ont tendance à se retrouver dans de petits groupes ou à être isolés. Ces différentes études ont également montré que la fréquence des SNP identifiés au sein des gènes RO est très variable, jusqu'à 50 % (Ehlers *et al.*, 2000 ; Robin *et al.*, 2009 ; Tacher *et al.*, 2005), et que les gènes RO apparaissent globalement plus polymorphes que les autres gènes, y compris les gènes codant pour d'autres RCPG, et même que des séquences non codantes du génome (Robin *et al.*, 2009 ; Sharon *et al.*, 2000 ; Zhang *et al.*, 2004). Du fait du nombre éventuellement important de SNP dans un gène RO, un grand nombre d'allèles par gène RO peut donc exister. Cette variabilité semble se rapprocher de celle connue pour les gènes HLA du complexe majeur d'histocompatibilité (ou CMH, Yeager et Hughes, 1999 ; cf. aussi chapitre 23).

Tableau 22.1. Distribution des SNP synonymes et faux-sens au sein des différents domaines protéiques des RO de chien (d'après Robin *et al.*, 2009).

Domaines protéiques des RO	Nombre total de SNP synonymes	Nombre de SNP faux-sens avec changement de groupe d'AA	Nombre de SNP faux-sens sans changement de groupe d'AA	Nombre total de SNP faux-sens
EC1	20	12	7	19
TM1	21	7	17	24
IC1	8	8	3	11
TM2	27	7	8	15
EC2	17	5	8	13
TM3	7	4	5	9
IC2	15	9	5	14
TM4	20	7	16	23
EC3	45	13	12	25
TM5	21	12	6	18
IC3	16	20	11	31
TM6	35	5	15	20
EC4	13	5	9	14
TM7	22	4	12	16
IC4	20	12	9	21
Total	**307**	**130**	**143**	**273**

Le séquençage de 109 gènes RO issus de 48 chiens (6 races) a permis d'identifier 710 SNP, dont 307 synonymes et 273 faux-sens répartis dans tous les domaines protéiques des RO : extracellulaires (EC), transmembranaires (TM) et intracellulaires (IC).

Ces différentes études ont également montré que les SNP se retrouvent sur toute la longueur de la séquence codante des gènes RO, et qu'il existe une plus forte proportion de SNP non synonymes que de SNP synonymes. Par exemple, dans les groupes de gènes RO humains analysés, les deux tiers des SNP sont non synonymes (Ehlers *et al.*, 2000 ; Sharon *et al.*, 2000). Chez la souris, 43 % des gènes RO analysés contiennent des SNP non synonymes (Zhang *et al.*, 2004). Chez le chien, plus de la moitié des SNP identifiés sont également non synonymes (Robin *et al.*, 2009 ; Tacher *et al.*, 2005) (tableau 22.1). Dans tous les cas, les deux types de SNP non synonymes ont été identifiés :

– les SNP de type faux-sens, qui conduisent à des substitutions d'acides aminés, ont été retrouvés sur l'ensemble de la protéine RO, dans tous les domaines. Ces substitutions peuvent être conservatives ou drastiques (acides aminés appartenant ou non à un même groupe chimique) (Ehlers *et al.*, 2000 ; Robin *et al.*, 2009 ; Tacher *et al.*, 2005) ;

– les SNP de type non-sens, qui ont le même effet que les insertions ou les délétions, c'est-à-dire qu'ils entraînent la formation d'un codon-stop prématuré créant une interruption du cadre ouvert de lecture (ou ORF, *open reading frame*). Ces dernières mutations ont été retrouvées en proportion importante au sein des gènes RO et aboutissent à la formation d'allèles pseudogènes RO, c'est-à-dire non fonctionnels (pseudogénisation). Par exemple, Ehlers *et al.* (2000) montrent que sur 52 mutations identifiées, 3 induisent la formation d'un codon-stop.

Du fait de ces mutations non-sens, présentes en fréquence variable au sein de la population, un allèle pseudogène et un allèle fonctionnel peuvent coexister pour un même gène RO. Il a été estimé qu'au moins 60 pseudogènes RO ségrègent au sein du génome humain, c'est-à-dire qu'il existe des allèles fonctionnels et non fonctionnels de ces gènes (Menashe *et al.*, 2003). Ces mêmes auteurs démontrent une différence de répertoires des gènes RO fonctionnels entre deux populations humaines, évoquant une différence de pression de sélection entre les populations qui induit la formation de répertoires chimiosensoriels différents. Ceci a été confirmé par une autre étude de Gilad et Lancet (2003). L'hypothèse d'une sélection positive agissant sur les gènes RO a été avancée qui expliquerait tout à la fois l'ampleur du polymorphisme observé et la présence de pseudogènes. Ceci semble être un phénomène général, puisque chez le chien, il a été montré qu'au sein des populations analysées certains gènes RO possèdent un allèle avec un ORF intact et un allèle pseudogène. Ainsi, des chiens au sein d'une race ou issus de races différentes ne présentent pas les mêmes pseudogènes RO (Robin *et al.*, 2009 ; Tacher *et al.*, 2005). En effet, les allèles pseudogènes ségrègent au sein de la population étudiée, avec une distribution considérablement variable entre les races : certains allèles pseudogènes sont présents dans toutes les races, tandis que d'autres sont spécifiques d'une ou plusieurs races. Ceci a pour conséquence un répertoire de gènes RO fonctionnels particulier à chacune des races, comme il a été démontré pour les populations humaines. L'ensemble de ces observations suggère que le processus de pseudogénisation des gènes RO est un processus actif toujours en cours. Le statut d'un gène RO, fonctionnel ou pseudogène, ne peut donc être définitif de façon certaine puisqu'il est variable selon les individus analysés. Par exemple, chez le chien, des gènes RO initialement identifiés pseudogènes lors du séquençage du génome du boxer se sont avérés potentiellement fonctionnels dans d'autres races de chiens (Robin *et al.*, 2009). De même, chez l'homme, des locus de gènes RO connus pour avoir un ORF interrompu ont été étudiés dans deux populations : certains contiennent bien des pseudogènes RO, tandis que d'autres portent des gènes RO intacts ou des gènes RO polymorphes présentant des pseudogènes ségrégatifs (Gilad et Lancet, 2003).

Polymorphisme de type CNV

Les CNV *(copy number variation)* sont des segments d'ADN de taille supérieure ou égale à 1 kb présents en nombre variable de copies dans les populations (Feuk *et al.,* 2006 ; Freeman *et al.,* 2006 ; Redon *et al.,* 2006). L'identification des CNV a été réalisée chez de nombreuses espèces, mais les études montrant la forte présence de CNV dans les locus de gènes RO ont principalement été réalisées chez l'homme. En effet, il a clairement été démontré qu'un fort pourcentage de gènes RO fonctionnels et de pseudogènes RO humains présente un polymorphisme de type CNV. Ce pourcentage est néanmoins variable selon les études, entre 15 et 33 % pour les gènes RO fonctionnels, et entre 17 et 38 % pour les pseudogènes RO (Hasin *et al.,* 2008 ; Nozawa *et al.,* 2007 ; Waszak *et al.,* 2010 ; Young *et al.,* 2008). Ces différences observées sont certainement liées au nombre de gènes et pseudogènes RO analysés ainsi qu'au nombre d'individus pris en compte. Waszak *et al.* (2010) en ont déduit qu'un individu possède en moyenne 8 gènes RO et 17 pseudogènes RO localisés dans des régions de CNV. De plus, certains auteurs mettent en avant l'absence de différence significative entre pseudogènes RO et gènes RO fonctionnels et concluent que les CNV des gènes RO fonctionnels évolueraient de manière neutre, c'est-à-dire de la même façon que les pseudogènes (Nozawa *et al.,* 2007 ; Young *et al.,* 2008), tandis que d'autres montrent que les pseudogènes RO sont davantage affectés par les CNV que les gènes RO fonctionnels (Hasin *et al.,* 2008). Enfin, selon Hasin *et al.* (2008), les gènes RO considérés « évolutivement jeunes » (qui ont des gènes paralogues proches et pas de gène orthologue évident chez les primates) sont significativement plus affectés par les CNV que les gènes RO considérés « évolutivement anciens ». L'enrichissement des gènes RO dans les régions contenant des CNV pourrait s'expliquer en partie par la présence fréquente des gènes RO dans des régions de duplications (Young *et al.,* 2008). Chez la souris et le chien, il a également été observé que les gènes RO se trouvent surreprésentés parmi les CNV (Chen *et al.,* 2009 ; Graubert *et al.,* 2007 ; Nicholas *et al.,* 2009). Pour autant, aucune analyse moléculaire fine ne permet de conclure si ces CNV sont de nature à augmenter le nombre de séquences complètes de certains gènes RO, impliquant à la fois promoteur et exons, et ainsi à modifier ou moduler la fonctionnalité de certains RO.

Mécanismes aboutissant au polymorphisme

Pour rendre compte des mécanismes qui permettent d'aboutir à ce fort taux de polymorphisme des gènes RO, différentes analyses ont été menées. Chez la souris, le ratio Ka/Ks, déduit du nombre de SNP synonymes et non synonymes, et rendant compte de la pression de sélection exercée sur les gènes, suggère que les gènes RO murins seraient soumis à une sélection positive, permettant ainsi une diversification du répertoire des gènes RO entre les différentes souches murines (Zhang *et al.*, 2004). Comme chez la souris, la valeur du ratio Ka/Ks permet de conclure à une absence de contre-sélection des SNP non synonymes, aboutissant ainsi à une diversification des gènes RO au sein de l'espèce canine, qui pourraient aider à l'adaptation à long terme du répertoire des gènes RO aux changements environnementaux (Robin *et al.*, 2009). La relaxation de contraintes sélectives portant sur les gènes RO permet également d'expliquer le processus de pseudogénisation en cours. En effet, l'absence de contre-sélection de SNP non-sens ou d'insertions/délétions va favoriser l'apparition de mutations qui induisent la formation d'allèles pseudogènes RO, pouvant aboutir à terme à la perte de fonction de gènes RO au sein d'une population ou d'une espèce, sans préjudice toutefois pour la fonction olfactive grâce à la nature hautement combinatoire du code olfactif (Malnic *et al.*, 1999). Selon ce code, plusieurs RO peuvent reconnaître le même odorant et plusieurs odorants peuvent se fixer sur le même RO. Une sélection positive agissant sur les gènes RO humains a également été proposée (Gilad *et al.*, 2000 ; 2003). D'autre part, une analyse du déséquilibre de liaison (DL) a permis d'émettre l'hypothèse que les gènes RO sont soumis à un processus de conversion génique (Robin *et al.*, 2009). Des événements de conversion génique entre gènes RO humains paralogues ont également été proposés (Sharon *et al.*, 2000).

Impact fonctionnel du polymorphisme

Le fort polymorphisme de type SNP faux-sens des gènes RO aboutit à une diversification des fonctions des RO en affectant, d'une part, l'affinité aux odorants lorsque les domaines extracellulaires ou transmembranaires impliqués dans la liaison au ligand sont mutés ; d'autre part, les interactions intracellulaires avec les protéines impliquées dans la cascade de transduction du signal lorsque les domaines intracellulaires notamment impliqués dans l'interaction avec la protéine G sont mutés.

En fonction des SNP, les variants protéiques peuvent finalement avoir une meilleure ou une moins bonne affinité pour un odorant. Dans ce sens, il a été démontré chez l'homme que la présence de SNP faux-sens dans les gènes RO modifiait la capacité de perception d'un odorant. En effet, il a été montré que des individus présentaient une sensibilité différente à l'androsténone selon le génotype d'un gène RO spécifique, OR7D4 (Keller *et al.*, 2007). De même, une association entre la présence d'un allèle du gène OR11H7P et la sensibilité à l'acide isovalérique a été rapportée (Menashe *et al.*, 2007). On peut imaginer que la sélection positive qui agit sur les gènes RO se met en place pour favoriser l'évolution du répertoire et l'élargissement des capacités olfactives. De même, les SNP non-sens ainsi que les CNV de type délétion de locus de gènes RO ont très certainement un effet sur les différences de sensibilité et de capacité olfactives observées entre les individus d'une même espèce, puisque ces polymorphismes entraînent une perte de fonction des gènes RO touchés.

Cependant, l'effet du polymorphisme des gènes RO reste contre-balancé par le fait qu'un code combinatoire est mis en place dans la fixation des odorants sur les RO. Ceci a pour conséquence qu'une modification ou une perte de fonction d'un RO ne sera pas forcément délétère si d'autres RO peuvent lier les mêmes odorants. L'impact du polymorphisme d'un gène RO dépendrait donc de la spécificité de liaison aux odorants de ce RO, il faudrait connaître ses capacités de liaison pour définir l'impact du polymorphisme des gènes RO sur la capacité olfactive des individus. D'autre part, la taille de la sous-famille à laquelle appartient chaque RO pourrait être un moyen de déterminer si la capacité de liaison aux odorants du RO est redondante dans le répertoire. En effet, il semblerait admis que les gènes RO issus d'une même famille peuvent avoir des capacités proches. Ceci peut être illustré par l'exemple des RO canins issus de deux familles particulières, la famille 6 et la famille 52, qui ont respectivement une affinité particulière pour les aldéhydes et les cétones (Benbernou *et al.*, 2007 ; 2011). À l'inverse, les RO issus de petites sous-familles pourraient donc avoir une capacité de liaison aux odorants unique ou peu répandue dans le répertoire des gènes RO.

Ces polymorphismes sont très certainement à l'origine des différences observées entre les répertoires des gènes RO de différentes espèces (taille du répertoire et taux de pseudogènes). Les CNV se révèlent des candidats particulièrement bons pour modifier la taille du répertoire des gènes RO des espèces, d'autant plus que des délétions ont été identifiées (Hasin *et al.*, 2008 ; Young *et al.*, 2008). De plus, il convient de penser que les individus d'une même espèce, notamment issus de populations différentes, possèdent également des répertoires des gènes RO différents, ce qui expliquerait en partie des capacités olfactives variables. Enfin, les génomes de référence peuvent représenter le variant allélique de fréquence minoritaire, ce qui implique la révision du répertoire des gènes RO pour une espèce donnée, élément également à prendre en considération pour les CNV qui pourraient modifier la taille du répertoire.

▸▸ Conclusion

La découverte des récepteurs olfactifs de rat par Buck et Axel (1991) a ouvert un champ disciplinaire nouveau. Depuis lors, non seulement le répertoire complet des gènes RO de rat a été établi, mais également celui de nombreuses espèces de Mammifères et de Poissons. Ces analyses, qui doivent beaucoup au développement spectaculaire dans le même temps des capacités d'analyse des séquences nucléotidiques, ont montré que les RO constituaient de très loin la plus grande famille de gènes, de la centaine à plus du millier selon les espèces, et que ceux-ci étaient dans leur ensemble extrêmement polymorphes. L'analyse comparée de nombreux génomes a démontré que ces répertoires s'étaient formés par duplications successives d'un petit répertoire ancestral commun. Ces duplications ayant intéressé selon les espèces différents gènes ou groupes de gènes, les répertoires des gènes RO actuels sont riches de familles ou sous-familles de gènes en nombre variable. On tente actuellement d'expliquer cette prolifération des gènes RO par l'existence dans la nature de très nombreuses substances volatiles et/ou dissoutes dont la détection et l'identification par les animaux sont ou seraient importantes, voire indispensables à leur survie. Cette explication est séduisante, mais pourquoi le chien, c'est-à-dire le loup son ancêtre, aurait-il notablement moins de gènes RO potentiellement actifs que le rat, pourquoi la vache serait, elle aussi, largement équipée en gènes RO ? Ainsi, en dépit d'une idée largement répandue, il ne semble pas qu'il y ait une relation forte, dominante, entre la capacité olfactive et la taille du répertoire, d'autant que le terme de capacité recouvre lui-même deux concepts : la capacité à détecter une grande variété de molécules chimiques différentes ou d'odorants, eux-mêmes constitués de plusieurs molécules chimiques différentes, et la sensibilité, c'est-à-dire le seuil de détection d'un ou de plusieurs odorants. Autre question connexe, pourquoi, en parallèle de répertoires des gènes RO de grande taille, existe-t-il dans les génomes de Mammifères d'autres types de récepteurs comme les V1R et V2R, les TAAR ou les FPR, également dédiés à la détection de substances odorantes et exprimés par des organes dédiés autres que l'épithélium olfactif ? Cette constatation est d'autant plus surprenante que le nombre de récepteurs aux molécules odorantes est incroyablement élevé par rapport au très faible nombre de récepteurs gustatifs, alors que la détection d'une grande diversité de goûts semble également avoir lieu.

À ce stade de la recherche, on peut certainement espérer que d'autres répertoires des gènes RO seront analysés dans d'autres espèces choisies pour leurs positions phylogénétiques. Parallèlement, on peut souhaiter que ces analyses portent sur un plus grand nombre de sujets pour permettre une meilleure appréciation de l'évolution et de la genèse de ces derniers, ainsi que du polymorphisme intraspécifique et de son impact fonctionnel. Cependant, ce qui manque cruellement actuellement est une bonne connaissance des relations et des spécificités de reconnaissance odorant/récepteur, dont l'analyse est fortement handicapée par le manque de technologies fiables et efficaces, et l'étude des mécanismes moléculaires en jeu au niveau des différentes aires cérébrales qui traitent et stockent les signaux olfactifs en provenance de l'épithélium et du bulbe olfactifs.

▸▸ Bibliographie

ALONI R., OLENDER T., LANCET D., 2006. Ancient genomic architecture for mammalian olfactory receptor clusters. *Genome Biology,* 7 (10), R88.

APARICIO S., CHAPMAN J., STUPKA E., PUTNAM N., CHIA J.M., DEHAL P., CHRISTOFFELS A., RASH S., HOON S., SMIT A., GELPKE M.D., ROACH J., OH T., HO I.Y., WONG M., DETTER C., VERHOEF F., PREDKI P., TAY A., LUCAS S., RICHARDSON P., SMITH S.F., CLARK M.S., EDWARDS Y.J., DOGGETT N., ZHARKIKH A., TAVTIGIAN S.V., PRUSS D., BARNSTEAD M., EVANS C., BADEN H., POWELL J., GLUSMAN G., ROWEN L., HOOD L., TAN Y.H., ELGAR G., HAWKINS T., VENKATESH B., ROKHSAR D., BRENNER S., 2002. Whole-genome shotgun assembly and analysis of the genome of Fugu rubripes. *Science,* 297 (5585), 1301-1310.

BARTH A.L., DUGAS J.C., NGAI J., 1997. Noncoordinate expression of odorant receptor genes tightly linked in the zebrafish genome. *Neuron,* 19(2), 359-369.

BARTH A.L., JUSTICE N.J., NGAI J., 1996. Asynchronous onset of odorant receptor expression in the developing zebrafish olfactory system. *Neuron,* 16 (1), 23-34.

BEN-ARIE N., LANCET D., TAYLOR C., KHEN M., WALKER N., LEDBETTER D.H., CARROZZO R., PATEL K., SHEER D., LEHRACH H., NORTH M.A., 1994. Olfactory receptor gene cluster on human chromosome 17: possible duplication of an ancestral receptor repertoire. *Human Molecular Genetics,* 3 (2), 229-235.

BENBERNOU N., ROBIN S., TACHER S., RIMBAULT M., RAKOTOMANGA M., GALIBERT F., 2011. cAMP and IP3 signaling pathways in HEK293 cells transfected with canine olfactory receptor genes. *Journal of Heredity,* 102, (suppl. 1), S47-S61.

BENBERNOU N., TACHER S., ROBIN S., RAKOTOMANGA M., SENGER F., GALIBERT F., 2007. Functional analysis of a subset of canine olfactory receptor genes. *Journal of Heredity,* 98 (5), 500-505.

BRAND-ARPON V., ROUQUIER S., MASSA H., DE JONG P.J., FERRAZ C., IOANNOU P.A., DEMAILLE J.G., TRASK B.J., GIORGI D., 1999. A genomic region encompassing a cluster of olfactory receptor genes and a myosin light chain kinase (MYLK) gene is duplicated on human chromosome regions 3q13-q21 and 3p13. *Genomics,* 56 (1), 98-110.

BUCK L., AXEL R., 1991. A novel multigene family may encode odorant receptors: a molecular basis for odor recognition. *Cell,* 65 (1), 175-187.

BUETTNER J.A., GLUSMAN G., BEN-ARIE N., RAMOS P., LANCET D., EVANS G.A., 1998. Organization and evolution of olfactory receptor genes on human chromosome 11. *Genomics,* 53 (1), 56-68.

BYRD C.A., JONES J.T., QUATTRO J.M., ROGERS M.E., BRUNJES P.C., VOGT R.G., 1996. Ontogeny of odorant receptor gene expression in zebrafish, *Danio rerio. Journal of Neurobiology,* 29 (4), 445-458.

CAO Y., OH B.C., STRYER L., 1998. Cloning and localization of two multigene receptor families in goldfish olfactory epithelium. *In: Proceedings of the National Academy of Sciences of the USA,* 95 (20), 11987-11992.

CHEN W.K., SWARTZ J.D., RUSH L.J., ALVAREZ C.E., 2009. Mapping DNA structural variation in dogs. *Genome Research,* 19 (3), 500-509.

EHLERS A., BECK S., FORBES S.A., TROWSDALE J., VOLZ A., YOUNGER R., ZIEGLER A., 2000. MHC-linked olfactory receptor loci exhibit polymorphism and contribute to extended HLA/OR-haplotypes. *Genome Research,* 10 (12), 1968-1978.

FEUK L., CARSON A.R., SCHERER S.W., 2006. Structural variation in the human genome. *Nature Reviews Genetics,* 7 (2), 85-97.

FREEMAN J.L., PERRY G.H., FEUK L., REDON R., McCARROLL S.A., ALTSHULER D.M., ABURATANI H., JONES K.W., TYLER-SMITH C., HURLES M.E., CARTER N.P., SCHERER S.W., LEE C., 2006. Copy number variation: new insights in genome diversity. *Genome Research,* 16 (8), 949-961.

FREITAG J., KRIEGER J., STROTMANN J., BREER H., 1995. Two classes of olfactory receptors in *Xenopus laevis. Neuron,* 15 (6), 1383-1392.

FREITAG J., LUDWIG G., ANDREINI I., ROSSLER P., BREER H., 1998. Olfactory receptors in aquatic and terrestrial vertebrates. *Journal of Comparative Physiology A,* 183 (5), 635-650.

GILAD Y., LANCET D., 2003. Population differences in the human functional olfactory repertoire. *Molecular Biology and Evolution,* 20 (3), 307-314.

GILAD Y., PRZEWORSKI M., LANCET D., 2004. Loss of olfactory receptor genes coincides with the acquisition of full trichromatic vision in primates. *PLoS Biology,* 2 (1), E5.

GILAD Y., BUSTAMANTE C.D., LANCET D., PAABO S., 2003. Natural selection on the olfactory receptor gene family in humans and chimpanzees. *American Journal of Human Genetics,* 73 (3), 489-501.

GILAD Y., SEGRE D., SKORECKI K., NACHMAN M.W., LANCET D., SHARON D., 2000. Dichotomy of single-nucleotide polymorphism haplotypes in olfactory receptor genes and pseudogenes. *Nature Genetics,* 26 (2), 221-224.

GLUSMAN G., YANAI I., RUBIN I., LANCET D., 2001. The complete human olfactory subgenome. *Genome Research,* 11 (5), 685-702.

GO Y., NIIMURA Y., 2008. Similar numbers but different repertoires of olfactory receptor genes in humans and chimpanzees. *Molecular Biology and Evolution,* 25 (9), 1897-1907.

GODFREY P.A., MALNIC B., BUCK L.B., 2004. The mouse olfactory receptor gene family. *In: Proceedings of the National Academy of Sciences of the USA,* 101 (7), 2156-2161.

GRAUBERT T.A., CAHAN P., EDWIN D., SELZER R.R., RICHMOND T.A., EIS P.S., SHANNON W.D., LI X., McLEOD H.L., CHEVERUD J.M., LEY T.J., 2007. A high-resolution map of segmental DNA copy number variation in the mouse genome. *PLoS Genetics,* 3 (1), e3.

HASIN Y., OLENDER T., KHEN M., GONZAGA-JAUREGUI C., KIM P.M., URBAN A.E., SNYDER M., GERSTEIN M.B., LANCET D., KORBEL J.O., 2008. High-resolution copy-number variation map reflects human olfactory receptor diversity and evolution. *PLoS Genetics,* 4 (11), e1000249.

HAYDEN S., BEKAERT M., CRIDER T.A., MARIANI S., MURPHY W.J., TEELING E.C., 2010. Ecological adaptation determines functional mammalian olfactory subgenomes. *Genome Research,* 20 (1), 1-9.

ISSEL-TARVER L., RINE J., 1996. Organization and expression of canine olfactory receptor genes. *In: Proceedings of the National Academy of Sciences of the USA,* 93 (20), 10897-10902.

KASAHARA M., NARUSE K., SASAKI S., NAKATANI Y., QU W., AHSAN B., YAMADA T., NAGAYASU Y., DOI K., KASAI Y., JINDO T., KOBAYASHI D., SHIMADA A., TOYODA A., KUROKI Y., FUJIYAMA A., SASAKI T., SHIMIZU A., ASAKAWA S., SHIMIZU N., HASHIMOTO S., YANG J., LEE Y., MATSUSHIMA K.,

SUGANO S., SAKAIZUMI M., NARITA T., OHISHI K., HAGA S., OHTA F., NOMOTO H., NOGATA K., MORISHITA T., ENDO T., SHIN I.T., TAKEDA H., MORISHITA S., KOHARA Y., 2007. The medaka draft genome and insights into vertebrate genome evolution. *Nature,* 447 (7145), 714-719.

KATADA S., HIROKAWA T., OKA Y., SUWA M., TOUHARA K., 2005. Structural basis for a broad but selective ligand spectrum of a mouse olfactory receptor: mapping the odorant-binding site. *The Journal of Neuroscience,* 25 (7), 1806-1815.

KELLER A., ZHUANG H., CHI Q., VOSSHALL L.B., MATSUNAMI H., 2007. Genetic variation in a human odorant receptor alters odour perception. *Nature,* 449 (7161), 468-472.

KISHIDA T., KUBOTA S., SHIRAYAMA Y., FUKAMI H., 2007. The olfactory receptor gene repertoires in secondary-adapted marine vertebrates: evidence for reduction of the functional proportions in cetaceans. *Biology Letters,* 3 (4), 428-430.

LASKA M., SEIDT A., WEDER A., 2000. "Microsmatic" primates revisited: olfactory sensitivity in the squirrel monkey. *Chemical Senses,* 25 (1), 47-53.

LEIBOVICI M., LAPOINTE F., ALETTA P., AYER-LE LIEVRE C., 1996. Avian olfactory receptors: diffe-rentiation of olfactory neurons under normal and experimental conditions. *Developmental Biology,* 175 (1), 118-131.

MALNIC B., GODFREY P.A., BUCK L.B., 2004. The human olfactory receptor gene family. *In: Procee-dings of the National Academy of Sciences of the USA,* 101 (8), 2584-2589.

MALNIC B., HIRONO J., SATO T., BUCK L.B., 1999. Combinatorial receptor codes for odors. *Cell,* 96 (5), 713-723.

MATARAZZO V., TIRARD A., RENUCCI M., BELAICH A., CLEMENT J.L., 1998. Isolation of putative olfactory receptor sequences from pig nasal epithelium. *Neuroscience Letters,* 249 (2-3), 87-90.

MATSUI A., GO Y., NIIMURA Y., 2010. Degeneration of olfactory receptor gene repertories in prima-tes: no direct link to full trichromatic vision. *Molecular Biology and Evolution,* 27 (5), 1192-1200.

MENASHE I., MAN O., LANCET D., GILAD Y., 2002. Population differences in haplotype structure within a human olfactory receptor gene cluster. *Human Molecular Genetics,* 11 (12), 1381-1390.

MENASHE I., MAN O., LANCET D., GILAD Y., 2003. Different noses for different people. *Nature Gene-tics,* 34 (2), 143-144.

MENASHE I., ABAFFY T., HASIN Y., GOSHEN S., YAHALOM V., LUETJE C.W., LANCET D., 2007. Genetic elucidation of human hyperosmia to isovaleric acid. *PLoS Biology,* 5 (11), e284.

NEF S., ALLAMAN I., FIUMELLI H., DE CASTRO E., NEF P., 1996. Olfaction in birds: differential embryonic expression of nine putative odorant receptor genes in the avian olfactory system. *Mecha-nisms of Development,* 55 (1), 65-77.

NEF P., HERMANS-BORGMEYER I., ARTIERES-PIN H., BEASLEY L., DIONNE V.E., HEINEMANN S.F., 1992. Spatial pattern of receptor expression in the olfactory epithelium. *In: Proceedings of the National Academy of Sciences of the USA,* 89 (19), 8948-8952.

NEI M., NIIMURA Y., NOZAWA M., 2008. The evolution of animal chemosensory receptor gene repertoires: roles of chance and necessity. *Nature Reviews Genetics,* 9 (12), 951-963.

NGAI J., DOWLING M.M., BUCK L., AXEL R., CHESS A., 1993. The family of genes encoding odorant receptors in the channel catfish. *Cell,* 72 (5), 657-666.

NICHOLAS T.J., CHENG Z., VENTURA M., MEALEY K., EICHLER E.E., AKEY J.M., 2009. The geno-mic architecture of segmental duplications and associated copy number variants in dogs. *Genome Research,* 19 (3), 491-499.

NIIMURA Y., 2009. On the origin and evolution of vertebrate olfactory receptor genes: comparative genome analysis among 23 chordate species. *Genome Biology and Evolution,* 134-144.

NIIMURA Y., NEI M., 2003. Evolution of olfactory receptor genes in the human genome. *In: Procee-dings of the National Academy of Sciences of the USA,* 100 (21), 12235-12240.

NIIMURA Y., NEI M., 2005a. Comparative evolutionary analysis of olfactory receptor gene clusters between humans and mice. *Gene,* 34613-34621.

NIIMURA Y., NEI M., 2005b. Evolutionary dynamics of olfactory receptor genes in fishes and tetra-pods. *In: Proceedings of the National Academy of Sciences of the USA,* 102 (17), 6039-6044.

NIIMURA Y., NEI M., 2006. Evolutionary dynamics of olfactory and other chemosensory receptor genes in vertebrates. *Journal of Human Genetics,* 51 (6), 505-517.

NIIMURA Y., NEI M., 2007. Extensive gains and losses of olfactory receptor genes in mammalian evolution. *PLoS One,* 2 (1), e708.

NOZAWA M., KAWAHARA Y., NEI M., 2007. Genomic drift and copy number variation of sensory receptor genes in humans. *In: Proceedings of the National Academy of Sciences of the USA,* 104 (51), 20421-20426.

PACE U., HANSKI E., SALOMON Y., LANCET D., 1985. Odorant-sensitive adenylate cyclase may mediate olfactory reception. *Nature,* 316 (6025), 255-258.

PARMENTIER M., LIBERT F., SCHURMANS S., SCHIFFMANN S., LEFORT A., EGGERICKX D., LEDENT C., MOLLEREAU C., GERARD C., PERRET J., GROOTEGOED A., VASSART G., 1992. Expression of members of the putative olfactory receptor gene family in mammalian germ cells. *Nature,* 355 (6359), 453-455.

QUIGNON P., KIRKNESS E., CADIEU E., TOULEIMAT N., GUYON R., RENIER C., HITTE C., ANDRE C., FRASER C., GALIBERT F., 2003. Comparison of the canine and human olfactory receptor gene repertoires. *Genome Biology,* 4 (12), R80.

QUIGNON P., GIRAUD M., RIMBAULT M., LAVIGNE P., TACHER S., MORIN E., RETOUT E., VALIN A.S., LINDBLAD-TOH K., NICOLAS J., GALIBERT F., 2005. The dog and rat olfactory receptor repertoires. *Genome Biology,* 6 (10), R83.

RAMING K., KRIEGER J., STROTMANN J., BOEKHOFF I., KUBICK S., BAUMSTARK C., BREER H., 1993. Cloning and expression of odorant receptors. *Nature,* 361 (6410), 353-356.

REDON R., ISHIKAWA S., FITCH K.R., FEUK L., PERRY G.H., ANDREWS T.D., FIEGLER H., SHAPERO M.H., CARSON A.R., CHEN W., CHO E.K., DALLAIRE S., FREEMAN J.L., GONZALEZ J.R., GRATACOS M., HUANG J., KALAITZOPOULOS D., KOMURA D., MACDONALD J.R., MARSHALL C.R., MEI R., MONTGOMERY L., NISHIMURA K., OKAMURA K., SHEN F., SOMERVILLE M.J., TCHINDA J., VALSESIA A., WOODWARK C., YANG F., ZHANG J., ZERJAL T., ARMENGOL L., CONRAD D.F., ESTIVILL X., TYLER-SMITH C., CARTER N.P., ABURATANI H., LEE C., JONES K.W., SCHERER S.W., HURLES M.E., 2006. Global variation in copy number in the human genome. *Nature,* 444 (7118), 444-454.

RESSLER K.J., SULLIVAN S.L., BUCK L.B., 1993. A zonal organization of odorant receptor gene expression in the olfactory epithelium. *Cell,* 73 (3), 597-609.

ROBIN S., TACHER S., RIMBAULT M., VAYSSE A., DREANO S., ANDRE C., HITTE C., GALIBERT F., 2009. Genetic diversity of canine olfactory receptors. *BMC Genomics,* 10 (21).

ROUQUIER S., TAVIAUX S., TRASK B.J., BRAND-ARPON V., VAN DEN ENGH G., DEMAILLE J., GIORGI D., 1998b. Distribution of olfactory receptor genes in the human genome. *Nature Genetics,* 18 (3), 243-250.

ROUQUIER S., FRIEDMAN C., DELETTRE C., VAN DEN ENGH G., BLANCHER A., CROUAU-ROY B., TRASK B.J., GIORGI D., 1998a. A gene recently inactivated in human defines a new olfactory receptor family in mammals. *Human Molecular Genetics,* 7 (9), 1337-1345.

SHARON D., GLUSMAN G., PILPEL Y., HORN-SABAN S., LANCET D., 1998. Genome dynamics, evolution, and protein modeling in the olfactory receptor gene superfamily. *Annals of the New York Academy of Sciences,* 855182-855193.

SHARON D., GILAD Y., GLUSMAN G., KHEN M., LANCET D., KALUSH F., 2000. Identification and characterization of coding single-nucleotide polymorphisms within a human olfactory receptor gene cluster. *Gene,* 260 (1-2), 87-94.

SULLIVAN S.L., ADAMSON M.C., RESSLER K.J., KOZAK C.A., BUCK L.B., 1996. The chromosomal distribution of mouse odorant receptor genes. *In: Proceedings of the National Academy of Sciences of the USA,* 93 (2), 884-888.

TACHER S., QUIGNON P., RIMBAULT M., DREANO S., ANDRE C., GALIBERT F., 2005. Olfactory receptor sequence polymorphism within and between breeds of dogs. *Journal of Heredity,* 96 (7), 812-816.

VANDERHAEGHEN P., SCHURMANS S., VASSART G., PARMENTIER M., 1997a. Molecular cloning and chromosomal mapping of olfactory receptor genes expressed in the male germ line: evidence for their wide distribution in the human genome. *Biochemical and Biophysical Research Communications,* 237 (2), 283-287.

VANDERHAEGHEN P., SCHURMANS S., VASSART G., PARMENTIER M., 1997b. Specific repertoire of olfactory receptor genes in the male germ cells of several mammalian species. *Genomics,* 39 (3), 239-246.

VELTEN F., ROGEL-GAILLARD C., RENARD C., PONTAROTTI P., TAZI-AHNINI R., VAIMAN M., CHARDON P., 1998. A first map of the porcine major histocompatibility complex class I region. *Tissue Antigens,* 51 (2), 183-194.

WALENSKY L.D., RUAT M., BAKIN R.E., BLACKSHAW S., RONNETT G.V., SNYDER S.H., 1998. Two novel odorant receptor families expressed in spermatids undergo 5'-splicing. *The Journal of Biological Chemistry,* 273 (16), 9378-9387.

WASZAK S.M., HASIN Y., ZICHNER T., OLENDER T., KEYDAR I., KHEN M., STUTZ A.M., SCHLATTL A., LANCET D., KORBEL J.O., 2010. Systematic inference of copy-number genotypes from personal genome sequencing data reveals extensive olfactory receptor gene content diversity. *PLoS Computational Biology,* 6 (11), e1000988.

WETH F., NADLER W., KORSCHING S., 1996. Nested expression domains for odorant receptors in zebrafish olfactory epithelium. *In: Proceedings of the National Academy of Sciences of the USA,* 93 (23), 13321-13326.

YEAGER M., HUGHES A.L., 1999. Evolution of the mammalian MHC: natural selection, recombination, and convergent evolution. *Immunological Reviews,* 167 (1), 45-58.

YOUNG J.M., ENDICOTT R.M., PARGHI S.S., WALKER M., KIDD J.M., TRASK B.J., 2008. Extensive copy-number variation of the human olfactory receptor gene family. *American Journal of Human Genetics,* 83 (2), 228-242.

YOUNG J.M., FRIEDMAN C., WILLIAMS E.M., ROSS J.A., TONNES-PRIDDY L., TRASK B.J., 2002. Different evolutionary processes shaped the mouse and human olfactory receptor gene families. *Human Molecular Genetics,* 11 (5), 535-546.

ZHANG X., RODRIGUEZ I., MOMBAERTS P., FIRESTEIN S., 2004. Odorant and vomeronasal receptor genes in two mouse genome assemblies. *Genomics,* 83 (5), 802-811.

Chapitre 23

Signaux chimiques, adaptation et spéciation

Claude WICKER-THOMAS

Chez les animaux, le choix d'un partenaire sexuel est primordial et peut avoir des conséquences sur la structure des populations, la spéciation et la survie de l'espèce. Les signaux chimiques jouent un rôle important dans cette reconnaissance, en évitant par exemple l'appariement entre deux individus d'espèces proches génétiquement. Les signaux chimiques sont souvent à la base de l'isolement reproducteur entre espèces. Notre compréhension des forces évolutives qui modifient ces signaux est limitée à très peu d'animaux.

La plupart des études se sont intéressées aux Invertébrés, et particulièrement aux Insectes. Cependant, les études menées depuis quelques dizaines d'années sur les Vertébrés laissent entrevoir que la part des signaux chimiques dans la spéciation est loin d'être négligeable et pourrait être généralisable à bon nombre d'animaux.

▸▸ Rôle des signaux chimiques chez les Invertébrés non Insectes

Très peu d'études existent chez les Invertébrés hors Insectes. Chez les Annélides, un isolement reproducteur a été montré entre populations, basé sur des indices olfactifs (Sutton *et al.,* 2005). Un isolement reproducteur est également fortement soupçonné chez les rotifères et serait dû à des phéromones de reconnaissance, les glycoprotéines, situées sur le corps de la femelle et qui attirent les mâles (Snell *et al.,* 2009). Chez les araignées-loups, la femelle dépose des signaux chimiques sur les fils de soie de la toile qui sont reconnus par les mâles conspécifiques (Roberts et Uetz, 2004).

▶▶ Rôle des signaux chimiques chez les Lépidoptères

Le rôle des phéromones dans l'isolement reproducteur des Lépidoptères est connu depuis longtemps. Je développerai ici uniquement les études effectuées chez la pyrale du maïs.

La pyrale du maïs, *Ostrinia nubilalis,* comprend deux populations phéromonales (Z et E), dont le bouquet phéromonal est constitué d'un mélange de deux conformations de la même molécule en proportions différentes (figure 23.1A). Ces populations montrent un fort isolement reproducteur (Carde *et al.,* 1978). De plus, en Europe, les femelles appelées « Z » vivent et pondent presque exclusivement sur le maïs, les « E » préférentiellement mais pas exclusivement pondent sur l'armoise. Les études menées sur les hybrides suggèrent que la population à phérotype Z est ancestrale à la population de type E (Roelofs *et al.,* 1987). Mais d'autres auteurs arguent du fait que la colonisation sur maïs n'a eu lieu qu'il y a cinq cents ans environ (date de l'introduction du maïs en Europe) et que la souche E serait donc ancestrale (Pelozuelo *et al.,* 2004). Dans les phéromones, la configuration Z est de loin la plus rencontrée et semble donc ancestrale. D'où la question : est-ce vraiment l'introduction du maïs en Europe, il y a à peu près cinq cents ans, qui a conduit à un isolement reproducteur entre les deux races E et Z ? De nouvelles données génétiques semblent indiquer que ces races auraient divergé entre 75 000 et 150 000 années, bien avant l'introduction du maïs en Europe (Malausa *et al.,* 2007a).

Les mâles Z semblent plus sélectifs que les mâles E (Löfstedt *et al.,* 1989). L'isolement reproducteur de ces deux phérotypes se serait donc produit en deux temps : d'abord une mutation rendant les mâles moins sélectifs aux femelles, suivie d'une seconde mutation qui aurait modifié le rapport Z/E des femelles. Ces femelles, plus riches en E, n'auraient pu s'accoupler qu'avec des mâles ayant subi la première mutation (moins sélectifs), et un isolement reproducteur se serait formé entre les deux phérotypes. Très peu de gènes semblent donc à l'origine de cette différenciation. Les populations montrent cependant une différenciation génétique claire et doivent, selon Malausa *et al.* (2007b), être considérées non comme races mais plutôt comme espèces sœurs.

À quoi est due cette différence de bouquet phéromonal entre les deux races ? Contrairement aux différences de phéromones entre espèces, qui ont pour origine des désaturases différentes intervenant dans la biosynthèse, la différence de conformation Z ou E n'est pas due à la désaturase qui produit un mélange de Z et de E, mais à l'enzyme qui intervient dans l'étape suivante, la réductase, et qui, selon l'allèle porté par les races, réduit préférentiellement la forme Z ou E (Lassance *et al.,* 2010). C'est donc une mutation de la réductase, et non la $\Delta 11$-désaturase intervenant dans l'étape précédente, qui a conduit à l'isolement reproducteur (Geiler et Harrison, 2010).

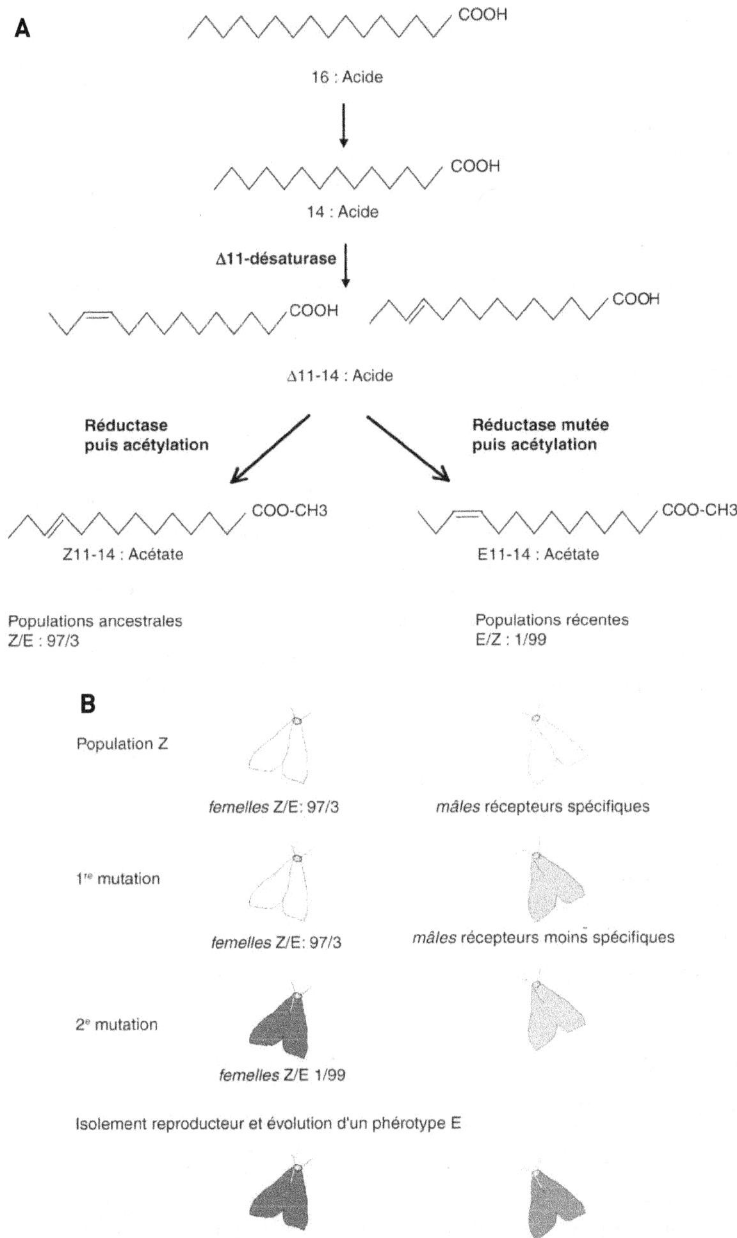

Figure 23.1. Système phéromonal chez la pyrale du maïs.

(**A**) Biosynthèse des phéromones femelles chez la pyrale du maïs et hypothèse de l'apparition du phérotype E. La biosynthèse des formes Z et E de la phéromone est due à l'action de la réductase (l'allèle qui donne la forme E a subi une mutation). (**B**) L'apparition du phérotype E est due à une première mutation qui a rendu l'attraction des mâles moins spécifique de la forme Z. Puis une seconde mutation a inversé la proportion Z/E dans le bouquet phéromonal femelle. Ces dernières femelles n'auraient pu alors s'accoupler qu'avec des mâles moins discriminateurs (ayant subi la première mutation), et la mise en place d'un isolement reproducteur aurait alors eu lieu.

▸▸ Rôle des signaux chimiques chez les drosophiles

Jallon et David (1987) sont les premiers à suggérer le rôle des phéromones dans l'isolement reproducteur pour les espèces du sous-groupe *melanogaster*. Les phéromones sont produites au niveau de l'abdomen, dans des cellules spécialisées, les œnocytes (Ferveur *et al.*, 1997). L'utilisation de mouches mosaïques (avec une partie mâle, une partie femelle) et les études génétiques ont permis de montrer sans ambiguïté que les phéromones sont responsables de l'isolement reproducteur. Je prendrai deux exemples d'isolement reproducteur chez la drosophile.

Isolement reproducteur entre *D. simulans* et *D. sechellia*

L'espèce *D. sechellia* vit dans les îles Seychelles et est inféodée aux fruits du morinda, qui est fortement attractif pour cette espèce mais repousse les autres espèces, dont l'espèce proche, *D. simulans* (R'Kha *et al.*, 1991). Cette forte attirance de *D. sechellia* au morinda est due aux acides hexanoïque et octanoïque contenus dans le fruit. Ces acides entraînent une répulsion des espèces *D. simulans* et *D. melanogaster* (Higa et Fuyama, 1993). Cette spécialisation de *D. sechellia* sur un fruit qui s'avère répulsif et toxique pour les autres espèces a demandé des adaptations qui impliqueraient un nombre limité de gènes (Jones, 2005). Cette espèce aurait perdu des récepteurs gustatifs et olfactifs dix fois plus rapidement que *D. simulans* (McBride, 2007). Deux *odorant-binding proteins* en particulier sont liées à ce comportement, et des mouches de l'espèce *D. melanogaster*, dont les gènes *Obp57e* et *Obp57d* ont été inactivés, ont des réponses altérées à ces deux acides. Si on introduit dans ces mutants les gènes actifs *Obp57e* et *Obp57d* de *D. sechellia*, le choix de ponte (oviposition) change au profit du morinda (Matsuo *et al.*, 2007). De plus, *D. sechellia* a perdu des récepteurs pour les substances au goût amer, ce qui favoriserait sa préférence au morinda (Matsuo, 2008). L'évolution des récepteurs aux signaux chimiques chez *D. sechellia* a permis à cette espèce de trouver une niche écologique particulière et de résister face à d'autres espèces qui se reproduisent bien plus rapidement.

Isolement reproducteur entre des populations de *D. melanogaster*

Un isolement reproducteur a été décrit entre des populations africaines (du Zimbabwe) et celles des autres continents (Wu *et al.*, 1995) (figure 23.2). Celui-ci existe également pour les populations d'Afrique subsaharienne et des Caraïbes et est dû au fait que la phéromone principale, au lieu du 7,11-heptacosadiène (7,11-HD), est un isomère, le 5,9-heptacosadiène (5,9-HD) (Ferveur *et al.*, 1996). Ces populations, qui sont extrêmement différenciées, représentent un modèle de préspéciation (Hollocher *et al.*, 1997). La différence phéromonale a été localisée dans la région cytologique 87C-D (Coyne *et al.*, 1999), à un locus où une première désaturase, *desat1*, avait été décrite (Wicker-Thomas *et al.*, 1997). La différence phéromonale est due à la présence d'une seconde désaturase, *desat2*, active chez les populations type Zimbabwe et inactive chez les populations 7,11-HD (Dallerac *et al.*, 2000 ;

Takahashi *et al.*, 2001). Une mutation dans le promoteur de *desat2* a rendu le gène inactif dans les populations cosmopolites (Fang *et al.*, 2002 ; Takahashi *et al.*, 2001).

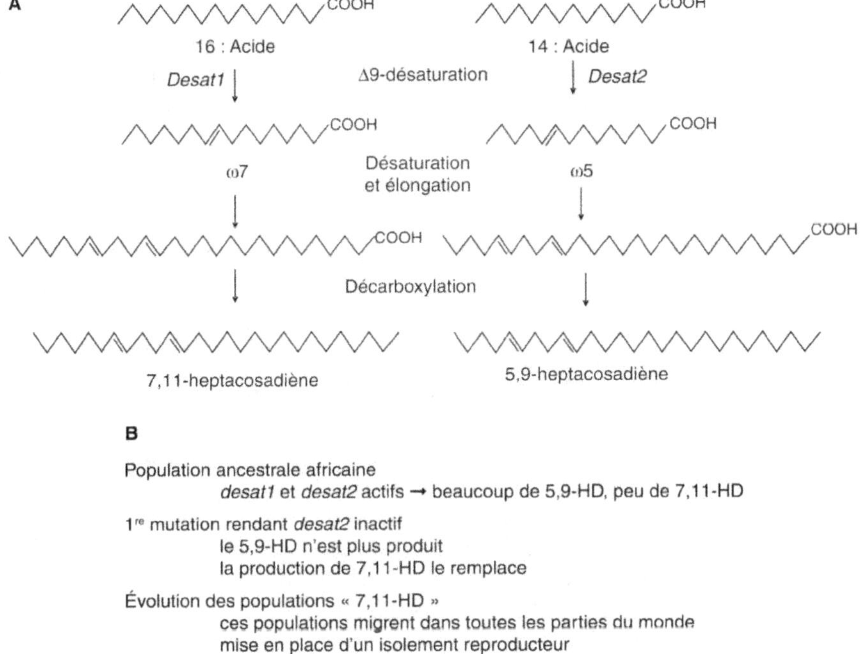

Figure 23.2. Système phéromonal chez la drosophile.

(**A**) Biosynthèse des phéromones femelles chez *D. melanogaster* et hypothèse de l'apparition des formes « 7,11-HD ». La biosynthèse des phéromones 7,11-HD et 5,9-HD est due à l'action de deux gènes de désaturases, respectivement *desat1* et *desat2*. (**B**) Les populations ancestrales africaines possèdent les deux désaturases actives et donc synthétisent à la fois du 7,11-HD et du 5,9-HD (le 5,9-HD est synthétisé en quantité très importante par rapport au 7,11-HD). À un moment de l'évolution, le promoteur du gène *desat2* a subi une délétion qui a inactivé le gène. Le gène *desat1* a pris le relais en induisant une synthèse très importante de 7,11-HD. Seules les femelles de type 7,11-HD ont effectué une migration dans toutes les parties du monde, et un isolement reproducteur s'est installé entre les deux types de populations.

▸▸ Rôle des signaux chimiques chez les Vertébrés

Poissons

Les études sur l'importance des signaux chimiques dans le choix du partenaire chez les Poissons sont très peu nombreuses et portent sur seulement six groupes. Je ne prendrai qu'un exemple.

Les femelles de l'épinoche utilisent leur odorat pour la reconnaissance des mâles de leur espèce (Rafferty et Boughman, 2006). La reconnaissance pourrait dépendre du système immunitaire, le complexe majeur d'histocompatibilité (CMH), qui serait à l'origine d'odeurs différentes émises par le mâle ; la femelle choisirait le mâle sur la base de ces signaux odorants qui dépendent du CMH (Milinski *et al.*, 2010).

Amphibiens

Les phéromones jouent un rôle considérable chez les salamandres, et interviennent dans la reconnaissance des espèces et le maintien de l'isolement reproducteur entre espèces sympatriques. Les mâles sont capables de reconnaître les signaux chimiques émis par les femelles de leur espèce et ces phéromones femelles contribuent à l'incompatibilité sexuelle entre espèces sympatriques (Verrell, 1989).

Reptiles

Très peu d'études ont examiné les préférences sexuelles des reptiles. Ceux-ci utilisent à la fois des signaux visuels, acoustiques et phéromonaux (Shine, 2003). L'importance des phéromones n'a été en fait reconnue que depuis une dizaine d'années.

Les signaux chimiques semblent impliqués dans la spéciation chez les lézards. Chez *Podarcis,* la discrimination d'un partenaire conspécifique se fait par le mâle, la femelle en étant incapable. Les différences phéromonales entre femelles pourraient expliquer l'isolement reproducteur entre *P. bocagei* et *P. hispanica* (Barbosa *et al.,* 2006). Le CMH pourrait jouer un rôle important dans le choix du partenaire : la femelle du lézard *P. hispanica* a tendance à sélectionner les mâles dont les sécrétions fémorales sont riches en cholesta-5,7-dien-3-ol (phéromone mâle) et pauvres en cholestérol. La production de ce composé phéromonal est sous contrôle de la réponse immunitaire liée aux cellules T, les mâles possédant le plus de phéromones étant ceux dont la réponse immunitaire est la plus élevée (Lopez et Martin, 2005).

Mammifères

Les études ont surtout porté sur les rongeurs, chez lesquels l'importance des signaux olfactifs dans la reconnaissance des membres d'une même espèce a été soulignée il y a déjà un demi-siècle (Parkes et Bruce, 1961). Les mâles produisent un large répertoire d'odeurs et souvent marquent leur territoire. La préférence des femelles pour les odeurs d'un mâle conspécifique ne se produit souvent que pendant l'œstrus (quand la femelle est fécondable) et joue un rôle important dans l'isolement reproducteur.

Les études portant sur la souris sont les plus nombreuses. Trois familles de phéromones sont produites : des protéines se liant aux androgènes (ABP, ou *androgen binding protein*), des peptides sécrétés de glandes exocrines (ESP) et les protéines majeures de l'urine (MUP, cf. chapitre 5). Chaque phéromone porte une information différente. Le rôle des ABP dans l'isolement reproducteur a été démontré le premier (Laukaitis *et al.,* 1997). Les femelles préfèrent les mâles de leur type génétique (de leur population) et les discriminent sur la base de ces protéines présentes dans la salive (Talley *et al.,* 2001).

L'espèce *Mus musculus* est composée en fait de deux sous-espèces, *M. m. domesticus* et *M. m. musculus,* qui vivent dans des régions différentes, avec une zone hybride où les souris montrent un isolement sexuel très fort (Smadja *et al.,* 2004). C'est dans la zone hybride que la préférence des mâles pour les femelles de leur sous-espèce est la plus forte (Ganem *et al.,* 2008). Les différences quantitatives des MUP présentes dans l'urine semblent impliquées dans ce début de spéciation (Mucignat-Caretta *et al.*, 2010). Cette reconnaissance spécifique requiert des récepteurs spécifiques qui ont divergé entre les deux sous-espèces (Karn *et al.*, 2010).

▸▸ Conclusion

Qu'en est-il de l'homme ?

Les Mammifères possèdent un système olfactif général et un organe voméronasal (VNO). Il est couramment admis que les phéromones agissent par l'intermédiaire du système voméronasal (cf. chapitre 16). Comme le VNO est dégénéré chez l'homme, on a longtemps pensé que les phéromones humaines n'existaient pas. Le VNO pourrait cependant être fonctionnel chez l'homme et on a identifié un récepteur putatif de phéromone exprimé dans la muqueuse olfactive (Rodriguez *et al.*, 2000). On a montré aussi que des phéromones non volatiles pouvaient être perçues par le système olfactif (Dorries *et al.*, 1997). Chez l'homme, comme chez le Poisson et le lézard, la discrimination d'un partenaire sexuel pourrait se faire en partie sur la base du CMH (ou HLA, *human leucocyte antigens*). Ainsi, les femmes pourraient préférer les hommes possédant des taux élevés d'androstérone (hormone sexuelle mâle) et des haplotypes HLA les plus éloignés des leurs (Roberts et Roiser, 2010). Cependant, d'autres facteurs (socioculturels, psychologiques, etc.) jouent un rôle considérable chez l'homme, et on peut supposer que l'impact des signaux phéromonaux reste très faible (cf. aussi chapitre 5).

Rôle du CMH dans la production d'odeurs

Aussi bien chez les Poissons (épinoches) que chez les lézards et les Mammifères (souris), le CMH semble être le principal déterminant des odeurs constitutives, et influencerait également le choix du partenaire sexuel.

Le CMH est formé d'un grand nombre de gènes (plus de deux cents chez l'homme) jouant un rôle primordial dans la reconnaissance immunitaire. Les protéines codées par ces gènes reconnaissent de nombreux antigènes pouvant provenir de pathogènes et les présentent aux lymphocytes T pour déclencher la réponse immunitaire. Cette famille multigénique est caractérisée par son extrême diversité (polymorphisme), et il existe généralement plusieurs centaines d'allèles différents pour un gène donné dans la population humaine. Chaque individu a donc statistiquement une combinaison d'allèles CMH unique. La manière dont cette combinaison d'allèles détermine l'odeur de chaque individu reste inconnue. Une explication possible — mais non vérifiée — est que les molécules odorantes pourraient être générées par des bactéries commensales dont la composition serait adaptée à la diversité du CMH.

Perspectives

Il ressort de ces études que les signaux chimiques jouent un rôle très important dans l'isolement reproducteur et la formation de nouvelles espèces. Grâce au séquençage systématique des génomes, il devient désormais possible d'utiliser des approches génomiques afin d'identifier des gènes impliqués dans la synthèse de phéromones ou dans la perception des signaux chimiques et d'évaluer leur évolution dans des espèces proches et leur rôle dans la spéciation. Les Insectes continuent de fournir des modèles tout à fait appropriés, car ils offrent l'avantage de pouvoir aborder certaines études plus compliquées à mettre en œuvre chez les Mammifères : par exemple l'influence des signaux olfactifs sur l'accouplement ; l'étude de l'influence respective des phéromones et de l'environnement (température, alimentation) sur l'isolement reproducteur ; la sélection de lignées dans des conditions (nutritionnelles) différentes et l'étude de l'établissement progressif d'un isolement reproducteur entre ces lignées. Il est cependant certain que les études qui ont débuté il y a une dizaine d'années chez les Vertébrés n'en sont qu'à leur balbutiement et sont appelées à prendre un grand essor dans la décennie à venir. Les études rapportées dans cet ouvrage, illustrant la grande diversité des phéromones (cf. chapitre 5) et la manière dont elles sont transportées et codées (cf. chapitre 7), montrent tous les progrès récents accomplis et laissent présager de grandes avancées dans ce domaine pour l'avenir.

▸▸ Bibliographie

BARBOSA D., FONT E., DESFILIS E., CARRETERO M.A., 2006. Chemically mediated species recognition in closely related *Podarcis* wall lizards. *Journal of Chemical Ecology,* 32 (7), 1587-1598.

CARDE R.T., ROELOFS W.L., HARRISON R.G., VAWTER A.T., BRUSSARD P.F., MUTUURA A., MUNROE E., 1978. European corn borer: pheromone polymorphism or sibling species? *Science,* 199 (4328), 555-556.

COYNE J.A., WICKER-THOMAS C., JALLON J.M., 1999. A gene responsible for a cuticular hydrocarbon polymorphism in *Drosophila melanogaster. Genetical Research,* 73 (3), 189-203.

DALLERAC R., LABEUR C., JALLON J.M., KNIPPLE D.C., ROELOFS W.L., WICKER-THOMAS C., 2000. A Δ9 desaturase gene with a different substrate specificity is responsible for the cuticular diene hydrocarbon polymorphism in *Drosophila melanogaster. In: Proceedings of the National Academy of Sciences of the USA,* 97 (17), 9449-9454.

DORRIES K.M., ADKINS R.E., HALPERN B.P., 1997. Sensitivity and behavioral responses to the pheromone androstenone are not mediated by the vomeronasal organ in domestic pigs. *Brain, Behavior and Evolution,* 49 (1), 53–62.

FANG S., TAKAHASHI A., WU C.I., 2002. A mutation in the promoter of *desaturase 2* is correlated with sexual isolation between *Drosophila* behavioral races. *Genetics,* 162 (2), 781-784.

FERVEUR J.F., COBB M., BOUKELLA H., JALLON J.M., 1996. World-wide variation in *Drosophila melanogaster* sex pheromone: behavioural effects, genetic bases and potential evolutionary consequences. *Genetica,* 97 (1), 73-80.

FERVEUR J.F., SAVARIT F., O'KANE C.J., SUREAU G., GREENSPAN R.J., JALLON J.M., 1997. Genetic feminization of pheromones and its behavioral consequences in *Drosophila* males. *Science,* 276 (5318), 1555-1558.

GANEM G., LITEL C., LENORMAND T., 2008. Variation in mate preference across a house mouse hybrid zone. *Heredity,* 100 (6), 594-601.

GEILER K.A., HARRISON R.G., 2010. A Δ11 desaturase gene genealogy reveals two divergent allelic classes within the European corn borer *(Ostrinia nubilalis). BMC Evolutionary Biology,* 10, 112.

HIGA I., FUYAMA Y., 1993. Genetics of food preference in *Drosophila sechellia.* 1. Responses to food attractants. *Genetica,* 88 (2-3), 129-136.

HOLLOCHER H., TING C.T., WU M.L., WU C.I., 1997. Incipient speciation by sexual isolation in *Drosophila melanogaster:* extensive genetic divergence without reinforcement. *Genetics,* 147 (3), 1191-1201.

JALLON J.-M., DAVID J., 1987. Variations in cuticular hydrocarbons among the eight species of the *Drosophila melanogaster* subgroup. *Evolution,* 41 (2), 294-302.

JONES C.D., 2005. The genetics of adaptation in *Drosophila sechellia. Genetica,* 123 (1-2), 137-145.

KARN R.C., YOUNG J.M., LAUKAITIS C.M., 2010. A candidate subspecies discrimination system involving a vomeronasal receptor gene with different alleles fixed in *M. m. domesticus* and *M. m. musculus. PLoS One,* 5 (9), e12638.

LASSANCE J.M., GROOT A.T., LIENARD M.A., ANTONY B., BORGWARDT C., ANDERSSON F., HEDENS-TROM E., HECKEL D.G., LOFSTEDT C., 2010. Allelic variation in a fatty-acyl reductase gene causes divergence in moth sex pheromones. *Nature,* 466 (7305), 486-489.

LAUKAITIS C.M., CRISTER E.S., KARN R.C., 1997. Salivary androgen binding protein (ABP) mediates sexual isolation in *Mus musculus. Evolution,* 51 (6), 2000-2005.

LÖFSTEDT C., HANSSON B.S., ROELOFS W., BENGTSSON B.O., 1989. No linkage between genes controlling female pheromone production and male pheromone response in the European corn borer, *Ostrinia nubilalis Hubner (Lepidoptera, Pyralidae). Genetics,* 123 (3), 553-556.

LOPEZ P., MARTIN J., 2005. Female Iberian wall lizards prefer male scents that signal a better cell-mediated immune response. *Biology Letters,* 1 (4), 404-406.

MALAUSA T., DALECKY A., PONSARD S., AUDIOT P., STREIFF R., CHAVAL Y., BOURGUET D., 2007b. Genetic structure and gene flow in French populations of two *Ostrinia taxa:* host races or sibling species? *Molecular Ecology,* 16 (20), 4210-4222.

MALAUSA T., LENIAUD L., MARTIN J.F., AUDIOT P., BOURGUET D., PONSARD S., LEE S.F., HARRI-SON R.G., DOPMAN E., 2007a. Molecular differentiation at nuclear loci in French host races of the European corn borer *(Ostrinia nubilalis). Genetics,* 176 (4), 2343-2355.

MATSUO T., 2008. Rapid evolution of two odorant-binding protein genes, *Obp57d* and *Obp57e,* in the *Drosophila melanogaster* species group. *Genetics,* 178 (2), 1061-1072.

MATSUO T., SUGAYA S., YASUKAWA J., AIGAKI T., FUYAMA Y., 2007. Odorant-binding proteins OBP57d and OBP57e affect taste perception and host-plant preference in *Drosophila sechellia. PLoS Biology,* 5 (5), e118.

MCBRIDE C.S., 2007. Rapid evolution of smell and taste receptor genes during host specialization in *Drosophila sechellia. In: Proceedings of the National Academy of Sciences of the USA,* 104 (12), 4996-5001.

MILINSKI M., GRIFFITHS S.W., REUSCH T.B., BOEHM T., 2010. Costly major histocompatibility complex signals produced only by reproductively active males, but not females, must be validated by a "maleness signal" in three-spined sticklebacks. *In: Proceedings of the Biological Sciences,* 277 (1680), 391-398.

MUCIGNAT-CARETTA C., REDAELLI M., ORSETTI A., PERRIAT-SANGUINET M., ZAGOTTO G., GANEM G., 2010. Urinary volatile molecules vary in males of the two European subspecies of the house mouse and their hybrids. *Chemical Senses,* 35 (8), 647-654.

PARKES A.S., BRUCE H.M., 1961. Olfactory stimuli in mammalian reproduction. *Science,* 134, 1049-1054.

PELOZUELO L., MALOSSE C., GENESTIER G., GUENEGO H., FREROT B., 2004. Host-plant specialization in pheromone strains of the European corn borer *Ostrinia nubilalis* in France. *Journal of Chemical Ecology,* 30 (2), 335-352.

RAFFERTY N.E., BOUGHMAN J.W., 2006. Olfactory mate recognition in a sympatric species pair of three-spined sticklebacks. *Behavioral Ecology,* 17 (6), 965-970.

R'KHA S., CAPY P., DAVID J.R., 1991. Host-plant specialization in the *Drosophila melanogaster* species complex: a physiological, behavioral, and genetical analysis. *In: Proceedings of the National Academy of Sciences of the USA,* 88 (5), 1835-1839.

ROBERTS J.A., UETZ G.W., 2004. Chemical signaling in a wolf spider: a test of ethospecies discrimination. *Journal of Chemical Ecology,* 30 (6), 1271-1284.

ROBERTS T., ROISER J.P., 2010. In the nose of the beholder: are olfactory influences on human mate choice driven by variation in immune system genes or sex hormone levels? *Experimental Biology and Medicine,* 235 (11), 1277-81.

RODRIGUEZ I., GREER C.A., MOK M.Y., MOMBAERTS P., 2000. A putative pheromone receptor gene expressed in human olfactory mucosa. *Nature Genetics,* 26 (1), 18-19.

Roelofs W., Glover T., Tang X.H., Sreng I., Robbins P., Eckenrode C., Löfstedt C., Hansson B.S., Bengtsso B.O., 1987. Sex pheromone production and perception in European corn borer moths is determined by both autosomal and sex-linked genes. *In: Proceedings of the National Academy of Sciences of the USA*, 84 (21), 7585-7589.

Shine R., 2003. Reproductive strategies in snakes. *In: Proceedings of the Biological Sciences*, 270 (1519), 995-1004.

Smadja G., Catalan J., Ganem C., 2004. Strong premating divergence in a unimodal hybrid zone between two subspecies of the house mouse. *Journal of Evolutionary Biology*, 17 (1), 165-176.

Snell T.W., Shearer T.L., Smith H.A., Kubanek J., Gribble K.E., Welch D.B., 2009. Genetic determinants of mate recognition in *Brachionus manjavacas (Rotifera)*. *BMC Biology*, 9 (7), 60.

Sutton R., Bolton E., Bartels-Hardege H.D., Eswards M., Reish D.J., Hardege J.D., 2005. Chemical signal mediated premating reproductive isolation in a marine polychaete, *Neanthes acuminata (arenaceodentata)*. *Journal of Chemical Ecology*, 31 (8), 1865-1876.

Takahashi A., Tsaur S.C., Coyne J.A., Wu C.I., 2001. The nucleotide changes governing cuticular hydrocarbon variation and their evolution in *Drosophila melanogaster*. *In: Proceedings of the National Academy of Sciences of the USA*, 98 (7), 3920-3925.

Talley H.M., Laukaitis C.M., Karn R.C., 2001. Female preference for male saliva: implications for sexual isolation of *Mus musculus* subspecies. *Evolution*, 55 (3), 631-634.

Verrell P.A., 1989. An experimental study of the behavioral basis of sexual isolation between two sympatric plethodontid salamanders *Desmognathus imitator* and *D. ochrophaeus*. *Ethology*, 80 (1-4), 274-282.

Wicker-Thomas C., Henriet C., Dallerac R., 1997. Partial characterization of a fatty acid desaturase gene in *Drosophila melanogaster*. *Insect Biochemistry and Molecular Biology*, 27 (11), 963-972.

Wu C.I., Hollocher H., Begun D.J., Aquadro C.F., Xu Y., Wu M.L., 1995. Sexual isolation in *Drosophila melanogaster*: a possible case of incipient speciation. *In: Proceedings of the National Academy of Sciences of the USA*, 92 (7), 2519-2523.

Partie VII

Apprentissages et mémoire

Chapitre 24

Les apprentissages alimentaires et sociaux régulés par l'olfaction

Frédéric LÉVY et Guillaume FERREIRA

D'une manière générale, le comportement ne se met pas en place d'emblée, mais résulte de l'expérience que l'animal acquiert tout au long de sa vie. C'est par exemple le cas des comportements vitaux pour l'individu et l'espèce comme les comportements alimentaires et sociaux. L'animal doit pouvoir distinguer les signaux biologiquement pertinents d'un bruit de fond composé d'une multitude d'informations sensorielles, les traiter pour ensuite mettre en place un comportement adapté. Ce développement comportemental se construit donc à partir d'apprentissages qui lui permettront de reconnaître le bon aliment à ingérer ou encore le partenaire social adapté pour se reproduire ou pour établir un comportement maternel. De plus, l'expérience acquise et la capacité de reconnaissance offrent à l'animal la possibilité de développer des préférences alimentaires ou sociales indispensables à une meilleure adaptation du comportement. Par ailleurs, les préférences alimentaires peuvent se transmettre grâce aux interactions avec les congénères. Nous assistons alors à un apprentissage associant signaux sociaux et signaux alimentaires qui permet de surmonter une néophobie alimentaire grâce à l'observation ou à l'imitation du comportement d'un partenaire familier.

Pour beaucoup d'espèces mammaliennes, les odeurs sont des vecteurs importants de la mise en place des comportements alimentaires et sociaux. L'objectif de ce chapitre est de montrer à l'aide d'exemples comment les odeurs et leur traitement, qui s'opère à plusieurs niveaux du système nerveux central, participent aux apprentissages alimentaires et sociaux.

▸▸ Les apprentissages alimentaires

Les mécanismes comportementaux

L'aversion olfactive conditionnée

Les aversions alimentaires conditionnées reposent sur l'association d'un aliment nouveau aux conséquences postingestives négatives tel un malaise gastrique. Le sujet apprend ainsi à éviter de consommer à nouveau un aliment potentiellement toxique. Ceci implique donc de mémoriser les caractéristiques sensorielles propres à l'aliment ingéré, de prendre en compte les conséquences postingestives (ou gastro-intestinales) et enfin d'associer ces caractéristiques sensorielles aux conséquences postingestives. Les caractéristiques de l'aliment sont principalement le goût, l'odeur, l'apparence et la texture. Mais les composantes olfacto-gustatives sont primordiales.

Les aversions gustatives conditionnées (AGC) ont été les plus étudiées jusqu'ici. Elles reposent sur plusieurs caractéristiques importantes : le nombre d'associations, l'intervalle interstimulus entre goût et malaise (IIS) et la durée de rétention de l'aversion. Les AGC sont induites très facilement en une seule association goût-malaise, cette association supporte un IIS de plusieurs heures entre le goût et le malaise et l'aversion est durable (certaines aversions perdurent toute une vie ; pour revue Garcia *et al.*, 1985).

À la différence du goût, les odeurs ne possèdent pas seulement une composante alimentaire, et le rôle des odeurs dans les aversions alimentaires conditionnées a longtemps été considéré comme secondaire par rapport au goût. En effet, depuis les premières études de conditionnements alimentaires chez les rongeurs, l'aversion olfactive conditionnée (AOC) est longtemps apparue difficile à mettre en place, contrairement à l'AGC. Dans la grande majorité de ces études, l'AOC reposait sur l'association d'une odeur présentée autour de la solution à boire (eau sans goût) et d'un malaise gastrique (Palmerino *et al.*, 1980 ; Rusiniak *et al.*, 1979). Dans ces conditions, il était possible d'induire une AOC seulement si l'IIS entre l'odeur et le malaise était très court (inférieur à quelques minutes). Pour ces raisons, ce modèle a été moins étudié que l'AGC au niveau comportemental et neurobiologique. Ces idées survécurent jusqu'au milieu des années 1990, lorsque Slotnick *et al.* (1997) développèrent une AOC en tous points comparable à une AGC. Avec une seule association entre l'odeur et le malaise gastrique et un IIS odeur-malaise dépassant largement l'échelle de la minute, ils réussirent à provoquer une AOC puissante et durable chez des rats. La différence majeure entre leur paradigme expérimental et les précédents résidait dans le fait qu'ils mélangeaient l'odeur à l'eau lors de l'acquisition et du rappel du conditionnement, provoquant ainsi une « ingestion » de l'odeur par les animaux. Utilisant des animaux sans odorat (après ablation des bulbes olfactifs), ils contrôlèrent que la solution était bien reconnue sur ses propriétés olfactives et non gustatives. Si ces travaux indiquaient que l'ingestion de l'odeur était primordiale pour l'AOC, ils n'en démontraient pas clairement le mécanisme, et en particulier l'importance des voies olfactives stimulées.

Comme décrit dans cet ouvrage (cf. chapitres 6 et 21), les odeurs respirées dans l'air, dites distales, atteignent les récepteurs de l'épithélium olfactif *via* la voie orthonasale. En revanche, lorsque l'aliment est ingéré, l'odeur en bouche stimule

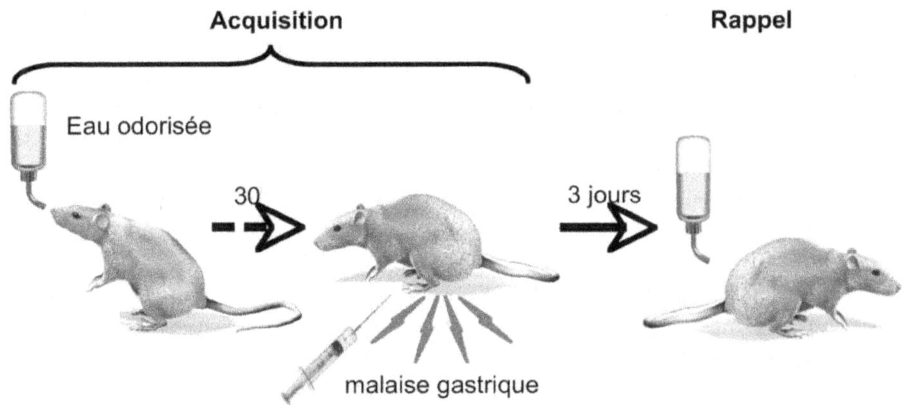

Figure 24.1. Aversion olfactive conditionnée.

L'acquisition de l'aversion olfactive conditionnée repose sur l'association d'une odeur nouvelle (présente dans la boisson) à un malaise gastrique (déclenché par injection de chlorure de lithium) survenant peu après (< 2 heures) l'ingestion de l'eau odorisée. Lorsque l'eau odorisée est à nouveau présentée à l'animal quelques jours plus tard (rappel), le sujet évite de consommer cette boisson. Ceci se traduit par une consommation faible de l'ordre de 20 à 30 % par rapport à la consommation de base en eau (d'après Desgranges *et al.,* 2009).

le système olfactif *via* la voie rétronasale. Nous parlons alors d'odeur proximale (Shepherd, 2006 ; Small *et al.,* 2005). S'il est reconnu que ces deux voies peuvent engendrer des sensations olfactives, leur rôle dans les apprentissages alimentaires restait à éclaircir. L'importance du mode de présentation de l'odeur, distal *versus* proximal, lors de l'acquisition et du rappel de l'AOC a été mise en évidence dans le laboratoire de Ravel à Lyon (figure 24.1). Alors que les animaux conditionnés avec l'odeur distale (présentée à proximité d'une solution d'eau sans goût) développent une AOC seulement si le malaise est induit dans les cinq minutes qui suivent la session (et non une heure plus tard), ceux conditionnés avec l'odeur dans la boisson, donc ingérée (odeur distale/proximale), supportent un IIS entre l'odeur et le malaise pouvant aller jusqu'à deux heures (Chapuis *et al.,* 2007). Il est intéressant de noter que lors des tests de rappel, le mode de présentation de l'odeur n'a pas d'importance : les animaux conditionnés avec une odeur distale/proximale ont tous une AOC importante, qu'ils soient testés avec une odeur présentée uniquement par voie distale ou par voie distale/proximale. L'AOC est retenue à très long terme (au moins cinquante jours). Ces résultats confirment donc que l'ingestion de l'odeur est déterminante pour induire une AOC efficace et durable. Ils suggèrent que l'activation des voies olfactives orthonasale et rétronasale est nécessaire pour un conditionnement optimal et que l'activation de la voie orthonasale est suffisante pour le rappel.

L'influence des expériences olfactives précoces sur les AOC à l'âge adulte

Les expériences olfactives précoces liées à la mère ont des influences à long terme sur la progéniture. Nous avons évalué si elles étaient susceptibles d'influencer des apprentissages puissants comme l'AOC réalisés sur la descendance à l'âge adulte.

Pour cela, des ratons ont été exposés à l'odeur de banane ou d'amande ointe sur les mamelles maternelles dès la naissance (J0) jusqu'au sevrage 25 jours plus tard (J25). À l'âge adulte (45 jours après le sevrage, J70), l'ingestion d'une boisson odorisée à la banane ou à l'amande a été associée à un malaise gastrique. Les animaux exposés précocement à une odeur ont développé une AOC beaucoup moins forte à cette même odeur que les animaux témoins. Cet effet est spécifique de l'odeur apprise précocement : les animaux exposés à la banane de J0 à J25 présentent la même AOC que les animaux témoins pour l'odeur d'amande (et *vice versa* pour ceux exposés à l'amande de J0 à J25 et testés avec une AOC banane à l'âge adulte). De plus, l'AOC à l'âge adulte n'est pas atténuée si l'odeur est présentée précocement dans l'environnement et non sur les mamelles. Les effets à long terme des expériences olfactives précoces sont donc dus à l'association entre l'odeur et les soins maternels (comme l'allaitement, le léchage, etc.) (Sevelinges *et al.,* 2009b).

Enfin, nous avons évalué si une expérience précoce réduite était également capable d'induire des effets à long terme. Alors que l'odorisation des mamelles dans la seconde moitié de la période d'allaitement (J13-J25) atténue une AOC réalisée à l'âge adulte de façon similaire à l'odorisation de la naissance au sevrage (J0-J25), une odorisation des mamelles dans la première moitié de la période d'allaitement (J0-J12) n'engendre aucun effet sur l'AOC adulte (Sevelinges *et al.,* 2009c). Cette absence d'effet de l'odorisation la plus précoce (J0-J12) pourrait traduire une amnésie infantile. Cependant, comme cette période est suivie d'une période d'allaitement sans odorisation, il est également possible que la seconde période sans odeur interfère avec l'expérience olfactive préalable. Des expériences complémentaires ont vérifié cette seconde hypothèse, puisqu'une exposition olfactive dès la naissance peut atténuer une AOC adulte à la condition qu'elle ne soit pas suivie d'une période d'allaitement non odorisée. Ces résultats suggèrent que les interférences entre les expériences très précoces et plus tardives avec la mère déterminent les effets à long terme sur l'AOC (Sevelinges *et al.,* 2009c).

La préférence olfactive conditionnée

La préférence olfactive conditionnée (POC) repose sur l'association d'une odeur neutre avec un goût sucré (POC odeur-goût) ou avec une conséquence postingestive positive comme un apport énergétique (POC odeur-nutriment). La POC peut également résulter de l'association entre une odeur et des stimulations orales et viscérales lorsque par exemple le sucre utilisé a des effets postingestifs comme le glucose, le saccharose ou le galactose (Sclafani et Ackroff, 1994 ; Sclafani *et al.,* 1999). Ces stimulations orales et/ou viscérales augmentent la valeur hédonique de l'odeur.

Comme les autres conditionnements classiques, la POC repose sur plusieurs caractéristiques importantes : le nombre d'associations, l'IIS et la durée de rétention. À la différence de l'aversion, la POC nécessite plusieurs associations odeur-goût ou odeur-nutriment. Ceci tient sûrement au fait que, par nature, éviter les aliments toxiques est plus vital que consommer les plus nutritifs. En ce qui concerne l'IIS, la POC reposant sur l'association d'une odeur avec un goût sucré, comme la saccharine (édulcorant ne possédant aucune qualité énergétique), nécessite une présentation simultanée des deux stimulus odeur et goût (Sclafani et Ackroff, 1994 ; Sakai et Yamamoto, 2001). Par ailleurs, certains auteurs rapportent qu'il est possible d'induire une POC odeur-nutriment (mimée par l'injection gastrique de carbohydrates) avec un IIS pouvant aller jusqu'à plusieurs heures, mais en pratique la concomitance des deux stimulus est préférable (Elizalde et Sclafani, 1988). Concernant la durée de rétention, une fois établie, la POC perdure plusieurs semaines (Touzani et Sclafani, 2007).

Les mécanismes neurobiologiques

L'aversion olfactive conditionnée

Si l'anatomie des voies olfactives est relativement bien connue chez les Mammifères, le rôle des différentes structures olfactives dans l'AOC en fonction du mode de présentation de l'odeur restait à clarifier. Une étude électrophysiologique a mis en évidence une activation de différentes structures lors du rappel d'une AOC distale, en particulier le bulbe olfactif (BO), le cortex piriforme, le cortex orbitofrontal et l'amygdale basolatérale (ABL). De façon très intéressante, l'AOC apprise en condition distale/proximale active, lors du rappel en condition distale seule, le cortex insulaire (CI) et le cortex préfrontal médian en plus des structures précitées (Chapuis *et al.*, 2009). Ceci indique que le mode de présentation de l'odeur lors de l'acquisition de l'AOC a une forte influence sur le réseau de structures recrutées.

L'anatomie des voies olfactives, gustatives et viscérales indique la présence de structures de convergence de ces informations au niveau de l'ABL et du CI. Nous avons donc entrepris d'éprouver par une approche pharmacologique la participation de l'ABL et du CI dans les différentes étapes de l'AOC distale/proximale (figure 24.2).

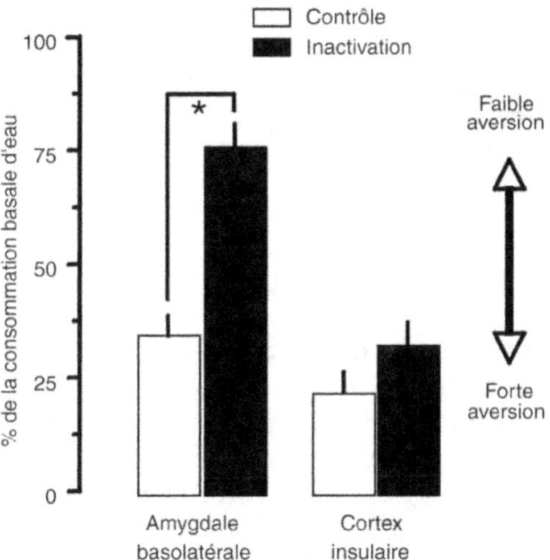

Figure 24.2. Participation de l'ABL et du CI dans les différentes étapes de l'AOC distale/proximale.

Le blocage pharmacologique de l'amygdale basolatérale perturbe fortement l'acquisition de l'aversion olfactive conditionnée (mesurée ici par la consommation d'eau odorisée), alors que le même traitement dans le cortex insulaire n'a aucun effet (Sevelinges *et al.*, 2009a).

* : significativement différent (p < 0,05).

Nous avons en particulier montré que l'ABL jouait un rôle prépondérant dans l'apprentissage, mais également dans le rappel de l'AOC (Miranda *et al.*, 2007 ; Desgranges *et al.*, 2008 ; Sevelinges *et al.*, 2009a), alors que le CI n'est indispensable à aucune de ces étapes (Desgranges *et al.*, 2009). Ces résultats soulignent une implication différentielle de l'ABL et du CI dans les AOC.

La préférence olfactive conditionnée

Comme pour l'AOC, la littérature existante fait état d'une dissociation similaire entre ABL et CI au sujet de la POC consistant en plusieurs associations entre une odeur et un goût sucré mélangés dans la même solution : la lésion de l'ABL, mais pas du CI, perturbe la POC (Gilbert *et al.*, 2003 ; Sakai et Yamamoto, 2001 ; Touzani et Sclafani, 2007). Nous avons évalué si des mécanismes de plasticité cellulaire différents pourraient être mis en évidence dans l'ABL et le CI, suite à l'apprentissage de la POC, et ainsi expliquer l'implication différentielle de ces structures. Nous avons pour cela utilisé la technique d'imagerie cellulaire, dite du catFISH (Guzowski *et al.*, 2005), permettant de visualiser l'impact de deux stimulations, odeur et goût, sur l'expression du gène *Arc* au sein des mêmes neurones. Nous avons testé l'hypothèse que l'apprentissage de la POC renforce la connexion entre les populations de neurones répondant à l'odeur et au goût au sein de l'ABL, mais pas du CI, et donc augmente la population de neurones répondant conjointement aux deux stimulations. Après plusieurs associations d'une odeur avec un goût sucré, conduisant clairement à une POC (figure 24.3A, planche couleur XVII), les résultats du catFISH révèlent que cette association répétée quadruple la population de neurones répondant aux deux stimulations odeur et goût au sein de l'ABL mais pas du CI. Cette augmentation de neurones doublement activés s'expliquerait par le recrutement d'une nouvelle population (Desgranges *et al.*, 2010) (figure 24.3B, planche couleur XVII). Cette augmentation de la convergence des informations olfacto-gustatives au sein de l'ABL représenterait un des mécanismes de plasticité cellulaire à la base du développement de préférence olfacto-gustative.

▸▸ Les apprentissages sociaux

Les Mammifères ont développé des systèmes sociaux complexes dans lesquels la capacité à distinguer les individus et à les reconnaître est vitale pour leur survie et la pérennité de l'espèce. C'est à partir de la reconnaissance des congénères permettant l'identification d'un individu ou d'un groupe que s'établissent les comportements territoriaux. La défense d'un site alimentaire, d'un site de reproduction, d'un nid vis-à-vis d'un intrus, sont autant de comportements nécessitant une reconnaissance sociale. Il en est de même pour le choix du partenaire sexuel ou pour la mise en place du lien d'attachement entre la mère et sa progéniture. Le type d'information sensorielle au service de cette reconnaissance est varié, mais pour la plupart des Mammifères l'olfaction est le sens prédominant. Ainsi les signaux olfactifs émis par les individus, appelés fréquemment phéromones, peuvent renseigner sur l'état comportemental ou physiologique, la familiarité, l'identité, informations indispensables à un comportement de défense, sexuel ou parental adapté.

Les mécanismes comportementaux

La reconnaissance du congénère

La reconnaissance olfactive du congénère a particulièrement été étudiée chez les rongeurs comme la souris et le rat. Certains tests comportementaux visant à mettre en évidence cette reconnaissance reposent sur la motivation de l'animal à explorer d'autres individus, et en particulier des individus nouveaux. Les rongeurs manifestent une propension à inspecter plus longtemps (Kogan *et al.,* 2000) un congénère non familier qu'un congénère familier. Pendant la première rencontre, la souris ou le rat flairent intensément la tête et la région anogénitale de l'intrus. Lors d'une seconde rencontre, on observe une diminution du temps de flairage. Mais si un animal inconnu est présenté ensuite, cette durée d'investigation remonte au niveau initial. La réduction du temps d'investigation à la suite de plusieurs rencontres avec le même animal témoigne d'une mémorisation des caractéristiques de l'individu. Ces informations apprises ne sont mémorisées que pendant une courte période allant d'une heure à vingt-quatre heures. Cependant, des souris élevées en groupe sont capables de retenir ces informations jusqu'à sept jours après une seule rencontre de quelques minutes (Kogan *et al.,* 2000). Cette reconnaissance dépend d'un apprentissage des caractéristiques olfactives de l'individu, puisque des rats ou souris rendus anosmiques ne font plus la distinction entre deux individus (Popik *et al.,* 1991). De plus, cette discrimination peut s'opérer sur la seule base des odeurs individuelles contenues dans la litière (Gheusi *et al.,* 1994). La composition chimique de ces odeurs est très complexe et elle est basée sur des différences individuelles génotypiques. Sont particulièrement mis en cause les gènes du complexe majeur d'histocompatibilité (CMH) et des lipocalines comme les protéines urinaires majeures (MUP) trouvées chez la souris. Des souris sont capables de discriminer deux urines provenant d'individus qui diffèrent génétiquement seulement au niveau du locus H2 des gènes du CMH (Penn et Potts, 1998 ; Yamaguchi *et al.,* 1981). Certains peptides codés par le locus H2 sont effectivement déterminants dans la reconnaissance de l'identité d'une souche. L'addition de peptides provenant de la souche de souris C57BL/6 à l'urine de la souche BALB/c induit chez la femelle une confusion sur l'identité du mâle géniteur (Leinders-Zufall *et al.,* 2004). Par ailleurs, l'examen de ces MUP permet à la souris de faire la distinction entre sa propre urine et celle d'un frère ou entre deux de ses frères (Hurst *et al.,* 2001). Les CMH et les MUP fourniraient ainsi une véritable identité olfactive, mais la manière dont ces deux systèmes interagissent reste encore à découvrir (cf. aussi chapitres 5, 7 et 23).

Le comportement sexuel

Le comportement sexuel peut se diviser en deux phases : une phase d'attraction et d'identification des partenaires suivie d'une phase d'interactions comportementales qui conduisent à la copulation. Ces deux phases sont régulées par des odeurs émises en particulier dans les urines du partenaire. Par exemple, le composé volatil urinaire méthylthio-méthanethiol (MTMT), présent dans l'urine de mâle, augmente l'attractivité de l'urine de mâles castrés chez la femelle (Lin *et al.,* 2005). De plus, un composé non volatil, la darcine, appartenant au groupe des MUP, a été également identifié comme un attractant pour la femelle. Sa présence double le temps passé près d'un mâle en comparaison avec l'application d'urine femelle (Roberts *et al.*, 2010). Il est clair que l'attraction pour la femelle dépend donc de plusieurs composés, volatils et non volatils, contenus dans l'urine de mâle. La darcine étant une simple protéine, elle ne constitue pas une signature olfactive individuelle sur laquelle la femelle peut reconnaître un mâle particulier. Cependant, si la femelle est mise en contact avec cette protéine, elle apprend et mémorise les composés volatils individuels contenus dans l'urine d'un mâle spécifique de telle sorte qu'ultérieurement la femelle est attirée uniquement par ces composés, mais pas par ceux d'autres mâles (Roberts *et al.*, 2010). Chez le cochon, la salive du mâle contient un mélange de composés stéroïdiens qui attire spécifiquement la truie. Un des composés majeurs, l'androsténone, induit à lui seul le comportement d'attraction de la truie dans un test de choix (Dorries *et al.*, 1995). Chez l'éléphant mâle, ce sont les glandes temporales situées près des yeux qui sécrètent de la frontaline, substance éminemment attractive pour les femelles en œstrus (Greenwood *et al.*, 2005).

La phase comportementale de copulation est dépendante des odeurs émises par le partenaire. Chez le hamster, l'aphrodisine, une lipocaline, a été trouvée dans les sécrétions vaginales de la femelle à de fortes concentrations. Un mâle anesthésié odorisé avec de l'aphrodisine induit chez des mâles sans expérience sexuelle un comportement de monte (Singer *et al.*, 1986). En ce qui concerne le comportement sexuel femelle, l'androsténone facilite également l'immobilisation de la truie pendant le chevauchement du verrat. Chez la souris, deux composés de l'urine de mâle, le 2-(sec-butyl)-4,5-dihydrothiazole et la déhydro-exobrévicomine, induisent la réceptivité de la femelle (Jemiolo *et al.*, 1986). À l'heure actuelle, les odeurs impliquées dans le comportement sexuel femelle chez d'autres Mammifères ne sont pas identifiées (cf. aussi chapitres 5, 16 et 33).

Le comportement maternel

Les odeurs jouent un rôle dans la mise en place du comportement maternel à plus d'un titre. En dehors de la mise bas, quand le jeune n'est pas une priorité comportementale, les odeurs infantiles inhibent le comportement de soins aux jeunes, les femelles non gestantes trouvant ces odeurs aversives. Bien au contraire, au moment de la mise bas, on assiste chez plusieurs espèces, y compris l'espèce humaine, à un changement complet de comportement vis-à-vis de ces odeurs qui confèrent alors au jeune un pouvoir attractif puissant (Lévy *et al.*, 2004). Par exemple, ce n'est qu'à la parturition que la brebis manifeste une attraction pour les liquides amniotique et placentaire (figure 24.4A). Des femelles anosmiques ne manifestent pas un tel changement de préférence, indiquant que ce sont bien des composés volatils qui sont impliqués. À la naissance, l'élimination du liquide amniotique qui recouvre le jeune conduit à un déficit important du comportement maternel : absence de léchage et de comportement d'allaitement, apparition de comportements agressifs (figure 24.4C). De façon remarquable, une molécule, le propionate de dodécyl, a été identifiée comme régulateur du léchage de la région anogénitale des ratons, qui est indispensable à la stimulation de la miction et de la défécation (Brouette-Lahlou *et al.*, 1991). Cette molécule, sécrétée par les glandes préputiales, servirait également à discriminer le genre des ratons puisqu'elle est bien plus abondante chez les ratons mâles que femelles. Mais les odeurs peuvent avoir une autre fonction chez les espèces qui établissent une reconnaissance individuelle avec leur jeune, comme la plupart des ongulés. Chez la brebis, l'acceptation à l'allaitement par la mère est contrôlée par des flairages du jeune, en particulier de la zone anogénitale, et des mères rendues anosmiques acceptent n'importe quel agneau étranger à l'allaitement (figure 24.4B). Cette reconnaissance olfactive se met en place dans les quatre premières heures *post-partum*. Bien que la nature de ces odeurs soit inconnue, elle est la résultante d'une régulation génétique et environnementale. Si l'un des jumeaux monozygotes est séparé à la naissance pendant les quatre premières heures *post-partum*, il sera mieux accepté par sa mère qu'un agneau étranger, ce qui n'est pas le cas pour des jumeaux dizygotes. Ceci suggère que la mère a détecté une ressemblance olfactive entre le jumeau monozygote séparé et celui qui est resté en contact avec elle (Romeyer *et al.*, 1993). L'influence environnementale sur les odeurs infantiles est illustrée par l'exemple de la souris épineuse : la mère va plus rapidement ramener au nid des souriceaux provenant d'une mère nourrie avec le même régime que des souriceaux provenant d'une mère nourrie avec un régime différent (Doane et Porter, 1978). Dans notre espèce, les mères sont très sensibles aux caractéristiques olfactives de leurs enfants, et leurs compétences discriminatives sont remarquables, puisqu'un contact mère-enfant d'une durée de 1 à 6 heures est suffisant pour reconnaître l'odeur corporelle de leur bébé. Cet apprentissage rapide pourrait être la conséquence de similarités entre l'odeur de l'enfant et celle de la mère dues en partie à un patrimoine génétique commun (Porter *et al.*, 1985).

Figure 24.4. Différents comportements maternels chez la brebis.

(**A**) La mère lèche le nouveau-né recouvert de liquide amniotique qui contient des composés volatils attractifs. (**B**) La mère accepte à l'allaitement son jeune après flairage de la tête, du dos et de la région anogénitale. (**C**) La brebis repousse d'un coup de tête un agneau étranger qui tente de téter (© A : Baguey/Inra ; B : S. Normant/Inra ; C : F. Lévy).

La transmission sociale des préférences alimentaires

Chez les rongeurs, en particulier rats, souris et gerbilles, la transmission sociale des préférences alimentaires se met en place à partir d'un apprentissage olfactif. L'animal (l'observateur) apprend quelle nourriture est sans risque en flairant cette odeur dans l'haleine d'un congénère (le démonstrateur). Une association s'opère entre l'odeur de disulfure de carbone contenue dans cette haleine et l'odeur de l'aliment récemment ingéré par le démonstrateur. Quand on présente ultérieurement cet aliment avec un autre aliment familier, l'observateur consommera plus d'aliment ingéré par le démonstrateur (Galef *et al.*, 1988). Une seule brève présentation entre le démonstrateur et l'observateur, rat ou souris, suffit à induire une préférence pendant au moins six jours, voire trois mois dans le cas d'une présentation répétée (Clark *et al.*, 2002).

Les mécanismes neurobiologiques

La reconnaissance du congénère

Une majorité d'études sur la régulation neuronale de la reconnaissance du congénère s'est intéressée à l'importance de la vasopressine (AVP) et de l'ocytocine (OT), neuropeptides synthétisés par le noyau paraventriculaire et supraoptique de l'hypothalamus. Chez le rat, des injections d'AVP directement dans le BO facilitent la rétention de cette reconnaissance du congénère (Dluzen *et al.*, 1998a). Récemment, des neurones à AVP ont été mis en évidence au sein même du BO, et l'infusion d'antagonistes des récepteurs V1a ou d'ARN interférents, inhibant l'expression du gène de ce récepteur dans le BO, bloque cette reconnaissance sociale (Tobin *et al.*, 2010). Cette action faciliterait la libération de noradrénaline également dans le BO (Dluzen *et al.*, 1998b). Le septum dorsolatéral, riche en récepteurs V1a, est également une région clé pour l'action de l'AVP : son injection facilite la mémoire sociale, alors que des injections d'antagonistes V1a ou d'oligonucléotides antisens V1a empêchent cette reconnaissance (Dantzer *et al.*, 1988 ; Landgraf *et al.*, 1995). Chez le campagnol, l'augmentation d'expression de ces récepteurs dans le septum latéral par infusion d'un virus améliore les performances de reconnaissance d'un congénère (Landgraf *et al.*, 2003). Enfin, la souris dont le gène pour le récepteur V1a a été invalidé montre des déficits de reconnaissance sociale (Bielsky *et al.*, 2004).

L'OT possède les mêmes propriétés facilitatrices que l'AVP quand elle est infusée dans le BO : elle facilite la capacité d'un rat mâle à reconnaître un congénère juvénile (Dluzen *et al.*, 1998a). De la même manière, cette action dépend de l'intégrité des afférences noradrénergiques du BO (Dluzen *et al.*, 2000). Cependant, l'injection d'antagonistes de l'OT ne bloque par la reconnaissance du congénère. Les agonistes de l'OT étant moins sélectifs pour le récepteur à l'OT, il est possible que l'OT agisse *via* le récepteur V1a. Ces conclusions ne sont pas valables quand la mémoire sociale est étudiée chez la souris dont le gène codant pour l'OT est invalidé. De tels animaux, mâle ou femelle, manifestent un déficit de reconnaissance (Ferguson *et al.*, 2000). Une injection d'OT dans les ventricules cérébraux restaure cette mémoire quand elle est pratiquée avant mais pas après la rencontre initiale. Le noyau médian de l'amygdale (AMe), qui n'est pas activé chez des souris invalidées pour le gène de l'OT après une rencontre sociale, est riche en récepteurs ocytocinergiques. L'infusion d'OT directement dans cette région cérébrale, avant la première rencontre, rétablit les performances de reconnaissance, contrairement à une injection semblable dans le BO (Ferguson *et al.*, 2001).

Le comportement sexuel

Chez la souris, bon nombre de résultats expérimentaux convergent pour indiquer que le système olfactif principal est sollicité dans la phase d'attraction vis-à-vis des odeurs du partenaire sexuel (Keller *et al.*, 2010). La lésion de la muqueuse olfactive par irrigation au sulfate de zinc abolit la préférence olfactive pour le partenaire sexuel, et ceci a été observé pour les deux sexes. Par ailleurs, des composés urinaires volatils, comme le MTMT, induisent des réponses électrophysiologiques du BO principal et induisent des patrons d'activation glomérulaire spécifiques (Martel et Baum, 2007). Le système olfactif principal est également responsable de la perception de l'androsténone, molécule contenue dans la salive du verrat qui attire la truie. Au contraire, chez le rat, c'est la lésion du système olfactif secondaire qui perturbe l'attraction olfactive pour l'autre sexe (Romero *et al.*, 1990).

L'implication du système olfactif principal ou secondaire est sujette à controverse en ce qui concerne la phase comportementale proprement dite qui conduit à la copulation. Chez le mâle, la lésion du système olfactif secondaire induit d'importants déficits chez le lémurien *(Microcebus murinus)* ou le hamster. Pour cette dernière espèce, l'effet comportemental de l'aphrodisine est dû à l'activation du système olfactif accessoire. Au contraire, chez la souris, la lésion chimique de la muqueuse olfactive abolit l'expression du comportement sexuel mâle, même chez des animaux expérimentés (Keller *et al.*, 2006). En revanche, l'expérience sexuelle joue un rôle important chez le hamster mâle. Chez un individu expérimenté, la lésion du système olfactif principal ou accessoire n'induit pas de déficits du comportement sexuel mâle ; ce n'est que la lésion des deux systèmes qui supprime le comportement de copulation. Chez la femelle, le comportement de lordose est aboli par la lésion du système olfactif secondaire chez de nombreuses espèces comme la rate, la souris, le hamster et le campagnol (Curtis *et al.*, 2001). Cependant, la destruction chimique de la muqueuse olfactive atténue le comportement de lordose chez la souris par une diminution de l'activité des régions centrales qui régulent ce comportement, comme le noyau ventro-médian de l'hypothalamus.

Le réseau neuronal qui traite les signaux olfactifs responsables du comportement sexuel mâle fait essentiellement intervenir l'AMe, le noyau du lit de la strie terminale et l'aire préoptique médiane. Par exemple, la lésion de l'AMe ou de l'aire préoptique médiane élimine la préférence pour les odeurs volatiles femelles chez le hamster mâle. De plus, elle désorganise le comportement sexuel mâle chez le hamster, le rat ou la gerbille (Been et Petrulis, 2010 ; De Jonge *et al.*, 1989 ; Heeb et Yahr, 2000 ; Kondo, 1992). Chez le campagnol monogame, la préférence pour le partenaire sexuel dépend de l'intégrité du système olfactif secondaire. Elle fait également intervenir une région cérébrale du système limbique, le noyau accumbens, qui fait partie du circuit de récompense. Le blocage des récepteurs dopaminergiques et ocytocinergiques par l'infusion d'un antagoniste dans ce noyau empêche la formation de la préférence pour le mâle géniteur (Ross et Young, 2009).

Le comportement maternel

Le circuit neuronal impliqué dans le traitement des odeurs infantiles a été particulièrement détaillé chez la brebis lors de la mise en place de la reconnaissance de l'odeur du jeune (figure 24.5). La parturition induit des modifications électrophysiologiques et neurochimiques au sein du BO indispensables à la mise en place de cette mémoire olfactive (Lévy et Keller, 2009). Par exemple, si on bloque l'activation du système noradrénergique qui a lieu à la parturition en particulier dans le BO, la reconnaissance de l'agneau familier est fortement perturbée. Par ailleurs, un véritable codage de l'identité olfactive du jeune s'opère dans le BO : certaines cellules mitrales répondent préférentiellement à l'odeur de l'agneau familier dans les 24 heures après la mise bas. Les noyaux de l'amygdale recevant les informations olfactives font partie du réseau neuronal sous-tendant la mémorisation olfactive du jeune : les mères dont les noyaux médians ou corticaux ont été inactivés par

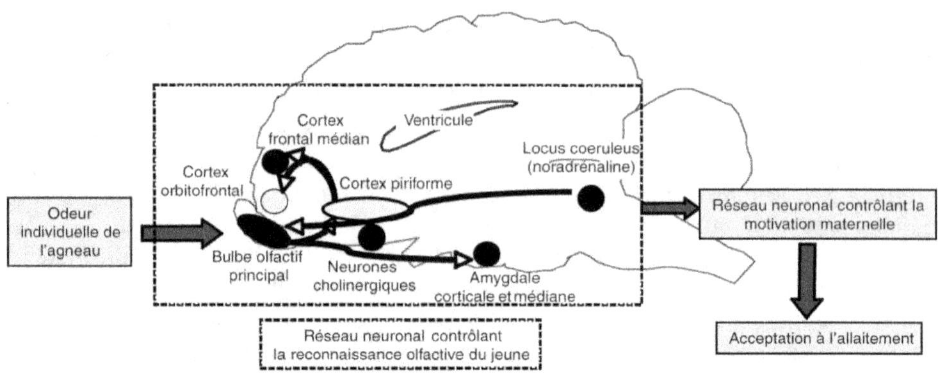

Figure 24.5. Réseau neuronal engagé dans la mémorisation des caractéristiques olfactives du jeune chez la brebis.

Ronds noirs : zones mises en évidence par inactivation ou traitement pharmacologique ; ronds gris : zones d'implication hypothétique.

infusion d'un anesthésique allaitent indistinctement l'agneau familier ou un agneau étranger (Keller *et al.*, 2004). Enfin, le système cholinergique du télencéphale basal qui projette en particulier sur l'amygdale corticale participe à la formation de cette mémoire olfactive : l'infusion d'une immunotoxine qui détruit spécifiquement les neurones cholinergiques empêche la reconnaissance olfactive de l'agneau (Ferreira *et al.*, 2001).

La transmission sociale des préférences alimentaires

Bon nombre de régions cérébrales et de systèmes neurochimiques interviennent dans les processus de mémoire sociale de la préférence alimentaire. C'est un des rares exemples d'apprentissage olfactif dans lesquels l'hippocampe apparaît comme une structure clé. En particulier, la lésion neurochimique de l'hippocampe avant ou juste après la rencontre avec le démonstrateur entraîne un oubli de cet apprentissage. En revanche, plus le délai entre l'acquisition et la lésion de l'hippocampe augmente, moins cette mémoire est perturbée : un délai de trois semaines ne conduit à aucun déficit de préférence (Ross et Eichenbaum, 2006). Dans le même intervalle de temps, une activation des cortex olfactifs piriforme antérieur, entorhinal et orbitofrontal est observée, suggérant que la consolidation nécessite un transfert de cette mémoire de l'hippocampe vers des structures corticales olfactives. Le système cholinergique du télencéphale basal est également critique pour l'acquisition et/ou le rappel de cet apprentissage (Berger-Sweeney *et al.*, 2000). En particulier, le blocage des récepteurs muscariniques de l'ABL par infusion de scopolamine avant la présentation au démonstrateur supprime la préférence alimentaire (Carballo-Marquez *et al.*, 2009). Enfin, l'ocytocine et la vasopressine facilitent les performances mnésiques quand la difficulté du test est accrue. C'est le cas pour une odeur peu saillante comme celle du thé associée à l'aliment du démonstrateur. Les animaux témoins sont alors incapables de présenter une préférence pour cet aliment odorisé alors que les animaux traités le peuvent (Choleris *et al.*, 2009).

▸▸ Conclusion

L'ensemble de ce chapitre met en évidence le rôle crucial joué par l'olfaction dans les apprentissages alimentaires et sociaux. Ces apprentissages sont indispensables à la sélection du bon aliment ou du partenaire social, contribuant ainsi à une meilleure adaptation du comportement. Les données présentées soulignent également la relation étroite entre apprentissages alimentaires et sociaux. Que ce soit par la mère ou par un congénère adulte, une transmission des préférences et aversions alimentaires est possible et elle se maintient à long terme même jusqu'à l'âge adulte dans le cas du nouveau-né. Enfin, outre le fait que le BO est une structure clé pour tous ces apprentissages, les circuits neuronaux sous-tendant les apprentissages alimentaires diffèrent de ceux impliqués dans les apprentissages sociaux. De plus, la prépondérance fonctionnelle des neuropeptides OT et AVP dans les comportements sociaux n'a pas d'équivalent dans les apprentissages alimentaires.

Il ne faut toutefois pas perdre de vue que la reconnaissance de l'aliment ou du congénère fait intervenir d'autres modalités sensorielles, comme le goût (pour l'aliment), l'ouïe (pour le congénère) ou la vue (pour l'aliment et le congénère). La mémorisation de l'ensemble de ces informations sensorielles et leurs interactions participent à la représentation multisensorielle d'un aliment ou d'un congénère. Une meilleure compréhension de ces phénomènes complexes offre de belles perspectives de recherche.

▸▸ Bibliographie

BEEN L.E., PETRULIS A., 2010. Lesions of the posterior bed nucleus of the stria terminalis eliminate opposite-sex odor preference and delay copulation in male Syrian hamsters: role of odor volatility and sexual experience. *European Journal of Neuroscience,* 32 (3), 483-493.

BERGER-SWEENEY J., STEARNS N.A., FRICK K.M., BEARD B., BAXTER M.G., 2000. Cholinergic basal forebrain is critical for social transmission of food preferences. *Hippocampus,* 10 (6), 729-738.

BIELSKY I.F., HU S.B., SZEGDA K.L., WESTPHAL H., YOUNG L.J., 2004. Profound impairment in social recognition and reduction in anxiety-like behavior in vasopressin V1a receptor knockout mice. *Neuropsychopharmacology,* 29 (3), 483-493.

BROUETTE-LAHLOU I., AMOUROUX R., CHASTRETT I., COSNIER J., STOFFELSMA J., VERNET-MAURY E., 1991. Dodecyl propionate, the attractant from rat pups preputial gland, characterization and identification. *Journal of Chemical Ecology,* 17, 1343-1354.

CARBALLO-MARQUEZ A., VALE-MARTINEZ A., GUILLAZO-BLANCH G., MARTI-NICOLOVIUS M., 2009. Muscarinic transmission in the basolateral amygdala is necessary for the acquisition of socially transmitted food preferences in rats. *Neurobiology of Learning and Memory,* 91 (1), 98-101.

CHAPUIS J., MESSAOUDI B., FERREIRA G., RAVEL N., 2007. Importance of retronasal and orthonasal olfaction for odor aversion memory in rats. *Behavioral Neuroscience,* 121 (6), 1383-1392.

CHAPUIS J., GARCIA S., MESSAOUDI B., THEVENET M., FERREIRA G., GERVAIS R., RAVEL N., 2009. The way an odor is experienced during aversive conditioning determines the extent of the network recruited during retrieval: a multisite electrophysiological study in rats. *Journal of Neuroscience,* 29 (33), 10287-10298.

CHOLERIS E., CLIPPERTON-ALLEN A.E., PHAN A., KAVALIERS M., 2009. Neuroendocrinology of social information processing in rats and mice. *Frontiers in Neuroendocrinology,* 30 (4), 442-459.

CLARK R.E., BROADBENT N.J., ZOLA S.M., SQUIRE L.R., 2002. Anterograde amnesia and temporally graded retrograde amnesia for a nonspatial memory task after lesions of hippocampus and subiculum. *Journal of Neuroscience,* 22 (11), 4663-4669.

CURTIS J.T., LIU Y., WANG Z., 2001. Lesions of the vomeronasal organ disrupt mating-induced pair bonding in female prairie voles *(Microtus ochrogaster)*. *Brain Research,* 901 (1-2), 167-174.

DANTZER R., KOOB G.F., BLUTHE R.M., LE MOAL M., 1988. Septal vasopressin modulates social memory in male rats. *Brain Research,* 457 (1), 143-147.

DE JONGE F.H., LOUWERSE A.L., OOMS M.P., EVERS P., ENDERT E., VAN DE POLL N.E., 1989. Lesions of the SDN-POA inhibit sexual behavior of male Wistar rats. *Brain Research Bulletin,* 23 (6), 483-492.

DESGRANGES B., LÉVY F., FERREIRA G., 2008. Anisomycin infusion in amygdala impairs consolidation of odor aversion memory. *Brain Research,* 1236, 166-175.

DESGRANGES B., RAMIREZ-AMAYA V., RICANO-CORNEJO I., LEVY F., FERREIRA G., 2010. Flavor preference learning increases olfactory and gustatory convergence onto single neurons in the basolateral amygdala but not in the insular cortex in rats. *PLoS One,* 5 (4), e10097.

DESGRANGES B., SEVELINGES Y., BONNEFOND M., LÉVY F., RAVEL N., FERREIRA G., 2009. Critical role of insular cortex in taste but not odour aversion memory. *European Journal of Neuroscience,* 29 (8), 1654-1662.

DLUZEN D.E., MURAOKA S., LANDGRAF R., 1998a. Olfactory bulb norepinephrine depletion abolishes vasopressin and oxytocin preservation of social recognition responses in rats. *Neuroscience Letters,* 254 (3), 161-164.

DLUZEN D.E., MURAOKA S., ENGELMANN M., LANDGRAF R., 1998b. The effects of infusion of arginine vasopressin, oxytocin, or their antagonists into the olfactory bulb upon social recognition responses in male rats. *Peptides,* 19 (6), 999-1005.

DLUZEN D.E., MURAOKA S., ENGELMANN M., EBNER K., LANDGRAF R., 2000. Oxytocin induces preservation of social recognition in male rats by activating beta-adrenoceptors of the olfactory bulb. *European Journal of Neuroscience,* 12 (2), doi:10.1046/j.1460-9568.2000.00952.x, 760-766.

DOANE H.M., PORTER R.H., 1978. The role of diet in mother-infant reciprocity in the spiny mouse. *Developmental Psychobiology,* 11, 271-277.

DORRIES K.M., ADKINS-REGAN E., HALPERN B.P., 1995. Olfactory sensitivity to the pheromone, androstenone, is sexually dimorphic in the pig. *Physiology and Behavior,* 57 (2), 255-259.

ELIZALDE G., SCLAFANI A., 1988. Starch-based conditioned flavor preferences in rats: influence of taste, calories and CS-US delay. *Appetite,* 11 (3), 179-200.

FERGUSON J.N., ALDAG J.M., INSEL T.R., YOUNG L.J., 2001. Oxytocin in the medial amygdala is essential for social recognition in the mouse. *Journal of Neuroscience,* 21 (20), 8278-8285.

FERGUSON J.N., YOUNG L.J., HEARN E.F., MATZUK M.M., INSEL T.R., WINSLOW J.T., 2000. Social amnesia in mice lacking the oxytocin gene. *Nature Genetics,* 25 (3), 284-288.

FERREIRA G., MEURISSE M., GERVAIS R., RAVEL N., LÉVY F., 2001. Extensive immunolesions of basal forebrain cholinergic system impair offspring recognition in sheep. *Neuroscience,* 106 (1), 103-115.

GALEF B.G. JR, MASON J.R., PRETI G., BEAN N.J., 1988. Carbon disulfide: a semiochemical mediating socially-induced diet choice in rats. *Physiology and Behavior,* 42 (2), 119-124.

GARCIA J., LASITER P.S., BERMUDEZ-RATTONI F., DEEMS D.A., 1985. A general theory of aversion learning. *Annals of the New York Academy of Sciences,* 443, 8-21.

GHEUSI G., BLUTHE R.M., GOODALL G., DANTZER R., 1994. Social and individual recognition in rodents: methodological aspects and neurobiological bases. *Behavioural Processes,* 33, 59-88.

GILBERT P.E., CAMPBELL A., KESNER R.P., 2003. The role of the amygdala in conditioned flavor preference. *Neurobiology of Learning and Memory,* 79 (1), 118-121.

GREENWOOD D.R., COMESKEY D., HUNT M.B., RASMUSSEN L.E.L., 2005. Chemical communication: chirality in elephant pheromones. *Nature,* 438 (7071), 1097-1098.

GUZOWSKI J.F., TIMLIN J.A., ROYSAM B., MCNAUGHTON B.L., WORLEY P.F., BARNES C.A., 2005. Mapping behaviorally relevant neural circuits with immediate-early gene expression. *Current Opinion in Neurobiology,* 15, 599-606.

HEEB M.M., YAHR P., 2000. Cell-body lesions of the posterodorsal preoptic nucleus or posterodorsal medial amygdala, but not the parvicellular subparafascicular thalamus, disrupt mating in male gerbils. *Physiology and Behavior,* 68 (3), 317-331.

HURST J.L., PAYNE C.E., NEVISON C.M., MARIE A.D., HUMPHRIES R.E., ROBERTSON D.H., Cavaggioni A., Beynon R.J., 2001. Individual recognition in mice mediated by major urinary proteins. *Nature,* 414 (6864), 631-634.

JEMIOLO B., HARVEY S., NOVOTNY M., 1986. Promotion of the Whitten effect in female mice by synthetic analogs of male urinary constituents. *In: Proceedings of the National Academy of Sciences of the USA*, 83 (12), 4576-4579.

KELLER M., PILLON D., BAKKER J., 2010. Olfactory systems in mate recognition and sexual behavior. *Vitamins and Hormones*, 83, 331-350.

KELLER M., DOUHARD Q., BAUM M.J., BAKKER J., 2006. Sexual experience does not compensate for the disruptive effects of zinc sulfate-lesioning of the main olfactory epithelium on sexual behavior in male mice. *Chemical Senses*, 31 (8), 753-762.

KELLER M., PERRIN G., MEURISSE M., FERREIRA G., LÉVY F., 2004. Cortical and medial amygdala are both involved in the formation of olfactory offspring memory in sheep. *European Journal of Neuroscience*, 20 (12), 3433-41.

KOGAN J.H., FRANKLAND P.W., SILVA A.J., 2000. Long-term memory underlying hippocampus-dependent social recognition in mice. *Hippocampus*, 10 (1), 47-56.

KONDO Y., 1992. Lesions of the medial amygdala produce severe impairment of copulatory behavior in sexually inexperienced male rats. *Physiology and Behavior*, 51 (5), 939-943.

LANDGRAF R., GERSTBERGER R., MONTKOWSKI A., PROBST J.C., WOTJAK C.T., HOLSBOER F., ENGELMANN M., 1995. V1 vasopressin receptor antisense oligodeoxynucleotide into septum reduces vasopressin binding, social discrimination abilities, and anxiety-related behavior in rats. *Journal of Neuroscience*, 15 (6), 4250-4258.

LANDGRAF R., FRANK E., ALDAG J.M., NEUMANN I.D., SHARER C.A., REN X., TERWILLIGER E.F., NIWA M., WIGGER A., YOUNG L.J., 2003. Viral vector-mediated gene transfer of the vole V1a vasopressin receptor in the rat septum: improved social discrimination and active social behaviour. *European Journal of Neuroscience*, 18 (2), 403-411.

LEINDERS-ZUFALL T., BRENNAN P., WIDMAYER P., S P.C., MAUL-PAVICIC A., JAGER M., LI X.H., BREER H., ZUFALL F., BOEHM T., 2004. MHC class I peptides as chemosensory signals in the vomeronasal organ. *Science*, 306 (5698), 1033-1037.

LÉVY F., KELLER M., 2009. Olfactory mediation of maternal behavior in selected mammalian species. *Behavioral Brain Research*, 200 (2), 336-345.

LÉVY F., KELLER M., POINDRON P., 2004. Olfactory regulation of maternal behavior in mammals. *Hormones and Behavior*, 46 (3), 284-302.

LIN D.Y., ZHANG S.Z., BLOCK E., KATZ L.C., 2005. Encoding social signals in the mouse main olfactory bulb. *Nature*, 434 (7032), 470-477.

MARTEL K.L., BAUM M.J., 2007. Sexually dimorphic activation of the accessory, but not the main, olfactory bulb in mice by urinary volatiles. *European Journal of Neuroscience*, 26 (2), 463-475.

MIRANDA M.A., FERRY B., FERREIRA G., 2007. Basolateral amygdala noradrenergic activity is involved in the acquisition of conditioned odor aversion in the rat. *Neurobiology of Learning and Memory*, 88 (2), 260-263.

PALMERINO C.C., RUSINIAK K.W., GARCIA J., 1980. Flavor-illness aversions: the peculiar roles of odor and taste in memory for poison. *Science*, 208 (4445), 753-755.

PENN D., POTTS W.K., 1998. Untrained mice discriminate MHC-determined odors. *Physiology and Behavior*, 63 (3), 235-243.

POPIK P., VETULANI J., BISAGA A., VAN REE J.M., 1991. Recognition cue in the rat's social memory paradigm. *Journal of Basic and Clinical Physiology and Pharmacology*, 2 (4), 315-327.

PORTER R.H., CERNOCH J.M., BALOGH R.D., 1985. Odour signatures and kin recognition. *Physiology and Behavior*, 34, 445-448.

ROBERTS S.A., SIMPSON D.M., ARMSTRONG S.D., DAVIDSON A.J., ROBERTSON D.H., MCLEAN L., BEYNON R.J., HURST J.L., 2010. Darcin: a male pheromone that stimulates female memory and sexual attraction to an individual male's odour. *BMC Biology*, 8, 75.

ROMERO P.R., BELTRAMINO C.A., CARRER H.F., 1990. Participation of the olfactory system in the control of approach behavior of the female rat to the male. *Physiology and Behaviour*, 47 (4), 685-690.

ROMEYER A., PORTER R.H., POINDRON P., ORGEUR P., CHESNÉ P., POULAIN N., 1993. Recognition of dizygotic and monozygotic twin lambs by ewes. *Behaviour*, 127, 119-139.

ROSS H.E., YOUNG L.J., 2009. Oxytocin and the neural mechanisms regulating social cognition and affiliative behavior. *Frontiers in Neuroendocrinology*, 30 (4), 534-47.

Ross R.S., Eichenbaum H., 2006. Dynamics of hippocampal and cortical activation during consolidation of a nonspatial memory. *Journal of Neuroscience,* 26 (18), 4852-4859.

Rusiniak K.W., Hankins W.G., Garcia J., Brett L.P., 1979. Flavor-illness aversions: potentiation of odor by taste in rats. *Behavioral and Neural Biology,* 25 (1), 1-17.

Sakai N., Yamamoto T., 2001. Effects of excitotoxic brain lesions on taste-mediated odor learning in the rat. *Neurobiology of Learning and Memory,* 75 (2), 128-139.

Sclafani A., Ackroff K., 1994. Glucose and fructose-conditioned flavor preferences in rats: taste *versus* postingestive conditioning. *Physiology and Behavior,* 56 (2), 399-405.

Sclafani A., Fanizza L.J., Azzara A.V., 1999. Conditioned flavor avoidance, preference, and indifference produced by intragastric infusions of galactose, glucose, and fructose in rats. *Physiology and Behavior,* 67 (2), 227-234.

Sevelinges Y., Desgranges B., Ferreira G., 2009a. The basolateral amygdala is necessary for the encoding and the expression of odor memory. *Learning and Memory,* 16 (4), 235-242.

Sevelinges Y., Lévy F., Mouly A.M., Ferreira G., 2009b. Rearing with artificially scented mothers attenuates conditioned odor aversion in adulthood but not its amygdala dependency. *Behavioral Brain Research,* 198 (2), 313-320.

Sevelinges Y., Mouly A.M., Levy F., Ferreira G., 2009c. Long-term effects of infant learning on adult conditioned odor aversion are determined by the last preweaning experience. *Developmental Psychobiology,* 51 (5), 389-398.

Shepherd G.M., 2006. Smell images and the flavour system in the human brain. *Nature,* 444 (7117), 316-321.

Singer A.G., Macrides F., Clancy A.N., Agosta W.C., 1986. Purification and analysis of a proteinaceous aphrodisiac pheromone from hamster vaginal discharge. *Journal of Biological Chemistry,* 261 (28), 13323-13326.

Slotnick B.M., Westbrook F., Darling F.M.C., 1997. What the rat's nose tells the rat's mouth: long delay aversion conditioning with aqueous and potentiation of taste by odors. *Animal Learning and Behavior,* 25, 357-369.

Small D.M., Gerber J.C., Mak Y.E., Hummel T., 2005. Differential neural responses evoked by orthonasal versus retronasal odorant perception in humans. *Neuron,* 47 (4), 593-605.

Tobin V.A., Hashimoto H., Wacker D.W., Takayanagi Y., Langnaese K., Caquineau C., Noack J., Landgraf R., Onaka T., Leng G., Meddle S.L., Engelmann M., Ludwig M., 2010. An intrinsic vasopressin system in the olfactory bulb is involved in social recognition. *Nature,* 464 (7287), 413-417.

Touzani K., Sclafani A., 2007. Insular cortex lesions fail to block flavor and taste preference learning in rats. *European Journal of Neuroscience,* 26 (6), 1692-1700.

Yamaguchi M., Yamazaki K., Beauchamp G.K., Bard J., Thomas L., Boyse E.A., 1981. Distinctive urinary odors governed by the major histocompatibility *locus* of the mouse. *In: Proceedings of the National Academy of Sciences of the USA,* 78 (9), 5817-5820.

Chapitre 25

Le sens chimique chez le nématode *Caenorhabditis elegans* : plasticité, adaptation, évolution

Jean-Jacques Remy

Le nématode *Caenorhabditis elegans* possède un sens chimique très développé qui lui permet de détecter une grande variété de molécules volatiles (olfaction) ou solubles (goût). *C. elegans* n'ayant ni vision ni audition, son sens chimique constitue l'essentiel de sa relation au monde extérieur : il contrôle des comportements aussi importants que l'attraction vers les nutriments, l'évitement d'un environnement toxique, le développement, la vitesse de ponte, la durée de vie ou l'accouplement. Cet animal utilise environ un dixième de ses 302 neurones et de ses gènes pour reconnaître, intégrer et réagir à son environnement moléculaire.

Le sens chimique est principalement situé dans un organe proche de la bouche, l'amphide. Cet organe contient onze paires de neurones chimiosensoriels, tous formés avant la seconde moitié de l'embryogenèse, soit sept heures après la fécondation. Les prolongements dendritiques des huit neurones ASE, ASG, ASH, ASI, ASJ, ASK, ADF et ADL sont en contact direct avec le milieu extérieur, alors que les dendrites ciliées de AWA, AWB et AWC (figure 25.1, planche couleur XVIII) en sont isolées par une structure engainante.

À la suite d'expériences de destruction ciblée au moyen d'un laser, des réponses comportementales ont été associées à certains de ces différents neurones. Par exemple, ASE est responsable de la sensation des sels et de certains attractants solubles, ASH est polymodal nociceptif, ASK, ADF, ASI et ASG sont récepteurs d'une phéromone dite « daumone », qui détermine le développement de la forme larvaire « dauer » capable de survie prolongée (Kim *et al.*, 2009).

Les trois neurones AWA, AWB et AWC sont les neurones récepteurs des odorants volatils (figure 25.1B et 25.1C, planche couleur XVIII). *C. elegans* est attiré par les bactéries, sa principale source de nourriture, et beaucoup de molécules volatiles attractives seraient des produits du métabolisme des bactéries (Bargmann *et al.*, 1993).

Ainsi, AWC est requis pour l'attraction par le benzaldéhyde, l'alcool isoamylique et le citronellol, AWA par le diacétyl et la pyrazine, alors que la stimulation de AWB par le 2-nonanone se traduit par une répulsion (Troemel *et al.*, 1997). L'attraction par le diacétyl est suffisamment puissante pour que des cribles génétiques aient permis la sélection d'une série de mutants du chimiotactisme dépendant des neurones AWA. Une de ces mutations inactive le gène *odr-10*, qui code un récepteur membranaire couplé aux protéines G (RCPG). Ce récepteur est exprimé exclusivement dans les neurones AWA (Sengupta *et al.*, 1996). Son expression par transgenèse ciblée dans le neurone AWB du mutant *odr-10* entraîne un comportement de répulsion pour le diacétyl (Troemel *et al.*, 1997). Ces expériences confirment ODR-10 comme étant le récepteur olfactif spécifique du diacétyl et suggèrent que ce sont les neurones chimiosensibles et les circuits qu'ils activent qui déterminent les comportements, et non les récepteurs olfactifs qu'ils expriment.

Ces neurones établissent des connexions (synapses et jonctions communicantes en nombres variables) entre eux et avec des interneurones (figure 25.1B, planche couleur XVIII), eux-mêmes interconnectés et reliés aux interneurones de la locomotion (White *et al.*, 1986). Par exemple, AWC (attraction des volatils) reçoit des informations du neurone ASI (phéromone) et de ASE (sels), les trois neurones connectent les mêmes interneurones AIY, AIA et AIB, mais AIY reçoit également des informations du neurone thermosensible AFD, alors que AIA et AIB sont postsynaptiques du neurone nociceptif ASH.

L'analyse du génome a révélé l'existence d'une superfamille (8,5 % des gènes) de type RCPG comprenant près de 1 300 gènes fonctionnels et 400 gènes non fonctionnels, ou pseudogènes. Comme chez les Mammifères, cette superfamille est composée de sousfamilles de structures apparentées dont les gènes sont groupés sur les chromosomes. Certaines de ces sous-familles évoluent très rapidement (Thomas et Robertson, 2008) par duplication (gain de gènes) et par pseudogénisation (perte de gènes).

La présence de nombre de ces récepteurs dans les extrémités dendritiques ciliées des neurones chimiosensibles en fait des candidats pour la réception des molécules de l'environnement (Troemel *et al.*, 1995). Du fait du nombre limité de neurones chimiosensibles chez *C. elegans*, il est vraisemblable que chaque neurone exprime plusieurs dizaines de récepteurs (figure 25.1C, planche couleur XVIII), mais aucun bilan du nombre et de l'identité des récepteurs exprimés par un neurone n'a été établi. La preuve expérimentale d'une fonction de récepteur olfactif n'a été apportée que pour le récepteur du diacétyl ODR-10. Certains d'entre eux, comme SRA-13 (Battu *et al.*, 2003) et SRA-11 (Remy et Hobert, 2005), sont exprimés par d'autres neurones ou par d'autres types cellulaires, où ils auraient des fonctions différentes. Ces récepteurs sont couplés à la sous-unité α de la protéine G ODR-3, mais, selon les neurones, la transduction du message chimique passe soit par les canaux cationiques OSM-9 et OCR-2 (pour AWA, ASH, ADF et ADL), soit par les guanylates cyclases DAF-11 et ODR-1 qui contrôlent les canaux sensibles au GMP cyclique

TAX-2 et TAX-4 (pour AWB, AWC, ASE, ASK, ASJ, ASI et ASG). Ces deux voies de transduction sont modulées par un ensemble de kinases et de phosphatases.

Chez *C. elegans,* la perception des signaux moléculaires présents dans l'environnement est modulable. Une telle plasticité permet l'intégration des contextes, des changements d'environnement, de l'expérience individuelle et de celle des populations.

Comme tous les récepteurs couplés aux protéines G, les récepteurs olfactifs peuvent se désensibiliser par surexposition aux ligands odorants : cette forme d'adaptation rapide est spécifique d'une odeur et met en jeu plusieurs effecteurs de la transduction olfactive, dont la ß-arrestine ARR-1, GRK-2, une kinase spécifique des RCPG, et TAX-6, une phosphatase sensible au calcium. La discrimination, l'acuité et la désensibilisation sont affectées par l'état nutritionnel et la sérotonine. Des formes d'apprentissage associatif ont été mises en évidence (Ishihara *et al.,* 2002).

La différenciation de l'ensemble des neurones est achevée avant le stade adulte, et les réseaux qu'ils établissent sont définitifs. Les nématodes adultes seraient donc dépourvus de toutes les formes de mémoire qui dépendent de l'apparition de nouveaux neurones et/ou d'une modification de leurs connexions synaptiques.

En revanche, pendant les douze premières heures de leur développement, qui correspondent au premier stade larvaire, les nématodes ont la capacité d'acquérir et de conserver une empreinte des odorants présents dans leur environnement. Ce comportement d'empreinte est général dans le monde animal : il produit des liens positifs durables avec les stimulus sensoriels actifs pendant le développement périnatal (Lorenz, 1970).

Les empreintes olfactives acquises pendant le premier stade larvaire modifient le comportement des adultes : elles augmentent l'affinité pour les odeurs présentes dans l'environnement précoce. Les effets de l'empreinte se mesurent expérimentalement : la vitesse de migration dans un gradient d'odorant augmente, et les animaux mis en présence des odorants mémorisés pondent plus rapidement. Il n'y a d'empreinte que pour les odorants codés de façon innée comme attractifs, et elle n'a été observée que pour ceux stimulant le neurone d'attraction AWC.

L'empreinte est dépendante de l'activité de l'interneurone AIY (figure 25.1, planche couleur XVIII), qui jouerait un rôle équivalent à celui que joue le bulbe olfactif chez les Mammifères. Les animaux chez lesquels AIY est déficient, par exemple les mutants des gènes *ttx-3* ou *sra-11,* sont incapables de sensibilisation par empreinte. De façon surprenante, ces animaux privés de l'activité AIY gardent une empreinte négative des odeurs attractives : les odeurs de l'environnement « infantile », codées génétiquement comme attractives, deviennent répulsives chez les adultes mutants. Cette observation suggère que les valeurs hédoniques des odeurs seraient soumises à réévaluation à chaque génération.

Si un environnement olfactif larvaire est codé « génétiquement » comme attractif et réévalué comme attractif par les mécanismes d'intégration, qui dépendent de l'interneurone AIY chez *C. elegans,* les animaux adultes qui y seront attachés par les liens de l'empreinte y seront « mieux » adaptés. Les nématodes produiront plus vite la génération suivante dans cet environnement mémorisé comme favorable : l'empreinte sensorielle a donc une fonction adaptative.

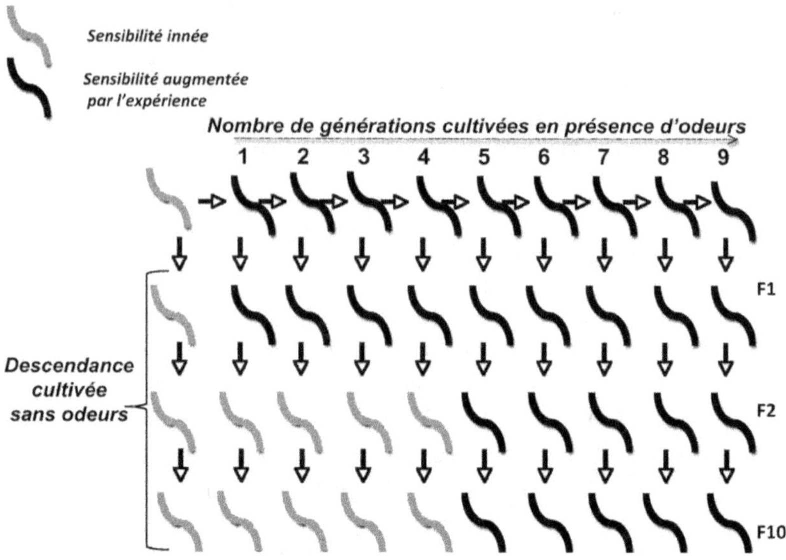

Figure 25.2. L'empreinte comme mécanisme épigénétique d'évolution des perceptions olfactives innées.

Une ou plusieurs générations (ici jusqu'à 9) consécutives (horizontalement) de nématodes ont été élevées en présence du même odorant attractif. Chaque génération a donc réalisé l'empreinte de cet odorant : le niveau d'attraction initial, exprimé par les nématodes en gris, est augmenté par l'empreinte chez les nématodes en noir. Les animaux de chaque génération (1 à 9) sont ensuite cultivés de façon indépendante en l'absence d'odorants (verticalement). Le comportement des dix premières générations (F1 à F10) issues de ces neuf générations a été évalué. Si l'odorant a été maintenu dans l'environnement des animaux pendant moins de cinq générations, la première génération (F1) hérite de l'empreinte, mais ne la transmet pas à F2. Si, en revanche, l'odorant a été présent pendant au moins cinq générations, son empreinte est fixée, héritée et transmise de façon stable dans la descendance, comme montré ici, jusqu'à la dixième génération (F10).

Un changement d'environnement olfactif peut perdurer plus d'une génération : on trouve des isolats de l'espèce *C. elegans* dans la terre de tous les continents. L'empreinte joue un rôle dans l'adaptation des populations à différentes niches écologiques. Les empreintes olfactives acquises par l'expérience précoce des individus sont en effet transmissibles à la descendance (figure 25.2). Si le changement d'environnement perdure pendant moins de cinq générations, les empreintes olfactives sont héritées par la première génération (F1) de descendants. Mais les empreintes ne sont pas transmises, et les animaux de la génération suivante (F2) recouvrent le comportement inné originel (figure 25.2, animaux en gris). Si le même changement d'environnement perdure pendant au moins cinq générations, les empreintes sont fixées, héritées et transmises de façon stable dans toute la descendance (figure 25.2, animaux en noir). Les nouvelles perceptions olfactives, acquises par l'expérience des cinq générations ancestrales, sont devenues innées et se transmettent alors comme des gènes. L'empreinte de l'environnement sensoriel représente donc un mécanisme non génétique d'adaptation et d'évolution du sens chimique (Remy, 2010).

►► Bibliographie

BARGMANN C.I., HARTWIEG E., HORWITZ H.R., 1993. Odorant-selective genes and neurons mediate olfaction in *C. elegans. Cell,* 74, 515-527.

BATTU G., HOIER E.F., HAJINAL A., 2003. The *C. elegans* G-protein-coupled receptor SRA-13 inhibits RAS/MAPK signalling during olfaction and vulval development. *Development,* 130, 2567-2577.

ISHIHARA T., IINO Y., MORHI A., MORI I., GENGYO-ANDO K., MITANI S., KATSURA I., 2002. HEN-1, a secretory protein with an LDL receptor motif, regulates sensory integration and learning in *Caenorhabditis elegans. Cell,* 109, 639-649.

KIM K., SATO K., SHIBUYA M., ZEIGER D.M., BUTCHER R.A., RAGAINS J.R., CLARDY J., TOUHARA K., SENGUPTA P., 2009. Two chemoreceptors mediate developmental effects of dauer pheromone in *C. elegans. Science,* 326 (5955), 994-998.

LORENZ K., 1970. *Studies in Animal and Human Behavior,* Harvard University Press, Cambridge, USA.

MELKMAN T., SENGUPTA P., 2004. The worm sense of smell. *Developmental Biology,* 265, 302-319.

REMY J.J., 2010. Stable inheritance of an acquired behavior in *C. elegans. Current Biology,* 20, R877-R878.

REMY J.J., HOBERT O., 2005. An interneuronal chemoreceptor required for olfactory imprinting in *C. elegans. Science,* 309, 787-790.

SENGUPTA P., CHOU J.H., BARGMANN C.I., 1996. odr-10 encodes a seven transmembrane domain olfactory receptor required for responses to the odorant diacetyl. *Cell,* 84, 899-909.

THOMAS J.H., ROBERTSON H.M., 2008. The *Caenorhabditis* chemoreceptor gene families. *BMC Biology,* 6, 42.

TROEMEL E.R., KIMMEL B.E., BARGMANN C.I., 1997. Reprogramming chemotaxis responses: sensory neurons define olfactory preferences in *C. elegans. Cell,* 91, 161-169.

TROEMEL E.R., CHOU J.H., DWYER N.D., COLBERT H.A., BARGMANN C.I., 1995. Divergent seven transmembrane receptors are candidate chemosensory receptors in *C. elegans. Cell,* 83, 207-218.

WHITE J.G., SOUTHGATE E., THOMSON J.N., BRENNER S., 1986. The structure of the nervous system of the nematode *Caenorhabditis elegans. Philosophical Transactions of the Royal Society London, B,* 314, 1-340.

Partie VIII

Psychophysiologie de la perception chimique

Chapitre 26

Processus olfactifs cognitifs et émotionnels

Jean-Pierre ROYET et Jane PLAILLY

Depuis les années 1970, l'étude de l'impact fonctionnel des lésions cérébrales chez l'homme a fortement contribué à notre compréhension des substrats neuronaux qui participent aux processus olfactifs (Abraham et Mathai, 1983 ; Eichenbaum *et al.,* 1983 ; Zatorre et Jones-Gotman, 1991). Ce n'est cependant que depuis les années 1990 que les techniques d'imagerie fonctionnelles, telles que la tomographie par émission de positons (TEP) et l'imagerie par résonance magnétique fonctionnelle (IRMf), révèlent des patterns d'activation associés à des processus cognitifs olfactifs et permettent d'identifier les réseaux neuronaux correspondants. Le propos de cette revue est de présenter un survol des principaux travaux menés en imagerie cérébrale en essayant de respecter l'ordre chronologique des découvertes et l'évolution des concepts et des idées.

▸▸ Les premières études

Des fonctions latéralisées

Les premiers travaux portent sur la réponse de notre cerveau à la perception passive d'odeurs. La toute première étude est décrite par Zatorre *et al.* (1992). Les auteurs recourent à la TEP chez des sujets sains et montrent que les deux principaux foyers d'activation sont localisés à la jonction des lobes temporaux et frontaux inférieurs. Ils en infèrent que cette région activée bilatéralement est le cortex piriforme (CP), connu pour être la région principale du cortex olfactif primaire. Un troisième foyer d'activation est localisé dans le cortex orbitofrontal (COF) droit, le COF étant considéré comme un cortex olfactif secondaire. Selon les auteurs, une activation unilatérale du COF suggère une spécialisation fonctionnelle de cette région. Ce résultat est corroboré par la plupart des études d'imagerie cérébrale ultérieures (O'Doherty *et al.*, 2000 ; Savic et Gulyas, 2000 ; Small *et al.*, 1997 ; Sobel *et al.*, 1998a ; 2000 ; Zatorre *et al.*, 2000) et des données issues d'études comportementales chez des sujets sains et des patients lobectomisés (par exemple Abraham et Mathai, 1983 ; Jones-Gotman et Zatorre, 1993 ; Zatorre et Jones-Gotman, 1991).

Zald et Pardo (1997) décrivent la première exception notable aux nombreux résultats d'asymétrie détaillés plus haut. En exposant des sujets sains à des stimulus olfactifs hautement aversifs, ils observent une forte activation dans le COF gauche, mais aussi dans les deux aires amygdaliennes, essentielles aux processus émotionnels. Ce résultat constitue la seconde découverte essentielle des travaux menés en imagerie cérébrale de l'olfaction.

L'impact du flairage et le phénomène d'habituation centrale

Tandis que le flairage permet de véhiculer les molécules odorantes jusqu'à la muqueuse olfactive, la perception des odeurs est intrinsèquement liée à cette fonction. La fonction du flairage est imputée principalement à deux régions, le CP et le cervelet. Sobel *et al.* (1998a) découvrent initialement que le flairage induit l'activation du CP et des parties médianes et postérieures du COF, alors que les odeurs n'induisent que l'activation des aires latérale et antérieure du COF. Cette découverte est provocante pour les neurophysiologistes de l'olfaction, parce que le rôle attribué jusqu'alors au cycle respiratoire était simplement de moduler l'activité olfactive (Macrides et Chorover, 1972). Ne pas imputer le rôle de la perception des odeurs au CP est par conséquent tout à fait surprenant. Toutefois, il est démontré peu après que le CP, mais aussi l'amygdale, l'hippocampe et l'insula antérieure, s'habituent très rapidement aux stimulations olfactives, contrairement au COF (Poellinger *et al.*, 2001 ; Sobel *et al.*, 2000). Ces derniers résultats expliquent pourquoi l'équipe de Sobel n'observe pas d'activation du CP en réponse aux odeurs.

L'activation du cervelet est observée dans la plupart des études de l'olfaction (Ferdon et Murphy, 2003 ; Savic *et al.*, 2000 ; Small *et al.*, 1997). Sobel *et al.* (1998b) étudient spécifiquement le rôle de cette région en olfaction et montrent qu'il existe une dissociation au sein des hémisphères cérébelleux : les régions postérolatérales sont davantage activées par les odeurs, tandis que les régions centrales antérieures sont davantage activées par le flairage. Les auteurs suggèrent que le cervelet reçoit des informations olfactives qui modulent le flairage, lequel en retour module l'entrée olfactive. Ce mécanisme en feedback serait rapide et permettrait de contrôler la concentration odorante. Sobel *et al.* (2001) indiquent ultérieurement que des lésions cérébelleuses peuvent expliquer les déficits olfactifs observés dans les maladies d'Alzheimer, de Parkinson, la schizophrénie, la sclérose en plaques et l'alcoolisme (cf. chapitres 31, 39, 40 et 41).

Les différents niveaux de traitement de l'information olfactive

Traitement parallèle et hiérarchique des odeurs

Lors des premières études d'imagerie cérébrale, les odeurs sont délivrées aux sujets sans qu'il leur soit demandé d'accomplir une tâche. À partir des concepts tirés de la psychologie cognitive (Kosslyn et Koenig, 1992) et des premiers travaux menés par Schab (1991), nous suggérons l'utilisation de tâches olfactives variées dans le but d'étudier les différents niveaux de traitement de l'information olfactive (Royet *et al.*, 1999 ; 2001). Nous postulons que la tâche de détection requiert un jugement superficiel qui n'implique pas d'activation de la représentation mentale de l'odeur, et que les tâches de jugement de familiarité et d'hédonicité font appel à des représentations perceptives et sémantiques des odeurs qui sont stockées dans des sous-systèmes neuronaux distincts. Nos premières investigations montrent que la tâche de détection d'odeurs active faiblement le COF droit, tandis que celle de jugement de la familiarité des odeurs active davantage cette région (figure 26.1, planche couleur XIX). La tâche de jugement hédonique des odeurs implique en revanche une activité plus forte du COF gauche que du COF droit. Nous montrons également que l'évaluation de la comestibilité des odeurs, laquelle implique des processus sémantiques, active le gyrus frontal inférieur gauche. De ces travaux, nous concluons que les processus olfactifs reposent d'une part sur un traitement sérié de l'information des cortex primaires aux cortex secondaires, et d'autre part sur un traitement parallèle, distribué de l'information en fonction de la nature des opérations cognitives mises en jeu.

À la même période, des études de neuro-imagerie recourent à l'utilisation d'autres tâches telles que celles de discrimination, de mémoire de reconnaissance et d'identification d'odeurs (par exemple Savic *et al.*, 2000 ; Kareken *et al.*, 2001 ; Dade *et al.*, 2002). Dans la plupart de ces études, les structures impliquées sont le COF, l'amygdale, l'hypothalamus, les cortex entorhinal, cingulaire et insulaire, le thalamus et le cervelet. Savic *et al.* (2000) observent que la perception olfactive active un réseau neuronal complexe qui inclut toutes ces structures, mais que l'activation de chacune des aires de ce réseau est dépendante de la tâche.

Latéralisation des processus olfactifs

L'ensemble des premières découvertes dans le champ de l'olfaction démontre que les processus olfactifs sont latéralisés entre les deux hémisphères non seulement au niveau des COF, mais aussi au niveau des aires olfactives primaires incluant le CP et l'amygdale. L'hémisphère droit participe au processus de mémoire de reconnaissance, tandis que l'hémisphère gauche participe aux processus émotionnels des odeurs. Les données qui étayent cette interprétation sont présentées dans une revue de synthèse (Royet et Plailly, 2004).

De nombreuses théories sur l'asymétrie des processus cérébraux sont proposées. Dans le champ de l'olfaction, nous faisons l'hypothèse que la latéralisation fonctionnelle du système olfactif repose sur la distinction entre trois principes : l'un fondé sur des processus « analytiques » (sémantiques) et les deux autres sur des processus « non analytiques » (émotionnels et mnésiques). Le cerveau gauche participerait non seulement à des processus analytiques, mais également au traitement de la valence hédonique des odeurs. Le cerveau droit, quant à lui, serait « non analytique » (holistique) et jugerait de la familiarité des odeurs. La valence hédonique et le niveau de familiarité sont des déterminants cruciaux de l'identité de l'odeur. Un processus de familiarité ne prend pas en compte les détails d'un stimulus et procure rapidement un sentiment de connu avant que des processus sémantiques soient mis en place. Une odeur déplaisante, voire aversive, peut évoquer instantanément une nourriture toxique, du stress, de la peur, un incendie, de la fumée. L'avantage de la latéralisation fonctionnelle simultanée de ces deux processus est qu'elle permet une réaction basique adaptée plus rapide du type peur/fuite/combat contribuant à augmenter la survie de l'individu.

▸▸ Le circuit des émotions

L'implication de l'hémisphère gauche : les odeurs fortement aversives

Zald et Pardo (1997) sont les premiers à montrer que des odeurs hautement aversives produisent une forte activation du COF gauche et des deux amygdales, alors que des odeurs moins aversives n'induisent qu'une faible activation du COF gauche. Ces mêmes auteurs mesurent la connectivité fonctionnelle entre ces structures et trouvent que leur activation est fortement corrélée dans l'hémisphère gauche quand les odeurs sont aversives (Zald *et al.*, 1998). Seules ces deux aires répondent à l'unisson quand les odeurs sont très déplaisantes. Ces travaux sont fondamentaux parce qu'ils mettent l'accent pour la première fois sur la nature dynamique du lien qui unit ces structures.

Des régions multimodales ou modalité-spécifiques ?

Dans un travail plus récent, nous examinons si les corrélats neuronaux des réponses émotionnelles diffèrent entre modalités sensorielles (Royet *et al.*, 2000). Nous observons que des stimulus émotionnels plaisants ou déplaisants activent le même réseau dans l'hémisphère gauche (le COF, le pôle temporal et le gyrus frontal supérieur), indépendamment de la modalité sensorielle (olfactive, visuelle ou auditive) (figure 26.2, planche couleur XIX). Ces aires sont dites « multimodales » (cf. aussi chapitre 29). D'autres régions, nommées « modalité-spécifiques », ne sont en revanche activées que pour une ou deux des modalités sensorielles. Ainsi, seules les odeurs émotionnelles activent l'amygdale, et nous en concluons que les odeurs possèdent un impact émotionnel plus grand et sont de plus puissants activateurs de cette région que les stimulus visuels ou auditifs.

Un résultat majeur des trois études décrites ci-dessus est la forte implication de l'hémisphère gauche dans les processus émotionnels, une découverte qui est cohérente avec les résultats d'études sur l'expérience subjective de la colère, de la dysphorie et des symptômes obsessionnels compulsifs (par exemple Drevets *et al.*, 1992 ; Dougherty *et al.*, 1999 ; Morris *et al.*, 1998).

La dissociation des processus associés à la valence et à la réponse émotionnelle

Plusieurs équipes de recherche étudient les corrélats neuronaux associés à la réponse émotionnelle aux odeurs. Nous montrons que l'évaluation consciente des dimensions agréable ou désagréable des odeurs (comparée à la réponse émotionnelle générée par leur perception passive) implique le COF gauche. De plus, nous montrons que les odeurs désagréables induisent de plus fortes réponses émotionnelles que les odeurs agréables, et que leur perception entraîne une activation plus grande de l'amygdale (Royet *et al.*, 2003). La même année, Anderson *et al.* (2003) montrent que cette activité est liée à l'intensité de l'odeur, et non à sa valence hédonique agréable ou désagréable. Cependant, pour manipuler la valence de l'odeur, ces auteurs sélectionnent des odeurs plutôt neutres qui ne leur permettent pas d'engendrer de réponse émotionnelle forte. Un peu plus tard, Winston *et al.* (2005) réitèrent cette étude en contrôlant parfaitement les deux dimensions : la valence hédonique (agréable, désagréable et neutre) et l'intensité (concentration faible ou forte) des odeurs. Ils montrent que l'activité de l'amygdale est associée à l'intensité des odeurs quand celles-ci sont émotionnelles (agréables ou désagréables), mais pas quand elles sont neutres. Cette série de trois études montre bien que la dimension prépondérante dans la réponse émotionnelle aux odeurs est non pas sa valence, ni son intensité, mais plutôt la force des émotions générées par ces odeurs et que cette dimension implique l'amygdale.

▶▶ Le circuit de la mémoire

Les mémoires à court terme et à long terme

Dade *et al.* (2002) montrent pour la première fois l'implication différentielle du CP dans différentes étapes de la mémoire olfactive. Le CP n'est pas activé lors de l'encodage des odeurs, mais l'est faiblement lors de leur rappel à court terme et fortement lors de leur rappel à long terme. Ces découvertes confortent la théorie qui suggère que le cortex olfactif primaire est un cortex associatif permettant l'association de stimulus odorants avec les traces mnésiques des événements préalablement vécus (Haberly et Bower, 1989). De nombreux travaux chez l'animal montrent l'implication du CP dans les processus mnésiques olfactifs. Ainsi, le phénomène de potentiation synaptique à long terme (LTP) est observé dans le CP chez le rat *in vitro* (Jung *et al.*, 1990) et *in vivo* (Litaudon *et al.*, 1997) après apprentissage.

La mémoire de reconnaissance

Selon la théorie du double processus, la reconnaissance à long terme d'un stimulus est fonction de deux formes différentes de mémoire, la « familiarité » et le « souvenir » (Mandler, 1980). L'évaluation de la familiarité est effectuée en fonction d'une impression, sans information à propos de l'épisode d'encodage, et est ainsi reliée à la mémoire implicite ou inconsciente. Le souvenir, quant à lui, est vu comme une forme de processus élaboré qui permet de se remémorer des détails contextuels spécifiques de l'épisode d'encodage, et est associé à de la mémoire explicite ou consciente.

Dans un premier temps, nous explorons les corrélats neuronaux associés au jugement de la familiarité des odeurs, et montrons qu'il active spécifiquement le CP droit (Plailly *et al.*, 2005), ce qui est en accord avec l'idée que le CP est un cortex associatif impliqué dans les processus d'apprentissage et de mémoire des odeurs. Plus récemment, nous comparons les patterns d'activité évoqués par des odeurs et des morceaux de musique familiers ou non familiers, et extrayons un réseau neuronal associé au sentiment de familiarité (Plailly *et al.*, 2007). Ce réseau, localisé dans l'hémisphère gauche, inclut les gyrus frontaux supérieur et inférieur, le précuneus, le gyrus angulaire, l'hippocampe et le gyrus parahippocampique. Nous en concluons que les bases neuronales du sentiment de familiarité sont multimodales.

La mémoire de travail

La mémoire de travail est un processus qui permet de maintenir l'information et de la manipuler pendant l'exécution d'une tâche cognitive complexe (Baddeley, 1986). Le modèle de mémoire de travail décrit par Petrides (1995) suggère une division fonctionnelle du cortex préfrontal en deux régions. La région ventrolatérale serait impliquée dans l'encodage actif et le rappel de l'information, alors que la région dorsolatérale serait impliquée dans le contrôle et la manipulation de l'information. Dade *et al.* (2001) observent que, comme pour la vision, les processus olfactifs de mémoire de travail engagent les deux régions préfrontales. Leurs résultats suggèrent l'idée que les processus de mémoire de travail impliquent la participation des aires corticales frontales indépendamment de la modalité sensorielle.

Récemment, Zelano *et al.* (2009) suggèrent que l'information olfactive peut également ment être stockée temporairement dans le CP afin de favoriser des tâches en cours. Ils observent que le rappel d'odeurs facilement nommables induit une activité plus soutenue des aires du langage (gyrus frontal inférieur), tandis que le rappel d'odeurs difficilement nommables entraîne une activité plus forte dans le CP.

L'imagerie mentale olfactive

Si tout un chacun est capable de voir mentalement une image ou d'entendre mentalement une musique, il est beaucoup plus difficile de sentir mentalement des odeurs. Quelques premières études semblent indiquer toutefois chez le sujet naïf que cela est possible (Bensafi *et al.*, 2007 ; Djordjevic *et al.*, 2005 ; Stevenson et Case, 2005). Afin d'étudier cette faculté chez des experts entraînés à cette tâche, nous testons en IRMf des parfumeurs professionnels et des étudiants en parfumerie (Plailly *et al.*, 2012). Nous montrons que le CP est activé bilatéralement lorsque les sujets imaginent mentalement l'odeur des molécules dont les noms (par exemple dihydromyrcénol, aldéhyde C11, triplal) sont présentés visuellement. Ce résultat prouve que la représentation mentale de l'odeur est réactivée volontairement par les parfumeurs, et démontre que l'imagerie mentale existe bien pour les odeurs.

Nous observons également que l'activation du CP, de l'hippocampe et du COF est négativement corrélée avec le niveau d'expérience des parfumeurs professionnels (figure 26.3, planche couleur XX). Plus les parfumeurs sont entraînés et moins ces structures sont activées, ce qui souligne l'idée d'efficacité accrue du réseau et met l'accent sur la notion de plasticité du système olfactif.

▶▶ Le circuit de l'attention

Nous ne percevons pas les odeurs de la même manière selon que nous y prêtons attention ou pas. Zelano *et al.* (2005) montrent que des instructions données au sujet suggérant la venue d'un stimulus odorant sont suffisantes pour induire une réponse anticipatoire dans la partie frontale du CP et dans le tubercule olfactif. En revanche, l'activation de la partie temporale du CP est constante, quelles que soient les instructions fournies au sujet. Ce travail souligne la présence d'une modulation attentionnelle de la perception olfactive au niveau des aires corticales primaires.

Zelano *et al.* (2005) n'explorent les mécanismes attentionnels qu'au niveau des aires olfactives primaires. Le thalamus est cependant une région clé bien connue pour filtrer et moduler l'accès de l'information sensorielle (visuelle, auditive, somatosensorielle, gustative) aux régions les plus centrales en fonction de l'état de conscience. Les études chez l'animal suggèrent qu'il existe deux voies olfactives principales : une voie directe du CP au COF, et une voie indirecte *via* le thalamus. Plailly *et al.* (2008) combinent les techniques d'IRMf et de connectivité fonctionnelle pour mesurer la cohérence des deux réseaux en fonction de l'attention portée à des stimulus olfactifs et auditifs. L'attention aux odeurs module le couplage neuronal au sein de la voie indirecte, en renforçant spécifiquement la connectivité entre le CP postérieur et le thalamus et entre le thalamus et le COF (figure 26.4). Cette étude remet en cause le dogme bien établi prétendant que le thalamus chez l'homme ne participe pas aux processus olfactifs.

▶▶ Le codage du percept olfactif

Dans un travail récent, Gottfried *et al.* (2006) explorent la nature des déterminants de l'odeur codés au sein du CP, et étudient plus particulièrement les déterminants perceptifs ou structuraux. À cette fin, ils utilisent des odeurs qui se distinguent par leur qualité perceptive (elles évoquent soit le citron soit un légume) ou leur groupe chimique fonctionnel (alcool ou aldéhyde). Les auteurs découvrent que la partie antérieure du CP encode la structure de l'odeur, mais pas sa qualité, alors que la partie postérieure encode sa qualité, mais pas sa structure. Selon ces auteurs, la présence d'un code neuronal centré sur la structure de l'odeur assurerait la fidélité du message sensoriel provenant du bulbe olfactif. En revanche, le code neuronal centré sur la qualité de l'odeur impliquerait qu'elle soit indépendante de sa configuration structurale et que nous ayons une perception synthétique (holistique) de l'odeur. Ce dernier serait à l'origine des mécanismes plus intégrés de perception des odeurs qui prendraient en compte l'expérience propre des sujets.

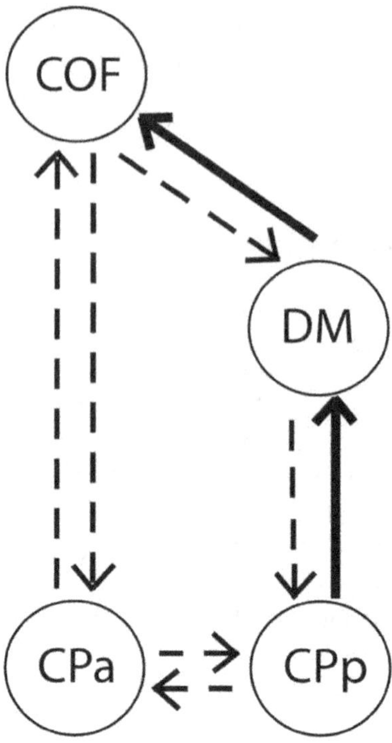

Figure 26.4. Le couplage entre le CP et le thalamus et entre le thalamus et le COF est renforcé (flèches en trait plein) quand l'attention est portée sur l'environnement olfactif.
CPa : CP antérieur ; CPp : CP postérieur ; DM : thalamus dorsomédian ; COF : cortex orbitofrontal.

L'implication du CP postérieur dans le codage de la qualité des odeurs a récemment été confirmée par cette même équipe à l'aide de la technique de classification de patterns d'activation cérébrale. Ainsi, la modification du percept d'une odeur, que ce soit suite à un apprentissage perceptif après exposition répétée à une odeur (Li *et al.,* 2006) ou suite à une modification de la qualité perçue d'une odeur après apprentissage aversif au choc électrique (Li *et al.,* 2008), entraîne une modification des patterns d'activation cérébrale au sein du CP postérieur. Enfin, une étude récente montre que les patterns d'activation enregistrés dans le CP postérieur sont spécifiques pour chaque odeur chez un même individu et que plus deux odeurs ont une qualité proche (plus similaire), plus les patterns d'activation enregistrés au sein de cette région sont proches eux aussi (Howard *et al.,* 2009) (figure 26.5, planche couleur XX).

▸▸ Conclusion

Tandis que les fonctions visuelles, auditives, motrices peuvent bénéficier des découvertes issues de l'électrophysiologie, le système olfactif, situé en profondeur dans le cerveau, se prête très mal à cette technique d'investigation. Ce n'est que depuis l'avènement récent des techniques de TEP et d'IRMf que notre compréhension de la fonction olfactive progresse considérablement. Depuis 1992, plusieurs centaines de travaux sont publiés chez le sujet sain et les patients qui présentent un dysfonctionnement de ce sens. Grâce à ces techniques, mais également grâce au développement phénoménal des méthodes d'analyse, nous commençons à percer les mécanismes complexes qui régissent cette modalité sensorielle encore si méconnue.

▶▶ Bibliographie

ABRAHAM A., MATHAI K.V., 1983. The effect of right temporal lobe lesions on matching of smells. *Neuropsychologia*, 21, 277-281.

ANDERSON A.K., CHRISTOFF K., STAPPEN I., PANITZ D., GHAHREMANI D.G., GLOVER G., GABRIELI J.D., SOBEL N., 2003. Dissociated neural representations of intensity and valence in human olfaction. *Nature Neuroscience*, 6, 196-202.

BADDELEY A.D., 1986. Working memory. *In: Oxford Psychology Series,* Oxford University Press, 230 p.

BENSAFI M., SOBEL N., KHAN R.M., 2007. Hedonic-specific activity in piriform cortex during odor imagery mimics that during odor perception. *Journal of Neurophysiology*, 98, 3254-3262.

DADE L.A., ZATORRE R.J., JONES-GOTMAN M., 2002. Olfactory learning: convergent findings from lesion and brain imaging studies in humans. *Brain*, 125, 86-101.

DADE L.A., ZATORRE R.J., EVANS A.C., JONES-GOTMAN M., 2001. Working memory in another dimension: functional imaging of human olfactory working memory. *NeuroImage*, 14, 650-660.

DJORDJEVIC J., ZATORRE R.J., PETRIDES M., BOYLE J.A., JONES-GOTMAN M., 2005. Functional neuroimaging of odor imagery. *NeuroImage*, 24, 791-801.

DOUGHERTY D.D., SHIN L.M., ALPERT N.M., PITMAN R.K., ORR S.P., LASKO M., MACKLIN M.L., FISCHMAN A.J., RAUCH S.L., 1999. Anger in healthy men: a PET study using script-driven imagery. *Biological Psychiatry*, 46, 466-472.

DREVETS W.C., VIDEEN T.O., PRICE J.L., PRESKORN S.H., CARMICHAEL S.T., RAICHLE M.E., 1992. A functional anatomical study of unipolar depression. *Journal of Neuroscience*, 12, 3628-3641.

EICHENBAUM H., CLEGG R.A., FEELEY A., 1983. Reexamination of functional subdivisions of the rodent prefrontal cortex. *Experimental Neurology*, 79, 434-451.

FERDON S., MURPHY C., 2003. The cerebellum and olfaction in the aging brain: a functional magnetic resonance imaging study. *NeuroImage*, 20, 12-21.

GOTTFRIED J.A., WINSTON J.S., DOLAN R.J., 2006. Dissociable codes of odor quality and odorant structure in human piriform cortex. *Neuron*, 49, 467-479.

HABERLY L.B., BOWER J.M., 1989. Olfactory cortex: model circuit for study of associative memory? *Trends in Neuroscience*, 12, 258-264.

HOWARD J.D., PLAILLY J., GRUESCHOW M., HAYNES J.D., GOTTFRIED J.A., 2009. Odor quality coding and categorization in human posterior piriform cortex. *Nature Neuroscience*, 12, 932-938.

JONES-GOTMAN M., ZATORRE R.J., 1993. Odor recognition memory in humans: role of right temporal and orbitofrontal regions. *Brain and Cognition*, 22, 182-198.

JUNG M.W., LARSON J., LYNCH G., 1990. Long-term potentiation of monosynaptic EPSPs in rat piriform cortex *in vitro. Synapse*, 6, 279-283.

KAREKEN D.A., DOTY R.L., MOBERG P.J., MOSNIK D., CHEN S.H., FARLOW M.R., HUTCHINS G.D., 2001. Olfactory-evoked regional cerebral blood flow in Alzheimer's disease. *Neuropsychology*, 15, 18-29.

KOSSLYN S.M., KOENIG O., 1992. *Wet Mind: The New Cognitive Neuroscience,* New York, MacMillan, Inc, 549 p.

LI W., HOWARD J.D., PARRISH T.B., GOTTFRIED J.A., 2008. Aversive learning enhances perceptual and cortical discrimination of indiscriminable odor cues. *Science*, 319, 1842-1845.

Li W., Luxenberg E., Parrish T., Gottfried J.A., 2006. Learning to smell the roses: experience-dependent neural plasticity in human piriform and orbitofrontal cortices. *Neuron,* 52, 1097-1108.

Litaudon P., Mouly A.M., Sullivan R., Gervais R., Cattarelli M., 1997. Learning-induced changes in rat piriform cortex activity mapped using multisite recording with voltage sensitive dye. *European Journal of Neuroscience,* 9, 1593-1602.

Macrides F., Chorover S.L., 1972. Olfactory bulb units: activity correlated with inhalation cycles and odor quality. *Science,* 175, 84-87.

Mandler G., 1980. Recognizing: the judgment of previous occurrence. *Psychological Review,* 87, 252-271.

Morris J.S., Ohman A., Dolan R.J., 1998. Conscious and unconscious emotional learning in the human amygdala. *Nature,* 393, 467-470.

O'Doherty J., Rolls E.T., Bowtell R., McGlone F., Kobal G., Renner B., Ahne G., 2000. Sensory-specific satiety-related olfactory activation of the human orbitofrontal cortex. *Neuroreport,* 11, 399-403.

Petrides M., 1995. Functional organization of the human frontal cortex for mnemonic processing. Evidence from neuroimaging studies. *Annals of the New York Academy of Sciences,* 769, 85-96.

Plailly J., Delon-Martin C., Royet J.P., 2012. Experience induces functional reorganization in brain regions involved in odor imagery in perfumers. *Human Brain Mapping,* 33, 224-234.

Plailly J., Tillmann B., Royet J.P., 2007. The feeling of familiarity of music and odors: the same neural signature? *Cerebral Cortex,* 17, 2650-2658.

Plailly J., Howard J.D., Gitelman D.R., Gottfried J.A., 2008. Attention to odor modulates thalamocortical connectivity in the human brain. *Journal of Neuroscience,* 28, 5257-5267.

Plailly J., Bensafi M., Pachot-Clouard M., Delon-Martin C., Kareken D.A., Rouby C., Segebarth C., Royet J.P., 2005. Involvement of right piriform cortex in olfactory familiarity judgments. *NeuroImage,* 24, 1032-1041.

Poellinger A., Thomas R., Lio P., Lee A., Makris N., Rosen B.R., Kwong K.K., 2001. Activation and habituation in olfaction. An fMRI study. *NeuroImage,* 13, 547-560.

Royet J.P., Plailly J., 2004. Lateralization of olfactory processes. *Chemical Senses,* 29, 731-745.

Royet J.P., Plailly J., Delon-Martin C., Kareken D.A., Segebarth C., 2003. fMRI of emotional responses to odors: influence of hedonic valence and judgment, handedness, and gender. *NeuroImage,* 20, 713-728.

Royet J.P., Zald D., Versace R., Costes N., Lavenne F., Koenig O., Gervais R., 2000. Emotional responses to pleasant and unpleasant olfactory, visual, and auditory stimuli: a positron emission tomography study. *Journal of Neuroscience,* 20, 7752-7759.

Royet J.P., Hudry J., Zald D.H., Godinot D., Gregoire M.C., Lavenne F., Costes N., Holley A., 2001. Functional neuroanatomy of different olfactory judgments. *NeuroImage,* 13, 506-519.

Royet J.P., Koenig O., Gregoire M.C., Cinotti L., Lavenne F., Le Bars D., Costes N., Vigouroux M., Farget V., Sicard G., Holley A., Mauguiere F., Comar D., Froment J.C., 1999. Functional anatomy of perceptual and semantic processing for odors. *Journal of Cognitive Neuroscience,* 11, 94-109.

Savic I., Gulyas B., 2000. PET shows that odors are processed both ipsilaterally and contralaterally to the stimulated nostril. *Neuroreport,* 11, 2861-2866.

Savic I., Gulyas B., Larsson M., Roland P., 2000. Olfactory functions are mediated by parallel and hierarchical processing. *Neuron,* 26, 735-745.

Schab F.R., 1991. Odor memory-taking stock. *Psychological Bulletin,* 109, 242-251.

Small D.M., Jones-Gotman M., Zatorre R.J., Petrides M., Evans A.C., 1997. Flavor processing: more than the sum of its parts. *Neuroreport,* 8, 3913-3917.

Sobel N., Prabhakaran V., Desmond J.E., Glover G.H., Goode R.L., Sullivan E.V., Gabrieli J.D., 1998a. Sniffing and smelling: separate subsystems in the human olfactory cortex. *Nature,* 392, 282-286.

Sobel N., Prabhakaran V., Zhao Z., Desmond J.E., Glover G.H., Sullivan E.V., Gabrieli J.D.E., 2000. Time course of odorant-induced activation in the human primary olfactory cortex. *Journal of Neurophysiology,* 83, 537-551.

SOBEL N., PRABHAKARAN V., HARTLEY C.A., DESMOND J.E., ZHAO Z., GLOVER G.H., GABRIELI J.D.E., SULLIVAN E.V., 1998b. Odorant-induced and sniff-induced activation in the cerebellum of the human. *Journal of Neuroscience,* 18, 8990-9001.

SOBEL N., THOMASON M.E., STAPPEN I., TANNER C.M., TETRUD J.W., BOWER J.M., SULLIVAN E.V., GABRIELI J.D.E., 2001. An impairment in sniffing contributes to the olfactory impairment in Parkinson's disease. *In: Proceedings of the National Academy of Sciences of the USA,* 98, 4154-4159.

STEVENSON R.J., CASE T.I., 2005. Olfactory imagery: a review. *Psychonomic Bulletin and Review,* 12, 244-264.

WINSTON J.S., GOTTFRIED J.A., KILNER J.M., DOLAN R.J., 2005. Integrated neural representations of odor intensity and affective valence in human amygdala. *Journal of Neuroscience,* 25, 8903-8907.

ZALD D.H., PARDO J.V., 1997. Emotion, olfaction, and the human amygdala: amygdala activation during aversive olfactory stimulation. *In: Proceedings of the National Academy of Sciences of the USA,* 94, 4119-4124.

ZALD D.H., DONNDELINGER M.J., PARDO J.V., 1998. Elucidating dynamic brain interactions with across-subjects correlational analyses of positron emission tomographic data: the functional connectivity of the amygdala and orbitofrontal cortex during olfactory tasks. *Journal of Cerebral Blood Flow and Metabolism,* 18, 896-905.

ZATORRE R.J., JONES-GOTMAN M., 1991. Human olfactory discrimination after unilateral frontal or temporal lobectomy. *Brain,* 114, 71-84.

ZATORRE R.J., JONES-GOTMAN M., ROUBY C., 2000. Neural mechanisms involved in odor pleasantness and intensity judgments. *Neuroreport,* 11, 2711-2716.

ZATORRE R.J., JONES-GOTMAN M., EVANS A.C., MEYER E., 1992. Functional localization and lateralization of human olfactory cortex. *Nature,* 360, 339-340.

ZELANO C., BENSAFI M., PORTER J., MAINLAND J., JOHNSON B., BREMNER E., TELLES C., KHAN R., SOBEL N., 2005. Attentional modulation in human primary olfactory cortex. *Nature Neuroscience,* 8, 114-120.

ZELANO C., MONTAG J., KHAN R., SOBEL N., 2009. A specialized odor memory buffer in primary olfactory cortex. *PLoS One,* 4, e4965.

Chapitre 27

Gustation, olfaction et préférences alimentaires chez l'enfant

Sophie NICKLAUS et Sylvie ISSANCHOU

Du point de vue sensoriel, un aliment est caractérisé par son apparence, sa texture et sa flaveur. Celle-ci est la somme des composantes gustatives, olfactives et chémesthésiques procurées par différents composés des aliments (cf. chapitre 4). Nous présenterons ici le développement de la gustation et de l'olfaction chez les enfants, car les travaux sur la perception chémesthésique sont peu nombreux (Rozin et Schiller, 1980). Nous nous focaliserons sur le développement préalable à la puberté, c'est-à-dire sur les travaux portant sur l'enfant de moins de 12 ans.

▶▶ Quels sont les signaux gustatifs alimentaires que l'enfant perçoit ?

Mise en place du système gustatif

Les papilles gustatives fongiformes, caliciformes et foliées sont présentes dès la 10e semaine de gestation, et des pores gustatifs ont été observés dans les papilles fongiformes dès la 16e semaine : ceci témoigne de la capacité fonctionnelle du système gustatif (Ganchrow et Mennella, 2003 ; Schwartz *et al.,* 2010b). Les cellules gustatives sont stimulées par les saveurs du liquide amniotique que le fœtus avale depuis la 12e semaine. Des variations de l'environnement intra-utérin en substances sapides, telles que l'urée, le glucose ou divers ions, moduleraient la tendance du fœtus à déglutir (Mennella et Beauchamp, 2001). La synaptogenèse des cellules gustatives apparaît progressivement entre les 8e et 13e semaines. Les bourgeons du goût émettent des informations au système nerveux central vers la 26e semaine.

Le nouveau-né est richement doté en papilles gustatives ; sa densité de papilles serait même plus élevée que celle de l'adulte (Cowart, 1981). L'enfant de 8-9 ans a autant de bourgeons du goût par papille fongiforme que l'adulte, mais la densité de ses papilles, donc celle de ses bourgeons du goût, est plus élevée (Segovia *et al.,* 2002). La maturation physiologique du système gustatif se poursuivrait donc au moins jusqu'au milieu de l'enfance.

Réactions gustatives du nouveau-né

Le prématuré discrimine certaines saveurs. Des observations en témoignent : lors d'une stimulation sucrée, la succion se modifie et cette modulation est interprétée positivement ; lors d'une stimulation amère, la succion se ralentit ; si la stimulation est acide, la salivation s'accroît et des haut-le-cœur apparaissent ; les réponses à une stimulation salée varient de l'indifférence au rejet (Schwartz *et al.,* 2010b).

Le nouveau-né à terme peut manifester de façon cohérente et analysable qu'il perçoit les saveurs dès les premières heures de vie, comme le montrent des travaux menés dans différentes cultures s'appuyant sur l'étude des mimiques faciales ou sur la mesure comparative des volumes ingérés de différentes solutions sapides.

Ainsi, une stimulation sucrée est généralement accompagnée d'un léchage des lèvres, d'une succion rythmée, d'une relaxation du visage, parfois d'un sourire. Cette réaction est interprétée comme une manifestation de plaisir par des observateurs qui ne connaissent pas la nature de la stimulation (Rosenstein et Oster, 1988). Une stimulation sucrée est également associée à un allongement des trains de succion et à une accélération du rythme cardiaque, proportionnelle à la concentration de sucre (Schwartz *et al.,* 2010a). Cette réponse positive forte envers les stimulations sucrées est confirmée par des mesures qui comparent l'ingestion de solutions plus ou moins sucrées et d'eau non sucrée : le nouveau-né discrimine leurs concentrations et préfère les solutions plus sucrées (Ganchrow *et al.,* 1983) jusqu'à un optimum au-delà duquel les préférences diminuent (Crook, 1978). Enfin, le nouveau-né différencie des sucres dont les pouvoirs sucrants sont inégaux (saccharose, glucose, fructose, lactose) lorsqu'ils sont proposés aux mêmes concentrations (Desor *et al.,* 1973).

La stimulation amère déclenche un abaissement des coins de la bouche, son ouverture, des clignements d'yeux, une protrusion et un aplatissement de la langue, des mouvements de tête et une forte salivation (Steiner, 1979). Ces réactions sont interprétées comme signes de déplaisir. Elles dépendent du stimulus amer — les réponses sont plus marquées avec la quinine qu'avec l'urée — et de la concentration. En revanche, les études d'ingestion ne montrent pas de rejet clair des solutions d'urée (Desor *et al.,* 1975b ; Kajiura *et al.,* 1992).

Avec une stimulation acide, on observe un pincement et une protrusion des lèvres, des froncements et des clignements d'yeux, une augmentation de la salivation et des rougeurs du visage (Steiner, 1979) : comme pour l'amertume, ces réactions suggèrent le déplaisir. Cependant, avec une stimulation acide, les mimiques semblent moins stéréotypées qu'avec une stimulation amère ou sucrée. Lorsqu'on ajoute une substance acide à de l'eau sucrée, l'ingestion de celle-ci est réduite.

La réponse du nouveau-né à la stimulation salée est évasive : selon la méthodologie employée, elle s'étend de l'indifférence à l'aversion. Le pattern de succion observé après présentation de quelques gouttes d'eau salée suggère un rejet, et l'interprétation des mimiques faciales observées s'étend de l'indifférence au rejet. En revanche, l'ajout de sel à une solution d'eau sucrée n'en modifie pas l'ingestion.

La stimulation de saveur umami présentée dans une soupe provoque une réaction de plaisir du même ordre que celle qui est observée avec une solution sucrée (Steiner, 1987). L'étude des mimiques indique que le nouveau-né discrimine différentes molécules de saveur umami et différentes concentrations de ces molécules.

Ces réponses aux stimulations sapides sont les plus habituelles, mais le spectre des réponses individuelles est étendu. Ces variations peuvent résulter de différences de variants génétiques (récepteurs gustatifs) (Mennella *et al.*, 2005), de tempérament ou d'expériences sensorielles prénatales. De plus, une perception déplaisante n'inhibe pas toujours la succion : ainsi certains nouveau-nés peuvent ingérer une solution amère en faisant une mimique de déplaisir, probablement parce que ces comportements relèvent de mécanismes nerveux distincts.

Évolution des préférences gustatives chez le nourrisson et l'enfant

En raison de difficultés méthodologiques, les études sur la gustation sont moins nombreuses chez le nourrisson et l'enfant que chez le nouveau-né.

Le nourrisson apprécie toujours les solutions sucrées, comme le nouveau-né, mais de façon moins marquée. Pendant les deux premières années, la réponse à la stimulation sucrée, évaluée en comparant l'ingestion de deux solutions, l'une sucrée et l'autre non, s'étend de la préférence marquée à l'indifférence (Beauchamp et Moran, 1984 ; Schwartz *et al.*, 2009). En moyenne, les solutions plus concentrées sont préférées aux autres (Vasquez *et al.*, 1982). De même, l'enfant de 6-12 ans préfère les variantes de jus de fruits les plus sucrées (Zandstra et de Graaf, 1998) et le préadolescent (9-15 ans) préfère davantage les solutions très sucrées que l'adulte (Desor *et al.*, 1975a). Dans cette dernière étude, les sujets ont été revus dix ans plus tard : ils préféraient alors des concentrations de sucre plus faibles (Desor et Beauchamp, 1987). La préférence de l'enfant et de l'adolescent pour la saveur et les aliments sucrés peut s'expliquer par le niveau relativement élevé de leurs besoins énergétiques (de Graaf et Zandstra, 1999).

Les réactions aux stimulations amères (urée) s'étendent de l'indifférence relative au rejet. À 2-24 mois, la consommation d'une solution d'urée est d'autant plus faible que la concentration d'urée est plus élevée. Comme le nouveau-né ne rejette pas clairement les solutions d'urée, on conclut que la réactivité à l'amertume de l'urée évolue dans les deux premières années. Le rejet de l'amertume (urée, caféine, tétralone) est confirmé chez l'enfant de 7-10 ans (Mennella *et al.*, 2003).

La réponse à la stimulation salée évolue avec l'âge. Alors que le nouveau-né est indifférent à une solution salée ou la rejette, le nourrisson commence à la préférer à l'eau non salée à partir de 4 mois, et cette préférence est encore plus marquée à 6-24 mois (Beauchamp *et al.*, 1986). Cependant, l'ajout de sel à un lait infantile, en diminuant l'intensité sucrée, ralentit la succion de manière de plus en plus marquée de 2 à 7 mois (Beauchamp *et al.*, 1994). L'enfant plus âgé (31-60 mois) tend à rejeter une solution salée ; mais l'enfant de 24 mois préfère des aliments salés à des aliments non salés. Ainsi, l'attirance pour le sel de l'enfant en bas âge dépend de l'aliment vecteur, du contexte de présentation et de la familiarité de l'enfant avec l'aliment.

Chez l'enfant de 2 à 24 mois, une stimulation acide est autant ingérée que de l'eau mais déclenche des expressions signalant le déplaisir. L'ajout d'acide à une solution de sucre diminue sa consommation, ce qui suggère un évitement de la saveur acide, avec une importante variabilité individuelle : 20 % des enfants de 18 mois acceptent des jus de fruits très acides, tandis que les autres les rejettent (Blossfeld *et al.*, 2007). De même, 35 % des enfants de 5-9 ans acceptent des gelées très acides que des adultes rejettent (Liem et Mennella, 2003).

Les rares travaux portant sur la saveur umami montrent que chez l'enfant de 3-24 mois, l'ajout de glutamate de sodium à de l'eau ne modifie pas sa consommation (Schwartz *et al.*, 2009) ou la diminue (Beauchamp et Pearson, 1991), tandis que son ajout à de la soupe augmente sa consommation (Vasquez *et al.*, 1982).

⏩ Quels sont les signaux olfactifs alimentaires que l'enfant perçoit ?

Mise en place du système olfactif et réactions olfactives du nouveau-né

Des études anatomiques réalisées sur le fœtus indiquent que le système olfactif est mature dès le deuxième trimestre de gestation. Par ailleurs, les travaux réalisés avec des enfants prématurés montrent que, deux mois avant terme, ils possèdent des aptitudes olfactives (Marlier *et al.*, 2007). Dix jours après leur naissance, les prématurés (âge gestationnel moyen de 31 semaines) détectent des odeurs de faible intensité de façon similaire aux nouveau-nés à terme. Des prématurés (âge gestationnel moyen de 32 semaines) sont également capables de discriminer des odeurs de qualité différente et de les mémoriser (Goubet *et al.*, 2002). Le nouveau-né prématuré ou à terme fait preuve de capacités de discrimination très fines. Il est, par exemple, capable de distinguer l'odeur du lait de sa mère et celle du lait d'une autre mère (Marlier et Schaal, 1997).

Le nouveau-né manifeste-t-il des réactions hédoniques envers des stimulations olfactives comme envers des stimulations gustatives ? Steiner (1979) répond à cette question positivement. Les mimiques de nouveau-nés mis en présence d'odeurs plaisantes pour un adulte sont évaluées par des observateurs non informés comme des mimiques d'acceptation et de plaisir, et inversement des odeurs déplaisantes pour l'adulte déclenchent des mimiques interprétées comme des mimiques de rejet et de dégoût. L'accord entre observateurs est plus important pour l'odeur d'œuf pourri que pour les autres odeurs (poisson, vanille, beurre), suggérant qu'il pourrait y avoir un rejet inné pour les odeurs de décomposition, permettant d'éviter des aliments potentiellement toxiques. Dans cette étude, l'égalité d'intensité des odeurs n'a pas été vérifiée ; certains odorants ont pu engendrer une stimulation trigéminale induisant une réaction négative. Pour pallier ce problème, Soussignan *et al.* (1997) utilisent des odorants à des concentrations engendrant une faible intensité (équivalente à celles de lait infantile et maternel) et une faible composante trigéminale. Ils observent une plus grande fréquence de mimiques négatives pour l'acide butyrique que pour la vanilline et des variations de fréquence respiratoire : diminution en présence d'acide butyrique et augmentation en présence de vanilline. Ces modifications de rythme respiratoire sont également observées chez le prématuré âgé de 2 semaines (Marlier *et al.*, 2001). De plus, le lait maternel apparaît particulièrement attractif pour le nouveau-né. Ainsi, un nouveau-né nourri depuis sa naissance avec une formule infantile montre plus de mouvements de bouche, interprétés comme signes d'appétence, pour l'odeur d'un lait humain que pour celle de sa formule infantile.

Toutefois, les réponses du nouveau-né vis-à-vis de stimulations olfactives sont également modulées par les expériences prénatales. En effet, certains composés volatils présents dans les aliments consommés par la mère se retrouvent dans le liquide amniotique et peuvent stimuler le fœtus. Ainsi, les enfants nés de femmes ayant consommé des aliments anisés en fin de grossesse sont attirés par cette odeur à la naissance, alors que ce n'est pas le cas des enfants nés de mères n'en ayant pas consommé (Schaal *et al.*, 2000).

En conclusion, les nouveau-nés ont des capacités olfactives développées. S'il n'est pas possible de dire que les nouveau-nés présentent un pattern de réponses hédoniques identique à celui des adultes, il apparaît toutefois que les nouveau-nés expriment des réactions d'attraction ou de rejet qui sont présentes trois jours après la naissance et semblent indépendantes des expériences prénatales. Il apparaît également que les réponses des nouveau-nés peuvent être modulées par les expériences prénatales.

Évolution des préférences olfactives chez le nourrisson et l'enfant

Si les études concernant l'olfaction chez le nouveau-né sont peu nombreuses, celles chez le nourrisson et le jeune enfant sont encore plus rares. Ceci pourrait tenir au fait que le choix d'un petit nombre de composés volatils pouvant représenter la diversité des qualités olfactives s'avère impossible (alors que pour la gustation il est plus aisé de choisir un composé représentant une saveur type) et qu'il n'est pas possible d'utiliser le même protocole de présentation et d'évaluation quel que soit l'âge, car il est nécessaire de tenir compte des capacités motrices et cognitives de l'enfant.

Les travaux antérieurs à 1990 laissaient entendre que les réponses hédoniques vis-à-vis de stimulus olfactifs étaient absentes chez l'enfant avant 5 ans et qu'elles étaient ensuite le fruit d'apprentissages. Les travaux présentés précédemment sur le nouveau-né remettent ces affirmations en cause. De plus, quelques travaux plus récents mettent en évidence des réponses hédoniques concordantes avec celles de l'adulte dès l'âge de 9 mois pour deux odorants, l'acide butyrique et le salicylate de méthyle (Schmidt, 1992). Chez des enfants de 3 ans, la catégorisation hédonique est globalement similaire à celle d'adultes, avec toutefois des taux de réponses « plaisant »/« déplaisant » différant pour 4 des 9 odorants (Schmidt et Beauchamp, 1988). De plus, le classement hédonique des odeurs est corrélé négativement avec l'importance de la composante trigéminale des odorants. Ainsi, la composante olfactive pourrait ne pas être, tout du moins pas uniquement, due à la stimulation olfactive. Avec des enfants de 5 à 12 ans, les évaluations hédoniques sont également en accord avec celles d'adultes pour les 4 odorants (Soussignan et Schaal, 1996). Toutefois, après l'âge de 4 ans, le pourcentage d'enfants jugeant agréable l'odeur de lavande augmente, et ceux qui identifient l'odeur de lavande sont plus nombreux à la juger agréable que ceux qui ne l'identifient pas. De plus, des travaux portant sur les rejets alimentaires soulignent qu'une odeur pourrait avoir une valence hédonique négative, parce qu'elle serait désagréable « en elle-même » et/ou parce qu'elle serait considérée comme dégoûtante car associée à un objet source lui-même à l'origine du dégoût (Rozin et Fallon, 1987). Dans ce cas, les dégoûts seraient d'origine cognitive, ils ne seraient pas présents à 4 ans et se développeraient jusqu'à 8 ans.

En conclusion, l'enfant manifeste dès le plus jeune âge des réponses hédoniques envers les odorants qui sont en accord avec celles de l'adulte. Ceci n'exclut pas que ces réponses résultent d'apprentissages, mais montre que ces apprentissages peuvent être très précoces. Le fait qu'il existe moins de variabilité interindividuelle pour les odeurs à valence négative que pour celles à valence positive (Soussignan et Schaal, 1996) pourrait traduire une prédisposition innée ou un apprentissage commun à rejeter les odeurs de produits en décomposition, donc potentiellement toxiques. Dans l'état actuel des connaissances, il est difficile de trancher. On peut simplement dire que le caractère dégoûtant d'une odeur ne serait acquis que vers 8 ans.

▸▸ Quel rôle jouent les stimulations gustatives et olfactives dans l'alimentation de l'enfant ?

Rôle des stimulations gustatives et de la gustation

Influence des expériences alimentaires gustatives

Si les préférences gustatives évoluent avec la maturation du système gustatif, elles sont aussi forgées par les expériences alimentaires. Dès la petite enfance, les expériences gustatives varient d'un enfant à l'autre et évoluent avec l'enrichissement du répertoire alimentaire (Schwartz, 2009 ; Schwartz *et al.*, 2010a).

La préférence innée pour l'eau sucrée est maintenue chez le nourrisson qui a reçu de l'eau sucrée pendant les six premiers mois, alors qu'elle diminue chez celui qui n'en a pas reçu. Cet effet est encore apparent à 24 mois (Beauchamp et Moran, 1984). Il n'est pas généralisable à d'autres boissons : tous les enfants, exposés ou non à de l'eau sucrée, préfèrent la version sucrée d'un jus de fruits à sa version non sucrée. En revanche, une exposition de trois mois avec des aliments moins sucrés ne modifie pas l'attirance pour le sucré d'enfants de 7 mois (Brown et Grunfeld, 1980). Enfin, les enfants de 4-7 ans dont les mères sucrent régulièrement les plats préfèrent les jus de pomme et les céréales plus sucrées (Liem et Mennella, 2002).

La préférence pour le sel qui apparaît vers 4 mois est ensuite modulée par les expériences. Alors qu'une majorité d'enfants de 4-6 mois, bénéficiant d'un allaitement maternel exclusif, préfèrent des céréales salées à des céréales non salées, cette préférence est moins marquée chez des enfants plus âgés, donc exposés plus longtemps au lait maternel, qui est pauvre en sodium (Harris *et al.*, 1990). De même, à 6 mois, la préférence pour des céréales salées est positivement liée au nombre d'expositions à des aliments riches en sodium au cours de la semaine précédente. Cette relation est moins claire chez l'enfant de 12 mois (Harris et Booth, 1987). Ainsi les expériences alimentaires précoces ont des effets à long terme sur l'appétit pour le sel. On ne sait pas si cet effet est lié à une modification des récepteurs ou à un changement de l'organisation du système nerveux central pendant la période de maturation, phénomènes dont l'implication est suggérée par des études chez l'animal (Beauchamp *et al.*, 1994 ; Leshem, 2009).

L'effet des expositions dépend des aliments. Des enfants de 4-5 ans qui ont goûté quinze fois du tofu salé, sucré ou nature, préfèrent, quelques semaines plus tard, la version à laquelle ils ont été exposés mais pas les autres versions (Sullivan et Birch, 1990). En revanche, pour certains aliments, l'exposition répétée induit une augmentation ou un maintien de l'appétit pour ces aliments, présentés salés ou non salés, quelle que soit la version, salée ou non, à laquelle les enfants ont été exposés. Par exemple, à la suite de dix expositions, des enfants de 4-5 ans consomment davantage de petits pois et de haricots verts dans leur version salée ou non, et ceci indépendamment de la version à laquelle ils ont été exposés (Sullivan et Birch, 1994).

Chez le nourrisson, la variabilité des préférences gustatives est en partie expliquée par le type de lait consommé. En effet, des enfants de 5 mois nourris avec une formule à base de protéines hydrolysées — dont la saveur est plus amère, plus acide et plus umami qu'une formule standard — consomment davantage des céréales acides, amères ou umami que des enfants nourris avec une formule standard (Mennella *et al.*, 2009) et, à 4-5 ans (mais pas à 6-7 ans), ils préfèrent un jus de pomme plus acide (Mennella et Beauchamp, 2002). De même, des enfants nourris avec une formule au soja préfèrent un jus de pomme plus amer.

Par ailleurs, les préférences pour les saveurs sont plus ou moins modulées sous l'effet des expériences. Par exemple, des enfants de 6-11 ans augmentent leur préférence pour une orangeade sucrée après 8 jours d'exposition, mais pas pour une orangeade acide (Liem et de Graaf, 2004).

Il pourrait exister des périodes « sensibles » au cours desquelles les expériences affecteraient plus fortement les préférences ultérieures. Ainsi, à 2 mois, le nourrisson accepte un hydrolysat de protéines presque autant que sa formule habituelle, alors qu'à 7 mois il la rejette, sauf s'il a été préalablement nourri avec un autre hydrolysat, notamment avant 3 mois et demi (Mennella *et al.*, 2004).

Relation entre perceptions gustatives et préférences alimentaires

Les différences de préférences pour des aliments riches en constituants sapides seraient en partie expliquées par des différences de sensibilité envers ces constituants ou de perception hédonique de ces constituants : quelques travaux ont étudié une telle relation. En particulier, une sensibilité élevée à des substances amères, perçues comme déplaisantes, contribuerait au rejet des aliments qui en contiennent.

Ceci a été particulièrement étudié au travers du cas du 6-n-propylthiouracyle (ou PROP), molécule amère de structure proche des composés amers des crucifères. Les enfants sensibles au PROP refusent davantage les légumes que ceux qui n'y sont pas sensibles. On le vérifie avec l'épinard (Turnbull et Matisoo-Smith, 2002), le brocoli (Keller *et al.*, 2002) ou d'autres végétaux amers (olive, concombre) (Bell et Tepper, 2006). Cependant, le lien entre la sensibilité au PROP et le rejet des légumes n'est pas systématique (Anliker *et al.*, 1991 ; Keller et Tepper, 2004). Le rôle d'une grande sensibilité à l'amertume du PROP dans le rejet d'aliments amers n'est donc pas généralisable.

Concernant l'acidité, des nourrissons qui ont une préférence marquée pour des solutions très acides mangent plus de fruits et plus de fruits différents que ceux qui rejettent ces solutions (Blossfeld *et al.*, 2007). La même relation a été observée à 9 ans, uniquement chez les garçons (Liem *et al.*, 2006) ; les auteurs suggèrent que l'équilibre sucre-acide joue un rôle important pour la consommation de fruit chez les garçons mais moins chez les filles, qui pourraient être plutôt influencées par leurs parents, la disponibilité des fruits et des motivations liées à la santé. Une préférence pour des gelées très acides a été observée chez un tiers d'enfants de 5-9 ans, alors qu'aucun adulte ne manifestait cette préférence (Liem et Mennella, 2003) ; pourtant ces enfants percevaient très bien l'acidité des gelées.

Chez les enfants de 2-5 ans, les fruits les plus sucrés sont les plus appréciés (Birch, 1979). À 4-5 ans, ceux qui préfèrent une solution concentrée en sucre choisissent, parmi trois jus de pomme, le plus sucré, mais ne choisissent pas le beurre de cacahuète le plus sucré ; ceux qui préfèrent des concentrations de sucre plus élevées sont aussi ceux qui préfèrent les aliments sucrés (Olson et Gemmill, 1981). Les enfants de 6-12 ans ont une plus faible sensibilité au sucre que les adultes et préfèrent des jus d'orange plus sucrés (Zandstra et de Graaf, 1998). Néanmoins, l'ajout de sucre à une compote de fruits n'entraîne pas une consommation plus élevée chez des enfants de 2-3 ans (Bouhlal *et al.*, 2011).

La préférence plus marquée des enfants pour le sel n'a pas été rapprochée du niveau de détection du sel. Les enfants préfèrent des niveaux de sel très élevés par rapport aux adultes dans des pop-corns (Verma *et al.*, 2007). De même, les adultes ont des préférences moindres que les enfants et les adolescents pour de plus fortes concentrations de sel dans de l'eau (Desor *et al.*, 1975a). L'ajout de sel à différents aliments (pâtes, haricots verts) est associé à une consommation plus importante de ces aliments (Bouhlal *et al.*, 2011).

Rôle des stimulations olfactives et de l'olfaction

Influence des expériences alimentaires olfactives

Plusieurs études montrent l'impact positif des expériences postnatales sur les préférences alimentaires. Lors de l'allaitement maternel, certains composés volatils présents dans les aliments consommés par la mère se retrouvent dans son lait

(Hausner *et al.*, 2009). Des enfants (5-7 mois) de mères ayant consommé du jus de carotte lors des deux premiers mois d'allaitement présentent moins de mimiques faciales négatives pour des céréales additionnées de jus de carotte en comparaison avec des céréales additionnées d'eau, alors qu'aucune différence entre ces céréales n'est observée pour les enfants de mères n'ayant pas consommé de jus de carotte (Mennella *et al.*, 2001). Un effet positif similaire est observé si l'exposition à l'odeur de carotte a eu lieu *in utero*.

De tels effets d'apprentissage sont également observés chez des enfants nourris avec des formules infantiles. Ainsi, des mères d'enfants nourris avec des hydrolysats de protéines ou des formules au soja sont plus susceptibles que les mères d'enfants nourris avec des formules standard de classer le brocoli comme un des légumes préférés de leur enfant lorsqu'il est âgé de 4-5 ans (Mennella *et al.*, 2006). Cette différence d'appréciation pourrait être liée à la saveur amère, mais également aux composés volatils soufrés présents dans les hydrolysats de protéines, les formules au soja et le brocoli. L'effet d'un apprentissage précoce a pu être observé à très long terme. Des adultes (âge moyen : 29 ans) ayant été nourris avec une formule infantile aromatisée à la vanille ont montré une préférence significative pour un ketchup légèrement aromatisé à la vanille par rapport à un ketchup standard, alors que des adultes nourris au lait maternel préféraient le ketchup standard (Haller *et al.*, 1999).

La composition du lait maternel en composés volatils pouvant varier d'un jour à l'autre, voire d'une tétée à l'autre en fonction des aliments consommés par la mère, les enfants nourris au lait maternel sont exposés à toute une variété d'arômes. Cette variété de stimulations pourrait expliquer le fait que les enfants nourris au lait maternel acceptent plus facilement des aliments nouveaux que les enfants nourris aux formules infantiles (Hausner *et al.*, 2010 ; Maier *et al.*, 2008 ; Sullivan et Birch, 1994).

Relations entre perceptions olfactives et préférences alimentaires

À l'instar de l'hypothèse formulée dans le domaine gustatif, on peut se demander si une sensibilité élevée à certains composants odorants de valence négative pourrait contribuer au rejet des aliments pour l'odeur desquels ces odorants auraient un impact important. Cette question n'a quasiment pas été étudiée chez l'adulte, et encore moins chez l'enfant. À notre connaissance, une seule étude porte sur cette question, dans le cas de la triméthylamine, responsable de l'odeur du poisson. La sensibilité à la triméthylamine d'enfants de 6 à 16 ans n'est pas reliée à leur appréciation ou à leur rejet du poisson évalués par questionnaire (Solbu *et al.*, 1990). Une étude a examiné le lien entre la réactivité sensorielle, évaluée au moyen d'un questionnaire rempli par les parents, et la fréquence de consommation de fruits et légumes chez des enfants de 2 à 5 ans (Coulthard et Blissett, 2009). Les enfants déclarés sensibles aux stimulations olfactives et gustatives consomment moins de fruits et légumes que ceux qui y sont moins sensibles, indépendamment de la consommation de fruits et légumes de leur mère. Dans ce travail, il n'est toutefois pas possible de distinguer le poids respectif des composantes gustatives et olfactives.

Parmi les aliments les moins consommés à 2-3 ans figurent de nombreux légumes (Nicklaus *et al.,* 2005). Ceux-ci peuvent être peu appréciés en raison de leur faible densité énergétique, mais aussi de certaines caractéristiques sensorielles. Si dans le cas de l'endive, c'est probablement la saveur amère qui induit son rejet, il est possible que l'arôme participe également au rejet du chou, du navet et du céleri ; et que plus les enfants sont sensibles aux arômes, plus ils rejettent ces aliments, mais cette hypothèse reste à vérifier. De plus, il est possible que le lien entre sensibilité à certains odorants et appréciation ou rejet des aliments contenant ces odorants s'estompe lorsque l'enfant grandit, car des conditions favorables d'apprentissage peuvent vaincre la réaction négative initiale. Enfin, on peut se demander si le facteur déterminant est la sensibilité *sensu stricto* à certains odorants (à savoir le seuil de détection) ou plutôt une réactivité exacerbée à des stimulations olfactives (Coulthard et Blissett, 2009).

▸▸ Conclusion

Les fonctions de la gustation et de l'olfaction ne sont pas symétriques, puisque la gustation n'est impliquée que dans l'orientation des choix alimentaires, alors que l'olfaction est également impliquée dans l'orientation spatiale, la reconnaissance d'autrui et d'autres fonctions sociales. Pour cette raison peut-être, la gustation a été davantage étudiée en lien avec l'alimentation, et les travaux présentés ici mettent plus clairement en évidence son impact sur les préférences et les consommations alimentaires de l'enfant que celui de l'olfaction. Néanmoins, dans les expériences alimentaires, les perceptions olfactives et gustatives sont concomitantes et non différenciées et contribuent probablement d'égale manière aux apprentissages, en lien avec le renforcement des préférences lié aux propriétés nutritionnelles et au contexte de présentation des aliments.

▸▸ Bibliographie

ANLIKER J.A., BARTOSHUK L., FERRIS A.M., HOOKS L.D., 1991. Children's food preferences and genetic sensitivity to the bitter taste of 6-n-propylthiouracil (PROP). *The American Journal of Clinical Nutrition,* 54, 316-320.

BEAUCHAMP G.K., MORAN M., 1984. Acceptance of sweet and salty tastes in 2-year-old children. *Appetite,* 5, 291-305.

BEAUCHAMP G.K., PEARSON P., 1991. Human development and umami taste. *Physiology and Behavior,* 49, 1009-1012.

BEAUCHAMP G.K., COWART B.J., MORAN M., 1986. Developmental changes in salt acceptability in human infants. *Developmental Psychobiology,* 19, 17-25.

BEAUCHAMP G.K., COWART B.J., MENNELLA J.A., MARSH R.R., 1994. Infant salt taste: developmental, methodical, and contextual factors. *Developmental Psychobiology,* 27, 353-365.

BELL K.I., TEPPER B.J., 2006. Short-term vegetable intake by young children classified by 6-n-propylthiouracil bitter-taste phenotype. *American Journal of Clinical Nutrition,* 84, 245-251.

BIRCH L.L., 1979. Dimensions of preschool children's food preferences. *Journal of Nutrition Education,* 11, 77-80.

BLOSSFELD I., COLLINS A., BOLAND S., BAIXAULI R., KIELY M., DELAHUNTY C., 2007. Relationships between acceptance of sour taste and fruit intakes in 18-month-old infants. *British Journal of Nutrition,* 98, 1084-1091.

BOUHLAL S., ISSANCHOU S., NICKLAUS S., 2011. The impact of salt, fat and sugar levels on toddler food intake. *British Journal of Nutrition,* 105, 645-653.

BROWN M.S., GRUNFELD C.C., 1980. Taste preferences of infants for sweetened or unsweetened foods. *Research in Nursing and Health,* 3, 11-17.

COULTHARD H., BLISSETT J., 2009. Fruit and vegetable consumption in children and their mothers: moderating effects of child sensory sensitivity. *Appetite,* 52, 410-415.

COWART B.J., 1981. Development of taste perception in humans: sensitivity and preference throughout the life span. *Psychological Bulletin,* 90, 43-73.

CROOK C.K., 1978. Taste perception in the newborn infant. *Infant Behavior and Development,* 1, 52-69.

DE GRAAF C., ZANDSTRA E.H., 1999. Sweetness intensity and pleasantness in children, adolescents, and adults. *Physiology and Behavior,* 67, 513-520.

DESOR J.A., BEAUCHAMP G.K., 1987. Longitudinal changes in sweet preferences in humans. *Physiology and Behavior,* 39, 639-641.

DESOR J.A., GREENE L.S., MALLER O., 1975a. Preference for sweet and salty in 9- to 15-year-old and adult humans. *Science,* 190, 686-687.

DESOR J.A., MALLER O., ANDREWS K., 1975b. Ingestive responses of human newborns to salty, sour, and bitter stimuli. *Journal of Comparative and Physiological Psychology,* 89, 966-970.

DESOR J.A., MALLER O., TURNER R.E., 1973. Taste in acceptance of sugars by human infants. *Journal of Comparative and Physiological Psychology,* 84, 496-501.

GANCHROW J.R., MENNELLA J.A., 2003. The ontogeny of human flavor perception. *In: Handbook of Olfaction and Gustation* (R.L. Doty, ed.), New York, M. Dekker, 2e édition, 823-846.

GANCHROW J.R., STEINER J.E., DAHER M., 1983. Neonatal facial expressions in response to different qualities and intensities of gustatory stimuli. *Infant Behavior and Development,* 6, 473-484.

GOUBET N., RATTAZ C., PIERRAT V., ALLEMAN E., BULLINGER A., LEQUIEN P., 2002. Olfactory familiarization and discrimination in preterm and full-term newborns. *Infancy,* 3, 53-75.

HALLER R., RUMMEL C., HENNEBERG S., POLLMER U., KÖSTER E.P., 1999. The influence of early experience with vanillin on food preference later in life. *Chemical Senses,* 24, 465-467.

HARRIS G., BOOTH D.A., 1987. Infants' preference for salt in food: its dependence upon recent dietary experience. *Journal of Reproductive and Infant Psychology,* 5, 97-104.

HARRIS G., THOMAS A., BOOTH D.A., 1990. Development of salt taste in infancy. *Developmental Psychology,* 26, 534-538.

HAUSNER H., NICKLAUS S., ISSANCHOU S., MØLGAARD C., MØLLER P., 2010. Breastfeeding facilitates acceptance of a novel dietary flavour compound. *Clinical Nutrition,* 29, 141-148.

HAUSNER H., PHILIPSEN M., SKOV T.H., PETERSEN M.A., BREDIE W.L.P., 2009. Characterization of the volatile composition and variations between infant formulas and mother's milk. *Chemosensory Perception,* 2, 79-93.

KAJIURA H., COWART B.J., BEAUCHAMP G.K., 1992. Early developmental change in bitter taste responses in human infants. *Developmental Psychobiology,* 25, 375-386.

KELLER K.L., TEPPER B.J., 2004. Inherited taste sensitivity to 6-n-propylthiouracil in diet and body weight in children. *Obesity Research,* 12, 904-912.

KELLER K.L., STEINMANN L., NURSE R.J., TEPPER B.J., 2002. Genetic taste sensitivity to 6-n-propylthiouracil influences food preference and reported intake in preschool children. *Appetite,* 38, 3-12.

LESHEM M., 2009. Biobehavior of the human love of salt. *Neuroscience and Biobehavioral Reviews,* 33, 1-17.

LIEM D.G., GRAAF C. (DE), 2004. Sweet and sour preferences in young children and adults: role of repeated exposure. *Physiology and Behavior,* 83, 421-429.

LIEM D.G., MENNELLA J.A., 2002. Sweet and sour preferences during childhood: role of early experiences. *Developmental Psychobiology,* 41, 388-395.

LIEM D.G., MENNELLA J.A., 2003. Heightened sour preferences during childhood. *Chemical Senses,* 28, 173-180.

LIEM D.G., BOGERS R.P., DAGNELIE P.C., DE GRAAF C., 2006. Fruit consumption of boys (8-11 years) is related to preferences for sour taste. *Appetite,* 46, 93-96.

MAIER A.S., CHABANET C., SCHAAL B., LEATHWOOD P.D., ISSANCHOU S.N., 2008. Breastfeeding and experience with variety early in weaning increase infants' acceptance of new foods for up to two months. *Clinical Nutrition,* 27, 849-857.

MARLIER L., SCHAAL B., 1997. Familiarité et discrimination olfactive chez le nouveau-né : influence différentielle du mode d'alimentation. *In: L'odorat chez l'enfant : perspectives croisées* (B. Schaal, ed.), PUF, Vendôme, *Enfance,* (1), 47-61.

MARLIER L., GAUGLER C., ASTRUC D., MESSER J., 2007. La sensibilité olfactive du nouveau-né prématuré. *Archives de pédiatrie,* 14, 45-53.

MARLIER L., SCHAAL B., GAUGLER C., MESSER J., 2001. Olfaction in premature human newborns: detection and discrimination abilities two months before gestational term. *In: Chemical Signals in Vertebrates 9* (A. Marchlewska-Koj, J.J. Lepri, D. Müller-Schwarze, eds), New York, Kluwer Academic, 205-209.

MENNELLA J.A., BEAUCHAMP G.K., 2001. The early development of human flavor preferences. *In: Why We Eat What We Eat. The Psychology of Eating* (E.D. Capaldi, ed.), American Psychological Association, Washington, 83-112.

MENNELLA J.A., BEAUCHAMP G.K., 2002. Flavor experiences during formula feeding are related to preferences during childhood. *Early Human Development,* 68, 71-82.

MENNELLA J.A., GRIFFIN C.E., BEAUCHAMP G.K., 2004. Flavor programming during infancy. *Pediatrics,* 113, 840-845.

MENNELLA J.A., JAGNOW C.P., BEAUCHAMP G.K., 2001. Prenatal and postnatal flavor learning by human infants. *Pediatrics,* 107, e88.

MENNELLA J.A., KENNEDY J.M., BEAUCHAMP G.K., 2006. Vegetable acceptance by infants: effects of formula flavors. *Early Human Development,* 82, 463-468.

MENNELLA J.A., PEPINO M.Y., BEAUCHAMP G.K., 2003. Modification of bitter taste in children. *Developmental Psychobiology,* 43, 120-127.

MENNELLA J.A., PEPINO M.Y., REED D.R., 2005. Genetic and environmental determinants of bitter perception and sweet preferences. *Pediatrics,* 115, e216-e222.

MENNELLA J.A., FORESTELL C.A., MORGAN L.K., BEAUCHAMP G.K., 2009. Early milk feeding influences taste acceptance and liking during infancy. *American Journal of Clinical Nutrition,* 90, 780S-788S.

NICKLAUS S., BOGGIO V., ISSANCHOU S., 2005. Food choices at lunch during the third year of life: high selection of animal and starchy foods but avoidance of vegetables. *Acta Pædiatrica,* 94, 943-951.

OLSON C.M., GEMMILL K.P., 1981. Association of sweet preference and food selection among four to five year old children. *Ecology of Food and Nutrition,* 11, 145-150.

ROSENSTEIN D., OSTER H., 1988. Differential facial responses to four basic tastes in newborns. *Child Development,* 59, 1555-1568.

ROZIN P., FALLON A.E., 1987. A perspective on disgust. *Psychological Review,* 94, 23-41.

ROZIN P., SCHILLER D., 1980. The nature and acquisition of a preference for Chili pepper by humans. *Motivation and Emotion,* 4, 77-101.

SCHAAL B., MARLIER L., SOUSSIGNAN R., 2000. Human foetuses learn odours from their pregnant mother's diet. *Chemical Senses,* 25, 729-737.

SCHMIDT H.J., 1992. Olfactory hedonics in infants and young children. *In: Fragrance. The Psychology and Biology of Perfume* (S. Van Toller, G.H. Dodd, eds), London and New York, Elsevier Applied Science, 27-35.

SCHMIDT H.J., BEAUCHAMP G.K., 1988. Adult-like odor preferences and aversions in 3-year old. *Child Development,* 59, 1136-1143.

SCHWARTZ C., 2009. Dynamique des préférences gustatives du nourrisson : effet des expériences alimentaires et impact sur l'appréciation des aliments. Thèse de doctorat en science de l'alimentation, université de Bourgogne, 250 p.

SCHWARTZ C., ISSANCHOU S., NICKLAUS S., 2009. Developmental changes in the acceptance of the five basic tastes in the first year of life. *British Journal of Nutrition,* 102, 1375-1385.

SCHWARTZ C., NICKLAUS S., BOGGIO V., 2010b. Le développement de la gustation chez l'enfant. *Médecine et enfance,* 30, 48-59.

SCHWARTZ C., CHABANET C., BOGGIO V., LANGE C., ISSANCHOU S., NICKLAUS S., 2010a. À quelles saveurs les nourrissons sont-ils exposés dans la première année de vie ? To which tastes are infants exposed during the first year of life? *Archives de pédiatrie,* 17, 1026-1034.

SEGOVIA C., HUTCHINSON I., LAING D.G., JINKS A.L., 2002. A quantitative study of fungiform papillae and taste pore density in adults and children. *Developmental Brain Research,* 138, 135-146.

SOLBU E.H., JELLESTAD F.K., STRAETKVERN K.O., 1990. Children's sensitivity to odor of trimethylamine. *Journal of Chemical Ecology,* 16, 1829-1840.

SOUSSIGNAN R., SCHAAL B., 1996. Children's facial responsiveness to odors: influences of hedonic valence of odor, gender, age, and social presence. *Developmental Psychology,* 32, 367-379.

SOUSSIGNAN R., SCHAAL B., MARLIER L., JIANG T., 1997. Facial and autonomic responses to biological and artificial olfactory stimuli in human neonates: re-examining early hedonic discrimination of odors. *Physiology and Behavior,* 62, 745-758.

STEINER J.F., 1979. Human facial expressions in response to taste and smell stimulation. *Advances in Child Development and Behavior,* 13, 257-295.

STEINER J.E., 1987. What the neonate can tell us about umami. *In: Umami: A Basic Taste* (Y. Kawamura, M.R. Kare, eds), New York, M. Dekker (20), 97-123.

SULLIVAN S.A., BIRCH L.L., 1990. Pass the sugar, pass the salt: experience dictates preference. *Developmental Psychology,* 26, 546-551.

SULLIVAN S.A., BIRCH L.L., 1994. Infant dietary experience and acceptance of solid foods. *Pediatrics,* 93, 271-277.

TURNBULL B., MATISOO-SMITH E., 2002. Taste sensitivity to 6-n-propylthiouracil predicts acceptance of bitter-tasting spinach in 3-6-y-old children. *The American Journal of Clinical Nutrition,* 76, 1101-1105.

VASQUEZ M., PEARSON P.B., BEAUCHAMP G.K., 1982. Flavor preferences in malnurished mexican infants. *Physiology and Behavior,* 28, 513-519.

VERMA P., MITTAL S., GHILDIYAL A., CHAUDHARY L., MAHAJAN K.K., 2007. Salt preference: age and sex related variability. *Indian Journal of Physiology and Pharmacology,* 51, 91-95.

ZANDSTRA E.H., DE GRAAF C., 1998. Sensory perception and pleasantness of orange beverages from childhood to old age. *Food Quality and Preference,* 9, 5-12.

Chapitre 28

De la mise en mots des odeurs

Claire SULMONT-ROSSÉ et Isabel URDAPILLETA

« On entre dans la cave. Tout de suite, c'est ça qui vous prend. Les pommes sont là, disposées sur des claies — des cageots renversés. On n'y pensait pas. On n'avait aucune envie de se laisser submerger par un tel vague à l'âme. Mais rien à faire. L'odeur des pommes est une déferlante. Comment avait-on pu se passer si longtemps de cette enfance âcre et sucrée ? Les fruits ratatinés doivent être délicieux, de cette fausse sécheresse où la saveur confite semble s'être insinuée dans chaque ride. Mais on n'a pas envie de les manger. Surtout ne pas transformer en goût identifiable ce pouvoir flottant de l'odeur. Dire que ça sent bon, que ça sent fort ? Mais non. C'est au-delà… Une odeur intérieure, l'odeur d'un meilleur de soi. Il y a l'automne de l'école enfermé là. À l'encre violette on griffe le papier de pleins, de déliés. La pluie bat les carreaux, la soirée sera longue… Mais le parfum de pomme est plus que du passé. On pense à autrefois à cause de l'ampleur et de l'intensité, d'un souvenir de cave salpêtrée, de grenier sombre. Mais c'est à vivre là, à tenir là, debout. On a derrière soi les herbes hautes et la mouillure du verger. Devant c'est comme un souffle chaud qui se donne dans l'ombre. L'odeur a pris tous les bruns, tous les rouges, avec un peu d'acide vert. L'odeur a distillé la douceur de la peau, son infime rugosité. Les lèvres sèches, on sait déjà que cette soif n'est pas à étancher. Rien ne se passerait à mordre une chair blanche. Il faudrait devenir octobre, terre battue, voussure de la cave, pluie, attente. L'odeur des pommes est douloureuse. C'est celle d'une vie plus forte, d'une lenteur qu'on ne mérite plus. »

La première gorgée de bière et autres plaisirs minuscules, Philippe Delerm, 1997.

D'après quelques grands penseurs de notre histoire tels Platon, Freud ou encore Nietzsche, lorsque l'homme s'est démarqué du singe pour se dresser sur ses deux pattes arrière, son regard a embrassé tout l'horizon et l'odorat lui est devenu superflu. Quelle utilité pouvait avoir ce sens qui nécessitait de se remettre à quatre pattes pour flairer les odeurs, plus lourdes que l'air ? La « mise en retrait » de l'odorat a marqué la rupture de l'homme avec le monde animal, le flairage étant réservé aux êtres sans parole (Vroon, 1997). Cette vision de la place de l'homme au sein du règne animal a longtemps conduit les sociétés humaines occidentales à considérer le sens de l'olfaction comme un sens primitif, « désintellectualisé », en opposition avec les sens « nobles » que sont la vue et l'ouïe, détenteurs d'un vocabulaire riche et bien établi (Le Guérer, 2002, cf. chapitre 1).

Dans nos sociétés occidentales, le vocabulaire associé aux odeurs se démarque de celui associé aux couleurs en ce sens où l'immense majorité des langues n'a pas abstrait les noms d'odeurs. Dans le monde physique qui nous entoure, les odeurs et les couleurs sont des propriétés indissociables des objets qui en sont les supports. Cependant, dans nos représentations mentales[1], la couleur existe par elle-même, et un vocabulaire spécifique, indépendant des objets supports, a été développé pour la décrire (blanc, jaune, bleu, clair, mat, uni, etc.). En revanche, aucun vocabulaire indépendant des objets physiques n'a été mis en place pour les odeurs, et si nous pouvons parler d'une *couleur rose* ou de *l'odeur de rose,* nous ne pouvons pas parler de *l'odeur rose*[2] (Classen *et al.,* 1994 ; Dubois *et al.,* 1997 ; cf. chapitre 29).

Fort de ces considérations, la question qui se pose est la suivante : à défaut d'avoir abstrait les noms d'odeurs, sommes-nous capables de leur associer un langage ou, comme l'affirmaient les penseurs des siècles précédents, le sens de l'olfaction est-il un sens sans parole ?

▸▸ Comment le langage associé aux odeurs se caractérise-t-il ?

> « C'est l'odeur des gros chewing-gums ronds de couleur que l'on trouve dans des distributeurs », participant 503 (Sulmont-Rossé *et al.*, 2005).

> « Ce parfum me fait penser à un gosse qui vient de tomber et qui a besoin de Mercurochrome », participant 24 (Manetta *et al.*, 2007).

Plusieurs auteurs se sont intéressés aux verbalisations produites par des sujets afin d'appréhender les propriétés du langage associé aux odeurs (David, 2002 ; David *et al.,* 1997 ; Dubois et Resche-Rigon, 1997 ; Manetta *et al.,* 2011 ; Urdapilleta *et al.,* 2006 ; voir aussi Manetta et Urdapilleta, 2011, pour une revue complète). Les données recueillies se présentent sous la forme de descripteurs isolés (adjectifs, nom, etc.) ou de discours obtenus à partir d'entretiens, en présence ou non d'un stimulus olfactif. Les méthodes d'analyse de ces données verbales ont pour objectif commun d'étudier le contenu des propos des sujets (à savoir les mots prononcés,

---

1. Notons, comme le souligne Richard (2005), que « le terme de représentation, bien qu'il soit central en psychologie cognitive, est loin d'être clair et renvoie à des concepts assez différents » (p. 9). Nous considérerons la définition suivante : le terme de représentation désigne des connaissances ou croyances qui sont bien stabilisées dans la mémoire du sujet, mais qui peuvent se modifier sous l'effet de l'expérience ou de l'enseignement.

2. À la surface du globe, quelques cultures ont été identifiées comme possédant des termes génériques (abstraits) pour désigner les odeurs. Ainsi, le peuple Kapsiki du Cameroun utilise le terme *« médéke »* pour désigner l'odeur de serpent, de poisson frais, de pélican et de chien, de la même façon que la langue française utilise le terme « orange » pour désigner la couleur d'une orange, mais aussi la couleur du melon, des carottes, des abricots, du potiron (Classen *et al.,* 1994).

les thématiques abordées, les formes langagières) impliqué dans la description des odeurs, afin de mettre au jour les liens existant entre ces propos et les attitudes, les valeurs, les représentations de l'individu. Car, comme le souligne Lahlou (2007), c'est « dans la langue que nous allons chercher des objets du monde, en considérant que la langue est une mémoire sociale, et que dans son réseau sémantique elle a sédimenté les visions du monde produites par la culture ».

Ainsi, Urdapilleta *et al.* (2006) ont proposé douze odeurs florales (patchouli, jasmin, géranium, rose, etc.) à soixante femmes, la consigne étant de dire *tout ce qui leur passait par l'esprit* en sentant chaque odeur. Plus de mille dénominations ont été recueillies, ces dénominations se présentant sous des formes syntaxiques très variées (des mots, des adjectifs, mais aussi des expressions et des phrases). Puis trois juges ont réalisé un classement des dénominations en catégories sémantiques. L'analyse a montré que 53 % des dénominations désignaient un objet (« agrumes », « produit de toilette », « radis », etc.), 18 % une propriété sensorielle autre que l'olfaction (« sucré », « vert », « chaud », etc.) et 17 % la valence hédonique de l'odeur (« agréable », « mauvais », « envoûtant », etc.). Les autres dimensions désignaient soit l'intensité de la perception (« intense », « assez fort », etc.), soit un souvenir autobiographique (« mon école », « mes vacances en Grande-Bretagne l'été dernier »). Dans un second temps, les participantes ont été invitées à regrouper ces dénominations en catégories proposées par les expérimentateurs, à savoir les catégories « civilisation », « nature », « alimentation ». Dans la catégorie « nature », les participantes ont rangé des termes tels que « odeur d'urine de bébé », « odeur de cheval » ou encore « bois », « plage ». Dans la catégorie « civilisation », elles ont rangé des termes tels que « produits pour le corps ou pour la santé », « odeur que l'on trouve dans une salle de bain ou dans un hôpital », « alcool à 90° », « pour nettoyer le sol ». Enfin, dans la catégorie « alimentation », elles ont rangé des termes tels que « épices », « vanille », « carotte », « chewing-gum ». Ainsi, les dénominations produites pour décrire les odeurs florales renvoient aux objets, aux lieux ou aux usages associés à ces odeurs, ce qui renforce l'hypothèse selon laquelle la représentation des odeurs est celle de la source imaginée (une odeur de patchouli peut faire penser à un cheval ou à la végétation tropicale, une odeur de géranium peut rappeler l'hôpital, les antiseptiques) et qu'elle reflète une vision sociétale.

En complément de ce travail, Manetta *et al.* (2007) ont examiné dans quelle mesure la description spontanée d'odeurs (en l'occurrence des parfums de femme) mobilise des formes d'expression du langage figuré. Neuf parfums de femme (commercialisés et appartenant aux principales familles olfactives : florales, orientales et chypre) ont été présentés à dix participantes. L'analyse des discours recueillis à partir d'entretiens a montré que les sujets faisaient largement appel à des termes ou des expressions appartenant à d'autres domaines conceptuels que celui des odeurs. Ainsi, plus de 60 % du corpus comprenaient des métaphores ou analogies, par exemple de lieu (« c'est l'Orient ce parfum ! », « c'est comme un jardin à Paris »), de temps (« c'est le printemps », « c'est le matin »), conceptuelles (« c'est l'enfance », « c'est l'image du bonheur »), existentielles (« c'est l'adolescence ce parfum » ; « le bien-être ») ou l'habitude de se faire servir, qu'on s'occupe d'elle », « Ça me fait penser à une grand-mère comme on en voit souvent, qui se pomponne… dans son bel appartement en ville […], elle reçoit ses amies, elle a un petit chien, un Yorkshire », « J'imagine une femme avec des petits cheveux courts, oui c'est ça, assez sportive enfin les fringues un peu sportswear, dynamique, elle s'apprête, elle a rendez-vous avec son ami, elle a pris sa douche et il a fait chaud, c'est pour casser la chaleur de la journée ». Ces métaphores ou analogies permettent aux sujets d'exprimer au mieux ce qu'ils ressentent, de mettre en mots ce qu'il serait très difficile, voire impossible, d'exprimer en se restreignant au seul langage littéral (Fainsilber et Ortony, 1987).

Que pouvons-nous conclure de cet ensemble d'études ? D'une part, il semble que les verbalisations produites par les sujets lorsqu'ils sentent une odeur peuvent être nombreuses et très variées. Elles se présentent sous différentes formes syntaxiques : des mots, mais aussi des expressions ou des phrases. D'autre part, la description des stimulus olfactifs fait référence aux objets associés à la source de la sensation olfactive : l'expression des odeurs passe par la dénomination de la source odorante ou plus précisément par la façon dont le sujet se l'imagine, se la représente. En conséquence, le sujet peut exprimer sa perception olfactive par des approximations faisant référence à des objets sans lien direct avec le stimulus olfactif. Une odeur de rose pourra être décrite comme « le souvenir de ma grand-mère, sa chambre à coucher, un monde ancien et précieux ». Aussi empruntons-nous parfois des dénominations issues d'autres domaines que celui des odeurs en faisant appel au langage figuré afin de décrire les stimulus olfactifs. Il est d'ailleurs intéressant de faire un parallèle entre ces résultats et les peuples que Classen *et al.* (1994) ont désignés comme des *smell-conscious people,* autrement dit les peuples accordant une grande importance aux odeurs dans leur appréhension de l'environnement et dans leur vie spirituelle (Kapsiki du Cameroun, Serer Ndut du Sénégal, Desana de Colombie, Indiens suya et bororo du Brésil). Ces peuples ont développé des taxonomies olfactives regroupant derrière un même terme des entités olfactives souvent très différentes. Ainsi, pour les Serer Ndut, le terme générique *rotten* désigne l'odeur de cadavre, de cochon, de canard, de chameau et de plantes grimpantes, tandis que le terme *acidic* désigne l'odeur des singes, des tomates et des esprits. Autrement dit, ces taxonomies d'odeurs ne reposent pas seulement sur des similitudes olfactives, mais aussi sur la signification morale et spirituelle des catégories (Classen *et al.,* 1994).

▸▸ Quelle est notre capacité à identifier les odeurs ?

Plusieurs études ont montré que nous ne sommes capables d'identifier correctement qu'une odeur sur deux en moyenne, même s'il s'agit d'odeurs communes, et donc connues, telles des odeurs de banane, de chocolat, de citron, etc. (Cain, 1979 ; 1982 ; Desor et Beauchamp, 1974 ; Engen et Ross, 1973). Dans les sens autres que celui de l'olfaction, les erreurs d'identification sont généralement provoquées par des confusions. Parmi les erreurs couramment observées lors de l'identification d'odeurs, Cain (1979) a relevé de telles confusions : « désinfectant » pour désigner l'odeur d'eau de javel, « noix de muscade » pour celle de clou de girofle. Mais l'auteur a aussi observé ce qu'il a appelé des échecs qui incluent des noms génériques (« fruit » pour désigner l'odeur d'orange) et des noms spécifiques mais sans rapport avec l'odeur testée (« fromage » pour désigner l'odeur de colle). Notons qu'il nous arrive fréquemment d'être incapables de donner le nom d'une odeur, bien que cette dernière nous semble extrêmement familière : nous sommes à même de donner des informations sur la qualité de l'odeur (nom d'une odeur similaire ou nom de la catégorie à laquelle appartient l'odeur), mais incapables de donner la moindre information relative à son nom (synonyme, nombre de syllabes). Lawless et Engen (1977) ont désigné ce phénomène par l'expression « avoir une odeur sur le bout du nez », par analogie avec l'expression « avoir un mot sur le bout de la langue ». Notre capacité à identifier les odeurs, sans autre indice que l'odeur elle-même, semble donc limitée et, en cela, le sens de l'olfaction diffère radicalement du sens de la vision, où l'identification d'objets connus ne pose guère de problème.

Les premiers chercheurs qui se sont intéressés à l'olfaction ont proposé d'expliquer notre faible capacité à identifier les odeurs par une connexion physiologique peu efficace entre les aires cérébrales responsables du traitement des odeurs et les aires du langage, ceci entraînant un encodage et un rappel lent et difficile des associations nom-odeur (Cain, 1979 ; Engen, 1977). Cependant, notre difficulté à identifier les odeurs doit sans doute bien davantage à nos habitudes culturelles. En effet, si on peut observer une pression sociale très forte chez les enfants dès leur plus jeune âge pour apprendre à identifier les objets, les couleurs et même les sons par des noms consensuels, l'apprentissage des noms d'odeurs se fait au hasard des expériences olfactives (Rouby et Sicard, 1997). Qui n'a pas vu des parents apprendre à leur enfant le nom d'objets variés ? En revanche, apprendre à son enfant le nom des odeurs, ou ne serait-ce que lui faire sentir des odeurs, est beaucoup moins commun[3]. Nous connaissons mal les noms d'odeurs non pas parce que les mécanismes d'encodage des associations nom-odeur sont peu efficaces *per se,* mais tout simplement parce que nous n'avons pas souvent fait l'effort, ou eu l'occasion, de mémoriser ces associations. Plusieurs études ont d'ailleurs montré que notre capacité à identifier les odeurs peut s'accroître considérablement par l'entraînement (Cain, 1979 ; Davis, 1975 ; Desor et Beauchamp, 1974). Desor et Beauchamp (1974) ont obtenu 92 % de réponses correctes à un test d'identification de 64 odeurs après avoir entraîné de façon intensive trois participants.

Outre cette difficulté à identifier les odeurs, Sulmont-Rossé *et al.* (2005) ont mis en évidence un manque de consensus entre les sujets quant au choix d'un terme pour décrire une odeur donnée. Dans cette étude, 135 sujets ont identifié 36 odeurs familières (ail, cerise, menthe, pin, etc.) à l'aide d'une tâche d'identification libre (les sujets devaient essayer de décrire chaque odeur). Cette tâche a été répliquée deux fois afin de déterminer le pourcentage d'identifications répétables, c'est-à-dire le pourcentage d'odeurs identifiées deux fois de suite avec le même terme ou la même expression (indépendamment de la précision ou de la justesse de la réponse). Les auteurs ont aussi déterminé le pourcentage d'identifications attendues, c'est-à-dire le pourcentage d'odeurs identifiées avec un nom correspondant au label du fabriquant ou au nom usuel associé à la molécule (par exemple, « lavande » pour l'huile essentielle de lavande ; « vanille » pour la vanilline). Les résultats ont montré que

---

3. Il convient toutefois de nuancer ce propos, à une époque où les jeux et loisirs créatifs olfactifs connaissent une explosion sur le marché. Il est donc fort possible que les futures générations obtiennent de meilleures performances d'identification d'odeurs que leurs aînés.

42 % d'identifications étaient répétables et seulement 28 % d'identifications étaient attendues. Une analyse plus fine des données a montré que de nombreuses odeurs avaient été identifiées par des noms très différents selon les sujets. Ainsi, 16 labels différents mais répétables ont été relevés pour l'odeur d'une huile essentielle de thym en plus du label attendu : « romarin », « herbes de Provence », « tisane », « médicament pour déboucher le nez », « pommade Mitosyl », etc. L'odeur de cerise a été associée à 26 labels répétables : « cerise », mais aussi « griotte », « colle blanche », « amande », « bonbon anglais », « sirop pour les enfants », « sirop pour la toux », etc. De fait, un certain nombre des labels utilisés pour décrire les odeurs faisaient référence à des souvenirs autobiographiques (« odeur de la colle en pot utilisée à l'école primaire, quand j'avais environ 12 ans »), mais de nombreux labels, plus génériques, semblaient très liés aux expériences olfactives des sujets, à leur « vécu » olfactif. Ainsi, un participant a identifié de façon répétable l'odeur de l'huile d'olive comme étant « l'odeur de l'assaisonnement poivré et huilé de conserves de poissons (sardines) », ce qui peut s'expliquer très probablement par le fait que ce sujet n'a rencontré et/ou remarqué cette odeur que dans ce contexte précis. Plusieurs participants ont identifié les odeurs de fleurs comme étant des odeurs de « désodorisant », « produit d'entretien », « savon parfumé », « crème de beauté », etc. L'apprentissage des noms d'odeurs n'étant pas systématique, les noms que nous apprenons sont vraisemblablement appris un peu au hasard des rencontres « olfactives » dans notre vie quotidienne. Un fin gourmet identifiera l'odeur de l'eugénol comme étant celle du clou de girofle, tandis que celui ayant souffert de maux de dents identifiera cette odeur comme étant celle d'un cabinet dentaire (l'eugénol entre dans la composition de désinfectants utilisés dans les soins dentaires). Il en résulte un langage fortement idiosyncrasique et peu consensuel, une même odeur pouvant être identifiée par des noms radicalement différents selon les individus. En ce sens, les études interculturelles constituent une bonne illustration de l'influence des expériences personnelles et plus largement de l'environnement entourant un individu sur la dénomination des odeurs. Ainsi, les résultats d'une tâche de tri réalisés dans différents pays ont montré que les Américains plaçaient les odeurs d'anis, de cannelle et de *wintergreen* dans la catégorie « odeurs sucrées », ces odeurs étant fréquemment rencontrées dans les bonbons et les sodas aux États-Unis[4], tandis que les Français associaient ces odeurs aux médicaments contre les affections respiratoires. Au Vietnam, les odeurs qui entrent dans la composition du baume du tigre ont été placées dans la catégorie « odeurs florales et de médicaments traditionnels » (Chréa *et al.*, 2003). De même, pour décrire l'arôme de yaourts au soja, les Vietnamiens ont utilisé des termes référant à des produits à base de soja présents dans leur univers alimentaire, tandis que les Français ont utilisé des termes tels que « craie » ou « bois » (Tu *et al.*, 2010).

Les travaux ayant comparé des experts en vin (des œnologues, des viticulteurs) et des novices (consommateurs occasionnels de vin) apportent un éclairage intéressant quant à l'effet de l'entraînement sur la capacité à verbaliser les sensations

---

4. L'huile essentielle de *wintergreen* est extraite de la gaulthérie couchée présente dans les forêts d'Amérique du Nord et de Chine. Composée en grande partie de salicylate de méthyle, cette huile essentielle entre dans la composition de la *root beer*, une boisson gazeuse d'origine nord-américaine obtenue à partir de la racine de sassafras. Cette boisson est essentiellement consommée en Amérique du Nord, son goût proche de celui d'un bain de bouche n'étant pas apprécié des Européens.

chimiosensorielles (voir Dacremont, 2009, pour une revue complète). Le principe de ces études repose sur un paradigme en deux étapes. Dans une première étape, un premier groupe d'experts et de novices génère des descriptions de vins. Dans une seconde étape, un second groupe doit apparier ces descriptions aux vins correspondants : les sujets doivent soit retrouver le vin correspondant à une description cible parmi plusieurs vins (Gawel, 1997 ; Valentin *et al.*, 2003), soit retrouver la description correspondant à un vin cible parmi plusieurs descriptions (Solomon, 1990). Ce type d'étude permet donc d'appréhender l'effet de l'expertise à la fois sur la capacité à verbaliser les perceptions et sur la pertinence des verbalisations produites (la valeur « communicative » de ces verbalisations). Dans l'ensemble, les résultats de ces études ont montré que les experts utilisaient un langage plus précis et obtenaient de meilleures performances d'appariement que les novices. Lorsque les sujets étaient invités à décrire les vins en choisissant des descripteurs parmi la Roue des vins© de Noble *et al.* (1987)[5], les résultats ont montré que les experts utilisaient entre deux et trois fois plus de termes précis que les novices (Valentin *et al.*, 2003). Toutefois, la spécificité des verbalisations ne suffit pas à expliquer à elle seule les meilleures performances des experts à une tâche d'appariement. En effet, lorsque des descriptions d'experts (donc des descriptions précises) sont données aux sujets novices, ces derniers n'obtiennent pas de performances d'appariement supérieures au hasard (Solomon, 1990). Il apparaît donc que les experts sont capables d'utiliser un langage plus précis, mais aussi plus consensuel, susceptible d'être compris par d'autres experts uniquement. Gawel (1997) a montré que des experts ayant suivi une formation commune de plus de cent heures portant sur l'évaluation des vins (élèves œnologues) obtenaient de meilleures performances d'appariement que des experts n'ayant pas suivi une telle formation mais effectuant de nombreuses dégustations de vins du fait de leur métier (viticulteurs, cavistes, négociants en vins). Aucune différence n'a été observée entre ces deux groupes quant au nombre de termes précis utilisés pour décrire les vins étudiés : les meilleures performances des élèves œnologues semblaient relever d'un meilleur consensus entre les membres de ce groupe quant au sens de ces termes.

En conclusion, l'odorat n'est pas un sens sans parole au sens où l'entendaient les penseurs des siècles précédents, mais dans notre vie quotidienne nous n'utilisons pas, ou rarement, les odeurs pour identifier les objets qui nous entourent. C'est le sens de la vision et éventuellement celui de l'audition qui interviennent en premier lieu pour identifier ces objets. C'est sans doute parce qu'il n'est pas vital pour l'homme d'identifier les odeurs de nos sociétés « modernes » (à l'exception de quelques cas particuliers comme les odeurs de gaz ou de pourri) que nous n'apprenons pas (plus ?) à identifier les odeurs. Les experts de certains métiers (les œnologues, les parfumeurs) constituent un parfait contre-exemple de ces habitudes culturelles. Du fait de leur métier, ces experts sont capables d'identifier des centaines de composés odorants avec autant de précision que s'il s'agissait d'objets visuels. Mais, comme le disait joliment l'un des maîtres de la parfumerie, Edmond Roudnitska (1905-1996), le « nez d'un parfumeur n'est pas plus long qu'un autre ; il est seulement mieux éduqué ! ».

---

5. La Roue des vins© rassemble des termes décrivant les arômes des vins, ces termes étant disposés en trois rangées allant de la plus générale au centre du cercle à la plus spécifique en bordure du cercle (végétal > sec > foin ; fruité > fruits à pépins > pomme) (Wine Aroma Wheel©, Noble *et al.*, 1987).

▸▸ Bibliographie

CAIN W.S., 1979. To know with the nose: keys to odor identification. *Science,* 203, 467-470.

CAIN W.S., 1982. Odor identification by males and females: predictions *vs* performance. *Chemical Senses,* 7, 129-142.

CHRÉA C., VALENTIN D., SULMONT-ROSSÉ C., LY MAI H., HOANG NGUYEN D., ABDI H., 2003. Culture and odor categorization: agreement between cultures. *Food Quality and Preference,* 15, 669-679.

CLASSEN C., HOWES D., SYNNOTT A., 1994. *Aroma. The Cultural History of Smell,* Routledge, London.

DACREMONT C., 2009. Expertise in perception: the case of wine tasting. *Eurosense,* 5-8 septembre 2010, Vitoria, Espagne.

DAVID S., 2002. Linguistic expressions for odors in French. *In : Olfaction, Taste and Cognition* (C. Rouby, C.B. Schaal, D. Dubois, R. Gervais, A. Holley, eds), Cambridge University Press, New York, 82-99.

DAVID S., DUBOIS D., ROUBY C., SCHAAL B., 1997. L'expression des odeurs en français : analyse lexicale et représentation cognitive. *Intellectica,* 24 (1), 51-83.

DAVIS R.G., 1975. Acquisition of verbal associations to olfactory stimuli of varying familiarity and to abstract visual stimuli. *Journal of Experimental Psychology: Human Learning and Memory,* 104, 134-142.

DESOR J.A., BEAUCHAMP G.K., 1974. The human capacity to transmit olfactory information. *Perception and Psychophysics,* 16, 551-556.

DUBOIS D., RESCHE-RIGON P., 1997. Des catégories perceptives et naturelles : un exemple d'instrumentalisation en sciences cognitives. *Journal des anthropologues,* 70, 91-111.

DUBOIS D., RESCHE-RIGNON P., TENIN A., 1997. Des couleurs et des formes : catégories perceptives ou constructions cognitives. *In : Catégorisation et cognition : de la perception au discours* (D. Dubois, ed.), Kimé, Paris, 17-40.

ENGEN T., 1977. Odor memory. *Perfumer and Flavorist,* 2, 8-11.

ENGEN T., ROSS B.M., 1973. Long-term memory of odors with and without verbal descriptions. *Journal of Experimental Psychology,* 100, 221-227.

FAINSILBER L., ORTONY A., 1987. Metaphorical uses of language in the expression of emotions. *Metaphor and Symbolic Activity,* 2 (4), 239-250.

GAWEL R., 1997. The use of language by trained and untrained experienced wine tasters. *Journal of Sensory Studies,* 12, 267-284.

LAHLOU S., 2007. L'exploration des représentations sociales à partir des dictionnaires. *In : Méthodes d'études des représentations sociales* (J.C. Abric, ed.), Erès, Ramonville-Saint-Agne, 37-58.

LAWLESS H.T., ENGEN T., 1977. Associations to odors: interference, mnemonics, and verbal labelling. *Journal of Experimental Psychology: Human Learning and Memory,* 3 (1), 52-59.

LE GUÉRER A., 2002. Olfaction and cognition: a philosophical and psychoanalytic view. *In: Olfaction, Taste and Cognition* (C. Rouby, B. Schaal, A. Holley, D. Dubois, R. Gervais, eds), The Press Syndicate of the University of Cambridge, Cambridge, 3-15.

MANETTA C., URDAPILLETA I., 2011. *Le monde des odeurs : de la perception à la représentation,* L'Harmattan, Paris, 214 p.

MANETTA C., SALES-WUILLEMIN E., GAILLARD A., URDAPILLETA I., 2011. Influence of tasks on representation: application to women fragrances. *Journal of Applied Social Psychology,* 41, 656-679.

MANETTA C., SANTARPIA A., SANDER E., MONTET A., URDAPILLETA I., 2007. Catégorisation du langage descriptif et du langage figuré dans l'expérience des parfums complexes. *Psychologie française,* 52 (4), 479-497.

NOBLE A.C., ARNOLD R.A., BUECHSENSTEIN J., LEACH E.J., SCHMIDT J.O., STERN P.M., 1987. Modification of a standardized system of wine aroma terminology. *American Journal of Enology and Viticulture,* 38, 143-146.

RICHARD J.-F., 2005. *Les activités mentales : de l'interprétation, de l'information à l'action,* 4e édition, Armand Colin, Paris, 428 p.

ROUBY C., SICARD G., 1997. Des catégories d'odeurs ? *In : Catégorisation et cognition : de la perception au discours* (D. Dubois, ed.), Kimé, Paris, 59-81.

Solomon G.E.A., 1990. Psychology of novice and expert wine talk. *The American Journal of Psychology,* 103, 495-517.

Sulmont-Rossé C., Issanchou S., Köster E.P., 2005. Odor naming methodology: correct identification with multiple-choice versus repeatable identification in a free task. *Chemical Senses,* 30, 23-27.

Tu P., Valentin D., Husson F., Dacremont C., 2010. Cultural differences in food description and preference: contrasting Vietname and French panellists on soy yogurts. *Food Quality and Preference,* 21, 602-610.

Urdapilleta I., Giboreau A., Manetta C., Houix O., Richard J.-F., 2006. The mental context for the description of odors: a semantic space. *European Review of Applied Psychology,* 56 (4), 261-271.

Valentin D., Chollet S., Abdi H., 2003. Les mots du vin : experts et novices diffèrent-ils quand ils décrivent les vins ? *Corpus,* 2, 1-13.

Vroon P., 1997. *The Smell: The Secret Seducer,* Farrar, Straus and Giroux, New York, 226 p.

Chapitre 29

Goût, olfaction, autres systèmes sensoriels et intégration multisensorielle

Agnès GIBOREAU

▶▶ Multisensorialité de l'expérience de consommation

Que ce soit dans la tradition philosophique depuis le découpage en cinq sens d'Aristote ou dans la tradition psychophysique, il est commun d'étudier les sens séparément les uns des autres. La séparation en catégories distinctes, telles que sens physiques/sens chimiques ou systèmes gustatif/olfactif/trigéminal, etc., est utile pour étudier les réponses sensorielles en conditions de laboratoire, mais n'est pas pleinement satisfaisante pour rendre compte des perceptions en conditions de consommation de produits complexes. En effet, lors de la consommation d'un aliment, ou l'utilisation d'un produit cosmétique ou d'un outil, et plus généralement dans la relation d'un sujet à un objet, *tous* les sens sont sollicités. Ils renseignent sur l'action en cours et permettent, si besoin, de l'ajuster afin d'atteindre le but poursuivi, comme se servir, mastiquer, ingérer un aliment. Ainsi, toutes les sensations font pleinement partie de l'expérience vécue et sont traitées, mémorisées, catégorisées tout en étant intrinsèquement liées au jugement de valeur, conscient ou non, associé à cette expérience.

Considérant la coexistence de l'ensemble des sens en situation de consommation, comment est-il possible d'étudier le rôle de chacun d'entre eux dans la construction des préférences et des choix des consommateurs ? Les informations provenant de chaque système sensoriel s'ajoutent-elles les unes aux autres ou agissent-elles en synergie ou de manière antagoniste ?

En vue d'obtenir des éléments de réponse à ces questions, l'étude de la sensorialité implique selon nous de considérer trois niveaux de relations jouant sur les perceptions :
– des interactions entre constituants, phénomènes d'ordre physicochimique qui modifient la réponse sensorielle à un stimulus selon les autres stimulus en présence ;
– des interactions au niveau des réponses sensorielles, certaines réponses — comme la couleur — orientant les autres selon des schémas récurrents mémorisés et systématiquement activés en situation naturelle ;
– des interactions d'ordre cognitif supérieur, impliquant des processus de plus haut niveau de traitement tels que l'évaluation et le jugement, étroitement liés à l'histoire personnelle et socioculturelle de l'individu.

❯❯ Relations entre sens au niveau physicochimique : les propriétés de l'objet

Considérons ici qu'une sensation est *une* réponse à *un* stimulus extérieur, chimique dans le cas des goûts et des odeurs, physique dans le cas des aspects et des textures, pour ne citer que les plus étudiés en agroalimentaire. Nous nous interrogeons alors sur la stabilité de chaque stimulus compte tenu de la multiplicité des stimulus présents dans un objet complexe.

Prenons le cas des odeurs d'un aliment. Supposons qu'il soit possible d'isoler chacun des odorants — ce qui est en soi une gageure, puisque les aliments sont issus de matières premières d'origine biologique, végétale ou animale, complexes de par leur nature d'organismes vivants. Supposons donc que l'on étudie une molécule volatile en tant que stimulus olfactif. Le passage d'une solution simple à un système complexe, souvent multiphasique (eau-huile-air), pose question : depuis la dilution de la molécule jusqu'à sa diffusion au travers du mélange et à sa réception par les récepteurs olfactifs (cf. aussi chapitre 35). L'intégration et l'accessibilité des composés odorants dans la « matrice » alimentaire sont largement étudiés (*flavour release*) et, sans chercher l'exhaustivité, nous pouvons citer des mécanismes en jeu tels que :
– l'effet de la matière grasse du mélange qui, selon le degré de lipophilicité de l'odorant, rend celui-ci plus ou moins accessible dans l'espace gazeux au-dessus du mélange et est en conséquence perçu plus ou moins intensément (par exemple De Roos, 1997 ; Gonzáles-Tomás *et al.*, 2008 ; Nongonierma *et al.*, 2007) ;
– l'effet de la structure globale de l'aliment (gel, semi-liquide, solide, émulsions…) qui, par sa viscosité, son organisation, contraint physiquement la diffusion des molécules et conditionne la déstructuration au cours de la mastication (par exemple Ferry *et al.*, 2006 ; Guichard, 2006) ;
– l'effet de liaisons faibles spécifiques entre macromolécules et composés d'arôme, notamment les protéines, qui « retiennent » plus ou moins fortement des petites molécules en fonction de leur structure chimique (par exemple Kühn *et al.*, 2009).

Ces interactions physicochimiques entre arôme et texture illustrent qu'une même molécule odorante n'est pas perçue de manière identique selon le milieu dans lequel elle se trouve. De tels mécanismes ont été décrits pour les systèmes alimentaires et non alimentaires, et c'est entre autres pour ces raisons qu'il est difficile, sinon impossible, de transposer les connaissances sur les qualités et comportements d'un stimulus seul à ce même stimulus en un milieu composé. Dès lors que l'on s'intéresse à un objet complexe, il devient indispensable de considérer l'ensemble des sensations, les unes et les autres résultant de paramètres physiques et chimiques liés entre eux.

▸▸ Relations entre sens à bas niveau cognitif : les propriétés sensorielles

Dans le domaine de l'évaluation sensorielle, on étudie des stimulus en milieu complexe, et des techniques spécifiques sont disponibles pour mesurer la qualité sensorielle des aliments et des produits industriels en général (Depledt, 2009 ; Meilgaard *et al.*, 2007 ; cf. aussi chapitre 32). Ici, on ne cherche pas à comprendre les mécanismes entre *constituants*, mais bien à décrire les *propriétés* sensorielles de l'aliment, de l'objet fini, quelle que soit la façon dont les stimulus ont pu être élaborés[1]. Les produits sont décrits selon la chronologie habituelle de consommation, séquentiellement et par modalité sensorielle : avant mise en bouche — aspect, odeur, texture —, puis pendant la mastication — goût, arôme, texture —, puis après déglutition, en tentant au maximum de séparer chaque système sensoriel et chaque sensation à l'intérieur d'une même modalité. Plus précisément, ce ne sont pas les sensations qui sont décrites, mais les propriétés du produit perçues par les sens (les propriétés sensorielles) : l'attention est portée sur l'objet et non sur le sujet. Une analyse consciente des sensations provoquées par l'objet est donc pratiquée, accompagnée de leur dénomination et suivie de leur quantification à l'aide d'une échelle d'intensité par un panel de dégustateurs entraînés. Des consignes précises et détaillées sont utilisées à ces fins : procédures d'évaluation, descripteurs, définitions, exemples de produits (Giboreau et Dacremont, 2003). À ce stade, nous pouvons nous interroger sur l'indépendance des systèmes sensoriels : existe-t-il des interactions entre, par exemple, la qualité gustative et la qualité olfactive ?

Les effets de la couleur sur les autres sens sont bien connus (par exemple Christensen, 1983 ; Levitan *et al.*, 2008). La vision étant le sens le plus sollicité, le plus stimulé par l'environnement, celui qui permet des actions extrêmement rapides, les propriétés visuelles orientent souvent, voire conditionnent, notre perception. Lorsque la couleur d'un aliment est modifiée, la vue prend le dessus des autres sens, qu'il s'agisse de consommateurs non entraînés ou d'experts. Ainsi, la description d'un vin blanc coloré en rouge relève de descriptions olfactives activées prioritairement par la couleur (Morrot *et al.*, 2001). Les interactions entre sensations de flaveur sont aussi connues (voir par exemple Delwiche, 2004 ; Labbe *et al.*, 2008 ; Lawrence

---

1. Néanmoins, les techniques sensorielles sont également utilisées pour étudier formulation et procédés.

et al., 2009). Des expériences en laboratoire montrent en effet que les sujets, mêmes entraînés, associent certaines qualités sensorielles entre elles. Il a ainsi été montré qu'une solution de saccharose est rapportée comme étant plus sucrée lorsqu'elle est présentée avec un arôme fraise que seule, l'arôme ne présentant, lui, aucune saveur (Frank et Byram, 1988).

Les différents résultats publiés convergent et confirment que les propriétés sensorielles ne sont pas indépendantes les unes des autres : certains liens cognitifs sont récurrents. Il ne s'agit pas ici de phénomènes moléculaires ou structuraux, mais bien d'associations mentales mémorisées entres propriétés. Autrement dit, certaines propriétés « vont ensemble » et sont intégrées dans l'évaluation des objets, comme vert et menthe, citronné et acide, etc. Ces observations sont renforcées par des données neurobiologiques (par exemple De Araujo *et al.,* 2005 ; Rolls, 1997 ; cf. aussi chapitre 26) et des données éthologiques chez l'animal (par exemple Coureaud *et al.,* 2008 ; cf. chapitre 24).

La psychologie cognitive et plus spécifiquement les théories sur la catégorisation permettent d'expliquer ces observations. L'appréhension du monde se fait en catégorisant les objets — entités conceptuelles — et non les propriétés. Or les objets sont catégorisés selon leurs similitudes et leurs différences, notamment sensorielles. Les informations sensorielles sont donc mémorisées en intégrant l'objet source : propriétés et objets sont intrinsèquement liés, et des associations systématiques, naturelles et culturelles, constituent les données de base de nos catégories et de nos modes de perception (Dubois, 1998 ; 2000). Lors de la perception d'un objet, compte tenu des principes de mémorisation et d'activation des catégories cognitives qui sont par définition multisensorielles, on observe des relations ontologiques, essentielles, entre propriétés sensorielles relevant de différentes modalités, comme la couleur rouge d'une fraise. Le fait de masquer la couleur, de la changer, ou de se boucher le nez, a des conséquences sur la prise d'information et la description des perceptions, qui ne sont pas comparables à la situation où tous les sens sont en jeu.

L'analyse sensorielle descriptive permet de prendre en compte *tous* les systèmes sensoriels dans la description d'un objet complexe en intégrant sans les détailler les interactions d'ordre physicochimique et les associations cognitives naturelles.

▶▶ Relations entre sens à un niveau cognitif supérieur : les jugements

Considérant que la somme de plusieurs stimulus conduit à une réponse qui n'est pas la somme des réponses de chaque stimulus pris séparément, il reste aussi à mieux comprendre comment les sens participent, ensemble donc, au jugement des consommateurs. Or il ne suffit pas de connaître les propriétés sensorielles d'un objet pour étudier les préférences : les jugements de valeur ne sont pas uniquement liés à l'objet mais également à la situation dans laquelle l'objet est évalué. Deux types d'observations permettent d'illustrer ce point : les effets de contexte et les effets d'attente.

Des effets de contexte ont été montrés sur l'appréciation des aliments sur le plan de la présentation : le volume, la forme, la taille (par exemple Bell *et al.,* 2003 ; Weijzen *et al.,* 2008), mais aussi sur le plan de l'environnement : la température de service, la lumière, l'ambiance sonore (Stroebele et De Castro, 2004 ; Ventanas *et al.,* 2010 ; Woods *et al.,* 2011). De plus, l'environnement social joue également sur la perception des objets, et plus particulièrement des aliments (Hetherington *et al.,* 2006 ; Weber *et al.,* 2004).

Il existe aussi une modulation des appréciations hédoniques en fonction des « attentes » créées par des facteurs d'image tels que liés au type de lieu de consommation : cafétéria, fast-food, hôpital, etc. (Cardello *et al.,* 2000 ; Edwards *et al.,* 2003 ; King *et al.,* 2008 ; Meiselman *et al.,* 2000). Des modifications du jugement hédonique sont observées selon l'environnement, mais aussi selon les informations données sur le produit : la marque, l'origine, le procédé (Lange *et al.,* 2002 ; Tuorila *et al.,* 1998). Schématiquement, dans l'esprit d'un consommateur, un champagne de grande marque ou un champagne de marque de distributeur ne *peuvent* pas être identiques et avoir le même goût (au sens commun, multimodal, du mot), car ils n'appartiennent pas à la même catégorie de référence. Ainsi, un même produit jugé en contenant standardisé ou dans un emballage commercial (réel ou reconstruit) recevra des notes d'appréciation hédonique différentes.

Ces effets de contexte et d'attente s'expliquent par des processus cognitifs descendants, ou processus *top-down*. L'objet perçu n'est pas seul en jeu dans le jugement perceptif ; l'état du sujet est également déterminant : la tâche et l'action menées modulent ses stratégies cognitives, tout comme les modulent les facteurs externes au sujet et à l'objet. Dans ses activités quotidiennes, un individu perçoit et catégorise les objets sans avoir besoin d'y songer, et avec les objets sont mémorisées toutes les informations perçues et la signification qu'il donne à l'expérience vécue (Bruner, 1991). Dans ce cadre théorique de la cognition située (*grounded cognition*), les processus cognitifs — dont la perception — varient selon les facteurs liés à la situation où se trouve le sujet (Auvray et Spence, 2008 ; Barsalou, 2008). Le sujet, dans un contexte environnemental et social à un instant *t,* engagé dans une action particulière, et les processus cognitifs en jeu à cet instant *t* sont spécifiques précisément de cette situation. Ainsi, les frontières des catégories des différents objets ne sont pas déterminées ni figées mais varient selon la situation, les objets en présence, l'attention du sujet, la situation, etc. Une même personne goûtant un même aliment pourra y prêter une attention différente, et émettre un jugement différent selon la façon dont il est servi, présenté, consommé, où, avec qui, etc.

Les catégories cognitives portent toutes sortes d'informations mémorisées, des propriétés tangibles des objets (forme, poids, sensations, etc.) et des propriétés intangibles (signification, valeurs, idiosyncrasies, etc.). La perception est globale et les catégories cognitives sont construites et activées en intégrant toutes les informations liées à la consommation, qu'elles soient sensorielles ou non sensorielles. Nous nous sommes donc éloignés du modèle *un* stimulus → *une* réponse : les catégories cognitives, les caractéristiques de l'individu et celles de la situation d'expérience — au sens anglo-saxon du terme — conduisent à percevoir et à évaluer un objet de manière variable.

▸▸ En conclusion, quelles applications à l'intégration multisensorielle ?

Nous avons vu qu'il existait trois niveaux de relations entre systèmes sensoriels : le niveau des constituants de l'objet, le niveau des propriétés sensorielles de l'objet et le niveau du jugement perceptif, chacun relevant de connaissances issues de disciplines différentes, comme illustré sur la figure 29.1 dans le cas des aliments[2].

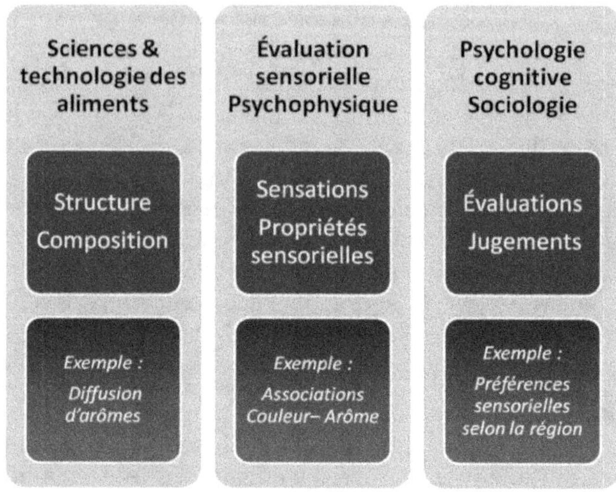

Figure 29.1. Schéma des trois niveaux de relations existant entre systèmes sensoriels.

Compte tenu de ces phénomènes de relations entre sens, certaines précautions sont à suivre dans le cadre d'études appliquées (Giboreau et Body, 2012), d'une part, en ce qui concerne les stratégies de développement de nouveaux produits et de communication auprès des consommateurs et, d'autre part, en ce qui concerne les méthodologies à mettre en œuvre pour étudier les produits et les préférences des consommateurs (cf. chapitres 34 et 37).

Premièrement, du côté des produits. Traiter du *goût* d'un aliment, c'est aussi traiter de son aspect, sa couleur, son arôme, sa texture, sa flaveur : sensations gustatives, olfactives, tactiles, trigéminales, thermiques et auditives. Les processus cognitifs que nous avons décrits impliquent de considérer comme essentielle la cohérence de l'aliment pour les consommateurs. Les propriétés du produit doivent être cohérentes entre elles pour les consommateurs et, de plus, l'emballage et la communication doivent être cohérents avec les propriétés sensorielles de l'aliment.

Deuxièmement, du côté des méthodes d'étude des perceptions. Compte tenu de la multiplicité des interactions physicochimiques, il est en général très difficile d'utiliser des mesures instrumentales pour décrire les qualités sensorielles, ce qui explique la

---

2. Pour d'autres secteurs que l'agroalimentaire (cosmétique, textile, etc.), seule la discipline liée à l'objet change, les concepts sensoriels et psychosociaux étant comparables quels que soient les objets considérés.

très grande exploitation de la technique de profil sensoriel qui décrit de manière détaillée, précise et quantifiée l'ensemble des propriétés sensorielles des produits. De manière complémentaire au profil et afin de tenir compte des spécificités des catégories cognitives des consommateurs cibles, des mesures du jugement hédonique sont indispensables. Pour cela, il est essentiel de recruter des consommateurs homogènes par leurs liens affectifs et culturels au produit testé et de réaliser des mesures globales des jugements hédoniques, par exemple à l'aide d'une question d'appréciation après dégustation de l'aliment, dans des conditions précisément définies (avec ou sans information, en laboratoire ou à domicile...).

Dans un cadre appliqué de développement de produits autant que d'étude des préférences, il semble utile — essentiel — de considérer chaque système sensoriel comme dépendant des autres et, de plus, l'influence de variables contextuelles ou individuelles sur les sens.

▸▸ Bibliographie

Auvray M., Spence C., 2008. The multisensory perception of flavor. *Consciousness and Cognition,* 17 (3), 1016-1031.

Barsalou L.W., 2008. Grounded cognition. *Annual Review of Psychology,* 59, 617-645.

Bell E.A., Roe L.S., Rolls B.J., 2003. Sensory-specific satiety is affected more by volume than by energy content of a liquid food. *Physiology and Behavior,* 78 (4-5), 593-600.

Bruner J., 1991. *Car la culture donne forme à l'esprit : de la révolution cognitive à la psychologie culturelle,* Paris, Eshel.

Cardello A.V., Schutz H., Snow C., Lesher L, 2000. Predictors of food acceptance, consumption and satisfaction in specific eating situations. *Food Quality and Preference,* 11 (3, 201-216.

Christensen C.M., 1983. Effects of color on aroma, flavor and texture judgments of foods. *Journal of Food Sciences,* 48, 787-790.

Coureaud G., Thomas-Danguin T., Le Berre E., Schaal B., 2008. Perception of odor blending mixtures in the newborn rabbit. *Physiology and Behavior,* 95, 194-199.

De Araujo I.E., Rolls E.T., Velazco M.I., Margot C., Cayeux I., 2005. Cognitive modulation of olfactory processing. *Neuron,* 46 (4), 671-679.

Delwiche J., 2004. The impact of perceptual interactions on perceived flavor. *Food Quality and Preference,* 15, 137-146.

Depledt F., 2009. *Évaluation sensorielle : manuel méthodologique,* Lavoisier, Paris, 3e édition, 524 p.

De Roos K., 1997. How lipids influence food flavor. *Food Technology,* 51 (1) 60-66.

Dubois D. (ed), 1998. *Catégorisation : de la perception au discours,* Kimé, Paris, 316 p.

Dubois D., 2000. Categories as acts of meaning: the case of categories in olfaction and audition. *Cognitive Science Quaterly,* 1, 35-68.

Edwards J.S.A., Meiselman H.L., Edwards A., Lesher L., 2003. The influence of eating location on the acceptability of identically prepared foods. *Food Quality and Preference,* 14, 647-652.

Ferry A.-L., Hort J., Mitchell J.R., Cook D.J., Lagarrigue S., Valles Pamies B., 2006. Viscosity and flavour perception: why is starch different from hydrocolloids? *Food Hydrocolloids,* 20 (6), 855-862.

Frank R.A., Byram J., 1988. Taste smell interactions are tastant and odorant dependent. *Chemical Senses, 13,* 445-455.

Giboreau A., Body L., 2012. *Le marketing sensoriel : de la stratégie à la mise en œuvre,* Vuibert, Paris, 238 p.

Giboreau A., Dacremont C., 2003. Le profil sensoriel : les limites d'un savoir-faire empirique. *Psychologie française,* 48 (4), 69-78.

GONZÁLEZ-TOMÁS L., BAYARRI S., TAYLOR A.J., COSTELL E., 2008. Rheology, flavour release and perception of low-fat dairy desserts. *International Dairy Journal,* 18 (8), 858-866.

GUICHARD E., 2006. Flavour retention and release from protein solutions. *Biotechnology Advances,* 24 (2), 226-229.

HETHERINGTON M., ANDERSON A., NORTON G., NEWSON L., 2006. Situational effects on meal intake: a comparison of eating alone and eating with others. *Physiology and Behavior,* 88, 498-505.

KING S.C., MEISELMAN H.L., HOTTENSTEIN A.W., WORK T.M., CRONK V., 2008. The effects of contextual variables on food acceptability: a confirmatory study. *Food Quality and Preference,* 18 (1), 58-65.

KÜHN J., DELAHUNTY C.M., CONSIDINE T., SINGH H., 2009. In-mouth flavour release from milk proteins. *International Dairy Journal,* 19 (5), 307-313.

LABBE D., GILBERT F., MARTIN N., 2008. Impact of olfaction on taste, trigeminal, and texture perceptions. *Chemosensory Perception,* 1 (4), 217-226.

LANGE C., MARTIN C., CHABANET C., COMBRIS P., ISSANCHOU S., 2002. Impact of the information provided to consumers on their willingness to pay for champagne: comparison with hedonic scores. *Food Quality and Preference,* 13 (7-8), 597-608.

LAWRENCE G., SALLES C., SEPTIER C., BUSCH J., THOMAS-DANGUIN T., 2009. Odour-taste interactions: a way to enhance saltiness in low-salt content solutions. *Food Quality and Preference,* 20 (3), 241-248.

LEVITAN C.A., ZAMPINI M., LI R., SPENCE C., 2008. Assessing the role of color cues and people's beliefs about color-flavor associations on the discrimination of the flavor of sugar-coated chocolates. *Chemical Senses,* 33 (5), 415-423.

MEILGAARD M., CIVILLE G.V., CARR B.T., 2007. *Sensory Evaluation Techniques,* CRC Press, Boca Raton, 4ᵉ édition, 464 p.

MEISELMAN H.L., JOHNSON J.L., REEVE W. CROUCH J.E., 2000. Demonstration of the influence of the eating environment on food acceptance. *Appetite,* 35, 231-237.

MORROT G., BROCHET F., DUBOURDIEU D., 2001. The color of odors. *Brain and Language,* 79 (2), 309-320.

NONGONIERMA A.B., COLAS B., SPRINGETT M., LE QUÉRÉ J.L., VOILLEY A., 2007. Influence of flavour transfer between different gel phases on perceived aroma. *Food Chemistry,* 100 (1), 297-305.

ROLLS E.T., 1997. Taste and olfactory processing in the brain and its relation to the control of eating. *Critical Review in Neurobiology,* 11, 263-287.

STROEBELE N., DE CASTRO J., 2004. Effect of ambience on food intake and food choice. *Nutrition,* 20 (9), 821-838.

TUORILA H.M., MEISELMAN H.L., CARDELLO A.V., LESHER A.L., 1998. Effect of expectations and the definition of product category on the acceptance of unfamiliar foods. *Food Quality and Preference,* 9 (6), 421-430.

VENTANAS S., MUSTONEN S., PUOLANNE E., TUORILA H., 2010. Odour and flavour perception in flavoured model systems: influence of sodium chloride, umami compounds and serving temperature. *Food Quality and Preference,* 21 (5), 453-462.

WEBER A.J., KING S.C., MEISELMAN H.L., 2004. Effects of social interaction, physical environment and food choice freedom on consumption in a meal-testing environment. *Appetite,* 42 (1), 115-118.

WEIJZEN P.L.G., LIEMB D.G., ZANDSTRAB E.H., DE GRAAF C., 2008. Sensory specific satiety and intake: the difference between nibble and bar-size snacks. *Appetite,* 50 (2-3), 435-442.

WOODS A.T., POLIAKOFF E., LLOYD D.M., HODSON R., GONDA H., BATCHELOR J., DIJKSTERHUIS G.B., THOMAS A., 2011. Effect of background noise on food perception. *Food Quality and Preference,* 22 (1), 42-47.

Partie IX

Applications agronomiques, industrielles, médicales et environnementales

Chapitre 30

Olfaction artificielle
et inspiration biologique

Dominique MARTINEZ

Identifier et localiser des composés volatils est un enjeu important pour bon nombre d'applications : détection d'explosifs (sécurité civile ou militaire), contrôle de la qualité des aliments, évaluation de la qualité de l'air, pour n'en citer que quelques-unes. Ces dernières années ont vu une augmentation des recherches liées au développement de capteurs de gaz microélectroniques, de faible coût de fabrication, et permettant une analyse qualitative et quantitative de mélanges gazeux. Mais, quelle que soit la technologie utilisée (oxyde métallique, polymère conducteur, quartz piézoélectrique, etc. ; voir aussi chapitre 31 pour les biosenseurs), la caractéristique commune à tous ces capteurs est leur manque de sélectivité. Les capteurs existants réagissent à un grand nombre de gaz, et il paraît probable qu'à terme cette situation perdure. On peut même se poser la question de l'utilité de capteurs sélectifs tant il est coûteux de développer un capteur spécifique pour chaque odeur à détecter. Il faut noter que la situation est similaire dans les systèmes olfactifs biologiques, les récepteurs olfactifs étant eux aussi non étroitement sélectifs. Le système olfactif naturel n'en est pas moins très performant. C'est la raison pour laquelle on s'est très tôt inspiré du système biologique pour améliorer la sélectivité des capteurs de gaz.

Le concept de nez électronique comme système bionique d'olfaction artificielle est apparu il y a une vingtaine d'années (Persaud et Dodd, 1982). Il s'agit d'utiliser une matrice de capteurs différents dont le profil d'activation contient la signature de l'odeur à identifier, de la même façon que notre perception olfactive résulte de l'activation, par les molécules odorantes, des nombreux récepteurs qui tapissent l'épithélium olfactif. L'analogie s'arrête là cependant. Les nez artificiels actuels ne sont qu'une pâle imitation de l'odorat des animaux, avec des performances encore très éloignées de leurs analogues biologiques. Les causes en sont multiples. D'une part, la taille et l'organisation des deux systèmes, artificiel et biologique, n'est pas comparable. Les nez électroniques actuels ne disposent que d'une dizaine de capteurs de gaz, alors que les systèmes biologiques possèdent une organisation hiérarchique avec plusieurs milliers, voire millions de neurones récepteurs olfactifs convergeant sur des structures sphériques du bulbe olfactif appelées glomérules. D'autre part, le traitement des matrices de capteurs de gaz, issu d'une approche statistique (analyse discriminante, méthodes à noyaux, etc.), est très éloigné de la réalité biologique (neurones émettant des potentiels d'action). Enfin, si détecter et reconnaître une odeur est envisageable à l'aide de capteurs fixes, la localisation de la source n'est possible que si la matrice de capteurs est mobile. Ces trois obstacles freinent le développement de l'olfaction artificielle. Les voies d'amélioration proposées dans ce chapitre sont basées sur une approche résolument biomimétique et tentent de répondre aux questions suivantes : le grand nombre de récepteurs olfactifs et la convergence glomérulaire peuvent-ils être copiés pour améliorer la sensibilité des nez électroniques ? Le traitement des matrices de capteurs peut-il s'inspirer du codage par impulsion des neurones biologiques ? L'utilisation des nez électroniques dans le cadre de la robotique autonome rend-elle possible la localisation de sources olfactives ?

▸▸ Accroître la sensibilité en s'inspirant de la convergence glomérulaire

L'organisation hiérarchique du système olfactif est étonnamment similaire entre différentes espèces et suggère une certaine optimalité de traitement de l'information olfactive (Strausfeld et Hildebrand, 1999). Chez les Vertébrés et les Invertébrés, cela se traduit par le fait qu'un grand nombre de neurones récepteurs olfactifs convergent sur les glomérules, où ils établissent des contacts synaptiques avec les neurones centraux, en nombre plus faible. De cette convergence massive résulte un accroissement de sensibilité (amplification du signal et diminution du bruit). Peut-on s'en inspirer pour l'olfaction artificielle ?

Jusqu'à présent, la technologie microélectronique ne permettait pas l'intégration monolithique d'un nombre suffisant de capteurs. Ces capteurs, très souvent à base d'oxyde métallique, nécessitent des températures de fonctionnement élevées, entre 300 et 450 °C. Avec une puissance dissipée de l'ordre de 75 mW par capteur (Gardner et Bartlett, 1999), la fabrication d'une matrice de grande taille n'est simplement pas envisageable. Les nez électroniques actuels ne disposent tout au plus que d'une dizaine de capteurs. Une façon de créer de la diversité est de multiplier artificiellement le nombre de capteurs en modulant temporellement la température (Lee et Reedy, 1999). Les propriétés de sélectivité de chaque capteur dépendent en effet de leur température de fonctionnement. En se basant sur ce principe, il est possible de générer 3 000 pseudocapteurs en appliquant une tension de chauffage sinusoïdale à seulement deux capteurs réels (Raman et Guttierez-Osuna, 2005 ; Raman *et al.,* 2006). Associé à un modèle informatique de bulbe olfactif, ce nez électronique fournit une « image » du stimulus sous la forme d'une carte d'activation glomérulaire (deux glomérules voisins sont activés par des stimulus olfactifs proches). Bien qu'attrayante, cette approche est limitée par la forte corrélation de l'information redondante créée par le nombre restreint de capteurs réels. Mais ce n'est pas la seule raison. La limitation est aussi intrinsèque à ce type de capteur. Les capteurs de gaz à base d'oxyde métallique sont plus sélectifs, mais aussi beaucoup plus corrélés que ne le sont les récepteurs olfactifs biologiques (Berna *et al.*, 2009). Une approche plus ambitieuse consiste à construire une matrice de grandes dimensions en utilisant un autre principe de détection, avec des capteurs de gaz optiques (Dickinson *et al.*, 1996 ; Di Natale *et al.*, 2008 ; Rakow et Suslick, 2000) ou à polymère conducteur (Beccherelli *et al.*, 2010).

▸▸ Réduire la complexité du traitement en s'inspirant du codage olfactif biologique

Le système olfactif biologique est non seulement efficace, il est aussi très rapide (Abraham *et al.*, 2004 ; Wesson *et al.*, 2008). Un rat par exemple reconnaît une odeur nouvelle en moins de 200 ms, une drosophile en moins de 90 ms (Bhandawat *et al.*, 2010). Dans un contexte de traitement rapide de l'information, les neurones relais du bulbe olfactif ne peuvent générer que quelques potentiels d'action en réponse à une stimulation. Le temps du premier potentiel d'action, appelé latence, est particulièrement important. Des études expérimentales et théoriques prédisent que les latences relatives entre les différents neurones encodent l'odeur indépendamment de son intensité (Hopfield, 1995 ; 1998 ; Junek *et al.*, 2010 ; Margrie et Schaefer, 2003 ; Rospars *et al.*, 2003).

La latence d'activation décroît de façon logarithmique avec la concentration de l'odeur (Margrie et Schaefer, 2003 ; Rospars *et al.*, 2003). Un simple codage logarithmique a souvent été utilisé dans l'olfaction artificielle pour comprimer l'étendue dynamique des capteurs (Barrettino *et al.*, 2002 ; Baschirotto *et al.*, 2008). Dans Chen *et al.* (2011) par exemple, la compression logarithmique permet d'obtenir une erreur relative inférieure à 0,4 % pour des valeurs de résistance de capteurs s'étendant sur plusieurs ordres de grandeur (1 kohm-1 Mohm). Mais peut-on aller plus loin et s'inspirer du codage neuronal par impulsions électriques pour reconnaître une odeur, quelle que soit son intensité ? Les capteurs de gaz à oxyde métallique dépendent de la concentration suivant une loi de puissance dont l'exposant est fonction à la fois du capteur et de l'odeur (Clifford et Tuma, 1983 ; Yamazoe et Shimanoe, 2008). Une méthode d'apprentissage a récemment été employée pour estimer l'exposant et spécialiser la fonction logarithmique de codage aux capteurs utilisés et aux odeurs apprises (Chen *et al.*, 2011 ; Guo *et al.*, 2007). Inspiré par le fonctionnement du système biologique, chaque capteur émet une impulsion électrique à un temps donné par cette fonction logarithmique, et l'odeur est codée par les latences relatives entre les différentes impulsions. Quand la concentration de l'odeur augmente, les impulsions arrivent plus tôt mais leurs latences relatives restent identiques. Ce codage temporel, invariant à la concentration, se prête bien par sa simplicité à une implantation matérielle avec des capteurs de gaz.

▸▸ Localiser la source en s'inspirant de la mobilité des organismes biologiques

Comment réaliser un robot autonome capable de localiser des odeurs, par exemple pour détecter des explosifs ou des fuites de gaz dans des zones dangereuses ou inaccessibles ? Une solution simple est le mécanisme de chimiotaxie utilisé par la bactérie *Escherichia coli* ou le nématode *Caenorhabditis elegans,* qui trouvent leur nourriture en remontant le gradient de concentration. Localiser des sources olfactives par chimiotaxie à l'aide d'un robot équipé de matrices de capteurs est possible, mais uniquement quand celui-ci est proche de la source et se déplace à faible vitesse (Grasso *et al.,* 1997 ; Martinez *et al.,* 2006). Cette situation permet de moyenner les fluctuations et d'obtenir un gradient de concentration relativement homogène. Le problème est beaucoup plus difficile quand il s'agit de chercher la source à grande distance. Loin de la source, le panache olfactif n'est absolument pas continu et homogène mais est constitué, au contraire, de paquets d'odeurs intermittents poussés par le vent ou les turbulences du milieu. La probabilité de rencontre avec l'odeur décline très vite en s'éloignant de la source, de sorte que guider le robot à partir d'indices très sporadiques pose problème. Cette situation est typiquement rencontrée par les papillons de nuit cherchant la source de phéromone émise par la femelle à plusieurs centaines de mètres. Puisque les papillons sont si efficaces, pourquoi ne pas s'en inspirer ?

Les papillons de nuit adoptent une stratégie de recherche complexe qui reste encore assez mystérieuse aujourd'hui. On les voit remonter le vent en ligne droite quand ils

Figure 30.1. Robot infotaxique (Martinez, 2007, avec permission).

En moyenne, sept détections sont nécessaires pour localiser la source, avec un taux de réussite de 95 % (Martin-Moraud et Martinez, 2010). Les trajectoires infotaxiques sont très proches de celles observées chez le papillon de nuit cherchant la source de phéromone de la femelle.

détectent l'odeur et faire des zigzags perpendiculaires au vent, puis des trajectoires circulaires quand ils perdent contact avec l'odeur (Kennedy, 1983). Ces observations ont inspiré le développement de robots olfactifs équipés de capteurs de gaz (Hayes *et al.*, 2002) et de certains cyborgs (Kuwana *et al.*, 1999) utilisant les antennes de papillons de nuit comme capteurs de phéromone. Mais, même si ces travaux reproduisent certains aspects du comportement animal, ils n'expliquent en rien la stratégie de recherche sous-jacente, autrement dit le mécanisme théorique à mettre en œuvre pour trouver la source à grande distance dans un milieu turbulent. Dans une telle situation où l'information est rare, ce mécanisme pourrait-il maximiser le gain d'information ? C'est ce que suggère une nouvelle stratégie de recherche appelée infotaxie (Vergassola *et al.*, 2007). Dans une recherche infotaxique, le manque d'information est quantifié par l'entropie de Shannon et le chercheur se déplace dans le but de maximiser le gain d'information donné par la réduction d'entropie. Les expériences conduites avec un robot réel (figure 30.1) montrent que cette méthode est extrêmement efficace et robuste (Martin-Moraud et Martinez, 2010). Étonnamment, les trajectoires du robot, comme celles obtenues en simulation, sont très proches des trajectoires observées chez les papillons de nuit. Ce n'est cependant pas parce que les trajectoires produites ressemblent à celles des insectes que l'on peut en déduire que ces derniers utilisent une approche infotaxique. Seules des expériences comportementales spécifiques pourront confirmer ou infirmer cette hypothèse.

▸▸ Conclusion

Dans ce chapitre, on a présenté quelques approches biomimétiques appliquées à l'olfaction artificielle pour accroître la sensibilité, réduire la complexité du traitement et améliorer les stratégies de recherche. Si les avantages de s'inspirer du vivant semblent évidents pour les applications technologiques, le contraire l'est moins. Autrement dit, que peut nous apprendre l'olfaction artificielle sur le système olfactif biologique ? Traditionnellement, les hypothèses biologiques sont formalisées dans des modèles théoriques qui sont ensuite testés en simulation numérique. Une telle approche est tout à fait satisfaisante en vision ou en audition, car les stimulus sont bien maîtrisés et disponibles numériquement. À l'inverse, en olfaction, le passage au monde réel devient indispensable pour juger de la pertinence d'un modèle. Il est par exemple difficile de simuler une dispersion réaliste des odeurs. Tester une hypothèse comportementale sur un robot réel s'avère alors nécessaire, tout en ayant aussi conscience de ses limitations.

▸▸ Bibliographie

ABRAHAM N.M., SPORS H., CARLETON A., MARGRIE T.W., KUNER T., SCHAEFER A.T., 2004. Maintaining accuracy at the expense of speed. *Neuron*, 4, 865-876.
BARRETTINO D., GRAF M., ZIMMERMANN M., HIERLEMANN A., BALTES H., HAHN S., BARSAN N., WEIMAR U., 2002. A smart single-chip micro-hotplate-based chemical sensor system in CMOS-technology. *In: IEEE International Symposium on Circuits and Systems*, Phoenix-Scottsdale, AZ, USA, vol. 2, 157-160.

BASCHIROTTO A., CAPONE S., D'AMICO A., DI NATALE C., FERRAGINA V., FERRI G., FRANCIOSO L., GRASSI M., GUERRINI N., MALCOVATI P., MARTINELLI E., SICILIANO P., 2008. A portable integrated wide-range gas sensing system with smart A/D front-end. *Sensors and Actuators B,* 130 (1), 164-174.

BECCHERELLI R., ZAMPETTI E., PANTALEI S., BERNABEI M., PERSAUD K.C., 2010. Design of a very large chemical sensor system for mimicking biological olfaction. *Sensors and Actuators B,* 146 (2), 446-452.

BERNA A.Z., ANDERSON A.R., TROWELL S.C., 2009. Bio-benchmarking of electronic nose sensors. *PLoS One,* 4 (7), e6406, doi:10.1371/journal.pone.0006406.

BHANDAWAT V., MAIMON G., DICKINSON M.H., WILSON R.I., 2010. Olfactory modulation of flight in Drosophila is sensitive, selective and rapid. *Journal of Experimental Biology,* 213 (Pt 24), 4313.

CHEN H.T., NG K.T., BERMAK A., LAW M.K., MARTINEZ D., 2011. Spike latency coding in a biologically inspired micro-electronic nose. *IEEE Trans. Biomedical Circuits and Systems,* 5 (2), 160-168.

CLIFFORD P.K., TUMA D.T., 1983. Characteristic of semiconductor gas sensors. 1. Study. State gas response. *Sensors and Actuators,* 3, 233-254.

DI NATALE C., MARTINELLI E., PAOLESSE R., D'AMICO A., FILIPPINI D., LUNDSTRÖM I., 2008. An experimental biomimetic platform for artificial olfaction. *PLoS One,* 3 (9), e3139, doi:10.1371/journal.pone.0003139.

DICKINSON T.A., WHITE J., KAUER J.S., WALT D.R., 1996. A chemical-detecting system based on a cross-reactive optical sensor array. *Nature,* 382, 697-700.

GARDNER J.W., BARTLETT P.N., 1999. *Electronic noses: principles and applications,* Oxford University Press, 245 p.

GRASSO F.W., CONSI T.R., MOUNTAIN D.C., DALE J.H., ATEMA J., 1997. Effectiveness of continuous bilateral sampling for robot chemotaxis in a turbulent odor plume: implications for lobster chemotaxis. *Biological Bulletin,* 193, 215-216.

GUO B., BERMAK A., MARTINEZ D., 2007. A 4 × 4 Logarithmic spike timing encoding scheme for olfactory sensor applications. *In: IEEE International Symposium on Circuits and Systems ISCAS 2007,* New Orleans, USA, 3554-3557.

HAYES A.T., MARTINOLI A., GOODMAN R.M., 2002. Distributed odor source localization. *IEEE Sensors Journal,* 2 (3), 260-271.

HOPFIELD J., 1995. Pattern recognition computation using action potential timing for stimulus representation. *Nature,* 376, 33-36.

HOPFIELD J., 1998. Computing with action potentials. *Neural Information Processing Systems,* 10, 166-172.

JUNEK S., KLUDT E., WOLF F., SCHILD D., 2010. Olfactory coding with patterns of response latencies. *Neuron,* 67, 872-884.

KENNEDY J.S., 1983. Zigzagging and casting as a programmed response to wind-borne odour: a review. *Physiological Entomology,* 8, 109-120.

KUWANA Y., NAGASAWA S., SHIMOYAMA I., KANZAKI R., 1999. Synthesis of the pheromone-oriented behaviour of silkworm moths by a mobile robot with moth antennae as pheromone sensors. *Biosensors and Bioelectronics,* 14, 195-202.

LEE P., REEDY J., 1999. Temperature modulation in semiconductor gas sensing. *Sensors and Actuators B,* 60, 35-42.

MARGRIE T., SCHAEFER A., 2003. Theta oscillation coupled spike latencies yield computational vigour in a mammalian sensory system. *Journal of Physiology,* 546, 363-374.

MARTIN-MORAUD E., MARTINEZ D., 2010. Effectiveness and robustness of robot infotaxis for searching in dilute conditions. *Frontiers in Neurorobotics,* 4 (1), doi: 10.3389/fnbot.2010.00001.

MARTINEZ D., 2007. On the right scent. *Nature,* 445, 371-372.

MARTINEZ D., ROCHEL O., HUGUES E., 2006. A biomimetic robot for tracking specific odors in turbulent plumes. *Autonomous Robot,* 20, 185-195.

PERSAUD K., DODD G., 1982. Analysis of discrimination mechanisms in the mammalian olfactory system using a model nose. *Nature,* 299, 352-355.

RAKOW N.A., SUSLICK K.S., 2000. A colorimetric sensor array for odor visualization. *Nature,* 406, 710-712.

RAMAN B., GUTIERREZ-OSUNA R., 2005. Chemosensory processing in a spiking model of the olfactory bulb: chemotopic convergence and center surround inhibition. *Advances in Neural Information Processing Systems,* 17, MIT Press, 1105-1112.

RAMAN B., SUN P.A., GUTIERREZ-GALVEZ A., GUTIERREZ-OSUNA R., 2006. Processing of chemical sensor arrays with a biologically inspired model of olfactory coding. *IEEE Transactions Neural Networks,* 17 (4), 1015-1024.

ROSPARS J.-P., LANSKY P., DUCHAMP-VIRET P., DUCHAMP A., 2003. Relation between stimulus and response in frog olfactory receptor neurons *in vivo. European Journal of Neuroscience,* 18, 1135-1154.

STRAUSFELD N.J., HILDEBRAND J.G., 1999. Olfactory systems: common design, uncommon origins? *Current Opinion in Neurobiology,* 9, 634-639.

VERGASSOLA M., VILLERMAUX E., SHRAIMAN B.I., 2007. "Infotaxis" as a strategy for searching without gradients. *Nature,* 445, 406-409.

WESSON D.W., CAREY R.M., VERHAGEN J.V., WACHOWIAK M., 2008. Rapid encoding and perception of novel odors in the rat. *PloS Biology,* 6 (4), e82, doi:10.1371/journal.pbio.0060082.

YAMAZOE N., SHIMANOE K., 2008. Theory of power laws for semiconductor gas sensors. *Sensors and Actuators B,* 128, 566-573.

Chapitre 31

Diagnostic olfactif des pathologies

Edith PAJOT-AUGY

▸▸ Détection précoce de pathologies par des odeurs associées

Diagnostic olfactif de pathologies par des chiens ou des rats

La détection d'odeurs émanant d'aliments ou d'explosifs par des chiens spécifiquement entraînés est une pratique familière à toute personne fréquentant les aéroports (Habib, 2007 ; King *et al.,* 2004). Les escadrons de rats renifleurs d'odeurs utilisés pour traquer les mines antipersonnelles dans les champs après les conflits armés sont certainement moins connus du grand public. Et la capacité des chiens à diagnostiquer précocement certaines pathologies, *via* des odeurs associées présentes dans les urines, le sang, l'haleine, peut paraître anecdotique. Pourtant, les odeurs corporelles constituaient, dans les pratiques médicales traditionnelles à des époques où le diagnostic n'était fondé que sur la seule observation clinique, d'importants indices pour les médecins, avec, il faut le reconnaître, un certain degré de folklore. Les odeurs corporelles provenant de la sueur, du sébum, du mucus des voies nasales, de la gorge et des poumons, de l'urine, des selles ou encore des sécrétions vaginales sont caractéristiques des individus, et dépendent à la fois de leur profil génétique et de leur état physiopathologique. Aujourd'hui encore, le diagnostic sensoriel olfactif peut parfois contribuer à l'identification de certaines pathologies en orientant le diagnostic.

Dès 1989, des cas anecdotiques avaient été rapportés dans le très sérieux *The Lancet* (Church et Williams, 2001 ; Williams et Pembroke, 1989), pour des mélanomes ainsi que pour un cancer du sein (Welsh *et al.,* 2005). Si ces diagnostics s'appuyaient tout

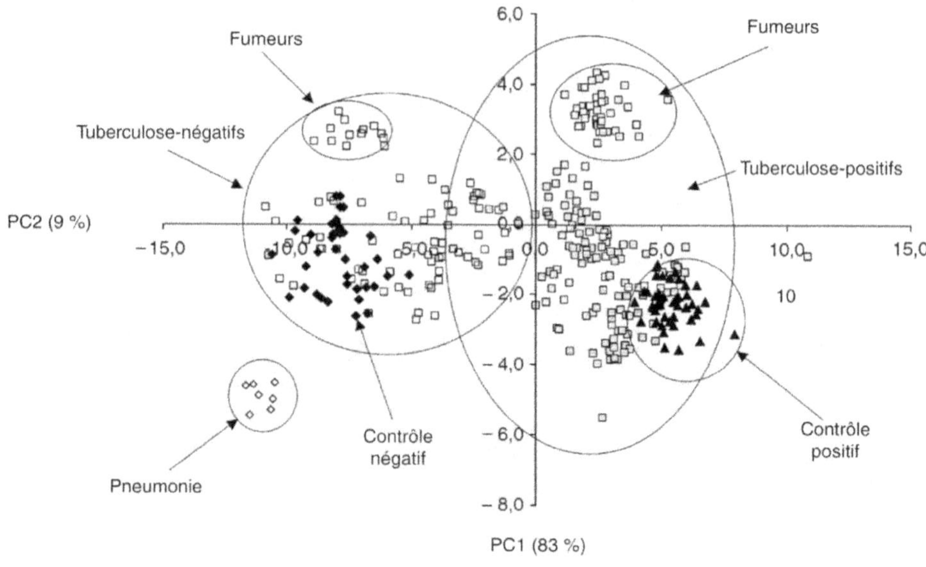

Figure 31.1. Analyse par un nez électronique d'échantillons de crachats.

Les échantillons regroupent contrôles négatifs, positifs (crachats ensemencés en *Mycobacterium tuberculosis*), pneumonies confirmées et échantillons cliniques (tuberculose-négatifs, tuberculose-positifs), analysés en composantes principales (PCA) PC1 et PC2. Les échantillons tuberculose-positifs et tuberculose-négatifs sont relativement bien discriminés. Les pneumonies forment un groupe à part. La sensibilité de la détection est de 89 %, la spécificité de 91 %, et la proportion de diagnostics corrects est d'environ 90% (d'après Fend *et al.*, 2006).

d'abord sur l'observation des comportements anormaux et insistants des animaux envers leur maître, depuis 1999, des études ont ensuite mis en évidence la présence spécifique de plusieurs composés odorants dans les fluides corporels pour de nombreux types de cancers : dans les urines pour le cancer de la vessie, du rein ou de la prostate (Spanel *et al.*, 1999 ; Willis *et al.*, 2004), dans le sang (Deng *et al.*, 2004) mais aussi dans l'haleine pour le cancer du poumon (alcanes et dérivés benzéniques, Phillips *et al.*, 1999 ; 2003a) ou du sein (Phillips *et al.*, 2003b). Ces études ont également établi que le diagnostic canin résultait effectivement de la détection par leur système olfactif des composés volatils odorants associés à ces pathologies (Willis *et al.*, 2004). Ces observations ont été élargies à d'autres types de cancers : lymphome, leucémie… (Yazdanpanah *et al.*, 1997).

Dans des pays subsahariens aux ressources limitées, où la tuberculose représente encore un problème de santé majeur, des rats de Gambie géants préalablement entraînés sont utilisés dans le cadre du programme Apopo pour le diagnostic de la tuberculose à partir des odeurs présentes dans les crachats humains[1] (Weetjens *et al.*, 2009). La méthode est rapide et au moins aussi sensible et spécifique que l'examen microscopique de frottis nécessitant l'expertise d'un technicien. Elle peut donc être utilisée pour un dépistage systématique en complément des techniques

---

1. Voir <http://www.apopo.org/home.php> (consulté le 19 février 2012).

traditionnelles. Cette détection se décline maintenant en version « high-tech » de nez électroniques capables de détecter l'odeur liée à la présence du bacille de Koch (figure 31.1 ; Fend *et al.*, 2006 ; Pavlou *et al.*, 2004).

Des techniques lourdes aux nez électroniques ou bioélectroniques miniaturisés

Diagnostiquer ou suivre certaines pathologies, et en particulier certains cancers, en évaluant les marqueurs volatils odorants dans les fluides biologiques ou dans l'haleine est donc bien reconnu depuis quelques années (D'Amico *et al.*, 2008b ; Di Natale *et al.*, 2005 ; Fend *et al.*, 2006 ; Habib, 2007 ; Li *et al.*, 2005 ; McCulloch *et al.*, 2006 ; Peng *et al.*, 2010 ; Pickel *et al.*, 2004 ; Ping *et al.*, 1997 ; Turner et Magan, 2004 ; Willis *et al.*, 2004). Pour distinguer les différentes pathologies et poser un diagnostic fiable, les dispositifs dédiés à ces applications doivent présenter des limites de détection très basses et une spécificité élevée. Jusqu'à maintenant, la plupart des mesures relatives au diagnostic médical olfactif ont été réalisées par spectrométrie de masse couplée ou non à la chromatographie en phase gazeuse, techniques analytiques qui requièrent des équipements coûteux et sophistiqués, du personnel expert et expérimenté et du temps (Mills et Walker, 2001 ; Spanel *et al.*, 1999). Les outils de l'analyse protéomique et de la génomique métabolique (Abate-Shen et Shen, 2009 ; Jain, 2007 ; Sreekumar *et al.*, 2009) se développent également pour tenter d'identifier des biomarqueurs de cancer dans des profils d'expression de gènes (Lin *et al.*, 2007 ; Maraldo *et al.*, 2007 ; Schmidt *et al.*, 2006 ; Uma Bai *et al.*, 2007). À la recherche de l'immunoprotéome du cancer, des banques d'ADNc de tumeurs sont criblées à haut débit pour identifier des antigènes spécifiques de différentes formes de cancer, qui pourraient constituer des marqueurs potentiels ou des cibles de vaccination (Alsoe *et al.*, 2008).

En parallèle de ces techniques lourdes se développent des nez électroniques tendant vers la miniaturisation. Mais, malgré les succès rencontrés dans le domaine alimentaire (Supriyadi *et al.*, 2004), pharmaceutique (Zhua *et al.*, 2004), environnemental (Dewettinck *et al.*, 2001) ou sécuritaire, les nez électroniques traditionnels montrent des limites de détection en concentration et une sélectivité parfois encore insuffisantes selon les applications envisagées, car basées sur des senseurs conçus pour couvrir une large gamme d'applications (Pearce *et al.*, 2003). Certains nez électroniques permettent néanmoins de détecter et de discriminer les productions de composés odorants volatils par des infections microbiennes (Turner et Magan, 2004). Une technique alternative pour le diagnostic olfactif, moins coûteuse, plus rapide et plus facile à utiliser, pourrait résulter du développement de nez bioélectroniques miniaturisés à base de récepteurs olfactifs, sélectionnés de façon pertinente pour détecter spécifiquement, à faible dose et précocement, les composants odorants constituant la signature d'une pathologie. Les limites de détection potentiellement très basses des récepteurs olfactifs (Angioy *et al.*, 2003) ainsi que la possibilité de combiner avec des systèmes électroniques les réponses de différents récepteurs doivent permettre des détections d'une efficacité comparable à celle du nez animal. Ces hypothèses sont confortées par des preuves de concepts issus de projets européens récents (Akimov *et al.*, 2008).

Le cancer de la prostate fournit un exemple pertinent du besoin de diagnostics précoces, non invasifs et répétables sans inconvénients ni inconfort pour le patient, que permettrait la détection spécifique d'odeurs pertinentes par de tels biosenseurs. En effet, la prévalence de ce type de cancer est particulièrement élevée (augmentation linéaire avec l'âge allant jusqu'à 80 % des hommes de 70 à 79 ans, Stamey, 2004 ; et un risque estimé à 49 % sur la durée de la vie, Uma Bai *et al.*, 2007), et il représente la deuxième cause de décès par cancer après le cancer du poumon. Le dosage du PSA (antigène spécifique de la prostate, mais pas du cancer de la prostate) qui participe à son diagnostic et à son suivi n'est ni assez spécifique ni assez sensible pour une détection suffisamment précoce et pertinente, même couplée à des biomarqueurs urinaires (Brems-Eskildsen *et al.*, 2010 ; Theodorescu *et al.*, 2008). Un diagnostic olfactif permettrait de différencier les pathologies prostatiques cancéreuses des hyperplasies bénignes (Lin *et al.*, 2007), en réservant les biopsies à des confirmations en seconde instance et en évitant des traitements inutiles, coûteux, voire traumatisants.

Cancers, pathologies infectieuses ou autres : des cibles variées

Une forte corrélation est établie entre odeurs présentes dans l'urine et cancers des voies urinaires, d'où la possibilité d'un diagnostic précoce, réalisable par des nez électroniques (Bernabei *et al.*, 2008). Ces méthodes fines permettent la discrimination entre cancer de la vessie et cancer de la prostate.

Le carcinome ovarien, s'il ne représente que 4 % de tous les cancers de la femme, a un taux de mortalité de plus de 50 % du fait d'un diagnostic tardif. Une odeur spécifique, détectable par des chiens entraînés ou par un nez électronique adapté, a récemment été mise en évidence. Elle est également présente dans le sang, ce qui ouvre maintenant la voie à un dépistage précoce (Horvath *et al.*, 2008 ; 2010).

En ce qui concerne les mélanomes, des odorants sont présents dans le sang et l'urine (Pickel *et al.*, 2004), mais émanent aussi directement de la peau. Il est même possible de distinguer entre nævus bénin et mélanome malin des cellules mélanocytaires, selon le profil odorant analysé par des nez électroniques basés sur la chromatographie en phase gazeuse (D'Amico *et al.*, 2008a). À partir de l'analyse des odeurs de peau saine (Gallagher *et al.*, 2008b), des profils d'odeurs émanant de carcinomes basaux ont été identifiés qui ont donné lieu à dépôt de brevet (Gallagher *et al.*, 2008a, brevet soumis). Les profils odorants diffèrent par la quantité relative de certaines odeurs, plus ou moins présentes si la peau est saine ou non. Une étape suivante pourrait concerner l'identification de profils odorants spécifiques à des carcinomes de la couche spinocellulaire, ou à des mélanomes. Des applications pour le diagnostic rapide et non invasif des cancers de la peau sont donc envisagées à court terme.

Le diagnostic olfactif s'adresse également à de nombreuses autres pathologies. Les pathologies infectieuses (infections bactériennes, infections à levures) sont facilement identifiables par leurs signatures odorantes. Des méthodes en cours de développement sur la base de marqueurs volatils odorants spécifiques permettent de diagnostiquer presque instantanément et de façon différentielle des infections à *Staphylococcus aureus, Streptococcus pyogenes* et *Pseudomonas aeruginosa* (Persaud *et al.*, 2009). La 2-aminoacétophénone se révèle être un biomarqueur de *Pseudomonas aeruginosa,* bactérie proliférant sur le mucus hypervisqueux des patients affectés par la mucoviscidose, et cause d'un déclin rapide et léthal de la fonction pulmonaire (Scott-Thomas *et al.*, 2010).

La présence de certains composés volatils odorants dans l'haleine, dont l'acétone, est révélatrice du diabète. Des senseurs portables détectent des différences significatives et facilement interprétables entre patients et témoins, fournissant un outil diagnostic (Dalton *et al.*, 2004 ; Yu *et al.*, 2005). D'autres nez électroniques permettent de discriminer dans l'air expiré des mélanges de composés volatils odorants marqueurs d'une pathologie asthmatique (Dragonieri *et al.*, 2007). En plus du cancer, les odeurs portées par l'haleine peuvent être associées à de nombreuses pathologies (D'Amico *et al.*, 2008b) : l'éthane et le pentane signent de façon générale une activité de stress oxydatif, l'isoprène indique une synthèse de cholestérol qui peut être reliée à la mucoviscidose, l'éthanol et le méthanol pointent une addiction alcoolique, des composés sulfurés peuvent être présents en forte concentration en cas de maladies du foie, les amines sont signes de putréfaction, l'ammoniaque est un indice d'urémie ou de défaillance rénale.

L'odeur corporelle de patients schizophrènes est altérée de façon complexe (D'Amico *et al.*, 2008b ; Di Natale *et al.*, 2005) : en particulier, la déficience du gène de la dopamine-β-hydroxylase entraîne un niveau excessif de dopamine, d'où une production élevée d'acide trans-3-méthyl-hexénoïque par autooxydation. Toutefois, seule une analyse multivariée de données issues de chromatographie en phase gazeuse couplée à la spectrométrie de masse et de nez électroniques permet de distinguer la schizophrénie par rapport à des contrôles (figure 31.2).

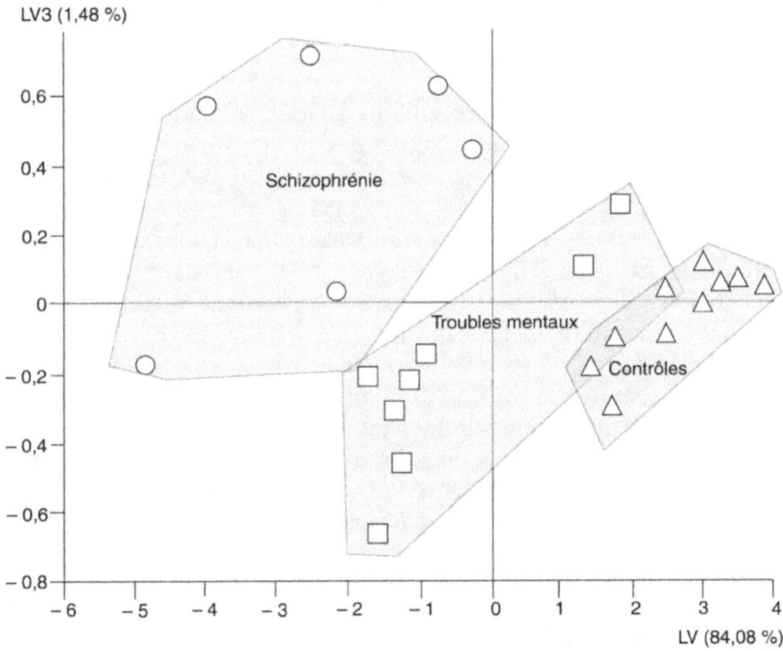

Figure 31.2. Diagnostic par analyse de l'odeur de la sueur : analyse multivariée des données issues de GC-MS et d'un nez électronique.

L'analyse suivant des variables dérivées (LV et LV3) permet la discrimination des classes de patients schizophrènes, souffrant de troubles mentaux, et contrôles (d'après D'Amico *et al.*, 2008b).

La phénylcétonurie, détectée depuis 1963 par le test de Guthrie chez les nouveau-nés, maladie génétique grave responsable d'une arriération mentale, provoque la présence de phénylcétones (dont l'acide phénylpyruvique), d'odeur caractéristique dans les urines et la sueur, par défaut de dégradation de la phénylanaline contenue dans les aliments (Burke *et al.,* 1983 ; Jousserand *et al.,* 2010).

La triméthylurie, ou syndrome de l'odeur de poisson, est une pathologie héréditaire particulièrement invalidante, dans laquelle deux mutations génétiques ont pour conséquence une oxydation insuffisante de la triméthylamine dans les sécrétions corporelles (sueur, salive, sécrétions vaginales, urine, haleine, etc.), ce qui provoque l'odeur caractéristique de poisson pourri entraînant le diagnostic (Mitchell et Smith, 2001).

Les composés odorants contenus dans les selles de patients et de donneurs sains ont permis d'établir des profils spécifiques à plusieurs types d'infections gastro-intestinales, utilisables pour le diagnostic (Garner *et al.,* 2007).

Même s'il ne s'agit pas d'une pathologie mais d'un état physiologique, on peut aussi mentionner que des femelles de plusieurs espèces (rate, renarde et jument) présentent des profils odorants spécifiques en période d'œstrus (Rampin *et al.,* 2006), observation qui pourrait trouver un débouché potentiel dans le contrôle de la reproduction dans les élevages.

▸▸ Présence de récepteurs olfactifs dans des tissus cancéreux

De façon curieuse, la présence de récepteurs olfactifs a été rapportée dans plusieurs tumeurs (cancer de la prostate, carcinomes gastro-intestinaux) au niveau protéique ou des ARN messagers, pour des gènes entiers ou des pseudogènes. Des altérations significatives de leur niveau d'expression sont observées par rapport à des tissus sains. Le plus souvent, ces récepteurs sont surexprimés (Fuessel *et al.,* 2006 ; Leja *et al.,* 2008 ; Neuhaus *et al.,* 2009 ; Weigle *et al.,* 2004), mais dans d'autres cas, ils sont régulés à la baisse (Xu *et al.,* 2006), leur expression variant également selon le stade d'avancement de la pathologie. L'exposition de certains de ces récepteurs olfactifs à leur ligand odorant résulte en l'inhibition de la prolifération cellulaire des cellules qui les expriment (Neuhaus *et al.,* 2009). Bien que leur rôle biologique et leur implication dans la prolifération des cellules cancéreuses n'aient pas encore été élucidés (Fujita *et al.,* 2007), ces récepteurs olfactifs pourraient donc constituer d'une part de nouveaux biomarqueurs pour le diagnostic, et d'autre part des cibles moléculaires pour le traitement de certains cancers (Weigle *et al.,* 2004).

▸▸ Troubles de la fonction olfactive associés à certaines pathologies et participant à leur diagnostic

D'un autre point de vue, de nombreux troubles de la fonction olfactive sont associés à des pathologies : effets sur les seuils de détection olfactive, discrimination d'odeurs, mémoire de la reconnaissance, identification, dénomination, hédonicité, estimation de la comestibilité peuvent être affectés et estimés par différents tests (cf. chapitres 39, 40 et 41). Si les attaques virales sont la cause majeure de déficits olfactifs persistants, suivies par les polyposes, les traumatismes crâniens dans le registre des causes accidentelles, ou des malformations des fentes olfactives, ces déficits peuvent également avoir pour origine des maladies génétiques (syndrome de Kallmann), des pathologies congénitales, des allergies ou bien d'autres pathologies.

Même si elles ne constituent qu'un faible pourcentage de ces pathologies, les maladies neurodégénératives perturbent notablement les fonctions olfactives. Les troubles précèdent souvent les manifestations symptomatiques traditionnelles de plusieurs années (au moins quatre ans avant les symptômes moteurs dans le cas de la maladie de Parkinson, Webster Ross *et al.*, 2008), et présentent donc un intérêt pour le dépistage précoce des individus risquant de développer ultérieurement ces maladies, même s'ils sont rarement rapportés spontanément par les patients (tableau 31.1). Les maladies neurodégénératives (Alzheimer, Parkinson, démence à corps de Lewy, sclérose en plaques) sont particulièrement ciblées, avec plusieurs perturbations marquées (Albers *et al.*, 2006 ; Demarquay *et al.*, 2007 ; Doty, 2009). Chez les patients atteints de Parkinson, la performance de discrimination diminue dans le temps, contrairement à l'identification odorante (Boesveldt *et al.*, 2008). Les déficits sont sévères dans le cas de la démence à corps de Lewy, fréquents, précoces et évolutifs dans la maladie d'Alzheimer. Ces observations dépendent des pathologies et permettent de les différencier d'autres troubles présentant un tableau clinique proche. Par ailleurs, les traumatismes crâniens provoquent souvent des déficits olfactifs irréversibles, l'épilepsie et les migraines peuvent également altérer les capacités olfactives, ainsi que d'autres maladies touchant le système nerveux central (schizophrénie, autisme, Moscavitch *et al.*, 2009). La dysfonction olfactive est le signe

Tableau 31.1. Présence et degré de sévérité (de 0 à +++) des troubles de l'olfaction dans certaines pathologies, dont des maladies neurodégénératives (d'après Demarquay *et al.*, 2007).

Pathologie	Détection	Discrimination	Mémoire de reconnaissance	Identification	Intensité	Hédonicité	Familiarité	Comestibilité
Traumatisme crânien	+++							
Parkinson	+++	+++	+++	+++	+++	+++	+++	+++
Démence à corps de Lewy	+++	+++		+++				
Maladie d'Alzheimer	++	++	+++	+++	+	0	++	0
Épilepsie	0	++	++	++				
Sclérose en plaques	0			++				
Migraine	+				0	+		

de lésions pathologiques dans des régions cérébrales impliquées dans le traitement du signal olfactif. En particulier, la synucléinopathie, agrégation d'α-synucléine à l'état fibrillaire insoluble dans les neurones dopaminergiques (Recchia *et al.*, 2008), présente un intérêt dans la démarche diagnostique et peut constituer une cible thérapeutique potentielle (Maguire-Zeiss, 2008). Si une détection précoce des sujets à risque peut permettre une meilleure planification de la prise en charge des patients, la caractérisation des bases moléculaires et cellulaires et des mécanismes de ces déficits peut également guider le développement de nouvelles modalités thérapeutiques, voire préventives (Dahodwala *et al.*, 2007).

▸▸ Bibliographie

ABATE-SHEN C., SHEN M.M., 2009. Diagnostics: the prostate-cancer metabolome. *Nature,* 457 (7231), 799-800.

AKIMOV V., ALFINITO E., BAUSELLS J., BENILOVA I.V., CASUSO I., ERRACHID A., FERRARI G., FUMAGALLI L., GOMILA G., GROSCLAUDE J., HOU Y., JAFFREZIC-RENAULT N., MARTELET C., PAJOT-AUGY E., PENNETTA C., PERSUY M.A., PLA-ROCA M., REGGIANI L., RODRIGUEZ SEGUI S., RUIZ O., SALESSE R., SAMITIER J., SAMPIETRO M., SOLDATKIN A.P., VIDIC J., VILLANUEVA G., 2008. Nanobiosensors based on individual olfactory receptors. *Analog Integrated Circuits and Signal Processing,* 57, 197-203.

ALBERS M.W., TABERT M.H., DEVANAND D.P., 2006. Olfactory dysfunction as a predictor of neurodegenerative disease. *Current Neurology and Neuroscience Reports,* 6, 379-386.

ALSOE L., STACY J.E., FOSSA A., FUNDERAD S., BREKKE O.H., GAUDERNACK G., 2008. Identification of prostate cancer antigens by automated high-throughput filter immunoscreening. *Journal of Immunological Methods,* 330 (1-2), 12-23.

ANGIOY A.M., DESOGUS A., BARBAROSSA I.T., ANDERSON P., HANSSON B.S., 2003. Extreme sensitivity in an olfactory system. *Chemical Senses,* 28, 279-284.

BERNABEI M., PENNAZZA G., SANTONICO M., CORSI C., ROSCIONI C., PAOLESSE R., DI NATALE C., D'AMICO A., 2008. A preliminary study on the possibility to diagnose urinary tract cancers by an electronic nose. *Sensors and Actuators B: Chemical,* 131 (1), 1-4.

BOESVELDT S., VERBAAN D., KNOL D.L., VISSER M., VAN ROODEN S.M., VAN HILTEN J.J., BERENDSE H.W., 2008. A comparative study of odor identification and odor discrimination deficits in Parkinson's disease. *Movement Disorders,* 23 (14), 1984-1990.

BREMS-ESKILDSEN A.S., ZIEGER K., TOLDBOD H., HOLCOMB C., HIGUCHI R., MANSILLA F., MUNKSGAARD P., BORRE M., ORNTOFT T., DYRSKJOT L., 2010. Prediction and diagnosis of bladder cancer recurrence based on urinary content of hTERT, SENP1, PPP1CA, and MCM5 transcripts. *BMC Cancer,* 10 (1), 646.

BURKE D., HALPERN B., MALEGAN D., McCAIRNS E., DANKS D., SCHLESINGER P., WILKEN B., 1983. Profiles of urinary volatiles from metabolic disorders characterized by unusual odors. *Clinical Chemistry,* 29 (10), 1834-1838.

CHURCH J., WILLIAMS H., 2001. Another sniffer dog for the clinic? *The Lancet,* 358 (9285), 930.

D'AMICO A., BONO R., PENNAZZA G., SANTONICO M., MANTINI G., BERNABEI M., ZARLENGA M., ROSCIONI C., MARTINELLI E., PAOLESSE R., DI NATALE C., 2008a. Identification of melanoma with a gas sensor array. *Skin Research and Technology,* 14 (2), 226-236.

D'AMICO A., DI NATALE C., PAOLESSE R., MACAGNANO A., MARTINELLI E., PENNAZZA G., SANTONICO A., BERNABEI M., ROSCIONI C., GALLUCCIO G., BONO R., AGRO E.F., RULLO S., 2008b. Olfactory systems for medical applications. *Sensors and Actuators B-Chemical,* 130 (1), 458-465.

DAHODWALA N., CONNOLLY J., FARMER J., STERN M.B., JENNINGS D., SIDEROWF A., 2007. Interest in predictive testing for Parkinson's disease: impact of neuroprotective therapy. *Parkinsonism and Related Disorders,* 13 (8), 495-499.

DALTON P., GELPERIN A., PRETI G., 2004. Volatile metabolic monitoring of glycemic status in diabetes using electronic olfaction. *Diabetes Technology and Therapeutics,* 6 (4), 534-544.

DEMARQUAY G., RYVLIN P., ROYET J.P., 2007. Olfaction et pathologies neurologiques : revue de la littérature. *Revue de neurologie,* 163 (2), 155-167.

DENG C., ZHANG X., LI N., 2004. Investigation of volatile biomarkers in lung cancer blood using solid-phase microextraction and capillary gas chromatography-mass spectrometry. *Journal of Chromatography B,* 808, 269-277.

DEWETTINCK T., VAN HEGE K., VERSTRAETE W., 2001. The electronic nose as a rapid sensor for volatile compounds in treated domestic wastewater. *Water Research,* 35, 2475.

DI NATALE C., PAOLESSE R., D'ARCANGELO G., COMANDINI P., PENNAZZA G., MARTINELLI E., RULLO S., ROSCIONI M.C., ROSCIONI C., FINAZZI-AGRO A., D'AMICO A., 2005. Identification of schizophrenic patients by examination of body odor using gas chromatography-mass spectrometry and a cross-selective gas sensor array. *Medical Science Monitor,* 11 (8), CR366-CR375.

DOTY R.L., 2009. The olfactory system and its disorders. *Seminars in Neurology,* 29 (1), 74-81.

DRAGONIERI S., SCHOT R., MERTENS B.J.A., LE CESSIE S., GAUW S.A., SPANEVELLO A., RESTA O., WILLARD N.P., VINK T.J., RABE K.F., BEL E.H., STERK P.J., 2007. An electronic nose in the discrimination of patients with asthma and controls. *Journal of Allergy and Clinical Immunology,* 120 (4), 856-862.

FEND R., KOLK A.H.J., BESSANT C., BUIJTELS P., KLATSER P.R., WOODMAN A.C., 2006. Prospects for clinical application of electronic-nose technology to early detection of *Myobacterium tuberculosis* in culture and sputum. *Journal of Clinical Microbiology,* 44 (6), 2039-2045.

FUESSEL S., WEIGLE B., SCHMIDT U., BARETTON G., KOCH R., BACHMANN M., RIEBER E.P., WIRTH M.P., MEYE A., 2006. Transcript quantification of Dresden-G protein-coupled receptor (D-GPCR) in primary prostate cancer tissue pairs. *Cancer Letters,* 236, 95-104.

FUJITA Y., TAKAHASHI T., SUZUKI A., KAWASHIMA K., NARA F., KOISHI R., 2007. Deorphanization of Dresden G protein-coupled receptor for an odorant receptor. *Journal of Receptor and Signal Transduction,* 27, 323-334.

GALLAGHER M., WYSOCKI C.J., LEYDEN J.J., SPIELMAN A.I., SUN X., PRETI G., 2008b. Analyses of volatile organic compounds from human skin. *British Journal of Dermatology,* 159 (4), 780-791.

GALLAGHER M., PRETI G., FAKHARZADEH S., WYSOCKI C.J., KWAK J., MILLER C.J., SCHMULTS C.D., SPIELMAN A.I., SUN X., 2008a. Detecting skin cancer using volatile biomarkers. *In: The 236th ACS National Meeting,* 17-21 août, Philadelphia, PA.

GARNER C.E., SMITH S., DE LACY COSTELLO B., WHITE P., SPENCER R., PROBERT C.S.J., RATCLIFFE N.M., 2007. Volatile organic compounds from feces and their potential for diagnosis of gastrointestinal disease. *FASEB Journal,* 21, 1675-1688.

HABIB M.K., 2007. Controlled biological and biomimetic systems for landmine detection. *Biosensors and Bioelectronics,* 23, 1-18.

HORVATH G., ANDERSSON H., PAULSSON G., 2010. Characteristic odour in the blood reveals ovarian carcinoma. *BMC Cancer,* 10 (1), 643.

HORVATH G., JARVERUD G., JARVERUD S., HORVATH I., 2008. Human ovarian carcinomas detected by specific odor. *Integrative Cancer Therapies,* 7 (2), 76-80.

JAIN K.K., 2007. Cancer biomarkers: current issues and future directions. *Current Opinion in Molecular Therapeutics,* 9 (6), 563-571.

JOUSSERAND G., ANTOINE J.-C., CAMDESSANCHÉ J.-P., 2010. Musty odour, mental retardation, and spastic paraplegia revealing phenylketonuria in adulthood. *Journal of Neurology,* 257 (2), 302-304.

KING T.L., HORINE F.M., DALY K.C., SMITH B.H., 2004. Explosives detetion with hard-wired moths. *IEEE Transactions on Instrumentation and Measurement,* 53, 1113-1118.

LEJA J., ESSAGHIR A., ESSAND M., WESTER K., ÖBERG K., TÖTTERMAN T.H., LLOYD R., VASMATZIS G., DEMOULIN J.B., GIANDOMENICO V., 2008. Novel markers for enterochromaffin cells and gastrointestinal neuroendocrine carcinomas. *Modern Pathology,* doi:10.1038/modpathol.2008.174.

LI N., DENG C.H., YIN X.Y., YAO N., SHEN X.Z., ZHANG X.M., 2005. Gas chromatography-mass spectrometric analysis of hexanal and heptanal in human blood by headspace single-drop microextraction with droplet derivatization. *Analytical Biochemistry,* 342 (2), 318-326.

LIN J.F., XU J., TIAN H.Y., GAO X., CHEN Q.X., GU Q., XU G.J., SONG J.D., ZHAO F.K., 2007. Identification of candidate prostate cancer biomarkers in prostate needle biopsy specimens using proteomic analysis. *International Journal of Cancer,* 121 (12), 2596-2605.

MAGUIRE-ZEISS K.A., 2008. α-synuclein: a therapeutic target for Parkinson's disease? *Pharmacological Research,* 58 (5-6), 271-280.

MARALDO D., GARCIA F.U., MUTHARASAN R., 2007. Method for quantification of a prostate cancer biomarker in urine without sample preparation. *Analytical Chemistry,* 79, 7683-7690.

MCCULLOCH M., JEZIERSKI T., BROFFMAN M., HUBBARD A., TURNER K., JANECKI T., 2006. Diagnostic accuracy of canine scent detection in early and late-stage lung and breast cancers. *Integrative Cancer Therapies,* 5 (1), 30-39.

MILLS G.A., WALKER V., 2001. Headspace solid-phase micoextraction profiling of volatile compounds in urine: application to metabolic investigations. *Journal of Chromatography B, Biomedical Sciences and Applications,* 753, 259-268.

MITCHELL S.C., SMITH R.L., 2001. *Trimethylaminuria:* the fish malodor syndrome. *Drug Metabolism and Disposition,* 29 (4), 517-521.

MOSCAVITCH S.D., SZYPER-KRAVITZ M., SHOENFELD Y., 2009. Autoimmune pathology accounts for common manifestations in a wide range of neuro-psychiatric disorders: the olfactory and immune system interrelationship. *Clinical Immunology,* 130 (3), 235-243.

NEUHAUS E.M., ZHANG W., GELIS L., DENG Y., NOLDUS J., HATT H., 2009. Activation of an olfactory receptor inhibits proliferation of prostate cancer cells. *The Journal of Biological Chemistry,* 284 (24), 16218-16225.

PAVLOU A.K., MAGAN N., JONES J.M., BROWN A.J., KLATSER P., TURNER A.P.F., 2004. Detection of *Mycobacterium tuberculosis* (TB) *in vitro* and *in situ* using an electronic nose in combination with a neural network system. *Biosensors and Bioelectronics,* 20 (3), 538-544.

PEARCE T.C., SCHIFFMAN S.S., NAGLE H.T., GARDNER J.W., 2003. *Handbook of Machine Olfaction: Electronic Nose Technology,* Wiley-VCH, Weinheim, 592 p.

PENG G., HAKIM M., BROZA Y.Y., BILLAN S., ABDAH-BORTNYAK R., KUTEN A., TISCH U., HAICK H., 2010. Detection of lung, breast, colorectal, and prostate cancers from exhaled breath using a single array of nanosensors. *British Journal of Cancer,* 103 (4), 542-551.

PERSAUD K.C., PISANELLI A.M., BAILEY A., 2009. Woundmonitor. *In: XVIIIth Congress of European Chemoreception Research Organization (ECRO)* 2008, Portoroz, Slovenia, *Chemical Senses,* E37.

PHILLIPS M., GLEESON K., HUGHES J.M.B., GREENBERG J., CATANEO R.N., BAKER L., MCVAY W.P., 1999. Volatile organic compounds in breath as markers of lung cancer : a cross-sectional study. *The Lancet,* 353, 1930-1933.

PHILLIPS M., CATANEO R.N., CUMMIN A.R.C., GAGLIARDI A.J., GLEESON K., GREENBERG J., MAXFIELD R.A., ROM W.N., 2003a. Detection of lung cancer with volatile markers in the breath. *Chest,* 123, 2115-2123.

PHILLIPS M., CATANEO R.N., DITKOFF B.A., FISHER P., GREENBERG J., GUNAWARDENA R., KWON C.S., RAHBARI-OSKOUI F., WONG C., 2003b. Volatile markers of breast cancer in the breath. *The Breast Journal,* 9 (3), 184-191.

PICKEL D., MANUCY G.P., WALKER D.B., HALL S.B., WALKER J.C., 2004. Evidence for canine olfactory detection of melanoma. *Applied Animal Behaviour Science,* 89 (1-2), 107-116.

PING W., YIT T., HAIBAO X., FARONG S., 1997. A novel method for diabetes diagnosis based on electronic nose. *Biosensors and Bioelectronics,* 12, 1031-1036.

RAMPIN O., JÉRÔME N., BRIANT C., BOUÉ F., MAURIN Y., 2006. Are oestrus odours species specific? *Behavioural Brain Research,* 172 (1), 169-172.

RECCHIA A., ROTA D., DEBETTO P., PERONI D., GUIDOLIN D., NEGRO A., SKAPER S.D., GIUSTI P., 2008. Generation of a α-synuclein-based rat model of Parkinson's disease. *Neurobiology of Disease,* 30 (1), 8-18.

SCHMIDT U., FUESSEL S., KOCH R., BARETTON G., LOHSE A., UNVERSUCHT S., FROEHNER M., WIRTH M.P., MEYE A., 2006. Quantitative multi-gene expression profiling of primary prostate cancer. *Prostate,* 66 (14), 1521-1534.

SCOTT-THOMAS A., SYHRE M., PATTEMORE P., EPTON M., LAING R., PEARSON J., CHAMBERS S., 2010. 2-aminoacetophenone as a potential breath biomarker for *Pseudomonas aeruginosa* in the cystic fibrosis lung. *BMC Pulmonary Medicine,* 10 (1), 56.

SPANEL P., SMITH D.P., HOLLAND T.A., AL SINGARY W., ELDER J.B., 1999. Analysis of formaldehyde in the headspace of urine from bladder and prostate cancer patients using selected ion flow tube mass spectrometry. *Rapid Communications in Mass Spectrometry,* 13, 1354-1359.

SREEKUMAR A., POISSON L.M., RAJENDIRAN T.M., KHAN A.P., CAO Q., YU J.G., LAXMAN B., MEHRA R., LONIGRO R.J., LI Y., NYATI M.K., AHSAN A., KALYANA-SUNDARAM S., HAN B., CAO X., BYUN J., OMENN G.S., GHOSH D., PENNATHUR S., ALEXANDER D.C., BERGER A., SHUSTER J.R., WEI J.T., VARAMBALLY S., BEECHER C., CHINNAIYAN A.M., 2009. Metabolomic profiles delineate potential role for sarcosine in prostate cancer progression. *Nature*, 457 (7231), 910-914.

STAMEY T.A., 2004. The era of serum prostate specific antigen as a marker for biopsy of the prostate and detecting prostate cancer is now over in the USA. *BJU International*, 94 (7), 963-964.

SUPRIYADI S., SHIMIZU K., SUZUKI M., YOSHIDA K., MUTO T., FUJITA A., TOMITA N., WATANABE N., 2004. Maturity discrimination of snake fruit (*Salacca edulis* Reinw.) cv. Pondoh based on volatiles analysis using an electronic nose device equipped with a sensor array and fingerprint mass spectrometry. *Flavour and Fragrance Journal*, 19, 44-50.

THEODORESCU D., SCHIFFER E., BAUER H.W., DOUWES F., EICHHORN F., POLLEY R., SCHMIDT T., SCHOFER W., ZURBIG P., GOOD D.M., COON J.J., MISCHAK H., 2008. Discovery and validation of urinary biomarkers for prostate cancer. *Proteomics Clinical Applications*, 2 (4), 556-570.

TURNER A.P.F., MAGAN N., 2004. Electronic noses and disease diagnostics. *Nature Reviews Microbiology*, 2, 161-166.

UMA BAI V., KASEB A., TEJWANI S., DIVINE G.W., BARRACK E.R., MENON M., PARDEE A.B., PREM-VEER REDDY G., 2007. Identification of prostate cancer mRNA markers by averaged differential expression and their detection in biopsies, blood, and urine. *In: Proceedings of the National Academy of Sciences of the USA*, 104 (7), 2343-2348.

WEBSTER ROSS G., PETROVITCH H., ABBOTT R.D., TANNER C.M., POPPER J., MASAKI K., LAUNER L., WHITE L.R., 2008. Association of olfactory dysfunction with risk for future Parkinson's disease. *Annals of Neurology*, 63 (2), 167-173.

WEETJENS B.J., MGODE G.F., MACHANG'U R.S., KAZWALA R., MFINANGA G., LWILLA F., COX C., JUBITANA M., KANYAGHA H., MTANDU R., KAHWA A., MWESSONGO J., MAKINGI G., MFAUME S., VAN STEENBERGE J., BEYENE N.W., BILLET M., VERHAGEN R., 2009. African pouched rats for the detection of pulmonary tuberculosis in sputum samples. *International Journal of Tuberculosis and Lung Disease*, 13 (6), 737-743.

WEIGLE B., FUESSEL S., EBNER R., TEMME A., SCHMITZ M., SCHWINF S., KIESSLING A., RIEGER M.A., MEYE A., BACHMANN M., WIRTH M.P., RIEBER E.P., 2004. D-GPCR: a novel putative G protein-coupled receptor overexpressed in prostate cancer and cancer. *Biochemical and Biophysical Research Communications*, 322, 239-249.

WELSH J.S., BARTON D., AHUJA H., 2005. A case of breast cancer detected by a pet dog. *Community Oncology*, juillet-août, 324-326.

WILLIAMS H., PEMBROKE A., 1989. Sniffer dogs in the melanoma clinic? *The Lancet*, 333 (8640), 734.

WILLIS C.M., CHURCH S.M., GUEST C.M., COOK W.A., MCCARTHY N., BRANSBURY A.J., CHURCH M.R.T., CHURCH J.C.T., 2004. Olfactory detection of human bladder cancer by dogs: proof of principle study. *British Medical Journal*, 329, 712-717.

XU L.L., SUN C., PETROVICS G., MAKAREM M., FURUSATO B., ZHANG W., SESTERHENN I.A., MCLEOD D.G., SUN L., MOUL W., SRIVASTA S., 2006. Quantitative expression profile of PSGR in prostate cancer. *Prostate Cancer and Prostatic Diseases*, 9 (1), 56-61.

YAZDANPANAH M., LUO X., LAU R., GREENBER M., FISHER L.J., LEHOTAY D.C., 1997. Cytotoxic aldehydes as possible markers for childhood cancer. *Free Radical Biology and Medicine*, 23 (6), 870-878.

YU J.B., BYUN H.G., SO M.S., HUH J.S., 2005. Analysis of diabetic patient's breath with conductiong polymer sensor array. *Sensors and Actuators B*, 108, 305-308.

ZHUA L., SEBURG R.A., TSAI E., PUECH S., MIFSUD J.C., 2004. Flavor analysis in a pharmaceutical oral solution formulation using an electronic-nose. *Journal of Pharmaceutical and Biomedical Analysis*, 34, 453-461.

Chapitre 32

Nouveaux outils d'aide à la construction de la qualité aromatique des aliments

Jean-Louis BERDAGUÉ, Pascal TOURNAYRE, Nathalie KONDJOYAN, Frédéric MERCIER et Erwan ENGEL

L'arôme des aliments est une des composantes clés de leur acceptabilité par les consommateurs, et l'optimisation de leurs propriétés aromatiques un des objectifs permanents des industriels de l'agroalimentaire. Pour le technologue, l'identification structurale des molécules odorantes permet de remonter aux mécanismes chimiques ou biochimiques responsables de leur formation, et c'est par le contrôle de ces mécanismes que seront modulées ou modifiées les propriétés aromatiques des aliments. Aujourd'hui, les progrès analytiques réalisés dans le domaine de la chromatographie en phase gazeuse couplée à l'olfactométrie (CPG-O) et à la spectrométrie de masse (CPG-SM/O) assurent une identification exhaustive et fiable de la fraction volatile odorante des aliments et offrent des informations précieuses pour sélectionner les molécules les plus aptes à optimiser leurs propriétés aromatiques. Dans ce contexte, nous proposons de présenter les nouveaux outils olfactométriques (matériel et logiciel) d'aide à la construction de la qualité aromatique des aliments ainsi que les informations qu'ils peuvent apporter aux chercheurs, aux ingénieurs et aux industriels qui élaborent les produits de demain.

▸▸ Vers une identification exhaustive des substances odorantes

Si l'on désire comprendre les qualités et les défauts d'arômes des aliments, il est indispensable d'avoir une vision globale des substances odorantes qu'ils désorbent et d'identifier ces substances avec certitude, même si elles sont présentes à l'état de traces. Pour cela, la CPG-SM/O, qui couple une détection instrumentale à une détection sensorielle des effluves chromatographiques par un flaireur, est la technique de référence. La détection sensorielle des odeurs étant très sujet-dépendante, les travaux de Pollien *et al.* (1997) ont montré qu'à partir de 6 à 10 flaireurs analysant le même produit, le signal total obtenu par CPG-O se stabilise. Par la suite, des approches CPG-O « multiflaireurs » ont été développées (Berdagué *et al.,* 2007 ; Debonneville *et al.,* 2002) afin d'acquérir l'information sensorielle dans des conditions rigoureusement identiques. Ainsi, la réalisation récente d'un système de chromatographie en phase gazeuse couplé à la spectrométrie de masse et à l'olfactométrie à 8 voies (CPG-SM/8O) (Berdagué et Tournayre, 2005) permet l'analyse olfactive synchrone d'effluves chromatographiques par un jury de 8 flaireurs. Avec un tel système, l'acquisition de 8 aromagrammes individuels d'un même produit dure seulement 35 minutes et assure une détection efficace des composés volatils odorants (figure 32.1, planche couleur XXI). Grâce au développement d'un logiciel spécifique[1] (Berdagué et Tournayre, 2003), il est possible de visualiser les nombreuses informations associées aux aromagrammes relatives aux caractéristiques des produits analysés ou aux performances des flaireurs telles que l'intensité, la durée de perception ou la description sémantique des odeurs…

Ce logiciel permet notamment de construire l'aromagramme du panel des flaireurs (figure 32.1B et 32.1C, planche couleur XXI) qui représente un signal sensoriel stabilisé et peu sensible aux différences interindividuelles (anosmie, intensité, durée de perception) observées classiquement lors d'épreuves de CPG-O « monoflaireurs ». Comme les signaux sensoriels ainsi acquis sont en phase avec la spectrométrie de masse, il est déjà possible de proposer des structures pour les composés volatils odorants non coélués et pondéralement bien représentés dans les extraits. L'aromagramme du panel de flaireurs favorise le repérage rapide des zones odorantes les plus intensément perçues et informe sur la manière dont elles ont été décrites. Grâce à toutes ces informations, les efforts d'identification peuvent être focalisés sur les zones présentant des caractéristiques odorantes particulières. Toutefois, pour certaines substances olfactivement perçues très intensément, présentes à l'état de traces et coéluées, il n'est pas toujours possible de proposer une structure à l'issue d'une analyse par CPG-SM/8O. Pour identifier avec certitude toute substance odorante dans n'importe quelle zone de l'aromagramme du panel de flaireurs, un équipement complémentaire doit être mis en œuvre afin d'étudier en détail les zones de coélution. L'analyse sera réalisée par chromatographie bidi-mensionnelle de type *Heartcut* couplée à la spectrométrie de masse et à l'olfacto-

---

1. Développé par P. Tournayre et J.L. Berdagué, 2003. AcquiSniff® Software. IDDN FR.001.210006.00 0R.P.2003.000.30000. Distribué par l'Inra, UR Quapa/T2A, F-63122 Saint-Genès-Champanelle, France. E-mail : AcquiSniff@clermont.inra.fr, <http://www4.inra.fr/cepia/Vous-recherchez/des-plates-formes-et-des-outils/Logiciels-commerciaux/olfactometrie> (consulté le 19 février 2012).

métrie monovoie (Begnaud *et al.*, 2006 ; Eyres *et al.*, 2007). Dans ces conditions, les coélutions rencontrées en CPG-SM/8O seront résolues grâce à deux colonnes de polarité différente montées en série. La mise en phase des signaux de spectrométrie de masse et d'olfactométrie par chromatographie bidimensionnelle couplées à la fois à la spectrométrie de masse et à l'olfactométrie (CPG-CPG-SM/O) permettra alors d'associer une structure chimique unique à chaque zone odorante… si toutefois le signal instrumental est suffisamment intense pour fournir un spectre de masse exploitable ! Afin de confirmer les identifications, il sera indispensable de co-injecter les composés purs de référence. La mise en œuvre des outils analytiques présentés assure une recherche exhaustive et fiable d'un nombre réduit de substances odorantes parmi les centaines ou les milliers de composés volatils identifiables aujourd'hui dans la plupart des aliments avec les techniques de séparation et de détection modernes (Eyres *et al.*, 2007 ; Théron *et al.*, 2010).

▸▸ Choisir les molécules les plus aptes à optimiser les propriétés aromatiques des aliments

Pour réaliser un tel choix, l'identification des molécules odorantes et la caractérisation de leur perception par les flaireurs vont fournir des informations indispensables.

L'identification structurale des molécules odorantes informera sur les mécanismes chimiques ou biochimiques responsables de la formation des composés d'arôme, et c'est par le contrôle de certains de ces mécanismes que la modulation raisonnée des propriétés aromatiques des aliments sera rendue possible. Indépendamment des questions de formulation (par ajout direct de substances aromatiques), que nous ne traiterons pas ici, de nombreuses recherches visent aujourd'hui à élaborer des aliments possédant des fonctionnalités nutritionnelles et sanitaires améliorées, mais dont les propriétés aromatiques doivent être préservées pour qu'ils continuent à être acceptés par les consommateurs. Par exemple, réduire la teneur en nitrites d'une charcuterie améliorera ses caractéristiques sanitaires… mais induira également des modifications physicochimiques et chimiques qui vont dégrader ses propriétés aromatiques. Dans un tel contexte, le défi consistera à définir de nouveaux itinéraires technologiques permettant de rétablir l'arôme initial de l'aliment étudié en modulant la production d'un nombre restreint de composés odorants clés dont les teneurs ont été perturbées, ici par la réduction d'un additif technologique. Pour de nombreux aliments, le caractère typique de leur arôme n'est attribuable qu'à quelques composés « dominants » parmi l'ensemble des composés odorants. Par exemple, une banane sans acétate d'isoamyle, un fromage bleu sans 2-heptanone, certains camemberts sans diméthyltrisulfure ou 2,4-dithiapentane ou un vin jaune sans sotolon[2] (Cambou, 2007 ; Pons *et al.*, 2010 ; Schaft *et al.*, 1992) perdraient, sans ces composés dominants, l'arôme qui les caractérise. Ces composés soit ont un seuil de détection olfactif très faible, soit sont présents en quantité importante dans la fraction volatile. Dans tous les cas, ils sont facilement repérables par des pics olfactifs intenses lors d'épreuves de CPG-O et seront à considérer avec encore plus d'intérêt s'ils sont spontanément

---

2. Le sotolon est une lactone responsable de l'arôme du vin jaune.

décrits par les flaireurs comme caractéristiques de l'arôme de l'aliment étudié. Aujourd'hui, c'est principalement grâce aux composés dominants que l'arôme peut être modulé, pour produire par exemple des salaisons ou des fromages très typés sur un plan aromatique. En effet, élaborer l'arôme d'un aliment en considérant l'ensemble de ses composés odorants est toujours hors de portée, car les connaissances sur les propriétés olfactives d'odorants en mélanges complexes (masquages, synergies, fusion d'odeurs, etc.), tout comme leurs interactions avec la matrice (mécanismes physiques, chimiques, biochimiques, etc.), sont très insuffisantes. La plupart du temps, les composés odorants dominants sont issus de métabolismes ou de mécanismes réactionnels spécifiques qui peuvent être contrôlés par des leviers génétiques ou technologiques variés tels que l'apport de précurseurs naturels, l'usage de ferments microbiens ou les traitements thermiques appliqués (Bonnarme *et al.*, 2001 ; Cerny, 2008 ; Del Castillo-Lozano, 2007 ; Landaud *et al.*, 2008 ; Mottram et Taylor, 2010 ; Vierling, 2008).

En plus des informations liées au produit analysé comme l'identification des molécules odorantes, des informations relatives à leur perception par les flaireurs sont également acquises par CPG-O « multiflaireurs ». Ainsi, avec un protocole adapté, il est possible de caractériser les performances de détection d'un grand nombre de flaireurs pour un grand nombre de composés. Par exemple, pour les 20 principaux odorants identifiés dans l'huile d'olive analysée (figure 32.1C, planche couleur XXI), certains sont perçus par tous les flaireurs et d'autres seulement par un nombre réduit (figure 32.2A, planche couleur XXII). Les analyses par CPG-SM/8O permettent aussi de repérer rapidement les composés dont l'odeur est décrite de manière consensuelle ou non (figure 32.2B, planche couleur XXII). Il est possible d'acquérir des informations sur le caractère hédonique des odeurs détectées par mise en évidence des zones odorantes des aromagrammes que tous les flaireurs « aiment » ou « n'aiment pas » ainsi que des zones de non-consensus hédonique. Dans le cas d'une extraction douce des composés volatils par entraînement dynamique des effluents gazeux (Rouseff et Cadwallader, 2001) selon la méthode de *purge and trap,* les informations acquises par CPG-SM/8O sont particulièrement intéressantes, car les masses de chacun des composés diffusés dans les terminaux d'olfaction reflètent leurs proportions dans les effluves désorbées par la matrice. Si les informations ainsi acquises ne remplacent ni les mesures de référence des seuils de détection ou de reconnaissance (Dalton et Smeets, 2004), ni la description des caractéristiques odorantes des composés volatils à partir de produits purs, elles sont cependant très utiles dans une démarche d'ingénierie de la qualité. Ainsi, à l'issue d'une analyse de CPG-SM/8O, l'attention portée à un composé ne sera pas la même s'il est perçu par tous les flaireurs ou par certains seulement, ou bien encore s'il est décrit de manière consensuelle ou non. En effet, en l'absence de consensus perceptif, la contribution d'un composé odorant à l'arôme final d'un aliment risquera d'être difficile à gérer, car il sera susceptible d'induire des appréciations ou des comportements différenciés d'attrait ou de rejet (Engel *et al.,* 2006) lors de la consommation.

▸▸ Conclusion

Les informations accessibles grâce aux outils matériels et logiciels présentés permettent d'identifier rapidement les marqueurs influents de la qualité aromatique des aliments, de caractériser leurs propriétés odorantes ou de révéler l'existence de différences perceptives interindividuelles. Ces informations permettent de focaliser les efforts sur un nombre réduit de marqueurs de l'arôme porteurs de propriétés choisies. Dans la démarche d'ingénierie des propriétés aromatiques que nous avons décrite, ce sera en recherchant des procédés adéquats de contrôle de leur teneur dans les matrices qu'il sera possible de moduler l'arôme des aliments.

▸▸ Bibliographie

BEGNAUD F., STARKENMANN C, VAN DE WAALB M, CHAINTREAU A., 2006. Chiral multidimensional gas chromatography (MDGC) and chiral GC-olfactometry with a double-cool-strand interface: application to malodors. *Chemistry and Biodiversity,* 3 (2), 150-160.

BERDAGUÉ J.L., TOURNAYRE P., 2003. The Video-Sniff® method, a new approach for the « vocabulary-intensity-duration » study of « elementary odours » perceived by gas chromatography-olfaction. *In: Flavour Research at the Dawn of the Twenty-first Century,* Tec & Doc, Lavoisier, Paris, 514-519.

BERDAGUÉ J.L., TOURNAYRE P., 2005. Gas-chromatography-olfaction analyses device and method. Patent WO2005/001470 A2.

BERDAGUÉ J.L., TOURNAYRE P., CAMBOU S., 2007. Novel multi-gas chromatography-olfactometry device and software for the identification of odour-active compounds. *Journal of Chromatography A,* 1146 (1), 85-92.

BONNARME P., ARFI K., DURY C., HELINCK S., YVON M., SPINNLER H.E., 2001. Sulfur compouns production by *Geotrichum candidum* from L-methionine: importance of the transamination step. *FEMS Microbiology Letters,* 205, 247-252.

CAMBOU S., 2007. Identification des composés aromatiques clés impliqués dans des comportements d'attrait ou de rejet d'un produit laitier par les consommateurs. Thèse de l'université d'Auvergne, 182 p.

CERNY C., 2008. The aroma side of the maillard reaction. *In: The Maillard Reaction: Recent Advances in Food and Biomedical Sciences* (E. Schleicher, V. Somoza, P. Schieberle, eds), Wiley-Blackwell, 500 p.

DALTON P., SMEETS M., 2004. The human nose as detection instrument. *In: Handbook of Human Factors and Ergonomic Methods* (N. Stanton, A. Hedge, K. Brookhuis, S. Eduardo, H. Hendrick, eds), CRC Press New York, 768 p.

DEBONNEVILLE C., ORSIER B., FLAMENT I., CHAINTREAU A., 2002. Improved hardware and software for quick gas chromatography-olfactometry using CHARM and GC-« SNIF » analysis. *Analytical Chemistry,* 74 (10), 2345-2351.

DEL CASTILLO-LOZANO M., 2007. Production d'arômes soufrés par les flores d'affinage. Thèse de l'Institut national agronomique Paris-Grignon, 240 p.

ENGEL E., MARTIN N., ISSANCHOU S., 2006. Sensivity to allyl isothiocyanate, dimethyl trisulfide, sinigrin and cooked cauliflower consumption. *Appetite,* 46, 263-269.

EYRES G., MARRIOTT P.J., DUFOUR J.P., 2007. The combination of gas chromatography-olfactometry and multidimensional gas chromatography for the characterisation of essential oils. *Journal of Chromatography A,* 1150 (1-2), 70-77.

LANDAUD S., HELINCK S., BONNARME P., 2008. Formation of volatile sulfur compounds and metabolism of methionine and other sulfur compounds in fermented foods. *Applied Microbiology and Biotechnology,* 77, 1191-1205.

MOTTRAM D.S., TAYLOR A.J., 2010. Controlling Maillard pathways to generate flavors. *In: ACS Symposium Series 1042,* Division of Agricultural and Food Chemistry, Washington, DC, 174 p., <http://pubs.acs.org/isbn/9780841225794> (consulté le 19 février 2012).

POLLIEN P., OTT A., MONTIGON F., BAUMGARTNER M., MUNOZ-BOX R., CHAINTREAU A., 1997. Hyphenated headspace-gas chromatography-sniffing technique: screening of impact odorants and quantitative aromagram comparisons. *Journal of Agriculture and Food Chemistry,* 45, 2630-2637.

PONS A., LAVIGNE V., LANDAIS Y., DARRIET P., DUBOURDIEU D., 2010. Identification of a sotolon pathway in dry white wines. *Journal of Agriculture and Food Chemistry,* 58, 7273-7279.

ROUSEFF R.L., CADWALLADER K.R., 2001. *Headspace Analysis of Foods and Flavors, Theory and Practice,* Springer, 228 p.

SCHAFT P.H., BURG N., BOSCH S., COHEN A.M., 1992. Fed-batch production of 2-heptanone by *Fusarium poae. Applied Microbiology and Biotechnology,* 36 (6), 709-711.

THÉRON L., TOURNAYRE P., KONDJOYAN N., ABOUELKARAM S., SANTÉ-LHOUTELLIER V., BERDAGUÉ J.L., 2010. Analysis of the volatile fraction and identification of key odorous compounds from Bayonne ham. *Meat Science,* 85, 453-460.

VIERLING E., 2008. *Aliments et boissons : technologie et aspects réglementaires,* Biosciences et techniques, Doin Éditions, 92856 Rueil-Malmaison Cedex, 203 p.

Chapitre 33

Des odeurs pour les troupeaux ou contre les parasites de culture

Claude FABRE-NYS et Denis THIÉRY

Les productions agricoles sont un terrain d'investigation et d'application de l'utilisation des odeurs sémiochimiques, c'est-à-dire à vocation de signal biologique, afin d'optimiser la production animale, d'améliorer la protection des cultures ou le bien-être animal. Dans ce chapitre, nous essayerons d'en illustrer *via* quelques exemples les applications possibles en matière d'élevage ou de protection des plantes. Nous traiterons principalement des odeurs conspécifiques, appelées aussi phéromones, ainsi que des odeurs interspécifiques liées à la compétition ou à la prédation, appelées aussi kairomones. La partie sur la protection des cultures abordera aussi l'utilisation des odeurs liées à la ressource alimentaire des parasites de cultures et des auxiliaires (cf. chapitre 5).

▸▸ Utilisation des odeurs en production animale

Les informations olfactives jouent un rôle important chez tous les Mammifères dans la communication entre partenaires sexuels ou sociaux ou comme indicateur de la présence d'un prédateur. Plusieurs de ces odeurs sont ou pourraient être utilisées pour gérer notamment la reproduction et le stress des animaux domestiques. Cependant, les composés actifs n'ont été identifiés que dans quelques cas, et seuls quelques produits commerciaux sont actuellement disponibles.

Odeurs sexuelles

Odeurs de mâles

Chez les porcins, la femelle à l'approche de l'œstrus est attirée par le verrat même quand celui-ci est anesthésié et qu'elle ne peut pas le voir, ce qui montre le rôle des informations olfactives (Signoret, 1974). L'odeur de verrat présentée seule à des femelles en œstrus provoque chez 60 à 80 % des femelles l'immobilisation tonique caractéristique de l'œstrus (Signoret, 1970). Cette odeur constitue donc une aide potentielle pour la détection de l'œstrus quand l'éleveur souhaite faire de l'insémi-nation artificielle par exemple. Les composés actifs présents dans les sécrétions des glandes salivaires sont la 5α-androsténone et le 3α-androsténol (Melrose *et al.*, 1971). Ces composés sont aussi responsables de l'odeur désagréable de verrat, ce qui a facilité leur identification (Booth et Signoret, 1992). Un des composés, le 3α-androsténol, a également comme effet d'avancer la puberté des jeunes truies (Kirkwood *et al.*, 1983). Un aérosol commercial contenant ces composés (BoarMate® DuPont Animal Health Solution) est commercialisé pour aider à la détection de l'œstrus avant insémination artificielle, réduire la durée de l'anœstrus *post-partum* et avancer la puberté. Cepen-dant, une enquête faite auprès d'éleveurs français ayant de bonnes performances de reproduction (Boulot *et al.*, 2005) montre que seulement 3 % des éleveurs l'utilisent.

Chez beaucoup d'ongulés dont sont issues les espèces domestiques, la reproduction est saisonnée. Mâles et femelles vivent séparés, et c'est l'approche des mâles en début de saison de reproduction qui déclenche la reprise d'activité ovarienne des femelles. Ce phénomène, appelé « effet mâle », est utilisé dans certains troupeaux de moutons ou de chèvres pour induire des reproductions en dehors de la saison sexuelle de manière naturelle, sans utiliser d'hormone, ce qui est actuellement recherché par le consom-mateur. Chez la chèvre comme chez le mouton, cet effet est dû à une stimulation quasi immédiate de la sécrétion de l'hormone hypophysaire LH qui, si la stimulation se

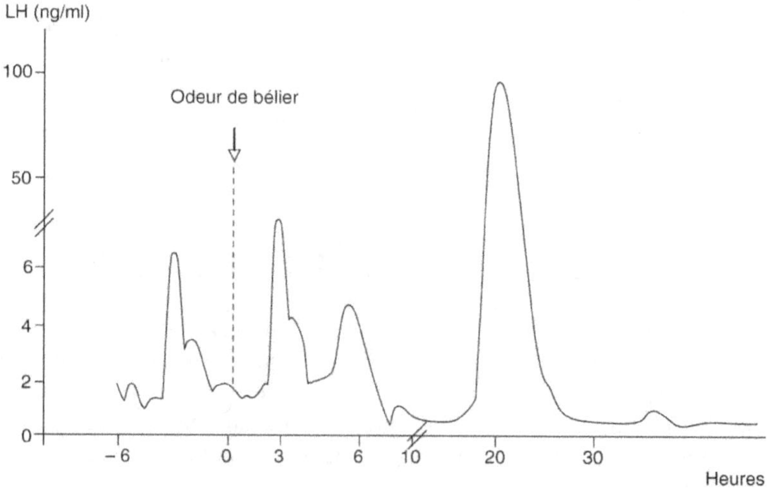

Figure 33.1. Effet mâle : exemple d'effet de l'exposition à une toison de bélier sur la sécré-tion de LH d'une brebis en anœstrus.

poursuit, va provoquer un pic préovulatoire et une ovulation (figure 33.1). Il peut être mimé dans les deux espèces, au moins en partie par l'odeur d'un mâle sexuellement actif, mais un mâle castré ou en repos sexuel est inefficace. Des essais d'identification des composés actifs sont menés dans les deux espèces, mais pour le moment sans succès. Chez le mouton, l'analyse chimique d'extraits de toison a montré que l'activité de l'odeur sur la sécrétion de LH venait d'un mélange de 1,2-hexadécanediol, de 1,2-octadécanediol et de composés non identifiés de la fraction acide (Cohen-Tannoudji *et al.*, 1994). Chez la chèvre, des composés dérivés de l'acide 4-éthyl octanoïque ont été un temps suspectés (Iwata *et al.*, 2003). L'équipe de Mori poursuit ces études avec une mesure « en direct » de l'effet des fractions sur l'activité multi-unitaire du système nerveux dans la zone considérée comme contrôlant la sécrétion de LH (Murata *et al.*, 2009). Une analyse préliminaire suggère l'implication de molécules volatiles de faible poids moléculaire. L'identification des composés responsables de l'effet mâle permettrait dans les deux espèces de développer la technique de l'effet mâle, qui pour l'instant est limitée par la variabilité de la réponse, probablement due en partie à une valeur stimulante des mâles insuffisante.

Odeurs de femelles

La séquence de comportement sexuel des Mammifères domestiques commence en général par un flairage de la zone anogénitale de la femelle par le mâle. Certaines études montrent que le comportement des mâles vis-à-vis de l'urine ou des secrétions vaginales est différent selon qu'ils proviennent de femelles en œstrus ou en anœstrus (Blissit *et al.*, 1994 ; Sankar et Archunan, 2004), suggérant l'émission par les femelles d'un signal spécifique de l'œstrus. Cependant, ce résultat n'est pas retrouvé dans d'autres études (Geary *et al.*, 1991 ; Signoret, 1975). Des chiens ou des rats peuvent pourtant être conditionnés à reconnaître l'odeur de vaches en œstrus (Dehnard et Claus, 1988 ; Kiddy *et al.*, 1978 ; Rampin *et al.*, 2006). Il semble donc que les femelles produisent des composés spécifiques à cette période, même s'ils n'ont pas forcément un rôle physiologique. Les identifier permettrait de disposer d'un moyen de détecter l'œstrus (Paleologou, 1977), tâche qui pose de gros problèmes par exemple chez les bovins ou les équins. Des essais sont réalisés depuis la fin des années 1980 pour identifier les composés actifs à partir d'urine, de fèces ou de sécrétions vaginales (vache : Hradecky, 1986 ; Klemm *et al.*, 1987 ; Rameshkumar *et al.*, 2000 ; Sankar et Archunan, 2008 ; jument : Ma et Klemm, 1997). Selon les études, deux à six composés sont présents de manière spécifique chez la vache au moment de l'œstrus, parmi lesquels le 1-iodo-undécane est trouvé par la même équipe à la fois dans l'urine et les fèces, mais ce composé ne stimulerait le comportement du mâle qu'associé à l'acide acétique et à l'acide propionique (Rameshkumar *et al.*, 2000 ; Sankar et Archunan, 2008). La fiabilité de la présence de ces molécules comme marqueur de l'œstrus n'a pour l'instant pas été étudiée, et les résultats n'ont pas été confirmés ailleurs. Ce travail doit donc se poursuivre.

Odeurs maternelles

Dans de nombreuses espèces de Mammifères, la mère émet peu après la mise bas des odeurs qui vont guider le jeune vers la mamelle et des odeurs qui vont l'apaiser (cf. chapitre 24). Les composés impliqués dans les odeurs apaisantes, ou « apaisines », ont été identifiés dans un certain nombre d'espèces dont le porc ou le chien comme un mélange d'acides gras tels que l'acide linoléique, oléique ou palmitique entre autres. Ces produits sont respectivement commercialisés sous les noms de Suilence® et DAP® (Ceva Santé animale). L'administration de l'apaisine porcine augmente le temps que les porcelets passent à l'auge pendant les 48 heures suivant le sevrage, diminue celui passé en interactions agonistiques (Mc Glone et Anderson, 2002) et réduit significativement la proportion de porcelets portant des blessures le lendemain du sevrage (McGlone *et al.*, 2004). Mais l'effet est très variable selon les élevages (McGlone *et al.*, 2004). Chez l'adulte, l'apaisine porcine réduit l'augmentation de cortisol liée au transport des animaux à l'abattoir (Wöhr *et al.*, 2004) ou celle liée à la mise en présence d'animaux adultes non familiers (Yonezawa *et al.*, 2009). L'apaisine du chien administrée à de jeunes chiots avant des séances d'apprentissage diminue leur peur et facilite leur socialisation (Denenberg et Landsberg, 2008). Cette odeur permet aussi de réduire les réactions de stress et les concentrations plasmatiques de prolactine chez des chiens adultes hospitalisés (Kim *et al.*, 2010 ; Siracusa *et al.*, 2010). Cependant, les modalités d'évaluation de l'efficacité du DAP sont discutées (Frank *et al.*, 2010 ; Pageat *et al.*, 2010). Une apaisine équine a également été proposée (Falewee *et al.*, 2006), mais son efficacité a été mise en doute (Dodman *et al.*, 2008) et le produit n'est actuellement plus en vente.

Marquage spatial

Beaucoup d'espèces utilisent leur urine ou des glandes spécialisées pour marquer leur territoire et ainsi tenir à distance les compétiteurs. Ce comportement peut poser des problèmes par exemple aux propriétaires de chats et de chiens dont les animaux marquent des endroits inappropriés. Une préparation commerciale contenant des acides gras présents dans les sécrétions faciales du chat est proposée sous le nom de Feliway® (Ceva Santé animale) depuis une quinzaine d'années. Ce produit est conçu pour diminuer le stress du chat et donc les émissions d'urine qu'il réalise pour marquer son territoire après une modification de son environnement physique ou social. Il est couramment conseillé par les vétérinaires (Herron, 2010). Les modalités d'évaluation de son efficacité, comme celles du DAP, sont cependant discutées (Frank *et al.*, 2010 ; Pageat *et al.*, 2010). Un autre composé, la félinine, responsable de l'odeur désagréable de l'urine de chat, a été identifié comme étant l'acide 2-amino-7-hydroxy-5,5-diméthyl-4-thiaheptanoïque (Westall, 1953). La cauxine est l'enzyme clé pour produire cette odeur à partir de son précurseur, et il est possible d'envisager le développement d'inhibiteurs spécifiques qui pourraient bloquer la production de félinine (Miyazaki *et al.*, 2006).

Odeurs de prédateurs

Plusieurs espèces de proies dont les ongulés ont développé des comportements particuliers qui permettent la reconnaissance et l'évitement des prédateurs. C'est le cas de l'odeur de chien par exemple pour les ongulés. L'effet répulsif de cette odeur peut être employé pour écarter les animaux d'un endroit particulier (Arnould et Signoret, 1993). Mais ces odeurs ne sont pas toujours efficaces (Apfelbach *et al.*, 2005).

◗ Odeurs et protection des cultures

L'usage des odeurs en protection des cultures est très répandu depuis de nombreuses années. L'agriculture romaine se servait déjà de pièges diffusant des odeurs d'appâts alimentaires. Bien avant l'usage des phéromones de synthèse, les instituts techniques dédiés à l'agriculture se servaient de femelles encagées pour suivre l'apparition des adultes des principaux Lépidoptères ravageurs de la vigne ou des cultures fruitières. On avait compris qu'utiliser l'attraction sexuelle ou alimentaire permettrait de mieux piloter la lutte contre les espèces nuisibles. Les premiers avertissements agricoles ont par exemple été proposés en viticulture (Feytaud, 1913) sur la base des captures dans des pièges à base d'appâts alimentaires dans le vignoble bordelais. La gestion des comportements contrôlés par la communication chimique au profit de la production agricole est une des solutions qui ont fait l'objet d'une très nombreuse littérature scientifique ces quarante dernières années.

Chez la plupart des Arthropodes, les sens chimiques tiennent une place prépondérante dans la régulation des différents comportements. Parmi ces sens chimiques, l'olfaction est particulièrement développée, du fait des remarquables performances des neurorécepteurs périphériques et des structures centrales assurant l'intégration des informations (voir par exemple Sandoz *et al.*, 2007 pour une synthèse). Cela s'applique bien entendu aux Arthropodes à rôle agricole : nuisibles ou Arthropodes auxiliaires comme les pollinisateurs. Très tôt, de grands noms de l'entomologie comme Fabre ou von Frisch ont mis en évidence le rôle de cette perception olfactive chez des papillons noctuelles ou chez l'abeille. L'olfaction est ainsi particulièrement performante chez les espèces dont l'adulte a des mœurs nocturnes[1]. Deux grands types d'applications ont été développés à partir des phéromones : ceux basés sur l'attraction des individus (piégeage destructif) et ceux basés sur la perturbation comportementale (inhibition des comportements, répulsion).

Phéromones de protection des cultures et applications aux pollinisateurs

Les travaux pionniers d'identification chimique des phéromones remontent à 1958[2] (Barbier et Lederer, 1960) et 1959 (phéromone royale d'abeille et bombycol, phéromone sexuelle de *Bombyx mori [Lepidoptera, Bombycidae]*). Depuis, les phéromones sexuelles de nombreuses espèces ont été identifiées[3]. Paradoxalement, un ratio assez faible a fait l'objet d'applications agronomiques.

Phéromones sexuelles

Elles existent chez différents ordres d'Insectes, mais tout particulièrement chez les Lépidoptères. Chez les papillons, une glande abdominale produit un bouquet de molécules assez simples constitué de structures moléculaires dont les synthèses

---

1. Beaucoup de papillons ravageurs de cultures sont nocturnes.
2. Travaux de Barbier, du CNRS de Gif-sur-Yvette, en collaboration avec Pain, de l'Inra de Bures-sur-Yvette.
3. Voir site internet <http://www.phero.net/> (consulté le 19 février 2012).

chimiques sont, pour la plupart, assez aisées. Les comportements qu'elles engendrent sont relativement simples, stéréotypés et spectaculaires. En général, le mâle suit une piste odorante produite par la femelle et véhiculée par les courants d'air. Les phéromones produites par les femelles induisent deux événements chez les mâles : l'attraction à distance et l'initiation du comportement sexuel précédé d'un atterrissage à proximité de l'émettrice. D'autres comportements de cour plus sophistiqués sont aussi régulés par les phéromones.

Pour ces différentes raisons, deux types d'applications agronomiques de ces molécules ont très vites été développés : les pièges sexuels et la confusion sexuelle.

Les pièges sexuels

Le piégeage sexuel cherche à reproduire les performances parfois étonnantes du système olfactif, un mâle pouvant répondre à longue distance à des concentrations très basses en phéromones (quelques molécules par m^3 d'air, selon les espèces). Un diffuseur, souvent en caoutchouc ou en polymère, est imprégné du composant majoritaire de la phéromone et placé dans un abri au centre d'une plateforme engluée. Les mâles, attirés à longue distance et croyant s'approcher d'une femelle, se collent sur la glue. La surveillance régulière du piège permet de construire des dynamiques de vol des mâles et de relier cette dynamique au risque phytosanitaire.

La confusion sexuelle

La confusion sexuelle a été développée pour contrôler les accouplements de Lépidoptères ravageurs de cultures. L'objectif est d'empêcher les deux partenaires sexuels de se rencontrer, et donc d'annihiler la production d'œufs et de chenilles. Pour cela, on installe des diffuseurs de phéromones de synthèse qui assurent une concentration élevée toute la saison dans le vignoble (figure 33.2, planche couleur XXIII). L'efficacité de la confusion sexuelle repose sur plusieurs mécanismes physiologiques ou comportementaux de l'insecte (Degen *et al.*, 2005). La saturation de l'air en odeur et la diffusion « multisource » perturbent la structure spatiale de diffusion de la phéromone naturelle. D'une part, les mâles ne sont plus capables de s'orienter correctement dans les effluves de phéromones et, d'autre part, les diffuseurs de phéromones de synthèse entrent en compétition avec les femelles appelantes en leur faisant suivre de fausses pistes. Les mécanismes physiologiques de perception de patterns temporels d'émission par une femelle en bouffées d'odeurs ainsi que ceux qui permettent de mesurer des variations très fines de concentration dans l'espace et dans le temps ne sont plus opérants sous confusion sexuelle.

La confusion sexuelle est appliquée dans de nombreuses cultures et donne de bons résultats, en particulier contre des ravageurs de fruits. Elle est homologuée en vignoble depuis 1995 contre deux ravageurs importants des grappes, l'eudémis et la cochylis de la vigne. À titre d'exemple, un peu plus de vingt mille hectares du vignoble français et cent mille hectares en Europe sont traités par confusion sexuelle.

Phéromones de régulation de la distance interindividuelle

Un certain nombre de phéromones dites épideictiques assurent la régulation de la distance interindividuelle. Les phéromones d'agrégation ou de dispersion (ou phéromones d'alarme) en font partie. Ces phéromones n'ont pas encore d'application avérée, mais représentent une perspective intéressante de lutte. Nous les illustrerons par deux exemples : les pucerons (ci-dessous) et les mouches des fruits (tableau 33.1).

Les pucerons, lorsqu'ils vivent en colonies, utilisent une molécule végétale, le (E)-β-farnésène, comme phéromone d'alarme. Celle-ci, émise en réponse à une attaque, par exemple de coccinelle, déclenche la dispersion très rapide des individus de la colonie. Actuellement, l'usage des phéromones d'alarme est encore prospectif. Des travaux récents cherchent à faire produire directement le (E)-β-farnésène par des plantes transgéniques (Beale *et al.*, 2006). L'efficacité réelle de ces phéromones, produites ou non par la plante cultivée, sur de grandes surfaces cultivées n'a à notre connaissance pas été testée.

Un autre type d'application possible dans un futur proche est l'usage de molécules incitant la dispersion des pontes. Un certain nombre d'insectes (tableau 33.1) fuient la compétition interindividuelle de la descendance en évitant de pondre sur des parties de la plante déjà occupées. Des marquages chimiques du site de ponte sont ainsi assurés, soit par la femelle lors de la ponte, soit par la qualité chimique elle-même des œufs. Une partie de ce marquage chimique peut être volatile, ce qui présente l'intérêt d'initier une répulsion déjà à courte distance.

Tableau 33.1. Quelques exemples d'insectes nuisibles aux cultures utilisant un marquage répulsif dissuadant la ponte de congénères et régulant la compétition interindividuelle pour la ressource.

Nom d'espèce	Nom vernaculaire	Type de molécule	Type de marquage
Rhagoletis cerasi	Mouche de la cerise	Phéromone	À l'orifice de ponte
Dacus oleae	Mouche de l'olive	Phéromone	À l'orifice de ponte
Rhagoletis pomonella	Mouche de la pomme	Phéromone	À l'orifice de ponte
Callosobruchus maculatus	Bruche des légumineuses	Phéromone	Sur les œufs
Pieris brassicae	Piéride du chou	Phéromone	Sur les œufs
Ostrinia nubilalis	Pyrale du maïs	Kairomone	Dans la composition de l'œuf
Cydia pomonella	Carpocapse des pommes	Kairomone	Dans la composition de l'œuf
Lobesia botrana	Eudémis de la vigne	Kairomone	Dans la composition de l'œuf

Insectes sociaux, gestion des colonies : l'exemple des abeilles

L'apiculture et la gestion des auxiliaires pollinisateurs constituent aussi un champ d'application très important. L'utilisation des différentes phéromones d'abeille a ainsi été tentée. Un exemple assez spectaculaire est l'usage de la phéromone mandibulaire de reine (*queen mandibular pheromone,* ou QMP). Ce mélange complexe d'au moins 17 molécules peut être mimé chimiquement par 5 d'entre elles, dont chacune prise séparément n'est pas active : l'acide céto-9-décénoïque, les acides hydroxy-2-décénoïques (E et Z), le méthyl-p-hydroxybenzoate et le 4-hydroxy-3-méthoxyphényléthanol. Les reines produisent cette phéromone pour assurer leur accouplement, mais aussi la cohésion de la colonie. Ce mélange phéromonal a actuellement différents usages et semble efficace pour maintenir la cohésion des colonies. Il est commercialisé sous le nom de Bee Boost® et utilisé par exemple pour transporter ou exporter des colonies d'abeilles sans reine à moindre coût, ce qui est très répandu aux États-Unis, mais aussi par les apiculteurs pour récupérer des essaims ou des butineuses égarées.

Usage des odeurs de plantes

Pièges de surveillance ou pièges de réduction de la pression du ravageur

Comme avec les phéromones sexuelles, les odeurs végétales peuvent être utilisées pour capturer des organismes nuisibles, et c'est actuellement leur application principale. Ces pièges peuvent être employés soit pour échantillonner la population et suivre son incrémentation (avertissement agricole), soit pour réaliser des pièges de masse afin de supprimer une partie de la pression du nuisible sur la culture. Le piégeage de surveillance fonctionne sur le même principe que le piégeage sexuel, sauf qu'il concerne plutôt les femelles.

Un exemple ancien de fonctionnalité de piège de masse nous est fourni par Feytaud (1913), qui piégea plus de 15 000 femelles d'eudémis de la vigne sur 5 hectares du château Suduirault et 1,36 × 106 papillons des deux sexes sur toute la région de Sauternes durant la saison viticole. Le résultat fut spectaculaire, puisque les dégâts commis par cet insecte se révélèrent l'année suivante pratiquement inexistants.

Beaucoup de travaux ont été conduits pour la mise au point de pièges de masse, dont bien sûr les traditionnelles techniques de piégeage de masse des scolytes de conifères à l'aide de rondins d'arbre ou de composés terpéniques de la résine. Plus récemment, des résultats intéressants ont été obtenus avec le scolyte du caféier, *Hypothenemus hampei*. La technique est efficace surtout quand on l'applique en début de phase de colonisation, quand les organes attractifs que sont les cerises mûres sont encore absents ou en faible nombre. Le mélange de synthèse de quatre molécules produites par la cerise de café est très performant et permet de réduire l'intensité de la colonisation (Dufour et Frérot, 2008).

Perturber les comportements de recherche de la plante hôte

Odeurs répulsives

L'usage d'odeurs pour repousser les insectes est testé depuis très longtemps. De nombreux résultats ont été obtenus en particulier contre les insectes vecteurs de maladies humaines (Hocking, 1963). Les extraits aromatiques de plantes, et notamment les huiles essentielles riches en composés terpéniques, ont souvent des vertus répulsives. Des applications existent, en particulier dans les stockages de récoltes (Regnault-Roger, 1997). La lutte contre les pucerons a motivé de nombreux travaux cherchant à caractériser des odeurs répulsives. Par exemple les huiles essentielles de différentes Labiacées, romarin, thym, lavande, menthe poivrée, repoussent le puceron *Myzus persicae*. Le d-linalol, le l-camphre et l'α-terpinéol sont responsables de l'activité répulsive (Hori, 1998). La tanaisie (*Tanacetum vulgare,* ou chrysanthème sauvage) ainsi que la sarriette *(Satureja hortensis)* repoussent *Aphis fabae* et *Brevicorine brassicae* (Nottingham *et al.,* 1991). Des composés de type isothiocyanates repoussent *A. fabae,* le 4-pentényl isothiocyanate étant le plus actif de ces composés (Nottingham *et al.,* 1991). Toutefois, ces produits sont peu utilisés en pratique.

Camouflages olfactifs

Une application intéressante des odeurs pour lutter contre les espèces nuisibles repose sur la perturbation des comportements de recherche de la plante à l'aide du principe du camouflage olfactif. Ces techniques sont dérivées de l'observation de pratiques agroécologiques, et en particulier des systèmes de production basés sur les cultures associées.

Comme nous l'avons vu en introduction, la perception olfactive et l'identification de l'image olfactive de la plante reposent sur une intégration de ratio de concentration de plusieurs molécules produites par la plante hôte. Dans les associations végétales, les mélanges plurispécifiques permettent de modifier naturellement ces ratios de concentration, et donc de modifier l'image olfactive et de perturber les comportements d'orientation. La fonctionnalité du camouflage olfactif peut être vérifiée dans différents exemples. Chez le doryphore, la réponse orientée vers des plants de pomme de terre peut être annihilée par l'association en équiproportion de feuillage avec des plantes comme le chou ou des Solanacées sauvages (Thiéry et Visser, 1986 ; 1987 ; Visser et Thiéry, 2010). Ces résultats n'ont toutefois été que rarement validés en culture, car ils se heurtent aux difficultés classiques de diffusion des odeurs dans des espaces ouverts de manière homogène et constante dans le temps.

Des pistes pour l'avenir en protection des cultures

Les progrès aidant, et notamment ceux au niveau de nos capacités à maîtriser la diffusion des odeurs dans des espaces complexes, on peut s'attendre à voir rapidement évoluer l'usage des odeurs en protection des cultures. Des progrès réels et constants sont ainsi accomplis sur les matériaux utilisés pour la diffusion, par exemple des formulations microencapsulées de phéromones ou des nanotubes de polymères.

Une autre perspective repose sur l'utilisation du concept du conditionnement olfactif des juvéniles (cf. chapitre 25), notamment de parasitoïdes ou de prédateurs. Comme chez les Vertébrés, certains Insectes se conditionnent à l'environnement odorant du lieu où ils naissent (Corbett, 1985 ; Davis et Stamps, 2004 ; Thiéry et Moreau, 2012). Des travaux ont ainsi tenté d'améliorer les performances de recherche d'Insectes Hyménoptères parasitoïdes de ravageurs de cultures utilisés en lutte biologique en les conditionnant à des odeurs simples. L'efficacité n'a jamais encore été clairement avérée à grande échelle, mais, n'en doutons pas, de telles applications ont un potentiel certain. Avant d'imaginer jouer *stricto sensu* sur l'orientation des insectes auxiliaires, utiliser des odeurs associées à l'hôte les incitant à rester sur une parcelle cultivée où ils ont été lâchés serait déjà un gros progrès.

▸▸ Bibliographie

APFELBACH R., BLANCHARD C.D., BLANCHARD R.J., HAYES R.A., McGREGOR I.S., 2005. The effects of predator odors in mammalian prey species: a review of field and laboratory studies. *Neuroscience and Biobehavioral Reviews,* 29 (8), 1123-1144.

ARNOULD C., SIGNORET J.P., 1993. Sheep food repellents: efficacy of various products, habituation, and social facilitation. *Journal of Chemical Ecology,* 19, 225-236.

BARBIER M., LEDERER E., 1960. Structure chimique de la substance royale de la reine d'abeille *Apis mellifera* L. *Comptes-rendus de l'Académie des sciences, Paris,* 241, 1131-1135.

BEALE M.H., BIRKETT M.A., BRUCE T.J.A., CHAMBERLAIN K., HUTTY A.K., MARTIN J.L., PARKER R., PHILLIPS A., PICKETT J.A., PROSSER I.M., SHEWRY P.R., SMART L.E., WADHAMS L.J., WOODCOCK C.M., ZHANG Y., 2006. Aphid alarm pheromone produced by transgenic plants affects aphid and parasitoid behaviour. *In: Proceedings of the National Academy of Sciences of the USA,* 103, 10509-10513.

BLISSITT M.J., BLAND K.P., COTTRELL D.F., 1994. Detection of oestrous-related odour in ewe urine by rams. *Journal of Reproduction and Fertility,* 101 (1), 189-191.

BOOTH W.D., SIGNORET J.P., 1992. Olfaction and reproduction in ungulates. *Oxford Reviews of Reproductive Biology,* 14, 263-301.

BOULOT S., DUBROCA S., BADOUARD B., 2005. Gestion pharmacologique de la reproduction : le point sur les pratiques des éleveurs. *Techniporc,* 28 (5), 9-12.

COHEN-TANNOUDJI J., EINHORN J., SIGNORET J.P., 1994. Ram sexual pheromone: first approach of chemical identification. *Physiology and Behavior,* 56, 955-961.

CORBET S.A., 1985. Insect chemosensory responses: a chemical legacy hypothesis. *Ecology and Entomology,* 10, 143-153.

DAVIS J.M., STAMPS J.A., 2004. The effect of natal preference on habitat preferences. *Trends in Ecology and Evolution,* 19, 411-416.

DEGEN T., CHEVALLIER A., FISCHER S., 2005. The progress in the use of sexual pheromones to control grapevine and grape berry moths. *Revue suisse de viticulture, arboriculture, horticulture,* 37, 273-280.

DEHNHARD M., CLAUS R., 1988. Reliability criteria of a bioassay using rats trained to detect oestrus-specific odor in cow urine. *Theriogenology,* 30 (6), 1127-1138.

DENENBERG S., LANDSBERG G.M., 2008. Effects of dog-appeasing pheromones on anxiety and fear in puppies during training and on long-term socialization. *Journal of the American Veterinary Medical Association,* 233 (12), 1874-1882.

DODMAN N. H., WRUBEL K.M., COTTAM N., 2008. Effect of a synthetic equine maternal pheromone during a controlled fear-eliciting situation: a critique on Falewee (2006). *Applied Animal Behaviour Science,* 109, 85-87.

DUFOUR B.P., FRÉROT B., 2008. Optimization of coffe berry borer *(Hypothenemus hampei* Ferrari *(Col. Scolytidae)* mass trapping with an attractant mixture. *Journal of Applied Entomology,* 132, 591-600.

FALEWEE C., GAULTIER E., LAFONT C., BOUGRAT L., PAGEAT P., 2006. Effect of a synthetic equine maternal pheromone during a controlled fear-eliciting situation. *Applied Animal Behaviour Science,* 101, 144-153.

FEYTAUD J., 1913. Cochylis et eudémis, procédés de capture des papillons. *Bulletin de la Société d'études et de vulgarisation agricoles,* 33-41.

FRANK D., BEAUCHAMP G., PALESTRINI C., 2010. Systematic review of the use of pheromones for treatment of undesirable behavior in cats and dogs. *Journal of the American Veterinary Medical Association,* 236 (12), 1308-1316.

GEARY T.W., de AVILA D.M., WESTBERG H.H., SENGER P.L., REEVES J.J., 1991. Bulls show no preference for a heifer in oestrus in preference tests. *Journal of Animal Science,* 69 (10), 3999-4006.

HERRON M.E., 2010. Advances in understanding and treatment of feline inappropriate elimination. *Topics in Companion Animal Medicine,* 25 (4), 195-202.

HOCKING B., 1963. The use of attractants and repellents in vector control. *Bulletin de l'Organisation mondiale de la santé,* 29, 121-126.

HORI M., 1998. Repellency of rosemary oil against *Myzus persicae* in a laboratory and in screenhous. *Journal of Chemical Ecology,* 24, 1425-1432.

HRADECKY P., 1986. Volatile fatty acids in urine and vaginal secretions of cows during the reproductive cycle. *Journal of Chemical Ecology,* 12 (1), 187-196.

IWATA E., KIKUSUI T., TAKEUCHI Y., MORI Y., 2003. Substances derived from 4-ethyl octanoic acid account for primer pheromone activity for the « male effect » in goats. *Journal of Veterinary Medical Science,* 65 (9), 1019-1021.

KIDDY C.A., MITCHELL D.S., BOLT D.J., HAWK H.W., 1978. Detection of estrus-related odors in cows by trained dogs. *Biology of Reproduction,* 19 (2), 389-395.

KIM Y.M., LEE J.K., ABD EL-ATY A.M., HWANG S.H., LEE J.H., LEE S.M., 2010. Efficacy of dog-appeasing pheromone (DAP) for ameliorating separation-related behavioural signs in hospitalized dogs. *Canadian Veterinary Journal,* 51 (4), 380-384.

KIRKWOOD R.N., HUGUES P.E., BOOTH W.D., 1983. The influence of boar related odours on puberty attainmentin gilts. *Animal Production,* 36, 131-136.

KLEMM W.R., HAWKINS G.N., DE LOS SANTOS E., 1987. Identification of compounds in bovine cervico-vaginal mucus extracts that evoke male sexuel behavior. *Chemical Senses,* 12 (1), 77-87.

MA W., KLEMM WR., 1997. Variations of equine urinary volatile compounds during the oestrous cycle. *Veterinary Research Communications,* 21 (6), 437-446.

McGLONE J.J., ANDERSON D.L., 2002. Synthetic maternal pheromone stimulates feeding behavior and weight gain in weaned pigs. *Journal of Animerican Science,* 80 (12), 3179-3183.

McGLONE J.J., SMITH J., WOLFE J., DUBOIS P., 2004. Evaluation of a synthetic maternal pheromone for weaning pigs: field study of effects on wounds and weight gain. *In: Proceedings of the XVIIIth Congress of the International Pig Veterinary Society,* 27 juin-2 juillet, 2, 698, Hambourg, Allemagne.

MELROSE D.R., REED H.C., PATTERSON R.L., 1971. Androgen steroids associated with boar odour as an aid to the detection of oestrus in pig artificial insemination. *British Veterinary Journal,* 127 (10), 497-502.

MIYAZAKI M., YAMASHITA T., SUZUKI Y., SAITO Y., SUETA S., TAIRA H., SUZUKI A., 2006. A major urinary protein of the domestic cat regulates the production of felinine, a putative pheromone precursor. *Chemistry and Biology,* 13 (10), 1071-1079.

MURATA K., WAKABAYASHI Y., KITAGO M., OHARA H., WATANABE H., TAMOGAMI S., WARITA Y., YAMAGISHI K., ICHIKAWA M., TAKEUCHI Y., OKAMURA H., MORI Y., 2009. Modulation of gonadotrophin-releasing hormone pulse generator activity by the pheromone in small ruminants. *Journal of Neuroendocrinology,* 21, 346-350.

NOTTINGHAM S.F., HARDIE J., DAWSON G.W., HICH A.J., PICKETT J.A., WADHAMS L.J., WOODCOCK C.M., 1991. Behavioural and electophysiological responses of aphids to host and nonhost plant volatiles. *Journal of Chemical Ecology,* 17 (6), 1231-1242.

PAGEAT P., COZZI A., LECUELLE C., 2010. Questions methods used in review of pheromone treatments. *Journal of the American Veterinary Medical Association,* 237 (6), 624-625.

PALEOLOGOU A.M., 1977. Detecting oestrus in cows by a method based on bovine sex pheromones. *Veterinary Record,* 100 (15), 319.

RAMESHKUMAR K.R., ARCHUNAN G., JEYARAMAN R., NARASIMHAN S., 2000. Chemical characterization of bovine urine with special reference to oestrus. *Veterinary Research Communications,* 24, 445-454.

RAMPIN O., JÉRÔME N., BRIANT C., BOUÉ F., MAURIN Y., 2006. Are oestrus odours species specific? *Behavioural Brain Research,* 172, 169-172.

REGNAULT-ROGER C., 1997. The potential of botanical essential oils for insect pest control. *Integrated Pest Management Reviews,* 2, 25-34.

SANDOZ J.C., DEISIG N., DE BRITO SANCHEZ M.G., GIURFA M., 2007. Understanding the logics of pheromone processing in the honeybee brain: from labeled-lines to accross-fiber patterns. *Frontiers in Behavioral Science,* 1, 1-12.

SANKAR R., ARCHUNAN G., 2004. Flehmen response in bull: role of vaginal mucus and other body fluids of bovine with special reference to oestrus. *Behavioral Processes,* 67 (1), 81-86.

SANKAR R., ARCHUNAN G., 2008. Identification of putative pheromones in bovine *(Bos taurus)* faeces in relation to estrus detection. *Animal Reproduction Science,* 103 (1-2), 149-153.

SIGNORET J.P., 1970. Reproductive behaviour of pigs. *Journal of Reproduction and Fertility,* (suppl.), 11, 105-117.

SIGNORET J.P., 1974. Rôle des différentes informations sensorielles dans l'attraction de la femelle en œstrus par le mâle chez les porcins. *Annales de biologie animale, biochimie, biophysique,* 14, 747-755.

SIGNORET J.P., 1975. Influence of the sexual receptivity of a teaser ewe on the mating preference in the ram. *Applied Animal Ethology,* 1, 229-232.

SIRACUSA C., MANTECA X., CUENCA R., DEL MAR ALCALÁ M., ALBA A., LAVÍN S., PASTOR J., 2010. Effect of a synthetic appeasing pheromone on behavioral, neuroendocrine, immune, and acute-phase perioperative stress responses in dogs. *Journal of the American Veterinary Medical Association,* 237 (6), 673-681.

THIÉRY D., MOREAU J., 2012. Induction natale de la préférence pour l'habitat (NHPI). *In : Des insectes et des plantes,* partie 4, chap. 25, IRD Éditions, sous presse.

THIÉRY D., VISSER J.H., 1986. Masking of host plant odour in the olfactory orientation of the Colorado potato beetle. *Entomologia Experimentalis and Applicata,* 41, 165-172.

THIÉRY D., VISSER J.H., 1987. Misleading the Colorado potato beetle with an odor blend. *Journal of Chemical Ecology,* 13, 1139-1146.

VISSER J.H., THIÉRY D., 2010. Beetle orientation: unpublished servosphere studies from 1983, [en ligne], <http://www.olfacts.nl/index_bestanden/Page9.html> (consulté le 12 mai 2011).

WESTALL R.G., 1953. The amino acids and other ampholytes of urine. 2. The isolation of a new sulphur-containing amino acid from cat urine. *Biochemical Journal,* 55 (2), 244-248.

WÖHR A.C., MAIER C.H., HOLWICH P., MERTENS P., UNSHELM J., ERHARD M., 2004. Improving the well-beeing of fattening pigs during transportation by the use of a porcine appeasing pheromone. *In: Proceedings of the XVIIIth Congress of the International Pig Veterinary Society,* 27 juin-2 juillet, 2, 789, Hambourg, Allemagne.

YONEZAWA T., KOORI M., KIKUSUI T., MORI Y., 2009. Appeasing pheromone inhibits cortisol augmentation and agonistic behaviors during social stress in adult miniature pigs. *Zoological Science,* 26 (11), 739-744.

Chapitre 34

Parfums, cosmétiques et arômes alimentaires : enjeux industriels de la mesure des émotions

Arnaud MONTET, Stephen WARRENBURG et Lana GLAZMAN

▸▸ Contexte et enjeux industriels

Le parfum est universellement reconnu pour sa valeur esthétique. Délivrer une odeur agréable reste son rôle premier dans les biens de consommation plus ou moins fonctionnels : eaux de toilette, produits d'hygiène corporelle ou bien encore produits de nettoyage textile ou de surface. Néanmoins, de par son fort pouvoir d'évocation, le parfum apporte au consommateur final et aux produits qu'il parfume des bénéfices émotionnels comme la relaxation, le bien-être ou la vitalité, et des bénéfices fonctionnels comme l'efficacité, la propreté ou encore la douceur.

Longtemps, seule la dimension esthétique (cf. chapitre 2) a été recherchée par les industriels pour le parfumage de leurs produits. Cependant, plusieurs facteurs économiques ou sociologiques — augmentation de l'offre créant un besoin de nouveaux leviers de différenciation et de fidélisation, renouveau de l'intérêt pour l'aromachologie (cf. chapitre 42), recherche d'hédonisme en tout — les ont conduits à intégrer à leurs logiques de développement ces fameux bénéfices à valeur ajoutée.

Le même raisonnement est en tous points applicable aux arômes et aux produits alimentaires (cf. chapitre 29), néanmoins pour des raisons de simplification de l'exposé, seuls les termes de parfum ou d'odeur seront utilisés par la suite.

Cette évolution a tout naturellement conduit les industriels et les fournisseurs de parfums et d'arômes alimentaires à s'intéresser à la compréhension et à la mesure de ces bénéfices couramment regroupés sous le terme générique d'émotions.

▶▶ Qu'entend-on par émotion ?

Sentir une odeur engage, plus que toute autre modalité sensorielle, un processus perceptif et cognitif fortement lié aux émotions humaines. À la différence des autres sens, la neuroanatomie olfactive présente de nombreux recouvrements avec le système limbique, qui joue un rôle majeur dans les émotions chez l'homme et chez les Mammifères en général (cf. chapitres 6 et 26).

La littérature concernant les recherches sur les émotions est vaste, mais il est difficile d'en trouver une définition unique. Elle peut néanmoins être résumée à une réaction transitoire donc brève à une situation ou à un stimulus déclencheurs. Elle génère une manifestation interne sous forme de réponses physiologiques et cognitives et induit une réaction externe, expressive ou comportementale.

Les principaux modèles développés sont issus de la théorie de l'évolution (Darwin, 1872) et sont basés sur le principe d'un ensemble d'émotions dites de base, supposées universelles, non réductibles, innées et à valence positive et négative. On peut citer la joie, la tristesse, la peur, le dégoût ou la colère parmi les plus consensuelles (Ekman, 1992 ; Izard, 1977 ; Kemper, 1981 ; Plutchik, 1980).

Si les chercheurs s'accordent partiellement sur la définition des émotions de base, ce n'est pas le cas pour d'autres concepts comme l'euphorie, la motivation, l'affect, le bien-être, le stress ou le soulagement, entendus soit comme des émotions d'un autre niveau, appelées émotions secondaires, soit comme des éléments totalement distincts.

Plutchik (1980) propose par exemple une approche psychoévolutionniste illustrée par la Roue des émotions. Elle permet, sur la base d'associations d'émotions fondamentales (joie, confiance, etc.), de dériver les différentes nuances de l'expérience émotionnelle sous forme d'émotions secondaires (joie + confiance = amour). Gerrod-Parrot (2001), quant à lui, scinde six de ces émotions secondaires en différents niveaux. L'amour par exemple est ainsi divisé en affection, en désir et en excitation sexuelle.

Oatley et Johnson-Laird (1987) proposent une approche cognitiviste selon laquelle une émotion secondaire comprend un noyau formé par une émotion primaire dont il hérite les propriétés, en particulier sa valence positive ou négative, et des représentations qui permettent des constructions plus complexes.

Notons néanmoins que du point de vue de l'industriel, ce sont avant tout les émotions secondaires qui présentent un intérêt, peu de produits revendiquant la peur, la colère, le dégoût ou la tristesse. À cet effet, il est intéressant de noter les distinctions faites entre ces émotions secondaires. Selon Manetta (2008) et Manetta *et al.* (2007), en matière de parfum, le discours et les évocations expriment au niveau émotionnel les réactions produites sur le sujet sous forme d'effet physique, mental ou général (physique et mental).

En matière de représentation des émotions mesurées, deux modèles coexistent : les modèles catégoriels, issus des théories des émotions de base et représentant les diverses dimensions de manière indépendante, et les modèles dimensionnels, basés sur le principe selon lequel les émotions résultent de la combinaison de ces dimensions. La plupart des modèles dimensionnels développés ou utilisés à ce jour (Averill, 1975 ; Lorr et Shea, 1979 ; Purcell, 1982) sont en accord avec le modèle de Russell (1980) selon lequel les deux premières dimensions constructives sont la valence (plaisant/déplaisant) et l'activation (ou *arousal*).

▸▸ Comment mesure-t-on les émotions ?

Nous tenons tout d'abord à préciser que le point de vue exposé ici est volontairement celui de l'industriel dans son objectif final de mise en application opérationnelle des résultats des travaux engagés. Ce parti pris ne remet nullement en question les travaux menés dans le cadre de la recherche fondamentale, y compris au sein même de l'entreprise.

Conformément à la définition donnée préalablement, nous allons envisager la mesure des émotions selon leurs trois principales composantes (manifestations internes et externes) que sont la composante physiologique, la composante expressive et comportementale (mesures non verbales) et la composante cognitive ou subjective (mesure verbale) (figure 34.1).

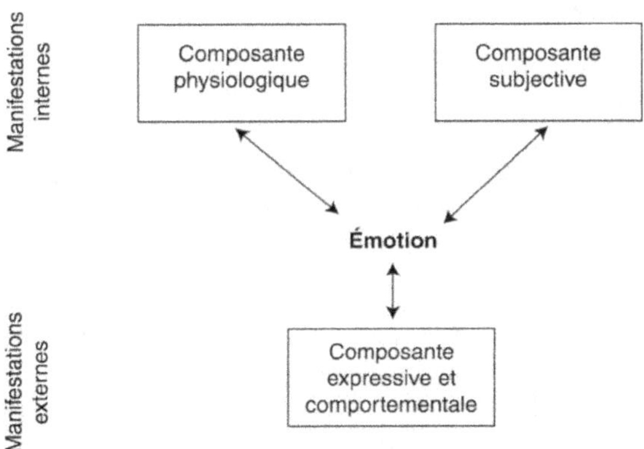

Figure 34.1. Les trois composantes de la mesure des émotions.

Composante physiologique

Nous ne ferons pas ici l'exposé détaillé des différentes mesures physiologiques parmi lesquelles on trouve les dosages hormonaux, les réponses électrodermales et de pression sanguine, l'imagerie cérébrale (cf. chapitre 26) et autres.

Comme toute mesure non verbale, la mesure physiologique offre l'avantage d'éviter le biais subjectif/cognitif de toute approche déclarative. Pour l'industriel, elle représente de surcroît la caution scientifique et objective nécessaire à la justification officielle d'une allégation produit du type relaxant ou énergisant par exemple.

Chez IFF, nous avons été pionniers dans notre industrie en nous y intéressant depuis le milieu des années 1980, lors des prémices de la mode de l'aromathérapie. Néanmoins, nos multiples et régulières expérimentations depuis lors ainsi que le suivi des travaux de la recherche académique nous conduisent à conclure que les approches physiologiques n'apportent pas à ce jour le niveau de sensibilité nécessaire à notre utilisation, raison pour laquelle nous poursuivons nos recherches.

Il est vrai que les mesures physiologiques permettent de distinguer des parfums à valences ou à activations opposées, la majorité des expérimentations opposant d'ailleurs des ingrédients fortement appréciés comme la vanilline à d'autres fortement désagréables comme l'acide isovalérique ! Mais il ne nous est malheureusement pas possible dans le cadre de produits finis, à niveau d'appréciation égal mais à propriétés olfactives différentes, de mesurer physiologiquement différentes réponses émotionnelles. Ceci ne nous permet donc pas de sélectionner le parfum ou l'arôme le plus approprié pour un projet donné, ni même de mettre en évidence une différence significative par rapport à un produit de référence (couramment appelé Benchmark).

À cela s'ajoute le fait que le domaine du parfum ou des arômes finis est fortement lié à l'expérience produit et au contexte d'exposition. Le cadre expérimental pur valorise malheureusement peu ces deux facteurs.

Composante expressive

Notre industrie s'est davantage attachée à la composante expressive qu'à la composante comportementale des émotions, un parfum ou un arôme n'ayant pas vocation à modifier directement un comportement, mais plutôt à développer un ressenti.

L'attention des industriels s'est plus précisément portée sur les expressions faciales, les plus appropriées à notre domaine et dont les changements sont considérés comme des éléments centraux de la réponse émotionnelle. D'après Darwin (1872), ces expressions seraient des reliquats de comportements adaptatifs, ayant une fonction communicative au sein du groupe.

L'un des pionniers dans l'étude des émotions et de leurs relations aux expressions faciales est Paul Ekman[1]. Fondateur de la théorie de la détection des micro-expressions, élaborée à partir d'études sur les sociétés primitives et leurs réactions universelles à diverses photographies, il définit une liste de six émotions de base observables : tristesse, joie, colère, peur, dégoût, surprise (Ekman, 1972). Il l'étendra et la modifiera par la suite avec l'amusement, le mépris, la satisfaction, la gêne, l'excitation, la culpabilité, la fierté, le soulagement, la satisfaction, le plaisir sensoriel et la honte, ces dernières n'étant pas toutes codées facialement.

---

1. Voir <http://fr.wikipedia.org/wiki/Paul_Ekman> (consulté en mai 2011).

On comprendra aisément que, prises en l'état, ces approches présentent quelques limites pour l'industriel. Les émotions de base qu'elles permettent de mesurer sont assez peu valorisables et reflètent avant tout la valence des produits testés, cette dernière étant loin d'être la dimension la plus difficile à mesurer par des approches simples.

Au-delà de ces émotions de base, c'est donc aujourd'hui dans la recherche de corrélations entre les expressions faciales et d'autres dimensions comme l'adhésion forte ou la capacité à maintenir l'intérêt que se concentrent aujourd'hui nos efforts en recherche appliquée.

Composante subjective

Cette dernière composante est la seule qui, à défaut de prouver instrumentalement, met en évidence des différences perçues par les consommateurs au niveau d'émotions secondaires. Elle répond ainsi au mieux aux objectifs de sélection de la meilleure proposition parmi un échantillon de produits finis (cf. aussi chapitres 28, 29 et 40).

La majorité des mesures subjectives des émotions passe par l'évaluation d'items spécifiques. Ces termes sont proposés aux consommateurs soit sous la forme de listes à cocher (oui/non), soit sous la forme d'échelles structurées. Trois méthodes de recueil de données ont couramment été utilisées. La plus courante est appelée R-technique et consiste à ne soumettre qu'une fois les questionnaires à un grand nombre de répondants. La deuxième méthode, P-technique, consiste à administrer le questionnaire à un nombre restreint de répondants mais à plusieurs reprises. La dernière approche, dR-technique, consiste quant à elle à administrer deux fois le questionnaire aux répondants, généralement avant et après exposition au produit objet de l'étude. Cette dernière approche présente l'avantage d'offrir la possibilité, pour peu que l'on introduise également un produit référent non parfumé, de prouver statistiquement un effet sur la base d'une différence pré/postexposition.

Chez IFF, nous avons mené diverses expérimentations dans ce domaine depuis la fin des années 1980 (Warren et Warrenburg, 1993 ; Warrenburg, 2002) afin de développer le protocole le plus adapté à nos besoins. Les premières ont consisté en l'évaluation de matières premières odorantes et de parfums à grande échelle (plus de 2 000 réponses enregistrées) sur une sélection de 44 items issus de la littérature et selon une approche dR-technique. La cartographie résultant du traitement des données (figure 34.2) montre une organisation circulaire des émotions conforme aux modèles dimensionnels précédemment cités, puisque présentant deux axes structurants, la valence et l'activation.

Cependant, les analyses conduites sur ces données ont montré que les différences prépostexposition étaient généralement très faibles et nécessitaient, pour observer des différences statistiquement significatives, des tailles d'échantillons bien trop importantes. Parmi plusieurs alternatives expérimentées, une méthode fiable et discriminante pour la caractérisation émotionnelle des parfums a été retenue et a donné lieu à la création du Mood Mapping®. Cette technique a recours à une approche d'évaluation dite à choix forcé, au cours de laquelle le répondant est

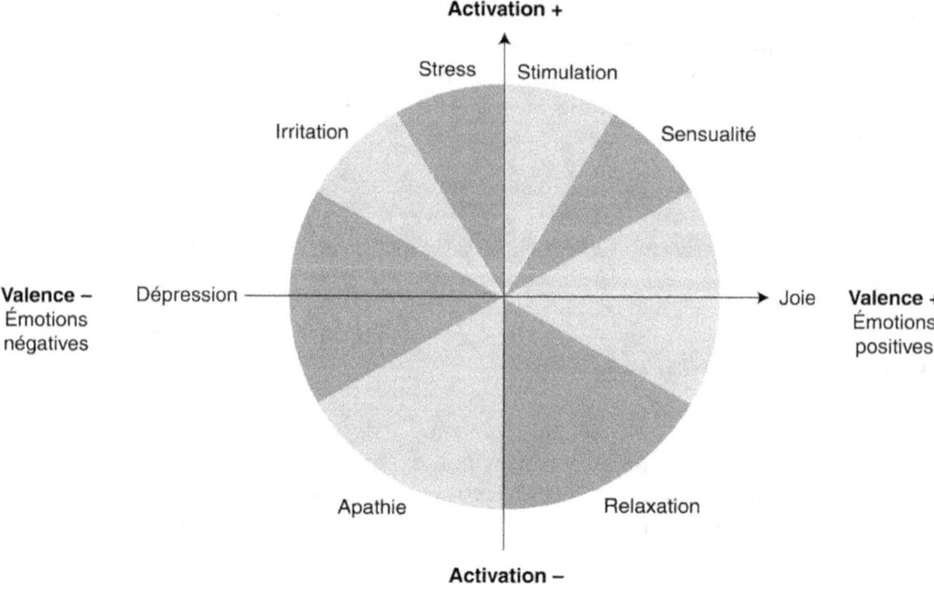

Figure 34.2. Organisation des catégories d'émotions formées par 44 items émotionnels.

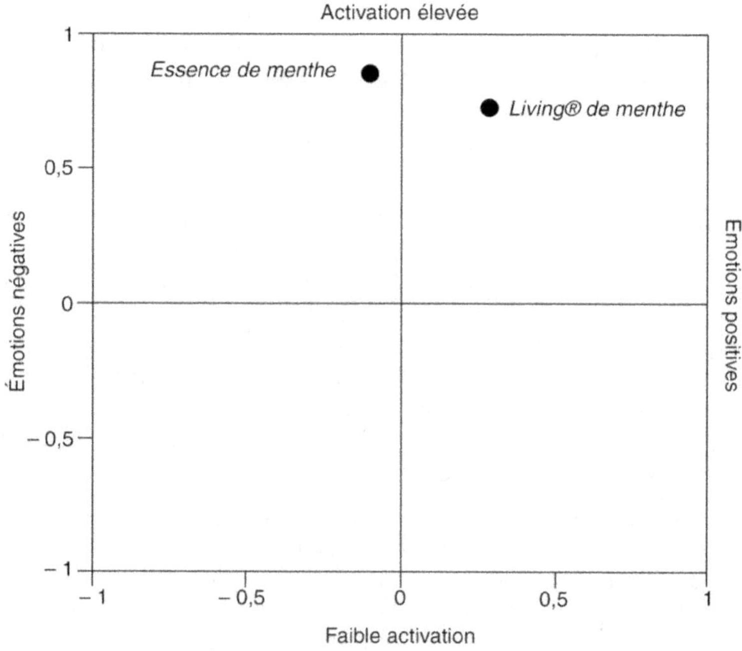

Figure 34.3. Mood Map® de Living® de menthe *vs* essence de menthe.

amené à choisir parmi les catégories présentées en figure 34.2 celle correspondant le mieux à l'ingrédient ou au parfum présentés. Il nous est apparu que cette simple approche obligeant le répondant à se positionner sur une caractéristique dominante permettait d'améliorer significativement la fiabilité et le pouvoir discriminant de la mesure. L'exemple en figure 34.3 montre que cette technique permet d'obtenir une différenciation des profils émotionnels de senteurs olfactivement et hédoniquement peu différentes, ici une huile essentielle de menthe et une reconstitution de menthe sur la base d'analyse (*headspace* de plante vivante, Living® IFF). Une base de données de parfums et d'ingrédients évalués dans différents pays du monde a ainsi pu être mise en place.

▸▸ Conclusion

Enjeu industriel important, la mesure des émotions est toujours à ce jour un vaste terrain de recherches et d'expérimentations. Il reste encore beaucoup à apprendre sur le rôle des odeurs et des parfums sur ces émotions, la définition même de celles-ci ayant des contours assez vagues. Il est fort probable que la recherche découvre des méthodes ou protocoles de mesures physiologiques sensibles aux subtiles différences d'états émotionnels induits par les parfums qu'à ce jour seules les approches subjectives permettent de mettre en évidence.

Les émotions ne sont néanmoins qu'une des dimensions perceptives du parfum, parmi lesquelles on trouve également les évocations et autres associations mentales.

Les équipes de développement d'IFF souhaitant plus d'informations quant à ces effets, nous avons étendu l'approche Mood Mapping® à une évaluation extensive des associations multisensorielles de composants odorants. Décrite par Warrenburg (1999), cette approche a permis de développer une base de données consommateurs appelée ScentEmotions®, accessible à tous nos développeurs et recensant les associations multisensorielles de milliers d'ingrédients et de parfums dans divers pays d'Amérique latine, d'Amérique du Nord, d'Europe et d'Asie. L'interface permet d'obtenir en quelques clics une sélection de produits répondant aux critères recherchés d'émotions, de description, de positionnement, de couleurs ou encore de textures. L'outil permet ainsi de créer une connexion directe avec le consommateur en révélant les associations sensorielles et les traductions olfactives d'une dimension donnée (une émotion, un attribut, une couleur, une texture, etc.) et en en révélant les spécificités culturelles.

Parmi les nombreuses contributions à de célèbres créations, on peut citer le parfum *Happy,* de Clinique, toujours parmi les meilleures ventes aux États-Unis et dont la création a été orientée pour maximiser les émotions positives (joie). Aujourd'hui encore, ce parfum obtient dans nos tests consommateurs l'un des meilleurs profils émotionnels positifs. *Polo Blue,* de Ralph Lauren, a également été conçu pour maximiser son adéquation à la couleur bleue cobalt du concept et du packaging. Sa création a intégré des ingrédients boisés qui, contre toute attente, avaient été révélés par ScentEmotions® comme évoquant cette couleur et qui ont significativement contribué à l'augmentation de l'adéquation à la couleur et au concept. Enfin, la création du parfum *Aqua di Gioia,* d'Armani, s'est inspirée des enseignements de plusieurs pays sur les notions de fraîcheur et de sensualité pour parvenir à concilier ces deux dimensions, bien souvent considérées comme antagonistes.

⏵ Bibliographie

AVERILL J.R., 1975. A semantic atlas of emotional concepts. *JSAS Catalogue of Selected Documents in Psychology,* 5, 330, ms. 421.

DARWIN C., 1872. *The Expression of Emotions in Man and Animal,* John Murray, London.

EKMAN P., 1972. Universals and cultural differences in facial expressions of emotions. *In: Nebraska Symposium on Motivation, 1971,* Lincoln, Neb. (J. Cole, ed.), University of Nebraska Press, 207-283.

EKMAN P., 1992. Are there basic emotions? *Psychological Review,* 99, 550-553.

GERROD-PARROTT W., 2001. *Emotions in Social Psychology,* Psychology Press, Philadelphia, 392 p.

IZARD C.E., 1977. *Human Emotions,* Plenum Press, New York, 495 p.

KEMPER T.D., 1981. Social constructionist and positivist approaches to the sociology of emotions. *American Journal of Sociology,* 87, 336-362.

LORR M., SHEA T.M., 1979. Are moods bipolar? *Journal of Personality Assessment,* 43, 468-472.

MANETTA C., 2008. De la perception à la représentation de stimulus olfactifs en contexte : une étude cognitive et langagière. Thèse de doctorat en psychologie, pratiques cliniques et sociales — Cognition, langage, interaction, Paris-8, 303 p.

MANETTA C., SANTARPIA A., SANDER E., MONTET A., URDAPILLETA I., 2007. Catégorisation du langage descriptif et du langage figuré dans l'expérience des parfums complexes. *Psychologie française,* 52, 479-497.

OATLEY K., JOHNSON-LAIRD P.N., 1987. Towards a cognitive theory of the emotions. *Cognition and Emotion,* 1, 29-50.

PLUTCHIK R., 1980. *Emotion: A Psychoevolutionary Synthesis,* Harper, New York, 440 p.

PURCELL A.T., 1982. The structure of activation and emotion. *Multivariate Behavioral Research,* 17, 221-51.

RUSSELL J., 1980. A circumplex model of affect. *Journal of Personality and Social Psychology,* 39, 1161-1178.

WARREN C., WARRENBURG S., 1993. Mood benefits of fragrances. *Perfumer and Flavorists,* 18, 9-16.

WARRENBURG S., 1999. The consumer fragrance thesaurus: putting consumer insights into the perfumer's hand. *The Aromachology Review,* 8 (2), 4-7.

WARRENBURG S., 2002. Measurement of emotions in olfactory research. *Chemistry of Taste,* 19, 243-259.

Chapitre 35

Gastronomie moléculaire et olfaction

Hervé THIS

C'est un truisme que de dire combien l'olfaction (orthonasale et rétronasale) est importante pour la consommation des mets, laquelle est l'objectif final de l'activité culinaire. Examinons donc plutôt comment la branche de la chimie physique qui étudie les phénomènes culinaires — la gastronomie moléculaire (This, 2009a) — peut à la fois « faire son miel » des phénomènes qui mettent en jeu l'olfaction et contribuer à épauler l'empirisme culinaire en vue de la mise au point d'une cuisine rénovée.

Avant d'examiner cette question, nous considérerons une nécessaire rénovation des mots du goût, afin d'appréhender les activités culinaires avec ses qualités (si nous sommes ici pour en parler, c'est qu'elles ont réussi à mettre notre espèce humaine en mesure de le faire) et ses terribles défauts (deux exemples parmi mille seront considérés). Puis nous examinerons une description formelle d'effets de matrice, avant d'évoquer deux — et deux seulement parmi les mille possibilités que j'entrevois — applications des données scientifiques, à savoir un plat avec une éclipse de goût (j'ai bien dit « goût », avec l'acception que je donne ci-dessous), et la cuisine « note à note », cette forme de cuisine qui est amenée à remplacer la cuisine moléculaire dans les prochaines années, et qui pose des questions techniques, technologiques et scientifiques passionnantes.

▶▶ De quoi parle-t-on ?

Le 29 avril 2009 s'est tenue à l'Académie d'agriculture de France une séance publique où les mots du goût ont été discutés (Pascal et This, 2009 ; 2010). À l'origine de cette rencontre, deux observations et une idée. La première observation : lors de journées plénières du club Ecrin « Arômes et formulation », la confusion régnait, parce que des collègues pourtant spécialistes du goût (chimie, analyse sensorielle, etc.) désignaient par le même mot « arôme » des objets différents. Pour certains, il s'agissait de l'odeur perçue par la voie rétronasale ; pour d'autres, il s'agissait de la sensation donnée par les molécules odorantes, quelle que soit la voie de stimulation olfactive ; pour d'autres encore, le terme désignait un mélange de sensations données par les récepteurs olfactifs et par les récepteurs des papilles ; pour d'autres encore… Jamais la nécessité de l'établissement d'un langage commun ne s'est fait autant sentir (cf. chapitres 4 et 28).

La seconde observation : nombre d'articles scientifiques en sciences des aliments étudient les saveurs en conservant le point de vue de la théorie des quatre saveurs… alors que l'on sait depuis des décennies cette théorie fausse (Faurion, 1988 ; cf. également chapitre 19). Comment ne pas penser que les travaux ainsi présentés ne soient pas sapés à la base ?

Au total, il y a donc beaucoup de confusion, notamment parce que les termes sont insuffisants. Or le père de la chimie moderne, Antoine-Laurent de Lavoisier, a bien mis en avant une idée importante dans l'introduction de son *Traité élémentaire de chimie* (Lavoisier, 1793) : « L'impossibilité d'isoler la nomenclature de la science, et la science de la nomenclature, tient à ce que toute science physique est nécessairement fondée sur trois choses : la série des faits qui constituent la science, les idées qui les rappellent, les mots qui les expriment […]. Comme ce sont les mots qui conservent les idées, et qui les transmettent, il en résulte qu'on ne peut perfectionner les langues sans perfectionner la science, ni la science sans le langage. » La « chimie des aliments et du goût » doit donc assainir sa terminologie pour progresser.

Évidemment, en matière sensorielle, ce sont les récepteurs qui doivent imposer les mots (Uziel *et al.*, 1987), et c'est la raison pour laquelle beaucoup de science reste à faire. Cette science donnera des mots au langage commun (ce fut le cas, dans le passé, pour « protéine », « électrode », « atome », etc.) (Pearce, 1965), mais elle doit aussi tenir compte des mots qui existent, pour les conserver quand ils conviennent, les faire disparaître ou les modifier quand ils sont erronés (le mot « albumine », qui désignait les protéines, a été relégué à la désignation d'une classe particulière de protéines) (This, 2010a).

Ce qui doit être la base de la rénovation terminologique, c'est le mot « goût » (TLFI, 2011) : quand on mange une orange, quand on la « goûte », on perçoit un goût d'orange. Ce mot, qu'on le veuille ou non, subsistera pour désigner la sensation synthétique qui englobe toutes les autres, particulières, et des décennies de spécialistes utilisant le mot « flaveur » (Pierson et Le Magnen, 1969) n'ont pas réussi à imposer ce dernier terme, de sorte que persévérer serait sans doute une grave erreur, source de confusion plus que de progrès.

On n'a pas besoin de répéter ici que le goût finalement perçu résulte de l'activation de récepteurs, d'une part, et d'un traitement des signaux ainsi produits, d'autre part, mais on profitera de l'occasion pour évoquer l'usage du mot « arôme », notamment dans l'expression que je crois fautive « composé d'arôme ». D'une part, bien que l'odeur rétronasale puisse être différente de l'odeur orthonasale, il n'y a pas lieu d'utiliser le mot « arôme » pour désigner la première, car le mot « arôme » désigne en français — sans qu'il y ait de nécessité de changer d'usage — l'odeur des plantes aromatiques, ou aromates (TLFI, 2011). Comment alors désigner l'odeur rétronasale ? « Odeur rétronasale » convient bien. Les composés responsables de cette sensation, d'ailleurs, ne seraient pas nommés « composés d'arômes », mais simplement « composés odorants », ce qui aurait l'avantage d'éviter la confusion avec les « composés aromatiques », ceux dont les molécules vérifient la règle de Hückel des chimistes (Carey et Sunberg, 1997).

Cette proposition doit également contribuer à corriger les normes et la législation française, qui accepte de nommer très abusivement « arômes » des extraits ou des compositions, utilisés par l'industrie alimentaire (SNIAA, 2011) et, aujourd'hui, par les cuisiniers, pour modifier le goût (ces produits renferment des composés variés à effet olfactif, sapide, trigéminal, etc.). Cette confusion réglementaire me semble être une des causes de rejet, par le public, de ces compositions ou extraits parfois remarquablement réalisés : la confusion est souvent source de tromperie, dont le public a raison de se méfier.

La question de la saveur semble plus simple, à cela près que l'on a nommé « papilles gustatives » (c'est un fait second, et non premier) les bourgeons composés de cellules réceptrices particulières. Là, un progrès terminologique semble nécessaire, parce que ces papilles, avec les cellules réceptrices et leurs récepteurs, ne perçoivent pas le « goût », mais seulement une de ses composantes, à savoir la saveur. Doit-on plutôt parler de « sapiction », par exemple (This, 2003) ? Et de papilles sapictives (This, 2009b) ? Il n'y aurait, à ma connaissance, aucune contre-indication.

Les choses sont évidemment compliquées par la découverte des récepteurs auxquels se lient les acides gras insaturés à longue chaîne (Laugerette *et al.,* 2006). La découverte est tout à fait remarquable, d'une part, parce qu'elle laisse imaginer d'autres découvertes analogues, et, aussi, parce qu'elle conduit à nommer la sensation : pourquoi pas « lipoction » (de *lipos,* la graisse) ?

Comment nommer les composés qui se lient aux récepteurs de la voie trigéminale (Calvino et Conrat, 2008 ; Daniells, 2009) ? L'expression « composé à action trigéminale » est encombrante, et je compte plutôt sur des collègues inventifs pour proposer quelque chose de juste.

▸▸ L'empirisme ne s'en tire pas si mal

Ayant ainsi introduit les mots qui seront utilisés ici, et, j'espère, dans notre communauté scientifique française, passons à l'observation des faits culinaires.

Commençons par rappeler que l'activité culinaire est une activité empirique, fondée sur la répétition. L'examen des livres de cuisine du passé montre très peu d'évolution dans les techniques et, même, dans les ingrédients (This, 2010b). Certes la découverte du Nouveau Monde a conduit à l'introduction, dans les cuisines occidentales, de nombre d'espèces végétales et animales nouvelles, mais leur acclimatation s'est effectuée sans bouleversement technique majeur, au point que les manuels de cuisine (professionnelle) actuels ne font pas de distinction entre ces ingrédients et les ingrédients de l'Ancien Monde (Masson et Danjou, 2003). C'est un fait que l'activité culinaire continue de « cuire » par mise en contact des ingrédients avec des solides (grillades, par exemple), des liquides (solutions aqueuses ou matières grasses à l'état liquide), des gaz (rôtissage au four, rayonnements infrarouges ou micro-ondes), ou enfin par utilisation de composés variés (sel, sucre, acides, etc. ; on se propose ici de parler plutôt de « coction » que de « cuisson »), et cela quelle que soit l'origine géographique des ingrédients (This, 2002).

Que l'activité culinaire soit fondée sur la répétition n'est pas étonnant : notre espèce, comme les autres espèces de primates, est préservée de la consommation de tissus végétaux ou d'animaux toxiques par le réflexe de néophobie alimentaire (Krief et Hladik, 2010). Toutefois, si les cuisiniers ont lentement fait évoluer les pratiques, il n'en reste pas moins qu'ils n'ont pas mis en œuvre de raisonnement analytique, fondé sur le concept de molécule, pour élaborer les mets, ce qui a conduit à des résultats évalués uniquement par la culture.

Un exemple — la confection des bouillons de viande — s'impose tout d'abord, parce que la technique du bouillon est « économe » en ce sens que, contrairement au rôtissage qui laisse perdre des nutriments (la perte de matière se compte en dizaines de pour cent pour une viande), le bouillon récupère la totalité des matières nutritives (This et Bram, 2003). La pratique est d'ailleurs très ancienne, puisque l'usage de fosses tapissées d'une peau de bête emplie d'eau dans laquelle on jette des pierres chauffées est protohistorique (Bosinski, 1979). De fait, si nous n'oublions pas que nous sommes la première génération de l'histoire de l'humanité à ne pas avoir connu de famine (Delannoy et Hervieu, 2003), nous comprenons que les recettes de préparation de bouillons et de mets de type pot-au-feu ont toujours figuré en première place dans les livres de cuisine, depuis plusieurs siècles (This, 2009c). Économiquement, le bouillon est aujourd'hui encore loin d'être anecdotique : rien que pour la France, un calcul d'ordre de grandeur montre que, chaque année, les restaurants en préparent quelque cent millions de litres !

De ce fait, il est très extraordinaire que la pratique culinaire ait si peu analysé la chose, et donné des prescriptions techniques si contradictoires (This, 2010b). Par exemple, certains cuisiniers prescrivent de placer la viande dans l'eau froide, d'autres dans l'eau chaude ; certains recommandent d'y ajouter des os, et d'autres indiquent que cet usage est tout à fait néfaste ; certains préconisent de couvrir la casserole, et d'autres conseillent de surtout ne pas couvrir, ou bien de laisser « deux doigts » d'ouverture… Les « précisions culinaires » (This, 2009d) se comptent ainsi par centaines, rien que pour cette préparation simple… qui consiste à chauffer des tissus animaux dans de l'eau !

Finalement, il faut considérer que l'activité culinaire est « techniquement robuste » (This, 2004), puisque, quelle que soit la pratique, le pot-au-feu ou le bouillon obtenus sont toujours « gustativement admissibles », malgré leurs particularités chimiques et physiques finales. Pis encore, il n'est pas dit qu'une pratique rénovée, qui conduirait à des goûts changés, produise des résultats culturellement acceptables (cf. chapitre 27). Par exemple, considérons la partie liquide d'un pot-au-feu : imaginons que nous mettions en œuvre des procédés rationnels pour y concentrer des composés sapides, odorants, à effet trigéminal ; il n'est pas dit que la concentration supérieure à celle des bouillons classiques soit jugée bonne par des jurys habitués à des canons classiques.

▸▸ Mais il y a des cas terribles : réduction du vin, cuisson des fonds

Pourtant, oui, la pratique culinaire est une technique très irrationnelle, et souvent « fautive ». Oui, l'entraînement à la vapeur d'eau qui a lieu lors de la confection d'un bouillon est pur gaspillage, du point de vue de la composition en composés odorants. Oui, l'opération de « réduction » des vins est également très paradoxale, pour qui connaît les comportements moléculaires, dans ce type de procédés, ou, plus simplement, pour qui met simplement son nez au-dessus de la casserole où le vin réduit ! Certains cuisiniers professionnels justifient la pratique avec beaucoup de mauvaise foi, en signalant que les odeurs qui emplissent alors leur établissement sont « appétissantes », mais rien de tout cela n'a été rationalisé. Et puis, n'est-il pas paradoxal de réduire du vin jusqu'à ce que ne subsiste qu'un liquide sirupeux, majoritairement formé des composés non volatils du vin, alors qu'une filtration (nano, micro...), une osmose (directe, inverse) ou une évaporation sous vide, sans même parler d'une distillation, conduiraient à des résultats perfectionnés et que l'on aurait peut-être obtenu un résultat analogue en partant du jus de raisin, ce qui aurait économisé le travail du vigneron ?

On le voit, l'activité culinaire ne considère pas spécifiquement la composante olfactive des mets, parce qu'elle est à la fois très démunie scientifiquement, et condamnée à le rester, en raison de cette « néophobie alimentaire » qui ne nous permet d'évoluer que très lentement. Assez généralement, pour ce qui concerne le traitement thermique des tissus végétaux ou animaux (l'essentiel de notre alimentation), aucune opération culinaire n'est optimisée du point de vue du maniement des composés odorants.

Pis encore, il faut s'étonner que l'usage du couvercle n'ait pas — à ma connaissance — été discuté de façon rationnelle, et que des opérations pourtant connues dans le monde technique (des parfums, principalement), tels l'entraînement à la vapeur d'eau, la distillation, la distillation sous vide, n'aient pas été adoptées avant une époque tout à fait récente, et seulement par quelques professionnels très influencés par la gastronomie moléculaire (la recherche des mécanismes des phénomènes qui ont lieu lors des transformations culinaires), dans ce courant culinaire moderne que nous avons nommé « cuisine moléculaire » (usage de « nouveaux » ustensiles, ingrédients, méthodes).

Terminons cette partie en signalant d'ailleurs que l'emploi de ces techniques pose des questions de sécurité des aliments qui ne doivent pas être oubliées. La préparation de « concentrés odorants » (huiles essentielles, résinoïdes, concrètes, etc.) à partir de l'estragon (*Artemisia dracunculus* L.) ou du basilic (*Ocymum basilicum* L.) conduirait à la concentration du para-allyl anisole, lequel n'est pas sans danger (Rietjens *et al.,* 2005) !

▸▸ Cuisine et olfaction en quelques équations

S'il y a science, il doit y avoir calcul. Gardons les exemples présentés précédemment pour examiner la perte de composés odorants lors de ces opérations. Soit un composé odorant C, présent dans une matrice alimentaire M (figure 35.1).

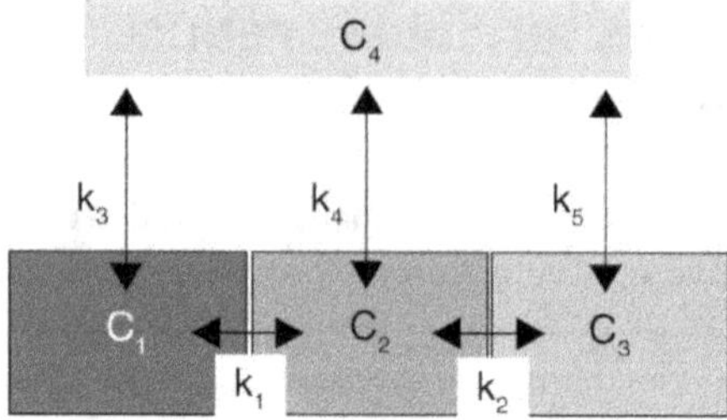

Figure 35.1. Un système formé d'un aliment et d'un solvant traités thermiquement, en interaction avec une phase gazeuse qui surmonte le système.

Lors de la transformation culinaire, ce composé, initialement présent dans la matrice (compartiment C1), passe dans un environnement liquide qui imprègne la matrice (C2), puis, de là, dans un environnement liquide extérieur au tissu (un « bouillon », la salive, etc. ; C3). Simultanément, le composé C peut quitter la matrice pour gagner un environnement gazeux (C4).

On peut supposer que tous les transferts s'effectuent à des vitesses proportionnelles aux différences de concentrations c[i], avec des constantes k[i], i = 1 à 5 ; ici, on ne considère qu'un modèle simplifié, où les constantes cinétiques regroupent des k_{on} et des k_{off} mais les hypothèses sont admissibles pour un tel cas, et, d'autre part, on obtient des résultats peu différents en considérant un cas avec des constantes inverses (Borysik *et al.,* 2010 ; Chauvet, 2009) ; entre crochets, l'indice désigne le compartiment (les nombres 1, 2, 3, 4 correspondent respectivement à la matrice, le solvant qui imprègne la matrice, le solvant à l'extérieur de la matrice et la phase gazeuse). Les masses du composé C pour chaque compartiment sont notées *m[i]*. Pour simplifier, on utilise un volume du compartiment « matriciel » à 1 ($_V[1] = 1$), et l'on rapporte les volumes *V[i]* à celui de ce premier compartiment, en introduisant des « volumes réduits » *v[i]*. Enfin, l'utilisation de la loi de Henry et de la loi des gaz parfaits conduira à considérer que l'échange entre le solvant et la phase gazeuse se décrit comme pour les échanges entre les autres couples de compartiment.

Supposons que la masse initiale du composé C soit *m*[C], et soit *v*[M] le volume total de la matrice (compartiments 1 et 2). On peut alors dresser un système de quatre équations différentielles :

$$\frac{\mathrm{d}}{\mathrm{d}t}\, m_1(t) = -k_1 \left(\frac{m_1(t)}{v_1} - \frac{m_2(t)}{v_2} \right) - k_3 \left(\frac{m_1(t)}{v_1} - \frac{m_4(t)}{v_4} \right)$$

$$\frac{\mathrm{d}}{\mathrm{d}t}\, m_2(t) = k_1 \left(\frac{m_1(t)}{v_1} - \frac{m_2(t)}{v_2} \right) - k_2 \left(\frac{m_2(t)}{v_2} - \frac{m_3(t)}{v_3} \right) - k_4 \left(\frac{m_2(t)}{v_2} - \frac{m_4(t)}{v_4} \right)$$

$$\frac{\mathrm{d}}{\mathrm{d}t}\, m_3(t) = k_2 \left(\frac{m_2(t)}{v_2} - \frac{m_3(t)}{v_3} \right) - k_5 \left(\frac{m_3(t)}{v_3} - \frac{m_4(t)}{v_4} \right)$$

$$\frac{\mathrm{d}}{\mathrm{d}t}\, m_4(t) = k_3 \left(\frac{m_1(t)}{v_1} - \frac{m_4(t)}{v_4} \right) + k_4 \left(\frac{m_2(t)}{v_2} - \frac{m_4(t)}{v_4} \right) + k_5 \left(\frac{m_3(t)}{v_3} - \frac{m_4(t)}{v_4} \right)$$

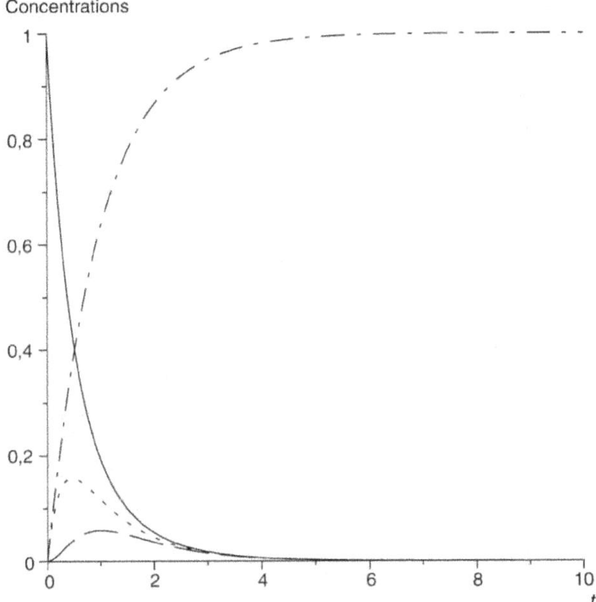

Figure 35.2. Cas d'une évaporation sans couvercle. Évolution des masses du composé C dans les compartiments 1 (courbe continue) ; 2 (points) ; 3 (tirets) ; 4 (alternance de points et de traits).

Sur cette figure, obtenue en choisissant des constantes toutes égales à 1, on voit la quantité de composé odorant du compartiment 1 diminuer, à partir de la valeur initiale, pour atteindre une valeur nulle. Les concentrations en composés odorants augmentent avant de diminuer pour les compartiments 2 et 3, et la quantité du composé odorant augmente jusqu'à une asymptote horizontale pour le compartiment supérieur (en masse, mais comme le volume est infini, la concentration y est nulle).

Avec des constantes toutes égales à 1, le cas sans couvercle est donné par des courbes de la masse dans les divers compartiments en fonction du temps analogues à celles qui sont représentées sur la figure 35.2.

La modélisation peut être discutée, mais elle a le mérite de fixer les idées. Ce résultat était attendu, bien sûr, mais la figure montre aussi que les phénomènes ont surtout lieu au début de la modélisation : autrement dit, les temps longs sont moins importants que le début du traitement. D'autre part, il y a des temps (intervalle [0, 2]) pour lesquels la quantité de composé odorant reste notable dans la matrice, tout en augmentant dans la phase solvant qui imprègne la matrice, et en étant notable dans la solution qui baigne la matrice. C'est une situation optimale pour la cuisine si elle veut à la fois conserver des composés odorants qui seront libérés lors de la mastication de l'aliment, et aussi donner du goût à la solution (souvent une sauce) qui baigne les morceaux, avec de surcroît une odeur perçue par les dégustateurs de façon orthonasale, comme certains cuisiniers le revendiquent.

Avec un couvercle, les résultats sont bien différents (figure 35.3).

Cette fois, le composé odorant finit par se partager entre la matrice, la solution et la phase gazeuse. Évidemment, le composé apparaît dans le compartiment 2 avant

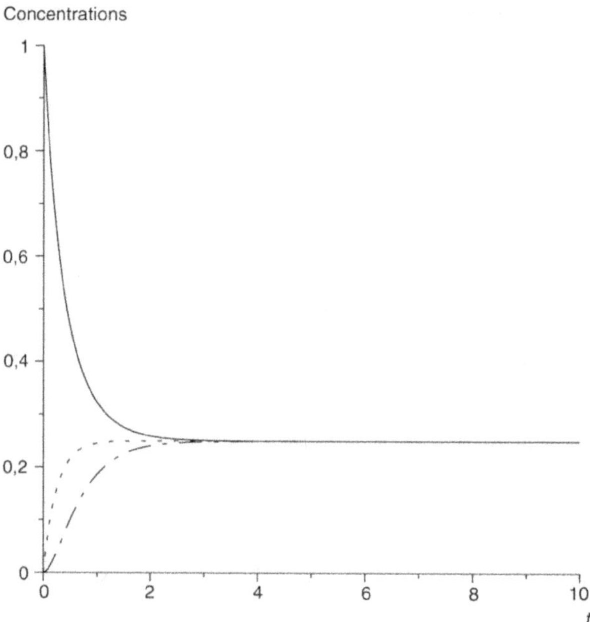

Figure 35.3. Cas d'une évaporation avec couvercle. Évolution des masses du composés C dans les compartiments 1 (courbe continue) ; 2 (points) ; 3 (points-tirets).

d'arriver dans le compartiment 3. Et si les masses sont finalement égales, ici, c'est dû au choix des conditions aux limites ainsi qu'au choix des constantes. Cependant, la modélisation donne également l'information (prévue !) que la matrice conserve aussi du composé odorant. Au total, le couvercle est un bon système, mais quel scientifique en aurait douté ?

Mieux encore, cette modélisation peut, très simplement, donner les répartitions de plusieurs composés odorants simultanément présents, avec des pressions de vapeur saturantes, des coefficients de partage, etc., différents, ce qui permet d'envisager les variations d'odeur des mets produits.

Ces modélisations ne doivent toutefois pas faire oublier que le monde culinaire, empirique, a envisagé (sans bien formaliser ce savoir empirique) des effets différents de ceux qui sont considérés dans la modélisation précédente, à savoir la production de composés nouveaux. Par exemple, la réduction d'un bouillon de viande conduit à l'apparition de nouveaux composés odorants, qui justifient les traitements culinaires qui conduisent aux demi-glaces et aux glaces de viande.

▸▸ L'application, elle, n'est pas difficile : un plat de l'éclipse

Bien que la gastronomie moléculaire soit une activité scientifique plutôt que technologique, il n'est pas interdit de s'interroger sur les possibilités d'application des résultats produits par la science. D'ailleurs, la conclusion précédente est un exemple d'une telle application. L'exploration des mécanismes de transfert des composés lors de la transformation culinaire conduit toutefois à bien d'autres possibilités. Nous n'en citerons ici que deux.

Dans la lignée directe de l'exemple précédent, commençons par envisager la question du profil temporel de dégustation. Il est notoire que, au moins pour la question de la dégustation des vins, la « longueur en bouche » est une qualité reconnue comme essentielle, au point que le monde de la sommellerie mesure un aspect de l'intérêt des vins en « caudalies » (nombre de secondes pendant lesquelles la perception dure) (Dumay, 1985).

De ce point de vue, l'étude de la libération des composés odorants par les systèmes colloïdaux complexes que sont les aliments[1] semble particulièrement intéressante, dans la mesure où elle donne un levier sur la perception provoquée par la consommation des mets. De fait, des résultats bien différents sont obtenus par simple dispersion d'un composé odorant ou d'un mélange de composés odorants sous forme d'aérosol, en solution dans une phase lipidique ou encore dans une phase lipidique dispersée au sein d'une émulsion par exemple (sans compter toutes les autres possibilités plus complexes).

Sans oublier que la microstructure des émulsions (Charles *et al.*, 2000) détermine la libération des molécules odorantes, cherchons à construire un plat avec une éclipse de goût, c'est-à-dire un goût qui se fait sentir, puis qui disparaît avant de réapparaître. Ici, on maîtrise le goût par l'odeur rétronasale, mais les autres composantes du goût pourraient également être modulées à volonté, par la considération — analogue — des associations supramoléculaires, par exemple entre des molécules sapides et des molécules en solution aqueuse (protéines, peptides, etc.).

Puisque nous évoquons une éclipse, pensons à un disque blanc dont une partie a été noircie en forme de croissant. Par exemple, on broiera un aromate (du cerfeuil *Anthriscus cerefolium* (L.) Hoffm., de la ciboulette *Allium schoenoprasum* L., du basilic *Ocimum basilicum* L., etc.) et l'on peindra un croissant avec le broyat sur un disque de pâte à lasagnes qui sera cuit et maintenu au chaud : en bouche, ce disque posé sur le dessus du mets libérera immédiatement les composés odorants de l'aromate.

L'éclipse, c'est aussi un grand froid. Nous jouerons donc avec les températures ; le disque chaud recouvrira des ingrédients froids, telles des langoustines qui auront été cuites, puis que l'on aura farcies avec une émulsion gélifiée faite à partir d'huile où les composés odorants de l'aromate auront été initialement dissous. Par exemple, ayant bruni les carapaces des langoustines par un traitement thermique puissant afin de pyrolyser les chitosanes présents, puis ayant extrait les produits de pyrolyse dans une solution aqueuse, on aura dissous de la gélatine dans la solution, puis on aura émulsionné de l'huile où l'aromate aura macéré. De la sorte, des composés analogues à ceux qui se sont initialement libérés seront dissous dans l'huile, laquelle sera émulsionnée, ce qui ralentit l'évaporation, et sera de surcroît piégée dans le gel spontanément formé par la gélification de la gélatine (This, 2009e).

---

1. La majorité des aliments sont des gels, puisque formellement définis comme une dispersion d'une phase aqueuse dans une phase solide : ce que sont donc les tissus végétaux et animaux.

Ainsi, l'éclipse des goûts sera obtenue : le parfum de l'aromate que nous percevrons lorsque nous approcherons le mets de la bouche disparaîtra, et ne réapparaîtra que lorsque nous mâcherons la langoustine.

▶▶ Les nouvelles questions de la cuisine note à note

Jusqu'ici, nous avons considéré une cuisine bien classique, qui fait principalement usage de tissus végétaux ou animaux, mais il a été proposé, dès 1994 (This et Kurti, 1994), une nouvelle forme de cuisine où le cuisinier aurait à composer la totalité des composantes sensorielles à partir de composés purs.

Cette nouvelle forme de cuisine, qui a été nommée cuisine « note à note », est analogue à la musique produite par des synthétiseurs, qui fournissent à l'artiste des ondes sonores de fréquence pure et non un mélange harmonique comme les instruments classiques. La place manque pour considérer l'ensemble des questions scientifiques posées par cette nouvelle proposition (This, 2011), mais le cuisinier, dans cette nouvelle pratique, doit « composer » non seulement les odeurs mais aussi leurs enchaînements temporels, comme indiqué à partir du plat de l'éclipse évoqué précédemment. Un tel travail nécessite la connaissance des composés odorants, mais aussi la connaissance de leurs associations ainsi que la maîtrise des effets de matrice lors de la dégustation (Foster *et al.*, 2011). En revanche, cette nouvelle forme de cuisine ne nécessite pas toujours de traitement thermique, de sorte que la question de la maîtrise des composés odorants se simplifie de ce point de vue, puisque le praticien n'a plus à anticiper les pertes éventuelles et les transformations d'odeurs.

▶▶ Bibliographie

BORYSIK A.J., BRIAND L., TAYLOR A.J., SCOTT D.J., 2010. Rapid odorant release in mammalian odour binding proteins facilitates their temporal coupling to odorant signals. *Journal of Molecular Biology,* 404 (3), 372-380.

BOSINSKI G., 1979. *Die Ausgrabungen in Gönnersdorf 1968-1976 und die Siedlungsbefunde der Grabung 1968,* Wiesbaden, Franz Steiner, 220 p.

CALVINO B., CONRAT M., 2008. Pourquoi le piment brûle. *Pour la science,* 366 (4), 54-61.

CAREY F.A., SUNBERG R.J., 1997. *Chimie organique avancée. 2. Réactions et synthèses,* DeBoeck Université, Louvain-la-Neuve, 791 p.

CHARLES M., LAMBERT S., BRONDEUR P., COURTHAUDON J.-L., GUICHARD E., 2000. Influence of formulation and structure of an oil-in-water emulsion on flavor release. *ACS Symposium Series,* 763, 342-354.

CHAUVET F., 2009. Effets de films liquides en évaporation. Thèse de l'université de Toulouse, 138 p.

DANIELLS S., 2009. Aroma, taste and texture drive refreshing perception: study. 14 janvier 2009, <http://www.foodnavigator.com/Science-Nutrition/Aroma-taste-and-texture-drive-refreshing-perception-Study> after D. Labbe, F. Gilbert, N. Antille, N. Martin. *Food Quality and Preference,* 20 (2), 100-109.

DELANNOY P., HERVIEU B. (ed.), 2003. *A table !,* Éditions de l'Aube, 204 p.

DUMAY R., 1985. *Guide du vin,* Le Livre de poche, Paris.

FAURION A., 1988. Naissance et obsolescence du concept de quatre qualités en gustation. *Journal d'agriculture et de botanique appliquée,* 35, 1-19.

Foster K.D., Grigor J.M.V., Ne Cheong J., Yoo M.J.Y., Bronlund J.E., Morgenstern P., 2011. The role of oral processing in dynamic sensory perception. *Journal of Food Science,* 76 (2), R49-R61.

Krief S., Hladik C.-M., 2010. Au menu de nos cousins. *In : Chimie et alimentation.* EDP Sciences, Les Ulis, 187-202.

Laugerette F., Passilly-Degrace P., Patris B., Niot I., Montmayeur J.-P., Besnard P., 2006. CD36, un sérieux jalon sur la piste du goût du gras. *Médecine/science,* 22 (4), 357-359.

Lavoisier A.L. (de), 1793. *Traité élémentaire de chimie,* Cuchet, Paris, <http://www.lavoisier.cnrs. fr/ice/ice_page_detail.php?lang=fr&type=text&bdd=lavosier&table=Lavoisier&bookId=89&ty peofbookDes&pageOrder=1&facsimile=off&search=no> (consulté le 14 avril 2012).

Masson Y., Danjou J.-L., 2003. *La cuisine professionnelle,* Delagrave, Paris, 800 p.

Pascal G., This H., 2009. Toxicité et produits végétaux : nouveaux usages alimentaires, <http:// www.academie-agriculture.fr/detail-seance_212.html> (consulté le 14 mars 2011).

Pascal G., This H., 2010. Toxicité et produits végétaux : regards nouveaux sur les produits traditionnels, <http://www.academie-agriculture.fr/detail-seance_245.html> (consulté le 14 mars 2011).

Pearce W.L., 1965. *Michael Faraday: A Biography,* Basic Books, New York.

Pierson A., Le Magnen J., 1969. Étude quantitative du processus de régulation des réponses alimentaires chez l'homme. *Physiology and Behavior,* 4 (1), 61-67.

Rietjens I.M.C.M, Martena M.J., Boersma M.G., Spielenbreg W., Alink G.M., 2005. Molecular mechanisms of toxicity of important food-borne phytotoxins. *Molecular Nutrition and Food Research,* 49, 131-158.

SNIAA, 2011. Arômes et ingrédients alimentaires à propriétés aromatisantes. Texte du nouveau règlement (CE) n° 1334/2008, <http://www.sniaa.org/> (consulté le 14 mars 2011).

TFLI (Trésor de la langue française informatisée), 2011, <http://atilf.atilf.fr/tlf.htm> (consulté le 14 mars 2011).

This H., 2002. *Traité élémentaire de cuisine,* Belin, Paris, 237 p.

This H., 2003. *Casseroles et éprouvettes,* Pour la Science, Belin, Paris, 239 p.

This H., 2004. Molecular gastronomy: a scientific look to cooking. *Life Sciences in Transition. 2.* Special issue of the *Journal of Molecular Biology,* Academic Press, San Diego, 150 p.

This H., 2009a. Molecular gastronomy, a chemical look to cooking. *Accounts of Chemical Research,* 42 (5), 575-583.

This H., 2009b. Goût, odeur, saveur, arôme ? *L'actualité chimique,* 11 (332), 9-11.

This H., 2009c. Histoires chimiques de bouillons et de pot-au-feu. *L'actualité chimique,* 11 (336), 14-16.

This H., 2009d. Pourquoi des précisions culinaires ? *L'actualité chimique,* 11 (326), 5-7.

This H., 2009e. *Cours de gastronomie moléculaire n° 1 : science, technologie, technique… culinaires : quelles relations ?* Quae-Belin, Paris, 160 p.

This H., 2010a. La science et la technologie de l'alimentation vues par la chimie du bouillon. *In : La chimie et l'alimentation,* Fondation de la Maison de la chimie/EDP Sciences, 242 p.

This H., 2010b. *Cours de gastronomie moléculaire n° 2 : les précisions culinaires,* Quae-Belin, 270 p.

This H., 2011. De quelles connaissances manquons-nous pour la cuisine note à note ? *L'actualité chimique,* 350, 5-9.

This H., Bram G., 2003. Justus Liebig et les extraits de viande. *Sciences des aliments,* 23, 577-587.

This H., Kurti N., 1994. Physics and chemistry in the kitchen. *Scientific American,* 270 (4), 44-50.

Uziel A., Smadja J.-G., Faurion A., 1987. Physiologie du goût. *In : Encyclopédie médicale et chirurgicale. Oto-rhino-laryngologie,* Paris, 2, 20490 C10.

Chapitre 36

Évaluation des nuisances olfactives et désodorisation

Lionel Pourtier

Depuis vingt ans, nous étudions avec mon équipe les nuisances olfactives ainsi que les émissions odorantes, et nous proposons des solutions pour y remédier. Dans ce cadre, nous avons interrogé au cours d'entretiens individuels plus de vingt mille personnes, visité plus de mille sites différents, réalisé plus de trois cents études d'impacts sanitaires liés aux émissions atmosphériques d'installations industrielles et piloté la mise en place des solutions de traitement d'air sur une très grande variété de sources émissives. Fort de cette expérience, je synthétise dans cet article l'ensemble de nos observations pour définir les nuisances olfactives, les moyens de mesures et d'évaluations, et présenter les principales solutions de traitements des odeurs.

▸▸ Odeurs et nuisances olfactives

Les nuisances olfactives apparaissent dès lors qu'une intolérance plus ou moins forte à des émissions odorantes est exprimée par des riverains ou des utilisateurs d'un lieu.

En effet, les nuisances olfactives sont généralement dues aux émissions atmosphériques de composés odorants provenant d'activités de traitement d'eaux usées, de déchets, d'industries de toutes tailles et de toutes natures ou d'activités agricoles. Mais les émissions atmosphériques d'odeurs ne signifient pas obligatoirement que celles-ci provoquent des nuisances olfactives. Pour qu'il y ait nuisance olfactive, il faut que des riverains permanents (habitants) ou temporaires (utilisateurs de voies de circulation ou de parking) soient dérangés par les odeurs qu'ils perçoivent parce qu'elles provoquent un phénomène d'inadéquation (Balez, 2001) entre les odeurs attendues et celles réellement perçues dans un contexte particulier. Ainsi une odeur de solvant à côté d'un pressing peut être tolérée puisqu'elle est associée à cette activité, mais elle devient une nuisance dès lors qu'elle entre dans une boulangerie, un café ou même chez soi.

Dans nos études, nous observons que le premier facteur d'intolérance à une odeur est lié au fait que l'odeur perçue provienne d'une activité pour laquelle le plaignant se trouve totalement étranger (Dulau et Pitte, 1998), soit parce qu'il n'est pas utilisateur des produits vendus (par exemple compost, viande, etc.), soit parce qu'il n'y trouve aucun intérêt économique ou social. Ainsi, nous avons souvent observé que des odeurs d'arômes alimentaires naturels jugées souvent très agréables par les consommateurs ou le visiteur du site (fraise, vanille, thym, etc.) peuvent devenir insupportables pour les riverains de l'installation industrielle.

La connaissance de la nature de l'activité influe également grandement sur la tolérance ou non des odeurs émises (Balsamo, 2006). Ainsi les odeurs de déchets, de traitement d'eaux usées ou de composts sont réputées nauséabondes. Pourtant, en les présentant en aveugle à des jurys de nez neutres, elles peuvent être qualifiées d'agréables. Par exemple, les odeurs de cuisson de boues de station d'épuration peuvent être apparentées à des odeurs chocolatées, celles des bassins d'aération d'une station d'épuration aux marais ou à la lessive, celles du compost aux odeurs de sous-bois, etc. À l'inverse, pour les riverains qui connaissent l'existence du site et la nature de l'exploitation, ces mêmes odeurs sont qualifiées de fécales, putrides, et sont donc ressenties comme très gênantes, très écœurantes et insupportables (Stuetz et Frechen, 2001). Les émissions correspondantes ne leur apportent donc que des désagréments olfactifs et deviennent de réelles nuisances.

L'intolérance aux odeurs est amplifiée par la culture (Beaune, 1999 ; Corbin, 1982), qui nous fait par exemple associer systématiquement les déchets à la morbidité ou les odeurs issues d'installations chimiques ou pétrochimiques à des composés cancérogènes ou toxiques, ce qui n'est heureusement que rarement le cas.

D'autres effets peuvent également moduler la tolérance aux odeurs et donc la perception des nuisances olfactives, et parmi ceux-ci le contexte géosocial. Par exemple, une odeur industrielle à la campagne contraste fortement avec l'idée que l'on s'en fait et la quiétude olfactive que les populations y viennent chercher. De même, une odeur agricole en milieu urbain est ressentie comme inappropriée et est donc considérée comme gênante par les habitants. Mais le contexte peut aussi varier en fonction des migrations saisonnières des populations. Ainsi, les vacanciers qui viennent à la campagne se plaindront d'odeurs agricoles, déplaçant avec eux leurs préjugés sur la nature sans défauts et sans odeurs désagréables (Rognon et Pourtier, 2010).

Le moment et la fréquence de la perception des odeurs jouent également un rôle important dans l'acceptation ou non d'odeurs issues d'une exploitation industrielle. Une odeur de torréfaction de café est généralement jugée comme agréable par les populations de passage. Cependant, les riverains de torréfacteurs se plaignent de ces odeurs qui arrivent en fonction des vents à n'importe quel moment : durant la nuit pendant les instants où l'on aspire au calme, pendant un repas où l'on préfère sentir ce que l'on déguste, au moment où l'on voudrait profiter de son jardin, etc.

L'inadéquation avec l'activité sociale peut contrecarrer l'image que l'on veut donner de soi, par exemple lors d'un mariage ou d'un barbecue avec des amis. Lorsque l'on reçoit des amis, il est important de ranger sa maison et de l'aérer pour donner une vision de vie saine à ses hôtes. Dans le cas d'une odeur extérieure qui vient troubler ce moment de convivialité, l'agression est d'autant plus forte que les effets sont multiples :
– par les qualités hédoniques propres de l'odeur (effet direct) ;
– par la création d'une inquiétude sur le risque de ne plus pouvoir organiser une telle fête de peur d'être de nouveau incommodé (effet indirect) ;
– par l'atteinte à l'image de la réussite sociale de la personne. Les plaignants font fréquemment part « du sentiment de honte qu'ils ont éprouvé devant leurs amis », de leurs « sentiments d'échec » quand les enfants désignent la localisation de leur habitation comme « la maison qui pue », etc.

Les odeurs agressent également les populations riveraines parce qu'elles viennent à toute heure du jour et de la nuit, sans être visibles, et violent les sphères de territorialité (Cunha et Durand, 1997) en entrant dans les jardins, dans les maisons, dans les chambres pour finir dans les narines et les poumons des résidents. Les réveils nocturnes qu'elles peuvent engendrer soulignent l'importance de l'agression ressentie à juste titre par les habitants, qui ressentent alors une véritable injustice et demandent un arrêt immédiat de ces nuisances olfactives.

Ainsi nos études montrent qu'il existe une relation directe entre l'acceptation des odeurs émises par un site et sa position dans le tissu économique local, avec en particulier le pourcentage de la population locale directement ou indirectement employée par l'entreprise. Il était par exemple fréquent que les odeurs émises par un site industriel fussent acceptées lorsque l'installation était le principal employeur d'une région. La réduction des effectifs, associée à l'amélioration de la productivité et au développement du tissu économique davantage tourné vers le tertiaire, modifient l'acceptation de ces odeurs issues de l'activité économique industrielle ou agricole, qui deviennent alors des nuisances.

L'analyse de nos données montre également l'augmentation des réclamations pour nuisances olfactives vis-à-vis de types de sites jusqu'alors épargnés. Cette évolution est liée à la conjugaison de deux facteurs (Stuetz et Frechen, 2001) :
– l'accroissement de la sensibilité des populations à l'environnement, lié au développement de la culture environnementaliste ;
– la réduction des émissions d'odeurs par les exploitants des sites industriels, qui se traduit par une diminution du niveau olfactif de fond et qui met davantage en exergue les émergences olfactives autrefois masquées.

Parallèlement, les populations vivant en zone périurbaine viennent y rechercher la tranquillité en s'éloignant des pollutions urbaines. Les odeurs qui traduisent la présence d'un panache de pollution génèrent alors des craintes pour leur santé (Ségala *et al.*, 2003) et celle de « leurs petits-enfants, qu'ils souhaitent voir jouer dans leur jardin ».

Ainsi nous pouvons définir les nuisances olfactives comme étant l'expression d'un état d'intolérance individuelle ou collective vis-à-vis d'odeurs en fonction d'un grand nombre d'effets liés à l'odeur elle-même, aux messages et aux craintes qu'elle véhicule dans un contexte social et culturel donné, pour une époque donnée, provoquant ainsi un effet d'inadéquation entre les attentes de confort olfactif des plaignants et la réalité odorante.

▸▸ Réglementations et mesures

Dans ce contexte et dans le but de lutter contre les nuisances olfactives et d'apporter des solutions de traitement des odeurs, des méthodologies de mesures des odeurs ont été développées pour caractériser tant le milieu émetteur (la source émettrice des odeurs) que le milieu récepteur (au-delà des limites de propriété). Ces méthodes reconnues au niveau international et normalisées ont permis aux législateurs de mettre en place des réglementations applicables pour les installations de toute nature (élevages, traitements de déchets liquides ou solides, industries, transports, etc.) (Konz et Pourtier, 2009).

En France, la loi du 30 décembre 1996 sur l'air et l'utilisation rationnelle de l'énergie (dite loi Laure) a abrogé la loi de 1961 qui était le texte de base de notre législation. Les dispositions de la loi Laure ont été intégrées dans le code de l'environnement par l'ordonnance du 18 septembre 2000. Les principales dispositions relatives aux odeurs sont présentées ci-dessous.

Article L.220-1 du code de l'environnement : cet article introduit la notion de « droit reconnu de chacun à respirer un air qui ne nuise pas à la santé. Cette action d'intérêt général consiste à prévenir, à surveiller, à réduire ou à supprimer les pollutions atmosphériques [...] ».

L'article L.220-2 du code de l'environnement pose la définition d'une pollution atmosphérique : « Constitue une pollution atmosphérique [...] l'introduction par l'homme, directement ou indirectement, dans l'atmosphère et les espaces clos, des substances ayant des conséquences préjudiciables de nature à [...] provoquer des nuisances olfactives excessives. »

De plus, la réglementation des installations classées pour la protection de l'environnement (ICPE) prévoit l'obligation de prendre en compte les odeurs dans les études d'impact (article R122-3 du code de l'environnement et décret n° 96-18 du 5 janvier 1996, article 2-II-I) sur la base des valeurs limites en matière de niveaux d'odeur ou de débits d'odeur au-delà desquelles une présomption de gêne olfactive peut apparaître pour les riverains (circulaire DPPR/SEI du 17 décembre 1998, article 29). Dans certains arrêtés sectoriels, des valeurs d'objectifs de qualité de l'air ambiant exprimées en concentration d'odeur et calculées au-delà des limites de l'installation ne doivent pas être dépassées. Par exemple, pour les installations de traitement des cadavres, déchets et sous-produits d'origine animale (rubrique n° 2730 de la nomenclature des ICPE), l'objectif de qualité de milieu impose d'être inférieur à 5 unités d'odeur par m^3 d'air, plus de 175 heures par an (soit une fréquence de 2 % du temps) dans un rayon de 3 kilomètres (article 28 de l'arrêté du 12 février 2003).

▸▸ Mesures

Les mesures à l'émission sont basées (Ademe, 2005) d'une part sur des analyses physicochimiques pour évaluer la nature des odorants émis, les flux de masse et la toxicité éventuelle du panache et d'autre part sur la mesure de la concentration d'odeur obtenue par dilution de l'effluent pour atteindre 1 unité d'odeur par mètre cube (1 ou_E/m³). Selon la norme NF EN 13725, « l'unité d'odeur européenne (ou_E) est la quantité de substance odorante qui, évaporée dans 1 m³ d'air, déclenche une réponse physiologique de la part d'un jury (seuil de détection) équivalente à celle suscitée par une EROM (*European reference odor mass,* ou référence européenne de masse d'odeur), évaporée dans 1 m³ de gaz neutre aux conditions normalisées ». Pour le butanol, qui sert d'odeur de référence, 1 EROM $\equiv$ 123 μg/m³. Au seuil de détection de tout mélange de substances odorantes, il existe une relation avec l'unité d'odeur qui se définit ainsi :

$$1 \text{ EROM} \equiv 123 \ \mu\text{g/m}^3 \text{ n-butanol} \equiv 1 \ ou_E/m^3$$

Dans la pratique, et d'une manière plus simple, on peut dire que l'unité d'odeur par m³ (ou_E/m³) correspond à la quantité d'odeurs qu'il faut introduire dans 1 m³ d'air aux conditions normalisées pour que celles-ci soient en limite de la détection par un jury d'odeur (seuil de détection = D50).

Ainsi, la concentration d'odeur d'un mélange odorant prélevé sur une source (par exemple émission d'une cheminée) correspond au facteur de dilution du gaz odorant dans de l'air neutre qu'il faut appliquer pour atteindre le seuil de détection selon la relation suivante :

$$[\text{Odeur}] \ (ou_E/m^3) = \text{facteur de dilution} \times 1 \ ou_E/m^3$$

Ces analyses de la concentration d'odeurs sont réalisées sur chacune des sources d'un site émetteur d'odeurs par des laboratoires accrédités pour faire des mesures olfactométriques normalisées selon la norme européenne NF EN 13725. Elles permettent, d'une part, de vérifier la conformité réglementaire des rejets vis-à-vis de la réglementation en vigueur et, d'autre part, de renseigner l'utilisateur sur la capacité d'une odeur à persister durant son transport malgré la dilution se produisant lors de sa dispersion dans l'atmosphère. Cette mesure de la persistance permet de calculer avec des modèles mathématiques le rayon d'impact des sources d'un site et de hiérarchiser la contribution relative de chaque source à la nuisance globale pour déterminer ainsi les sources émissives à traiter (Pourtier, 2010).

Dans le milieu récepteur, les odeurs et les nuisances olfactives sont évaluées à l'aide de différentes méthodes complémentaires (Ademe, 2005).

Les premières sont basées sur des mesures directes de l'air ambiant. Elles sont réalisées à l'aide de mesures olfactométriques, d'analyses de l'intensité des odeurs (norme NF X 43-103), d'évaluations qualitatives faites à l'aide d'odeurs de référence par des jurys de nez formés (Rognon et Pourtier, 2010). Ce type d'approche apporte des informations factuelles sur les odeurs, mais dépend bien sûr des conditions météorologiques ou d'exploitation au moment des mesures. Aussi, elles doivent être réalisées selon un protocole expérimental permettant de répondre à des questions précises telles que l'influence d'une production particulière, d'une situation météorologique, ou pour évaluer les progrès réalisés suite à la mise en œuvre d'actions de désodorisation (Rognon *et al.*, 2010 ; Jehlickova *et al.*, 2010).

En outre, ces mesures peuvent être utilisées pour vérifier la correspondance entre l'observation et l'utilisation de modèles de dispersion atmosphérique des odeurs, afin de généraliser à toutes les situations météorologiques et de fonctionnement du site l'impact des odeurs sur l'environnement (Deiber et Piet, 2008), et ainsi vérifier le respect des valeurs de qualité de milieu imposé dans la réglementation (par exemple inférieur à 5 ou_E/m^3 98 % du temps) (Konz et Pourtier, 2009).

Parallèlement à ces mesures d'odeurs réalisées dans l'air ambiant, des analyses physicochimiques de l'air sont parfois effectuées soit pour rechercher des composés toxiques ou cancérogènes afin d'évaluer un éventuel impact sanitaire, soit pour caractériser les composés chimiques présents et dimensionner un éventuel dispositif de traitement d'air ou identifier des éléments traceurs de sources particulières (Deiber *et al.*, 2007).

▸▸ Désodorisation

Les techniques de désodorisation ont pour but de supprimer les nuisances olfactives dont se plaignent les riverains et de mettre par conséquent en conformité l'installation avec la réglementation. Trois types de solutions sont mis en œuvre pour atteindre ces objectifs :
— le traitement en aval consiste à capter l'air odorant au plus près possible des points d'émission et à le traiter par différentes techniques comme le lavage chimique, l'oxydation thermique, le traitement biologique, l'adsorption, la photocatalyse, etc. Ces procédés sont efficaces s'ils sont bien dimensionnés et bien choisis en fonction de la nature des composés odorants à traiter (Gracian *et al.*, 2003). Cependant, ils peuvent être très coûteux à l'installation, en énergie, en consommables, et peuvent générer des sous-produits parfois difficiles à éliminer ;
— le traitement en amont consiste à agir à la source, avant la formation de composés odorants, en modifiant les procédés de fabrication pour éviter les opérations fortement émissives ou en bloquant les composés odorants par l'utilisation de produits chimiques adaptés ;
— l'intelligence olfactive constitue la troisième voie de traitement. Elle est complémentaire aux autres démarches (traitement en amont et en aval). Elle consiste à prendre en compte la problématique des odeurs à chaque instant de la gestion d'une exploitation dans le but d'éviter les nuisances olfactives chez les riverains. Ainsi, le gestionnaire doit intégrer les paramètres externes comme la prise en compte des conditions météorologiques pour effectuer des opérations malodorantes (arrêt de la désodorisation pour l'entretien), il doit sensibiliser et former son personnel à la problématique des odeurs et des nuisances olfactives pour éviter les comportements mal adaptés (fermeture des portes des locaux dont l'air est capté pour être désodorisé). De même, il doit établir un dialogue avec ses riverains, expliquer les actions correctrices et préventives et fixer avec eux des objectifs réalistes tant sur un plan temporel qu'économique pour éviter les rumeurs et répondre aux inquiétudes latentes.

▸▸ Bibliographie

ADEME, 2005. *Pollutions olfactives : origine, législation, analyse, traitement,* Dunod, Paris, 389 p.

BALEZ S., 2001. Ambiances olfactives dans l'espace construit (3 tomes) : Perception des usagers et dispositifs techniques et architecturaux pour la maîtrise des ambiances olfactives dans des espaces de type tertiaire. Thèse en Architecture, École polytechnique de l'université de Nantes, 297 p.

BALSAMO I., 2006. Odeurs. *Terrain,* 47, Éditions Maison des sciences de l'homme, Paris, 164 p.

BEAUNE J.C., 1999. *Le déchet, le rebut, le rien,* Champ Vallon, Seyssel, 232 p.

CORBIN A., 1982. *Le miasme et la jonquille,* Aubier, Paris, 334 p.

CUNHA M.I., DURAND J.Y., 1997. Odeurs, odorats, olfactions : une ethnographie osmologique, [en ligne] <https://repositorium.sdum.uminho.pt/bitstream/1822/5234/3/Odeurs,%20odorats,%20olfaction.pdf> (consulté le 28 avril 2011).

DEIBER G., PIET H., 2008. Modélisation de la dispersion atmosphérique des odeurs. *Techniques de l'ingénieur,* G2960v2.

DEIBER G., BOUDAUD J., POURTIER L., 2007. Odour studies and health risk assessment. *In: Proceedings of the Fifteenth Annual International Conference on the Modelling, Monitoring and Management of Air Pollution. Congrès Wessex Institute: Air Pollution,* Portugal, WIT transactions on Ecology and Environment, 101, WIT Press, Southampton, UK, 449-454.

DULAU R., PITTE J.R., 1998. *Géographie des odeurs. 3. L'industrie et les odeurs,* L'Harmattan, Paris, 247 p.

GRACIAN C., FANLO J.L., LE CLOIREC P., 2003. Traitement des odeurs. Procédés curatifs. *Techniques de l'ingénieur,* G2971.

JEHLICKOVA B., LONGHURST P.J., DREW G.H., 2010. *Odours and VOCs: measurement, regulation and control,* Kassel University Press GmbH, 303 p.

KONZ A., POURTIER L., 2009. Réglementation en matière d'odeurs. *Techniques de l'ingénieur,* traité Environnement.

POURTIER L., 2010. Métrologie des odeurs environnementales. Métrologie appliquée, métrologie environnementale, *Afnor,* article II-70-30.

ROGNON C., POURTIER L., 2010. La mesure des odeurs. *Techniques de l'ingénieur,* traité Environnement, G2940 V2, 1-18.

ROGNON C., POURTIER L., BLANCO F., 2010. Odeurs et air intérieur, pollution atmosphérique et traitements. L'observatoire des odeurs, un outil efficace pour la gestion des nuisances olfactives. Exemples de suivi des odeurs autour d'installations de stockage des déchets non dangereux, *Atmos' Fair 2010,* Lyon.

SÉGALA C., POIZEAU D., MACÉ J.-M., 2003. Odeurs et santé : enquête épidémiologique descriptive autour d'une usine d'épuration. *Revue d'épidémiologie et de santé publique,* 51 (2), 201-214.

STUETZ R., FRECHEN F., 2001. *Odours in wastewater treatment: measurement, modelling and control,* Hamann AG.

Chapitre 37

De nouvelles expériences
avec le marketing olfactif

Bruno Daucé

Le marketing aurait-il trouvé avec les odeurs le graal lui permettant de mener le consommateur par le bout du nez ? Consacré en 2007 par *Advertising Age*[1] comme l'une des dix tendances à surveiller, le marketing olfactif fait son chemin dans l'esprit des praticiens. De nombreuses marques s'y essaient en parfumant leurs produits, leurs points de vente ou bien leurs supports de communication. Cet engouement est porté par la multiplication des recherches consacrées à l'utilisation des odeurs en marketing et à leur influence sur le comportement du consommateur. Malgré tout, on peut s'interroger sur cette découverte par le marketing d'un sens longtemps oublié. Quels sont les contours de ce que l'on appelle le marketing olfactif ? Pourquoi cet intérêt des praticiens et de quels outils disposent-ils ? Enfin, quelles sont les perspectives qui s'offrent aux praticiens du marketing ?

▶▶ Les contours du marketing olfactif

Il serait réducteur de dire que le marketing vient de découvrir les odeurs. En effet, on relate depuis de nombreuses années des pratiques autour de l'utilisation d'odeurs par des marques ou des magasins. Il suffit de se référer au livre de Ruth Winter publié en 1978. Armes de séduction, on prétendait déjà qu'elles pouvaient

---

1. Magazine hebdomadaire américain spécialisé dans le marketing et la communication, <www.adage. com> (consulté le 21 février 2012).

mener le consommateur par le bout du nez. Malgré tout, le monde a changé et le consommateur avec. L'euphorie des Trente Glorieuses est aujourd'hui bien loin. Le bonheur ne serait plus dans la possession de biens matériels, mais plutôt dans ces petits bonheurs du quotidien, fruits d'une recherche personnelle et d'une quête de plaisirs.

Plus d'expérience pour le consommateur !

C'est donc du plaisir que les praticiens du marketing s'attachent à donner aux consommateurs en leur proposant une expérience riche en sensations de toutes sortes. Aujourd'hui, il ne suffit plus de proposer un produit ou un service ayant une valeur d'usage forte. En effet, les entreprises sont très promptes à réagir aux innovations de leurs concurrents. Par ailleurs, la course à l'innovation accentue l'obsolescence de produits pas toujours très innovants. Cette péremption organisée rend leur possession bien souvent inutile. De plus en plus, les consommateurs se tournent donc vers d'autres formes de propriété comme la location, la propriété partagée ou temporaire avec l'achat-revente. De la même manière, signes et symboles s'usent rapidement lorsqu'ils peinent à être supportés par le produit ou le service. Enfin, leur exhibition n'est plus ostentatoire, mais répond plutôt au besoin de tisser du lien avec les autres dans un monde perçu comme individualiste et risqué. Désormais, c'est la valeur émotionnelle liée à l'expérience proposée par la marque qui dans bien des cas est source de différenciation. Et ce sont les sens qu'il faut flatter pour susciter l'émotion et ainsi favoriser l'attachement, gage sans doute de la fidélité du consommateur. La marque se doit d'être encore plus sensorielle pour faire oublier au consommateur que la concurrence est là et que le monde dans lequel il vit est incertain. On parle alors de marketing sensoriel lorsqu'il s'agit de solliciter les cinq sens du consommateur pour stimuler ses achats ou conforter ses liens avec la marque. Si la gestion des éléments visuels et sonores est aujourd'hui monnaie courante, le recours aux odeurs l'est moins, même s'il se développe (Daucé, 2009).

La boîte à outils du marketing olfactif

Que l'on parle de marketing sensoriel ou bien de marketing olfactif, l'objectif est le même. Il s'agit de stimuler les achats et de conforter le lien entre la marque et ses clients. Trois variables marketing font l'objet de l'attention des experts du marketing olfactif : le produit, le point de vente et la communication.

Qui n'a jamais été confronté à un produit dont l'odeur était désagréable ? Souvent, pour éviter ce problème, les fabricants préféraient chercher l'inodore en prétextant qu'en matière d'odeurs le nez des uns ne faisait pas le plaisir des autres. À moins que l'odeur ne serve le produit ! Ainsi, le cuir doit sentir le cuir et la fraise Tagada, la fraise. Au-delà de ces évidences, certaines marques ont su capitaliser sur le sens olfactif en rendant une odeur indissociable de leurs produits. La colle Cléopâtre et l'odeur d'amande, les produits cosmétiques pour bébé de la marque Mustela ou bien encore l'odeur d'amande douce vanillée de la pâte à modeler Play Doh. Ce sont autant d'exemples qui confortent aujourd'hui les autres entreprises dans leur souhait de stimuler olfactivement leurs clients et de construire ce qui participera à l'identité sensorielle de leur marque. Voitures, avions, téléphones portables, papiers, crayons… La liste est longue des produits qui veulent désormais flatter le nez de leurs consommateurs. Ces pratiques sont soutenues par différentes recherches. Ainsi, l'ajout d'une odeur à un produit banalisé contribuerait à sa meilleure évaluation par les clients (Spangenberg *et al.*, 1996).

Cette quête olfactive touche également les points de vente ou les lieux où la marque entre en contact avec ses clients. Écrins pour les produits et lieux d'expériences où s'enracine la relation avec la marque, les lieux se parfument. Dans certains cas, il s'agit de compléter l'ambiance proposée par la marque. Déjà, l'aménagement de ces lieux exprime le positionnement souhaité. Le discount et le luxe ont leurs codes et chaque marque décline son identité visuelle en faisant appel aux spécialistes de l'architecture commerciale ou du design. De la même façon, l'ambiance sonore est aujourd'hui plus sophistiquée et sonoriser ne suffit plus. On parle de plus en plus d'identité sonore. La présence de diffuseurs d'odeurs vient aujourd'hui compléter l'atmosphère créée par la marque pour rendre cette expérience unique. Les chaînes d'hôtels, les enseignes de prêt-à-porter ou bien encore les points de vente de grandes marques s'équipent. Parfois, il faut aussi rendre agréable l'atmosphère de certains lieux. Odeurs corporelles dans les cabines d'essayage des magasins de prêt-à-porter, odeurs désagréables dans le métro ou les parkings souterrains, hôpitaux, centres aquatiques… Notre environnement et les activités qui s'y déroulent ne sentent pas toujours bon. Il faut donc désodoriser. Enfin, au-delà de la création d'une atmosphère particulière ou de la lutte contre les nuisances olfactives, la diffusion d'odeurs peut résulter de la volonté d'agir sur le consommateur. En effet, différentes recherches montrent que la présence d'une odeur contribue à l'augmentation du temps de présence du consommateur en magasin (Morrison *et al.*, 2010) ainsi qu'à la sous-estimation du temps réellement passé par le client. On peut donc légitimement espérer une augmentation des achats réalisés, comme certaines études semblent le montrer. Ainsi, l'étude réalisée par Guéguen et Petr (2006) au sein d'une crêperie montre que la diffusion de lavande augmente le temps de présence des clients ainsi que le montant de leur addition. Une autre étude réalisée aux États-Unis par Span-genberg *et al.* (2006) dans une boutique montre qu'il est souhaitable de choisir une odeur en adéquation avec le sexe de la cible visée. Dans cette recherche, la moitié de la surface de vente de la boutique était dédiée aux vêtements pour hommes, tandis que l'autre moitié l'était aux vêtements pour femmes. Deux odeurs à l'intensité et à la valence hédonique comparables avaient été sélectionnées : la vanille, perçue comme plus féminine, et une odeur appelée rose du Maroc perçue comme plus masculine. Les résultats ont montré que les hommes avaient dépensé plus d'argent et acheté plus d'articles lorsque l'odeur diffusée était celle perçue comme plus masculine. Les mêmes résultats ont été constatés pour les femmes lorsque l'odeur diffusée était la vanille, plus féminine.

Après le produit et les points de vente, cet intérêt pour les odeurs touche également les acteurs de la communication. Il faut faire le « buzz », et le recours aux odeurs y contribue tant le sujet attire l'attention des médias. Les praticiens du marketing ont ainsi à leur disposition différents outils : panneaux d'affichage ou affiches parfumées, synchronisation d'une odeur avec une vidéo ou la navigation sur Internet, objets publicitaires parfumés, voitures habillées aux couleurs d'une marque diffusant sur leur passage une odeur, mailing parfumé… La créativité des spécialistes de la communication est sans limite. Au-delà du bouche-à-oreille que génèrent ces opérations, plusieurs recherches montrent que certaines odeurs pourraient avoir un impact sur les performances cognitives des individus ainsi que sur la capacité des consommateurs à mémoriser de l'information (Krishna *et al.,* 2010 ; Morrin et Ratneshwar, 2000). Enfin, le lien existant entre émotions et odeurs laisse entrevoir la possibilité de susciter chez le consommateur l'état d'excitation ou de relaxation recherché.

▶▶ Les perspectives

Au-delà de ces pratiques et des recherches qui sont actuellement menées, de nouvelles perspectives s'offrent aux praticiens du marketing olfactif.

Développer des produits à l'odeur personnalisée

Si le monde des odeurs intéresse le marketing, ce dernier est encore loin d'avoir exploité tout son potentiel. Par exemple, alors que l'on peut souvent choisir la couleur du produit que l'on achète, il est encore rare de pouvoir choisir son odeur. Pourtant, cela permettrait une appropriation plus rapide du produit et de la marque par le consommateur. En effet, l'attachement à certaines odeurs et le rôle rassurant que peut jouer un objet à l'odeur familière sont bien connus. Le « doudou » des enfants remplit ce rôle. De la même manière, les recherches menées par McBurney *et al.* (2006) mettent en évidence le rôle joué par les odeurs comme objet de rassurance et de bien-être lors de périodes de séparation d'avec son conjoint (cf. chapitres 40 et 42). D'autres études montrent que les parents, et plus particulièrement les mères, sont capables de reconnaître très tôt l'odeur de leur bébé, et cela sans doute parce que son odeur corporelle est proche de celle de ses parents. Dès lors, tout comme il existe des produits cosmétiques[2] ou des parfums[3] fabriqués à partir d'un profil génétique, on pourrait imaginer proposer des produits dont l'odeur tiendrait compte du profil génétique du consommateur. À moins que le consommateur ne souhaite retrouver une odeur de son enfance ! À quand la première marque dont le logo olfactif sera fabriqué à partir des odeurs corporelles ou du profil génétique de ses meilleurs clients ? Cette personnalisation de notre environnement olfactif pourrait également tenir compte de notre état émotionnel ou physiologique. Certaines odeurs sont ainsi réputées pour leurs vertus relaxantes (comme la lavande) ou stimulantes (comme le jasmin).

Renifler le consommateur pour mieux le connaître

Les développements en matière de capteurs ou de nez électroniques pourraient un jour permettre d'identifier un consommateur aussi sûrement que pourrait le faire

---

2. Voir site Internet <www.cosmetics-dna.com> (consulté le 21 février 2012).
3. Voir site Internet <www.mydnafragrance.com> (consulté le 21 février 2012).

un chien (cf. chapitres 30 et 31). Il pourrait également être possible d'évaluer son état émotionnel grâce à son odeur. En effet, il semblerait que les émotions aient un impact sur notre odeur corporelle, qui pourrait ainsi en retour révéler aux autres nos émotions. D'après une étude réalisée par Chen et Haviland-Jones (2000), nous serions en mesure de différencier des odeurs selon qu'elles ont été prélevées sur des personnes ayant visionné un film comique ou un film d'horreur. La publicité pourrait alors s'adapter à l'état émotionnel perçu. Enfin, l'analyse de l'odeur corporelle du consommateur ou de son parfum pourrait permettre de mieux connaître ses goûts alimentaires ou ses préférences afin de pouvoir lui proposer une offre adaptée.

Plus d'expériences pour plus d'émotions, voilà l'un des mots d'ordre des profession-nels du marketing. Dans cette bataille pour le cœur des consommateurs, les odeurs semblent, comme le montrent les résultats des recherches, à même de jouer un rôle important. La boîte à outils du marketing olfactif s'étoffe, et les progrès réalisés en matière de techniques de diffusion ou de captation des odeurs devraient ouvrir de nouvelles perspectives. Pour autant, il ne faudrait pas réduire les odeurs à une simple arme de séduction. En effet, depuis toujours notre nez nous sert de sentinelle. Ainsi, les signaux olfactifs peuvent également être utilisés pour apporter de l'information au consommateur sur le produit, son usure, son bon fonctionnement... La sur-sollicitation de la vue et de l'audition devrait nous y inciter. Les marques auraient ainsi plus de chances d'être entendues sans que le marketing olfactif puisse être accusé de manipulation.

▸▸ Bibliographie

CHEN D., HAVILAND-JONES J., 2000. Human olfactory communication of emotion. *Perceptual and Motor Skills*, 91, 771-781.

DAUCÉ B., 2009. Comment gérer la diffusion de senteurs d'ambiance ? *In : Marketing sensoriel du point de vente* (S. Rieunier, ed.), éditions Dunod, Paris, 89-129.

GUÉGUEN N., PETR C., 2006. Odors and consumer behavior in a restaurant. *Hospitality Management*, 25, 335-339.

KRISHNA A., LWIN M.O., MORRIN M., 2010. Product scent and memory. *Journal of Consumer Research*, 37, 57-67.

MCBURNEY D.H., SHOUP M.L., STREETER S.A., 2006. Olfactory comfort: smelling a partner's clothing during periods of separation. *Journal of Applied Social Psychology*, 36, 2325-2335.

MORRIN M., RATNESHWAR S., 2000. The impact of ambient scent on evaluation, attention, and memory for familiar and unfamiliar brands. *Journal of Business Research*, 49, 157-165.

MORRISON M., GAN S., DUBELAAR C., OPPEWAL H., 2010. In-store music and aroma influences on shopper behavior and satisfaction. *Journal of Business Research*, doi: 10.1016/j.jbusres.2010.06.006.

SPANGENBERG E.R., CROWLEY A.E., HENDERSON P.W., 1996. Improving the store environment: do olfactory cues affect evaluations and behaviors? *Journal of Marketing*, 60, 67-80.

SPANGENBERG E.R., SPROTT D.E., GROHMANN B., TRACY D.L., 2006. Gender-congruent ambient scent influences on approach and avoidance behaviors in a retail store. *Journal of Business Research*, 59, 1281-1287.

WINTER R., 1978. *Le livre des odeurs*, Éditions du Seuil, 170 p.

Chapitre 38

Système olfacto-gustatif et toxicologie

Anne-Marie Le Bon, Jean-Marie Heydel, Fabrice Chéruel

➠ Sensibilité olfactive et toxicologie

L'épithélium olfactif, un tissu particulièrement exposé aux agents exogènes

L'épithélium olfactif (EO) est un tissu en contact direct avec le milieu extérieur et constitue de ce fait une voie d'entrée dans l'organisme et un tissu cible pour les agents exogènes, appelés xénobiotiques. Ainsi, de nombreux composés chimiques, métaux, solvants, mais également médicaments, induisent des effets toxiques au niveau de l'EO.

Le manganèse ou le cadmium peuvent être absorbés au niveau de l'EO et atteindre ensuite certaines régions du cerveau ou la circulation générale (Baker et Genter, 2003). Plusieurs transporteurs spécifiques de métaux seraient impliqués dans ce processus (Genter *et al.,* 2009). Certains médicaments lipophiles peuvent aussi atteindre le système nerveux central par diffusion passive lorsqu'ils sont administrés par voie nasale (Kandimalla et Donovan, 2005). En raison de son importante vascularisation, l'EO représente également un tissu cible pour certains composés toxiques circulant dans l'organisme.

L'EO possède des mécanismes de défense qui contribuent, dans la plupart des cas, à la détoxication des xénobiotiques inhalés, ce qui confère à ce tissu un rôle de barrière toxicologique. En effet, l'EO contient en quantités importantes des enzymes impliquées dans le métabolisme des molécules exogènes (cf. chapitre 7). Bien que ces enzymes soient généralement considérées comme bénéfiques, car participant à la neutralisation et à l'élimination de molécules toxiques, elles peuvent cependant être impliquées dans la bioactivation de nombreux composés et être donc responsables de leur toxicité.

Bioactivation et toxicité des xénobiotiques dans l'épithélium olfactif

De nombreux composés chimiques induisent des altérations moléculaires et morphologiques au niveau de la muqueuse olfactive. Ces effets ont été observés après inhalation, mais également après administration par d'autres voies (orale, sous-cutanée, intrapéritonéale, etc.). Différents types d'altérations ont été mis en évidence : inflammation, nécrose, hyperplasie, tumeur. Ces dommages peuvent être à l'origine de perturbations olfactives (hyposmie, anosmie ; cf. chapitre 39).

Le chlore et l'acétaldéhyde sont des agents irritants qui agissent de manière directe. Ils provoquent des lésions importantes au niveau de l'épithélium respiratoire et, dans une moindre mesure, au niveau de l'épithélium olfactif. À l'inverse, des métaux tels que le zinc ou le nickel altèrent préférentiellement l'épithélium olfactif.

Les composés toxiques qui agissent de manière indirecte provoquent, dans la plupart des cas, des lésions au niveau de l'épithélium olfactif et affectent rarement l'épithélium respiratoire (tableau 38.1). Ces composés induisent leurs effets après avoir été métabolisés par les enzymes du métabolisme des xénobiotiques (EMX) présentes dans l'épithélium olfactif, et plus particulièrement par les enzymes appartenant à la famille des mono-oxygénases à cytochromes P450 (CYP). Plusieurs herbicides chlorés exercent leur toxicité *via* ce mécanisme. Le 2,6-dichlorobenzonitrile est un herbicide provoquant d'importantes lésions (nécroses des neurones et des glandes de Bowman) dans la muqueuse olfactive de rongeur (Bergman *et al.*, 2002). Il a récemment été démontré que des CYP olfactives, et plus particulièrement le CYP2A5, sont impliquées dans la bioactivation de ce composé en métabolites toxiques chez la souris (Xie *et al.*, 2010). D'autres composés toxiques ou cancérogènes comme

Tableau 38.1. Exemples de molécules bioactivées par l'épithélium olfactif (Ding et Dahl, 2003).

Molécules	Enzymes impliquées
2,6-dichlorobenzonitrile	Époxygénase
Coumarine	Époxygénase
Ferrocène	Oxydases
Benzo(a)pyrène	Oxydases
Hexaméthylphosphoramide	Déméthylase
Diéthylnitrosamine	Déméthylase
Organonitrile	Oxydases
Phénacétine	Oxydases
Esters	Carboxylestérases
Acétaminophène	Oxydases
Trifluorométhylpyridine	N-oxydases

la 4-(méthylnitrosamino)-1-(3-pyridyl)-1-butanone, un contaminant issu du tabac, la coumarine ou l'acétaminophène sont également bioactivés par le CYP2A5 chez les rongeurs. Étant donné que des orthologues du CYP2A5 murin, les CYP2A6 et CYP2A13, s'expriment dans la muqueuse humaine, il n'est pas exclu que des effets nocifs puissent également être observés dans ce tissu chez les individus exposés à ces composés.

Des solvants organiques volatils tels que le styrène et le naphtalène peuvent également altérer la structure de l'EO. Chez les rongeurs, l'inhalation de styrène provoque une atrophie de la muqueuse et une hyperplasie des glandes de Bowman (Cruzan *et al.*, 1997). Ces effets sont probablement provoqués par un métabolite, le styrène oxyde, qui est formé par les CYP2E1 et CYP2F2. Le styrène ne présenterait *a priori* pas de risque pour l'homme, car l'activité de l'époxyde hydrolase olfactive humaine est élevée (Green *et al.*, 2001).

Il est à noter que la distribution des enzymes de biotransformation n'est pas toujours uniforme au sein de l'EO ; ceci peut avoir des conséquences sur la localisation des lésions dans ce tissu. Par exemple, le positionnement des tumeurs induites par l'alachlor dans l'EO est corrélé à la distribution du CYP2A3 chez le rat (Genter *et al.*, 2000).

Chez les Mammifères, l'expression des EMX varie beaucoup en fonction de facteurs génétiques, environnementaux ou physiopathologiques. Ainsi, plusieurs enzymes olfactives sont sujettes à un polymorphisme génétique (Bushey *et al.*, 2011 ; Sheng *et al.*, 2000). Il a également été démontré que l'administration de certaines molécules chimiques peut augmenter l'activité métabolique de certaines EMX (Thiebaud *et al.*, 2010). L'impact des variations génétiques et de l'exposition continue à des composés chimiques (lors d'expositions professionnelles par exemple) sur la toxicité olfactive mériterait d'être exploré.

▶▶ Sensibilité gustative et tabacologie

La fumée, aérosol produit par la combustion du tabac, contient un mélange complexe de plusieurs milliers de constituants (Chen *et al.*, 2008 ; USDHHS, 1989) qui varient en fonction de la nature du tabac et des éléments additifs. Ces composés sont inoffensifs pour leur grande majorité, d'autres ont une activité biologique connue ou encore indéterminée. Les constituants dangereux peuvent être classés en quatre catégories : les produits irritants, les molécules cancérogènes (nitrosamines, etc.), le monoxyde de carbone (CO) et les alcaloïdes psychoactifs dont la nicotine fait partie (IARC, 2007). De nombreuses études démontrent que la consommation de tabac altère notablement la sensibilité olfactive et gustative. Par ailleurs, le tabac constitue l'un des principaux facteurs de risque du cancer de la sphère orale.

Bioactivation et toxicité des xénobiotiques
au niveau de la cavité orale

Plus de soixante molécules cancérogènes ont été identifiées dans la fumée de tabac (Hecht, 2003). Des hydrocarbures aromatiques polycycliques, des nitrosamines ainsi que des amines hétérocycliques figurent parmi les principaux composés incriminés dans la toxicité du tabac. Ces composés sont des agents toxiques indirects. Leur métabolisation par les CYP conduit à la formation de métabolites susceptibles d'altérer l'ADN ou d'autres cibles moléculaires. Des travaux récents ont mis en évidence la présence de plusieurs CYP dans la muqueuse buccale et la langue (Takiguchi *et al.*, 2010 ; Vondracek *et al.*, 2001). Ces enzymes pourraient contribuer à la bioactivation des molécules présentes dans la fumée de tabac. Par ailleurs, les enzymes qui neutralisent les métabolites réactifs formés par les CYP, comme les glutathion-S-transférases, sont faiblement exprimées dans la langue (Takiguchi *et al.*, 2010). La bioactivation de molécules exogènes par les enzymes de la sphère buccale constitue donc un facteur susceptible d'affecter la sensibilité gustative.

Effet du tabac sur la sensibilité gustative

Le tabac, associé à certaines pathologies cardiovasculaires et cancéreuses, est connu pour altérer les fonctions olfactives (Doty *et al.*, 1984 ; Frye *et al.*, 1990 ; Grunberg, 1982 ; Perkins *et al.*, 1990 ; Pomerleau *et al.*, 1991 ; Vent *et al.*, 2004). De même, la fumée de tabac altère la détection des composés sapides (Grant *et al.*, 1987 ; Le Den *et al.*, 1972 ; Pavlos *et al.*, 2009) : chez les fumeurs, les seuils de détection sont plus élevés pour les composés qui suscitent des saveurs sucrées et amères (Sato *et al.*, 2002 ; Yamauchi *et al.*, 2002).

La sensibilité gustative d'une cohorte de 131 sujets non médiqués (48 non-fumeurs et 83 fumeurs) a été mesurée par électrogustométrie pendant une année (Cheruel et Faurion, 2008 ; Faurion *et al.*, 2009). Cette étude a montré que les fumeurs ont des seuils de sensibilité gustative plus élevés que les non-fumeurs (figure 38.1). Parmi les bienfaits liés à l'arrêt du tabac, la récupération de l'odorat et du goût a fait l'objet de témoignages subjectifs de la part de nos patients lors des premières semaines d'arrêt. Corrélativement, chez les fumeurs à l'arrêt, une récupération des seuils gustatifs non homogène sur la surface de la langue a été mise en évidence. Elle est rapide au bout (M4, M5, M6) de la langue — terminée en un mois, éventuellement dix jours — et il faut cinq à neuf semaines pour que les sites postérieurs (M1 et M9) et latéraux de la langue (M3 et M7) récupèrent. La partie dorsale (M2 et M8) de la langue, au contraire, ne récupère qu'après environ une année d'abstinence. Comparativement, en ce qui concerne le déficit olfactif, la récupération chez les ex-fumeurs ayant eu une forte dépendance au tabac dépend de la dose de tabac, et des durées plus longues de récupération, voire l'absence de récupération, caractérisent les consommations de tabac les plus importantes (Frye *et al.*, 1990). La récupération fonctionnelle du goût pourrait engager la régénération des cellules sensorielles gustatives mais, si le décours temporel de ce que l'on observe à la pointe de la langue est compatible avec cette hypothèse, ce n'est pas le cas pour les sites dorsaux. En effet, les cellules gustatives situées dans les bourgeons du goût, d'origine épithéliale, se renouvellent continûment au cours de la vie, avec un *turn-over* de dix jours (Beidler et Smallman, 1965 ; Farbman, 1980). Par ailleurs, la régénération des bourgeons du goût chez le rat après section des nerfs gustatifs débute dans les dix à quinze jours après leur dégénérescence (Hellekant *et al.*, 1987 ; St John *et al.*, 2003).

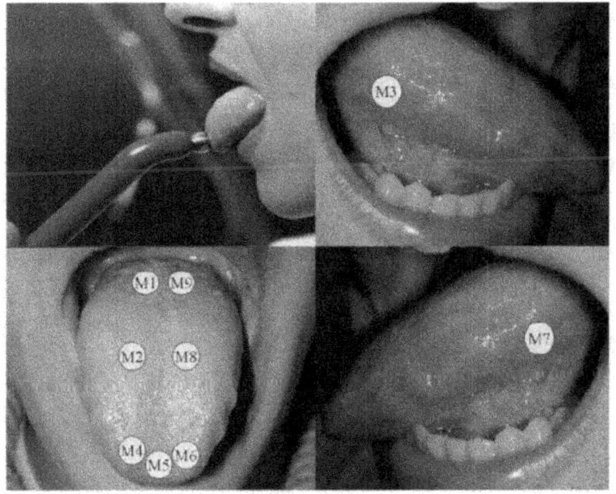

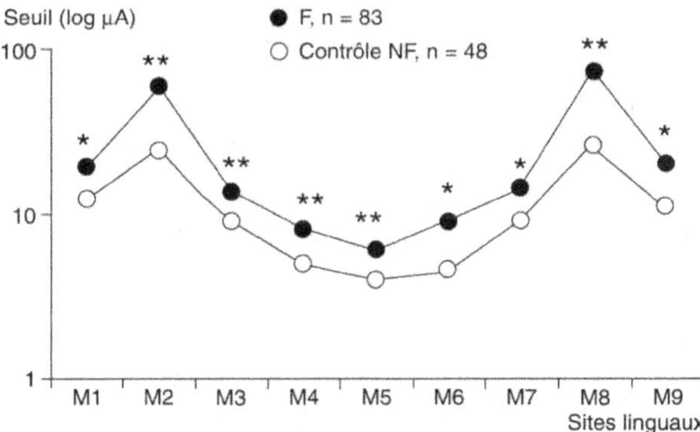

Figure 38.1. Évaluation du seuil électrogustométrique.

En haut : on délivre sur 9 points de la langue (pastilles blanches) un courant de quelques μA à l'aide d'une électrode (en haut) qui déplace les cations de la salive du sujet vers ses propres récepteurs, réalisant par iontophorèse une stimulation gustative chimique et non pas électrique.

En bas : seuil médian de sensibilité gustative locale des 9 zones de la langue chez 48 sujets non fumeurs (NF) et 83 sujets fumeurs (F).

M1, M9 : sites postérieurs à droite et à gauche. M2, M8 : sites dorsaux (D et G). M3, M7 : sites latéraux (papilles foliées, D et G). M4, M5, M6 : sites à la pointe de la langue (à droite, médian et à gauche). *P < 0,01 ; **P < 0,001 (Mann-Whitney U-Test).

Aucun phénomène d'agueusie n'a été observé chez les fumeurs, et cela malgré des seuils gustatifs plus élevés comparés aux non-fumeurs. Les altérations sensorielles induites par le tabac retentissent gravement sur l'état nutritionnel des fumeurs, car ils engendrent de mauvaises habitudes alimentaires (Fulton *et al.,* 1988 ; Grunberg, 1982 ; Perkins *et al.,* 1990 ; Strickland *et al.,* 1994 ; Woodward *et al.,* 1994). Les fumeurs consomment plus de sel et peu de légumes et de fruits, qu'ils trouvent généralement insipides (Birkett, 1999). De plus, les fumeurs consomment plus de lipides saturés, de cholestérol et d'alcool que les non-fumeurs. La prévalence des maladies cardiovasculaires et de certains cancers est donc favorisée chez les fumeurs (Media-villa Garcia *et al.,* 2001).

Les mécanismes responsables des effets nocifs du tabac sur le système gustatif ne sont pas encore élucidés. L'analyse des bourgeons du goût chez des fumeurs (Pavlos *et al.,* 2009) et chez des rats soumis à une application chronique de nicotine sur la langue pendant trois semaines (Tomassini *et al.,* 2007) a révélé une diminution significative de la taille des bourgeons du goût sans que le nombre de récepteurs soit affecté. De plus, l'application de nicotine sur la langue de rat modifie les réponses du noyau du faisceau solitaire (ou NFS), premier relais dans la transmission de l'information sensorielle gustative dans le cerveau (Simons *et al.,* 2006). Le tabac altère donc la perception gustative en agissant au niveau périphérique (cellules du bourgeon du goût par exemple), mais également au niveau central. Des recherches complémentaires doivent être menées pour identifier les molécules responsables des effets nocifs du tabac sur la fonction gustative et pour préciser leur mode d'action.

▸▸ Bibliographie

BAKER H., GENTER M.B., 2003. The olfactory system and the nasal mucosa as portals of entry of viruses, drugs, and other exogenous agents into the brain. *In: Handbook of Olfaction and Gustation* (R.L. Doty, ed.), Marcel Dekker, New York, 2e édition, 549-573.

BEIDLER L.M., SMALLMAN R.L., 1965. Renewal of cells within taste buds. *Journal of Cell Biology,* 27 (2), 263-272.

BERGMAN U., OSTERGREN A., GUSTAFSON A.L., BRITTEBO E.B., 2002. Differential effects of olfactory toxicants on olfactory regeneration. *Archives of Toxicology,* 76 (2), 104-112.

BIRKETT N.J., 1999. Intake of fruits and vegetables in smokers. *Public Health Nutrition,* 2 (2), 217-222.

BUSHEY R.T., CHEN G., BLEVINS-PRIMEAU A.S., KRZEMINSKI J., AMIN S., LAZARUS P., 2011. Characterization of UDP-glucuronosyltransferase 2A1 (UGT2A1) variants and their potential role in tobacco carcinogenesis. *Pharmacogenetics and Genomics,* 21 (2), 55-65.

CHEN J., HIGBY R., TIAN D., TAN D., JOHNSON M.D., XIAO Y., KELLAR K.J., FENG S., SHIELDS P.G., 2008. Toxicological analysis of low-nicotine and nicotine-free cigarettes. *Toxicology,* 249 (2-3), 194-203.

CHERUEL F., FAURION A., 2008. Effect of tobacco on gustatory sensitivity, evaluation of the deficit and recovery time-course during smoking cessation: a new tool to help smokers to quit. *Chemical Senses,* 34 (3), E4.g.

CRUZAN G., CUSHMAN J.R., ANDREWS L.S., GRANVILLE G.C., MILLER R.R., HARDY C.J., COOMBS D.W., MULLINS P.A., 1997. Subchronic inhalation studies of styrene in CD rats and CD-1 mice. *Fundamental and Applied Toxicology,* 35 (2), 152-165.

DING X., DAHL A.R., 2003. Olfactory mucosa: composition, enzymatic localization and metabolism. *In: Handbook of Olfaction and Gustation* (R.L. Doty, ed.), Marcel Dekker, New York, 2e edition, 51-73.

DOTY R.L., SHAMAN P., APPLEBAUM S.L., GIBERSON R., SIKSORSKI L., ROSENBERG L., 1984. Smell identification ability: changes with age. *Science,* 226 (4681), 1441-1443.

FARBMAN A.I., 1980. Renewal of taste bud cells in rat circumvallate papillae. *Cell and Tissue Kinetics,* 13 (4), 349-357.

FAURION A., BERTERETCHE M., BOIREAU N., BOUCHER Y., CERF-DUCASTEL B., CHERUEL F., DALIX A., DUMAS H., ELOIT C., 2009. Taste disorders, electrogustometry or solution tasting, learning or no learning. *Chemical Senses,* 34 (3), E50.

FRYE R.E., SCHWARTZ B.S., DOTY R.L., 1990. Dose-related effects of cigarette smoking on olfactory function. *Journal of the American Medical Association,* 263 (9), 1233-1236.

FULTON M., THOMSON M., ELTON R.A., BROWN S., WOOD D.A., OLIVER M.F., 1988. Cigarette smoking, social class and nutrient intake: relevance to coronary heart disease. *European Journal of Clinical Nutrition,* 42 (9), 797-803.

GENTER M.B., KENDIG E.L., KNUTSON M.D., 2009. Uptake of materials from the nasal cavity into the blood and brain are we finally beginning to understand these processes at the molecular level? *International Symposium on Olfaction and Taste,* 1170, 623-628.

GENTER M.B., BURMAN D.M., DINGELDEIN M.W., CLOUGH I., BOLON B., 2000. Evolution of alachlor-induced nasal neoplasms in the Long-Evans rat. *Toxicologic Pathology,* 28 (6), 770-781.

GRANT R., FERGUSON M.M., STRANG R., TURNER J.W., BONE I., 1987. Evoked taste thresholds in a normal population and the application of electrogustometry to trigeminal nerve disease. *Journal of Neurology, Neurosurgery and Psychiatry,* 50 (1), 12-21.

GREEN T., LEE R., TOGHILL A., MEADOWCROFT S., LUND V., FOSTER J., 2001. The toxicity of styrene to the nasal epithelium of mice and rats: studies on the mode of action and relevance to humans. *Chemico-Biological Interactions,* 137 (2), 185-202.

GRUNBERG N.E., 1982. The effects of nicotine and cigarette smoking on food consumption and taste preferences. *Addictive Behaviors,* 7 (4), 317-331.

HECHT S.S., 2003. Tobacco carcinogens, their biomarkers and tobacco-induced cancer. *Nature Reviews Cancer,* 3 (10), 733-744.

HELLEKANT R., KASAHARA Y., FARBMAN A.I., HARADA S., HARD AF SEGERSTAD C., 1987. Regeneration ability of fungiform papillae and taste-buds in rats. *Chemical Senses,* 12 (3), 459-465.

IARC, 2007. Smokeless tobacco and some tobacco-specific N-nitrosamines. *In: IARC Monographs on the Evaluation of Carcinogenic Risks to Human* (Organization W.H., ed.), Who Press, 89, 635.

KANDIMALLA K.K., DONOVAN M.D., 2005. Transport of hydroxyzine and triprolidine across bovine olfactory mucosa: role of passive diffusion in the direct nose-to-brain uptake of small molecules. *International Journal of Pharmaceutics,* 302 (1-2), 133-144.

LE DEN R., LE MOUEL C., DAUREL P., RENON P., FLEYS J., 1972. Bilan d'une gustométrie systématique portant sur 350 sujets. *Annales d'oto-laryngologie et de chirurgie cervico-faciale,* 89, 659-669.

MEDIAVILLA GARCIA J.D., FERNANDEZ TORRES C., ALIAGA MARTINEZ L., LEON RUIZ L., SABIO SANCHEZ M., JIMENEZ ALONSO J., 2001. Clinical characteristics of patients with essential hypertension regarding salt intake. *Revista Clinica Espanola,* 201 (11), 627-631.

PAVLOS P., VASILIOS N., ANTONIA A., DIMITRIOS K., GEORGIOS K., GEORGIOS A., 2009. Evaluation of young smokers and non-smokers with electrogustometry and contact endoscopy. *BMC Ear, Nose and Throat Disorders,* 9, 9.

PERKINS K.A., EPSTEIN L.H., STILLER R.L., FERNSTROM M.H., SEXTON J.E., JACOB R.G., 1990. Perception and hedonics of sweet and fat taste in smokers and nonsmokers following nicotine intake. *Pharmacology Biochemistry and Behavior,* 35 (3), 671-676.

POMERLEAU C.S., GARCIA A.W., DREWNOWSKI A., POMERLEAU O.F., 1991. Sweet taste preference in women smokers: comparison with nonsmokers and effects of menstrual phase and nicotine abstinence. *Pharmacology Biochemistry and Behavior,* 40 (4), 995-999.

SATO K., ENDO S., TOMITA H., 2002. Sensitivity of three loci on the tongue and soft palate to four basic tastes in smokers and non-smokers. *Acta Oto-Laryngologica* (suppl. 546), 74-82.

SHENG J.J., GUO J.C., HUA Z.C., CAGGANA M., DING X.X., 2000. Characterization of human CYP2G genes: widespread loss-of-function mutations and genetic polymorphism. *Pharmacogenetics,* 10 (8), 667-678.

SIMONS C.T., BOUCHER Y., CARSTENS M.I., CARSTENS E., 2006. Nicotine suppression of gustatory responses of neurons in the nucleus of the solitary tract. *Journal of Neurophysiology,* 96 (4), 1877-1886.

ST JOHN S.J., GARCEA M., SPECTOR A.C., 2003. The time course of taste bud regeneration after glossopharyngeal or greater superficial petrosal nerve transection in rats. *Chemical Senses,* 28 (1), 33-43.

STRICKLAND D., GRAVES K., LANDO H., 1994. Smoking status and dietary fats. *Preventive Medicine,* 23 (3), 354-361.

TAKIGUCHI M., DARWISH W.S., IKENAKA Y., OHNO M., ISHIZUKA M., 2010. Metabolic activation of heterocyclic amines and expression of CYP1A1 in the tongue. *Toxicological Sciences,* 116 (1), 79-91.

THIEBAUD N., SIGOILLOT M., CHEVALIER J., ARTUR Y., HEYDEL J.M., LE BON A.M., 2010. Effects of typical inducers on olfactory xenobiotic-metabolizing enzyme, transporter, and transcription factor expression in rats. *Drug Metabolism and Disposition,* 38 (10), 1865-1875.

TOMASSINI S., CUOGHI V., CATALANI E., CASINI G., BIGIANI A., 2007. Long-term effects of nicotine on rat fungiform taste buds. *Neuroscience,* 147 (3), 803-810.

USDHHS (US Department of Health and Human Services), 1989. *Reducing the Health Conse-quences of Smoking: 25 Years of Progress,* Centers for Disease Control, National Center for Chronic Disease Prevention and Health Promotion, Office on Smoking and Health, DHHS Publication, Atlanta, (CDC) 89-8411.

VENT J., ROBINSON A.M., GENTRY-NIELSEN M.J., CONLEY D.B., HALLWORTH R., LEOPOLD D.A., KERN R.C., 2004. Pathology of the olfactory epithelium: smoking and ethanol exposure. *Laryngos-cope,* 114 (8), 1383-1388.

VONDRACEK M., XI Z., LARSSON P., BAKER V., MACE K., PFEIFER A., TJALVE H., DONATO M.T., GOMEZ-LECHON M.J., GRAFSTROM R.C., 2001. Cytochrome P450 expression and related metabolism in human buccal mucosa. *Carcinogenesis,* 22 (3), 481-488.

WOODWARD M., BOLTON-SMITH C., TUNSTALL-PEDOE H., 1994. Deficient health knowledge, diet, and other lifestyles in smokers: is a multifactorial approach required? *Preventive Medicine,* 23 (3), 354-361.

XIE F., ZHOU X., BEHR M., FANG C., HORII Y., GU J., KANNAN K., DING X.X., 2010. Mechanisms of olfactory toxicity of the herbicide 2,6-dichlorobenzonitrile: essential roles of CYP2A5 and target-tissue metabolic activation. *Toxicology and Applied Pharmacology,* 249 (1), 101-106.

YAMAUCHI Y., ENDO S., YOSHIMURA I., 2002. A new whole-mouth gustatory test procedure. 2. Effects of aging, gender and smoking. *Acta Oto-Laryngologica* (suppl. 546), 49-59.

Chapitre 39

Les troubles de l'odorat : bilan étiologique

Corinne ELOIT, Philippe HERMAN,
Patrice TRAN BA HUY, Didier TROTIER

L'homme, de même que les autres Mammifères, est capable de détecter, de différencier et de reconnaître un très grand nombre de molécules odorantes et d'ajouter sans cesse de nouvelles informations, dont certaines évoquent des souvenirs et influent sur la vie relationnelle. Être privé d'odorat est une souffrance et un préjudice pour des patients souvent incompris de leur entourage et parfois de leur médecin. Les odeurs sont directement liées au passé ; leur perte ampute le domaine des souvenirs et du plaisir. Certains patients sombrent ainsi dans une tristesse mélancolique ou agressive et maigrissent. D'autres compensent la qualité par la quantité et grossissent en recherchant une sensation de satiété.

Le médecin se trouve souvent démuni face aux troubles de l'odorat, dont les causes sont parfois difficiles à déterminer, car il hésite à mettre en route toute une batterie d'examens et il s'interroge sur les opportunités thérapeutiques (Miwa *et al.*, 2001).

Nous présentons dans le tableau 39.1 les grandes lignes d'investigations nécessaires, en suivant le trajet naturel de l'information, des neurones récepteurs vers le traitement de l'information par le cerveau. À chacune de ces étapes peuvent correspondre des pathologies qui altèrent le bon fonctionnement de l'ensemble.

Tableau 39.1. À chacune des étapes de l'élaboration du message olfactif et de son traitement peuvent correspondre des pathologies d'origines variées. Seule l'utilisation d'un ensemble de méthodes exploratoires permet d'établir le diagnostic.

Étapes	Pathologie correspondante	Explorations	Investigations clés
1. Transport des molécules odorantes vers la fente olfactive	Polypose naso-sinusienne obstructive	Examen endoscopique des fosses nasales, méats et fentes olfactives	Examen endoscopique
	Inflammation obstructive bilatérale isolée des fentes olfactives	Examen TDM des fosses nasales et sinus sans injection ; coupes axiales et coronales	TDM coronal
2. Diffusion des molécules dans le mucus olfactif	Pathologie quantitative ou qualitative du mucus	Examen endoscopique des fosses nasales, méats et fentes olfactives	Examen endoscopique
	Processus inflammatoire local	Examen TDM des fosses nasales et fentes olfactives sans injection ; coupes axiales et coronales fines	TDM coronal
3. Activation des neurones récepteurs	Perte neurosensorielle au sein de l'épithélium sensoriel	Anamnèse	Anamnèse
	Attaque virale, neurotoxiques, traumatisme crânien	Examen endoscopique des fosses nasales, méats et fentes olfactives	IRM
		Examen IRM des voies olfactives sans injection ; coupes axiales et coronales fines	
4. Transmission de l'information aux bulbes olfactifs	Trauma crânien : étirement des axones :	Histoire clinique détaillée	Anamnèse
	– fracture de la lame criblée ?	Perte de connaissance ?	IRM des voies olfactives intracrâniennes
	– attaque virale ?	Bilan clinique et endocrânien : IRM	
		Anamnèse et relation temporelle attaque infectieuse-dysosmie	

Tableau 39.1. (Suite)

Étapes	Pathologie correspondante	Explorations	Investigations clés
5. Traitement de l'information par le bulbe olfactif	Absence congénitale des bulbes olfactifs	Anamnèse	Anamnèse
	Traumatisme crânien : lésions du bulbe olfactif	Bilan clinique, endoscopique et endocrânien : IRM	IRM des voies olfactives intracrâniennes
	Maladie neurodégénérative		
	Attaque virale ?	Avis spécialisé neurologique si suspicion de maladie neurodégénérative	
6. Transmission de l'information aux différents centres du SNC	Trauma crânien :	Anamnèse	Anamnèse
	– lésions du tractus olfactif	Bilan clinique, endoscopique et endocrânien : IRM	IRM des voies olfactives intracrâniennes
	– lésions du cortex piriforme	Avis spécialisé neurologique	
	– lésions du cortex orbitofrontal		
	Maladie neurodégénérative		
7. Analyse de l'information, interprétation et prise de décision	Atteinte cognitive ; trouble de la mémoire, de l'attention	Anamnèse	Anamnèse
		Bilan clinique, endoscopique et endocrânien : IRM	Avis neurologique
		Avis spécialisé neurologique si suspicion de maladie neurodégénérative	

TDM : tomodensitométrie ; IRM : imagerie par résonance magnétique.

▶▶ Symptômes amenant à consulter

Divers termes sont utilisés pour qualifier la nature du trouble. Les précisions sémantiques sont importantes, car elles orientent vers l'étiologie et les examens complémentaires.

Dysosmie : terme générique pour toutes les pathologies olfactives sans précision.

Anosmie : perte complète de la sensibilité aux odeurs. Des anosmies spécifiques, ne concernant qu'un produit odorant particulier, ne sont pas considérées comme pathologiques.

Hyposmie : perte partielle en intensité sans modification de la qualité des odeurs.

Parosmies : modifications de la qualité des odeurs, qui deviennent méconnaissables.

Cacosmie : variante des parosmies ou perception de mauvaises odeurs (émises par le patient lui-même). Elle peut être subjective (le sujet sent de mauvaises odeurs émanant de son corps, sans aucune stimulation olfactive réelle) ou objective, les mauvaises odeurs sont alors perçues par l'entourage.

Phantosmie : variante des parosmies, désigne des perceptions d'odeurs inexistantes, et évoque une orientation psychiatrique.

Hyperosmie : odorat « trop » sensible. Certaines de ces hyperosmies concernent des sensations piquantes, brûlantes, douloureuses, provenant d'un trouble de la fonction trigéminale nasale, accompagnées de différents troubles généraux tels les malaises, les céphalées, les nausées (syndrome d'hypersensibilité chimique multiple : physio-pathologie et clinique) (Barnig *et al.*, 2007).

▸▸ Symptômes associés

Les troubles olfactifs sont le plus souvent isolés. Cependant, l'interrogatoire et l'examen clinique vont s'attacher à retrouver une obstruction nasale uni ou bilaté-rale, positionnelle (décubitus), une rhinorrhée claire ou surinfectée uni ou bilatérale accompagnée de symptômes d'hyperréactivié nasale et/ou bronchique (équivalent de l'asthme), des céphalées dont il faut préciser les caractéristiques, l'ancienneté et la localisation, ou des épistaxis. Sur un autre plan, des troubles cognitifs (humeur, mémoire) ou moteurs (tremblements, crises comitiales) doivent être recherchés. Ces symptômes associés sont essentiels pour l'orientation étiologique : tumeurs ou inflammations des muqueuses nasales et sinusiennes, bénignes comme les polyposes ou malignes lorsqu'elles s'accompagnent de symptômes à prédominance unilatérale et d'épistaxis. Les très rares méningiomes olfactifs, tumeurs intracrâniennes béni-gnes, évoluent longtemps à bas bruit car les symptômes sont longtemps peu spéci-fiques : une hyposmie lentement évolutive associée à des céphalées. Les pathologies neurologiques de type neurodégénératif apparaissent souvent après des troubles olfactifs lentement évolutifs.

▸▸ Antécédents en rapport avec les troubles olfactifs

Les maladies inflammatoires bénignes (telle la polypose naso-sinusienne) ou infec-tieuses naso-sinusiennes sont souvent associées à des troubles de l'odorat (Raviv et Kern, 2004 ; Tran Ba Huy et Eloit, 1996). La rhinite allergique saisonnière n'est pas cause d'hyposmie, mais des allergies perannuelles évoluant sur un mode inflamma-toire chronique créent un œdème local associé à une hyposmie cortico-réversible (Raviv et Kern, 2004).

Moins souvent rencontrés mais causes classiques de troubles de l'odorat :
– les traumatismes crâniens ou faciaux, avec ou sans perte de connaissance ;
– les antécédents d'infections d'allure virale, évoluant par épidémies estivales, atteignent de nombreux patients d'âge moyen. Le pronostic de récupération olfactive est réservé quels que soient les traitements (Suzuki *et al.*, 2007) ;

– les intoxications respiratoires massives accidentelles ou progressives dans un contexte professionnel : industries des métacrylates (Mainwaring *et al.*, 2001), métaux lourds (cadmium et nickel), et de l'aluminium (Lindsey *et al.*, 2011) ;
– les antécédents de dépression grave, d'épilepsie ;
– l'existence de troubles endocriniens à type d'hypogonadisme hypogonadotrope évoquent fortement un syndrome de Kallmann-de Morsier : impubérisme auquel peuvent s'associer une anosmie et d'autres signes (anomalies rénales, fentes labio-palatines, troubles du sommeil et asynchronisme du mouvement « des marionnettes »). Ces patients sont dépourvus de bulbes olfactifs et présentent des altérations du cortex orbitofrontal (Mouthon *et al.*, 2001 ; Massin *et al.*, 2002) ;
– les antécédents familiaux de maladies neurodégénératives : Alzheimer, Parkinson ;
– la chirurgie ORL septale ou rhinosinusienne ;
– la neurochirurgie de la base du crâne ;
– l'abus de vasoconstricteurs en application nasale ;
– l'utilisation de drogues et d'anesthésiques (Heiser *et al.*, 2010).

▶▶ Exploration de l'odorat en clinique

Pour établir un déficit olfactif (apprécier l'existence, la nature et l'étendue d'un trouble de l'odorat ; Eloit et Trotier, 1994 ; Eloit et Tran Ba Huy, 1988 ; Gervais *et al.*, 1985b), il n'est pas possible de se fier aux seules impressions des patients, qui confondent souvent goût et odorat. Leur discours est limité : « Je n'ai pas de goût. » Les molécules odorantes parviennent à l'épithélium olfactif par la voie orthonasale (les narines) et par la voie rétronasale (*via* les choanes). Dans la plupart des cas, la perte du « goût » correspond à une diminution, voire une disparition des sensations olfactives rétronasales. Les troubles authentiques de la gustation sont très rares. Ils concernent la qualité ou l'intensité du salé, sucré, aigre, amer, sensations métalliques, et peuvent relever d'un accident de type « brûlure » locale, de prises médicamenteuses ou plus rarement d'un syndrome sec (ou de Gougerot-Sjogren).

Test de l'odorat

Un test olfactif validé est nécessaire pour apprécier les facultés olfactives du patient. Nous avons conçu un test que nous utilisons depuis de nombreuses années (Eloit et Trotier, 1994) pour tester l'odorat dans le service ORL. Ce test nous permet, par comparaison avec un groupe de sujets normosmiques (figure 39.1), de déterminer l'impact d'une pathologie identifiée sur la sensibilité (seuil de détection) et l'aptitude à reconnaître (seuil d'identification) cinq substances odorantes pures très comparables aux odeurs naturelles et présentées dans une large gamme de dilutions. Pour la plupart des patients, ce test cognitif est suffisant, assez précis et facilement reproductible lorsqu'il faut suivre l'évolution d'un trouble olfactif. Il repose cependant sur la bonne foi et la volonté de coopération du patient.

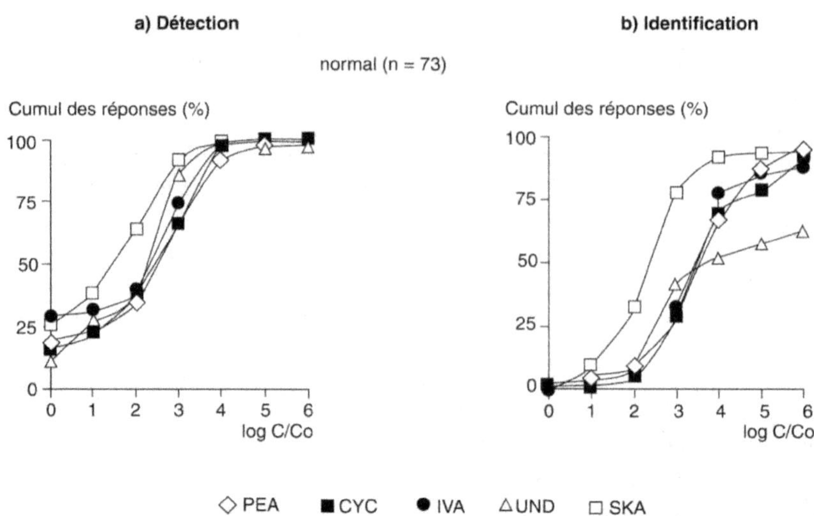

Figure 39.1. Détection et identification de 5 molécules odorantes mesurées sur 73 sujets sains à l'aide d'Odoratest.

En abscisse : niveaux d'intensité de la stimulation (échelle logarithmique). En ordonnée : courbes cumulatives pour l'ensemble des sujets et pour chacune des 5 odeurs testées. Les variations individuelles s'étendent sur environ 4 unités log en concentration. PEA : alcool phényléthylique ; CYC : cyclanone ; IVA : acide isovalérique ; UND : undécanone ; SKA : scatole.

Test électrophysiologique de la fonctionnalité olfactive

L'enregistrement des potentiels évoqués olfactifs, par analyse des signaux électro-encéphalographiques (EEG) lors de brèves stimulations odorantes, nous permet une estimation objective de la fonctionnalité du système olfactif. Ces signaux reflètent l'activation du cortex cérébral par l'information olfactive. Nous utilisons un protocole qui nous permet d'observer les activations cérébrales précoces (onde N1, P2), mais aussi une onde plus tardive (CNV) correspondant à la prise de conscience, la perception, du stimulus odorant.

Examens par endoscopie

Certaines des pathologies évoquées sont aisément visualisables en clinique (Eloit, 1986 ; 1993 ; Gervais *et al.*, 1985a) grâce à l'utilisation systématique d'endoscopes alimentés par une lumière froide. Il en va ainsi des pathologies obstructives périphériques telles que les polyposes nasales, les pathologies du mucus olfactif comme l'ozène (infection à *Klebsiella ozaenae*) ou l'obstruction isolée des fentes olfactives (Trotier *et al.*, 2007), ou des pathologies tumorales suspectées sur leur aspect, leur prédominance unilatérale et d'éventuelles épistaxis. L'examen endoscopique fait partie de la routine rhinologique (parfois sous anesthésie locale de contact à la Xylocaïne ; Débat *et al.*, 2007). Il permet de localiser et d'identifier les pathologies de la muqueuse nasale, même dans des endroits reculés tels les fentes olfactives ou le cavum, et facilite le suivi de l'évolution (Eloit *et al.*, 2004 ; Briand *et al.*, 2002 ; Débat *et al.*, 2007).

Examens par imagerie

L'imagerie est toujours nécessaire (figure 39.2). Le type d'imagerie demandé est fonction de l'étiologie suspectée après le bilan endoscopique et olfactométrique. Pour les pathologies distales, fosses nasales, sinus ou base du crâne, les clichés scanner en coupes axiales et coronales (tomodensitométrie) permettent d'apprécier la muqueuse et d'éventuelles lésions des parois osseuses dans une région anatomiquement complexe.

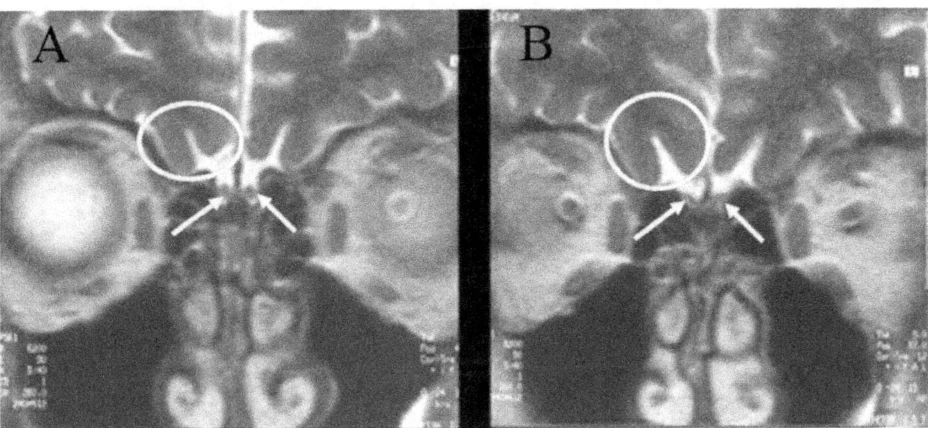

Figure 39.2. Imagerie par résonance magnétique (IRM) des bulbes olfactifs, des tractus olfactifs et du cortex orbitofrontal d'un sujet sain.

Coupes coronales fines séquences T2, sans injection de produit de contraste. **(A)** Bulbes olfactifs (flèches) visibles dans les gouttières olfactives ; aspect normal du cortex orbitofrontal (cercle) : gyrus rectus et gyrus orbitaire séparés par le sulcus olfactif. **(B)** En arrière des bulbes : visualisation des tractus olfactifs conduisant l'information des bulbes vers les structures cérébrales centrales.

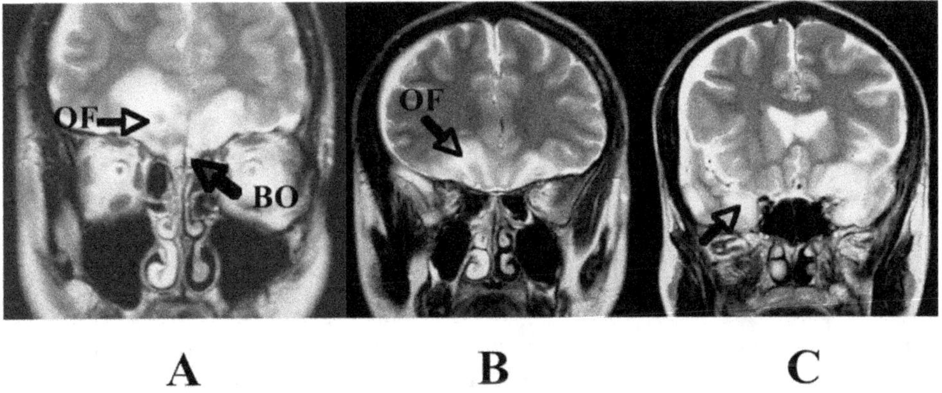

Figure 39.3. Un exemple de traumatisme crânien.

(A) Larges lésions localisées dans les régions orbitofrontale (OF) et bulbe olfactif (BO) droit ; à gauche le BO est de très petite taille. Destruction des régions des gyrus rectus et des gyrus droits. **(B)** Lésions cortico-sous-corticales fronto-orbitaires profondes (régions gyrus rectus et gyrus droit). **(C)** Régions entorhinales lésées (lobes temporaux).

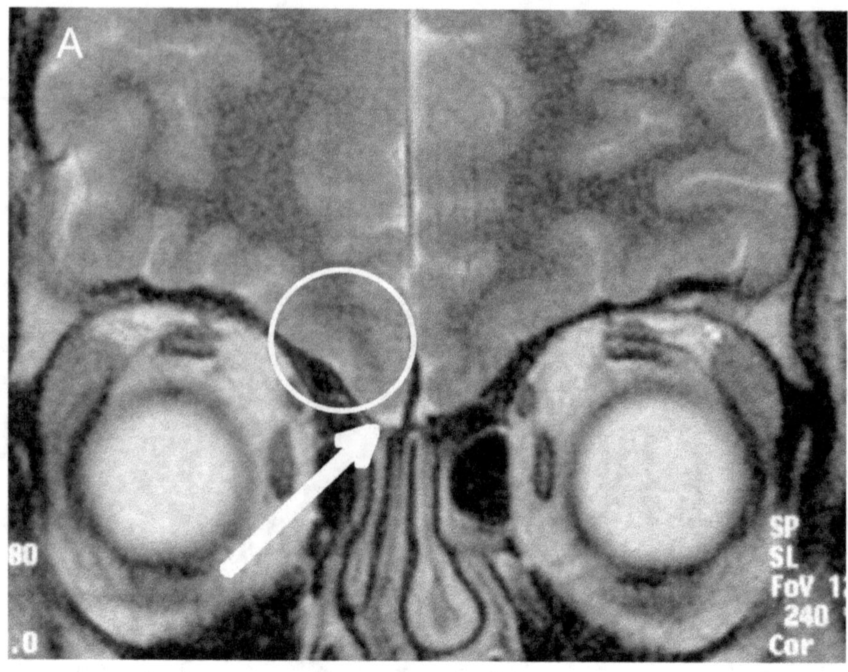

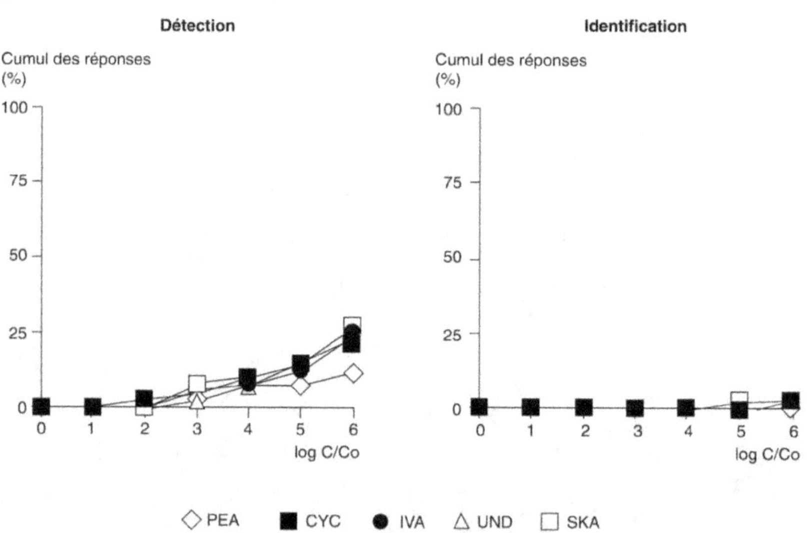

Figure 39.4. Patient présentant une agénésie des voies olfactives intracrâniennes.

(**A**) L'absence de bulbes olfactifs (flèche) s'accompagne d'un manque de développement des gyrus droits et orbitaires et des sulcus olfactifs des deux côtés (entouré, comparer à la figure 39.2). (**B**) mesures des capacités de détection et d'identification des molécules odorantes en utilisant Odoratest sur un ensemble de 52 patients anosmiques congénitaux. Quelques patients parviennent à détecter les plus fortes concentrations, probablement *via* l'activation de leur système trigéminal nasal, mais aucun n'est capable d'identifier l'une de ces odeurs. PEA : alcool phényléthylique ; CYC : cyclanone ; IVA : acide isovalérique ; UND : undécanone ; SKA : scatole.

L'imagerie par résonance magnétique (IRM) permet d'identifier les voies olfactives intracrâniennes. Elle permet d'estimer la qualité et l'intégrité des bulbes olfactifs, des tractus olfactifs (transmettant l'information des bulbes olfactifs vers les structures centrales) et du cortex orbitofrontal, qui joue un rôle important dans l'analyse de l'information olfactive (figure 39.2). C'est l'outil de choix pour examiner le plus précisément possible les lésions cérébrales consécutives à un trauma crânien associé à une perte de l'odorat, afin de déterminer la localisation et l'étendue des lésions (figure 39.3). C'est également par IRM qu'il est possible de déterminer l'absence de développement des structures cérébrales olfactives (congénitales : figure 39.4) ou des aspects tumoraux.

⪢ Fréquence des pathologies associées à des troubles de l'odorat

L'examen d'un grand nombre de patients ayant consulté le service ORL de l'hôpital Lariboisière, à Paris, montre que les causes les plus fréquentes associées à un déficit olfactif confirmé correspondent à une attaque virale (35 % ; Suzuki *et al.,* 2007), aux traumatismes crâniens (15 %) et à une pathologie obstructive inflammatoire des fentes olfactives (12 %) (Trotier *et al.,* 2007). Un certain nombre de troubles de l'odorat constatés (7 %) ne correspondent à aucune de ces classes pathologiques. Parmi ces troubles, certains pourraient être liés à des maladies neurodégénératives. Ces maladies (Parkinson et Alzheimer) sont corrélées à un mauvais fonctionnement du système olfactif. Une perte de l'odorat de ce type, sans autre explication, pourrait être un signe d'appel vers ces pathologies. Elle justifie un avis neurologique spécifique et le suivi de l'évolution de l'odorat.

⪢ Conclusion

Les observations décrites ici (endoscopie, olfactométrie, imagerie) permettent dans bien des cas de circonstancier cliniquement des pathologies de l'odorat. Elles permettent aussi le suivi de l'évolution. Cependant, en l'absence de signes concluants, c'est sur la précision de l'interrogatoire et la recherche de signes cliniques associés (hypogonadisme hypogonadotrope, troubles cognitifs ou neurologiques et examens complémentaires spécifiques) que repose le diagnostic. Les consultations multidisciplinaires sont alors de règle.

Grâce aux progrès récents de la recherche physiologique, le cadre de la réflexion pour comprendre les relations entre pathologie et troubles de l'odorat est mieux établi (tableau 39.1). De nombreux efforts sont encore nécessaires pour aller plus loin, c'est-à-dire pour déterminer avec plus de précision les causes profondes de telle ou telle pathologie et les relations avec la physiologie de l'odorat. Ceci pourra être la base du développement d'outils thérapeutiques efficaces qui font encore actuellement cruellement défaut.

▸▸ Bibliographie

BARNIG C., KOPFERSCHMITT M.C., DE BLAY F., 2007. Syndrome d'hypersensibilité aux odeurs : physiopathologie et clinique. *Revue française d'allergologie et immunologie clinique*, 47 (3), 250-252.

BRIAND L., ELOIT C., NESPOULOUS C., BÉZIRARD V., HUET J.C., HENRY C., BLON F., TROTIER D., PERNOLLET J.C., 2002. Evidence of an odorant-binding protein in the human olfactory mucus: location, structural characterization, and odorant-binding properties. *Biochemistry*, 41 (23), 7241-7252.

CZARNECKI L.A., MOBERLY A.H., RUBINSTEIN T., TURKEL D.J., POTTACKAL J., MCGANN J.P., 2011. *In vivo* visualization of olfactory pathophysiology induced by intranasal cadmium instillation in mice. *Neurotoxicology*, 32 (4), 441-449.

DÉBAT H., ELOIT C., BLON F., SARAZIN B., HENRY C., HUET J.C., TROTIER D., PERNOLLET J.C., 2007. Identification of human olfactory cleft mucus proteins using proteomic analysis. *Journal of Proteome Research*, 6 (5), 1985-1996.

ELOIT C., 1986. Relations entre polyposes nasosinusiennes et allergie. *La lettre ORL*, Société française d'ORL et chirurgie de la face et du cou.

ELOIT C., 1993. *Les progrès de la rhinologie : le diagnostic des pertes de l'odorat*, Hôpital Lariboisière, service ORL, Paris.

ELOIT C., TRAN BA HUY P., 1988. Clinical test and study of the nasal fossae. *Revue du praticien*, 38 (12), 719-727.

ELOIT C., TROTIER D., 1994. A new olfactory test to quantify olfactory deficiencies. *Rhinology*, 32 (1), 57-61.

ELOIT C., BENSIMON J.L., PUJET S., TROTIER D., 2004. Olfactory dysfunction after traumatic brain injury. *In: European Chemoreception Organization Congress*, Dijon.

ELOIT C., TROTIER D., HERMAN P., TRAN BA HUY P., 2003. Exploration des troubles de l'odorat. *Allergologie Immunologie (Paris)*, 35 (7), 247-51.

GERVAIS P., ELOIT C., GHAEM A., 1985a. Relation des rhinites, asthmes professionnels et tests de provocation nasale. *Revue française d'allergologie*.

GERVAIS P., GHAEM A., ELOIT C., 1985b. Occupational allergic rhinitis. *Rhinology*, 23 (2), 92-98.

HEISER K., GRUPP K., HÖRMANN K., STUCK B.A., 2010. Loss of olfactory function after exposure to barbituric acid. *Auris, Nasus, Larynx*, 37 (1), 103-105.

LINDSEY A., CZARNECKI, MOBERLY A.H., RUBINSTEIN T., TURKEL D.J., POTTACKAL J., MCGANN J.P., 2011. *In vivo* visualization of olfactory pathophysiology induced by intranasal cadmium instillation in mice. *NeuroToxicology*, 32 (4), 441-449.

MAINWARING G., FOSTER J.R., LUND V., GREEN T., 2001. Methyl metacrylate toxicity in rat nasal epithelium: studies of the mechanism of action and comparision between species. *Toxicology*, 158 (3), 109-118.

MASSIN N., PÊCHEUX C., ELOIT C., BENSIMON J.L, GALEY J., KUTTEN F., HARDELIN J.P., DODE C., TOURAINE P., 2002. X Chromosome-linked Kallmann syndrome: clinical heterogeneity in three siblings carrying an intragenic deletion of the KAL-1 gene. *The Journal of Clinical Endocrinology and Metabolism*, 41 (23), 7241-7252.

MIWA T., FURUKAWA M., TSUKATANI T., CONSTANZO R., DINARDO L.J., REITE E.R., 2001. Impact of olfactory impairment on quality of life and disability. *Archives of Otolaryngology. Head and Neck Surgery*, 127 (5), 497-503.

MOUTHON L., COHEN R., MARTIN A., CHARNIOT J.C., BOUAZIZ C., ELOIT C., GUILLEVIN L., 2001. Breast adenocarcinoma complicating Kallmann's syndrome. *European Journal of Internal Medicine*, 12 (6), 522-524.

RAVIV J.R., KERN R.C., 2004. Chonic sinusitis and olfactory dysfunction. *Otolaryngologic Clinics of North America*, 37 (6), 1143-1157.

SUZUKI M., SAITO K., MIN W.P., VLADAU C., TOIDA K., ITOH H., MURAKAMI S., 2007. Identification of viruses in patients with postviral olfactory dysfunction. *The Laryngoscope*, 117, 272-277.

TRAN BA HUY P., ELOIT C., 1996. *ORL. Troubles de l'olfaction*, éditions Ellipses Marketing, 512 p.

TROTIER D., BENSIMON J.L., HERMAN P., TRAN BA HUY P., DØVING K.B., ELOIT C., 2007. Inflammatory obstruction of the olfactory clefts and olfactory loss in humans: a new syndrome? *Chemical Senses*, 32, 285-292.

Chapitre 40

Troubles olfactifs et dépression

Boriana Atanasova

La perception olfactive implique des processus cognitifs comme l'identification, la discrimination, la mémoire de reconnaissance des odeurs et des processus émotionnels liés à la perception hédonique (plaisir, dégoût, etc.). Les odeurs peuvent moduler nos humeurs et nos comportements (Ehrlichman et Bastone, 1990). Implicitement ou explicitement, elles influencent nos choix (choix alimentaires, choix du partenaire) et établissent des relations de communication aux conséquences importantes sur la vie sociale. En outre, l'utilisation des techniques d'imagerie cérébrale a permis de démontrer que les structures cérébrales impliquées dans la perception des émotions sont intimement liées aux structures olfactives (le cortex orbitofrontal, l'insula, l'hypothalamus, l'amygdale) (Lane *et al.,* 1997 ; Zald et Pardo, 2000). Ainsi, la perception olfactive ayant d'étroites relations avec les processus mnésiques et émotionnels, elle semble particulièrement intéressante à étudier dans les pathologies neuropsychiatriques comme la schizophrénie, la dépression, les troubles de la personnalité, le trouble de stress post-traumatique, les troubles du comportement alimentaire, etc.

▸▸ Évaluation des capacités olfactives : méthodes psychophysiques

L'évaluation des capacités olfactives s'effectue au niveau périphérique (mesure du seuil de détection) et au niveau central (étude des tâches cognitives comme l'identification des odeurs, la discrimination, la mémoire de reconnaissance olfactive, l'évaluation de l'intensité, de la familiarité et de la valence hédonique des odeurs).

Plusieurs tests psychophysiques ont été développés à partir des années 1980 jusqu'à nos jours pour étudier les différents paramètres liés à la perception olfactive dans le domaine clinique. Certains sont normalisés, car ils sont validés sur plusieurs centaines de personnes saines et personnes atteintes de différentes pathologies, et permettent de distinguer les sujets anosmiques, hyposmiques et normosmiques d'une manière fiable, répétable et reproductible (Doty *et al.*, 1984 ; Hummel *et al.*, 1997).

Niveau périphérique

Il existe plusieurs méthodes pour évaluer le seuil de détection olfactif. Les deux plus connues sont la méthode des stimulus constants et la méthode des limites. Le principe de la méthode des stimulus constants consiste à présenter dans un ordre aléatoire plusieurs concentrations d'un même composé odorant. Pour chaque stimulation, le sujet indique s'il perçoit ou non l'odeur. Les stimulus sont présentés plusieurs fois afin d'obtenir un pourcentage de réponses positives à partir duquel la concentration seuil est déterminée. Dans la méthode des limites, les concentrations sont présentées dans un ordre croissant et décroissant, jusqu'à ce que le sujet stabilise ses réponses selon un procédé bien défini. Généralement, les méthodes de mesure du seuil de détection utilisées en pratique clinique dérivent des méthodes existantes présentées ci-dessus. Elles sont basées sur la procédure de choix forcés entre une odeur et un blanc (stimulus sans odeur) afin de diminuer les réponses du sujet dues au hasard. Les deux tests normalisés, commercialisés et couramment utilisés dans le domaine clinique, sont ceux développés par Doty, 2000 ; Doty *et al.,* 1986 (Smell Threshold Test™ Sensonics ; composé odorant : 2-phényléthanol) et par Hummel *et al.* (1997) (Sniffin' Sticks Threshold Test, Burghart ; composé odorant : 1-butanol).

Niveau central

Identification de l'odeur

Le test d'identification est le plus utilisé dans le domaine clinique pour étudier la fonction olfactive au niveau central. Il consiste à présenter plusieurs odeurs (généralement entre 12 et 40) au sujet et à lui proposer une liste de noms (et/ou d'images) pour chacune des odeurs. Seul un des noms (et/ou des images) proposés correspond à l'odeur perçue, et le sujet a pour tâche de l'identifier. Ce test implique également d'autres tâches cognitives comme la discrimination des odeurs et la mémoire sémantique. Le plus largement utilisé en recherche clinique est le test appelé UPSIT (University of Pennsylvania Smell Identification Test ; livret avec 40 odeurs microencapsulées) (Doty *et al.,* 1984). Il existe d'autres versions du test d'identification, plus courtes et adaptées aux populations d'origines culturelles différentes : Cross-Cultural Smell Identification Test™ » (Sensonics) et Screening 12 (Burghart).

Discrimination des odeurs

Le principe de ce test consiste à mesurer la capacité du sujet à différencier la qualité d'odeurs présentées par paire (forme la plus simple). Le sujet doit décider si les deux odeurs d'une paire sont identiques ou non. Le test de discrimination ne dépend pas des performances d'identification. Cependant, il exige une bonne acuité olfactive. Ce test est rarement utilisé seul dans le domaine clinique mais est inclus dans un kit d'autres tests olfactifs (Hummel *et al.*, 1997).

Mémoire de reconnaissance olfactive

Le test de mémoire de reconnaissance olfactive se déroule généralement en deux phases : la phase d'acquisition, durant laquelle des odeurs cibles sont présentées au sujet, et la phase de reconnaissance, durant laquelle les odeurs cibles déjà perçues et de nouvelles odeurs « distractrices » sont présentées au sujet. Celui-ci a pour tâche de reconnaître les odeurs préalablement senties. Cette épreuve mesure la mémoire olfactive à long terme et fait appel à la mémoire épisodique, c'est-à-dire au contexte.

Intensité, familiarité et hédonicité

En plus des tests olfactifs classiques présentés ci-dessus, des tâches de jugements spécifiques des odeurs comme l'intensité, la familiarité (qui dépend du niveau de connaissance de l'odeur et fait donc appel à la mémoire sémantique) et la valence hédonique (caractère plaisant/déplaisant) sont quelquefois étudiées. Ces trois caractéristiques de l'odeur étant supposées impliquer des processus cérébraux différents et par conséquent activer des réseaux neuronaux distincts (Royet *et al.*, 2001 ; cf. chapitre 26), leur étude dans le domaine clinique pourrait apporter des informations complémentaires par rapport à la physiopathologie des différentes pathologies. Pour les évaluer, des échelles visuelles sont couramment utilisées. Des mesures des paramètres physiologiques autonomes (rythme cardiaque, conductance de la peau) sont quelquefois pratiquées pour évaluer le caractère hédonique de l'odeur.

▶▶ Olfaction et dépression

L'intérêt d'étudier les troubles olfactifs dans la dépression peut s'expliquer par plusieurs observations scientifiques. Tout d'abord, les processus olfactifs requièrent des aires cérébrales impliquées dans la dépression comme le cortex orbitofrontal et l'amygdale. Il a également été démontré qu'une bulbectomie olfactive chez le rongeur contribue aux changements comportementaux et au niveau des systèmes endocrinien, immunitaire et des neurotransmetteurs, similaires à ceux observés dans la dépression (Song et Leonard, 2005). De plus, le stress, qui est un des facteurs susceptibles de déclencher un épisode dépressif chez les sujets vulnérables, induit un comportement semblable à certains symptômes de la dépression tels qu'une diminution de la prolifération des cellules ou de la neurogenèse à la fois dans l'hippocampe et dans le bulbe olfactif. Enfin, il a été démontré que le déficit olfactif peut générer des symptômes de dépression.

Les études sur les troubles olfactifs dans la dépression fournissent des résultats controversés couvrant presque tous les aspects de la perception olfactive. Au niveau périphérique, la plupart des chercheurs montrent une diminution de la sensibilité olfactive chez les sujets dépressifs (Lombion-Pouthier *et al.*, 2006 ; Pause *et al.*, 2001).

Il semblerait que cette diminution soit fortement corrélée avec le score de dépression pendant la phase aiguë de la maladie et lorsque les patients sont sous traitement antidépresseur. En état de rémission, la sensibilité olfactive semble être retrouvée (Pause *et al.*, 2001). Gross-Isseroff *et al.* (1994) trouvent au contraire une augmentation significative de la sensibilité olfactive chez les dépressifs, qu'ils attribuent à l'initiation du traitement antidépresseur. Récemment, une diminution du volume du bulbe olfactif et de la sensibilité olfactive chez les sujets en dépression majeure a été observée. De plus, cette diminution du bulbe olfactif a été négativement et significativement corrélée avec le score de dépression (Negoias *et al.*, 2010). L'ensemble de ces résultats suggère la présence d'un dysfonctionnement dans le cortex olfactif primaire et dans le bulbe olfactif chez les patients dépressifs qui pourrait être dû à la diminution de la neurogenèse dans la dépression majeure, également reflétée au niveau du bulbe olfactif.

Pour étudier la fonction olfactive au niveau central, le test d'identification des odeurs est principalement utilisé. À l'exception de quelques études (Clepce *et al.*, 2010 ; Serby *et al.*, 1990), la majorité des chercheurs trouve une capacité d'identification intacte chez les sujets dépressifs (Lombion-Pouthier *et al.*, 2006 ; Postolache *et al.*, 1999). Quant aux paramètres spécifiques des odeurs, la familiarité semble être préservée. Les résultats obtenus sur la réponse hédonique sont contradictoires : certains auteurs ne trouvent pas de différence entre les sujets dépressifs et les témoins (Thomas *et al.*, 2002), d'autres montrent que les patients surévaluent les odeurs (Lombion-Pouthier *et al.*, 2006). Cependant, ce dernier résultat est le reflet d'une moyenne des réponses pour l'ensemble des odeurs étudiées. Enfin, dans une étude récente (Atanasova *et al.*, 2010), notre équipe a montré une modification de la perception hédonique, qualitative (identification de l'odeur) et quantitative (discrimination d'intensités) chez les patients dépressifs qui semble être spécifique uniquement à certains composés odorants. En effet, nous avons mis en évidence une différence de la perception olfactive par rapport aux témoins liée à la valence hédonique du composé. En particulier, nous avons démontré une diminution de la perception qualitative du stimulus positif (vanilline) présent en mélange iso-intense avec un stimulus négatif (acide butyrique) et une diminution du même stimulus positif en discrimination quantitative. Quant à la perception hédonique, globalement, les patients en dépression majeure et en état de rémission perçoivent les odeurs positives et neutres (ni plaisantes, ni déplaisantes) comme moins agréables par rapport aux témoins (figure 40.1). Il ne s'agit donc pas d'une altération de la perception olfactive à proprement parler, mais plutôt d'un « biais hédonique » de perception sensorielle, semblable au biais négatif cognitif décrit dans la dépression (meilleure capacité de mémorisation des mots à valence négative et meilleure reconnaissance des expressions faciales tristes chez les sujets déprimés). Ainsi, ce biais olfactif hédonique est associé à une diminution de la perception des stimulus émotionnels positifs, qualifiée d'« anhédonie olfactive » (Atanasova *et al.*, 2010). Ces observations suggèrent que l'anhédonie clinique, qui est l'un des symptômes principaux de la dépression majeure, pourrait affecter également la fonction olfactive. Cette constatation est en accord avec d'autres études démontrant une relation significative entre l'anhédonie évaluée à l'aide de questionnaires et l'évaluation hédonique des stimulus sensoriels chez les sujets dépressifs (Berlin *et al.*, 1998 ; Clepce *et al.*, 2010). Comme explication de ce biais olfactif au niveau central, les chercheurs suggèrent un dysfonctionnement de certaines régions du cortex préfrontal, des structures sous-corticales du système de récompense et du système limbique observé dans la dépression.

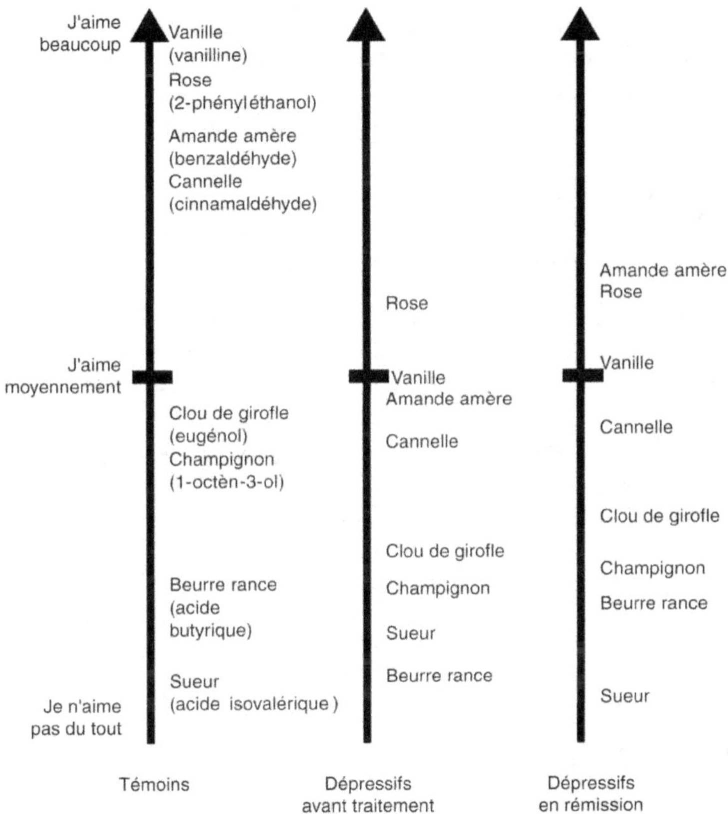

Figure 40.1. Réponse hédonique des sujets témoins (n = 18, âge moyen = 49,8) et des patients en dépression et en état de rémission (n = 18 ; 12 femmes et 6 hommes ; âge moyen = 50,1) sur 8 composés odorants (en romain : descripteur sensoriel du composé odorant ; entre parenthèses : nom chimique du composé). Les sujet témoins sont appariés aux patients (sexe, âge, tabagisme).

▶▶ Conclusion

La divergence des résultats obtenus quant à l'étude de l'olfaction dans la dépression et le faible nombre d'études ne permettent pas de conclure si certains troubles olfactifs observés dans cette pathologie affective pourraient être considérés comme un marqueur d'état dépressif et/ou comme un marqueur de trait de la maladie. Cependant, la persistance, malgré traitement, de la sous-évaluation de l'aspect hédonique des odeurs pourrait apporter des éléments de réponse sur la récurrence des épisodes dépressifs et la chronicité de la maladie. En effet, les altérations olfactives qui persistent malgré la rémission des patients pourraient être considérées comme un marqueur de trait de la dépression et participer aux phénomènes de rechute.

Des études futures longitudinales (évaluation des performances olfactives des sujets en dépression majeure, en état de rémission clinique et à distance de la rémission) sont nécessaires pour confirmer les hypothèses suggérées dans ce chapitre. Pouvoir considérer les déficits olfactifs comme un marqueur d'une maladie aux conséquences graves pourrait permettre de prendre en charge de façon plus adaptée ces patients en modifiant les thérapeutiques proposées.

Les nouveaux axes de recherche concernant les troubles olfactifs dans la dépression sont centrés sur l'utilisation des mesures dites objectives pour évaluer la réponse émotionnelle induite par les stimulus à valence hédonique différente. Cela implique la mesure des paramètres physiologiques autonomes comme le rythme cardiaque, la réponse électrodermale, la dilatation de la pupille, etc. Une autre perspective concerne l'utilisation des techniques d'imagerie pour visualiser, du niveau périphérique au niveau le plus intégré, les voies d'activation et d'intégration du signal olfactif chez les sujets sains et les patients (en état de dépression et en état de rémission). Cela permettrait une meilleure connaissance de la physiopathologie de cette pathologie.

Enfin, les tests psychophysiques d'évaluation des performances olfactives disponibles, très peu nombreux, ne sont pas toujours adaptés aux patients, qui présentent souvent des troubles cognitifs (patients dépressifs, personnes atteintes de la maladie d'Alzheimer) ou des troubles du langage (patients atteints de pathologies autistiques). De nouveaux tests accessibles à ces patients doivent alors être développés dans le futur. De plus, ces tests doivent être adaptés aux impératifs des cliniciens en réduisant le temps nécessaire à leur réalisation.

▸▸ Bibliographie

ATANASOVA B., EL-HAGE W., CHABANET C., GAILLARD P., BELZUNG C., CAMUS V., 2010. Olfactory anhedonia and negative olfactory alliesthesia in depressed patients. *Psychiatry Research,* 176 (2-3), 190-196.

BERLIN I., GIVRY-STEINER L., LECRUBIER Y., PUECH A.J., 1998. Measures of anhedonia and hedonic responses to sucrose in depressive and schizophrenic patients in comparison with healthy subjects. *European Psychiatry: The Journal of the Association of European Psychiatrists,* 13 (6), 303-309.

CLEPCE M., GOSSLER A., REICH K., KORNHUBER J., THUERAUF N., 2010. The relation between depression, anhedonia and olfactory hedonic estimates: a pilot study in major depression. *Neuroscience Letters,* 471 (3), 139-143.

DOTY R.L., 2000. Odor threshold test™ administration manual. Haddon Hts., NJ, Sensonics, Inc.

DOTY R., GREGOR T., SETTLE R., 1986. Influence of intertrial interval and sniff-bottle volume on phenyl ethyl alcohol odor detection thresholds. *Chemical Senses,* 11 (2), 259-264.

DOTY R.L., SHAMAN P., DANN M., 1984. Development of the University of Pennsylvania Smell Identification Test: a standardized microencapsulated test of olfactory function. *Physiology and Behavior,* 32 (3), 489-502.

EHRLICHMAN H., BASTONE L., 1990. Olfaction and emotion. *In: Science of Olfaction,* Springer-Verlag, New York, 410-438.

GROSS-ISSEROFF R., LUCA-HAIMOVICI K., SASSON Y., KINDLER S., KOTLER M., ZOHAR J., 1994. Olfactory sensitivity in major depressive disorder and obsessive compulsive disorder. *Biological Psychiatry,* 35 (10), 798-802.

HUMMEL T., SEKINGER B., WOLF S., PAULI E., KOBAL G., 1997. Sniffin Sticks': olfactory performance assessed by the combined testing of odor identification, odor discrimination and olfactory threshold. *Chemical Senses,* 22 (1), 39-52.

Lane R.D., Reiman E.M., Bradley M.M., Lang P.J., Ahern G.L., Davidson R.J., Schwartz G.E., 1997. Neuroanatomical correlates of pleasant and unpleasant emotion. *Neuropsychologia,* 35 (11), 1437-1444.

Lombion-Pouthier S., Vandel P., Nezelof S., Haffen E., Millot J., 2006. Odor perception in patients with mood disorders. *Journal of Affective Disorders,* 90 (2-3), 187-191.

Negoias S., Croy I., Gerber J., Puschmann S., Petrowski K., Joraschky P., Hummel T., 2010. Reduced olfactory bulb volume and olfactory sensitivity in patients with acute major depression. *Neuroscience,* 169 (1), 415-421.

Pause B.M., Miranda A., Göder R., Aldenhoff J.B., Ferstl R., 2001. Reduced olfactory performance in patients with major depression. *Journal of Psychiatric Research,* 35 (5), 271-277.

Postolache T.T., Doty R.L., Wehr T.A., Jimma L.A., Han L., Turner E.H., Matthews J.R., Neumeister A., No C., Kroger H., Bruder G.E., Rosenthal N.E., 1999. Monorhinal odor identification and depression scores in patients with seasonal affective disorder. *Journal of Affective Disorders,* 56 (1), 27-35.

Royet J.P., Hudry J., Zald D.H., Godinot D., Grégoire M.C., Lavenne F., Costes N., Holley A., 2001. Functional neuroanatomy of different olfactory judgments. *NeuroImage,* 13 (3), 506-519.

Serby M., Larson P., Kalkstein D., 1990. Olfactory sense in psychoses. *Biological Psychiatry,* 28 (9), 830.

Song C., Leonard B.E., 2005. The olfactory bulbectomised rat as a model of depression. *Neuroscience and Biobehavioral Reviews,* 29 (4-5), 627-647.

Thomas H.J., Fries W., Distel H., 2002. Evaluation of olfactory stimuli by depressed patients. *Der Nervenarzt,* 73 (1), 71-77.

Zald D.H., Pardo J.V., 2000. Functional neuroimaging of the olfactory system in humans. *International Journal of Psychophysiology,* 36 (2), 165-181.

Chapitre 41

La muqueuse olfactive, fenêtre ouverte sur le cerveau

François Féron

Le cerveau est un organe qui ne se laisse pas facilement appréhender. Rechercher les mécanismes subcellulaires qui sous-tendent les processus cognitifs ou identifier des anomalies moléculaires responsables de neuropathologies demeurent un défi pour le neurobiologiste comme pour le neurologue. La boîte crânienne étant, sauf exceptions rares (chirurgies cérébrales liées à une pathologie particulièrement résistante), inviolable chez le patient vivant, les chercheurs se sont majoritairement tournés vers deux types de tissus : les cellules sanguines et les diverses aires cérébrales prélevées *post-mortem*. Tout en étant très utiles, ces deux outils biologiques souffrent néanmoins de graves insuffisances. Les cellules du sang périphérique, aisément accessibles, sont d'une grande utilité pour des diagnostics génétiques ou encore des études sur les dysfonctionnements du système immunitaire, qui sont la cause ou la conséquence de certaines neuropathologies. Elles ne peuvent cependant constituer un bon miroir des interactions cellulaires extrêmement complexes qui régissent le cerveau pensant ou des dérèglements neuronaux ou gliaux qui sont à l'œuvre dans le cerveau malade. Les structures cérébrales de patients décédés ont été et demeurent très utiles pour progresser dans la connaissance des mécanismes intracellulaires des pathologies cérébrales et rechercher des biomarqueurs qui constituent en quelque sorte la signature moléculaire de chaque maladie. Toutefois, ce matériel d'étude présente de nombreuses limitations. Généralement, l'intervention est tardive, et il est très rare de pouvoir récupérer des cellules encore vivantes. Par ailleurs, la mort induit des changements cellulaires et moléculaires rapides et l'inévitable variation interindividuelle du délai entre la mort et l'extraction du tissu introduit un biais important. De plus, les données cliniques et personnelles de chacun des patients, auxquels des médicaments ont été généralement administrés sur de longues périodes, sont souvent limitées, voire inexistantes.

▶▶ Un tissu nerveux à l'avant-poste

Pour surmonter tout ou partie de ces difficultés, il est toutefois possible de faire appel à un troisième type de tissu, jusque-là relativement peu utilisé : la muqueuse olfactive, située dans la cavité nasale. Le chirurgien ORL peut prélever une biopsie, sous anesthésie locale, chez l'individu vigile (la procédure dure environ dix minutes) ou, sous anesthésie générale, chez des patients qui, à l'occasion d'une chirurgie réparatrice, font don d'une infime portion (environ 2 mm^2) de leur corps. Cette procédure, qui ne nuit pas au sens de l'olfaction (Féron *et al.*, 1998), peut être répétée chez la même personne et effectuée chez des membres de la parentèle. Par ailleurs, contrairement aux lymphocytes et autres cellules sanguines couramment utilisés, la muqueuse olfactive est un véritable tissu nerveux qui présente la particularité d'être le siège d'une neurogenèse permanente (pour une synthèse, Beites *et al.*, 2005). Pour toutes ces raisons, la muqueuse olfactive peut être considérée comme une fenêtre ouverte sur le cerveau qui permet l'observation d'anomalies cellulaires et moléculaires dans des maladies neurodégénératives ou dans certains désordres mentaux (figure 41.1, planche couleur XXIV).

La muqueuse olfactive se compose de deux tissus séparés par une lame basale (cf. chapitres 6 et 10) :
– l'épithélium, au sein duquel se trouvent les neurones olfactifs qui ont la charge de reconnaître les odeurs et de convoyer le message jusqu'au cerveau ;
– la lamina propria, tissu richement vascularisé qui comprend notamment des cellules gliales, dites engainantes, qui engainent, guident et nourrissent les axones avant qu'ils ne pénètrent dans le bulbe olfactif.

Chacun de ces deux tissus abrite également une population de cellules souches, avec des caractéristiques bien particulières : des cellules souches uni/bipotentes de type épithélial dans le compartiment supérieur ; des cellules souches multipotentes de type mésenchymateux dans le compartiment inférieur (Mackay-Sim, 2010). Une fois excisée, la biopsie olfactive peut être fixée, congelée, broyée ou utilisée pour générer *in vitro* des neurones, des cellules engainantes ou encore des cellules souches. Chacune de ces techniques présente des avantages spécifiques et permet de répondre à des questions distinctes.

▶▶ Les pathologies du développement

La première étude démontrant l'utilité de la muqueuse olfactive comme outil diagnostique dans une pathologie du développement a été publiée en 2003 (Ronnett *et al.*, 2003). Utilisant des biopsies nasales provenant de 30 enfants atteints du syndrome de Rett (la forme la plus sévère et la plus handicapante des désordres du spectre autistique) et de 30 enfants du même âge et sans handicap mental ni autre maladie avérée, Ronnett et ses collaborateurs ont montré qu'une mutation du gène codant pour la protéine MeCP2 *(methyl-CpG-binding protein 2)* induisait un défaut de maturation des neurones olfactifs. La protéine MeCP2, très abondante dans les neurones, se lie à des zones méthylées de l'ADN et induit la répression de gènes situés à proximité. Plus tard, cette même équipe, utilisant des modèles animaux, a observé que MeCP2 est essentielle au processus de développement des neurones, mais également au maintien ou à la modulation fonctionnelle des synapses (Cohen *et al.,* 2003). Par la suite, notre équipe a recherché des biomarqueurs de l'autisme. Pour ce faire, nous avons isolé et purifié des cellules souches olfactives de 11 patients autistes adultes et de 11 individus contrôles, appariés pour l'âge et le genre. À l'aide d'une technique de biologie moléculaire (puces ou microarrays d'ADN) relativement récente, nous avons pu observer, sur les cellules souches indifférenciées, des défauts d'expression de nombreux ARN messagers. Parmi ceux-ci se trouvait l'ARNm codant pour une protéine qui, d'après nos études chez le ver *Caenorhabditis elegans,* est impliquée dans le développement du système nerveux et la détoxification des cellules. Nous recherchons désormais d'autres défauts cellulaires et moléculaires sur ces mêmes cellules souches transformées en neurones. En parallèle, nous nous sommes intéressés à une autre maladie affectant le développement du système nerveux, la dysautonomie familiale. Cette maladie rare résulte d'une mutation au sein d'un site 5' d'épissage du gène IKBKAP *(inhibitor of kappa light polypeptide gene enhancer in B-cells),* qui participe à la fabrication de la protéine IKAP, dont la fonction demeure mal connue. Notre équipe a isolé des cellules souches olfactives de jeunes patients atteints de cette maladie neurodéveloppementale et identifié des altérations dans la production de certains ARN. Par ailleurs, nous avons confirmé, grâce à ces cellules, qu'une nouvelle molécule — la kinétine — est capable de corriger l'épissage aberrant des transcrits IKBKAP (Boone *et al.,* 2010).

▶▶ Les psychoses

Au sein des psychoses, c'est la schizophrénie qui a fait l'objet du plus grand nombre d'études. La toute première, basée essentiellement sur le marquage *ex vivo* du cytosquelette des neurones, ne parvint pas à mettre en évidence des anomalies structurales (Smutzer *et al.,* 1998). La deuxième fut plus probante : la culture d'explants de muqueuses olfactives, recueillies auprès de 10 patients schizophrènes et de 10 individus contrôles, révéla à la fois un excès de prolifération cellulaire chez les schizophrènes et un effet opposé de la dopamine sur la mort cellulaire (accrue chez les contrôles et diminuée chez les patients) (Féron *et al.,* 1999). Cette expérience a été reproduite et a permis de confirmer l'excès de mitoses dans les cultures d'explants provenant de patients schizophrènes (McCurdy *et al.,* 2006). Ces résultats ont ensuite été étayés par deux autres études qui ont démontré une perturbation de la neurogenèse, avec notamment un excès de neurones immatures (Arnold *et al.,* 2001) et un dérèglement de la réponse électrophysiologique des neurones après stimulation par des odeurs (Turetsky *et al.,* 2009). Enfin, grâce à l'utilisation de microarrays d'ADN, nous avons pu observer, dans des cellules souches de la muqueuse olfactive, une dérégulation de l'expression de plusieurs gènes impliqués dans le développement du système nerveux (Matigian *et al.*, 2010). En parallèle, les équipes mentionnées ci-dessus ont recherché des signatures cellulaires ou moléculaires des troubles bipolaires (appelés également troubles maniacodépressifs). Deux études menées *in vitro* font foi de perturbations. La première rapporte une modification des flux intracellulaires de calcium dans les neurones après stimulation (Hahn *et al.*, 2005) ; la seconde démontre un taux accru d'apoptose chez les patients maniacodépressifs ainsi qu'une altération de la voie de signalisation du phosphatidylinositol (McCurdy *et al.*, 2006).

▸▸ Les maladies neurodégénératives

Comme l'indique le tableau 41.1, la muqueuse olfactive a été abondamment utilisée pour étudier les maladies neurodégénératives. À ce jour, 14 études ont pris pour modèle d'étude la muqueuse olfactive de patients atteints de la maladie d'Alzheimer. L'immense majorité rapporte une surexpression des protéines tau, ubiquitine et apolipoprotéine E (ApoE) ainsi que la présence du peptide ß amyloïde (Abeta) et de neurofibrilles provoquant une dégénérescence des cellules de soutien et des neurones olfactifs (Arnold *et al.*, 1998 ; Crino *et al.*, 1995 ; Lee *et al.*, 1993 ; Perry *et al.*, 2003 ; Tabaton *et al.*, 1991 ; Talamo *et al.*, 1989 ; Trojanowski *et al.*, 1991 ; Yamagishi *et al.*, 1994 ; 1998). On peut donc envisager de prélever et d'analyser des biopsies nasales pour compléter le diagnostic neurologique. Toutefois, il semble admis aujourd'hui que la production anormale de Abeta est d'origine centrale. Ce qui explique, d'une part, pourquoi son accumulation dans la muqueuse olfactive n'est observée qu'aux stades tardifs de la maladie (Arnold *et al.*, 1998 ; Hock *et al.*, 1998) et, d'autre part, pourquoi certaines études n'ont pas mis en évidence une surexpression de tau et de Abeta dans la muqueuse olfactive de patients (Brouillard *et al.*, 1994 ; Kaakkola *et al.*, 1994). On peut également remarquer que si les défauts architecturaux du neuroépithélium olfactif ont été amplement étudiés dans cette maladie, seule une étude, portant sur la réponse aux odeurs de neurones néoformés en culture, s'est intéressée aux éventuels défauts de maturation neuronale (Rawson *et al.*, 1998).

La maladie de Parkinson est l'autre maladie neurodégénérative qui a été partiellement décryptée à l'aide des biopsies nasales. Aucune perturbation majeure, du moins aux stades précoces, n'a été observée au sein de l'épithélium olfactif (Witt *et al.*, 2009). En revanche, le rôle des synucléines dans la régénération neuronale (Duda *et al.*, 1999) et une action positive des estrogènes sur la dégénérescence (Benvenuti *et al.*, 2005) ont pu être mis en évidence. Enfin, une étude récente, basée sur l'analyse génomique et protéomique de cellules souches nasales issues de patients parkinsoniens, a révélé une dérégulation des fonctions mitochondriales, du stress oxydatif et de la défense contre les agents toxiques (Matigian *et al.*, 2010). Pour être tout à fait complet sur le sujet des maladies neurodégénératives, il convient de préciser qu'une équipe a utilisé la muqueuse olfactive dans le cadre de la maladie de Creutzfeldt-Jakob. Au sein de la cavité nasale, la protéine prion a été retrouvée dans le tissu olfactif, mais pas dans le tissu adjacent, à savoir le tissu respiratoire (Zanusso *et al.*, 2003).

Tableau 41.1. Liste des études utilisant la muqueuse olfactive de patients souffrant de pathologies cérébrales.

	Maladies développementales	Psychoses	Maladies neurodégénératives
Neuroanatomie	Ronnett *et al.*, 2003	Smutzer *et al.*, 1998	Talamo *et al.*, 1989
		Arnold *et al.*, 1998	Tabaton *et al.*, 1991
			Hyman *et al.*, 1991
			Talamo *et al.*, 1991
			Trojanowski *et al.*, 1991
			Lee *et al.*, 1993
			Kaakkola *et al.*, 1994
			Brouillard *et al.*, 1994
			Yamagishi *et al.*, 1994
			Crino *et al.*, 1995
			Yamagishi *et al.*, 1998
			Hock *et al.*, 1998
			Arnold *et al.*, 1998
			Duda *et al.*, 1999
			Zanusso *et al.*, 2003
			Perry *et al.*, 2003
			Witt *et al.*, 2009
		Arnold *et al.*, 2001	Arnold *et al.*, 2010
Études cellulaires		Féron *et al.*, 1999	Rawson *et al.*, 1998
		Hahn *et al.*, 2005	Benvenuti *et al.*, 2005
		Turetsky *et al.*, 2009	
Études moléculaires	Boone *et al.*, 2010	McCurdy *et al.*, 2006	Matigian *et al.*, 2010
		Matigian *et al.*, 2010	

▸▸ Conclusion

L'ensemble des études réalisées à partir de biopsies nasales a permis de mettre en évidence des anomalies anatomiques, cellulaires et moléculaires chez des patients souffrant de diverses pathologies cérébrales. On peut faire le pari qu'à l'avenir ce champ d'investigation s'élargira à d'autres maladies du système nerveux, mais permettra également d'aborder d'autres niveaux d'analyse, notamment celui de l'épigénome, à savoir l'étude des modifications transmissibles, d'une génération à l'autre, de l'expression génique sans altération des séquences nucléotidiques.

▸▸ Bibliographie

ARNOLD S.E., SMUTZER G.S., TROJANOWSKI J.Q., MOBERG P.J., 1998. Cellular and molecular neuropathology of the olfactory epithelium and central olfactory pathways in Alzheimer's disease and schizophrenia. *Annals of the New York Academy of Sciences,* 855, 762-775.

ARNOLD S.E., HAN L.Y., MOBERG P.J., TURETSKY B.I., GUR R.E., TROJANOWSKI J.Q., HAHN C.G., 2001. Dysregulation of olfactory receptor neuron lineage in schizophrenia. *Archives of General Psychiatry,* 58, 829-835.

ARNOLD S.E., LEE E.B., MOBERG P.J., STUTZBACH L., KAZI H., HAN L.Y., LEE V.M., TROJANOWSKI J.Q., 2010. Olfactory epithelium amyloid-ß and paired helical filament-tau pathology in Alzheimer's disease. *Annals of Neurology,* 67, 462-469.

BEITES C.L., KAWAUCHI S., CROCKER C.E., CALOF A.L., 2005. Identification and molecular regulation of neural stem cells in the olfactory epithelium. *Experimental Cell Research,* 306, 309-316.

BENVENUTI S., LUCIANI P., VANNELLI G.B., GELMINI S., FRANCESCHI E., SERIO M., PERI A., 2005. Estrogen and selective estrogen receptor modulators exert neuroprotective effects and stimulate the expression of selective Alzheimer's disease indicator-1, a recently discovered antiapoptotic gene, in human neuroblast long-term cell cultures. *Journal of Clinical Endocrinology and Metabolism,* 90, 1775-1782.

BOONE N., LORIOD B., BERGON A., SBAI O., FORMISANO-TREZINY C., GABERT J., KHRESTCHATISKY M., NGUYEN C., FERON F., AXELROD F.B., IBRAHIM EL C., 2010. Olfactory stem cells, a new cellular model for studying molecular mechanisms underlying familial dysautonomia. *PLoS One,* 5, e15590.

BROUILLARD M., LACCOURREYE L., JABBOUR W., EMILE J., POUPLARD-BARTHELAIX A., 1994. Ultrastructural and immunohistochemical study of the olfactory mucosa in Alzheimer's disease. *Bulletin de l'Association d'anatomie (Nancy),* 78, 25-28.

COHEN D.R., MATARAZZO V., PALMER A.M., TU Y., JEON O.H., PEVSNER J., RONNETT G.V., 2003. Expression of MeCP2 in olfactory receptor neurons is developmentally regulated and occurs before synaptogenesis. *Molecular and Cellular Neuroscience,* 22, 417-429.

CRINO P.B., MARTIN J.A., HILL W.D., GREENBERG B., LEE V.M., TROJANOWSKI J.Q., 1995. ß-amyloid peptide and amyloid precursor proteins in olfactory mucosa of patients with Alzheimer's disease, Parkinson's disease, and Down syndrome. *Annals of Otology, Rhinology, Laryngology,* 104, 655-661.

DUDA J.E., SHAH U., ARNOLD S.E., LEE V.M., TROJANOWSKI J.Q., 1999. The expression of α, ß and γ-synucleins in olfactory mucosa from patients with and without neurodegenerative diseases. *Experimental Neurology,* 160, 515-522.

FÉRON F., PERRY C., MCGRATH J.J., MACKAY-SIM A., 1998. New techniques for biopsy and culture of human olfactory epithelial neurons. *Archives of Otolaryngology, Head and Neck Surgery,* 124, 861-866.

FÉRON F., PERRY C., HIRNING M.H., MCGRATH J., MACKAY-SIM A., 1999. Altered adhesion, proliferation and death in neural cultures from adults with schizophrenia. *Schizophrenia Research,* 40, 211-218.

HAHN C.G., GOMEZ G., RESTREPO D., FRIEDMAN E., JOSIASSEN R., PRIBITKIN E.A., LOWRY L.D., GALLOP R.J., RAWSON N.E., 2005. Aberrant intracellular calcium signaling in olfactory neurons from patients with bipolar disorder. *American Journal of Psychiatry,* 1623, 616-618.

HYMAN B.T., ARRIAGADA P.V., VAN HOESEN G.W., 1991. Pathological changes in the olfactory system in aging and Alzheimer's disease. *Annals of the New York Academy of Sciences,* 640, 14-19.

HOCK C., GOLOMBOWSKI S., MULLER-SPAHN F., PESCHEL O., RIEDERER A., PROBST A., MANDELKOW E., UNGER J., 1998. Histological markers in nasal mucosa of patients with Alzheimer's disease. *European Neurology,* 40, 31-36.

KAAKKOLA S., PALO J., MALMBERG H., SULKAVA R., VIRTANEN I., 1994. Neurofilament profile in olfactory mucosa of patients with a clinical diagnosis of Alzheimer's disease. *Virchows Archiv,* 424, 315-319.

LEE J.H., GOEDERT M., HILL W.D., LEE V.M., TROJANOWSKI J.Q., 1993. Tau proteins are abnormally expressed in olfactory epithelium of Alzheimer patients and developmentally regulated in human fetal spinal cord. *Experimental Neurology,* 121, 93-105.

MACKAY-SIM A., 2010. Stem cells and their niche in the adult olfactory mucosa. *Archivi Italiane di Biologia,* 148, 47-58.

MATIGIAN N., ABRAHAMSEN G., SUTHARSAN R., COOK A.L., VITALE A.M., NOUWENS A., BELLETTE B., AN J., ANDERSON M., BECKHOUSE A.G., BENNEBROEK A.G., CECIL R., CHALK A.M., COCHRANE J., FAN Y., FERON F., MCCURDY R., MCGRATH J.J., MURRELL W., PERRY C., RAJU J., RAVISHANKAR S., SILBURN P.A., SUTHERLAND G.T., MAHLER S., MELLICK G.D., WOOD S.A., SUE C.M., WELLS C.A., MACKAY-SIM A., 2010. Disease-specific, neurosphere-derived cells as models for brain disorders. *Disease Models and Mechanisms*, 3, 785-798.

MCCURDY R.D., FÉRON F., PERRY C., CHANT D.C., MCLEAN D., MATIGIAN N., HAYWARD N.K., MCGRATH J.J., MACKAY-SIM A., 2006. Cell cycle alterations in biopsied olfactory neuroepithelium in schizophrenia and bipolar I disorder using cell culture and gene expression analyses. *Schizophrenia Research*, 82, 163-173.

PERRY G., CASTELLANI R.J., SMITH M.A., HARRIS P.L., KUBAT Z., GHANBARI, K., JONES P.K., CORDONE G., TABATON M., WOLOZIN B., GHANBARI H., 2003. Oxidative damage in the olfactory system in Alzheimer's disease. *Acta Neuropathologia*, 106, 552-556.

RAWSON N.E., GOMEZ G., COWART B., RESTREPO D., 1998. The use of olfactory receptor neurons (ORNs) from biopsies to study changes in aging and neurodegenerative diseases. *Annals of the New York Academy of Sciences*, 855, 701-707.

RONNETT G.V., LEOPOLD D., CAI X., HOFFBUHR K.C., MOSES L., HOFFMAN E.P., NAIDU S., 2003. Olfactory biopsies demonstrate a defect in neuronal development in Rett's syndrome. *Annals of Neurology*, 54, 206-218.

SMUTZER G., LEE V.M., TROJANOWSKI J.Q., ARNOLD S.E., 1998. Human olfactory mucosa in schizophrenia. *Annals of Otology, Rhinology, Laryngology*, 107, 349-355.

TABATON M., CAMMARATA S., MANCARDI G.L., CORDONE G., PERRY G., LOEB C., 1991. Abnormal tau-reactive filaments in olfactory mucosa in biopsy specimens of patients with probable Alzheimer's disease. *Neurology*, 41, 391-394.

TALAMO B.R., RUDEL R., KOSIK K.S., LEE V.M., NEFF S., ADELMAN L., KAUER J.S., 1989. Pathological changes in olfactory neurons in patients with Alzheimer's disease. *Nature*, 337, 736-739.

TALAMO B.R., FENG W.II., PEREZ-CRUET M., ADELMAN L., KOSIK K., LEE M.Y., CORK L.C., KAUER J.S., 1991. Pathological changes in olfactory neurons in Alzheimer's disease. *Annals of the New York Academy of Sciences*, 640, 1-7.

TROJANOWSKI J.Q., NEWMAN P.D., HILL W.D., LEE V.M., 1991. Human olfactory epithelium in normal aging, Alzheimer's disease, and other neurodegenerative disorders. *Journal of Comparative Neurology*, 310, 365-376.

TURETSKY B.I., HAHN C.G., ARNOLD S.E., MOBERG P.J., 2009. Olfactory receptor neuron dysfunction in schizophrenia. *Neuropsychopharmacology*, 34, 767-774.

WITT M., BORMANN K., GUDZIOL V., PEHLKE K., BARTH K., MINOVI A., HAHNER A., REICHMANN H., HUMMEL T., 2009. Biopsies of olfactory epithelium in patients with Parkinson's disease. *Movement Disorders*, 24, 906-914.

YAMAGISHI M., ISHIZUKA Y., SEKI K., 1994. Pathology of olfactory mucosa in patients with Alzheimer's disease. *Annals of Otology, Rhinology, Laryngology*, 103, 421-427.

YAMAGISHI M., GETCHELL M.L., TAKAMI S., GETCHELL T.V., 1998. Increased density of olfactory receptor neurons immunoreactive for apolipoprotein E in patients with Alzheimer's disease. *Annals of Otology, Rhinology, Laryngology*, 107, 421-426.

ZANUSSO G., FERRARI S., CARDONE F., ZAMPIERI P., GELATI M., FIORINI M., FARINAZZO A., GARDIMAN M., CAVALLARO T., BENTIVOGLIO M., RIGHETTI P.G., POCCHIARI M., RIZZUTO N., MONACO S., 2003. Detection of pathologic prion protein in the olfactory epithelium in sporadic Creutzfeldt-Jakob disease. *New England Journal of Medicine*, 348, 711-719.

Chapitre 42

Le nez, ouverture à la vie : expériences de terrain

Patty CANAC

L'odeur est invisible et pourtant elle nous entraîne dans un voyage plein d'aventures intenses. Notre organe, « le nez », a souvent été oublié car non éduqué, or apprendre à sentir et à développer son odorat est à la portée de tous, il nous suffit d'être attentif aux différentes sources odorantes qui effleurent nos narines.

Entamer un voyage avec une odeur de cumin nous embarque sans décalage horaire ni bagage dans un univers extraordinaire de couleurs, de textures, de sons. Nous vivons un état de théâtralisation olfactive avec tous nos sens en éveil. Sentir est une ouverture à la vie et au plaisir.

Il est pourtant compliqué de décrire une odeur, seul le professionnel après un long entraînement de son odorat peut y parvenir. Un de ses premiers objectifs est de décortiquer l'odeur selon sa composition moléculaire pour la caractériser et la classer ensuite dans des familles olfactives.

L'odeur éveille nos sens, joue avec toutes nos perceptions et nous demande une observation « nasale ».

Cette observation peut nous mener sur des pistes surprenantes pour un profane. Telle par exemple l'odeur de géranium de qualité Bourbon, qui a des similitudes olfactives avec l'odeur de la rose de Damas, les deux ayant des notes florales fruitées et légèrement citronnées. Parmi les nombreux constituants biochimiques de ces deux huiles essentielles se trouvent des monoterpénols, avec en commun du citronnellol (29 %), qui donne cette signature citronnée, voire antimoustique parfois !

Chaque odeur appartient à une famille olfactive (cf. chapitre 4 ; Société française des parfumeurs, 2010), et ne correspond pas toujours à une famille botanique. L'odeur de la mandarine et celle du citron appartiennent à la famille des agrumes, mais celles du café et du goudron appartiennent à la famille olfactive pyrogénée (odeur de brûlé), celles du thym et du romarin appartiennent à la famille olfactive agreste. Celles du géranium et de la rose appartiennent à la famille rosée, ce qui nous confirme leur « ressemblance » olfactive.

Le métier d'évaluateur est de comprendre la composition olfactive d'un parfum pour aider le créateur à adapter son harmonisation au plus près du cahier des charges des entreprises de luxe.

▶▶ L'approche en neuropsychologie

La neuropsychologie est l'étude des relations entre le cerveau et les différents comportements (esprit et cerveau). Quelle est la place du parfumeur-évaluateur ?

L'effet des odeurs sur l'humeur est peu étudié (Lehrner *et al.*, 2005). J'ai travaillé il y a quelques années avec le docteur Jonathan Mueller, neuropsychiatre à San Francisco, qui s'est particulièrement intéressé au monde émotionnel des odeurs et des parfums (Mueller, 2006).

Dans un premier temps, le psychiatre questionne le patient et lui propose des « odeurs d'enfance » de référence. Ces repères olfactifs et les mots associés permettent de retrouver des expériences olfactives marquantes, stockées dans sa mémoire.

Dans un second temps, à partir des mots, en tant que parfumeur-évaluateur, je reconstitue un parfum : il s'agit de composer le « parfum mémoire » qui fera revivre au patient des sensations anciennes et l'aidera à se projeter dans un univers de régression « olfactive ».

Étude de cas. M. Wilson, 54 ans, avait vécu son enfance dans une famille de huit enfants où il était le seul garçon. Sa maman le câlinait nettement plus que ses sœurs et lui préparait tout particulièrement des crèmes à la vanille. Cette mère était douce et très sensuelle, il se rappelle avec plaisir le contact des chemisiers en soie qu'elle portait, leurs couleurs vives et lumineuses. Il se souvient également de ses premiers pas d'adulte avec l'odeur de l'eau de Cologne qu'il dérobait à son père.

M. Wilson traverse dans sa vie une période difficile, il se sent isolé et nostalgique des années d'enfance où la douceur régnait.

Après réflexion et olfaction de deux parfums, M. Wilson sélectionne *Shalimar* de Guerlain, un paradoxe, car c'est un parfum féminin ! Mais le nez n'a ni sexe ni parti pris. Ce parfum est composé avec des bribes d'odeurs plaisantes et rassurantes venant du passé de M. Wilson. De type oriental, *Shalimar* a une envolée d'une grande fraîcheur avec ses notes bergamote et citron (rappel de la Cologne volée), son sillage est chaleureux et sensuel, la vanille des crèmes qu'aimait M. Wilson y est présente.

Il repart satisfait et rassasié olfactivement. Il pourra se parfumer discrètement la main pour faire ressurgir le bien-être de ce « temps des câlins ».

▶▶ Le rôle des odeurs dans une approche hospitalière

Depuis bientôt dix ans, grâce au Cosmetic Executive Women (CEW, 2011), association professionnelle créée en 1986, les centres de beauté ont permis de créer des ateliers olfactifs, « sentir pour se souvenir », dans différents hôpitaux (dont l'hôpital Raymond-Poincaré à Garches) et services (cancérologie adulte et adolescent, gériatrie, adolescent en souffrance, enfants autistes). Le partenariat des odeurs se fait avec IFF (société de parfumeurs). Nous avons à disposition plus de 250 flacons autour des odeurs alimentaires illustrant le sucré (chocolat, confiture de fraise…), le salé (saucisse fumée, riz…), les boissons (café, Coca-Cola…), des odeurs d'alerte comme le gaz, l'essence, le brûlé ; des odeurs de paysage comme la mer, la campagne ; des odeurs de la maison avec celle de la cave, du grenier, de la cuisine, de la salle de bains. De quoi trouver sa madeleine de Proust !

Le travail se réalise en équipe, avec les blouses blanches comme les orthophonistes, la diététicienne, les kinésithérapeutes.

Le lien entre l'odorat et la mémoire est si intense qu'une odeur peut faire ressurgir à notre insu les événements enfouis du passé, même après un traumatisme sévère.

Lorsque nous mémorisons une odeur, nous l'associons souvent à un souvenir composé de détails surprenants. Le ressenti olfactif des patients peut être ensuite exploité par les thérapeutes, chacun dans sa discipline.

Étude de cas. Mlle Margot était une jeune hôtesse de l'air qui habitait l'île de la Réunion. Suite à un traumatisme crânien grave, elle se retrouve dans le service de rééducation neurologique avec un langage défaillant. On lui montre des images de fruits exotiques, des visages familiers qui ne provoquent malheureusement aucune réaction. Elle reste muette.

Son orthophoniste décide de compléter son travail avec nos stimulations olfactives. Après quelques passages de différentes « touches olfactives » sous son nez, l'émotion la submerge, la mangue fait ressurgir un endroit de son île, elle essaye de s'exprimer par le biais de l'écriture, la voici transportée là-bas ; nous allons enfin pouvoir communiquer.

▶▶ Le rôle de l'olfactologue avec les huiles essentielles

De l'odeur à la nature, il n'y a qu'un pas, les plantes aromatiques ont depuis toujours été employées à des fins thérapeutiques, dans le monde entier, quelles que soient les religions ou les philosophies et pendant de grandes périodes de l'histoire (Égypte ancienne, Chine, Inde, Australie avec les Aborigènes, pays arabes, Bassin méditerranéen…). La nature a su répondre aux exigences de l'homme pour soigner de nombreuses pathologies.

L'olfactologue n'est pas médecin, c'est pourquoi on évitera le mot « aromathérapie » qui est composé de deux parties : « aroma », aromates ou odeurs ; et « thérapie », qui répond aux problèmes organiques par l'emploi des huiles essentielles, par voie interne ou externe et également en massages.

Seul un professionnel peut conseiller les huiles essentielles en prenant en considération les composants moléculaires du végétal et ses différentes propriétés. La vigilance s'impose, certaines sont dermocaustiques et photosensibilisantes, d'autres sont interdites aux femmes enceintes et également aux enfants.

Un parfumeur crée un parfum harmonieux et équilibré sur le plan olfactif, mais il ignore tout de son effet sur les émotions de celui qui le porte.

Aujourd'hui, mes connaissances me permettent de mettre en accord les huiles essentielles afin d'affecter par l'olfaction le système neurovégétatif, qui permet de normaliser les différentes fonctions dites « automatiques » de notre organisme comme la respiration, la digestion, etc.

Toutefois la vie trépidante peut déclencher un dérèglement et déstabiliser ce fonctionnement en entraînant chez certains individus une émotivité et des manifestations physiques qui déclenchent des réactions anormales. Nous pouvons donc avoir des troubles cardiovasculaires avec de l'arythmie et de la tachycardie, ou des troubles sur le système digestif avec des vomissements, mais également des troubles cutanés, une sueur anormale, etc.

L'huile essentielle, par son importante volatilité, permet de respirer la composition biochimique de la plante avec ses différentes propriétés.

Il est primordial de sélectionner une huile essentielle de haute qualité, son odeur et ses propriétés dépendent de l'ensoleillement, de son terroir, de sa cueillette et de son mode d'obtention (distillation/expression).

Chaque huile essentielle renferme des principes actifs majeurs, ce qui permet d'établir ainsi un profil spécifique pour chaque huile essentielle (Franchomme *et al.,* 2001). De plus, des huiles essentielles de lavande provenant de différentes régions peuvent varier sensiblement dans leur composition chimique et avoir des effets différents sur l'organisme.

Un mariage subtil. J'établis une première sélection en prenant en considération les propriétés moléculaires (les monoterpènes, les monoterpénols, les sesquiterpènes, les sesquiterpénols, les acides, les aldéhydes, les cétones, les éthers, les phénols, les lactones, les oxydes, les coumarines), puis, en respectant les symbioses olfactives de plusieurs huiles essentielles, j'obtiens un mélange personnalisé, créant ainsi une synergie permettant à l'individu qui sent quotidiennement le produit olfactif de rééquilibrer son état. Cela permet de créer des compositions « bien-être » adaptées à une recherche d'équilibre émotionnel.

À chacun son « parfum », selon son état d'émotionnel du moment. « Un invisible qui vient au secours du visible », telle est l'odeur, impalpable et pourtant si puissante.

Étude de cas. M. Philippe, 47 ans, est designer dans son entreprise, il fait de nombreux voyages pour le service exportation, il est souvent confronté au stress, plusieurs heures d'avion avec des décalages horaires importants, il manque de sommeil.

Il est suivi par une psychologue-sophrologue et pratique régulièrement des techniques de relaxation et de respiration. Entre ses séances, il souhaite compléter avec une approche « huiles essentielles », l'utilisation simple sur « une touche » olfactive lui permet de poursuivre ses activités à l'export et d'avoir « une synergie relaxante » avec lui. Je lui sélectionne plusieurs huiles essentielles répondant toutes aux exigences de relaxation. Pas question de choisir des huiles non appréciées sur le plan olfactif par M. Philippe.

La camomille romaine (*Chamaemelun nobile,* principe actif important : esters) sera sédative et anxiolytique, comme note de tête dans un parfum. Cette petite fleur était déjà employée par les Égyptiens pour calmer, par les Anglo-Saxons pour soigner les maux de tête, par les Romains au XVIe siècle, elle entre ensuite dans la pharmacopée de nombreux pays. Nous pouvons la retrouver dans certains monastères, elle permettait aux résidents d'avoir de douces pensées.

L'immortelle *(Helichrysum italicum),* petite fleur du maquis corse jaune curry qui ne fane pas, d'où son nom d'immortelle ! Esters, elle interviendra sur la détente, elle apportera à M. Philippe la relaxation recherchée, elle régulera sa nervosité, dans un parfum elle prend la place de note de cœur.

Le bois de Santal *(Santalum album),* arbre sacré (employé lors des cérémonies) originaire d'Inde dans la région de Mysore. Mais à cause de coupes abusives, il est à ce jour préférable d'exploiter la variante qui pousse en Australie *(Santalum spicata),* qui d'un point de vue olfactif est moins crémeux. Note de fond dans un parfum, il laissera un sillage boisé chaleureux. Principe actif important : les sesquiterpénols, qui vont apporter l'équilibre et améliorer le sommeil de M. Philippe.

Le mélange subtil tient dans un petit flacon de 2,5 ml, à raison d'une olfaction par jour, son flacon durera un mois environ, il prendra les précautions d'usage, sentir la bouche vide (attention à la rétro-olfaction), ne pas sentir dans un lieu avec trop de sources odorantes, ne pas fumer au moment de l'olfaction. Être au calme, sentir avec conscience : je sens et je respire des huiles essentielles.

J'ai respecté l'équilibre de la pyramide olfactive, tête, cœur et fond, afin d'avoir une symbiose entre les notes et une harmonie vibratoire.

Dans cet esprit, l'olfactologue peut utiliser de nombreuses huiles essentielles et répondre aux différents besoins.

Une approche qui peut également être employée dans un bureau ou chez soi à l'aide d'un diffuseur électrique d'huiles essentielles, sans altérer leurs propriétés et leurs bienfaits olfactifs.

Il s'agit de comprendre tous les besoins et d'y apporter la solution olfactive.

Un sens au service de l'équilibre émotionnel.

▸▸ Bibliographie

CEW (Cosmetic Executive Women), 2011, <http://www.cew.asso.fr/> (consulté le 26 avril 2011).

FRANCHOMME P., JOLLOIS R., PÉNOËL D., 2001. *L'aromathérapie exactement. Encyclopédie de l'utilisation thérapeutique des huiles essentielles*, Roger Jollois, Paris.

LEHRNER J., MARWINSKI G., LEHR S., JOHREN P., DEECKE L., 2005. Ambient odors of orange and lavender reduce anxiety and improve mood in a dental office. *Physiology and Behavior,* 86 (1-2), 92-95.

MUELLER J., 2006. Au cœur des odeurs. *Revue française de psychanalyse,* 70 (3), 151-173, <http://www.jonathanmuellermd.com> (consulté le 12 mai 2011).

SOCIÉTÉ FRANÇAISE DES PARFUMEURS, 2010. *Classification officielle des parfums et terminologie,* SFP, Versailles, 74 p.

Abréviations

2DG 2-désoxyglucose

3D tridimensionnelle

ABL amygdale basolatérale

ABP *androgen binding protein* (protéine de liaison des androgènes)

AC adénylate cyclase

ACE *angiotensin converting enzyme* (enzyme de conversion de l'angiotensine)

Ademe Agence de l'environnement et de la maîtrise de l'énergie

ADN acide désoxyribonucléique

ADNc acide désoxyribonucléique complémentaire

Afnor Association française de normalisation

AGC aversion gustative conditionnée

AMe noyau médian de l'amygdale

AMP adénosine monophosphate

AMPc adénosine monophosphate cyclique

AOB *accessory olfactory bulb* (bulbe olfactif accessoire)

AOC aversion olfactive conditionnée

AOH3 aldéhyde oxydase homolog3

AOX aldéhyde oxydase

Apopo http://www.apopo.org/home.php

ARN acide ribonucléique

ARNm ARN messager

ASIC *amiloride-sensitive ion channel* (canal ionique sensible à l'amiloride)

ATP adénosine triphosphate

ATPase adénosine triphosphatase

AVP vasopressine (arginine-vasopressine)

BAOT *bed nucleus of the accessory olfactory tract* (noyau du lit du circuit olfactif accessoire)

BDNF *brain-derived neurotrophic factor* (facteur neurotrope dérivé du cerveau)

BMP *bone morphogenetic protein* (protéine morphogénétique osseuse)

BO bulbe olfactif

BOA bulbe olfactif accessoire

BOP bulbe olfactif principal (le plus souvent BO)

BRET Bioluminescence Resonance Energy Transfer (transfert d'énergie de bioluminescente par résonance)

BSTMPM *posteromedial bed nucleus of the stria terminalis* (noyau postéromédian du lit de la strie terminale)

CA1 région CA1 de l'hippocampe

CAM camphre

CB1 récepteur cannabinoïde 1

CBG cellules basales globulaires

CBH cellules basales horizontales

CCG couche des cellules granulaires

CCM couche des cellules mitrales

CD36 récepteur de lipides (goût du gras ; fait partie de la classe B des récepteurs-éboueurs)

CE$_{50}$ concentration efficace 50 %

CEO cellules engainantes olfactives

CEW Cosmetic Executive Women

CFA *Canis familiaris* (chromosome du chien)

CG couche glomérulaire

CK cellules de Kenyon

CMG complexe macroglomérulaire

CMH complexe majeur d'histocompatibilité

CMR courant de migration rostral

CNGA2/CNGA3 *cyclic nucleotide gated channel A2/A3* (canaux activables par les nucléotides cycliques A2/A3)

CNRS Centre national de la recherche scientifique

CNTF *ciliary neurotrophic factor* (facteur neurotrope ciliaire)

CNV *copy number variation* (variation du nombre de copies d'une région génomique)

CO monoxyde de carbone

COF cortex orbitofrontal

CP cortex piriforme (chapitre 26)

CP corps pédonculés (chapitre 15)

CPE couche plexiforme externe

CPG chromatographie en phase gazeuse

CS cellules de soutien

CSP *chemosensory protein* (protéine chimiosensorielle de la lymphe sensillaire)

CT corde du tympan

CYP cytochrome P 450

DA dopamine

DAG diacylglycérol

DPPR/SEI Direction de la prévention des pollutions et des risques/secrétariat d'État à l'industrie

DSCAM *down syndrome cell adhesion molecule*

EAG électro-antennogramme

EBOP *extra bulbar olfactory pathway* (voie olfactive extrabulbaire)

EC *extracellular domain* (domaine extracellulaire)

EEG électro-encéphalogramme

EGF *epithelial growth factor* (facteur de croissance épithélial)

EMX enzymes du métabolisme des xénobiotiques

ENaC *epithelial Na channels* (canaux sodiques épithéliaux)

EO épithélium olfactif

EOG électro-olfactogramme

EROM European reference odor mass (référence européenne de masse d'odeur)

ESP *exocrine-gland-secreting peptide* (peptide des glandes sécrétoires exocrines)

FGF *fibroblast growth factor* (facteur de croissance des fibroblastes)

F_M fréquence de décharge maximum

FMRFamide peptide : Phe-Met-Arg-Phe-NH2

FPR récepteur des peptides formylés

GABA γ-*amino butyric acid* (acide γ-amino butyrique)

GC guanylate cyclase

GCD guanylate cyclase D

GDNF *glial-derived neurotrophic factor* (facteur neurotrope dérivé de la glie)

GFAP *glial fibrillary acid protein* (protéine acide fibrillaire gliale)

GFP *green fluorescent protein* (protéine à fluorescence verte)

GG ganglion de Grueneberg

Gi protéine Gi

GMP guanosine monophosphate

GMPc guanosine monophosphate cyclique

GnRH *gonadotropin releasing hormone* (gonadolibérine)

Go protéine Go

GOBP *general odorant binding protein* (protéine généraliste de liaison des odorants)

Golf protéine G alpha olf

GPR120 récepteurs des acides gras de la famille RCPG

GRK *G protein-coupled receptor kinase* (kinase des récepteurs couplés aux protéines G)

GST glutathion-S-transférase

GTP guanosine triphosphate

H entropie

HCN *hyperpolarization-activated cyclic nucleotide-gated channels* (canaux activés par l'hyperpolarisation et modulés par les nucléotides cycliques)

HD heptacosadiène

HEK *human embryonic kidney cells* (cellules de rein embryonnaire humain)

HJ hormone juvénile

HLA *human leukocyte antigen* (voir CMH : complexe majeur d'histocompatibilité)

HSA *Homo sapiens* (chromosome)

IARC International Agency for Research on Cancer (Centre international de recherche sur le cancer)

IC *intracellular domain* (domaine intracellulaire)

ICPE installations classées pour la protection de l'environnement

IFF International Flavors and Fragrances

IGF *insulin-like growth factor* (facteur de croissance analogue à l'insuline)

IIS intervalle interstimulus

IKAP protéine codée par le gène IKBKAP

IKBKAP *inhibitor of kappa light polypeptide gene enhancer in B-cells* (inhibiteur de l'enhancer du gène du polypeptide léger kappa dans les lymphocytes B)

IL interleukine

IMP inosine monophosphate

Inra Institut national de la recherche agronomique

Inserm Institut national de la santé et de la recherche médicale

IP$_3$ inositol 1,4,5-trisphosphate

IRES *internal ribosome entry site* (site interne de démarrage de la traduction)

IRM imagerie par résonance magnétique

IRMf imagerie par résonance magnétique fonctionnelle

ISO acétate d'isoamyle

IUPAC International Union of Pure and Applied Chemistry (Union internationale de chimie pure et appliquée)

k constante de vitesse

K constante d'équilibre

KCNK *two-pore domain potassium channels* (canaux potassiques avec deux domaines à pore)

K$_d$ constante d'équilibre de dissociation

KO *knocked out* (gène invalidé)

Kôdô cérémonie japonaise d'appréciation esthétique des odeurs

LA lobe antennaire

LAL lobe accessoire latéral

LCR *locus control region* (séquence de contrôle d'un locus)

LH *luteinizing hormone* (hormone lutéinisante, ou lutropine)

LIF *leukemia inhibiting factor* (facteur inhibiteur de la leucémie)

LIM limonène

LLP lobe latéral du protocérébron

LPL *lateral protocerebron lobe* (lobe latéral du protocérébron LLP)

LR complexe ligand-récepteur

LTP *long-term potentiation* (potentiation synaptique à long terme)

MEA *median amygdala* (noyau amygdaloïde médian)

MEG magnéto-encéphalographie

MEN menthol

mGLUR1 récepteur métabotropique au glutamate de type 1

MO muqueuse olfactive

MOE *main olfactory epithelium* (épithélium olfactif principal)

MOR *mouse olfactory receptor* (récepteur olfactif de souris)

MS *mass spectrometry* (spectrométrie de masse)

MSG *mono-sodium glutamate* (glutamate monosodique)

MTMT méthylthio-méthanethiol

MUP *major urinary proteins* (protéines majeures de l'urine)

NA nerf antennaire

NC neurone centrifuge

NCAM *neural cell adhesion molecule* (molécule neuronale d'adhésion cellulaire)

NF norme française

NFS noyau du faisceau solitaire (ou NTS)

NGF *nerve growth factor* (facteur de croissance neuronal)

NL neurone local

NO monoxyde d'azote

NP neurone de projection

NPY neuropeptide-Y

NRO neurone récepteur olfactif

NT nerf terminal

NTS noyau du tractus solitaire (ou NFS)

OAT6 *organic anion transporter 6* (transporteur d'anions 6)

OBP *odorant-binding protein* (protéine de liaison aux odorants)

ODE *odorant degrading enzyme* (enzyme de dégradation des odorants)

ODR gènes chez *Caenorhabditis elegans* impliqués dans la réception et la transduction du message olfactif

OMP *olfactory marker protein* (protéine marqueur du système olfactif)

ORF *open reading frame* (cadre de lecture ouvert)

ORL otorhinolaryngologie

OS organe septal de Masera

OT ocytocine

OVN organe voméronasal

P2X récepteur purinergique ionotropique

P2Y récepteur purinergique métabotropique (famille RCPG)

PA potentiel d'action

PACAP *pituitary adenylate cyclase activating peptide* (peptide hypophysaire activant l'adénylate cyclase)

PBP *pheromone binding protein* (protéine de liaison des phéromones)

PC *principal component* (composante principale)

PCR *polymerase chain reaction* (réaction en chaîne par polymérase)

PCV protocérébron ventral

PDE phosphodiestérase

PDGF *platelet-derived growth factor* (facteur de croissance dérivé des plaquettes)

PE1 neurone protocérébral

PKD *polycystic kidney disease-like ion channel* (canaux ioniques analogues au gène de la polykystose rénale autosomique dominante)

PLC phospholipase C

PMCO *posteromedian cortical amygdala* (région postéromédiane de l'amygdale corticale)

POC préférence olfactive conditionnée

PROP 6-n-propylthiouracyle

PSA *prostate-specific antigen* (antigène spécifique de la prostate)

RCPG récepteur couplé aux protéines G

REEP *receptor expression enhancing protein* (protéine augmentant l'expression de récepteurs)

REP réponse d'extension du proboscis

RGS21 *regulator of G protein signaling 21* (régulateur de la transduction par les protéines G 21)

Ric-8 A *resistance to inhibitors of cholinesterase 8A* (résistance à l'inhibiteur de la cholinestérase 8A)

R$_M$ concentration maximale de récepteur

RNO *Rattus norvegicus* (chromosomes du rat)

RO récepteur olfactif

ROco corécepteur olfactif (OR83b chez la drosophile)

RO$_I$ récepteur olfactif de classe I

RO$_{II}$ récepteur olfactif de classe II

RT *reverse transcriptase* (transcriptase réverse)

RTP *receptor transporting protein* (protéine de transport de récepteurs)

RT-PCR transcription réverse suivie d'une réaction en chaîne de la polymérase

SM spectrométrie de masse

SNIAA Syndicat national des industries aromatiques alimentaires

SNMP *sensory neuron membrane protein* (protéine membranaire des neurones olfactifs)

SNP *single-nucleotide polymorphism* (polymorphisme d'une seule paire de base)

SOP système olfactif principal

SR1 récepteur olfactif de souris appelé SR1 ou MOR256-3, majoritaire dans l'organe septal de Masera

SRA récepteurs olfactifs de *Caenorhabditis elegans*

SVZ *subventricular zone* (zone subventriculaire)

T1R récepteurs de composés suscitant les goûts sucré et umami

T1R1 sous-unité du récepteur de composés suscitant un goût umami

T1R2 sous-unité du récepteur de composés suscitant un goût sucré

T1R3 sous-unité commune aux récepteurs de composés suscitant un goût sucré (T1R2 + T1R3) ou umami (T1R1 + T1R3)

T2R récepteurs de composés suscitant un goût amer

TAAR *trace amine-associated receptor* (récepteur des amines en trace)

TAP tractus antenno-protocérébral

TDM tomodensitométrie

TEP tomographie par émission de positons

TGF *transforming growth factor* (facteur de croissance transformant)

TLFI Trésor de la langue française informatisée

TM transmembranaire

TOL tractus olfactif latéral

TOM tractus olfactif médian

TOMi tractus olfactif médian interne

TOMl tractus olfactif médian latéral

TOMm tractus olfactif médian médian

TOV tractus olfactif ventral

TRPA *transient receptor potential ankyrin* (potentiel transitoire de récepteur, ankyrine [canal ionique])

TRPC2 *transient receptor potential canonical 2* (potentiel de récepteur transitoire canonique 2 [canal ionique])

TRPM *transient receptor potential melastatin* (potentiel de récepteur transitoire mélastatine [canal ionique])

TRPV *transient receptor potential vanilloid* (potentiel de récepteur transitoire vanilloïde [canal ionique])

UAS-Gal4 *upstream activator sequence-Gal4* (séquence activatrice en 5'-Gal4)

UGT UDP-glucuronosyltransférase

VNO *vomeronasal organ* (organe voméronasal)

V1R *vomeronasal receptor 1* (récepteur du voméronasal 1)

V2R *vomeronasal receptor 2* (récepteur du voméronasal 2)

WL wiskey lactone

ZSG zone subgranulaire

ZSV zone subventriculaire.

Index

Agrumes *voir aussi* bergamote, citron, orange, 375, 500

agueusie, agueusique, 248-249, 469

aigre, 477

aire préoptique, 276, 333

alcaloïdes, 66, 265, 268, 467

alcool phényléthylique *voir aussi* 2-phényléthanol, 218, 478, 480

alcoolique, alcoolisme, 384, 405

alcools, 31, 43, 69, 97, 99, 173, 340, 353, 375, 469

aldéhydes, 31, 43, 63, 65-66, 70, 304, 352-353, 466, 502

aldéhyde oxydase, 66-67, 69

aliment, alimentaire, alimentation, 18, 24, 30, 32-35, 41-42, 116, 120, 171, 212, 220, 234, 243, 250, 252, 265, 267, 271, 280, 282, 284, 318, 323-326, 328, 331, 334-335, 359, 361-368, 375, 378, 383-385, 387-389, 393, 401, 403, 406, 413-417, 419, 423, 431-432, 440-445, 447, 452, 463, 469, 483, 501

allaitement, 326, 330-331, 334, 365, 367

allèle, 77, 199, 300-301, 303, 312-313, 317

alligators *voir aussi* crocodiles, 283

allylique, 34

amer, amertume (goût), 30, 32, 34-35, 231, 235, 242, 246-252, 268-270, 283, 314, 360-361, 365-368, 468, 477

Américain, Amérique, 251, 378, 437

amiloride, 229

ammoniaque, 404

amnésie, 326

AMPc (AMP cyclique), 69, 84, 86, 200, 209, 232-233

Amphibiens *voir aussi* Batraciens, grenouille, salamandre, xénope, 51, 62, 97, 133, 278, 281-283, 285, 298-299, 316

amphide, 339

amygdale, 57, 199, 202, 242-244, 327, 332-334, 348-351, 483, 485

androsténol, 41, 45, 420

androsténone, 41, 42, 45, 303, 330, 333, 420

anhédonie, 486

anogénital, 201, 329, 330-331, 421

anophèle *voir aussi* moustique, 76, 79-81, 120, 150

anosmies, anosmiques, 35, 68, 149, 219, 329-331, 414, 466, 475, 477, 480, 484

antagonistes, 30, 80, 100, 104-106, 229, 332-333, 383

anticipation, 243, 353

anticorps, 24, 153

antidépresseur *voir aussi* anxiolytique, 486

antigènes, 317, 403-404

anxiolytique *voir aussi* antidépresseur, 503

apaisines, 422

aphrodisiaque, 41

aphrodisine, 330, 333

apoptose, 111-113, 116, 118, 494

appétence, appétit, 268, 363, 365, 443

apprentissages, 25, 50, 165, 188, 422

apprentissages alimentaires, 185, 212, 244-245, 265, 271, 323-325, 331, 334, 368

apprentissages olfactifs, 44-45, 137-139, 156, 174, 178, 185, 188, 196, 200, 212, 271, 325, 328, 331, 334, 341, 351-352, 354, 363-364, 366-367, 377-378, 395

apprentissages sociaux, 323, 328-329, 331, 334

araignées, 312

Aristote, 250-251, 383

armoise, 312

aromachologie *voir aussi* aromathérapie, olfactologues, olfactothérapeutes, 431

aromagramme, 414, 416

aromathérapie *voir aussi* aromachologie, olfactologues, olfactothérapeutes, 434, 501

β-arrestine, 86, 341

arriération mentale, 406

art olfactif *voir aussi* création esthétique, 15, 17-19

ASIC, 229

Asiatique, Asie, 41, 437

asparagine, 65

aspartame, 33-34, 245

assaisonnement, 378

ATP, 113, 115, 119, 122, 233

ATPase, 86

attention, 139, 201, 244, 353-354, 385, 387, 475

attraction, attractif, attractivité, 16, 41-45, 68, 136, 201, 313-314, 329-333, 339-342, 363, 423-424, 426

audition, auditif *voir aussi* ouïe, 22, 25, 42, 247, 350, 353, 354, 379, 388, 397, 463

Australie, 501, 503

autisme, 407, 493, 501

autocrine, 112, 116

autoradiographie, autohistoradiographie, 23, 132-133

aversion, aversif, 268, 271, 324-327, 330, 335, 348, 350, 354, 361

aversion olfactive, 324-325, 327

aversions alimentaires, 324, 335

aversions gustatives, 324

avortement, 43, 201

B

bactéries, 40, 45, 81, 198, 317, 340, 396, 402, 404

baleine *voir aussi* Cétacés, 294

bande diagonale de Broca, 138

bases de données
  Flavor Base Leffingwell, 35
  Flavornet, 35
  Pherobase, 39, 40
  Pherolist, 40
  de la Société française des parfumeurs, 35, 500
  SuperScent, 35
  The Good Scent, 35

Batraciens *voir aussi* Amphibiens, grenouille, salamandre, xénope, 52, 110-111

BDNF, 113, 115

bélier *voir aussi* ovins, 420

benzaldéhyde, 340

bergamote *voir aussi* agrumes, 500

beurre, 362, 366

bien-être, 13, 16, 19, 375, 431-432, 462, 500, 502

biosenseurs olfactifs, 82, 404

blattes, 56, 110, 122, 149, 152-155, 160, 163, 182-184

bœuf *voir aussi* bovins, 63-64, 69

bois aromatiques *voir aussi* kôdô, 19

bois de santal, 31, 97, 503

boisé, 104, 106, 437, 503

bombycol, 39, 66, 423

bombyx *voir aussi* ver à soie, 39, 66, 76, 149-150, 165, 189, 423

bouddhisme, 19

bouillon, 442-444, 446

bourgeons du goût, 30, 215, 228-232, 234, 237, 239, 250, 360, 441, 468, 470

bovins *voir aussi* bœuf, vache, 63, 65, 421

brazzéine, 33

brebis *voir aussi* ovins, 140, 196-197, 330-331, 333-334, 420

Brésil, 376

brévicomine, 43, 44, 198, 330

brocoli *voir aussi* choux, 366-367

bulbe olfactif (BO), 23-25, 45, 50, 52-53, 55, 57, 70, 94, 130-132, 134-141, 155, 171-175, 178, 208, 210-212, 218-219, 275-281, 283-285, 327, 332-333, 341, 353, 394-395, 475, 479, 485-486, 492

bulbe olfactif accessoire (BOA), 199, 277, 279, 283

bulbectomie, 116, 485

butanol, 455, 484

C

Ca^{2+}, calcium, calcique, 84-87, 160-161, 163, 166, 172, 188, 197, 212, 229-230, 232-233, 235, 341, 494

cachalot *voir aussi* Cétacés, 294

cadhérines, 155

cadmium, 465, 477

Caenorhabditis elegans voir aussi nématodes, 339-342, 396, 493

café, 94, 174, 426, 452, 500-501

caféine, 34, 248, 361

calice, 56, 64, 153, 182-188

calmoduline, 86

Cameroun, 374, 376

camomille, 503

camouflage, 427

campagnol, 332-333

camphorquinone, 99

camphre, 34-35, 96-97, 99, 103, 427

canard, 376

canari, 121-122

canaux Cl$^-$, 85-86

canaux ioniques, 24, 30, 32, 83-87, 95, 153, 217, 228-229, 269-270

canaux potassiques (canaux K$^+$), 86-87, 118, 218, 230-232

canaux sodiques (canaux Na$^+$), 84-87, 136, 160, 228-229, 232

cancers, 401-406, 452, 456, 466-469, 501

cancers de la prostate, 79, 402, 404, 406

cancers du sein, 401-402

caprins *voir aussi* chèvres, 42

capsaïcine, 34, 217, 229

capteurs *voir aussi* senseurs, 18, 176, 215-216, 393-397, 462

Caraïbes, 314

carboxylestérase, 70, 466

carcinome, 404, 406

carotte, 367, 374-375

cartes sensorielles *voir aussi* patron d'activation, pattern, 172-175, 178, 395

caspases, 113

catécholamines, 122

catégorie, catégorisation, 15-17, 29-30, 35-36, 159, 227, 241, 247, 250-252, 363, 375-378, 383, 386-387, 433, 436

catégories sémantiques, 238, 251, 375

famille olfactive, 375, 499-500

farnésène, 43-44, 198, 425

fèces, 421

fécondation, féconder, 110, 121, 316, 339

félinine (acide 2-amino-7-hydroxy-5,5-dimé-thyl-4-thiaheptanoïque), 422

femelle, 39, 41-44, 62, 79, 110, 120-121, 139-140, 149, 154-155, 164-165, 189, 200-201, 277, 311-316, 329-330, 332-333, 396, 406, 420-421, 423-426

femme, 45, 121, 317, 363, 375-376, 404, 461, 487, 502

FGF (*fibroblast growth factor*), 113-114

Ferenczi Sandor, 12

fille, 18, 366, 375

flair, flairage, flairer, 11-12, 174-175, 329, 331, 348, 373, 421

flaireur, 413-416

flaveur, 30, 34, 215, 244, 359, 385, 388, 440

fleurs, 93, 378, 502

FMRFamide *voir aussi* peptide formylé, 111

fœtus, 359, 362-363

foie, 43-44, 68-69, 198, 405

formation réticulée, 217

forskoline, 232

fourmis, 41-42, 185, 269

foyers, 173, 178, 347

fragrances, 13, 16, 18-19

France, Français, 3, 35, 243, 374, 378, 420, 424, 439, 441-442, 454

fraise, 29, 243, 386, 452, 460, 501

fréquence, 23, 84, 95-96, 100, 102-105, 121, 160, 162-163, 174-175, 177, 179, 189, 227, 233, 247, 299-301, 304, 363, 368, 448

Freud Sigmund, 12-13, 373

froid, 34, 188, 212, 215, 217-218, 220, 442, 447

fromage, 34, 377, 415

frontaline, 42, 330

fructose, 33, 237, 360

fruité, 31, 104, 106, 379, 499

fruits, 32-33, 93, 186, 314, 361-362, 365-366, 368, 372, 376, 379, 422, 424, 469, 501

fugu, 293-294

fumée, 16, 19, 350, 467-468

fumeurs, 468-470

furet, 200

G

GABA, GABAergique (*gamma amino-butyric acid*), 121, 136, 139, 152, 155, 160-161, 177, 185-187, 189, 234, 241

ganglion de Grueneberg, 207-208, 210-211, 276-277, 279, 285

garçons, 366, 500

gastronomie *voir aussi* cuisine, cuisiniers, 439, 443, 446

Gastéropodes, 50, 52

GDNF (*glial-derived neurotrophic factor*), 113, 115

gélatine, 447

gelées, 362, 366

gêne olfactive, 454

générations, 24, 75, 296, 341-343, 377, 442, 495

gènes orthologues, 76, 80, 296-297, 302, 467

génomique, 24, 75-76, 88, 292, 295, 297, 318, 403, 494

génotype, 248, 299, 303

géranium, 375, 499-500

gerbille, 331, 333

gestation *voir aussi* grossesse, 44, 120-121, 139, 209, 359, 362

GFAP (*glial fibrillary acid protein*), 135

GFP (*green fluorescent protein*), 210-211, 235

glandes de Bowman, 52, 62, 69, 112, 120, 208, 466-467

glande préputiale, 43-44, 201

glande temporale, 42, 330

GFAP (*glial fibrillary acid protein*) : 124-125

GFP (*green fluorescent protein*), 210-211, 235

glandes de Bowman, 52, 62, 69, 112, 120, 208, 466-467

glande préputiale, 43-44, 201

glande temporale, 42, 330

glomérules, glomérulaire, 24, 53-57, 70, 78-79, 110-111, 138, 147-149-152, 153-156, 159-163, 165, 171-175, 178, 182, 186-188, 199, 208, 210, 212, 219, 270, 275-276, 280, 283, 332, 394-395

glomérules en collier de perles (*necklace glomeruli*), 212

glucopyranoside, 34

glucose, 33, 173, 326, 359-360

glutamate, glutamatergique, 138, 172, 177

glutamate *voir aussi* umami (goût), 34, 231, 248-249, 362

glutathion-S-transférase (GST), 67, 468

glycémie, 120

GMP (guanosine monophosphate, dans le goût umami), 34

GMPc (guanosine monophosphate cyclique), 85, 212, 340

GOBP (*general odorant binding protein*, fait partie des OBP), 62

H

I

K

L

J

N

ouïe *voir aussi* audition, 11, 15, 39, 335, 374
ovaires, ovarien, 42, 120, 198, 404, 420
oviposition *voir aussi* ponte, 314
ovocytes, 81
ovogenèse, 121
ovulation *voir aussi* œstrus, 42-43, 45, 421
oxyde nitrique *voir aussi* NO, 121, 155
ozène, 478

P

2-phényléthanol *voir aussi* alcool phényléthylique, 31-32, 484
PACAP (*pituitary adenylyl cyclase activating peptide*), 113, 115-116, 118
palais, 216, 232-233, 283, 477
palpes, 50, 152, 267
panache, 54, 57, 93-94, 178, 396, 453, 455
panel de dégustateurs, 385, 414, 445
papilles
  caliciformes, 228, 231, 233, 359
  foliées, 228, 233, 359, 469
  fongiformes, 220, 228, 233, 249, 359-360
  gustatives, 250, 266, 359-360, 441
papillons *voir aussi* Lépidoptères, 39, 50, 62, 79, 85, 110, 153-156, 162-163, 165, 267, 396-397, 423, 426
paracrine, 112, 116, 118, 122
parents, 366, 368, 377, 462
parfumerie, 15, 352, 379
parfumeur *voir aussi* évaluateur, 16, 35, 352-353, 379, 500- 502
parfum, 12-13, 15-19, 35, 45, 71, 94, 373-375, 431-432, 434-437, 443, 448, 463, 500, 502-503
parole, 18, 374, 379
parturition *voir aussi* mise bas, 330, 333
patch-clamp, 160, 209-210
patchouli, 375
patron (d'activation) *voir aussi* cartes sensorielles, pattern, 161, 172-174, 332
pattern *voir aussi* cartes sensorielles, patron d'activation, 175-178, 234-235, 238, 244, 347, 352, 354, 361, 363, 424
PBP (*pheromone binding proteins*, fait partie des OBP), 62
PDGF (*platelet-derived growth factor*), 113-114
pédagogues, 11
pélican, 374
pentadine, 33
peptide formylé *voir aussi* FMRFamide, 197-198

peptides, 32, 34, 43-44, 112, 115-116, 160, 198, 212, 276, 316, 329, 447
peptide signal, 79, 292
perception, 21, 24-25, 29-32, 34, 41-42, 44-45, 61, 66, 68-70, 80, 87, 94, 104, 106, 109, 117, 121, 138-139, 149, 176-178, 195-196, 199, 201, 211-212, 219-220, 227, 231, 242, 244, 250-251, 266, 270, 281-282, 285, 295, 303, 332, 341-342, 347-349, 351, 353, 359, 361, 366-368, 375-376, 379, 383-388, 393, 414-416, 423-424, 427, 447, 452, 470, 476, 478, 483-486, 499
perception chémesthésique, 359
périnatal *voir aussi* nouveau-né, nourrisson, prématuré, 140, 211, 341
pétrels, 284
peur, 18, 45, 350, 422, 432, 434, 453
pharmacologie, 100
pharmacophore, 30-31, 80
phénol, 69, 173, 502
phénoménologie, 12
phénotype, 113, 117, 248
phénylcétonurie, 406
phéromone d'alarme, 41, 208, 212-213, 425
phéromone d'agrégation, 41-43, 66, 165, 282
phéromone sexuelle, 39, 41, 45, 50, 62, 121-122, 149, 152-153, 159, 162-163, 165, 189, 268, 272, 313, 315-316, 423, 426
phéromones, 39-45, 50, 62, 66-68, 79, 81, 87, 121-122, 149, 152-153, 159, 161-166, 189, 195-196, 198, 201, 208, 212-213, 268, 272, 281, 285, 311-318, 328, 339-340, 396-397, 419, 423-427
phéromones, structure chimique, 43, 66
phéromones de piste, 41-42
phéromones incitatrices (*releaser pheromones*), 40-43
phéromones modificatrices (*primer pheromones*), 40, 42-43
phérotype, 312-313
philosophes, 11
philosophie, 11,15, 383, 501
phosphatidylinositol, 494
phosphodiestérases (PDE), 67, 86, 209, 212, 230, 232
phospholipase C (PLC), 85, 200, 230-232
phylogénétique, 51, 200, 275, 284, 295, 297-298, 305
pièces buccales, 267
pièges, 11, 423-424, 426, 447
pigeon, 284
piment, 34, 217, 219-220
pin, 377
placode olfactive, 111

Q

qualité de l'air, 393, 454

qualité des aliments, 393

quinine, 34, 235, 237-239, 248-249, 252, 269, 360

R

radis, 375

raisin *voir aussi* vigne, vin, viticulture, 17, 443

raphé, 138

rats, 62-64, 66, 69-70, 76, 94-97, 103, 132, 172, 174, 231-232, 239, 241, 292-297, 304, 324, 329, 331-333, 351, 395, 401-402, 421, 467-468, 470

ravageurs *voir aussi* parasites, 68, 423-424, 426-427

récepteur SR1, 210

récepteurs à peptide formylé (FpR), 197-198, 200, 291, 305

récepteurs aux histamines, 278

récepteurs couplés aux protéines G (RCPG), 30, 32, 40, 79-82, 88, 197, 230-231, 292, 300, 340-341

récepteurs gustatifs, 227, 230, 234, 248, 267-272, 305, 314, 361

récepteurs olfactifs (RO) de classe I, 111, 282, 297-298

récepteurs olfactifs (RO) de classe I, 111, 282, 297-298

récepteurs olfactifs (RO) de classe II, 111, 282, 297-298

récepteurs olfactifs *voir aussi* RO, 24-25, 29-32, 40, 45, 49-51, 53, 61-63, 65-69, 75-88, 93, 95-97, 100, 102, 104-106, 109, 111-112, 117, 120, 122, 147, 150-152, 159, 172-173, 196-197, 208-209, 211, 215, 269, 272, 278, 280-282, 284, 291-305, 340-341, 384, 393-395, 403, 406, 440

récepteurs V1R, 196-200, 305

récepteurs V2R, 197-200, 208, 211-212, 280, 282, 305

récompense, 118-119, 156, 184, 188, 243, 271, 333, 487

reconnaissance olfactive *voir aussi* identification olfactive, 44, 109, 120, 140, 175, 196, 201, 291, 305, 311, 315-317, 323, 328- 329, 331-334, 349, 368, 407, 422, 483, 485

recrutement, 41, 133, 141, 244, 328

réductase, 312-313

reeline, 136

refoulement, 12-13

régénération, régénérer, 112, 123, 135, 468, 494,

régimes, 41, 177, 282, 331

région H *voir aussi* LCR, 77

régression, 12-13, 500

régulation, 68, 75, 77-80, 87, 112-113, 116-118, 120-123, 131, 135, 137, 139, 141, 155, 172, 177, 229, 231, 234, 323, 329-333, 406, 423-425, 434, 493-494, 503

réhabilitation, 11, 15

rein, 79, 402

reine des abeilles, 42, 425-426

relaxation, 303, 360, 431, 462, 502-503

rémission, 486-488

renard, 406

renforcement, 139, 156, 368

renouvellement, 52, 109, 111-114, 116, 140, 196

repas, 17, 120, 453

représentation cérébrale (ou mentale) des odeurs, 24-25, 161, 164, 171-175, 177-179, 186-188, 335, 349, 352, 374-375, 432

reproduction, 41-42, 110, 119, 121, 133, 277, 280, 282, 284, 328, 406, 419-420

reptiles, 41, 52, 133, 195, 281, 298-299, 316

répulsion, 16, 136, 314, 340, 423, 425

requins, 276, 279

respiration *voir aussi* rythme respiratoire, 16, 19, 93, 174-176, 208, 210, 281, 502

rétronasal, 29, 250, 325, 439-441, 447, 477

réveils nocturnes, 453

rhinite, 476

rhodopsine, 79, 82

ribonucléotides, 34

riz, 501

RO *voir aussi* récepteurs olfactifs, 75-88, 95-97, 100, 102, 104-106, 109, 111-112, 117, 120, 122, 150, 197, 291-305

robots, 394, 396-397

ROco (OR83b chez la drosophile), 80-81, 85-86, 88

romarin, 378, 427, 500

rongeurs, 34, 68-70, 76, 116-117, 140-141, 175-176, 197-198, 200-201, 207, 217, 230-231, 235, 283, 285, 296, 316, 324, 329, 331, 466-467, 485

rose, 16, 31, 374-376, 461, 499-500

rosette, 277, 280-281

rotifères, 311

roue des vins, 379

rythmes, 94, 119, 122-123, 175, 177, 179, 260, 363, 485, 488

rythme respiratoire *voir aussi* respiration, 175, 363

SRA-11, SRA-13 (récepteurs olfactifs de *C. elegans*), 340-341

stéroïdes, stéroïdien, 41, 43, 45, 198, 277, 330

stochastique, 77-79, 88

stress, 113, 119-122, 198, 350, 405, 419, 422, 432, 483, 485, 494, 502

styrène *voir aussi* époxyde hydrolase, 467

sucralose, 33

sucrant *voir aussi* édulcorant, 33, 360

sucré (goût), 30-35, 188, 220, 227, 231, 234-235, 245-252, 268, 271, 326, 328, 360-362, 364-366, 373, 375, 378, 386, 468, 477, 501

sueur, 18, 120, 401, 405-406, 502

Suisse, 13

superfamille, 79, 136, 196, 292, 295, 340

suppression, 68, 96, 103-104, 106, 212

surexpression, 494

survie, 41, 77, 110, 112-118, 137-138, 141, 171, 291, 295, 304, 311, 328, 339, 350

synaptogenèse, 112, 155, 359

syndrome de Kallmann-de Morsier *voir aussi* hypogonadisme, 407, 477

syndrome de Rett, 492

synergie, 41, 103-104, 106, 113, 383, 416, 502

synesthésie, 17

système neurovégétatif, 502

système olfactif accessoire *voir aussi* organe voméronasal (VNO), 195, 276, 333

T

T1R, 228, 231-232, 234, 247-250

T2R, 228, 231-232, 247-250, 283

TAAR (*trace amine-associated receptors*), 208, 211-212, 291, 298, 305

tabac, 110, 160, 233, 271, 467-470

tabacologie, 467

tabagisme, 487

tachykinine, 161

tactiles *voir aussi* toucher, 30, 185, 215, 217, 220, 388

tanaisie *voir aussi* chrysanthème, 427

télencéphale, 277-278, 281, 334

Téléostéens, 280, 283, 299

télévision interactive, 13

température *voir aussi* thermique, 33, 95, 208, 212-213, 215, 217-218, 229, 394, 447

tentacules, 50, 52

TEP (tomographie par émission de positons), 347, 355

termites, 41

terpènes, 97, 99

territoire, 41-42, 282, 291, 316, 422

tenascine, 136

tests olfactifs, 477, 485

testostérone, 42

tétée, 367

Tétrapodes, 51, 281, 285, 298

texture, 324, 359, 384-385, 388, 437, 499

TGFα, β, 113-114

thalamus, 57, 241, 243, 249, 353-354

thaumatine, 33

thé, 334

théâtre, 17

thécogène, 51, 266

thérapeutique, 112, 131, 134, 140, 142, 408, 473, 481, 488, 501

thermique *voir aussi* température, 30, 34, 208, 211-212, 215, 220, 388, 416, 443-444, 447-448, 456

thym, 378, 427, 452, 500

thymidine tritiée, 132-133

tip-recording, 268-269

toison *voir aussi* bélier, 42, 420-421

tomates, 376

tonneau beta , 64-65

tordeuse, 149, 162

tormogène, 52, 266

Tortues, 69, 281, 284

toucher *voir aussi* tactiles, 29, 39, 217

toxicité, 455, 466-468

tractus olfactif latéral (TOL), 57, 276-277, 279

tractus olfactif médian (TOM), 276-277, 279

tradition, traditionnel, 19, 378, 383, 401, 403, 407, 426

traitement en amont, 456

traitement en aval, 456

trajectoires *voir aussi* zig-zag, 396-397

transcription, 77-78, 110-111, 113, 116, 199, 212

transducine, 231

transduction, 21-22, 30, 40, 61, 75, 79, 82-87, 100, 104, 113, 117, 200-201, 209, 212, 229-233, 235, 303, 340-341

transgenèse, 154, 205, 268, 338, 423

transmembranaire *voir aussi* domaine transmembranaire, 24, 30, 40, 79-80, 82, 88, 229-231, 292-293, 300, 303

transporteurs, 65, 68-69, 465

traumatismes crâniens, 407, 474-476, 479, 481, 501

trichodea *voir aussi* sensilles, 268

Liste des auteurs

Atanasova Boriana
Inserm U930, ERL 3106
Université François-Rabelais de Tours
37200 Tours, France
atanasova@univ-tours.fr

Anton Sylvia
Récepteurs et canaux ioniques membranaires
UPRES-EA 2647, USC Inra 1330,
UFR Sciences
Université d'Angers
49045 Angers cedex 01, France
Sylvia.anton@angers.inra.fr

Baly Christine
Inra UR 1197, Neurobiologie de l'olfaction
et modélisation en imagerie (Noemi)
Domaine de Vilvert
F-78350 Jouy-en-Josas, France
christine.baly@jouy.inra.fr

Berdagué Jean-Louis
Inra de Clermont-Ferrand-Theix, UR Quapa
63122 Saint-Genès-Champanelle, France
jean-louis.berdague@clermont.inra.fr

Bourdonnais Morgane
Neurobiologie sensorielle de l'olfaction
et de la gustation
Institut de neurobiologie Alfred-Fessard
(Inaf), CNRS
F-91198 Gif-sur-Yvette Cedex, France
Bourdonnais@inaf.cnrs-gif.fr

Briand Loïc
CNRS, UMR 6265, Centre des sciences
du goût et de l'alimentation
F-21000 Dijon, France
Inra, UMR 1324, Centre des sciences
du goût et de l'alimentation
F-21000 Dijon, France
Université de Bourgogne
UMR Centre des sciences du goût
et de l'alimentation
F-21000 Dijon, France
loic.briand@dijon.inra.fr

Buonviso Nathalie
Centre de recherche en neurosciences de Lyon
Inserm U1028, CNRS UMR 5292
Université Lyon-1, France
buonviso@olfac.univ-lyon1.fr

Caillol Monique
Inra UR 1197, Neurobiologie de l'olfaction
et modélisation en imagerie (Noemi)
Domaine de Vilvert
F-78350 Jouy-en-Josas, France
monique.caillol@jouy.inra.fr

Canac Patty
Parfumeur-évaluateur
Creassence
1, chemin de Prunay
78430 Louveciennes
patty.canac@olfarom.com

Chéruel **Fabrice**
Neurobiologie sensorielle de l'olfaction
et de la gustation
Institut de neurobiologie Alfred-Fessard
(Inaf), CNRS
F-91198 Gif-sur-Yvette Cedex, France
Fabrice.Chéruel@inaf.cnrs-gif.fr

Congar **Patrice**
Inra UR 1197, Neurobiologie de l'olfaction
et modélisation en imagerie (Noemi)
Domaine de Vilvert
F-78350 Jouy-en-Josas, France
patrice.congar@jouy.inra.fr

Daucé **Bruno**
Lunam Université, Université d'Angers
Granem (Groupe de recherche angevin
en économie et management)
UMR MA n°49, UFR de droit, d'économie
et de gestion
13, allée François-Mitterrand
BP 13633, 49036 Angers Cedex 01, France
bruno.dauce@univ-angers.fr,
www.mercadoc.org

Djoumoi **Amir**
Neurobiologie sensorielle de l'olfaction
et de la gustation
Institut de neurobiologie Alfred-Fessard
(Inaf), CNRS
F-91198 Gif-sur-Yvette Cedex, France
Amir.Djoumoi@inaf.cnrs-gif.fr

Duchamp-Viret **Patricia**
UMR 5292, Centre de recherche
en neurosciences de Lyon
Université de Lyon, CNRS, Inserm
50, avenue Tony-Garnier,
F-69366 Lyon, France
pviret@olfac.univ-lyon1.fr

Eloit **Corinne**
Neurobiologie sensorielle, CNRS,
Institut de neurobiologie Alfred-Fessard
F-91198 Gif-sur-Yvette Cedex, France
Centre médical de l'Institut Pasteur, Paris,
médecin ORL
Pôle neurosensoriel et Chirurgie ORL
Université Paris 5 Denis-Diderot
Hôpital Lariboisière

2, rue Ambroise-Paré
75475 Cedex 10, Paris, France
Tél. : 01 49 95 84 31
Fax : 01 49 95 80 63
corinne.eloit@wanadoo.fr

Engel **Erwan**
Inra de Clermont-Ferrand-Theix, UR Quapa
63122 Saint-Genès-Champanelle, France
erwan.engel@clermont.inra.fr

Fabre-Nys **Claude**
Inra UMR 6175, Physiologie de la
reproduction et des comportements, CNRS
Université de Tours, Haras nationaux
37380 Nouzilly, France
Claude.Fabre@tours.inra.fr

Faurion **Annick**
Neurobiologie sensorielle de l'olfaction
et de la gustation
Institut de neurobiologie Alfred-Fessard
(Inaf), CNRS
F-91198 Gif-sur-Yvette Cedex, France
Annick.Faurion@inaf.cnrs-gif.fr

Féron **François**
NICN, CNRS UMR 7259
Faculté de médecine Nord
Bd Pierre-Dramard
13015 Marseille, France
francois.feron@univ-amu.fr

Ferreira **Guillaume**
Nutrition et neurobiologie intégrée, Inra 1286
Université de Bordeaux, Bordeaux, France
guillaume.ferreira@bordeaux.inra.fr

Galibert **Francis**
Institut de génétique et développement
de Rennes, UMR 6290 CNRS
Université de Rennes-1, faculté de médecine
2, avenue prof. Léon-Bernard, CS34317
35043 Rennes Cedex, France
galibert@univ-rennes1.fr

Gascuel **Jean**
CNRS, UMR6265 Centre des sciences
du goût et de l'alimentation
F-21000 Dijon, France

Inra, UMR1324 Centre des sciences
du goût et de l'alimentation
F-21000 Dijon, France
Université de Bourgogne
UMR Centre des sciences du goût
et de l'alimentation
F-21000 Dijon, France
Jean.Gascuel@u-bourgogne.fr

Gervais Rémi
Lyon Neuroscience Research Center
Inserm U1028-UMR 5292 CNRS
Université Lyon-1
50, avenue Tony-Garnier
69366 Lyon Cedex 07, France
gervais@olfac.univ-lyon1.fr

Gheusi Gilles
Laboratoire Perception et mémoire
Institut Pasteur, CNRS-URA 2182
25, rue du docteur Roux
75724 Paris Cedex 15
LEEC, université Paris-13
99, avenue J.-B.-Clément
93430 Villetaneuse, France
ggheusi@pasteur.fr

Giboreau Agnès
Centre de recherche de l'institut Paul-Bocuse
8, chemin du Trouillat
69130 Écully, France
agnes.giboreau@institutpaulbocuse.com

Glazman Lana
IFF France
61, rue de Villiers
92523 Neuilly-sur-Seine Cedex, France
agnes.giboreau@institutpaulbocuse.com

Golebiowski Jérôme
Institut de chimie de Nice
UMR 7272 CNRS
Université de Nice Sophia-Antipolis
Parc Valrose
06108 Nice Cedex 2, France
jerome.golebiowski@unice.fr

Grosmaitre Xavier
Centre des sciences du goût
et de l'alimentation
UMR 6265 CNRS, 1324 Inra
Université de Bourgogne
9^E bd Jeanne d'Arc
21000 Dijon, France
xavier.grosmaitre@u-bourgogne.fr

Gurden Hirac
Laboratoire d'Imagerie et modélisation
en neurobiologie et cancérologie
CNRS, UMR 8165
Universités Paris-7 et Paris-11
hirac.gurden@u-psud.fr

Herman Philippe
Service ORL, hôpital Lariboisière
2, rue Ambroise-Paré
75475 Cedex 10, Paris, France

Heydel Jean-Marie
Centre des sciences du goût et de
l'alimentation (CSGA)
UMR 1324 Inra, UMR 6265 CNRS
Université de Bourgogne
F-21000 Dijon, France
jean-marie.heydel@u-bourgogne.fr

Holley André
CSGA, CNRS, université de Bourgogne, Inra
15, rue Hugues-Picardet
21000 Dijon, France
andre.holley@u-bourgogne.fr

Ishii-Foret Akiko
Neurobiologie sensorielle de l'olfaction
et de la gustation
Institut de neurobiologie Alfred-Fessard
(Inaf), CNRS
F-91198 Gif-sur-Yvette Cedex, France
Akiko.Ishii-Foret@inaf.cnrs-gif.fr

Issanchou Sylvie
CNRS, UMR6265 Centre des sciences
du goût et de l'alimentation
F-21000 Dijon, France
Inra, UMR1324 Centre des sciences
du goût et de l'alimentation
F-21000 Dijon, France

Université de Bourgogne
UMR Centre des sciences du goût
et de l'alimentation
F-21000 Dijon, France
Sylvie.issanchou@dijon.inra.fr

Jacquin-Joly Emmanuelle
Inra, UMR1272 Inra-UPMC
Physiologie de l'insecte : signalisation
et communication
78000 Versailles, France
emmanuelle.jacquin@versailles.inra.fr

Jaquet Chantal
UFR 10 de philosophie
Université Paris 1-Panthéon-Sorbonne
17, rue de la Sorbonne
75231 Paris Cedex 05, France
cjaq@univ-paris1.fr

Kondjoyan Nathalie
Inra de Clermont-Ferrand-Theix, UR Quapa
63122 Saint-Genès-Champanelle, France
nathalie.kondjoyan@clermont.inra.fr

Le Bon Anne-Marie
Centre des sciences du goût et de
l'alimentation (CSGA)
UMR 1324 Inra, UMR 6265 CNRS
Université de Bourgogne
F-21000 Dijon, France
Anne-Marie.Lebon@dijon.inra.fr

Le Guérer Annick
Anthropologue, philosophe, chercheuse
associée à Limsic (Laboratoire sur l'image,
les médiations et le sensible en information
communication)
Université de Bourgogne
Faculté de Lettres Chabot-Charny
36, rue Chabot-Charny
21000 Dijon, France
annick.le.guerer@orange.fr

Lepousez Gabriel
Laboratoire Perception et mémoire
Institut Pasteur, CNRS-URA 2182
25, rue du docteur Roux
75724 Paris Cedex 15, France
gabriel.lepousez@pasteur.fr

Lévy Frédéric
Physiologie de la reproduction
et des comportements
UMR 320085 Inra, 7247 CNRS Haras
nationaux
Université François-Rabelais, Nouzilly, France
frederic.levy@tours.inra.fr

Lledo Pierre-Marie
Laboratoire Perception et mémoire
Institut Pasteur, CNRS-URA 2182
25, rue du docteur Roux
75724 Paris Cedex 15, France
pmlledo@pasteur.fr

Lucas Philippe
Inra, UMR 1272 Inra-UPMC
Physiologie de l'insecte : signalisation
et communication
78000 Versailles, France
philippe.lucas@versailles.inra.fr

Mac Leod Patrick
Institut du goût
49, rue de Paradis
75010 Paris
Neurobiologie sensorielle de l'olfaction
et de la gustation
Institut de neurobiologie Alfred-Fessard
(Inaf), CNRS
F-91198 Gif-sur-Yvette Cedex, France
macleod@ide.asso.fr, Patrick.Macleod@inaf.
cnrs-gif.fr

Maïbèche Martine
Université Pierre et Marie Curie
UMR PISC UPMC-Inra 1272
75552 Paris Cedex 05, France
martine.maibeche@snv.jussieu.fr

Maîtrepierre Élodie
Centre des sciences du goût
et de l'alimentation
UMR 6265 CNRS, UMR 1324 Inra
Université de Bourgogne
F-21000 Dijon, France

Marion-Poll Frédéric
AgroParisTech, département Sciences
de la vie et santé

16, rue Claude-Bernard
75231 Paris Cedex 05, France
frederic.marion-poll@versailles.inra.fr

Martinez Dominique
Laboratoire lorrain de recherche en
informatique et ses applications (LORIA)
UMR 7503, CNRS
Campus scientifique, BP 239
54506 Vandœuvre-lès-Nancy, France
Dominique.Martinez@loria.fr

Mercier Frédéric
Inra de Clermont-Ferrand-Theix, UR Quapa
63122 Saint-Genès-Champanelle, France
frederic.mercier@clermont.inra.fr

Montet Arnaud
IFF France
61, rue de Villiers
92523 Neuilly-sur-Seine Cedex, France
arnaud.montet@iff.com

Montmayeur Jean-Pierre
Centre des sciences du goût
et de l'alimentation
UMR 6265, CNRS, 1324 Inra
Université de Bourgogne
15, rue Hugues-Picardet
21000 Dijon, France
montmayeur@u-bourgogne.fr

Nagnan-Le Meillour Patricia
Inra, UMR 8576 CNRS/USTL
Unité de glycobiologie structurale
et fonctionnelle, bât. C9
59655 Villeneuve-d'Ascq Cedex, France
Patricia.Le-Meillour@univ-lille1.fr

Nicklaus Sophie
CNRS, UMR6265 Centre des sciences
du goût et de l'alimentation
F-21000 Dijon, France
Inra, UMR1324 Centre des sciences
du goût et de l'alimentation
F-21000 Dijon, France
Université de Bourgogne
UMR Centre des sciences du goût
et de l'alimentation
F-21000 Dijon, France
Sophie.nicklaus@dijon.inra.fr

Pajot-Augy Édith
Inra, UR 1197, Neurobiologie de l'olfaction
et modélisation en imagerie (Noemi),
Domaine de Vilvert
F-78350 Jouy-en-Josas, France
edith.pajot@jouy.inra.fr

Plailly Jane
Lyon Neuroscience Research Center
Inserm U1028-UMR 5292 CNRS
Université Lyon-1, From Coding to Memory
50, avenue Tony-Garnier
69366 Lyon Cedex 07, France
plailly@olfac.univ-lyon1.fr

Pourtier Lionel
Docteur en neurosciences, physiologie
neurosensorielle, lauréat du Xe Montgolfier
des arts chimiques (2007)
Directeur du pôle Air et Odeur au sein
d'EGIS Environnement
Membre des commissions de normalisation
Afnor X43F
Aix-en-Provence, France
Lionel.POURTIER@egis.fr

Quignon Pascale
Institut de génétique et développement
de Rennes, UMR 6290 CNRS
Université de Rennes-1, faculté de médecine
2, avenue prof. Léon-Bernard, CS34317
35043 Rennes Cedex, France
pascale.quignon@univ-rennes1.fr

Remy Jean-Jacques
Inra, NICN UMR Université Aix-Marseille
CNRS 7259
Faculté de Médecine
Bd Pierre-Dramard
13916 Marseille cedex, France
jean-jacques.remy@univmed.fr

Renou Michel
Inra, UMR1272 Inra-UPMC
Physiologie de l'insecte : signalisation
et communication
78000 Versailles, France
michel.renou@versailles.inra.fr

ROBIN Stéphanie
Institut de génétique et développement
de Rennes, UMR 6290 CNRS
Université de Rennes-1, faculté de médecine
2, avenue prof. Léon-Bernard, CS34317
35043 Rennes Cedex, France
stephanirobin@gmail.com

RODRIGUEZ Ivan
Département de génétique et évolution
Université de Genève, Suisse
Ivan.Rodriguez@unige.ch

ROSPARS Jean-Pierre
Inra, UMR1272 Inra-UPMC
Physiologie de l'insecte : signalisation
et communication
78000 Versailles, France
jean-pierre.rospars@versailles.inra.fr

ROYET Jean-Pierre
Lyon Neuroscience Research Center
Inserm U1028-UMR 5292 CNRS
Université Lyon-1, From Coding to Memory
50, avenue Tony-Garnier
69366 Lyon Cedex 07, France
royet@olfac.univ-lyon1.fr

SALESSE Roland
Inra, UR 1197, Neurobiologie de l'olfaction
et modélisation en imagerie (Noemi)
Domaine de Vilvert
F-78350 Jouy-en-Josas, France
roland.salesse@jouy.inra.fr

SANZ Guenhaël
Inra UR 1197, Neurobiologie de l'olfaction
et modélisation en imagerie (Noemi)
Domaine de Vilvert
F-78350 Jouy-en-Josas, France
Guenhael.Sanz@jouy.inra.fr

SIGOILLOT Maud
Centre des sciences du goût et de
l'alimentation
UMR 6265 CNRS, UMR 1324 Inra
Université de Bourgogne
F-21000 Dijon, France

SULMONT-ROSSÉ Claire
Centre des sciences du goût
et de l'alimentation
UMR 6265 CNRS, UMR 1324 Inra
Université de Bourgogne
Agrosup Dijon, Dijon, France
Claire.Sulmont@dijon.inra.fr

THIÉRY Denis
Inra, UMR 1065 Santé et agroécologie
du vignoble
Institut des sciences de la vigne et du vin
Centre de recherches de Bordeaux-Aquitaine
33883 Villenave-d'Ornon Cedex, France
thiery@bordeaux.inra.fr

THIS Hervé
Groupe de gastronomie moléculaire
AgroParisTech/Inra
Laboratoire de chimie analytique, UMR 1145
AgroParisTech
16, rue Claude-Bernard
75005 Paris, France
herve.this@paris.inra.fr

THOMAS-DANGUIN Thierry
CNRS, UMR6265 Centre des sciences du goût
et de l'alimentation
F-21000 Dijon, France
Inra, UMR1324 Centre des sciences du goût
et de l'alimentation
F-21000 Dijon, France
Université de Bourgogne
UMR Centre des sciences du goût et de
l'alimentation
F-21000 Dijon, France
thierry.thomas-danguin@dijon.inra.fr

TOURNAYRE Pascal
Inra de Clermont-Ferrand-Theix, UR Quapa
63122 Saint-Genès-Champanelle, France
pascal.tournayre@clermont.inra.fr

TRAN BA HUY Patrice
Service ORL, hôpital Lariboisière
2, rue Ambroise-Paré
75475 Cedex 10 Paris, France

TROMELIN **Anne**
Centre des sciences du goût
et de l'alimentation
UMR 6265 CNRS, UMR 1324 Inra
Université de Bourgogne, Agrosup Dijon
F-21000 Dijon, France
Anne.Tromelin@dijon.inra.fr

TROTIER **Didier**
Neurobiologie sensorielle de l'olfaction
et de la gustation
Institut de neurobiologie Alfred-Fessard
(Inaf), CNRS
F-91198 Gif-sur-Yvette Cedex, France
didier.trotier@inaf.cnrs-gif.fr

URDAPILLETA **Isabel**
Laboratoire parisien de psychologie sociale,
EA4386
Universités de Paris-8 et Paris-10, France
isabel.urda@univ-paris8.fr

WARRENBURG **Stephen**
IFF Inc.
1515 State Highway #36
Union Beach
New Jersey 07735, États-Unis

WICKER-THOMAS **Claude**
CNRS, UPR 9034, LEGS et université
Paris-Sud, bât. 13
Avenue de la Terrasse
91198 Gif-sur-Yvette Cedex, France
wicker@legs.cnrs-gif.fr